CorelDRAW X7 中文版 完全自学宝典

|培训教材版|

时代印象　编著

人民邮电出版社
北京

图书在版编目（CIP）数据

CorelDRAW X7中文版完全自学宝典 ： 培训教材版 / 时代印象编著. -- 北京 ： 人民邮电出版社, 2020.08
ISBN 978-7-115-50693-1

Ⅰ. ①C… Ⅱ. ①时… Ⅲ. ①图形软件 Ⅳ. ①TP391.412

中国版本图书馆CIP数据核字(2019)第129492号

内 容 提 要

本书全面介绍了中文版 CorelDRAW X7 的基本功能及实际运用，是初学者快速、全面掌握 CorelDRAW X7 的常备参考书。

本书从 CorelDRAW X7 的基本操作和基础工具入手，结合大量的可操作性实例（44 个实战+4 个综合案例）和操作演示，全面、深入地阐述 CorelDRAW X7 的对象操作、工具使用、图形编辑、文字编排及表格运用等方面的知识，向读者展示如何运用 CorelDRAW X7 制作出精美的平面设计作品，让读者学以致用。

本书共 11 章，每章分别介绍一个知识板块的内容，以操作演示的方式讲解知识点，讲解模式新颖，过程详细。通过丰富的实战练习，读者可以轻松、有效地掌握软件技术。本书附带丰富的学习资源，内容包括本书所有实例的素材文件和实例文件，以及 PPT 教学课件、在线教学视频和附赠资源。读者可通过在线方式获取这些资源，具体方法请参看本书前言。

本书非常适合作为 CorelDRAW 初、中级读者的入门及提高参考书，尤其是零基础读者。同时，本书也适合高等院校和相关专业培训班的老师、学生作为教材参考阅读。请读者注意，本书所有内容均是采用中文版 CorelDRAW X7 进行编写的。

◆ 编　　著　时代印象
　责任编辑　张丹丹
　责任印制　马振武

◆ 人民邮电出版社出版发行　　北京市丰台区成寿寺路 11 号
　邮编 100164　　电子邮件 315@ptpress.com.cn
　网址 https://www.ptpress.com.cn
　涿州市京南印刷厂印刷

◆ 开本：787×1092 1/16
　印张：19.75　　彩插：8
　字数：555 千字　　2020 年 8 月第 1 版
　印数：1 – 2 000 册　　2020 年 8 月河北第 1 次印刷

定价：49.80 元

读者服务热线：(010)81055410　印装质量热线：(010)81055316
反盗版热线：(010)81055315
广告经营许可证：京东市监广登字 20170147 号

60 实战练习 制作生日贺卡
技术掌握 步长与重复的用法

81 实战练习 绘制插画
技术掌握 贝塞尔工具的用法

46 实战练习 制作几何图形标志
技术掌握 旋转的用法

48 实战练习 制作花纹边框
技术掌握 镜像的用法

55 实战练习 制作旅游邮戳
技术掌握 合并的用法

72 实战练习 绘制卡通人物
技术掌握 贝塞尔工具的用法

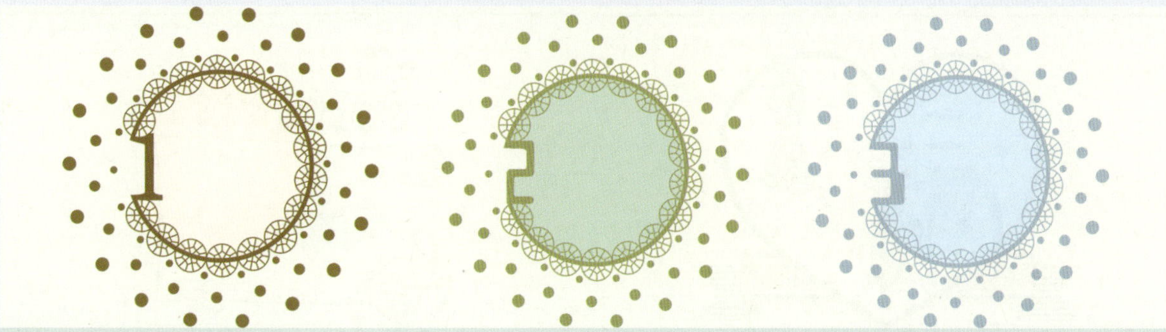

103 实战练习 绘制数字圆形花纹
技术掌握 椭圆形工具的用法

本书精彩实例展示

87 实战练习 绘制蛋糕
技术掌握 钢笔工具的用法

113 实战练习 制作笔记本封面图案
技术掌握 图纸工具的用法

94 实战练习 绘制墨迹创意树
技术掌握 艺术笔工具的用法

100 实战练习 绘制彩色相框
技术掌握 矩形工具的用法

107 实战练习 绘制简单钟表
技术掌握 多边形工具的用法

109 实战练习 绘制T恤印花图案
技术掌握 星形工具的用法

117 实战练习 制作文艺图标
技术掌握 形状工具的用法

124 实战练习 绘制卡通鲸鱼图案
技术掌握 涂抹工具的用法

142 实战练习 制作儿童相册
技术掌握 裁剪工具的用法

164 实战练习 绘制简单的圣诞树
技术掌握 边界命令的用法

127 实战练习 绘制花朵边框
技术掌握 吸引工具的用法

131 实战练习 绘制搞怪骷髅图案
技术掌握 排斥工具的用法

135 实战练习 绘制多彩波纹背景
技术掌握 粗糙工具的用法

149 实战练习 制作花朵便签纸
技术掌握 图框精确剪裁命令

157 实战练习 制作相框
技术掌握 修剪命令的用法

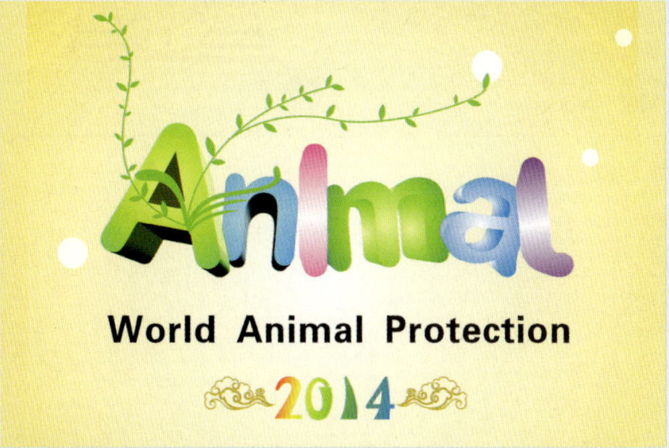

175 实战练习 制作渐变立体文字
技术掌握 渐变填充的用法

本书精彩实例展示

181 实战练习 制作图案文字
技术掌握 双色图样填充的用法

184 实战练习 制作精美信纸
技术掌握 底纹填充的用法

190 实战练习 制作水晶按钮
技术掌握 交互式填充工具的用法

204 实战练习 绘制风车时钟
技术掌握 轮廓线宽度的用法

211 实战练习 制作多彩立体轮廓文字
技术掌握 轮廓线转对象

230 实战练习 用轮廓图制作立体文字
技术掌握 创建轮廓图的用法

249 实战练习 制作彩色立体文字
技术掌握 立体工具的用法

266 实战练习 绘制电影元素图标
技术掌握 透视的用法

193 实战练习 为卡通动物填色
技术掌握 颜色滴管工具的用法

240 实战练习 绘制荷花图
技术掌握 调和工具的用法

209 实战练习 绘制小熊吊牌
技术掌握 轮廓线的颜色和样式

255 实战练习 制作变形文字
技术掌握 封套工具的用法

284 实战练习 制作生日贺卡
技术掌握 文本工具的用法

291 实战练习 制作生日胸针
技术掌握 文本适合路径的用法

300 实战练习 制作吊牌日历
技术掌握 文本表格互换

305 实战练习 绘制课程表
技术掌握 表格的绘制方法

223 实战练习 绘制插画
技术掌握 阴影的用法

264 实战练习 绘制诗集内页
技术掌握 透明度工具的用法

295 实战练习 绘制纹理文字
技术掌握 文本转曲的操作

275 实战练习 制作婚礼请柬封面
技术掌握 美术文本的用法

298 实战练习 制作笔记本内页
技术掌握 创建表格

312 11.1 字体设计

技术掌握 字体的绘制方法

317 11.2 Logo设计

技术掌握 Logo的绘制方法

本书精彩实例展示

322 11.3 海报设计

技术掌握 海报的绘制方法

324 11.4 插画设计

技术掌握 插画的绘制方法

前言

PREFACE

Corel公司的CorelDRAW X7是非常受欢迎的矢量绘图软件。CorelDRAW具有强大的功能，可用于矢量绘图、文本编排、Logo设计、字体设计及版式设计等方面，这使其在平面设计、商业插画、VI设计和工业设计等领域中占据非常重要的地位。

本书是初学者自学中文版CorelDRAW X7的技术操作实践图书。全书从实用角度出发，全面、系统地讲解了中文版CorelDRAW X7的常见应用功能和操作技法，基本上涵盖了中文版CorelDRAW X7的常用工具、面板、对话框和菜单命令。本书以理论＋操作演示＋实战练习的方式介绍软件知识，采用的是一种加深理解的高效学习方法，以先理论后练习的方式来引导读者学习使用软件。本书精心安排了68个详细的操作演示（注：操作演示视频仅供读者观看操作方法，部分视频中的素材图与书中不同）、44个非常具有针对性的实战案例和4个综合案例，而且在前10章每章章首配有学习建议，章末配有学习总结，可供读者学习时参考。这些都能帮助读者轻松掌握软件的使用技巧和具体应用，做到学用结合，并且全部操作演示、实例都配有教学视频。

本书的结构与内容

本书共11章，具体内容介绍如下。

第1章：本章讲解CorelDRAW X7的基础知识和基本操作。

第2章：本章讲解CorelDRAW X7的对象操作方法。

第3章：本章讲解CorelDRAW X7线型工具的使用方法。

第4章：本章讲解如何使用CorelDRAW X7中的几何图形工具创建几何图形。

第5章：本章讲解如何使用CorelDRAW X7中的修饰工具修饰图形。

第6章：本章讲解如何使用CorelDRAW X7中的相关工具或者命令编辑图形。

第7章：本章讲解如何使用CorelDRAW X7中的填充工具填充图形。

第8章：本章讲解CorelDRAW X7轮廓线的操作知识。

第9章：本章讲解CorelDRAW X7图像效果的添加方法。

第10章：本章讲解CorelDRAW X7中文本与表格的创建和调整方法。

第11章：本章讲解4个综合案例，包括字体设计、Logo设计、海报设计和插画设计。

超值附赠40个矢量花纹素材

一个成功的作品，不仅要有引人注目的主题元素，还要有合适的搭配元素，如背景和装饰花纹。本书赠送了40个非常稀有的.cdr格式的欧美花纹素材，这些素材不仅可以用于合成背景，还可以用于前景装饰。

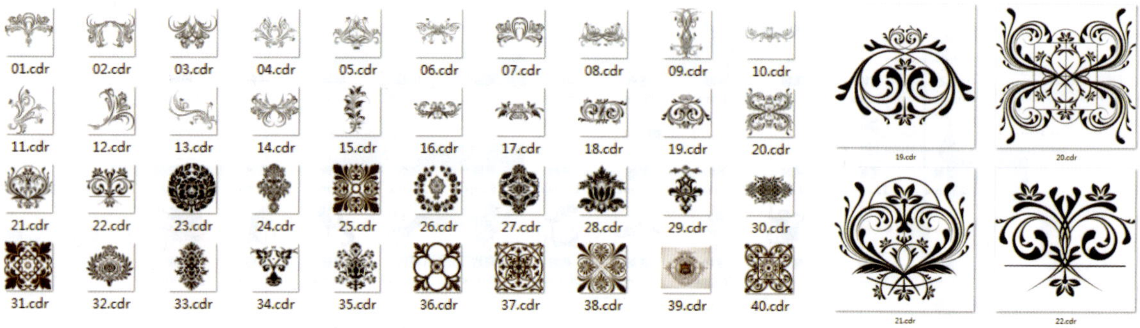

资源位置：学习资源>附赠资源>附赠素材>“矢量花纹”文件夹

超值附赠35个图案素材

在制作海报招贴或卡通插画的背景时，通常需要用到一些矢量插画素材和图案素材，因此本书赠送了35个.cdr格式的这类素材，读者可以直接导入这些素材进行编辑使用。

资源位置：学习资源>附赠资源>附赠素材>“图案素材”文件夹

超值附赠50个贴图素材

在工业产品设计和服饰设计中，通常需要为绘制的产品添加材质，因此本书特别赠送50个.jpg格式的高清位图素材，读者可以直接导入这些材质贴图素材进行编辑使用。

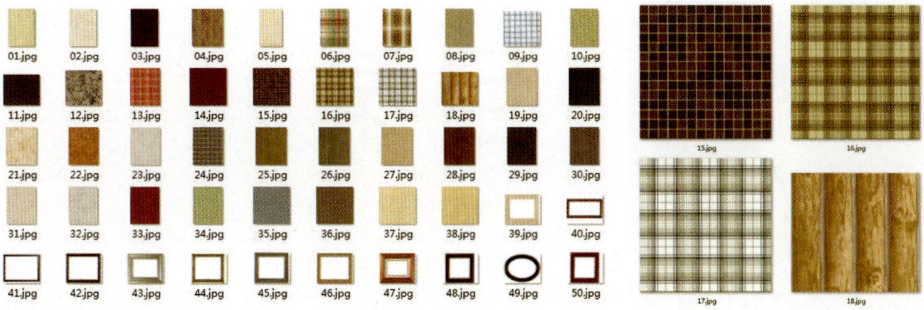

资源位置：学习资源>附赠资源>附赠素材>“贴图素材”文件夹

在线教学视频总数多达147集

为了更方便读者学习如何使用CorelDRAW X7软件，我们特别录制了本书所有操作演示和实例的教学视频，分为学习建议/总结（31集）、操作演示（68集）、实战练习（44集）和综合案例（4集）4部分，共147集。其中操作演示和实战练习专门针对软件的重要工具、重要技术和重要操作技巧进行讲解，综合案例专门针对实际工作中各种平面设计（字体设计、Logo设计、海报设计及插画设计）进行全面的讲解。这些视频可以在线观看，也可以通过扫描书中的二维码观看。

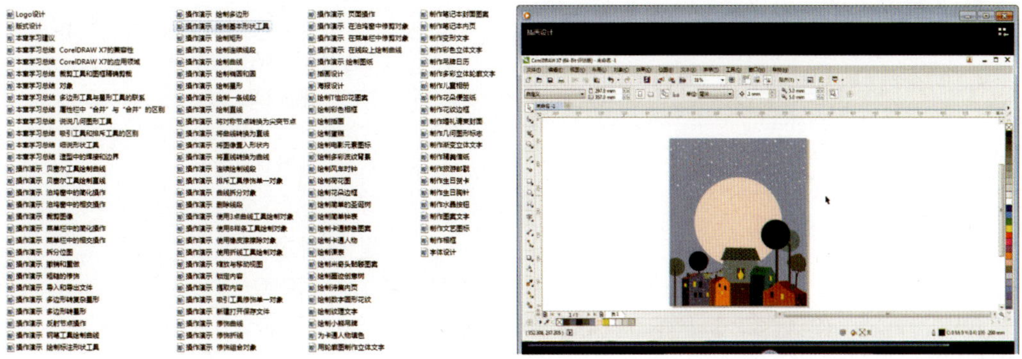

其他说明

本书所有的学习资源文件均可在线获取，扫描“资源获取”二维码，关注“数艺设”的微信公众号，即可得到资源文件获取方式。如需资源获取技术支持，请致函szys@ptpress.com.cn。在学习的过程中，如果遇到问题，欢迎您与我们交流，客服邮箱：press@iread360.com。

资源获取

编者

2020年2月

目录

CONTENTS

第1章 CorelDRAW X7的基础知识和基本操作 21

1.1 图像的必备知识 22
- 1.1.1 矢量图 22
- 1.1.2 位图 22
- 1.1.3 转换位图和矢量图 22

1.2 CorelDRAW X7的工作界面 23
- 1.2.1 标题栏 24
- 1.2.2 菜单栏 24
- 技术专题 视图管理器的基本操作 25
- 1.2.3 常用工具栏 31
- 1.2.4 属性栏 32
- 1.2.5 工具箱 32
- 1.2.6 标尺 32
- 1.2.7 页面 33
- 1.2.8 导航器 33
- 1.2.9 状态栏 33
- 1.2.10 调色板 34
- 1.2.11 泊坞窗 34

1.3 文件操作 34
- 1.3.1 新建/打开/保存文件 34
- 操作演示 新建/打开/保存文件 35
- 1.3.2 页面操作 36
- 操作演示 页面操作 36
- 1.3.3 导入/导出文件 37
- 操作演示 导入/导出文件 37
- 1.3.4 撤销/重做 39
- 操作演示 撤销/重做 39
- 1.3.5 视图的缩放与移动 40
- 操作演示 缩放与移动视图 40

本章学习总结 42
- CorelDRAW X7的兼容性 42
- CorelDRAW X7的应用领域 42

第2章 对象操作 43

2.1 选择对象 44
- 2.1.1 选择单个对象 44
- 2.1.2 选择多个对象 44
- 2.1.3 选择多个不相连的对象 44
- 2.1.4 全选对象 45
- 2.1.5 选择覆盖对象 45
- 2.1.6 手绘选择对象 45

2.2 变换对象 45
- 2.2.1 移动和旋转对象 45
- 实战练习 制作几何图形标志 46
- 2.2.2 缩放和镜像对象 47
- 实战练习 制作花纹边框 48
- 2.2.3 设置对象的大小 50
- 2.2.4 倾斜处理 50

2.3 复制对象 50
- 2.3.1 对象基础复制 50
- 2.3.2 对象的再制 51
- 技术专题 使用对象的“再制”功能制作相关效果 51
- 2.3.3 对象属性的复制 51

2.4 控制对象 52
- 2.4.1 锁定和解锁 52
- 2.4.2 组合与取消组合对象 53
- 2.4.3 对象的排列 54
- 2.4.4 合并与拆分 55
- 实战练习 制作旅游邮戳 55

2.5 对齐与分布 57
- 2.5.1 对齐对象 57
- 2.5.2 分布对象 58

2.6 步长与重复 59
- 实战练习 制作生日贺卡 60

本章学习总结 63

属性栏中“合并”与“合并”的区别......63
对象......64

第3章 线型工具的使用......65

3.1 手绘工具......66
3.1.1 线条设置......66
3.1.2 基本绘制方法......67
操作演示 使用手绘工具绘制直线......67
操作演示 使用手绘工具绘制曲线......67
操作演示 连续绘制线段......68
操作演示 在线段上绘制曲线......68

3.2 2点线工具......69
3.2.1 属性栏设置......69
3.2.2 基本绘制方法......69
操作演示 绘制一条线段......69
操作演示 绘制连续线段......69

3.3 贝塞尔工具......70
3.3.1 绘制直线......70
操作演示 使用贝塞尔工具绘制直线......70
3.3.2 绘制曲线......70
操作演示 使用贝塞尔工具绘制曲线......72
实战练习 绘制卡通人物......72
3.3.3 贝塞尔的修饰......76
操作演示 将曲线转换为直线......77
操作演示 将直线转换为曲线......77
操作演示 将对称节点转换为尖突节点......78
操作演示 反射节点操作......80
实战练习 绘制插画......81

3.4 钢笔工具......85
3.4.1 属性栏设置......85
3.4.2 绘制方法......86
操作演示 绘制直线和折线......86
操作演示 使用钢笔工具绘制曲线......86
实战练习 绘制蛋糕......87

3.5 B样条工具......89
操作演示 使用B样条工具绘制对象......89

3.6 折线工具......90
操作演示 使用折线工具绘制对象......90

3.7 3点曲线工具......91
操作演示 使用3点曲线工具绘制对象......91

3.8 艺术笔工具......91
3.8.1 预设......91
3.8.2 笔刷......92
3.8.3 喷涂......92
3.8.4 书法......93
3.8.5 压力......93
实战练习 绘制墨迹创意树......94

本章学习总结......96
线条样式的自定义编辑......96
线条在实际操作中的用处......96

第4章 几何图形工具的使用......97

4.1 矩形工具组......98
4.1.1 矩形工具......99
操作演示 绘制矩形......99
4.1.2 3点矩形工具......99
实战练习 绘制彩色相框......100

4.2 椭圆工具组......101
4.2.1 椭圆形工具......102
操作演示 绘制椭圆和圆......102
4.2.2 3点椭圆形工具......102
实战练习 绘制数字圆形花纹......103

4.3 多边形工具......106
4.3.1 绘制多边形......106
操作演示 绘制多边形......106
4.3.2 多边形的修饰......106
操作演示 多边形转星形......106
操作演示 多边形转复杂星形......107
实战练习 绘制简单钟表......107

4.4 星形工具......109
操作演示 绘制星形......109
实战练习 绘制T恤印花图案......109

4.5 复杂星形工具......112
操作演示 绘制复杂星形......112

4.6 图纸工具......112
操作演示 绘制图纸......113
实战练习 制作笔记本封面图案......113

4.7 形状工具组......114
4.7.1 基本形状工具......115
操作演示 绘制基本形状......115
4.7.2 箭头形状工具......115
4.7.3 流程图形状工具......116
4.7.4 标题形状工具......116
4.7.5 标注形状工具......116
操作演示 绘制标注形状......116
实战练习 制作文艺图标......117

本章学习总结 120
多边形工具与星形工具 120
说说几何图形工具 120

第5章 图形的修饰 121

5.1 形状工具 122
5.2 平滑工具 123
5.2.1 线的修饰 123
操作演示 修饰折线 123
5.2.2 面的修饰 123
5.3 涂抹工具 124
5.3.1 单一对象涂抹 124
5.3.2 组合对象涂抹 124
实战练习 绘制卡通鲸鱼图案 124
5.4 吸引工具 127
5.4.1 单一对象吸引 127
操作演示 使用吸引工具修饰单一对象 127
5.4.2 群组对象吸引 127
实战练习 绘制花朵边框 127
5.5 排斥工具 129
5.5.1 单一对象排斥 129
操作演示 使用排斥工具修饰单一对象 129
5.5.2 组合对象排斥 130
操作演示 修饰组合对象 130
实战练习 绘制搞怪骷髅图案 131
5.6 沾染工具 133
5.6.1 线的修饰 134
操作演示 修饰曲线 134
5.6.2 面的修饰 134
5.7 粗糙工具 135
操作演示 粗糙的修饰 135
实战练习 绘制多彩波纹背景 135
本章学习总结 138
细说形状工具 138
吸引工具和排斥工具的区别 138

第6章 图形的编辑 139

6.1 橡皮擦工具 140
操作演示 使用橡皮擦擦除对象 140
6.2 裁剪工具 141
操作演示 裁剪图像 141
实战练习 制作儿童相册 142
6.3 图框精确剪裁 144
6.3.1 置入对象 144
操作演示 将图像置入形状内 144
6.3.2 编辑操作 145
操作演示 锁定内容 147
操作演示 提取内容 148
实战练习 制作花朵便签纸 149
6.4 刻刀工具 150
6.4.1 直线拆分对象 151
操作演示 直线拆分对象 151
6.4.2 曲线拆分对象 151
操作演示 曲线拆分对象 151
6.4.3 拆分位图 152
操作演示 拆分位图 152
6.5 虚拟段删除工具 153
操作演示 删除线段 153
6.6 造型操作 154
6.6.1 焊接 154
6.6.2 修剪 155
操作演示 在菜单栏中修剪对象 155
操作演示 在泊坞窗中修剪对象 156
实战练习 制作相框 157
6.6.3 相交 160
操作演示 菜单栏中的相交操作 160
操作演示 泊坞窗中的相交操作 160
6.6.4 简化 161
操作演示 菜单栏中的简化操作 161
操作演示 泊坞窗中的简化操作 162
6.6.5 移除对象操作 162
6.6.6 边界 164
实战练习 绘制简单的圣诞树 164
本章学习总结 167
裁剪工具和图框精确剪裁 167
造型中的焊接和边界 168

第7章 图形的填充 169

7.1 编辑填充 170
7.1.1 无填充 170
7.1.2 均匀填充 171
7.1.3 渐变填充 173
实战练习 制作渐变立体文字 175
7.1.4 图样填充 180
实战练习 制作图案文字 181
7.1.5 底纹填充 183
实战练习 制作精美信纸 184

7.2 交互式填充工具.........................186
7.2.1 属性栏设置.........................186
7.2.2 基本使用方法.........................186
实战练习 制作水晶按钮.........................190

7.3 滴管工具.........................192
7.3.1 颜色滴管工具.........................192
操作演示 使用颜色滴管工具填充对象.........................193
实战练习 为卡通动物填色.........................193
7.3.2 属性滴管工具.........................197
操作演示 使用属性滴管工具填充对象.........................198

本章学习总结.........................199
编辑填充和交互式填充工具.........................199
智能填充.........................200

第8章 轮廓线的操作.........................201

8.1 轮廓线简介.........................202
8.2 轮廓笔对话框.........................202
8.3 轮廓线宽度.........................203
8.3.1 设置轮廓线宽度.........................203
8.3.2 清除轮廓线.........................204
实战练习 绘制风车时钟.........................204
8.4 轮廓线的颜色和样式.........................208
8.4.1 轮廓线颜色.........................208
8.4.2 轮廓线样式.........................208
实战练习 绘制小熊吊牌.........................209
8.5 轮廓线转对象.........................210
操作演示 轮廓线转对象.........................210
实战练习 制作多彩立体轮廓文字.........................211

本章学习总结.........................215
轮廓线的缩放.........................215
轮廓边角和端头设置.........................216

第9章 图像的效果操作.........................217

9.1 阴影效果.........................218
9.1.1 阴影参数设置.........................218
9.1.2 创建阴影效果.........................220
操作演示 创建中心阴影效果.........................220
9.1.3 阴影操作.........................222
实战练习 绘制插画.........................223
9.2 轮廓图效果.........................226
9.2.1 轮廓图参数设置.........................226
9.2.2 创建轮廓图.........................227
9.2.3 轮廓图操作.........................228
操作演示 拆分轮廓图.........................229
实战练习 用轮廓图制作立体文字.........................230
9.3 调和效果.........................231
9.3.1 调和参数设置.........................231
9.3.2 创建调和效果.........................233
技术专题 调和线段对象.........................233
技术专题 直线调和转曲线调和.........................234
9.3.3 调和操作.........................235
操作演示 变更起始和终止对象.........................236
操作演示 拆分与熔合调和对象.........................238
实战练习 绘制荷花图.........................240
9.4 立体化效果.........................244
9.4.1 立体参数设置.........................244
9.4.2 创建立体效果.........................247
9.4.3 立体化操作.........................247
操作演示 在泊坞窗中更改灭点位置和深度.........................247
实战练习 制作彩色立体文字.........................249
9.5 变形效果.........................251
9.5.1 推拉变形.........................251
9.5.2 拉链变形.........................252
9.5.3 扭曲变形.........................253
操作演示 创建扭曲变形.........................253
9.6 封套效果.........................254
9.6.1 封套参数设置.........................254
9.6.2 创建封套.........................255
实战练习 制作变形文字.........................255
9.7 透明效果.........................258
9.7.1 透明参数设置.........................258
9.7.2 创建透明效果.........................261
操作演示 创建渐变透明度.........................262
操作演示 创建图样透明度.........................263
实战练习 绘制诗集内页.........................264
9.8 透视效果.........................266
实战练习 绘制电影元素图标.........................266

本章学习总结.........................271
使用调和工具制作图案.........................271
调和工具和变形工具的混用.........................272

第10章 文本与表格.........................273

10.1 文本的输入.........................274
10.1.1 美术文本.........................274

实战练习 制作婚礼请柬封面........................275
10.1.2 段落文本........................277
操作演示 创建段落文本........................277

10.2 文本设置与编辑........................278

10.2.1 使用形状工具调整文本........................278
操作演示 使用形状工具调整文本........................278
技术专题 使用“形状工具”编辑文本的详细方法........................279
10.2.2 属性栏设置........................279
10.2.3 字符设置........................281
10.2.4 段落设置........................283
实战练习 制作生日贺卡........................284

10.3 文本编排........................286

10.3.1 页面操作与设置........................286
10.3.2 页码操作........................288
10.3.3 文本绕图........................289
10.3.4 文本适合路径........................289
实战练习 制作生日胸针........................291
10.3.5 段落文本链接........................293

10.4 文本转曲操作........................294

10.4.1 文本转曲的方法........................294
10.4.2 艺术字体设计........................294
实战练习 绘制纹理文字........................295

10.5 创建表格........................298

10.5.1 表格工具创建........................298
10.5.2 菜单命令创建........................298
实战练习 制作笔记本内页........................298

10.6 文本表格互转........................299

10.6.1 表格转换为文本........................299
操作演示 将表格转换为文本........................299
10.6.2 文本转换为表格........................300
实战练习 制作吊牌日历........................300

10.7 表格设置........................302

10.7.1 表格属性设置........................302
10.7.2 选择单元格........................303
10.7.3 单元格属性栏设置........................304
实战练习 绘制课程表........................305

10.8 表格操作........................306

10.8.1 插入命令........................306
10.8.2 删除单元格........................307
10.8.3 移动边框位置........................307
10.8.4 分布命令........................307
操作演示 均匀分布表格........................307
10.8.5 填充表格........................308

本章学习总结........................309

字体的安装........................309
拼写检查........................309

第11章 综合案例........................311

11.1 字体设计........................312

11.1.1 新建文档输入文字........................312
11.1.2 绘制文字“路”........................312
11.1.3 绘制文字“过”........................313
11.1.4 绘制文字“盛”........................313
11.1.5 绘制文字“夏”........................314
11.1.6 拼凑调整文字........................316
11.1.7 绘制七边形和导入素材........................316

11.2 Logo设计........................317

11.2.1 新建文档绘制茶杯........................317
11.2.2 绘制正方形边框和树叶........................320
11.2.3 绘制框架........................320
11.2.4 拼凑和导入素材........................321
11.2.5 输入文本........................321
11.2.6 制作圆圈........................321

11.3 海报设计........................322

11.3.1 新建文档导入素材........................322
11.3.2 输入美术文本........................322
11.3.3 导入素材和绘制背景........................323
11.3.4 输入段落文本........................324

11.4 插画设计........................324

11.4.1 新建文档绘制房屋........................325
11.4.2 拼凑所有房屋........................330
11.4.3 绘制树木........................331
11.4.4 拼凑房屋和树木并导入素材........................331
11.4.5 绘制背景........................331
11.4.6 裁剪多余内容........................331
11.4.7 导入素材和绘制月亮........................331
11.4.8 绘制星形........................332
11.4.9 导入素材........................332

第1章

CorelDRAW X7的基础知识和基本操作

本章将详细介绍CorelDRAW X7的基础知识和基本操作，包括图像的知识、软件的工作界面和文件的基本操作。牢固地掌握这些知识，可以为后面的学习打下坚实的基础。

- 了解矢量图与位图
- 了解CorelDRAW X7的工作界面
- 掌握CorelDRAW X7的文件操作

本章学习建议

由本章的章名就可以了解到本章主要讲解的内容，即认识图像和CorelDRAW X7，以及CorelDRAW X7的基本操作。在学习一个软件之前，我们首先要了解这个软件是用来处理或者制作什么的；其次就是了解这个软件的界面，方便后面的使用；最后就是掌握软件的操作方法，这些都是学习一个软件的必备基础知识。需要注意的是，本章中有一些知识能够在实际操作的时候起到辅助作用，例如，标尺可以用来创建辅助线，按组合键Ctrl+Z可以连续撤销操作完成的步骤。此外，在文档中进行操作时要及时保存，以免出现突发情况，如断电的时候，因来不及保存文档而丢失文档。

扫码观看教学视频

1.1 图像的必备知识

图像主要分为矢量图和位图。矢量图无论放大或缩小都不会模糊，而位图是由像素组成的，超出像素范围，图片就会模糊。

1.1.1 矢量图

CorelDRAW软件主要以矢量图形为基础进行创作，除此之外，Illustrator和AutoCAD等软件也是如此。矢量图也称为“矢量形状”或“矢量对象”。矢量文件中每个对象都自成一体，它具有颜色、形状、轮廓、大小和屏幕位置等属性，可以直接进行轮廓修饰、颜色填充和效果添加等操作。

矢量图与分辨率无关，因此无论是进行移动还是修改，都不会丢失细节或影响其清晰度。当调整矢量图形的大小、将矢量图形打印到任何尺寸的介质上、在PDF文件中保存矢量图形或将矢量图形导入基于矢量的图形应用程序中时，矢量图形都将保持清晰的边缘。图1-1所示为原图，将其放大到400%，图像仍然很清晰，没有出现任何锯齿，效果如图1-2所示。

图1-1

图1-2

1.1.2 位图

位图也称为“栅格图像”，也就是通常所说的“点阵图像”或“绘制图像”。位图由众多像素（图片元素）组成，每个像素都会被分配一个特定位置和颜色值。因此，相对于矢量图，在编辑位图时只针对图像像素而无法直接编辑形状或填充颜色。将位图放大后图像会“发虚”，并且可以清晰地观察到图像中有很多小方块，这些小方块就是构成图像的像素。图1-3所示为原图，将其放大到200%，会出现马赛克现象，效果如图1-4所示。

图1-3

图1-4

1.1.3 转换位图和矢量图

CorelDRAW X7软件可以将矢量图和位图进行相互转换。将位图转换为矢量图，可以对其进行填充、变形等编辑；将矢量图转换为位图，可以对其进行位图的相关效果添加，也可以降低对象的复杂程度。

1.矢量图转位图

在设计制作中，为了方便添加颜色调和、滤镜等一些位图编辑效果，会将矢量对象转换为位图来丰富设计效果，比如模糊图像、贴图等。下面进行详细的讲解。

（1）转换操作

选中要转换为位图的对象，然后执行“位图>转换为位图”菜单命令，打开“转换为位图”对话框，接着在“转换为位图”对话框中选择相应的设置模式，最后单击“确定”按钮 确定 完成转换。

（2）选项设置

“转换为位图”的参数设置如图1-5所示。

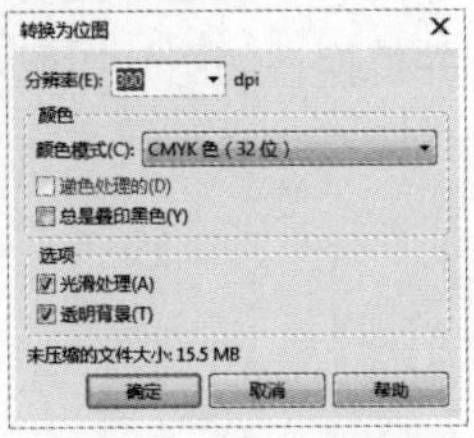

图1-5

重要参数介绍

分辨率：用于设置对象转换为位图后的清晰程度，可以在后面的下拉选项中选择相应的分辨率，也可以直接输入需要的数值。数值越大，图片越清晰；数值越小，图像越模糊，会出现马赛克边缘。

颜色模式：用于设置位图的颜色显示模式，包括“黑白（1位）”“16色（4位）”“灰度（8位）”“调色板色（8位）”“RGB色（24位）”“CMYK色（32位）”。颜色位数越少，颜色丰富程度越低。

递色处理的：以模拟的颜色块数目来显示更多的颜色，该选项在可使用颜色位数少时激活，如“颜色模式”为8位色或更少。勾选该选项后，转换的位图以颜色块来丰富颜色效果；该选项未勾选时，转换的位图以选择的颜色模式显示。

总是叠印黑色：勾选该选项，可以在印刷时避免套版不准和露白现象，在“RGB色”和“CMYK色”模式下激活。

光滑处理：使转换的位图边缘平滑，去除边缘锯齿。

透明背景：勾选该选项可以使转换对象背景透明，不勾选时显示白色背景。

2.描摹位图

描摹位图可以把位图转换为矢量图形，进行编辑、填充等操作。用户可以在位图菜单栏下进行选择操作，如图1-6所示，也可以在属性栏中单击“描摹位图”按钮 描摹位图(T)，在打开的下拉菜单上进行选择操作，如图1-7所示。描摹位图的方式包括“快速描摹”“中心线描摹”“轮廓描摹”。

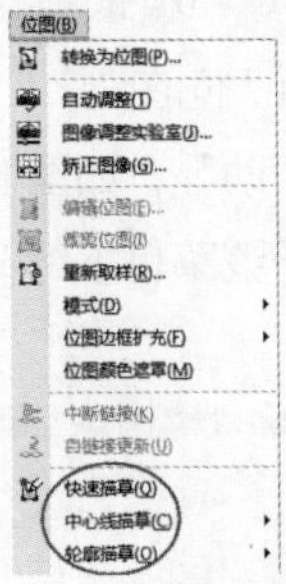

图1-6

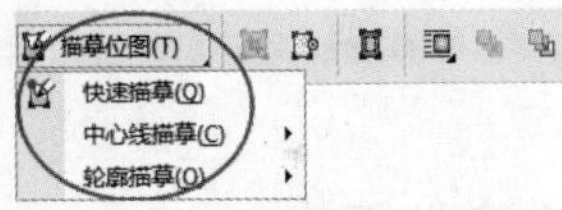

图1-7

1.2 CorelDRAW X7的工作界面

在默认情况下，CorelDRAW X7的工作界面由标题栏、菜单栏、常用工具栏、属性栏、文档标题栏、工具箱、页面、工作区域、标尺、导航栏、状态栏、调色板、泊坞窗、视图导航器、滚动条和用户登录这16部分组成，如图1-8所示。

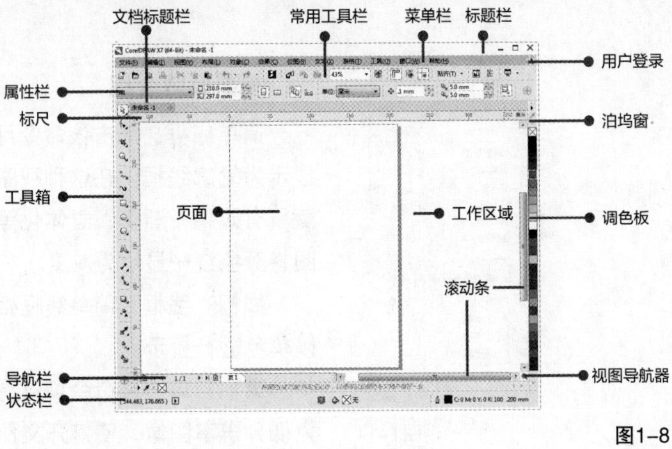

图1-8

提示

CorelDRAW X7在最初启动时泊坞窗是没有显示出来的，可以执行“窗口>泊坞窗”菜单命令打开泊坞窗。

1.2.1 标题栏

标题栏位于界面的最上方，标注软件名称CorelDRAW X7（64bit）和当前编辑文档的名称，如图1-9所示，标题显示黑色为激活状态。

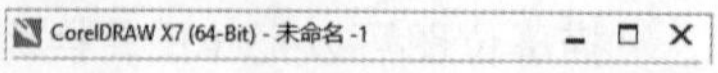

图1-9

1.2.2 菜单栏

CorelDRAW X7的“菜单栏”中包含常用的12组主菜单，分别是“文件”“编辑”“视图”“布局”“对象”“效果”“位图”“文本”“表格”“工具”“窗口”“帮助”，如图1-10所示。单击相应的主菜单，即可打开该菜单下的命令，下面进行具体的介绍。

图1-10

1.文件菜单

“文件”菜单可以对文档进行基本操作，选择相应的菜单命令可以进行页面的新建、打开、关闭、保存等操作，也可以进行导入、导出或打印、退出等操作，如图1-11所示。

图1-11

2.编辑菜单

“编辑”菜单用于进行对象的编辑操作，选择相应的菜单命令可以进行步骤的撤销与重做，可以进行对象的剪切、复制、粘贴、选择性粘贴、删除，还可以再制、克隆、复制属性、步长和重复、全选、查找并替换，如图1-12所示。

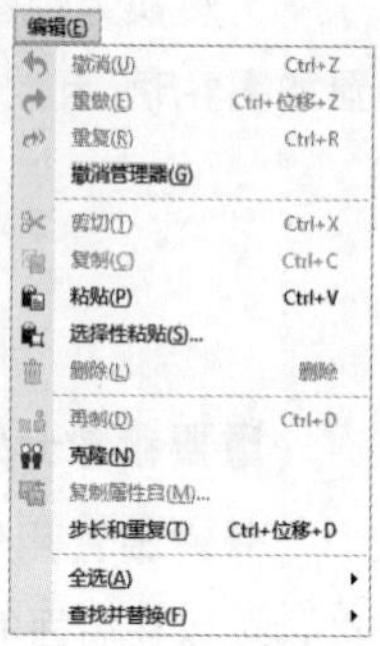

图1-12

3.视图菜单

“视图”菜单用于进行文档的视图操作。选择相应的菜单命令可以对文档视图模式进行切换、调整视图预览模式和界面显示操作，如图1-13所示。

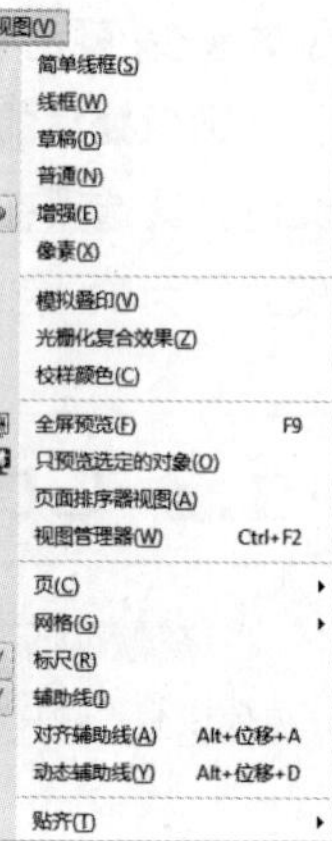

图1-13

重要参数介绍

简单线框：单击该命令可以将编辑界面中的对象显示为轮廓线框。在这种视图模式下，矢量图形将隐藏所有效果（渐变、立体化等），只显示轮廓线；位图将颜色统一显示为灰度。

线框：线框和简单线框相似，区别在于，位图是以单色进行显示。

草稿：单击该命令可以将编辑界面中的对象显示为低分辨率图像，使打开文件的速度和编辑文件的速度变快。在这种模式下，矢量图边线粗糙，填色与效果以原图案显示；位图则会出现明显的马赛克。

普通：单击该命令可以将编辑界面中的对象正常显示（以原分辨率显示）。

增强：单击该命令可以将编辑界面中的对象显示为最佳效果。在这种模式下，矢量图的边缘会尽可能平滑，图像越复杂，处理效果的时间越长；位图以高分辨率显示。

像素：单击该命令可以将编辑界面中的对象显示为像素格效果，放大对象比例可以看到每个像素格。

模拟叠印：单击该命令可以用图像直接模拟叠印效果。

光栅化复合效果：将图像分割成小像素块，可以和光栅插件配合使用更换图片颜色。

校样颜色：单击该命令可以用图像快速校对位图的颜色，以减小显示颜色或输出的颜色偏差。

全屏预览：将所有编辑对象进行全屏预览，按F9键可以进行快速切换，这种方法并不会将所有编辑的内容显示。

只预览选定的对象：将选中的对象进行预览，没有被选中的对象被隐藏。

页面排序器视图：将文档内编辑的所有页面以平铺手法进行预览，方便在书籍、画册编排时进行查看和调整。

视图管理器：以泊坞窗的形式进行视图查看。

技术专题 视图管理器的基本操作

打开一个图形文件，然后执行“视图>视图管理器”菜单命令，打开“视图管理器”对话框，如图1-14所示。

图1-14

缩放一次：快捷键为F2键，按F2键并使用鼠标左键单击，可以放大一次绘图区域；使用鼠标右键单击，可以缩小一次绘图区域。如果在操作过程中一直按住F2键，再使用鼠标左键或右键在绘图区域拉出一个区域，可以对该区域进行放大或缩小操作。

放大：单击该图标可以放大图像。

技术专题 视图管理器的基本操作（续）

缩小：单击该图标可以缩小图像。

缩放选定对象：单击该图标可以缩放已选定的对象，也可以按Shift+F2复合键进行操作。

缩放所有对象：单击该图标可以显示所有编辑对象，快捷键为F4键。

添加当前的视图：单击该图标可以保存当前显示的视图样式。

删除当前的视图：单击该图标可以删除保存的视图样式。

单击“放大”按钮将文件进行放大，单击“添加当前的视图”按钮添加当前视图样式，选中样式单击鼠标左键可以进行名称修改，如图1-15所示，在编辑过程中可以单击相应样式切换到保存的视图样式中。

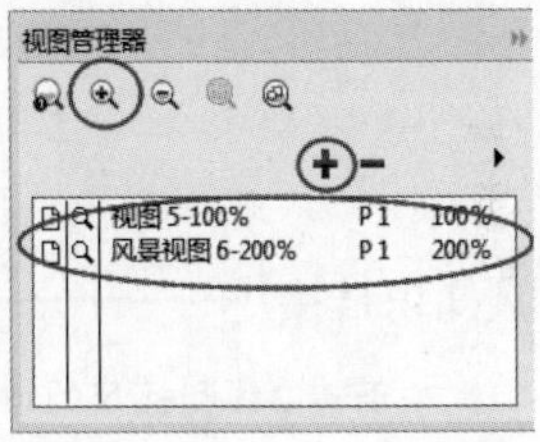

图1-15

选中保存的视图样式，然后单击“删除当前视图”按钮，可以删除保存的视图样式。

在“视图管理器”对话框中，单击视图样式前的图标，灰色显示为禁用状态，只显示缩放级别不切换页面；单击图标，灰色显示为禁用状态，只显示页面不显示缩放级别。

页：在子菜单中可以选择需要的页面类型，“页边框”用于显示或隐藏页面边框，在隐藏页边框时可以进行全工作区编辑；“出血”用于显示或隐藏出血范围，方便用户在排版中调整图片的位置；“可打印区域”用于显示或隐藏文档输出时可以打印的区域，出血区域会被隐藏，方便我们在排版过程中浏览版式，如图1-16所示。

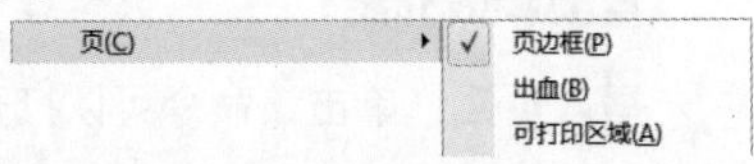

图1-16

网格：在子菜单中可以选择添加的网格类型，包括“文档网格”“像素网格”“基线网格”，如图1-17所示。

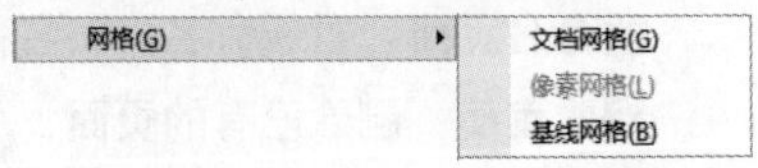

图1-17

标尺：单击该命令可以进行标尺的显示或隐藏。

辅助线：单击该命令可以进行辅助线的显示或隐藏，在隐藏辅助线时不会将其删除。

对齐辅助线：单击该命令可以在编辑对象时进行自动对齐。

动态辅助线：单击该命令开启动态辅助线，将会自动贴齐物件的节点、边缘、中心或文字的基准线。

贴齐：在子菜单中选取相应的对象类型，使用贴齐后，当对象移动到目标吸引范围时会自动贴靠。该命令可以配合网格、辅助线、基线等辅助工具进行使用，如图1-18所示。

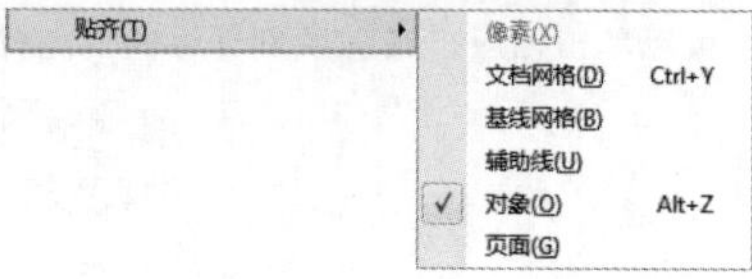

图1-18

知识链接

关于辅助线和标尺的详细操作与设置，请参阅本章“1.2.6 标尺”下的相关内容。

4.布局菜单

“布局”菜单用于文本编排。在该菜单下可以执行页面和页码的基本操作，如图1-19所示。

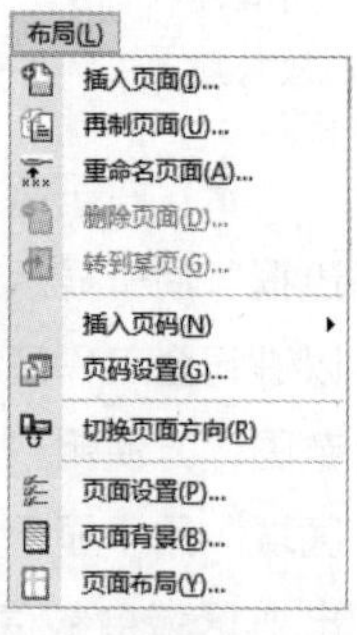

图1-19

重要参数介绍

插入页面：单击该命令可以打开“插入页面”对话框，进行插入新页面的操作。

再制页面：在当前页前或后，复制当前页或当前页及其页面内容。

重命名页面：重新命名页面名称。

删除页面：删除已有的页面，可以输入删除页面的范围。

转到某页：快速跳转至文档中的某一页。

插入页码：在子菜单中选择插入页码的方式进行操作，包括“位于活动图层”“位于所有页”“位于所有奇数页”“位于所有偶数页”，如图1-20所示。

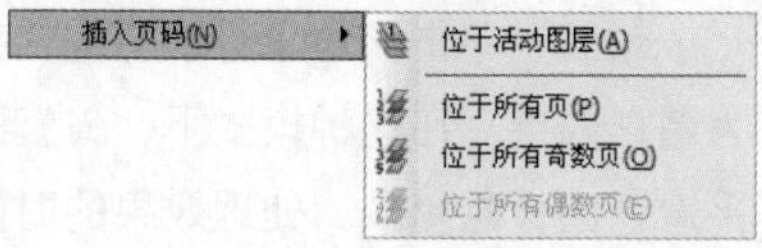

图1-20

提示

注意，插入的页码可以自动生成，具有流动性，如果删除或移动中间的任意页面，页码会自动流动更新，不用重新进行输入编辑。

页码设置：执行“布局>页码设置”菜单命令，打开“页码设置”对话框，在该对话框中可以设置“起始编号”和“起始页”的数值，同时还可以设置页码的“样式”，如图1-21所示。

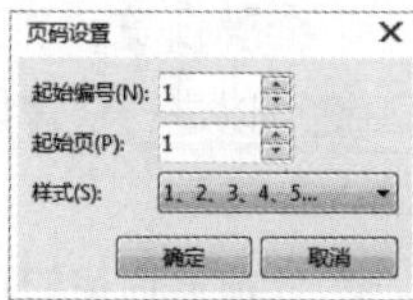

图1-21

切换页面方向：切换页面的横向或纵向。

页面设置：可以打开“选项”菜单设置页面基础参数。

页面背景：在菜单栏中执行“布局>页面背景”命令，打开“选项”对话框，如图1-22所示。默认为无背景；勾选纯色背景后，在下拉颜色选项中可以选择背景颜色；勾选位图后，可以载入图片作为背景。勾选“打印和导出背景”选项，可以在输出时显示填充的背景。

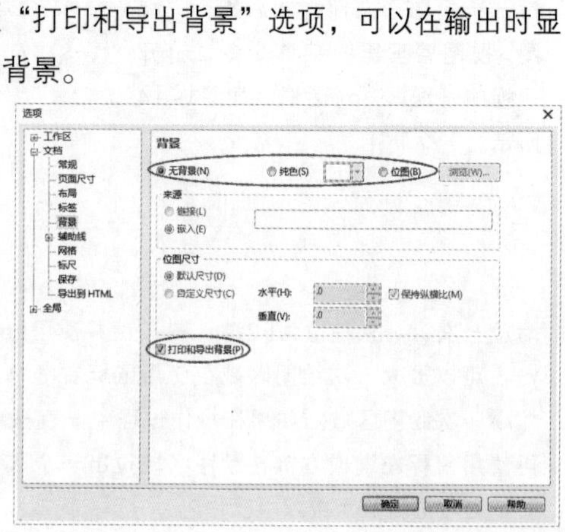

图1-22

页面布局：可以打开“选项”菜单设置，启用“对开页”复选框，内容将合并到一页中。

5.对象菜单

“对象”菜单用于对象编辑的辅助操作。

在该菜单下可以对对象进行插入条码、插入QR码、验证条形码、插入新对象、链接、符号、图框精确剪裁，可以对对象进行形状变换、组合、锁定、造形，可以进行将轮廓转为对象、连接曲线、叠印填充、叠印轮廓、叠印位图、对象提示的操作，还可以对对象属性、对象管理器进行对象批量处理等操作，如图1-23所示。

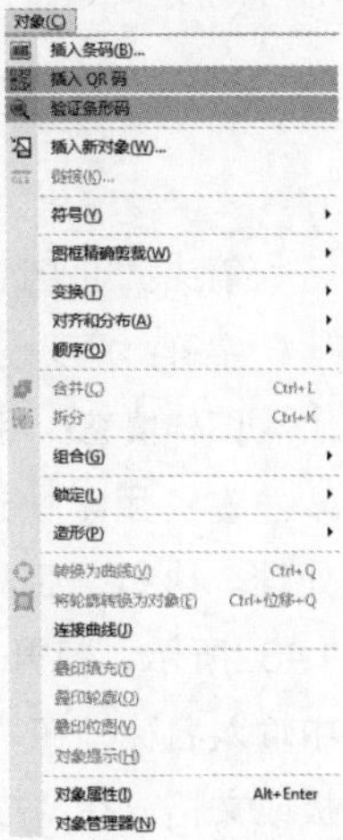

图1-23

> **知识链接**
>
> 关于对象的详细操作，我们会在本书“第2章　对象操作”中详细讲解。

6.效果菜单

“效果”菜单用于图像的效果编辑。在该菜单下可以进行位图的颜色校正调节、矢量图的材质效果的加载，如图1-24所示。

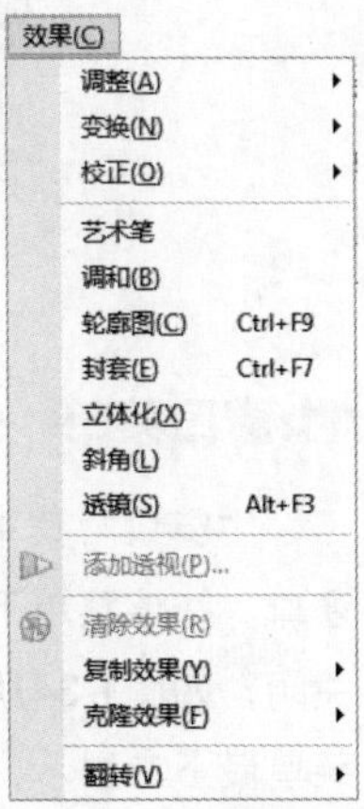

图1-24

> **知识链接**
>
> 效果菜单主要进行图像效果的添加，详细讲解请参阅本书“第9章　图像的效果操作”中的内容。

7.位图菜单

“位图”菜单可以进行位图的编辑和调整，也可以为位图添加特殊效果，如图1-25所示。

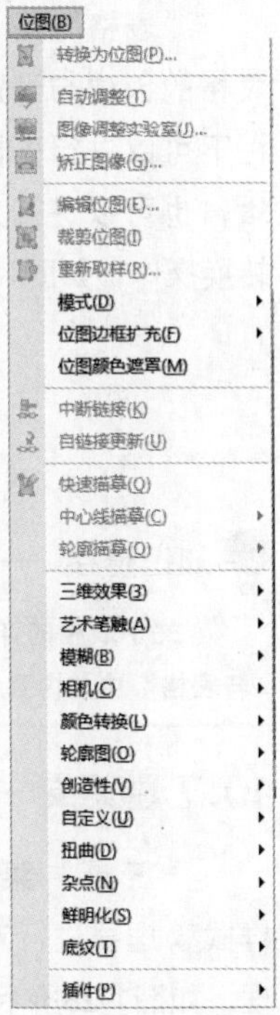

图1-25

8.文本菜单

“文本”菜单用于文本的编辑与设置，在该菜单下可以进行文本的段落设置、路径设置和查询操作，如图1-26所示。

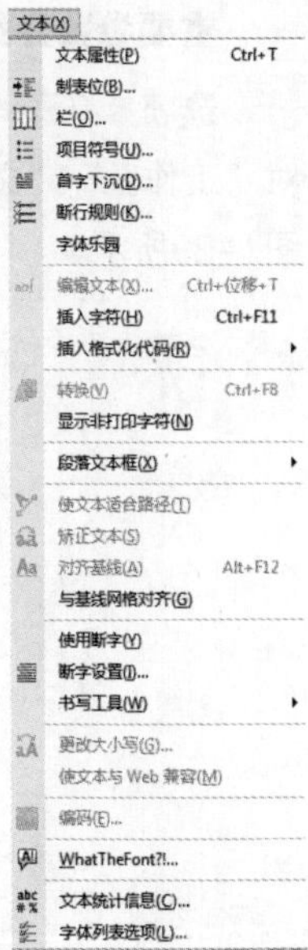

图1-26

知识链接

关于文本的详细操作，请参阅本书“第10章 文本与表格”中的内容。

9.表格菜单

“表格”菜单用于文本中表格的创建与设置。在该菜单栏下可以进行表格的创建和编辑，也可以进行文本与表格的转换操作，如图1-27所示。

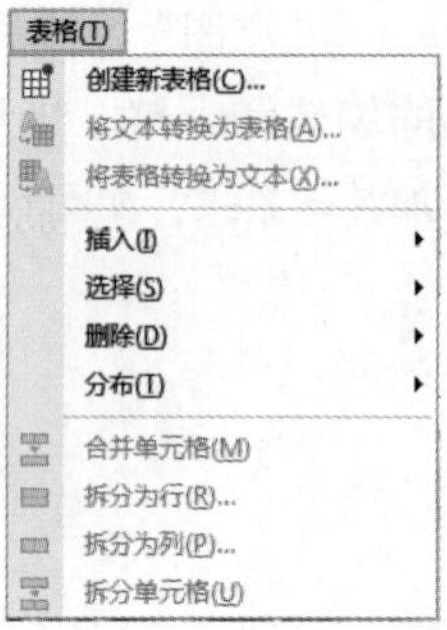

图1-27

知识链接

关于表格的详细操作，请参阅本书“第10章 文本与表格”中的内容。

10.工具菜单

“工具”菜单用于打开样式管理器进行对象的批量处理，如图1-28所示。

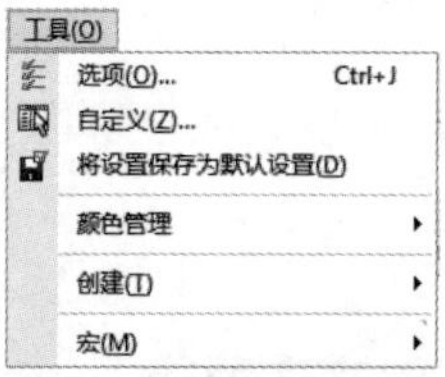

图1-28

重要参数介绍

选项：打开“选项”对话框进行参数设置，可以对“工作区”“文档”“全局”进行分项目设置，如图1-29所示。

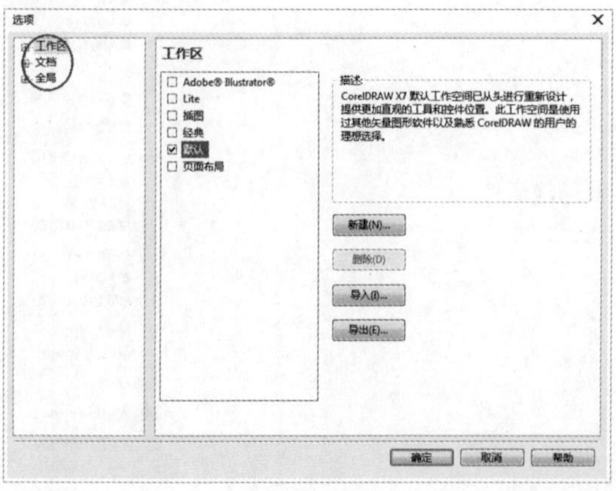

图1-29

自定义：在“选项”对话框中设置自定义选项。

将设置保存为默认设置：可以将设定好的数值保存为软件默认设置，即使再次重启软件也不会变。

颜色管理：在下拉菜单中可以选择相应的设置类型，包括“默认设置”和“文档设置”两个命令，如图1-30所示。

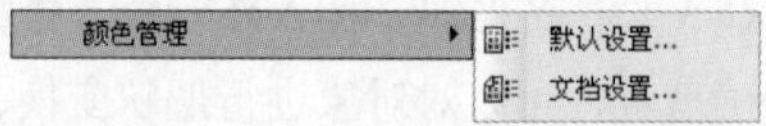

图1-30

创建：在下拉菜单中可以创建相应的图样类型，包括“箭头”“字符”“图样填充”3个命令，如图1-31所示。

图1-31

箭头：用于创建新的箭头样式。

字符：用于创建新的字符样式。

图样填充：用于创建新的图案样式。

宏：用于快速建立批量处理动作，并进行批量处理。执行“工具>宏>开始记录”菜单命令，如图1-32所示，打开“记录宏”对话框，在“宏名”框中输入名称，在“将宏保存至”框中选择保存宏的模板或文档，在“描述”框中输入对宏的描述，然后单击“确定”按钮进行开始记录，如图1-33所示。

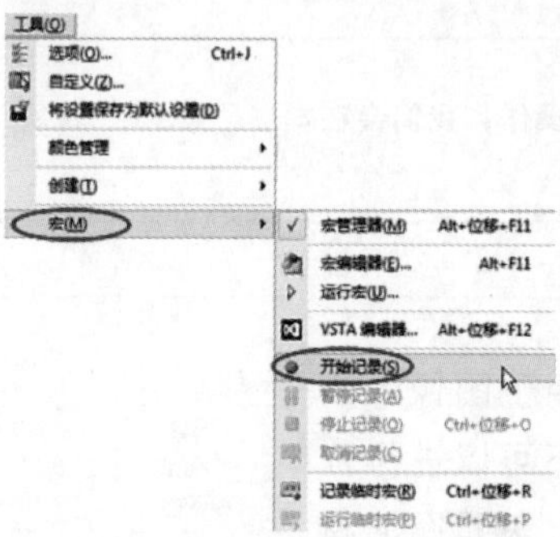

图1-32 图1-33

11.窗口菜单

“窗口”菜单用于调整窗口文档视图和切换编辑窗口。在该菜单下可以进行文档窗口的添加、排放和关闭，如图1-34所示。注意，打开的多个文档窗口在菜单最下方显示，正在编辑的文档前方显示对钩，单击选择相应的文档可以进行快速切换编辑。

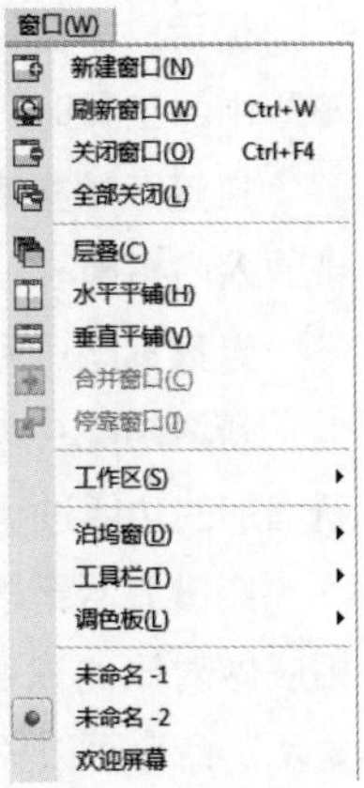

图1-34

重要参数介绍

新建窗口：用于新建一个文档窗口。

刷新窗口：刷新当前窗口。

关闭窗口：关闭当前文档窗口。

全部关闭：将打开的所有文档窗口关闭。

层叠：将所有文档窗口进行叠加预览。

水平平铺：将所有文档窗口进行水平方向平铺预览。

垂直平铺：将所有文档窗口进行垂直方向平铺预览。

合并窗口：将所有窗口以正常的方式进行排列预览。

停靠窗口：将所有窗口以前后停靠的方式进行预览。

工作区：引入了各种针对具体工作量身定制的工作区，可以帮助新用户更快、更轻松地掌握该套件。

Lite工作区：用于帮助用户更快地掌握此套件。

经典工作区：保留了套件原来的"经典"的外观。

默认工作区：可对工具、菜单、状态栏和对话框进行更加直观、高效的配置。

高级工作区：该工作区设计了"页面布局"和"插图"工作区，以更好地展示特定的应用程序功能。

泊坞窗：在子菜单中可以单击添加相应的泊坞窗，如图1-35所示。

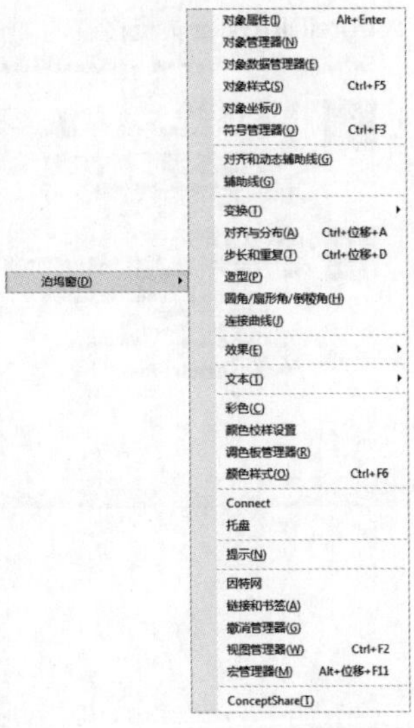

图1-35

工具栏：在子菜单中可以单击添加界面相应的工作区，如图1-36所示。

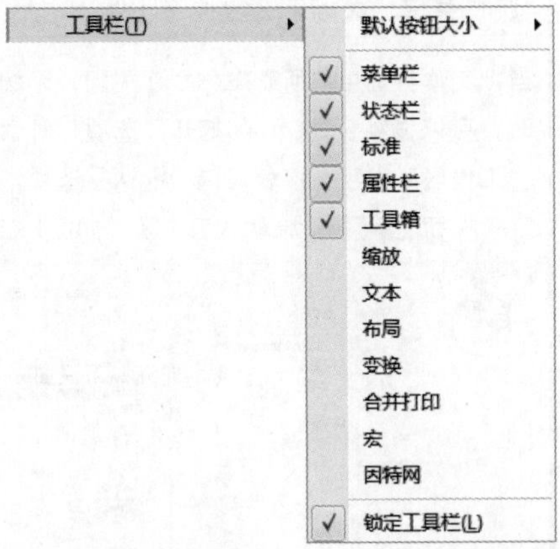

图1-36

调色板：在下拉菜单中可以单击载入相应的调色板，默认状态下显示"文档调色板"和"默认调色板"，如图1-37所示。

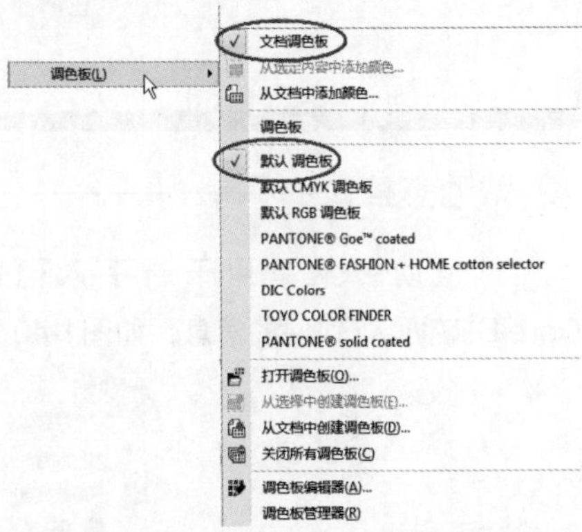

图1-37

疑难问答

误将菜单栏关闭怎么复原?

关闭菜单栏后，如果无法调出"窗口"菜单重新显示菜单栏，这时可以在标题栏下方的任意工具栏上单击鼠标右键，在弹出的快捷菜单中勾选打开误删的菜单栏，如图1-38所示。

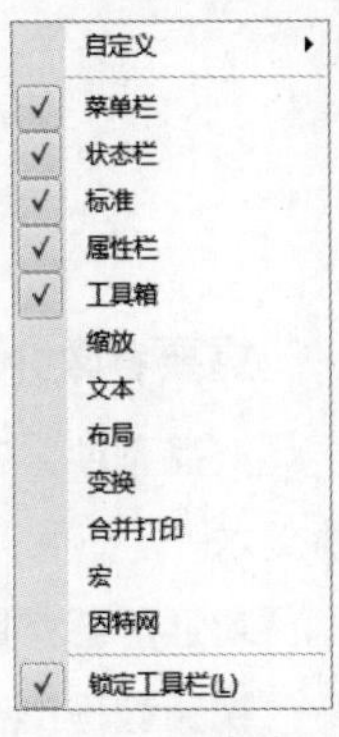

图1-38

疑难问答

误将菜单栏关闭怎么复原？（续）

当把工作界面中的所有工作栏都关闭，无法进行右键恢复时，可以按组合键Ctrl+J打开“选项”对话框，然后选择“工作区”选项，接着勾选“默认”选项，最后单击“确定”按钮确定复原默认工作区，如图1-39所示。

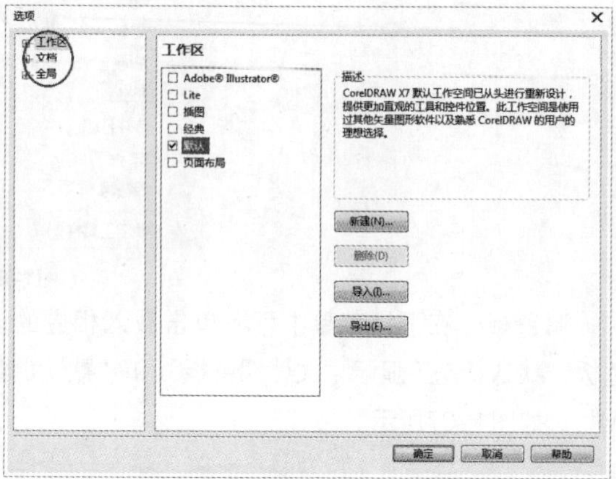

图1-39

12.帮助菜单

“帮助”菜单用于新手入门学习和查看CorelDRAW X7软件的信息，如图1-40所示。

图1-40

重要参数介绍

产品帮助：在会员登录的状态下单击打开在线帮助文本。

欢迎屏幕：用于打开“快速入门”的欢迎屏幕。

视频教程：在会员登录的状态下单击打开在线视频教程。

提示：单击打开“提示”泊坞窗，当使用“工具箱”中的工具时可以提示该工具的作用和使用方法。

快速开始指南：可以打开CorelDRAW X7软件自带的入门指南。

专家见解：可以进行部分工具的学习使用。

新增功能：单击打开“新增功能”欢迎屏幕，对新增加的功能进行了解。

突出显示新增功能：单击打开下拉子菜单，选择相应做对比的以往CorelDRAW版本，选择“无突出显示”命令可以关闭突出显示，如图1-41所示。

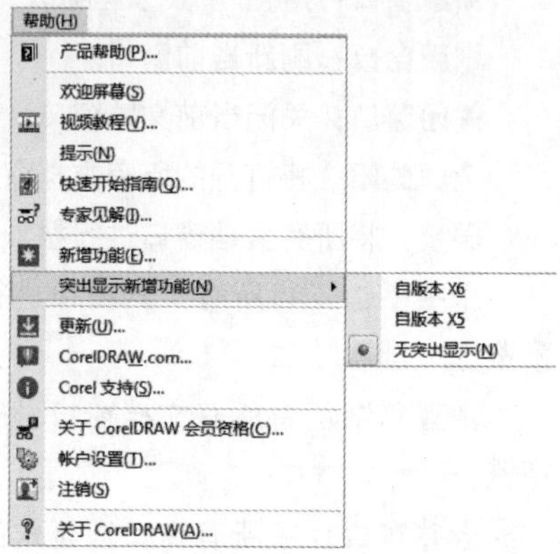

图1-41

更新：单击该命令可以开始在线更新软件。

Corel支持：单击打开在线帮助，可了解版本与格式的支持。

关于CorelDRAW会员资格：单击打开介绍窗口，可以了解CorelDRAW会员资格，如图1-42所示。

图1-42

账户设置：单击该命令可以打开“登录”对话框，如果有账户就输入密码登录，没有可以创建，如图1-43所示。只有登录了会员，才有资格查看高级在线内容。

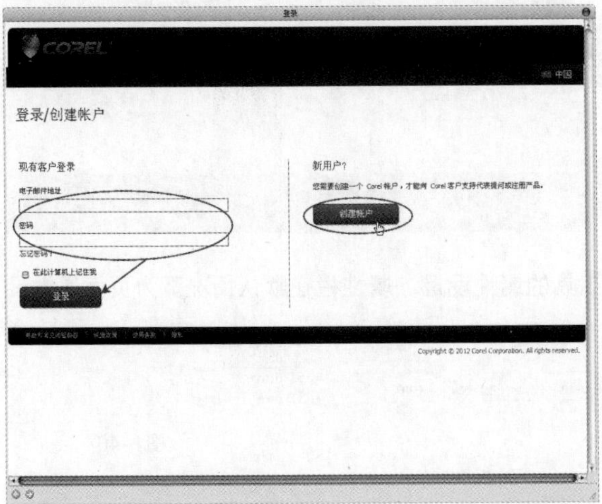

图1-43

关于CorelDRAW：用于开启CorelDRAW X7的软件信息，如图1-44所示。

图1-44

1.2.3 常用工具栏

CorelDRAW X7 的“常用工具栏”包含软件的常用基本工具图标，方便我们直接单击使用，如图1-45所示。

图1-45

重要参数介绍

新建：开始创建一个新文档。

打开：打开已有的.cdr格式的文档。

保存：保存编辑的内容。

打印：将当前文档打印输出。

剪切：剪切选中的对象。

复制：复制选中的对象。

粘贴：从剪切板中粘贴对象。

撤销：取消前面的操作（在下拉面板中可以选择撤销的详细步骤）。

重做：重新执行撤销的步骤（在下拉面板中可以选择重做的详细步骤）。

搜索内容：使用Corel CONNECT X7泊坞窗进行搜索字体、图片等连接。

导入：将文件导入正在编辑的文档。

导出：将编辑好的文件另存为其他格式进行输出。

发布为PDF：将文件导出为PDF格式。

缩放级别 100%：输入数值来指定当前视图的缩放比例。

全屏预览：显示文档的全屏预览。

显示网格：显示或隐藏文档网格。

显示辅助线：显示或隐藏辅助线。

贴齐：在下拉选项中选择页面中对象的贴齐方式。

欢迎屏幕：快速开启“立即开始”对话框。

选项：快速开启“选项”对话框进行相关设置。

应用程序启动器：快速启动Corel的其他应用程序。

1.2.4 属性栏

单击“工具箱”中的工具时，属性栏上就会显示该工具的属性设置。属性栏在默认情况下为页面属性设置，如图1-46所示。

图1-46

1.2.5 工具箱

“工具箱”含有文档编辑的常用基本工具，并以工具的用途进行分类，如图1-47所示。在工具右下角的下拉箭头上长按鼠标左键可以打开隐藏的工具组，如图1-48所示，单击需要的工具可进行更换。

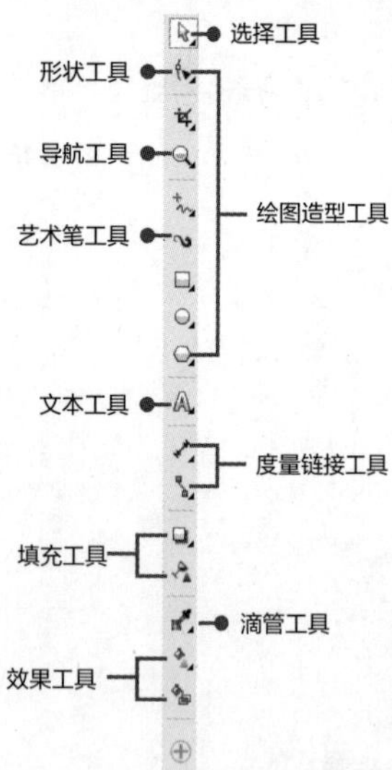

图1-47

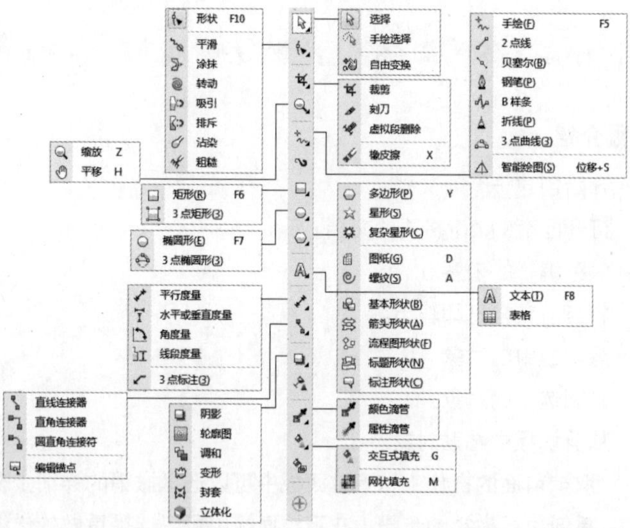

图1-48

1.2.6 标尺

标尺具有辅助精确制图和缩放对象的作用，默认情况下，原点坐标位于页面左上角，在标尺交叉处拖曳可以移动原点的位置，如图1-49所示，双击标尺交叉点可以回到默认原点。

图1-49

1.辅助线的操作

辅助线是用来帮助用户进行准确定位的虚线。辅助线可以位于绘图窗口的任何地方，不会在文件输出时显示，使用鼠标左键拖曳可以添加或移动平行辅助线、垂直辅助线和倾斜辅助线。

> **提示**
>
> 选择单条辅助线：单击辅助线，显示为红色即为选中，然后可进行编辑。
>
> 选择全部辅助线：执行“编辑>全选>辅助线”菜单命令，可以将绘图区内所有未锁定的辅助线选中，方便用户进行整体删除、移动、变色和锁定等操作。
>
> 锁定与解锁辅助线：选中需要锁定的辅助线，然后执行“对象>锁定>锁定对象”菜单命令进行锁定；执行“对象>锁定>解锁对象”菜单命令进行解锁。在辅助线上单击鼠标右键，在快捷菜单中执行“锁定对象”和“解锁对象”命令也可进行操作。
>
> 贴齐辅助线：在没有使用贴齐时，编辑对象无法精确贴靠在辅助线上，执行“视图>贴齐>辅助线”菜单命令后，移动对象就可以吸附贴靠到辅助线上。

2.标尺的设置与移位

整体移动标尺位置：将光标移动到标尺交叉处的原点上，按住Shift键同时按住鼠标左键移动标尺交叉点，如图1-50所示。

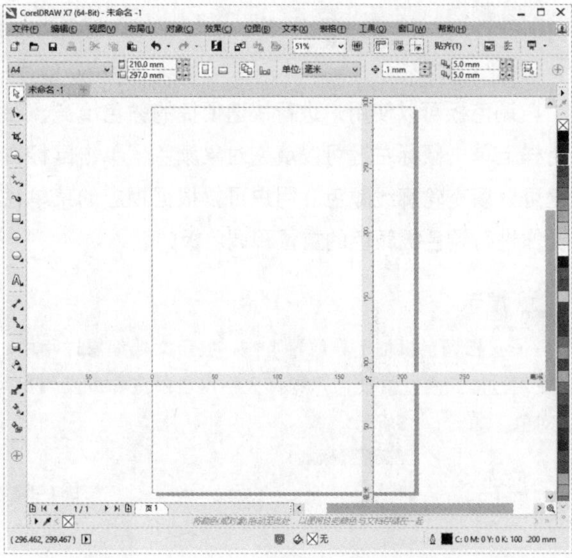

图1-50

分别移动水平或垂直标尺：将光标移动到水平或垂直标尺上，按住Shift键同时按住鼠标左键移动位置。

1.2.7 页面

页面指工作区中的矩形区域，表示会被输出显示的内容，页面外的内容不会进行输出。编辑时可以自定页面大小和页面方向，也可以建立多个页面进行操作。

1.2.8 导航器

导航器可以进行视图和页面的定位引导，也可以执行跳页和视图移动定位等操作，如图1-51所示。

图1-51

1.2.9 状态栏

状态栏可以显示当前鼠标所在的位置和文档信息，如图1-52所示。

图1-52

1.2.10 调色板

调色板可以使用户进行快速便捷的颜色填充，在色样上单击鼠标左键可以填充对象颜色，单击鼠标右键可以填充轮廓线颜色。用户可以根据相应的菜单栏操作进行调色板颜色的重置和调色板的载入。

提示

文档调色板位于导航器下方，显示文档编辑过程中使用过的颜色，方便用户进行文档用色预览和重复填充对象，如图1-53所示。

图1-53

1.2.11 泊坞窗

泊坞窗主要是用来放置管理器和选项面板的，使用时可以单击图标激活展开相应选项面板，如图1-54所示。执行“窗口>泊坞窗”菜单命令可以添加相应的泊坞窗。

图1-54

1.3 文件操作

文件操作是CorelDRAW中最基础的操作，包括文件的新建、打开与保存、页面操作、导入与导出文件、文件的撤销与重做、视图的移动与缩放等，在使用软件之前，一定要学习掌握这些操作。

1.3.1 新建/打开/保存文件

打开软件之后，首先需要新建一个文档，然后对默认的页面进行相应的设置，以满足实际操作需要。在“常用工具栏”上单击“新建”按钮打开“创建新文档”对话框，如图1-55所示。在该对话框中可以详细设置文档的相关参数。

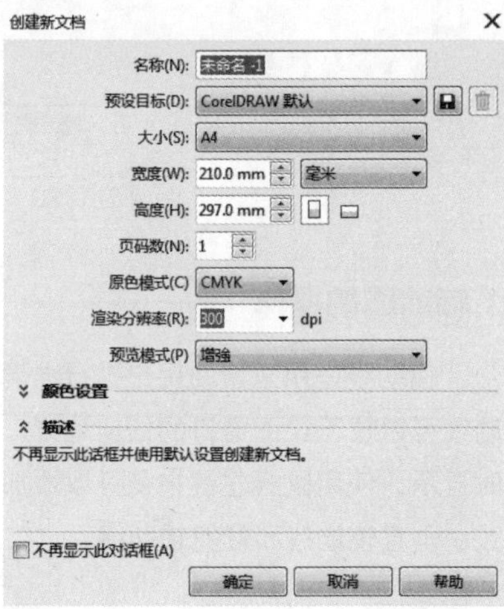

图1-55

重要参数介绍

名称：设置文档的名称。

预设目标：设置编辑图形的类型，包含5种，分别是“CorelDRAW默认”“默认CMYK”“Web”“默认RGB”“自定义”。

大小：选择页面的大小，如A4（默认大小）、A3、B2和网页等，也可以选择“自定义”选项来自行设置文档大小。

宽度：设置页面的宽度，可以在后面选择单位。

高度：设置页面的高度，可以在后面选择单位。

纵向/横向：这两个按钮用于切换页面的方向。单击“纵向”按钮为纵向排放页面；单击“横向”按钮为横向排放页面。

页码数：设置新建的文档页数。

原色模式：选择文档的原色模式（原色模式会影响一些效果中颜色的混合方式，如填充、透明和混合等），一般情况下都选择CMYK或RGB模式。

渲染分辨率：选择光栅化图形后的分辨率。默认RGB模式的分辨率为72dpi；默认CMYK模式的分辨率为300dpi。

> **疑难问答**
>
> 什么是光栅化图形?
>
> 在CorelDRAW中，编辑的对象分为位图和矢量图形两种，同时输出对象也分为这两种。当将文档中的位图和矢量图形输出为位图格式（如jpg和png格式）时，其中的矢量图形就会转换为位图，这个转换过程就称为“光栅化”。光栅化后的图像在输出为位图时的单位是“渲染分辨率”，这个数值设置得越大，位图效果越清晰，反之则越模糊。

预览模式：选择图像在操作界面中的预览模式（预览模式不影响最终的输出效果），包含“简单线框”“线框”“草稿”“常规”“增强”和“像素”6种，其中“增强”的效果最好。

操作演示

新建/打开/保存文件

视频名称：新建/打开/保存文件

扫码观看教学视频

只有新建文档之后，才能在页面中绘制或编辑图形。对于已经编辑完成的文档，可以选择位置进行保存。在关闭保存的文件后，可以在相应的保存位置找到并打开该文件。

第1步：新建文件。打开CorelDRAW软件，然后执行“文件>新建”菜单命令或直接按组合键 Ctrl+N新建文档，接着在打开的“创建新文档”对话框中设置文档的“名称”“宽度”“高度”“页面方向”，最后单击“确定”按钮 确定 完成新建，设置如图1-56所示。

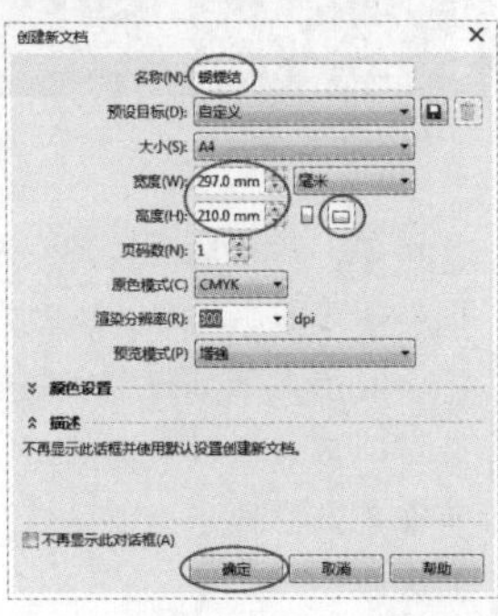

图1-56

第2步：保存文件。在新建的文档中绘制图形，如图1-57所示，绘制完成后按组合键Ctrl+S进行保存，然后在打开的“保存绘图”对话框中选择保存位置，接着设置“文件名”“保存类型”和软件“版本”，最后单击“保存”按钮 保存 完成保存，设置如图1-58所示。

图1-57

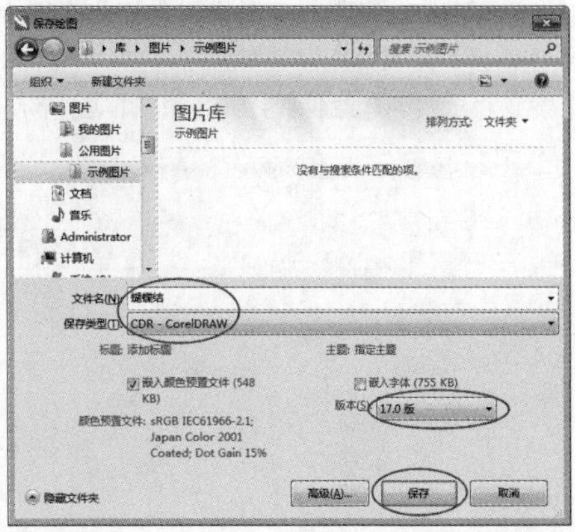

图1-58

第3步：打开文件。关闭已保存的文件，然后执行“文件>打开”菜单命令，接着在打开的“打开绘图”对话框中找到要打开的CorelDRAW文件（标准格式为.cdr），最后双击文件或者选中文件单击“打开”按钮 打开 打开文件，如图1-59所示。

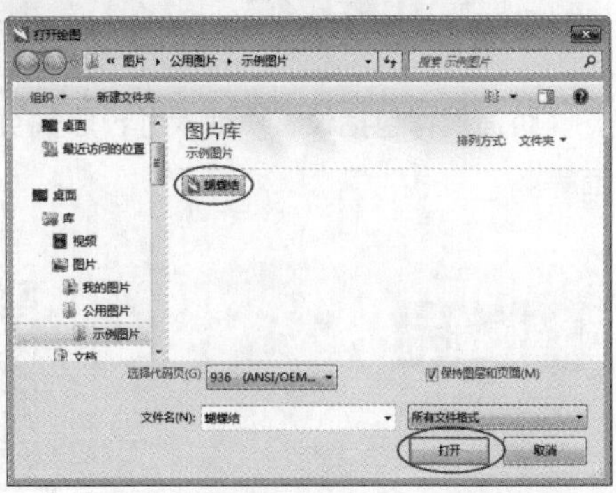

图1-59

提示

除了以上的新建和打开文件的方法，还有其他几种常用的方法。

新建文件的方法如下。

第1种：在“欢迎屏幕”对话框中单击“新建文档”或“从模板新建”选项。

第2种：在常用工具栏上单击“新建”按钮。

第3种：在文档标题栏上单击“新建”按钮 未命名-1 。

打开文件的方法如下。

第1种：在常用工具栏中单击“打开”按钮打开“打开绘图”对话框。

第2种：在“欢迎屏幕”对话框中单击最近使用过的文档（最近使用过的文档会以列表的形式排列在“打开最近用过的文档”下面）。

第3种：在文件夹中找到要打开的CorelDRAW文件，然后双击鼠标左键将其打开。

第4种：在文件夹里找到要打开的CorelDRAW文件，然后使用鼠标左键将其拖曳到CorelDRAW 的操作界面中的灰色区域将其打开，如图1-60所示。

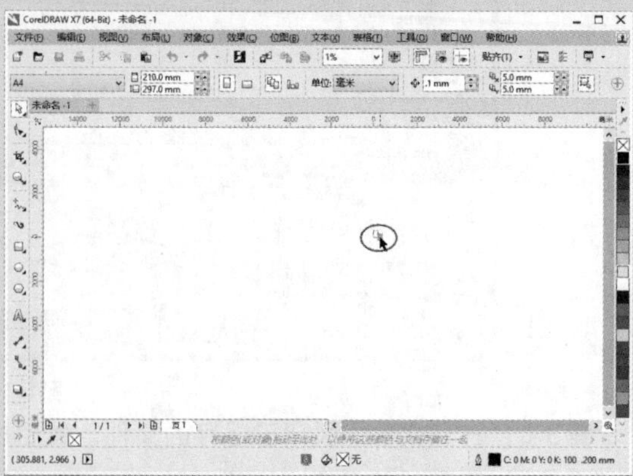

图1-60

1.3.2 页面操作

页面操作包括设置页面尺寸、添加页面和切换页面等。

操作演示

页面操作

视频名称：设置和添加页面

扫码观看教学视频

页面除了可以在新建文档的时候设置，还可以在编辑过程中进行重新设置。当页面不够时，也可以添加页面，同时页面彼此之间可以相互切换。下面讲解设置、添加和切换页面的常用方法。

第1步：设置页面。在软件中单击页面或其他空白处，切换到页面的设置属性栏，然后在属性栏对页面的尺寸、方向进行调整，如图1-61所示。调整相关数值以后，单击“当前页”按钮可以将设置仅应用于当前页面；单击“所有页面”按钮可以将设置应用于所有页面。

图1-61

提示

如果需要重新设置页面的分辨率，可以在页面中执行“布局>页面设置”菜单命令，然后在打开的“选项”对话框中重新设置分辨率，当然在该对话框中也可以同时对页面的尺寸进行重新设置，如图1-62所示。如果勾选“页面尺寸”选项组下的“只将大小应用到当前页面”选项，那么所修改的尺寸就只针对当前页面，而不会影响到其他页面。

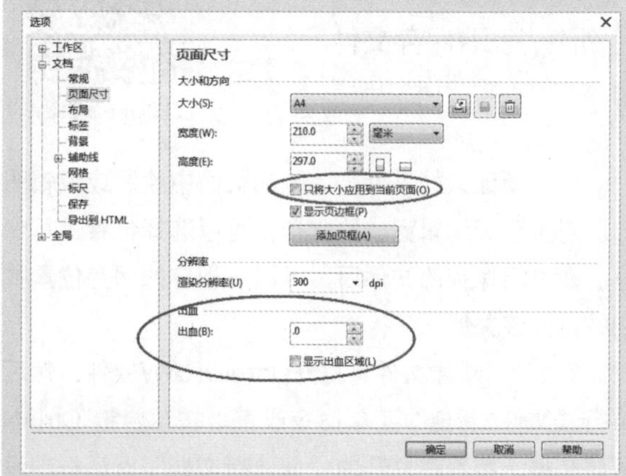

图1-62

疑难问答

“出血”是什么，有何作用?

“出血”是排版设计的专用词，意思是文本的配图在页面显示为溢出状态，超出页边的距离为出血，如图1-63所示。出血区域在打印装帧时可能会被切掉，以确保在装订时应该占满页面的文字或图像不会留白。另外，只有在勾选“显示出血区域”选项后，页面中才会显示出血区域。

疑难问答

"出血"是什么，有何作用？（续）

图1–63

第2步：添加页面。如果页面不够，可以在原有页面下方的导航器上单击相关按钮快速添加页面，如图1-64所示。如果需要在当前页前后快速添加一个或多个连续的页面，可以单击页面导航器前后的"添加页"按钮；也可以选中要插入页的页面标签，然后单击鼠标右键，接着在打开的菜单中选择"在后面插入页面"命令或"在前面插入页面"命令，如图1-65所示。

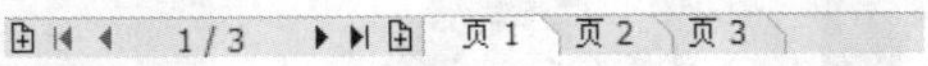

图1–64

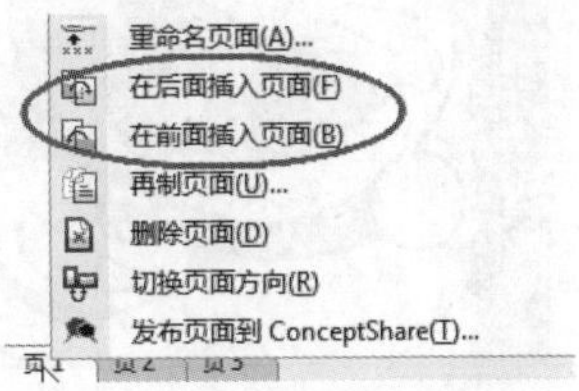

图1–65

提示

如果需要添加与原有页面的图层及内容都相同的页面，可以在当前页面标签上单击鼠标右键，然后在打开的菜单中选择"再制页面"命令，如图1–66所示，接着在打开的"再制页面"对话框中选择"复制图层及其内容"选项，最后单击"确定"按钮即可完成相同内容页面的添加，如图1–67所示。

提示

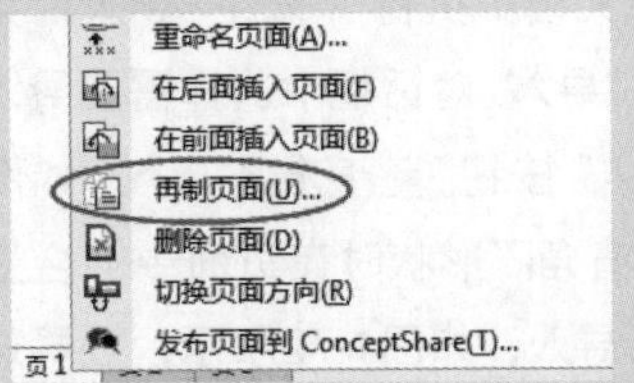

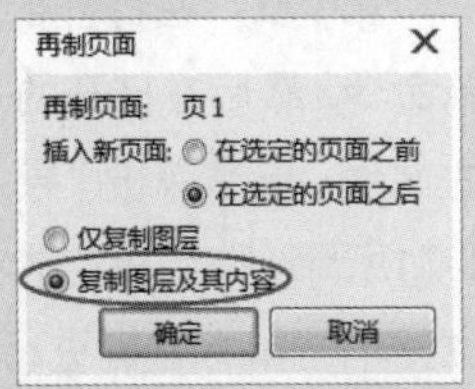

图1–66　图1–67

另外，在"布局"菜单下执行相关命令也可添加页面，如图1–68所示。

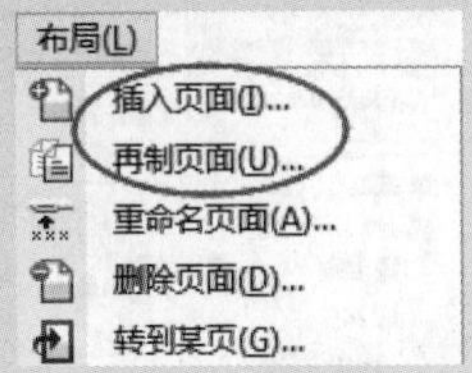

图1–68

第3步：切换页面。如果需要切换到其他的页面进行编辑，可以单击页面导航器上的页面标签进行快速切换，或者单击◀和▶按钮进行跳页操作。如果要切换到起始页或结束页，可以单击⏮按钮和⏭按钮。如果当前文档的页面过多，不方便执行页面切换操作，可以在页面导航器的页数上单击鼠标左键，如图1-69所示，然后在打开的"转到某页"对话框中输入要转到的页码，如图1-70所示。

图1–69

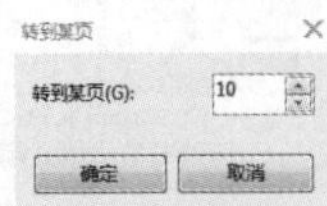

图1–70

1.3.3 导入/导出文件

在实际操作中，经常需要将其他文件导入到文档中进行编辑，比如JPG、CDR、AI和TIF等格式的素材文件，编辑完成的文档同样可以导出为不同的保存格式，方便用户导入其他软件中进行编辑。

操作演示

导入/导出文件

视频名称：导入/导出文件

扫码观看教学视频

下面是导入与导出文件具体方法步骤的操作演示。

第1步：在打开的文档中执行“文件>导入”菜单命令，然后在打开的“导入”对话框中选择需要导入的文件，接着单击“导入”按钮 准备导入，如图1-71所示，待光标变为直角形状时在页面中的合适位置单击鼠标左键进行导入，如图1-72所示，效果如图1-73所示。

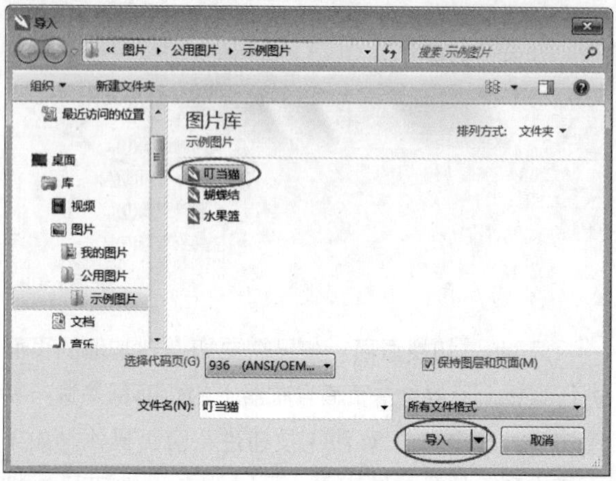

图1-71

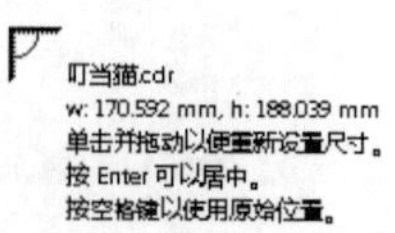

图1-72

图1-73

提示

在确定导入文件后，可以选用以下3种方式来确定导入文件的位置与大小。

第1种：移动到适当的位置单击鼠标左键进行导入，导入的文件为原始大小，导入位置在鼠标单击点处。

第2种：移动到适当的位置使用鼠标左键拖曳出一个范围，然后松开鼠标左键，导入的文件将以定义的大小进行导入。这种方法常用于页面排版。

第3种：直接按Enter键，可以将文件以原始大小导入文档中，同时导入的文件会以居中的方式放在页面中。

第2步：编辑完成后，执行“文件>导出”菜单命令打开“导出”对话框，然后选择保存路径，在“文件名”后面的文本框中输入名称，接着设置文件的“保存类型”为JPEG，最后单击“导出”按钮 ，如图1-74所示。

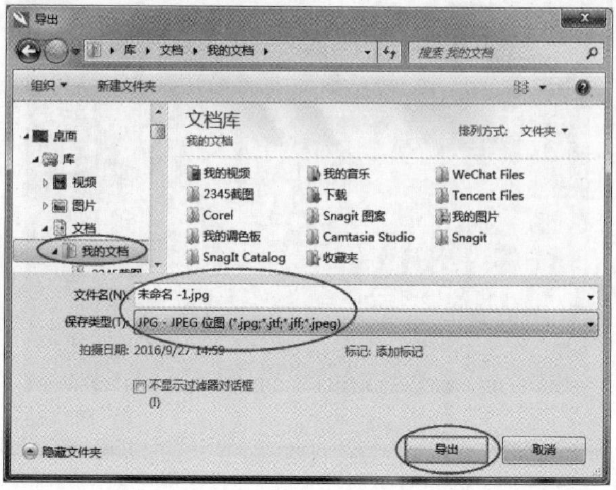

图1-74

第3步：在打开的“导出到JPEG”对话框中，设置“颜色模式”为CMYK、“质量”为“高”（通常情况下选择高），其他的默认即可，然后单击“确定”按钮 完成导出，如图1-75所示。

图1-75

提示

除了以上的文件导入、导出方法，下面还有几种常用方法。

第1种：在文件夹中找到要导入的文件，然后将其拖曳到编辑的文档中。采用这种方法导入的文件会按原比例大小进行显示。

提示

第2种：在常用工具栏上单击“导入”按钮，可以打开“导入”对话框；单击“导出”按钮，可以打开“导出”对话框进行操作。

另外，导出时有两种导出方式：第一种为导出页面内编辑的内容，这是默认的导出方式；第二种在导出时勾选“只是选定的”复选框，如图1-76所示，导出的内容为选中的目标对象，如图1-77所示。

图1-76

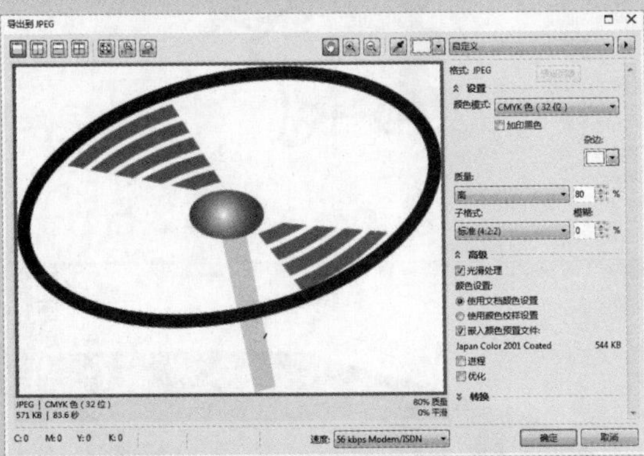

图1-77

1.3.4 撤销/重做

在编辑对象的过程中，如果出现编辑错误，可以使用“撤销”命令或“重做”命令进行撤销或重做。

操作演示

撤销/重做

视频名称：撤销/重做

扫码观看教学视频

下面使用菜单栏的相关命令来讲解“撤销”命令和“重做”命令的作用。

第1步：在页面中绘制对象，如图1-78所示，然后使用“形状工具”调整对象，如图1-79所示。

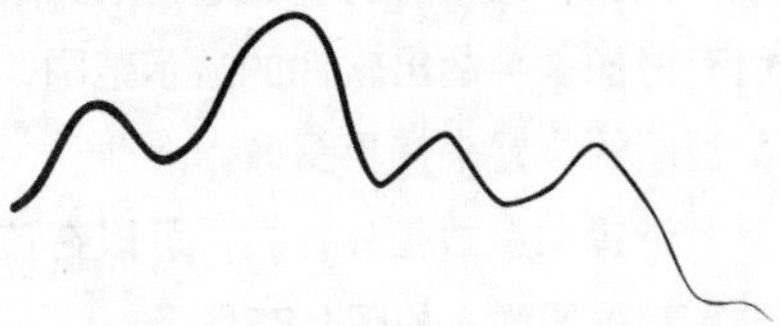

图1-78

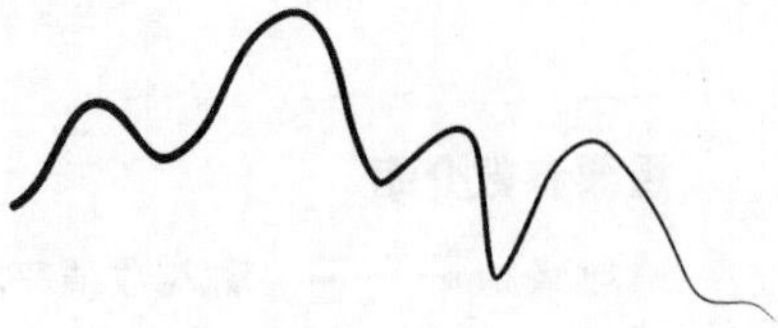

图1-79

第2步：执行“编辑>撤销”菜单命令撤销前一步的编辑操作，或按组合键Ctrl+Z进行快速操作，然后使用“形状工具”重新调整对象，效果如图1-80所示。

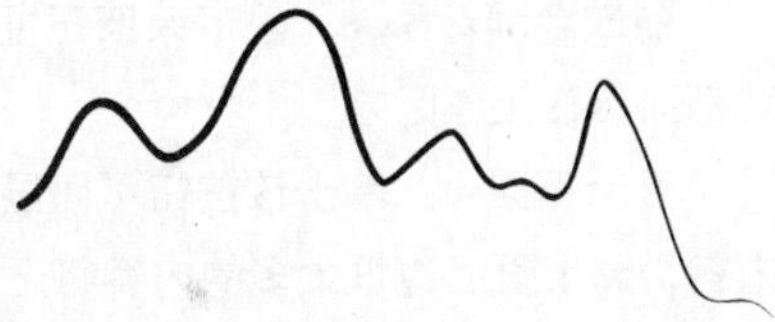

图1-80

如果进行了错误的“撤销”命令，可以执行“编辑>重做”菜单命令重做当前撤销的操作步骤，或按组合键Ctrl+Shift+Z进行快速操作。

提示

当错误的步骤数量比较多时，可以单击“常用工具栏”中“撤销”按钮后面的按钮，此时会打开可撤销的步骤选项，如图1-81所示；单击“重做”按钮后面的按钮，此时会打开可重做的步骤选项，如图1-82所示。

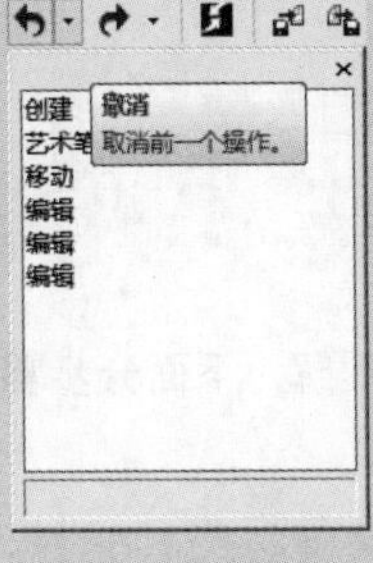

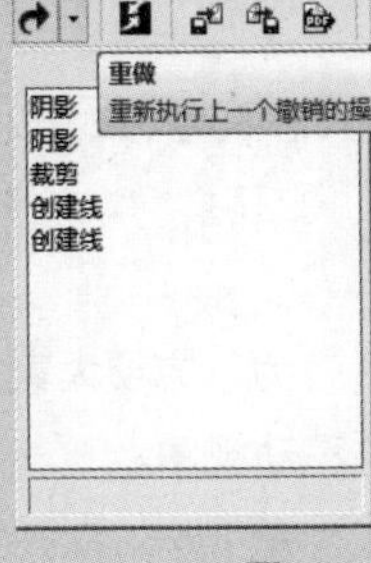

图1-81　图1-82

1.3.5 视图的缩放与移动

在页面中编辑文件时，为了查看图像的细节或者整体效果，经常会将页面进行放大或者缩小。在放大后有时图像会超出软件的显示范围，这时可以通过移动视图的位置来查看图像。

选择“缩放工具”，可以在该工具的属性栏上进行相关操作，如图1-83所示。

图1-83

重要参数介绍

缩放级别：输入数值来指定当前视图的缩放比例。

放大：放大显示比例。

缩小：缩小显示比例。

缩放选定对象：选中某个对象后，单击该按钮可以将选中的对象完全显示在工作区中。

缩放全部对象：单击该按钮可以将所有编辑内容都显示在工作区内。

显示页面：单击该按钮可以显示页面内的编辑内容，超出页面边框太多的内容将无法显示。

按页宽显示：单击该按钮将以页面的宽度值最大化自适应显示在工作区内。

按页高显示：单击该按钮将以页面的高度值最大化自适应显示在工作区内。

> 提示
>
> 滚动鼠标中间的滑轮也可进行视图的放大或缩小操作，按住Shift键进行滚动，则可以微调显示比例。

操作演示

缩放与移动视图

视频名称：缩放与移动视图

扫码观看教学视频

为了方便大家理解，下面分步骤来详细讲解缩放与移动视图。

第1步：打开文件，图1-84所示是显示比例为100%的原图，然后选择“缩放工具”，此时光标会自动变成形状，如图1-85所示，接着在页面中单击鼠标左键放大图像的显示比例，效果如图1-86所示。

图1-84

图1-85

图1-86

第2步：可以看到图像在被放大后，超出了软件工作区的显示范围，因而没有被完全显示出来，这时可以选择“平移工具”，待光标变为状时，按住鼠标左键进行拖曳，即可查看工作区范围外的图像，如图1-87所示。

图1-87

提示

视图平移的常用方法有以下两种。

第1种：使用鼠标左键在导航器上拖曳滚动条进行视图平移。

第2种：按住Ctrl键滚动鼠标中间的滑轮可以左右平移视图；按住Alt键滚动鼠标中间的滑轮可以上下平移视图。

使用“平移工具”时不会移动编辑对象的位置，也不会改变视图的比例。

第3步：放大查看图像的细节后，同样可以将图像缩小。选择“缩放工具”，此时光标会自动变成形状，如图1-88所示，然后单击鼠标左键即可缩小图像的显示比例，效果如图1-89所示。

图1-88

图1-89

提示

在使用“缩放工具”时，按住Shift键光标会变成形状，此时单击鼠标左键也可缩小图像的显示比例。

如果要让所有编辑的内容都显示在工作区内，可以直接双击“缩放工具”。

本章学习总结

CorelDRAW X7的兼容性

CorelDRAW X7可以兼容使用多种格式文件的这一特性非常实用，因为平面领域涉及的软件很多，所以文件格式也相对较多，而CorelDRAW X7所具有的兼容性就方便了我们导入不同格式的素材进行编辑。当然，可以将不同格式的文件导入，自然也可以导出不同格式的文件，并将其导入相应的软件中进行编辑，如Adobe Photoshop和Adobe Illustrator等软件，如图1-90所示。

扫码观看教学视频

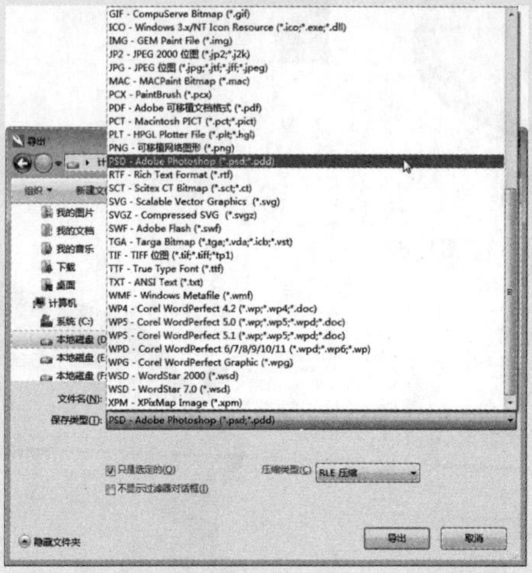

图1-90

CorelDRAW X7的应用领域

CorelDRAW是一款深受设计师欢迎且功能强大的图形设计软件，现广泛应用于插画绘制、Logo制作、字体设计、排版等方面，如图1-91所示。由于CorelDRAW自带的分层功能让编辑更加方便，并且在放大和缩小时清晰度不会改变，依然无比清晰，因此适合插画绘制；由于CorelDRAW可以绘制各种各样的图形，并且图形灵活、变化多姿，还具有色彩丰富、趣味性强的特点，因此它很适合字体设计和Logo的制作；由于CorelDRAW的文字设计功能非常强大，加上可以进行多个页面之间的内容流动，因此它很适合用来排版，不管是单页面排版还是多页面排版。

扫码观看教学视频

图1-91

第 2 章

对象操作

本章主要讲解CorelDRAW X7的对象操作，内容包括对象的选择、对象基本变化、复制对象、对象的控制、对齐与分布和步长与重复，学了这些知识，我们就能够更容易地对对象进行简单且精确的操作和控制。

- 掌握多个对象的选择
- 掌握对象的移动和旋转
- 学会复制对象
- 学会组合与取消组合对象
- 掌握对象的对齐与分布
- 掌握步长与重复的运用

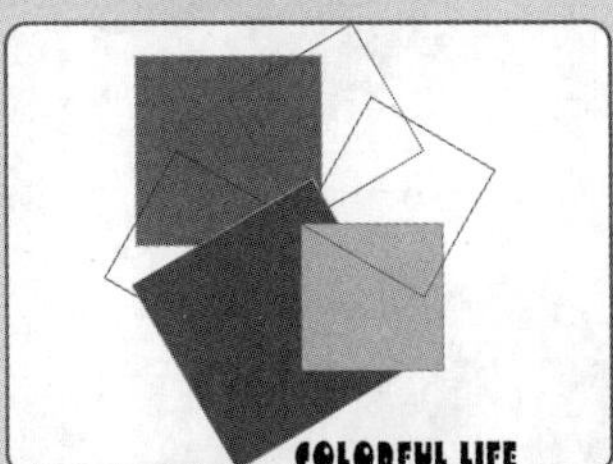

本章学习建议

本章讲解了对象的一些操作方法，如选择、移动、旋转、缩放、复制等，这些都是在了解CorelDRAW软件界面等相关知识后首要掌握的知识。这些操作虽然简单，但却是不可忽视的，只有掌握了这些知识，才能更好地学习和运用后面的命令或者工具。

当文档中存在了一个对象，我们可以对其进行怎样的操作呢？不管需要进行怎样的操作，我们都需要先将其选中，然后才可以对其进行移动或旋转一定角度，或者缩放大小；如果需要一个或多个相同的对象，就需要复制对象了；如果要使多个对象处于同一水平线或者垂直线上，就可以选中对象执行“对齐”命令。此外，在操作时，通常会为了方便或者图形的完整性将多个对象进行组合。

扫码观看教学视频

2.1 选择对象

在编辑文档的过程中最基本的操作是选择对象，常需要选取单个或多个对象来进行编辑操作。下面进行详细的介绍。

2.1.1 选择单个对象

选择“工具栏”中的“选择工具”，然后单击要选择的对象，当该对象四周出现黑色控制点时，表示对象被选中，如图2-1所示，选中后还可以对其进行移动和变换等操作。

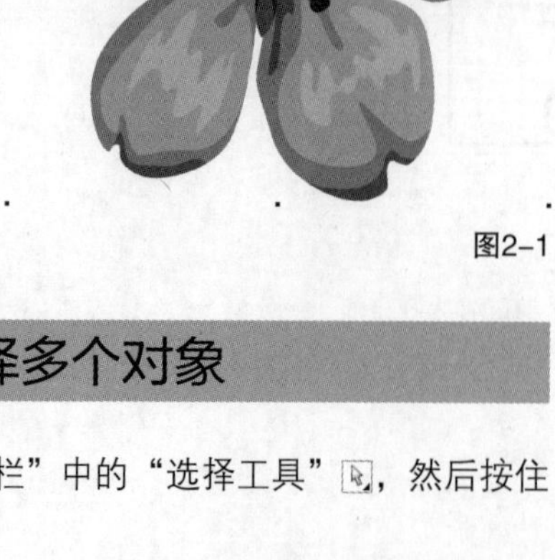

图2-1

2.1.2 选择多个对象

选择“工具栏”中的“选择工具”，然后按住鼠标左键在空白处拖曳出虚线矩形范围，如图2-2所示，松开鼠标后，该范围内的对象全部被选中，如图2-3所示。

图2-2

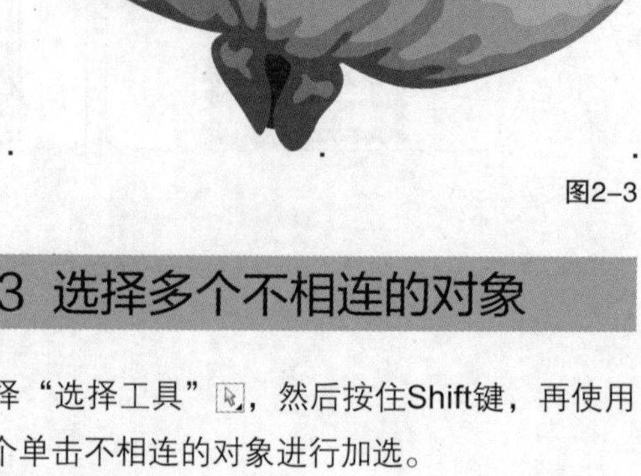

图2-3

2.1.3 选择多个不相连的对象

选择“选择工具”，然后按住Shift键，再使用鼠标逐个单击不相连的对象进行加选。

2.1.4 全选对象

全选对象的方法有3种。

第1种：选择“选择工具”，然后按住鼠标左键在所有对象外围拖曳虚线进行框选，接着松开鼠标，即可将所有对象选中。

第2种：双击“选择工具”可以快速全选编辑的内容。

第3种：执行“编辑>全选”菜单命令，在子菜单中选择相应的类型可以全选该类型所有的对象，如图2-4所示。

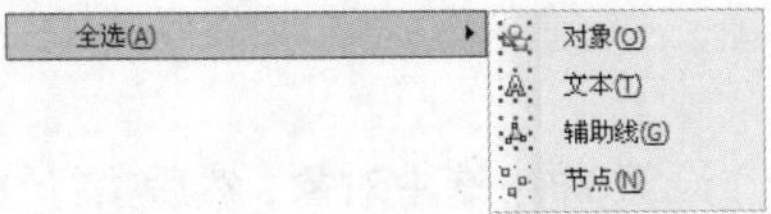

图2-4

重要参数介绍

对象：选取绘图窗口中所有的对象。

文本：选取绘图窗口中所有的文本。

辅助线：选取绘图窗口中所有的辅助线，被选中的辅助线以红色显示。

节点：选取当前选中对象的所有节点。

> 提示
>
> 在执行“编辑>全选”菜单命令时，锁定的对象、文本或辅助线将不会被选中；双击“选择工具”进行全选时，全选类型不包含辅助线和节点。

2.1.5 选择覆盖对象

选择被覆盖的对象时，可以在使用“选择工具”选中上方对象后，按住Alt键的同时单击鼠标左键，即可选中下面被覆盖的对象。再次单击鼠标左键，则可选中下一层的对象，以此类推，重叠在后面的图形都可以被选中。

2.1.6 手绘选择对象

选择“手绘选择工具”，然后按住鼠标左键在需要选择的对象外围绘制虚线框，如图2-5所示，松开鼠标，虚线框内的对象即被选中，如图2-6所示。

图2-5

图2-6

2.2 变换对象

在编辑对象时，选中对象可以进行简单快捷的变换，如移动、复制、倾斜等，使对象效果更丰富。下面进行详细的学习。

2.2.1 移动和旋转对象

移动和旋转是对对象最简单的编辑，操作方法浅显易学。

1.移动对象

移动对象的方法有3种。

第1种：选中对象，当光标变为✥形状时，按住鼠标左键进行拖曳移动（不精确）。

第2种：选中对象，然后利用键盘上的方向键进行移动（相对精确）。

第3种：选中对象，然后执行“对象>变换>位置”菜单命令打开“变换”泊坞窗，接着在x轴和y轴后面的文本框中输入数值，再选择移动的相对位置，最后单击“应用”按钮完成移动操作，如图2-7所示。

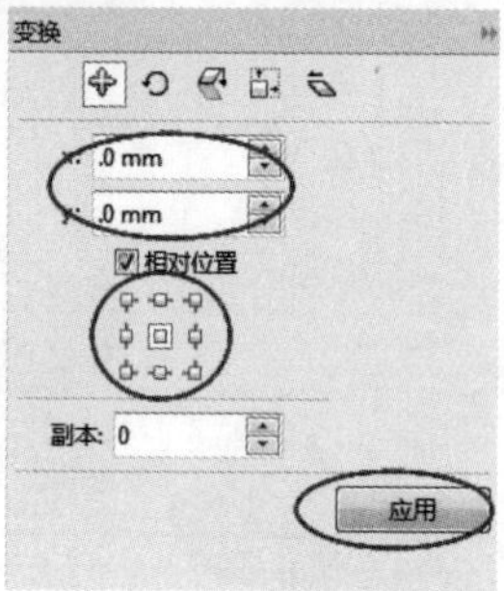

图2-7

2.旋转对象

旋转对象的方法有3种。

第1种：双击需要旋转的对象，待对象周围出现旋转箭头后才可进行旋转，如图2-8所示，然后将光标移动到曲线箭头上，按住鼠标左键拖曳旋转，如图2-9所示。还可以移动旋转的中心点，再在曲线箭头上按住鼠标左键进行拖曳旋转，如图2-10所示。

图2-8

图2-9

图2-10

第2种：选中对象后，在属性栏上“旋转角度”后面的文本框中输入数值进行旋转，如图2-11所示。

图2-11

第3种：选中对象，然后执行“对象>变换>旋转”菜单命令打开“变换”泊坞窗，接着设置“旋转角度”数值，再选择相对旋转中心，最后单击“应用”按钮完成旋转操作，如图2-12所示。

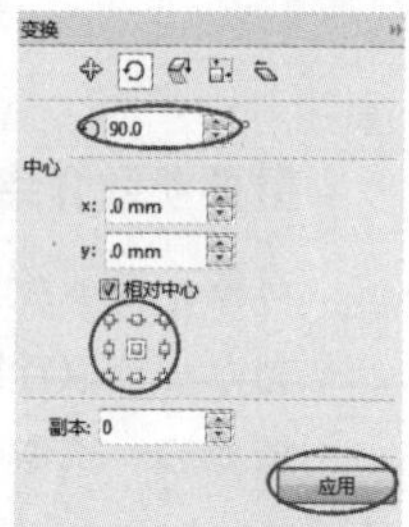

图2-12

实战练习

制作几何图形标志

实例位置　实例文件>CH02>制作几何图形标志.cdr

素材位置　无

视频名称　制作几何图形标志.mp4

技术掌握　旋转的用法

扫码观看教学视频

最终效果图

01 新建一个A4大小的文档，然后使用“矩形工具”在页面中绘制一个矩形，如图2-13所示，接着双击矩形进入旋转模式，最后将矩形中心拖曳到矩形的右下角，如图2-14所示。

图2-13

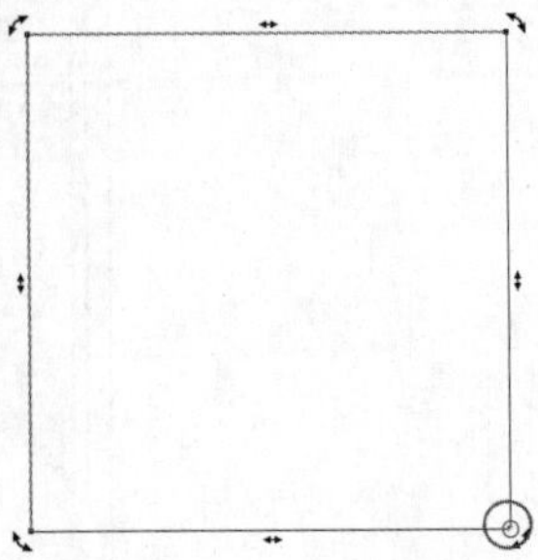
图2-14

02 保持矩形的选中状态，然后执行“对象>旋转>变换”菜单命令打开“变换”泊坞窗，接着在其中设置“旋转角度”为60、“中心”为右下、“副本”为5，设置如图2-15所示，效果如图2-16所示。

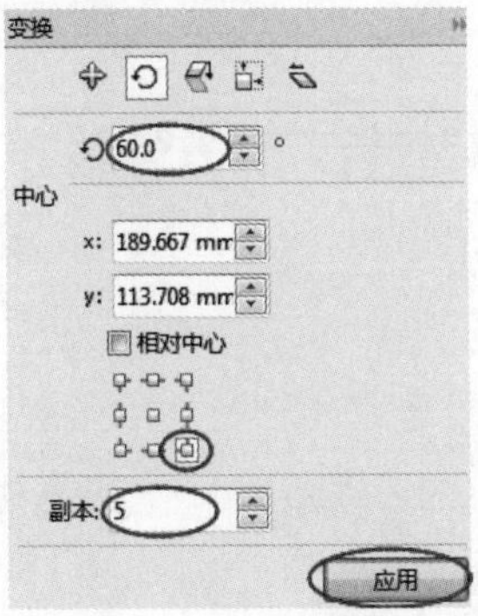

图2-15

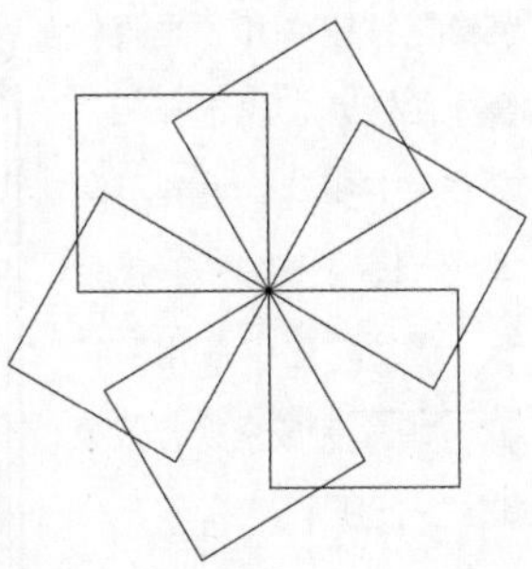
图2-16

03 从原对象起逆时针填充矩形颜色为（C：0，M：60，Y：100，K：0）、（C：60，M：40，Y：0，K：0）、（C：20，M：0，Y：60，K：0），然后更改矩形“轮廓宽度”为0.5mm，接着逆时针设置矩形轮廓的颜色为（C：20，M：0，Y：60，K：0）、（C：0，M：100，Y：0，K：0）、（C：0，M：20，Y：100，K：0）、（C：0，M：60，Y：100，K：0）、（C：100，M：0，Y：100，K：0）、（C：60，M：40，Y：0，K：0），效果如图2-17所示。

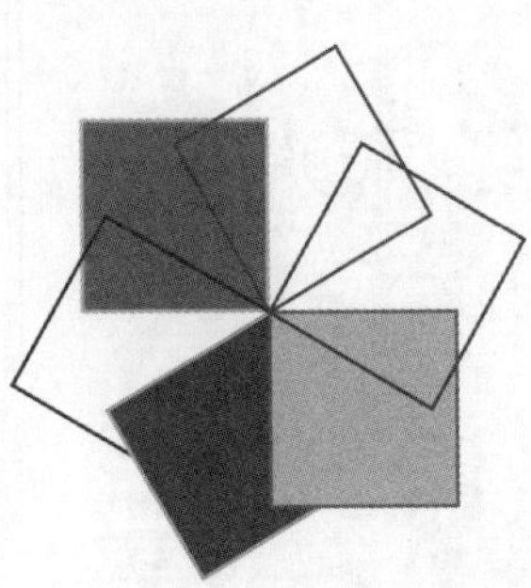
图2-17

04 将橘红色和蓝色矩形适当放大，如图2-18所示，然后使用“文本工具”在蓝色矩形的右下方输入文字colorful life，并选择合适的字体，接着填充黑色，更改轮廓颜色为（C：0，M：20，Y：100，K：0），最终效果如图2-19所示。

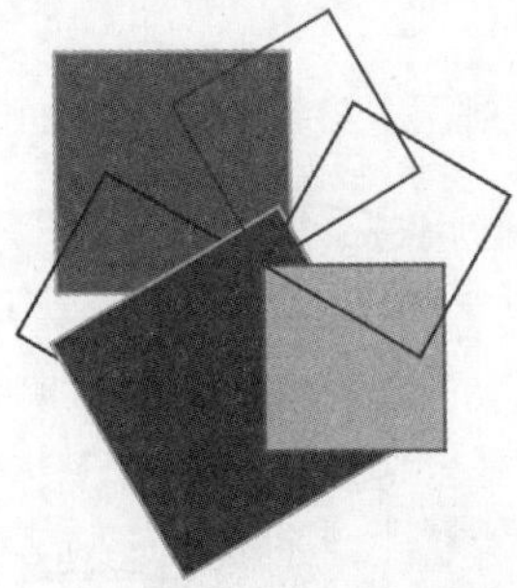
图2-18

图2-19

2.2.2 缩放和镜像对象

缩放和镜像对象可直接在页面对象上进行操作，也可以通过执行菜单命令来达到效果。

1.缩放对象

缩放对象的方法有两种。

第1种：选中对象，如图2-20所示，然后将光标移动到黑色控制点上按住鼠标左键拖曳缩放，蓝色线框为缩放大小的预览效果，如图2-21所示。从四个角的控制点开始进行的缩放为等比例缩放；从水平或垂直线上的控制点进行缩放会改变对象的形状。

图2-20

图2-21

提示

进行缩放时，按住Shift键可以进行中心缩放。

第2种：选中对象，然后执行“对象>变换>缩放和镜像”菜单命令打开“变换”泊坞窗，接着在x轴和y轴后面的文本框中设置缩放比例，再选择相对缩放中心，最后单击“应用”按钮完成缩放操作，如图2-22所示。

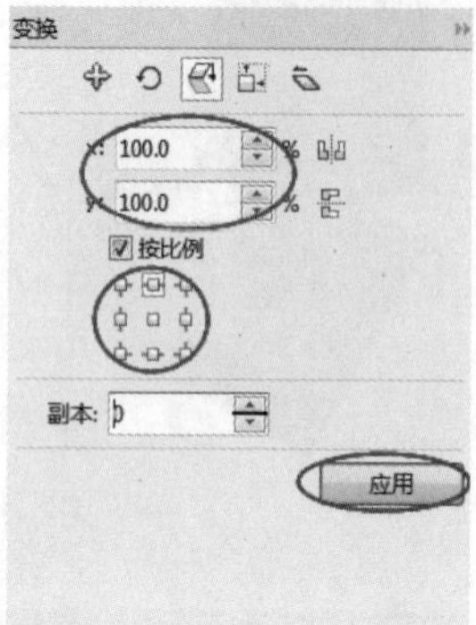

图2-22

2.镜像对象

镜像对象的方法有两种。

第1种：选中对象，在属性栏上单击“水平镜像”按钮或“垂直镜像”按钮进行操作。

第2种：选中对象，然后执行“对象>变换>缩放和镜像”菜单命令打开“变换”泊坞窗，接着选择相对中心，再单击“水平镜像”按钮或“垂直镜像”按钮进行操作，如图2-23所示。

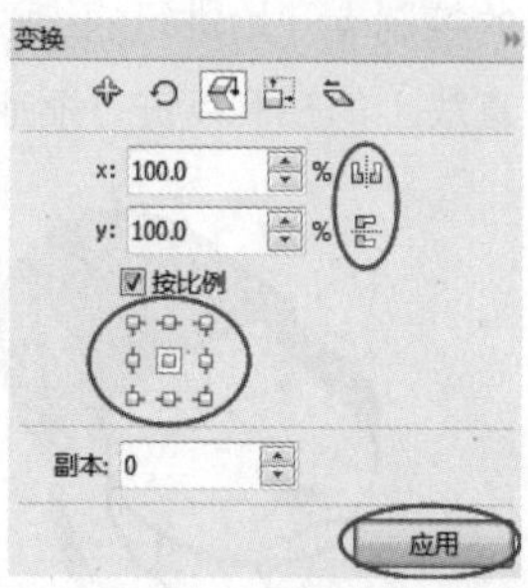

图2-23

实战练习 制作花纹边框

实例位置 实例文件>CH02>制作花纹边框.cdr
素材位置 素材文件>CH02>素材01.cdr、02.png
视频名称 制作花纹边框.mp4
技术掌握 镜像的用法

扫码观看教学视频

最终效果图

01 打开“素材文件>CH02>素材01.cdr”文件，然后选中左边的边框图案，如图2-24所示，并执行“对象>变换>缩放和镜像”菜单命令，接着在打开的“变换”泊坞窗中单击“水平镜像”按钮和“垂直镜像”按钮，再选择相对中心为“中”，设置“副本”为1，设置如图2-25所示，最后单击“应用”按钮完成变换，效果如图2-26所示。

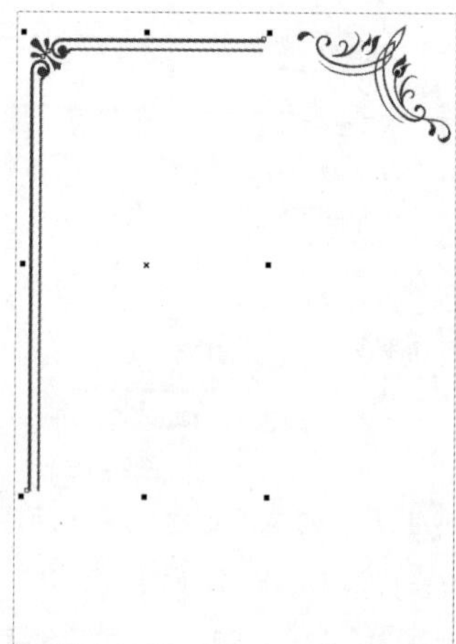

图2-24

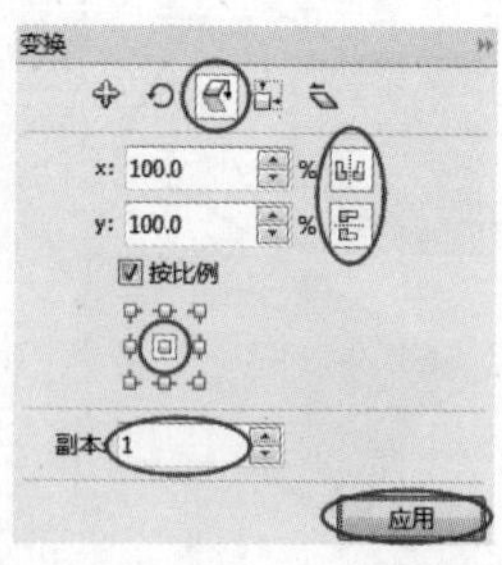

图2-25

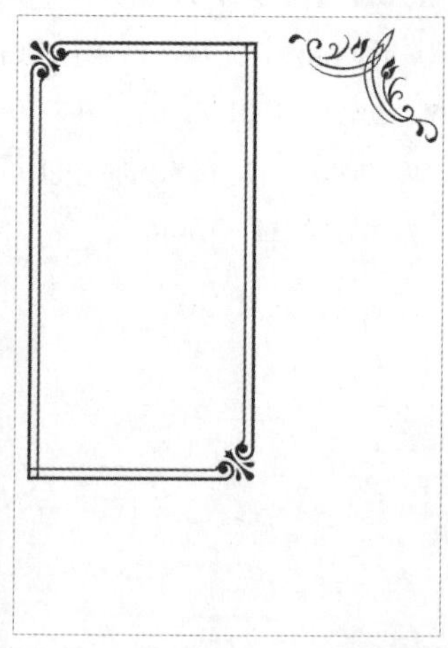

图2-26

02 将变换后的边框图案拖曳到页面右下角，然后选中右上角的花纹图案，如图2-27所示，接着保持“变换”泊坞窗中的各选项参数不变，最后单击“应用”按钮，效果如图2-28所示。

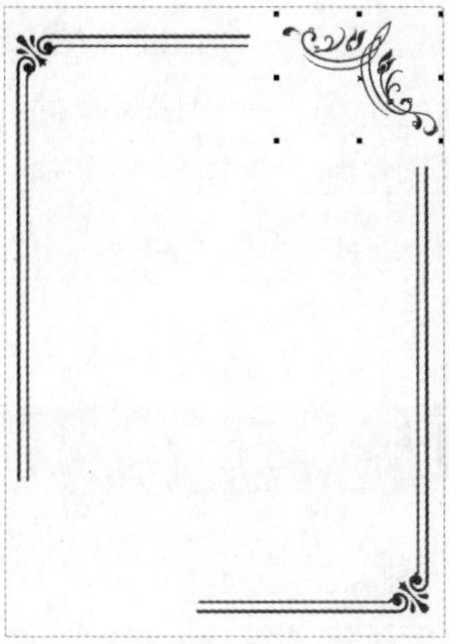

图2-27

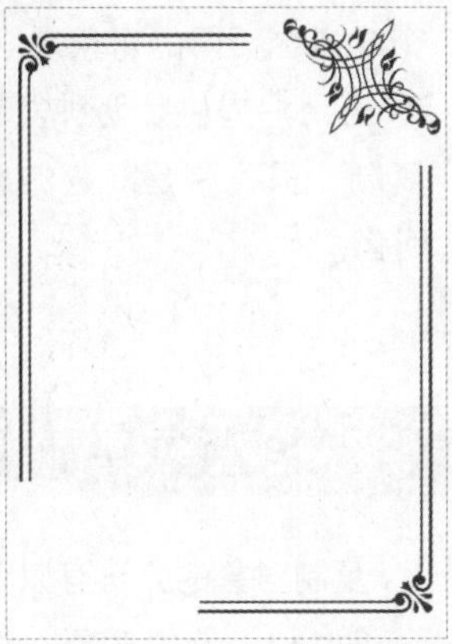

图2-28

03 框选图2-29所示的图案，然后更改“变换”泊坞窗中的相对中心为“左下”，接着单击“应用”按钮，如图2-30所示，最后将变换后得到的图案拖曳到页面的左下角，效果如图2-31所示。

04 双击“矩形工具”新建一个和页面大小相同的矩形，然后设置“轮廓宽度”为1mm、轮廓颜色为（C：60，M：60，Y：0，K：0），如图2-32所示。

图2-29

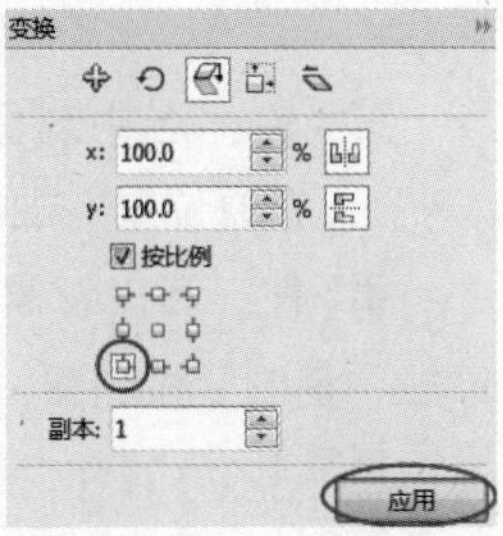

图2-30

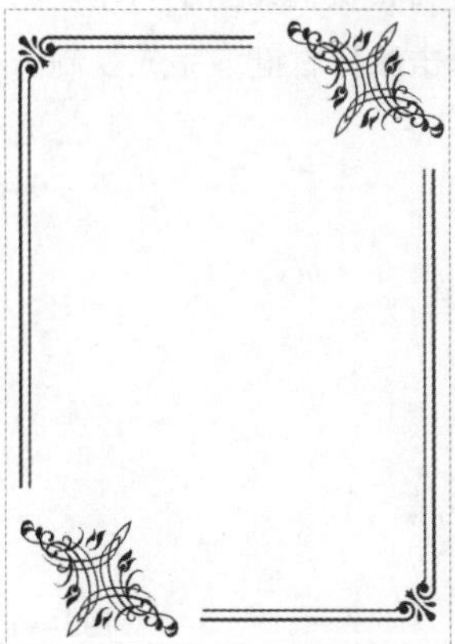

图2-31

图2-32

05 选中矩形，然后选中“交互式填充工具”，并在其属性栏单击“渐变填充”按钮，如图2-33所示，接着在变化后的属性栏中单击“编辑填充”按钮，在打开的“编辑填充”对话框中设置“类型”为线性渐变，设置节点位置为0%和100%处的颜色为（C：20，M：20，Y：0，K：0）、节点位置为50%处的颜色为白色，设置“填充宽度”为110%、“填充高度”为105%、“倾斜”为18°、“垂直偏移”为1.8%、“旋转”为－25°，最后单击“确定”按钮完成渐变填充，设置如图2-34所示，效果如图2-35所示。

图2-33

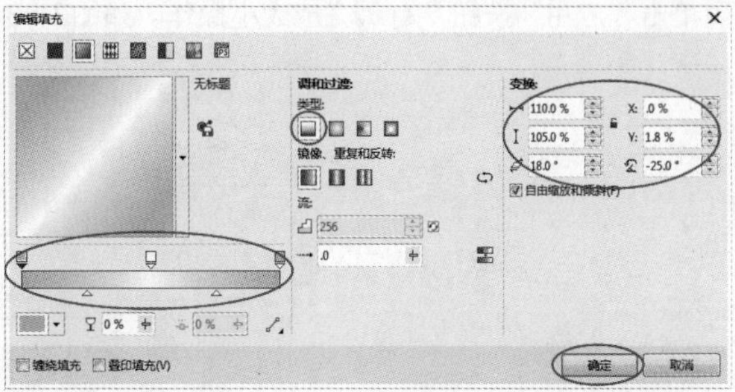

图2-34

知识链接

“交互式填充工具”的使用方法在本书第7章7.2小节中会进行详细讲解。

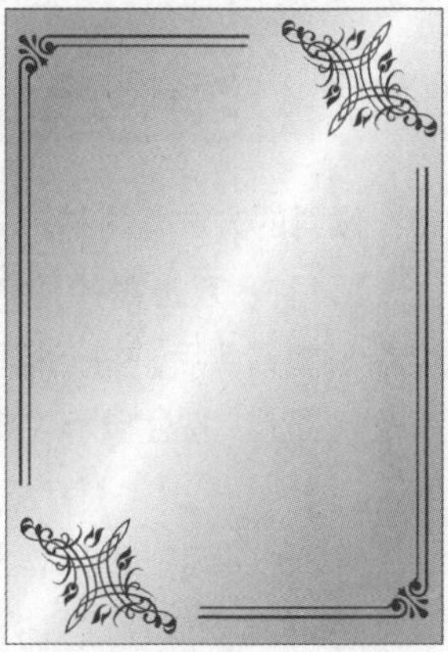

图2-35

06 导入“素材文件>CH02>素材02.png”文件，将其拖曳到页面中的合适位置，最终效果如图2-36所示。

图2-36

2.2.3 设置对象的大小

设置对象大小的方法有两种。

第1种：选中对象，在属性栏的“对象大小”中输入数值进行操作，如图2-37所示。

图2-37

第2种：选中对象，然后执行“对象>变换>大小”菜单命令打开“变换”泊坞窗，接着在x轴和y轴后面的文本框中输入大小，再选择相对缩放中心，最后单击“应用”按钮完成大小操作，如图2-38所示。

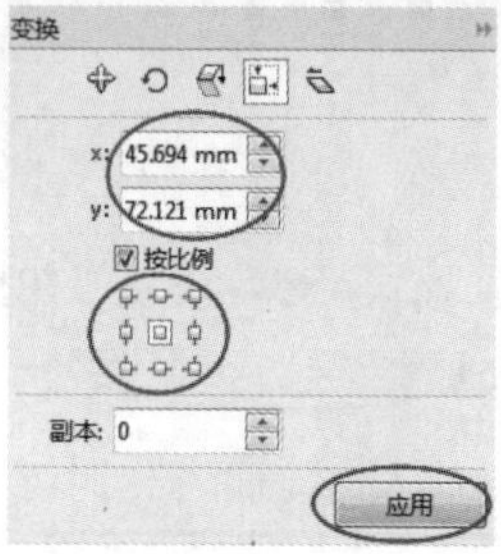

图2-38

2.2.4 倾斜处理

倾斜的方法有两种。

第1种：双击需要倾斜的对象，当对象周围出现旋转/倾斜箭头后，将光标移动到水平或垂直线上的倾斜控制点上，按住鼠标左键拖曳倾斜程度，如图2-39所示。

第2种：选中对象，然后执行“对象>变换>倾斜” 菜单命令打开“变换”泊坞窗，接着设置x轴和y轴的数值，再选择“使用锚点”的位置，最后单击“应用”按钮完成倾斜操作，如图2-40所示。

图2-39

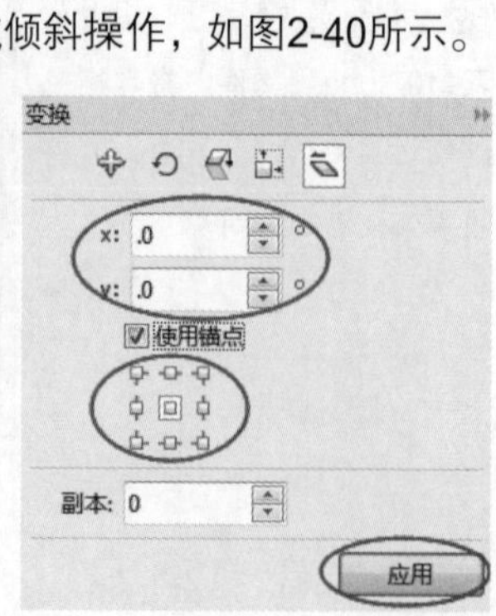

图2-40

2.3 复制对象

复制对象多用于在编辑图形的过程中需要两个或多个相同的对象来组成画面时。CorelDRAW X7为用户提供了两种复制的类型，一种是对象的复制，另一种是对象的属性复制。下面进行详细讲解。

2.3.1 对象基础复制

复制对象的方法有以下6种。

第1种：选中对象，然后执行“编辑>复制”菜单命令，接着执行“编辑>粘贴”菜单命令，在原始对象上进行覆盖复制。

第2种：选中对象，然后单击鼠标右键，在弹出的快捷菜单中执行“复制”命令，接着将光标移动到目标粘贴位置，再单击鼠标右键，在弹出的快捷菜单中选择“粘贴”命令。

第3种：选中对象，然后按组合键Ctrl+C将对象复制在剪切板上，再按组合键Ctrl+V进行原位置粘贴。

第4种：选中对象，然后按键盘上的加号键“+”，在原位置上进行复制。

第5种：选中对象，然后在“常用工具栏”上单击“复制”按钮，再单击“粘贴”按钮进行原位置复制。

第6种：选中对象，然后按住鼠标左键将其拖曳到空白处，出现蓝色线框进行预览，如图2-41所示，接着在释放鼠标左键之前单击鼠标右键，完成复制。

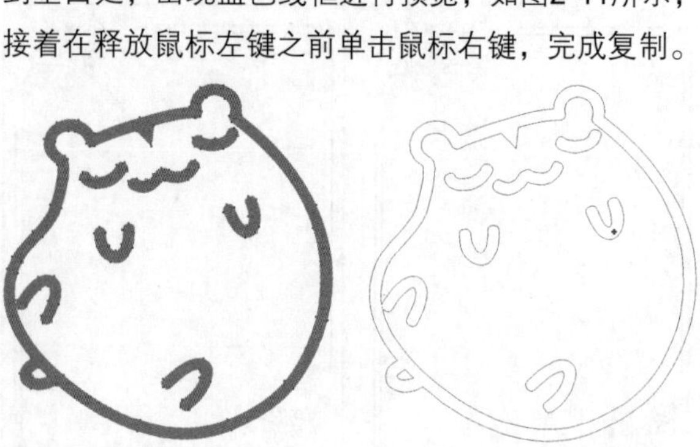

图2-41

2.3.2 对象的再制

我们在制图过程中，会利用再制制作花边、底纹。对象再制可以将对象按一定规律复制为多个，再制的方法有两种。

第1种：选中对象，然后按住鼠标左键将对象拖曳一定距离，接着在释放鼠标左键之前单击鼠标右键，完成第一次复制，再执行“编辑>重复再制”菜单命令，即可按前面移动的规律进行相同的再制。

第2种：在默认的页面属性栏里调整位移的“单位”类型（默认为毫米），然后调整“微调距离”的偏离数值，接着在“再制距离”上输入准确的数值，如图2-42所示，最后选中需要再制的对象，按组合键Ctrl+D进行再制。

图2-42

技术专题　使用对象的“再制”功能制作相关效果

使用对象的“再制”功能可以制作平移效果、旋转效果和缩放效果。

平移效果绘制：选中对象，然后按住Shift键同时使用鼠标平行拖曳对象，接着在松开鼠标左键之前单击鼠标右键进行复制，如图2-43所示，最后按组合键Ctrl+D进行再制，如图2-44所示。

图2-43

图2-44

旋转效果绘制：选中对象，然后按住鼠标左键拖曳，再单击鼠标右键进行复制，接着将复制对象旋转一定角度，如图2-45所示，最后按组合键Ctrl+D进行再制，此时再制对象会以一定的角度进行旋转，如图2-46所示。

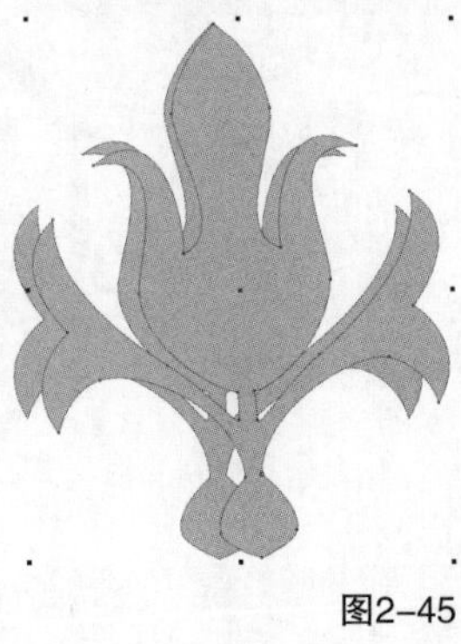

图2-45

图2-46

缩放效果绘制：选中对象，然后按住鼠标左键拖曳，再单击鼠标右键进行复制，接着将复制对象进行缩放，如图2-47所示，最后按组合键Ctrl+D进行再制，此时再制对象以一定的比例进行缩放，如图2-48所示。

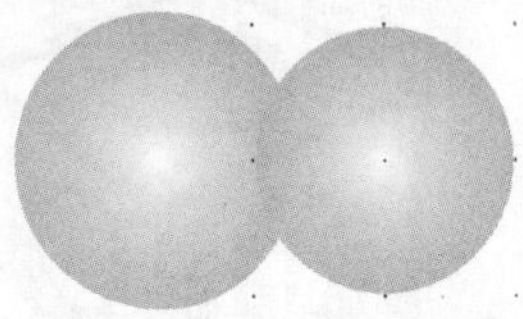

图2-47

图2-48

2.3.3 对象属性的复制

使用“选择工具”选中需要复制属性的对象，然后执行“编辑>复制属性自”菜单命令，打开“复制属性”对话框，勾选要复制的属性类型，接着单击“确定”按钮，如图2-49所示。

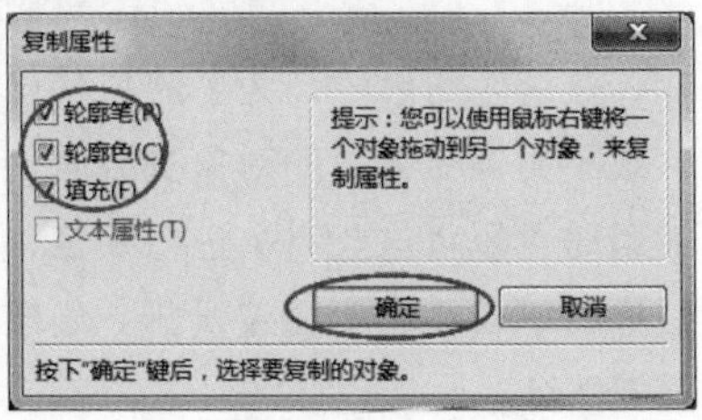

图2-49

重要参数介绍

轮廓笔：复制轮廓线的宽度和样式。

轮廓色：复制轮廓线使用的颜色属性。

填充：复制对象的填充颜色和样式。

文本属性：复制文本对象的字符属性。

当光标变为➡时，移动到源文件位置单击鼠标左键完成属性的复制，如图2-50所示，复制后的效果如图2-51所示。

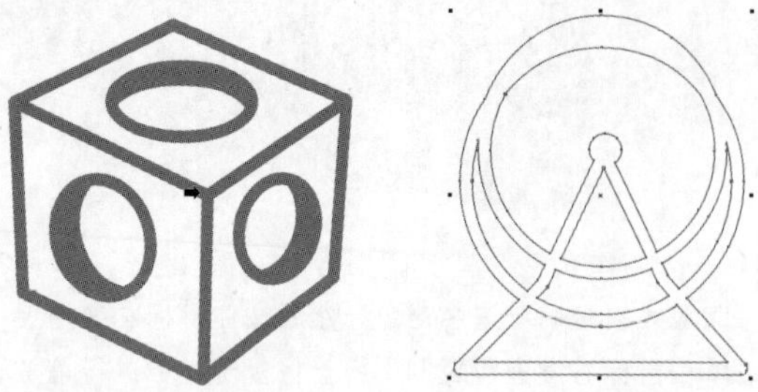

图2-50

图2-51

2.4 控制对象

控制对象的内容主要包括锁定与解锁、组合与取消组合、合并与拆分和排列顺序，掌握这些控制对象的方法，可以更好地完成工作。

2.4.1 锁定和解锁

在编辑图形时，为了避免使已经编辑完毕的对象或不再需要编辑的对象受到其他操作的影响，在编辑时可以将这些对象进行锁定，锁定后的对象无法进行编辑，也不会被误删。如果需要再次编辑，解锁即可。

1.锁定对象

锁定对象的方法有两种。

第1种：选中需要锁定的对象，然后在对象上单击鼠标右键，接着在打开的快捷菜单中选择“锁定对象”命令，如图2-52所示，锁定后的对象锚点变为小锁，如图2-53所示。

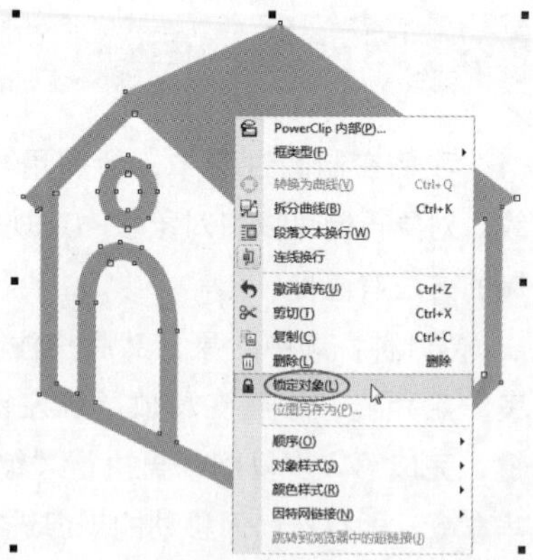

图2-52

图2-53

第2种：选中需要锁定的对象，然后执行“对象>锁定对象”菜单命令进行锁定。选择多个对象进行同样的操作，可以同时进行锁定。

2.解锁对象

解锁对象的方法有两种。

第1种：在需要解锁的对象上单击鼠标右键，然后在打开的快捷菜单中执行“解锁对象”命令完成解锁，如图2-54所示。

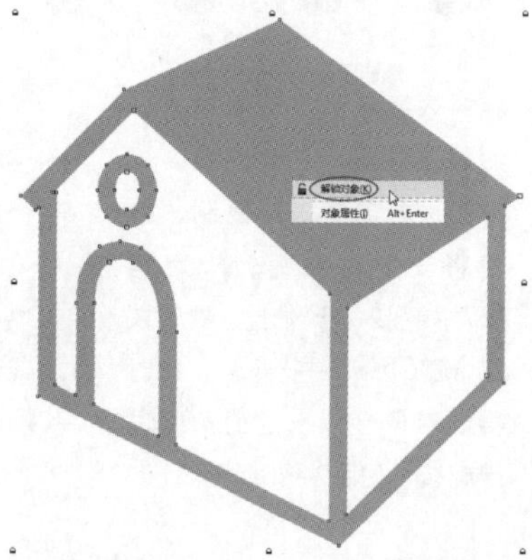

图2-54

第2种：选中需要解锁的对象，然后执行“对象>解锁对象” 菜单命令进行解锁。

提示

在选择解锁对象时需要注意，只有单击对象边缘才能将其选中。

当无法全选锁定对象时，执行“对象>解除锁定全部对象”菜单命令可以同时解锁所有锁定对象。

2.4.2 组合与取消组合对象

在编辑图形时，复杂图形一般由众多独立的对象组成，为了方便操作，通常将一些对象进行组合，组合后的对象成为一个整体，在编辑时会一同被编辑。当然，也可以解开组合对象进行单个对象操作。

1.组合对象

组合对象的方法有以下3种。

第1种：选中需要组合的所有对象，然后单击鼠标右键，在打开的快捷菜单中选择“组合对象”命令，如图2-55所示，或者按组合键Ctrl+G进行快速组合对象。

图2-55

第2种：选中需要组合的所有对象，然后执行“对象>组合对象”菜单命令进行组合。

第3种：选中需要组合的所有对象，在属性栏上单击“组合对象”按钮进行快速组合。

2.取消组合对象

取消组合对象的方法有以下3种。

第1种：选中组合对象，然后单击鼠标右键，在打开的快捷菜单中执行“取消组合对象”命令，如图2-56所示，或者按组合键Ctrl+U进行快速解组。

图2-56

第2种：选中组合对象，然后执行“对象>取消组合对象” 菜单命令进行解组。

第3种：选中组合对象，然后在属性栏上单击“取消组合对象”按钮进行快速解组。

3.取消组合所有对象

使用“取消组合所有对象”命令，可以将组合对象进行彻底解组，变为最基本的独立对象。取消全部组合对象的方法有以下3种。

第1种：选中组合对象，然后单击鼠标右键，在弹出的快捷菜单中执行“取消组合所有对象”命令，解开所有的组合对象，如图2-57所示。

图2-57

第2种：选中组合对象，然后执行“对象>取消组合所有对象”菜单命令进行解散。

第3种：选中组合对象，然后在属性栏上单击“取消组合所有对象”按钮进行快速解散。

2.4.3 对象的排列

在编辑图形时，为了组成图案或达到某种视觉效果，通常会使用到图层的排序，通过合理的顺序排列来表现出需要的层次关系。下面讲解两种常用的排序方法。

第1种：选中相应的图层，然后单击鼠标右键，在打开的快捷菜单上单击“顺序”命令，接着在子菜单中选择相应的命令进行操作，如图2-58所示。

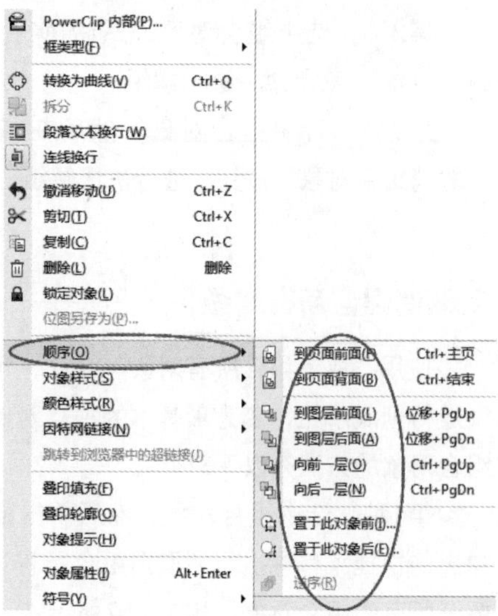

图2-58

重要参数介绍

到页面前面/背面：将所选对象调整到当前页面的最前面或最后面。

到图层前面/后面：将所选对象调整到当前页所有对象的最前面或最后面。

向前/后一层：将所选对象调整到当前所在图层的上面或下面 。

置于此对象前/后：单击该命令，当光标变为➡形状时单击目标对象，如图2-59所示，可以将所选对象置于该对象的前面或后面。如图2-60所示的数字位置。

图2-59

图2-60

逆序：选中需要颠倒顺序的对象，单击该命令后对象将按相反的顺序进行排列。如图2-61所示，兔子和车都转身了。

图2-61

第2种：选中相应的图层后，执行“对象>顺序”菜单命令，在子菜单中选择操作。

2.4.4 合并与拆分

合并与组合对象不同，组合对象是将两个或多个对象编成一个组，但内部还是独立的对象，对象属性不变；而合并是将两个或多个对象合并为一个全新的对象，是一个独立的个体，对象的属性也会随之改变。

合并与拆分对象的方法有以下3种。

第1种：选中要合并的对象，如图2-62所示，然后在属性栏上单击“合并”按钮将其合并为一个对象（属性改变），如图2-63所示，单击“拆分”按钮可以将合并对象拆分为单个对象（属性维持改变后的），排放顺序为由大到小排放，如图2-64所示。

图2-62

图2-63

图2-64

第2种：选中要合并的对象，然后单击鼠标右键，在打开的快捷菜单中执行“合并”或“拆分”命令进行操作。

第3种：选中要合并的对象，然后执行“对象>合并”或“对象>拆分”菜单命令进行操作。

提示

合并后对象的属性会同合并前底层对象的属性保持一致，拆分后属性无法恢复。

实战练习

制作旅游邮戳

实例位置　实例文件>CH02>制作旅游邮戳.cdr
素材位置　素材文件>CH02>素材03.cdr~06.cdr
视频名称　制作旅游邮戳.mp4
技术掌握　合并的用法

扫码观看教学视频

最终效果图

01 打开学习资源中的“素材文件>CH02>素材03.cdr”文件，如图2-65所示。

图2-65

02 导入“素材文件>CH02>素材04.cdr”文件，如图2-66所示，然后在素材中间输入英文I was here，接着在属性栏设置合适的字体样式和字体大小，效果如图2-67所示。

图2-66

图2-67

03 将素材04与文字选中，然后按组合键Ctrl+G进行组合，接着旋转12°，最后将其拖曳到之前的素材上，效果如图2-68所示。

图2-68

04 导入“素材文件>CH02>素材05.cdr”文件，然后将其放置在所有对象的底层，如图2-69所示，接着全选所有对象，按组合键Ctrl+G将其组合。

图2-69

05 在对象上单击鼠标右键，然后在打开的菜单中选择“取消组合所有对象”命令，将所有的对象取消组合，如图2-70所示，取消选择后再将所有对象选中，在属性栏上单击“合并”按钮，将其合并为一个对象，效果如图2-71所示。

图2-70

图2-71

06 导入“素材文件>CH02>素材06.cdr”文件，如图2-72所示，然后将上一步绘制完成的邮戳拖曳到素材的右上角，最终效果如图2-73所示。

图2-72

图2-73

2.5 对齐与分布

在编辑过程中可以进行精确的对齐或分布操作。

选中对象，然后执行“对象>对齐和分布”菜单命令，在子菜单中选择相应的命令进行操作，如图2-74所示。

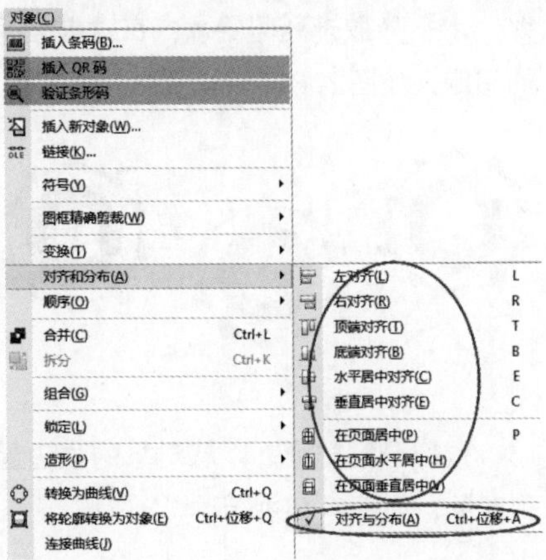

图2-74

2.5.1 对齐对象

在“对齐与分布”泊坞窗可以进行对齐的相关操作，如图2-75所示。下面使用图2-76来介绍对齐选项。

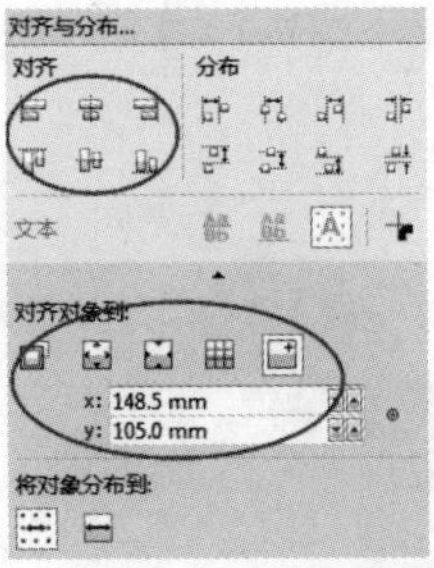

图2-75

图2-76

重要参数介绍

左对齐：将所有对象向最左边进行对齐，如图2-77所示。

水平居中对齐：将所有对象向水平方向的中心点进行对齐，如图2-78所示。

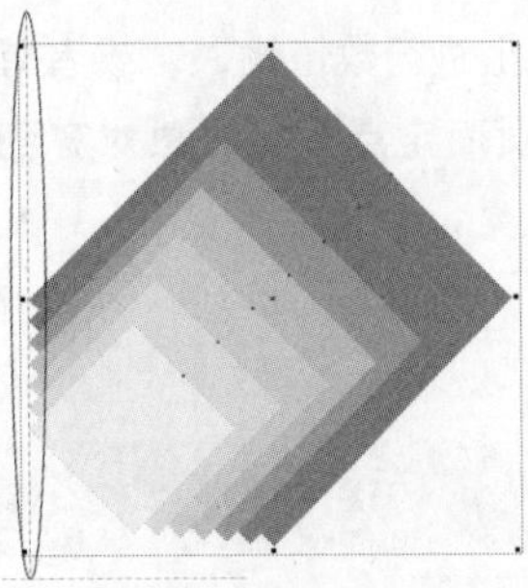

图2-77

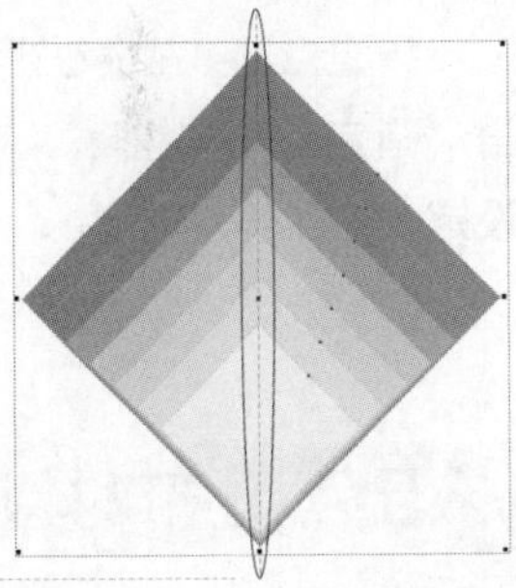

图2-78

右对齐：将所有对象向最右边进行对齐，如图2-79所示。

顶端对齐：将所有对象向最上边进行对齐，如图2-80所示。

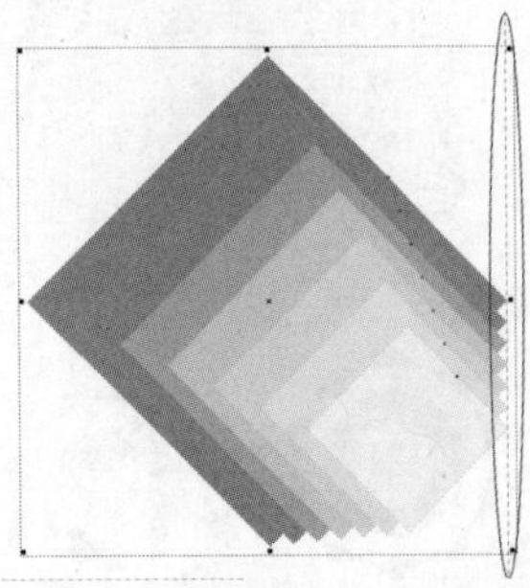

图2-79

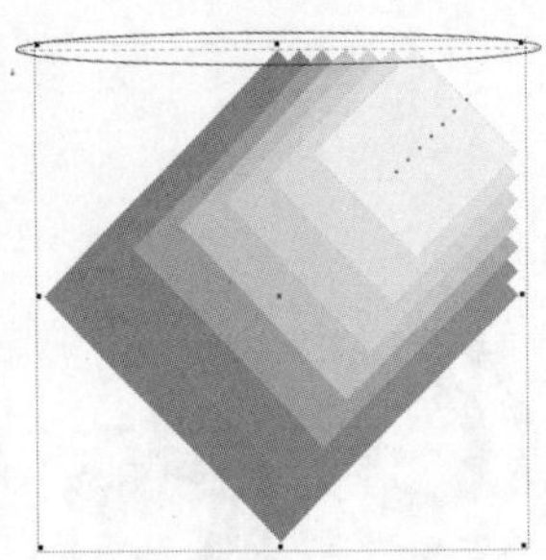

图2-80

垂直居中对齐：将所有对象向垂直方向的中心点进行对齐，如图2-81所示。

底端对齐：将所有对象向最下边进行对齐，如图2-82所示。

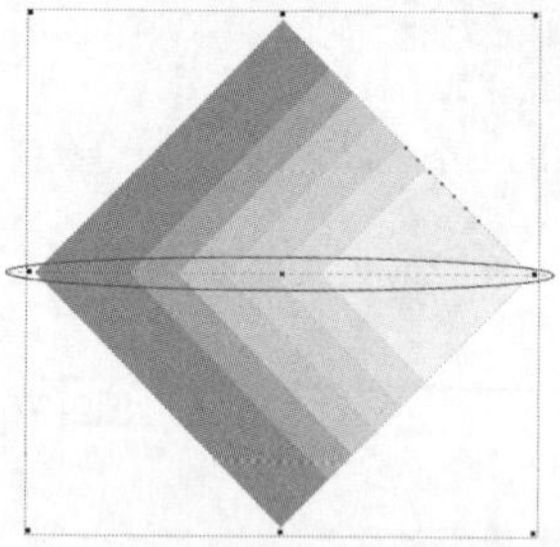

图2-81

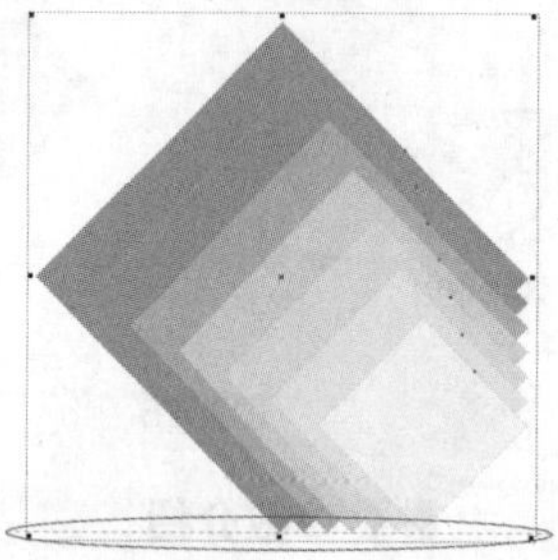

图2-82

活动对象：将对象对齐到选中的活动对象。

页面边缘：将对象对齐到页面的边缘。

页面中心：将对象对齐到页面中心。

网格：将对象对齐到网格。

指定点：在横纵坐标上进行数值输入，或者单击“指定点”按钮，在页面定点，将对象对齐到设定点上。

2.5.2 分布对象

在“对齐与分布”泊坞窗可以进行分布的相关操作，如图2-83所示。下面使用图2-84来介绍分布选项。

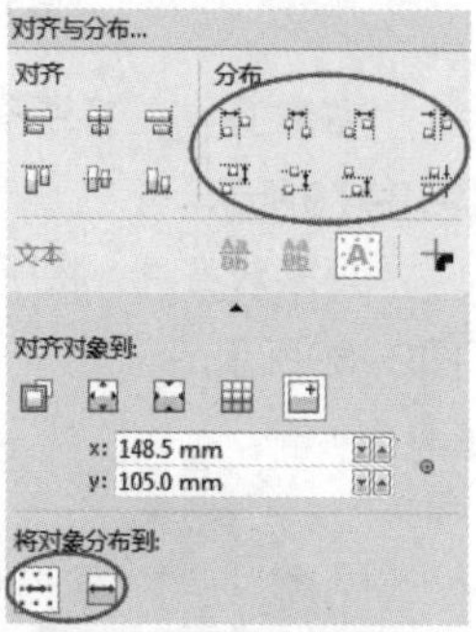

图2-83

图2-84

重要参数介绍

左分散排列：从对象的左边缘起以相同间距排列对象，如图2-85所示。

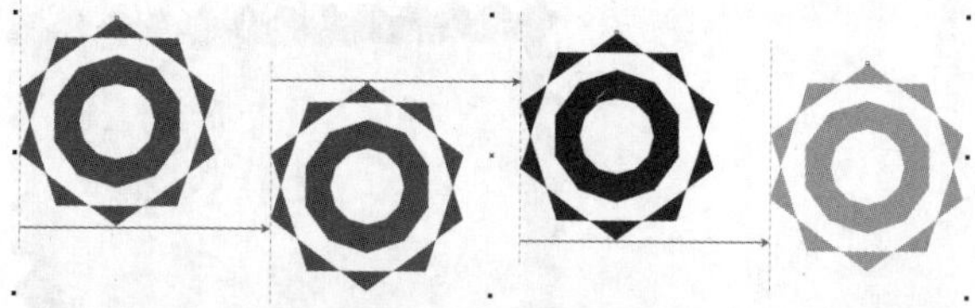

图2-85

水平分散排列中心：从对象的中心起以相同间距水平排列对象，如图2-86所示。

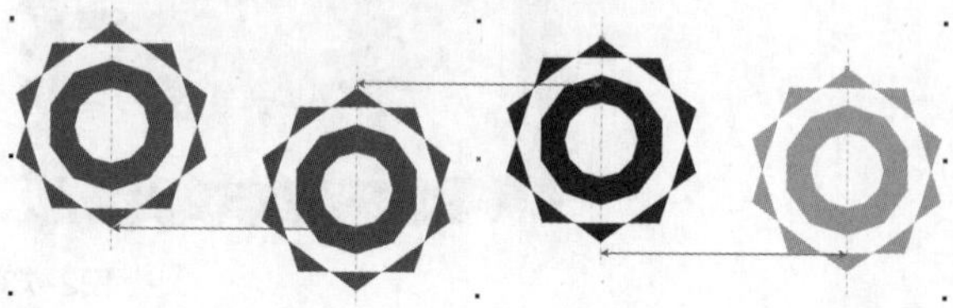

图2-86

右分散排列：从对象的右边缘起以相同间距排列对象，如图2-87所示。

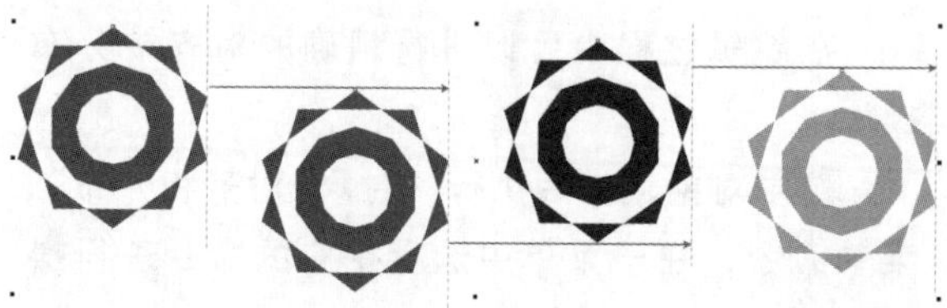

图2-87

水平分散排列间距：在对象之间水平设置相同的间距，如图2-88所示。

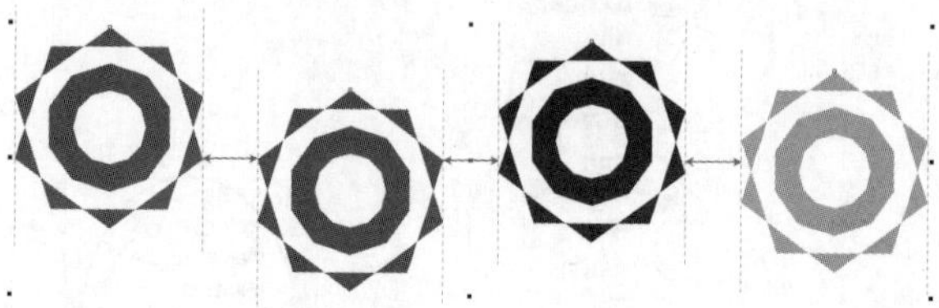

图2-88

顶部分散排列：从对象的顶边起以相同间距排列对象，如图2-89所示。

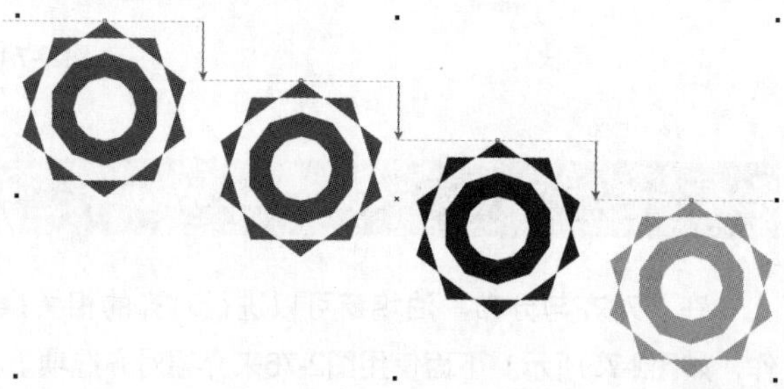

图2-89

垂直分散排列中心：从对象的中心起以相同间距垂直排列对象，如图2-90所示。

图2-90

底部分散排列：从对象的底边起以相同间距排列对象，如图2-91所示。

图2-91

垂直分散排列间距：在对象之间垂直设置相同的间距，如图2-92所示。

图2-92

选定的范围：在选定的对象范围内进行分布，如图2-93所示。

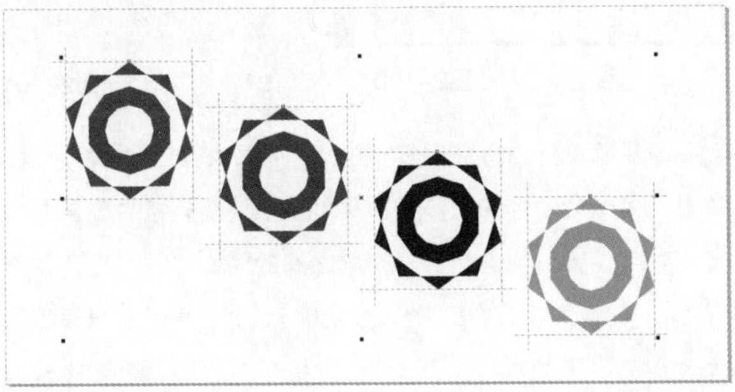

图2-93

页面范围：将对象以页边距为定点平均分布在页面范围内，如图2-94所示。

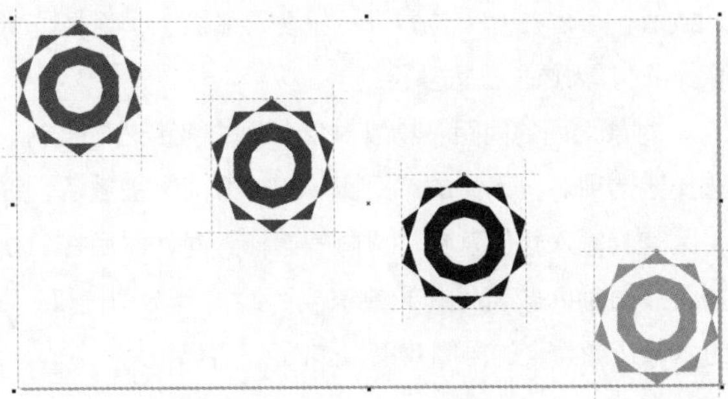

图2-94

2.6 步长与重复

在编辑图形的过程中可以利用“步长和重复”命令进行水平、垂直和角度再制。执行“编辑>步长和重复”菜单命令，打开“步长和重复”泊坞窗，如图2-95所示。

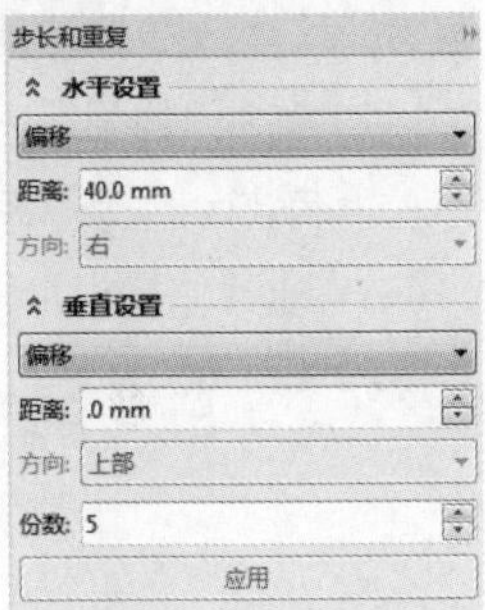

图2-95

重要参数介绍

水平设置：在水平方向进行再制，可以设置“类型”“距离”“方向”，在类型里可以选择“无偏移”“偏移”“对象之间的间距”，如图2-96所示。

图2-96

无偏移：指不进行任何偏移。选择该选项后，下面的“距离”和“方向”无法进行设置，在“份数”后面输入数值后单击“应用”按钮 应用 ，则是在原位置进行再制。

偏移：指以对象为准进行水平偏移。选择"偏移"后，选择该选项可以激活"距离"选项，在"距离"输入数值，可以在水平位置进行重复再制。当"距离"数值为0时，为原位置重复再制。

对象之间的间距：指以对象之间的间距进行再制。选择该选项后，下面的"距离"和"方向"被激活，在"距离"输入数值，在"方向"选择方向，然后在"份数"后面输入数值进行再制。当"距离"数值为0时，为水平边缘重合的再制效果，如图2-97所示。

图2-97

距离：在后面的文本框里输入数值进行精确偏移。

方向：可以在下拉选项中选择方向"左"或"右"。

垂直设置：在垂直方向进行重复再制，可以设置"类型""距离""方向"。

无偏移：指不进行任何偏移，在原位置进行重复再制。

偏移：指以对象为准进行垂直偏移。当"距离"数值为0时，为原位置重复再制。

对象之间的间距：指以对象之间的间距为准进行垂直偏移。当"距离"数值为0时，重复效果为垂直边缘重合复制，如图2-98所示。

图2-98

份数：设置再制的份数，单击右侧按钮可以调整份数，如图2-99所示。

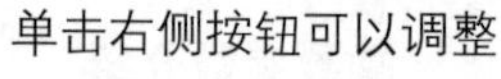

图2-99

实战练习

制作生日贺卡

实例位置　实例文件>CH02>制作生日贺卡.cdr
素材位置　素材文件>CH02>素材07.cdr、08.png、09.png
视频名称　制作生日贺卡.mp4
技术掌握　步长与重复的用法

扫码观看教学视频

最终效果图

01 新建一个大小为200mm×205mm的文档，然后双击"矩形工具"新建一个和页面大小相同的矩形，接着填充颜色为（C：1，M：0，Y：12，K：0），最后设置"轮廓宽度"为3mm、轮廓颜色为（C：60，M：40，Y：0，K：40），效果如图2-100所示。

02 使用"矩形工具"在页面右上角绘制一个大小为5.5mm×6mm的矩形小方块，然后复制两份，并分别填充颜色为（C：40，M：40，Y：0，K：20）、（C：40，M：40，Y：0，K：0）、（C：20，M：20，Y：0，K：0），接着进行图2-101所示的排列。

图2-100

图2-101

03 选中第一列的两个矩形小方块，然后执行"编辑>步长和重复"菜单命令打开"步长和重复"泊坞窗，接着在里面设置"水平设置"的类型为"对象之间的间距"、"距离"为5.5mm、"方向"为右、"份数"为17，并设置"垂直设置"的类型为"无偏移"，再单击"应用"按钮确定操作，设置如图2-102所示，最后选中同色的矩形小方块，按组合键Ctrl+G将其组合，效果如图2-103所示。

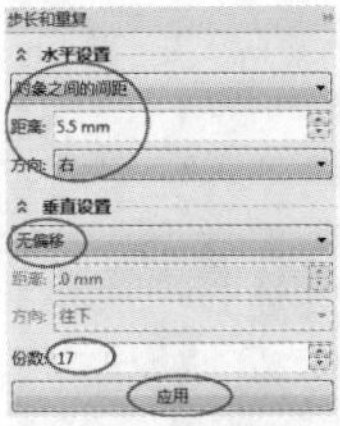

图2-102

图2-103

04 选中第二列的矩形小方块，然后在“步长和重复”泊坞窗中更改“份数”为16，接着单击“应用”按钮 应用 确定操作，设置如图2-104所示，最后全选该颜色的矩形小方块，按组合键Ctrl+G将其组合，效果如图2-105所示。

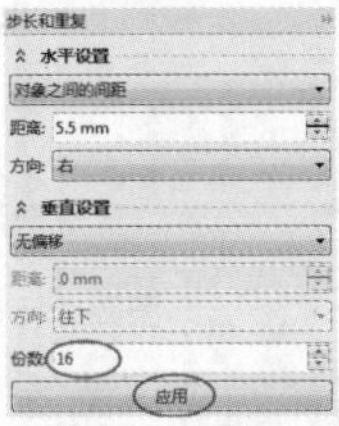

图2-104

图2-105

05 选中第一行的矩形小方块，然后在“步长和重复”泊坞窗中设置“水平设置”类型为“无偏移”，接着设置“垂直设置”类型为“对象之间的间距”、“距离”为6mm、“方向”为往下、“份数”为16，再单击“应用”按钮 应用 确定操作，设置如图2-106所示，效果如图2-107所示。

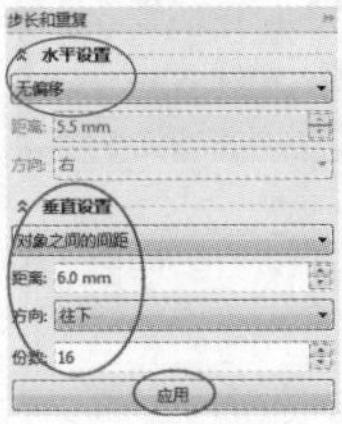

图2-106

图2-107

06 选中第二行的矩形小方块，然后在“步长和重复”泊坞窗中更改“份数”为15，接着单击“应用”按钮 应用 确定操作，设置如图2-108所示，效果如图2-109所示。

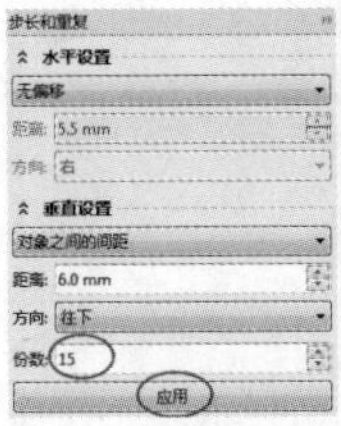

图2-108

图2-109

07 使用“矩形工具”在矩形小方块的上面绘制一个矩形，然后填充白色，并去掉轮廓线，接着使用“透明度工具”单击矩形，再设置“透明度”为75，如图2-110所示。

图2-110

提示

“透明度工具”的使用方法在本书第8章会进行详细讲解。

08 选择“基本形状工具”，然后在其属性栏单击“完美形状”按钮，并在打开的对话框中单击形状按钮，如图2-111所示，接着在矩形的右下角绘制一个直角三角形，再将其转换为曲线，最后向中心复制一份，效果如图2-112所示。

图2-111

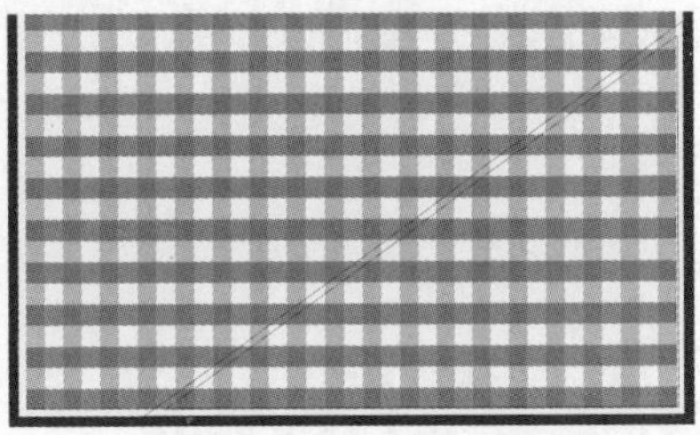

图2-112

09 选中较大的直角三角形，然后填充颜色为（C：2，M：2，Y：16，K：0），并去掉轮廓线，接着选中较小的直角三角形，设置其轮廓颜色为（C：60，M：40，Y：0，K：40）、“轮廓宽度”为0.35mm、“线条样式”为虚线，设置如图2-113所示，效果如图2-114所示。

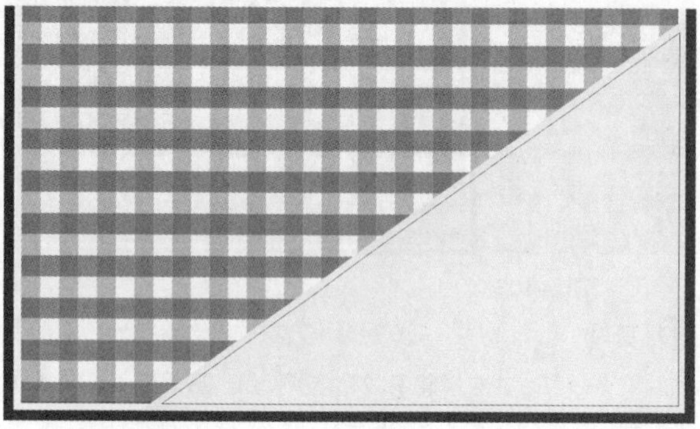

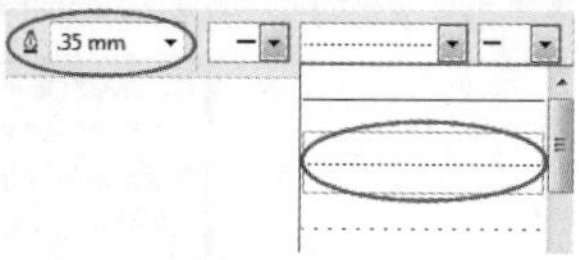

图2-113

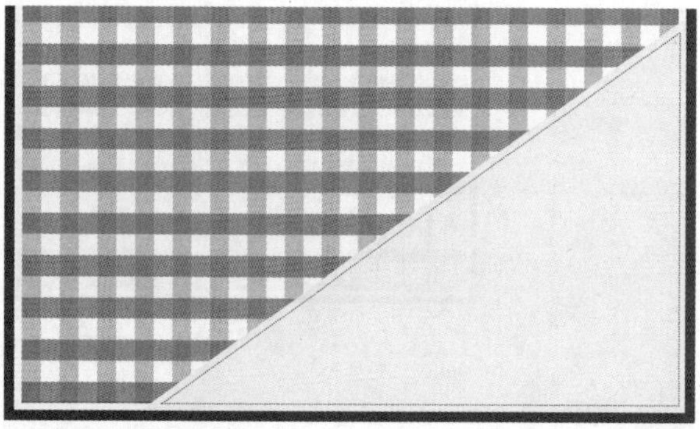

图2-114

10 导入“素材文件>CH02>素材07.cdr、08.png、09.png”文件，然后将其拖曳到页面中的合适位置，效果如图2-115所示，接着在直角三角形内输入文字，最终效果如图2-116所示。

图2-115

图2-116

本章学习总结

属性栏中“合并”与“合并”的区别

选中对象后，会出现相关按钮的属性栏，其中包括“合并”按钮与“合并”按钮，如图2-117所示，虽然两个按钮的名称相同，但是从属性栏中可以看出它们的图标是不一样的，自然在功能上也是有所区别的。

扫码观看教学视频

图2-117

“合并”按钮

本章2.4.4小节中讲解的是“合并”按钮，它是将对象合并为有相同属性的单一对象，如图2-118所示，两个对象变成了属性即填充颜色、轮廓颜色和轮廓宽度相同的一个对象，但是在“合并”后我们仍然可以将其拆分为两个对象。单击“合并”按钮后，该按钮会自动变为“拆分”按钮，单击“拆分”按钮即可将合并对象拆分为两个对象，只是拆分后的对象属性也仍然一致，并没有恢复到原始的两个对象，如图2-119所示。

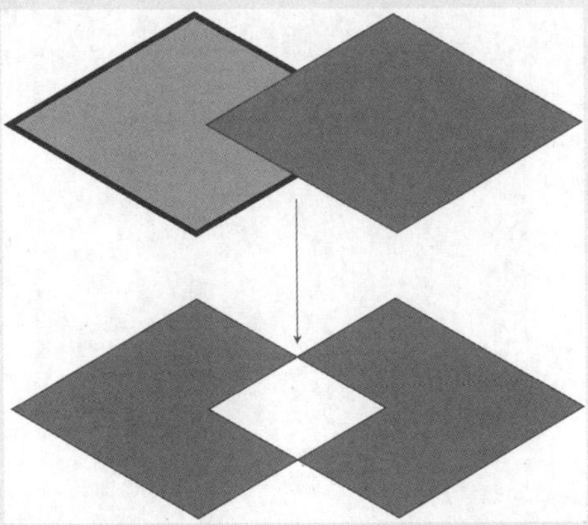

图2-118

图2-119

“合并”按钮

这里的“合并”按钮是将对象合并至带有单一填充和轮廓的单一曲线对象中，如图2-120所示，不同属性的两个对象合并成了相同属性的一个对象，并且无法像“合并”按钮一样对其进行拆分。其实这个“合并”按钮的功能，就是“第6章 图形的编辑”中6.6.1小节所讲的“焊接”，不过，执行“对象>造形>合并”菜单命令打开菜单时，里面显示的是“合并”选项，如图2-121所示，而执行“对象>造形>造型”菜单命令打开“造型”泊坞窗，在其中显示为“焊接”，如图2-122所示。虽然它们的名称不同，但功能都是相同的，具体请参阅本书后面的6.6.1小节。

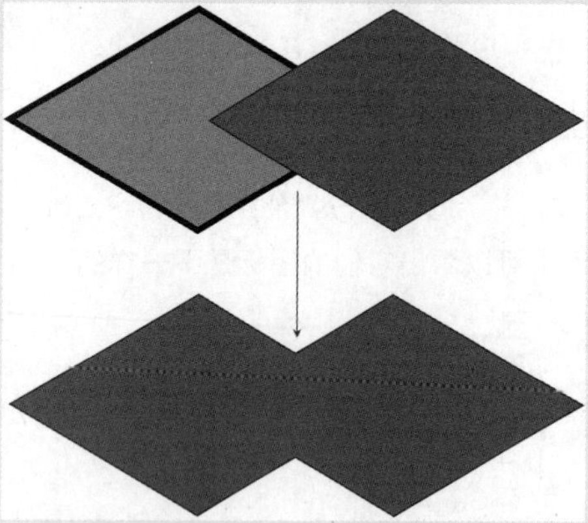

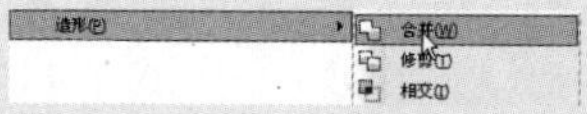

图2-121

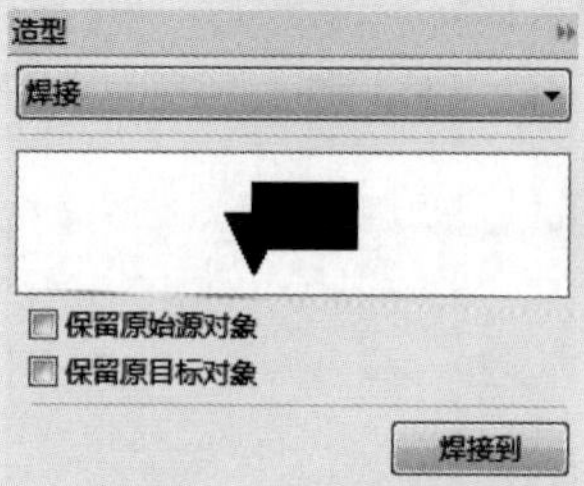

图2-120

图2-122

对象

在文档中的每一种东西，我们都将其称为对象。当然，既然对象在文档中，自然是要对其进行编辑，本章中的编辑操作都是非常基础性的，基本上不会改变对象原有的形状，只是在操作时根据需要执行相应的命令，得出不同的效果。

扫码观看教学视频

第 3 章

线型工具的使用

本章主要讲解线型工具的使用方法，包括手绘工具、2点线工具、贝塞尔工具、钢笔工具、B样条工具、折线工具、3点曲线工具和艺术笔工具。掌握这些工具后，用户可以在实际操作中灵活运用不同的线型工具来绘制图形，并进行调整和效果添加。

- 了解2点线工具
- 掌握贝塞尔工具的修饰方法
- 学会用钢笔工具绘制曲线
- 灵活运用艺术笔工具

本章学习建议

本章讲解的多种线型工具几乎是在同一个工具组内，也几乎都可以用来绘制直线和曲线，只是在绘制时存在一些差别。在使用这些工具之前，我们需要了解每一种工具属性栏中的参数设置并掌握它们的用法，这样才能学会如何使用它，或者在使用时需要注意什么。当然，要学会使用工具，练习是必不可少的。例如，我们要使用贝塞尔工具或者钢笔工具绘制一个图形，用这两种工具绘制图形或者曲线，想要一次性绘制完成是比较困难的，需要在绘制大概轮廓后使用形状工具进行调整，而不同的人调整出来的效果也不一样，有经验的操作者往往比刚入门的新手要处理得好，所以要勤加练习，做得多了，经验自然就丰富了，同时也会提高工作的效率。

扫码观看教学视频

3.1 手绘工具

“手绘工具”的自由性很强，犹如我们在纸上用铅笔绘画一样，它既可以绘制直线，又可以绘制曲线。该工具在绘制过程中还可以将毛糙的边缘自动进行修复，使线条更加自然流畅。

3.1.1 线条设置

选择“手绘工具”，其属性栏如图3-1所示。

图3-1

重要参数介绍

起始箭头：用于设置线条起始箭头符号，可以在下拉箭头样式面板中进行选择，如图3-2所示。起始箭头并不代表是设置指向左边的箭头，而是起始端点的箭头，如图3-3所示。

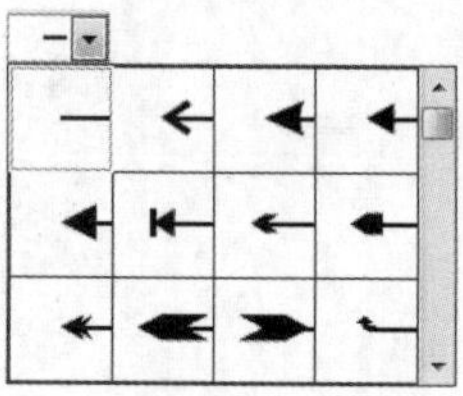

图3-2

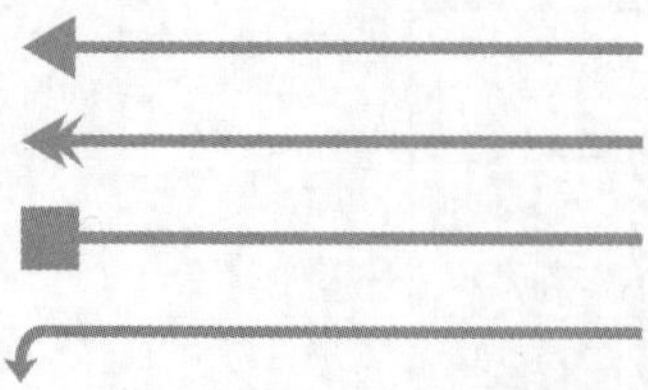

图3-3

线条样式：设置绘制线条的样式，可以在下拉线条样式面板里进行选择，如图3-4所示，添加效果如图3-5所示。

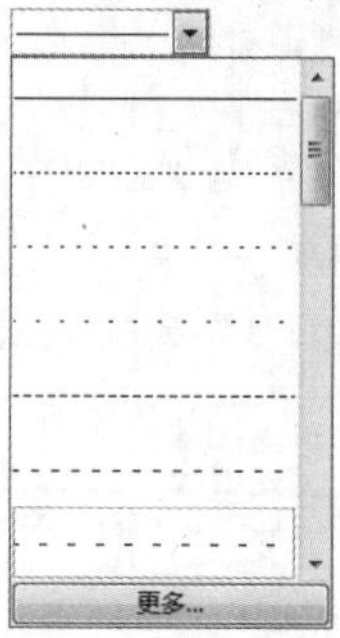

图3-4

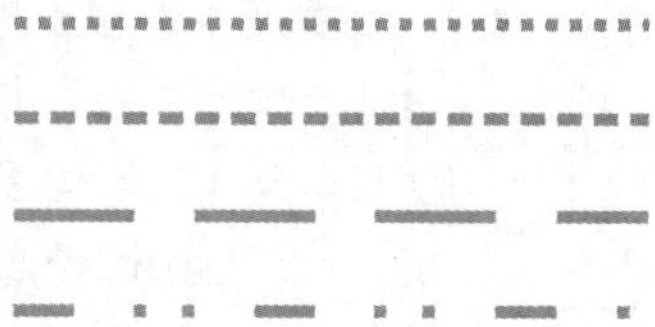

图3-5

终止箭头：设置线条结尾箭头符号，可以在下拉箭头样式面板里进行选择，添加箭头样式后的效果如图3-6所示。

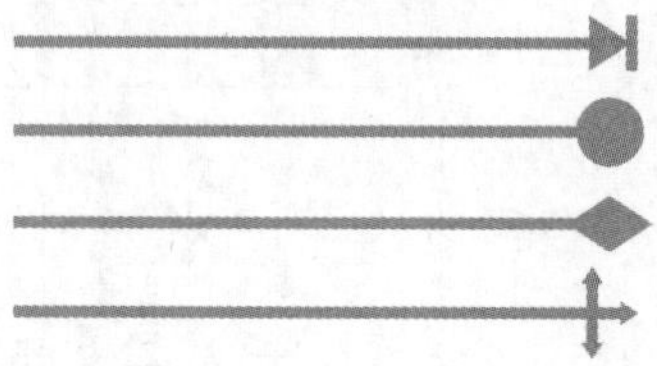

图3-6

闭合曲线：选中绘制的未合并线段，如图3-7所示，单击该按钮可以将起始节点和终止节点闭合形成面，然后可以对图形进行填充，如图3-8所示。

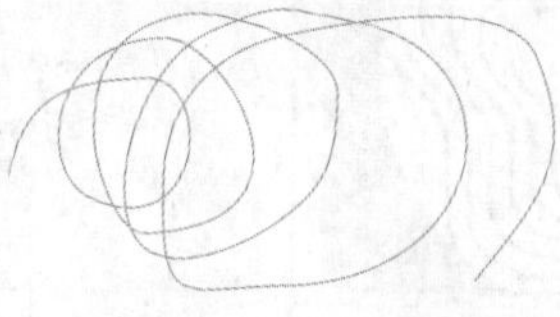

图3-7

图3-8

轮廓宽度：输入数值可以调整线条的粗细，如图3-9所示。

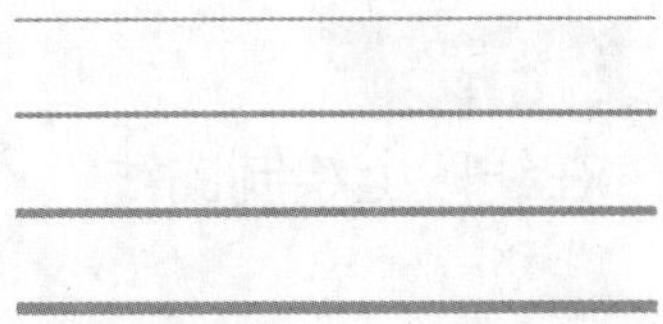

图3-9

手绘平滑：设置手绘时自动平滑的程度，最大为100，最小为0，默认为50。

边框：激活该按钮为隐藏边框，如图3-10所示；默认情况下边框为显示的，如图3-11所示，可以根据用户绘图的习惯来设置。

图3-10

图3-11

3.1.2 基本绘制方法

选择“工具箱”中的“手绘工具”，我们进行以下基本绘制方法的学习。

操作演示

使用手绘工具绘制直线

视频名称：使用手绘工具绘制直线

扫码观看教学视频

直线的绘制非常简单。选择“手绘工具”，然后在页面的空白处单击鼠标左键，接着移动光标，最后在目标位置单击鼠标左键形成一条直线，如图3-12所示，更改线条轮廓颜色后的效果如图3-13所示。

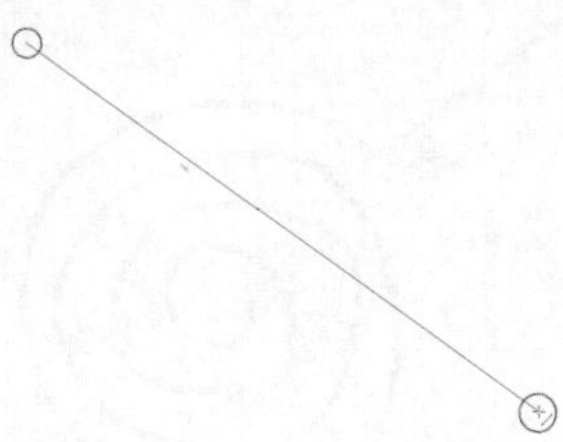

图3-12

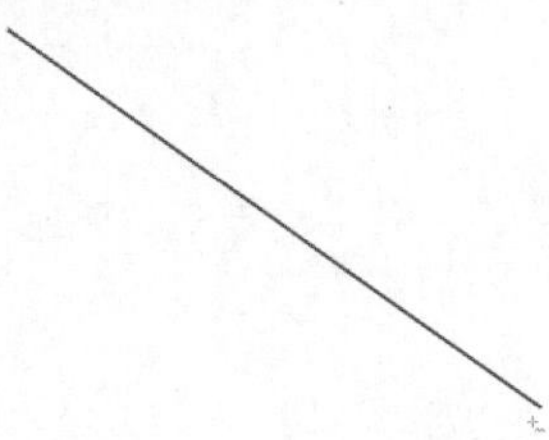

图3-13

提示

直线的长短与鼠标的移动远近有关。如果需要一条水平或垂直的直线，在移动时按住Shift键就可以快速绘制。

操作演示

使用手绘工具绘制曲线

视频名称：使用手绘工具绘制曲线

扫码观看教学视频

使用“手绘工具”绘制曲线，只需要按住鼠标拖曳即可进行绘制，在绘制之前可以在属性栏设置相关参数。

第1步：在“工具箱”中选择“手绘工具”，然后在页面空白处按住鼠标左键进行拖曳绘制，如图3-14所示，松开鼠标后曲线形成，更改轮廓颜色后的效果如图3-15所示。需要注意的是，在绘制曲线的过程中，线条会呈现毛边或手抖的感觉，此时就需要我们在属性栏上适当将“手动平滑”数值调大，如图3-16所示，这样绘制完成后的线条就会自动变平滑。

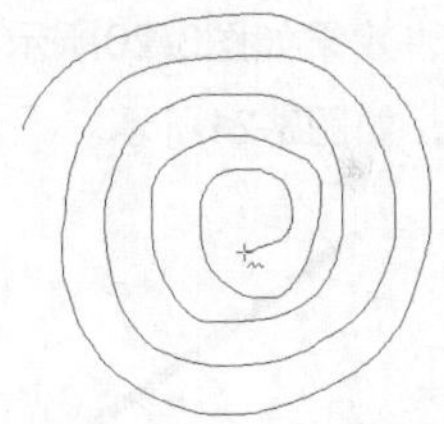

图3-14

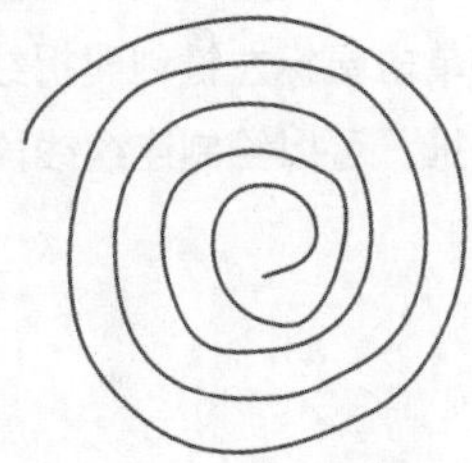

图3-15

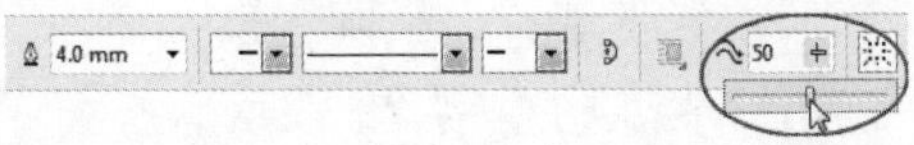

图3-16

第2步：在进行绘制时，每次松开鼠标都会形成独立的曲线，以一个图层显示，如图3-17所示。

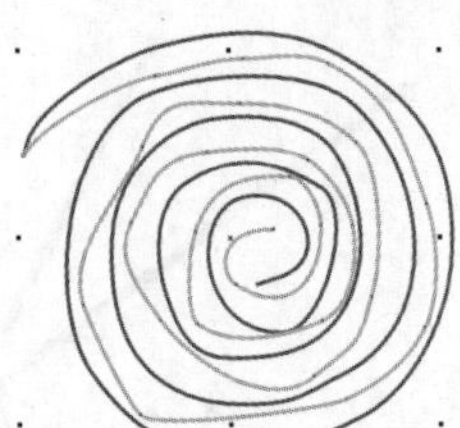

图3-17

提示

在使用“手绘工具”时，按住鼠标左键进行拖曳绘制对象，如果绘制错误，可以在没松开鼠标前按住Shift键往回拖曳鼠标，当线条变为红色时，松开鼠标即完成擦除。

操作演示

连续绘制线段

视频名称：连续绘制线段

扫码观看教学视频

前面我们讲解了如何使用“手绘工具” 绘制直线和曲线，接下来我们讲解如何连续绘制线段。

第1步：使用“手绘工具”在页面空白处绘制一条线段，这里绘制的线段既可以是直线也可以是曲线，绘制完成后我们为线段更换一下轮廓颜色，然后将光标移动到线段末端的节点上，如图3-18所示。

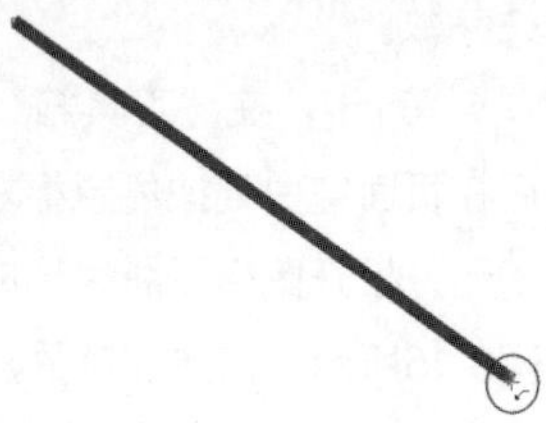

图3-18

第2步：当光标变为时单击鼠标左键，然后移动光标到空白处，如图3-19所示，在确定目标位置后单击鼠标左键创建折线，效果如图3-20所示。以此类推，可以绘制连续线段，如图3-21所示。

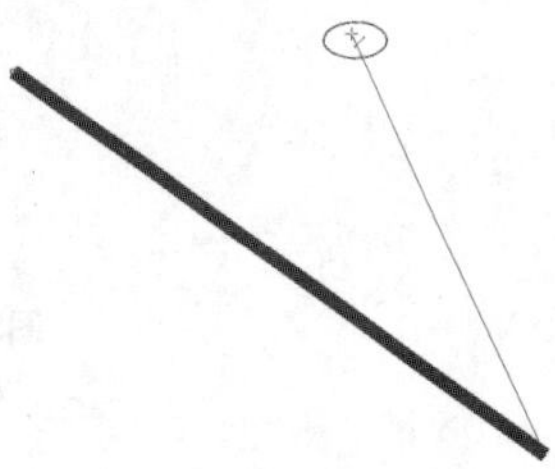

图3-19

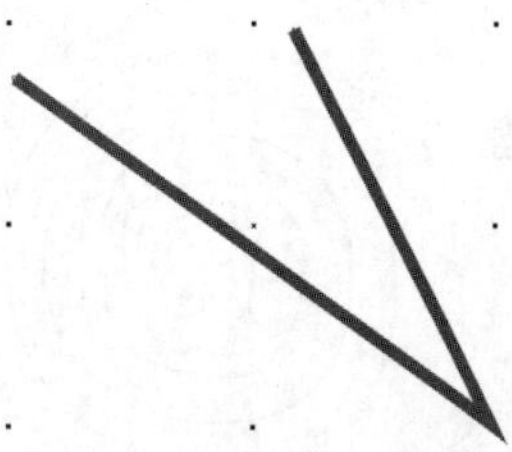

图3-20

图3-21

提示

在使用“手绘工具”连续绘制线段时，衔接后待绘制的线段和前面已绘制完成的线段在颜色、轮廓宽度等属性上相同。

操作演示

在线段上绘制曲线

视频名称：在线段上绘制曲线

扫码观看教学视频

使用“手绘工具”不仅可以在线段上绘制直线，还可以在线段上绘制曲线，其实这也是一种连续线段，只是衔接的是曲线，而非直线。

第1步：使用“手绘工具”在页面空白处绘制一条线段，这里绘制的线段既可以是直线也可以是曲线，绘制完成后我们为线段更换一下轮廓颜色，然后将光标移动到线段末端的节点上，如图3-22所示。

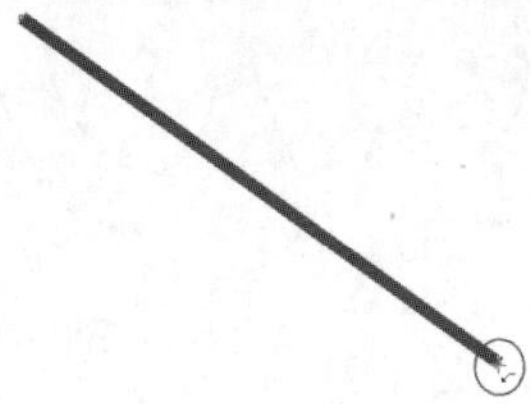

图3-22

第2步：当光标变为时按住鼠标左键进行拖曳绘制，如图3-23所示，此时曲线的起点是和直线线段的末端相连，松开鼠标后绘制完成的是连续的一个对象，如图3-24所示。

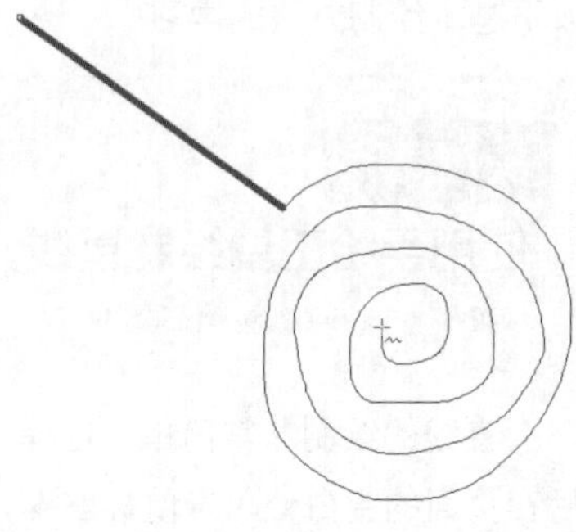

图3-23

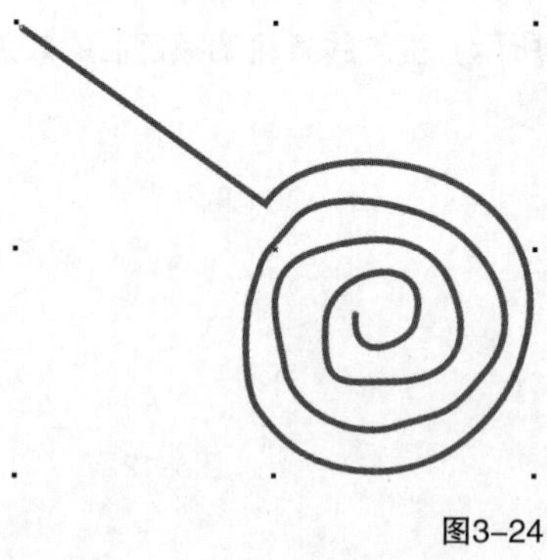

图3-24

3.2　2点线工具

"2点线工具" 是专门用于绘制直线线段的工具，它也可以用来直接创建与对象垂直或相切的直线。

3.2.1 属性栏设置

在工具栏中选择"2点线工具"，其属性栏如图3-25所示，在属性栏中可以切换2点线的绘制类型。

图3-25

重要参数介绍

2点线工具：连接起点和终点绘制一条直线。

垂直2点线：绘制一条与现有对象或线段垂直的2点线，如图3-26所示。

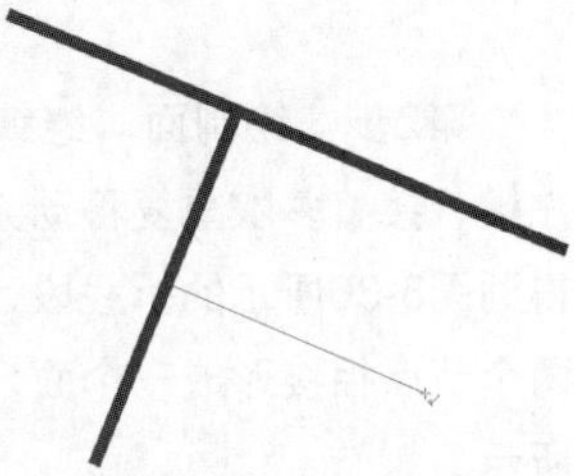

图3-26

相切2点线：绘制一条与现有对象或线段相切的2点线，如图3-27所示。

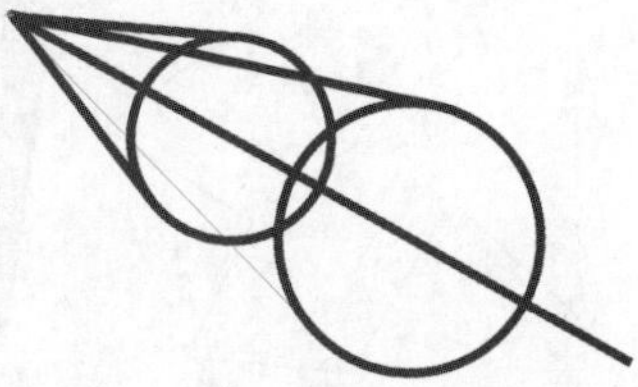

图3-27

3.2.2 基本绘制方法

使用"2点线工具"可以用来绘制单条线段和连续线段，下面是两者的绘制方法。

操作演示

绘制一条线段

视频名称：绘制一条线段

扫码观看教学视频

一条线段的绘制方法比较简单。选择工具箱中的"2点线工具"，然后将光标移动到页面空白处，接着长按鼠标左键拖曳一段距离，如图3-28所示，确定位置后松开鼠标，更改轮廓线颜色后的效果如图3-29所示。

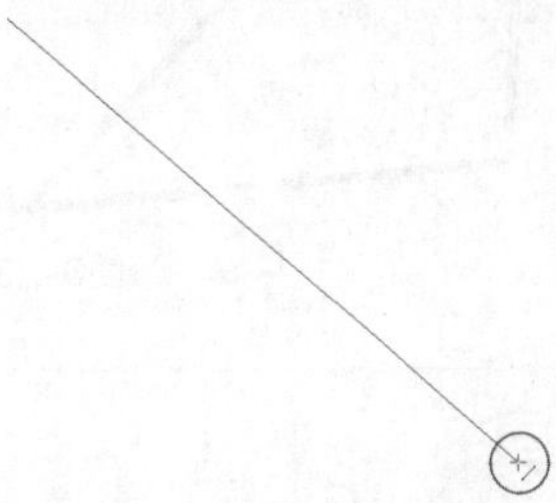

图3-28

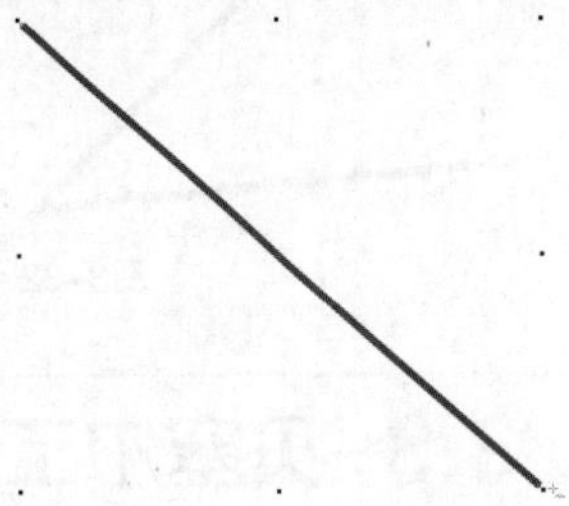

图3-29

提示

在绘制线段的时候，按住Shift键可以绘制水平线段、垂直线段或15° 递进的线段。

操作演示

绘制连续线段

视频名称：绘制连续线段

扫码观看教学视频

连续线段的绘制是在一条线段的基础上继续进行绘制，下面是具体的操作方法。

第1步：选择工具箱中的"2点线工具"，然后在页面中绘制一条线段，此时不要移开光标，待光标变为↙时单击鼠标左键，如图3-30所示。

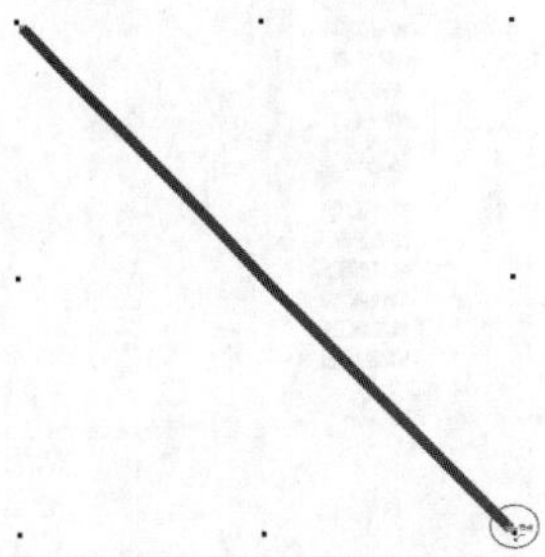

图3-30

第2步：移动光标到目标位置后单击鼠标左键创建折线，如图3-31和图3-32所示，然后待光标变为↙时继续单击鼠标左键，接着拖曳光标到线段的起始节点，再单击鼠标绘制成面，如图3-33所示。

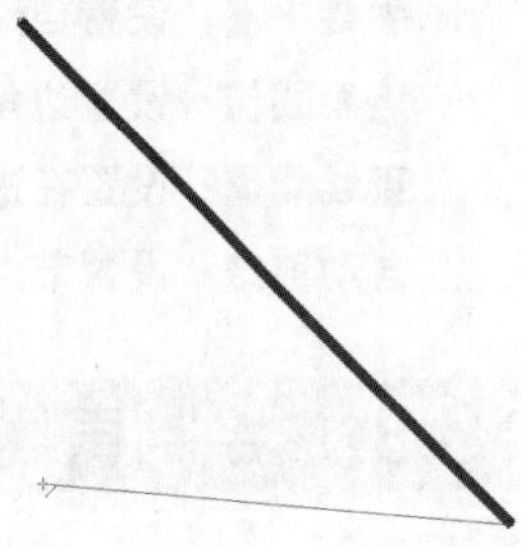

图3-31

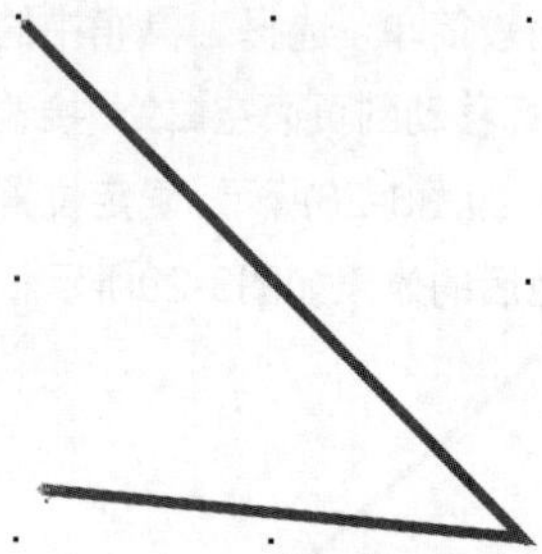

图3-32

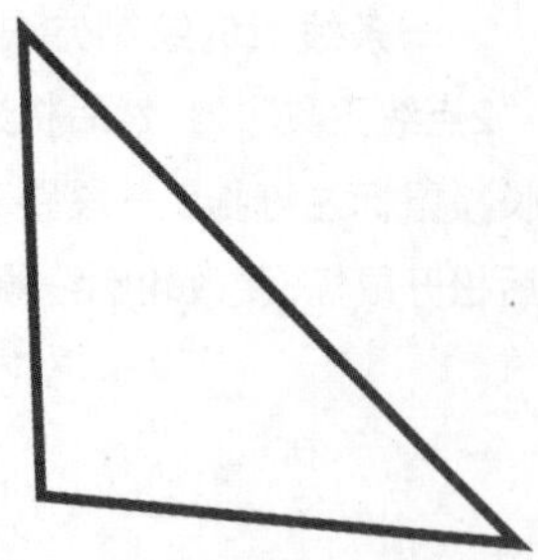

图3-33

3.3 贝塞尔工具

“贝塞尔工具”是使用频率较高的绘图类软件之一，它可以用来创建更为精确的直线和流畅平滑的曲线。在绘制中，可以通过控制节点来改变曲线的弯度；绘制完成后，也可以通过增减节点或改变节点的位置来调整曲线和直线。

双击“贝塞尔工具”打开“选项”面板，在“手绘/贝塞尔工具”选项组进行设置，如图3-34所示。

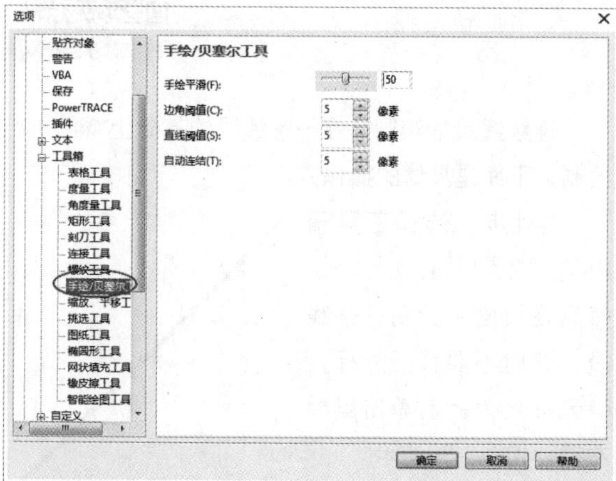

图3-34

重要参数介绍

手绘平滑：设置自动平滑程度和范围。

边角阈值：设置边角平滑的范围。

直线阈值：设置在进行调节时线条平滑的范围。

自动连结：设置节点之间自动吸附连接的范围。

3.3.1 绘制直线

使用“贝塞尔工具”可以在页面中绘制直线。

操作演示

使用贝塞尔工具绘制直线

视频名称：使用贝塞尔工具绘制直线

扫码观看教学视频

“贝塞尔工具”可以用来绘制直线段和由直线组成的面，下面是具体的操作方法。

第1步：绘制直线段。选择“工具箱”中的“贝塞尔工具”，然后将光标移动到页面空白处，接着单击鼠标左键确定起始节点，再移动光标到目标位置，最后单击鼠标左键确定下一个点，此时两点间将出现一条直线，如图3-35所示。

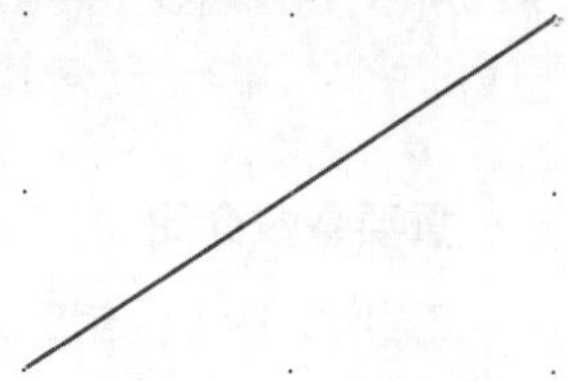

图3-35

第2步：绘制面。继续移动光标，然后单击鼠标左键，接着多次重复移动光标和单击鼠标左键动作，得到图3-36所示的折线段，再单击起始节点，使首尾两个节点相接形成一个面，最后进行填充，如图3-37所示。

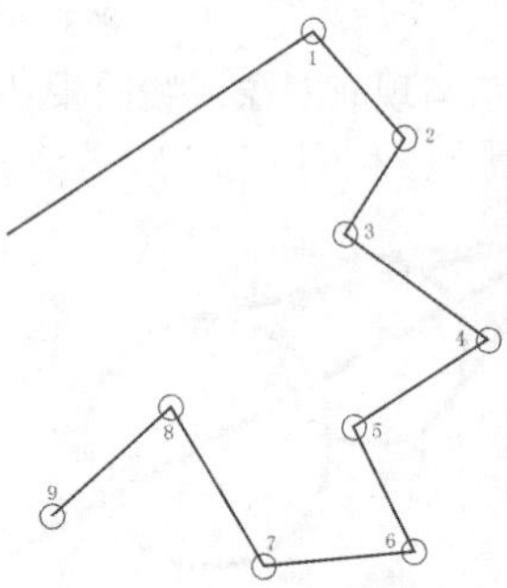

图3-36

图3-37

提示

使用“贝塞尔工具”不断移动光标和单击鼠标左键添加节点，就可以进行连续绘制，停止绘制可以按“空格”键或者单击“选择工具”。

3.3.2 绘制曲线

在使用“贝塞尔工具”绘制曲线之前，我们先认识一下贝塞尔曲线。

1.认识贝塞尔曲线

“贝塞尔曲线”是由可编辑节点连接而成的直线或曲线，每个节点都有两个控制点，允许修改线条的形状。

在曲线段上每选中一个节点都会显示其相邻节点的一条或两条方向线，如图3-38所示，方向线以方向点结束，方向线的长短与方向点的位置决定了曲线线段的长短和弧度形状。移动方向线则可以改变曲线的形状，如图3-39所示。方向线也可以叫“控制线”，方向点叫“控制点”。

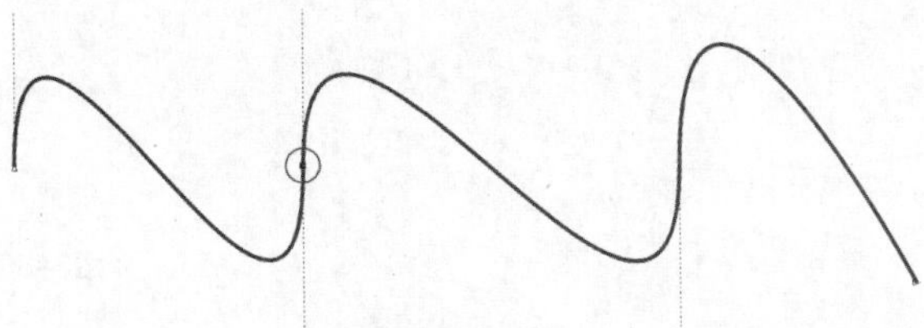

图3-38

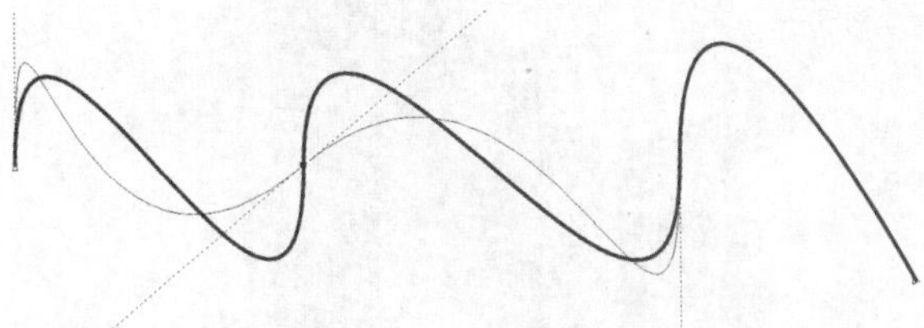

图3-39

2.了解贝塞尔曲线的类型

贝塞尔曲线分为“对称曲线”和“尖突曲线”两种，下面以图3-40所示的原图为例分别进行讲解。

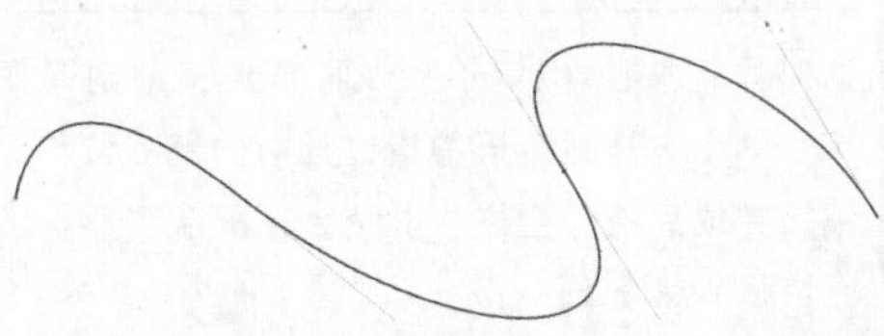

图3-40

对称曲线：在使用对称节点时，调节“控制线”可以使当前节点两端的曲线等比例进行调整，如图3-41所示，效果如图3-42所示。

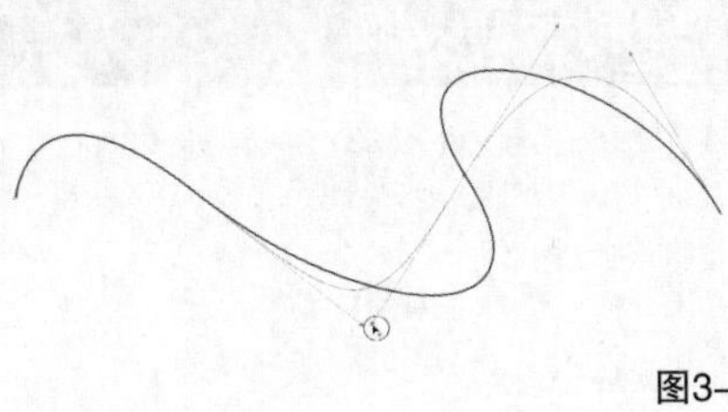

图3-41

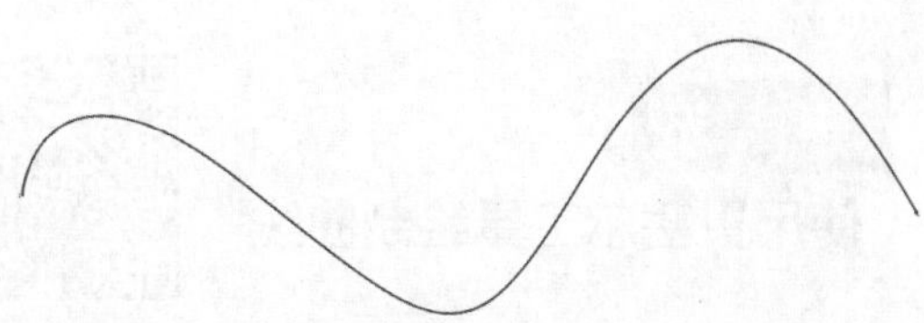

图3-42

尖突曲线：在使用尖突节点时，调节“控制线”只会调节节点一端的曲线，如图3-43所示，效果如图3-44所示。

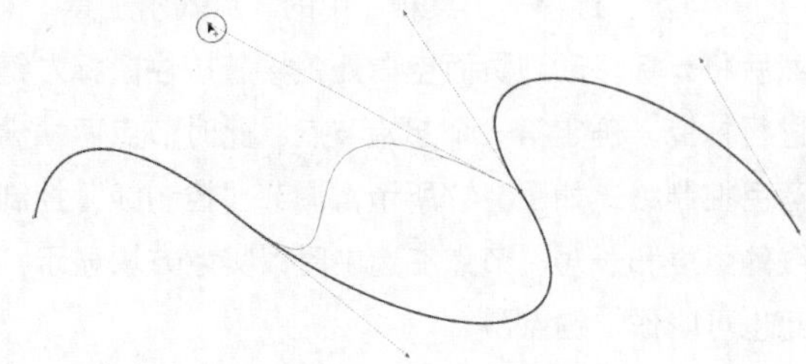

图3-43

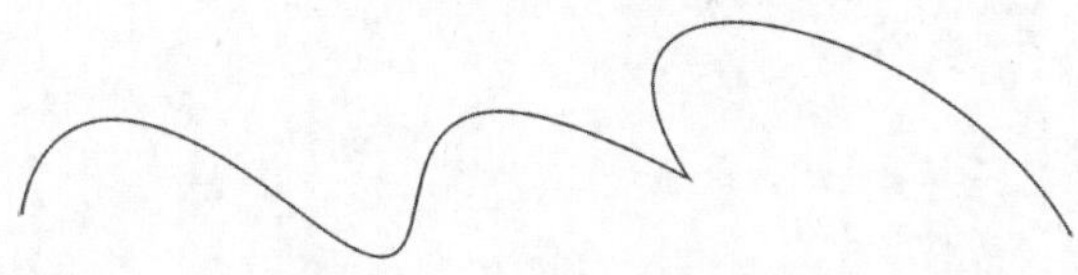

图3-44

提示

这里使用的对称节点和尖突节点是“贝塞尔工具”属性栏中相应的按钮，在本章后面的小节中会详细讲解两者之间的转换。

贝塞尔曲线既可以是开放式的线段，也可以是闭合的图形。可以利用贝塞尔工具绘制矢量图案，单独绘制的线段和图案都以图层的形式存在，经过排放可以组成各种或简单或复杂的图案，如图3-45所示。如果变为线稿，可以看出曲线的痕迹，如图3-46所示。

图3-45

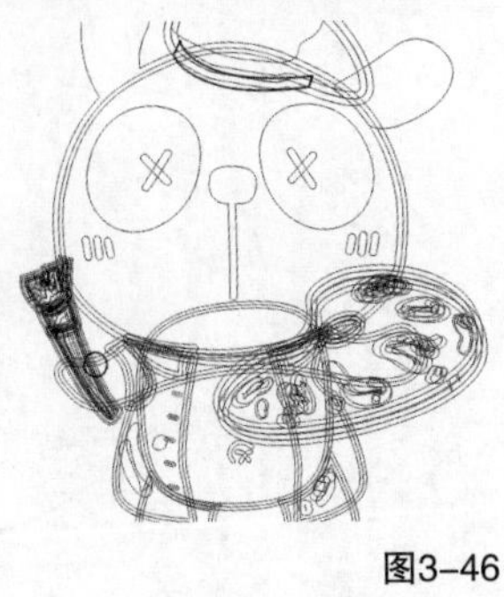

图3-46

操作演示

使用贝塞尔工具绘制曲线

视频名称：使用贝塞尔工具绘制曲线

扫码观看教学视频

上面我们讲解了如何使用“贝塞尔工具”来绘制直线，其实该工具的主要用途是绘制曲线，下面就对曲线的绘制进行讲解。

第1步：选择“工具箱”中的“贝塞尔工具”，然后将光标移动到页面空白处，接着按住鼠标左键并进行拖曳，确定第一个起始节点，此时节点两端出现蓝色控制线，如图3-47所示，调节“控制线”控制曲线的弧度和长短，节点在选中时以实色方块显示，因此也可叫作“锚点”。

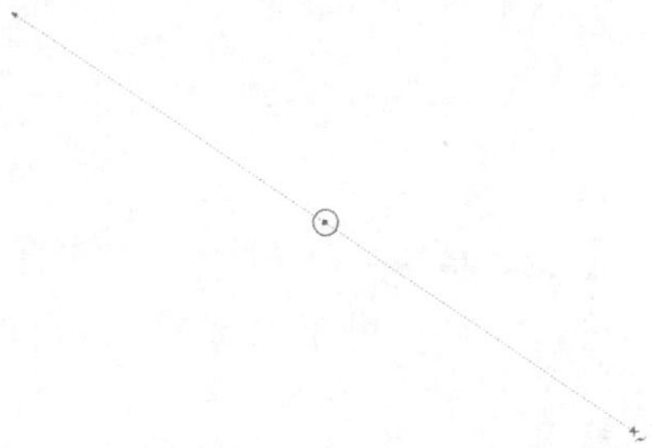

图3-47

提示

在调整节点时，按住Ctrl键或Shift键拖曳鼠标，可以设置增量为15°来调整曲线弧度的大小。

第2步：确定第一个节点后松开鼠标，然后移动光标到下一个位置上，按住鼠标左键拖曳控制线调整节点间曲线的形状，如图3-48所示，效果如图3-49所示。

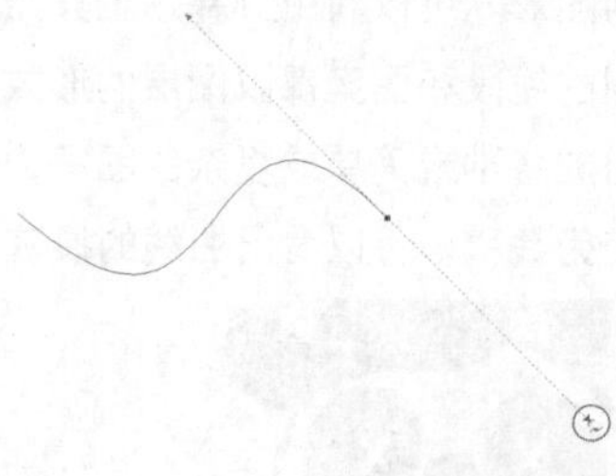

图3-48

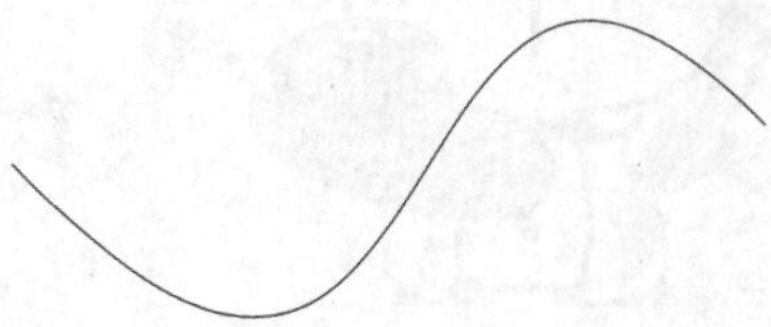

图3-49

在空白处继续拖曳控制线调整曲线可以进行连续绘制，绘制完成后按“空格”键或者单击“选择工具”完成编辑，如图3-50所示。如果绘制闭合路径，则在绘制最后单击结束节点使首尾相接即可，不需要按空格键，且在闭合路径中可以填充颜色，如图3-51所示。

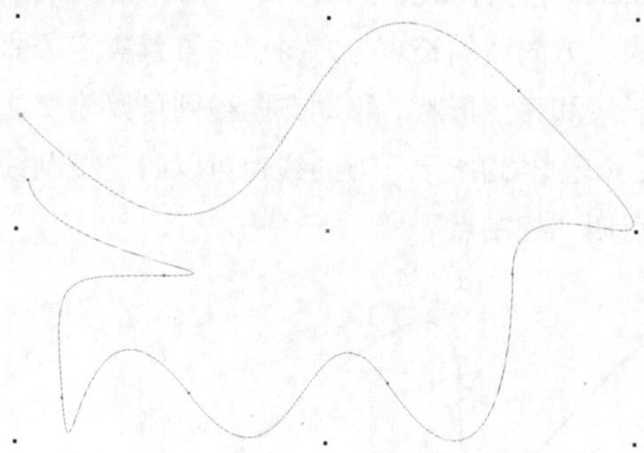

图3-50

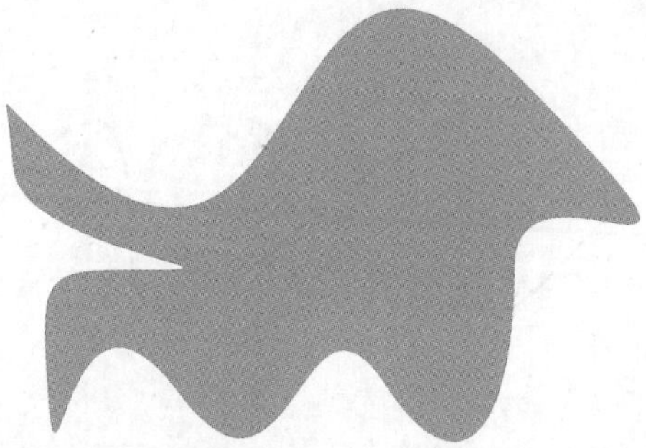

图3-51

疑难问答

节点位置定错了，但是已经拉动“控制线”了怎么办？

这时候，按住Alt键不放，将节点移动到需要的位置即可。这个方法适用于编辑过程中的节点位移，也可以在编辑完成后按“空格”键结束，配合“形状工具”进行位移节点修正。

实战练习

绘制卡通人物

实例位置　实例文件>CH03>绘制卡通人物.cdr
素材位置　素材文件>CH03>素材01.jpg、02.cdr
视频名称　绘制卡通人物.mp4
技术掌握　贝塞尔工具的用法

扫码观看教学视频

最终效果图

01 首先绘制卡通人物的脸。新建一个A4大小的文档，然后使用“贝塞尔工具”在页面中绘制卡通人物的脸部轮廓，如图3-52所示，接着填充颜色为（C：1，M：33，Y：10，K：0），最后设置“轮廓宽度”为1.5mm，更改轮廓颜色为（C：6，M：47，Y：23，K：0），效果如图3-53所示。

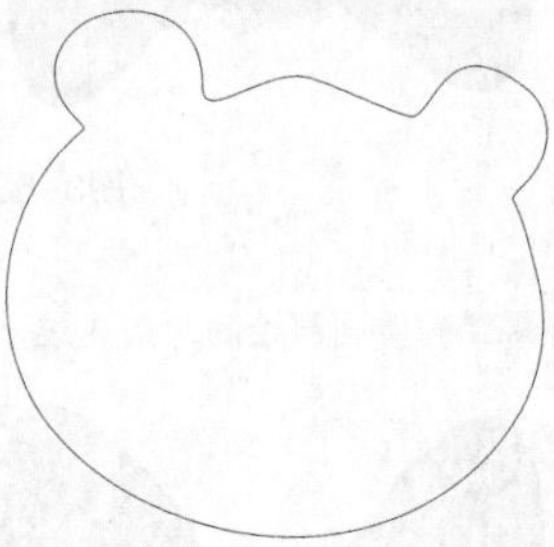

图3-52

图3-53

02 使用“贝塞尔工具”在脸部中继续绘制形状，如图3-54所示，然后填充颜色为（C：1，M：19，Y：11，K：0），接着设置“轮廓线宽度”为1.5mm，更改轮廓颜色为（C：6，M：47，Y：23，K：0），如图3-55所示。

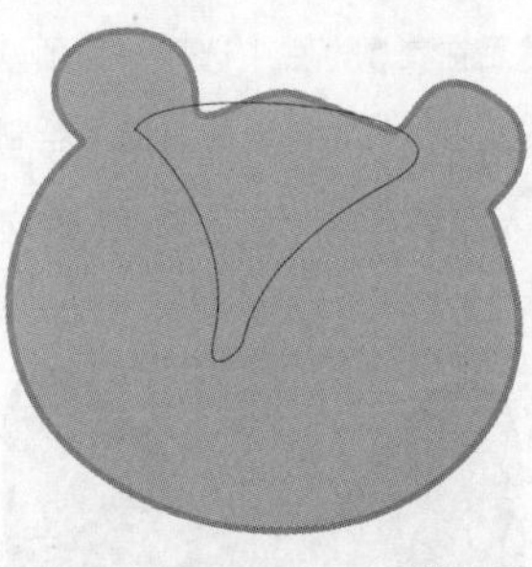

图3-54

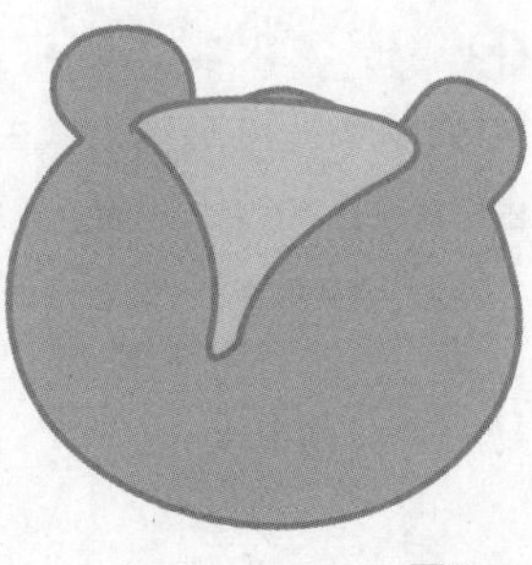

图3-55

03 在“基本形状工具”中选择形状，然后在图中的合适位置进行绘制，作为人物的鼻子，接着填充颜色为（C：3，M：67，Y：46，K：0），再设置其“轮廓线宽度”为1mm，效果如图3-56所示。

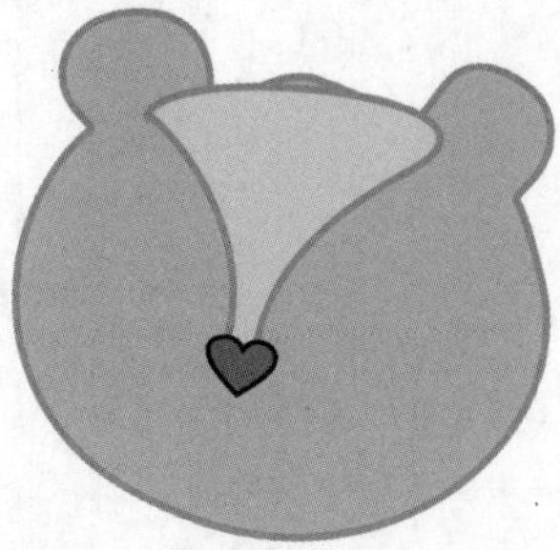

图3-56

04 使用“贝塞尔工具”在鼻子下面绘制一条曲线作为人物的嘴巴，然后设置其“轮廓线宽度”为1.5mm，接着绘制一条直线连接鼻子和嘴巴，再设置其“轮廓线宽度”为1mm，效果如图3-57所示。

05 使用“贝塞尔工具”在嘴巴下面绘制牙齿轮廓，然后填充白色，接着更改“轮廓线宽度”为1mm，效果如图3-58所示。

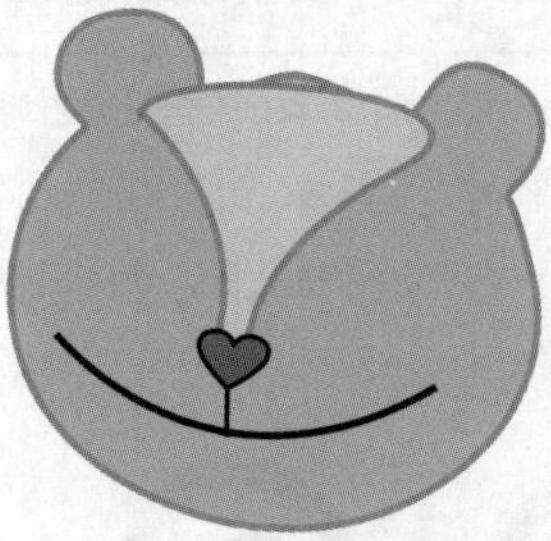

图3-57

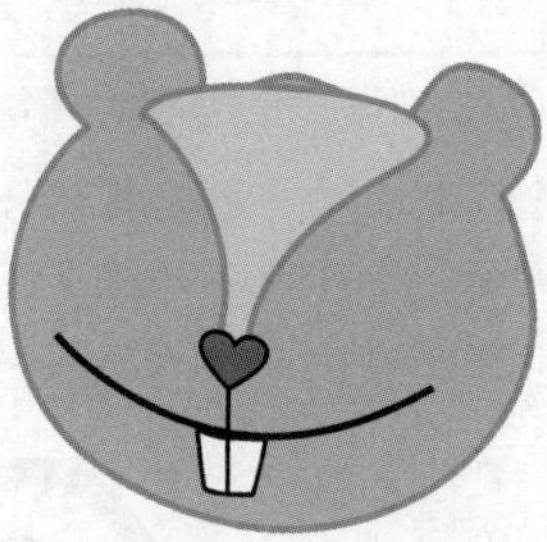

图3-58

06 使用“椭圆形工具”在页面空白处绘制一大一小两个椭圆，然后选中较小的椭圆，并在属性栏单击“饼图”按钮，接着设置“起始和结束角度”分别为25°和335°，如图3-59所示，再为大圆填充白色，为饼图填充黑色，最后设置大圆的“轮廓线宽度”为2mm，效果如图3-60所示。

图3-59

图3-60

知识链接

“椭圆形工具”在本书第4章4.2小节中会进行详细讲解。

07 单击“艺术笔工具”，然后在其属性栏中选择一种预设笔触，并设置“笔触宽度”为1.5mm，如图3-61所示，接着在大圆的右侧绘制两根睫毛，再选中第二根睫毛，设置“笔触宽度”为2mm，最后在属性栏另外选择一种预设笔触绘制第三根睫毛，设置“笔触宽度”为2mm，如图3-62所示，效果如图3-63所示。

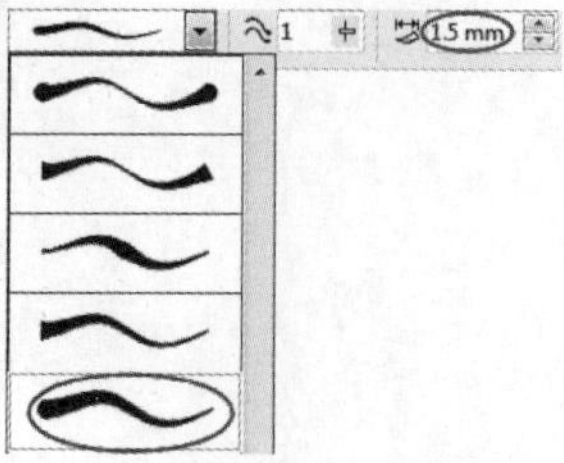

图3-61

图3-62

图3-63

知识链接

“艺术笔工具”在本书第3章3.8小节中会进行详细讲解。

08 将上一步绘制好的眼睛复制一份，然后选中的同时单击属性栏中的“水平镜像”按钮，使其水平翻转，效果如图3-64所示，接着将两只眼睛拖曳到人物脸部的合适位置，最后调整两只眼睛的角度，效果如图3-65所示。

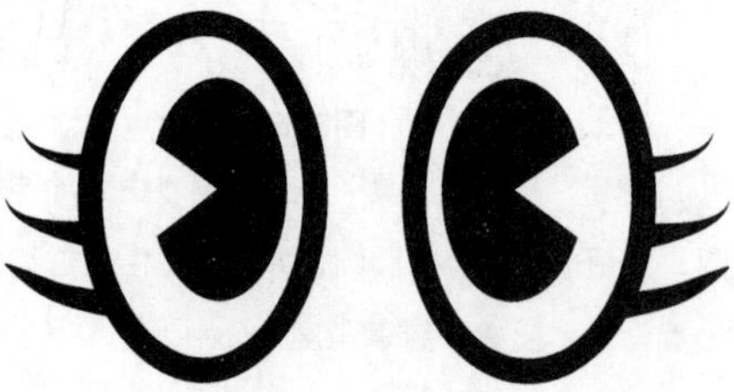

图3-64

图3-65

09 使用“贝塞尔工具”在耳朵处绘制形状，然后填充颜色为（C：1，M：19，Y：11，K：0），接着设置“轮廓线宽度”为1.5mm，更改轮廓颜色为（C：6，M：47，Y：23，K：0），效果如图3-66所示。

图3-66

10 绘制蝴蝶结。使用“贝塞尔工具”在页面空白处绘制蝴蝶结轮廓，效果如图3-67所示，然后填充颜色为（C：2，M：70，Y：46，K：0），设置“轮廓线宽度”为2mm，效果如图3-68所示。

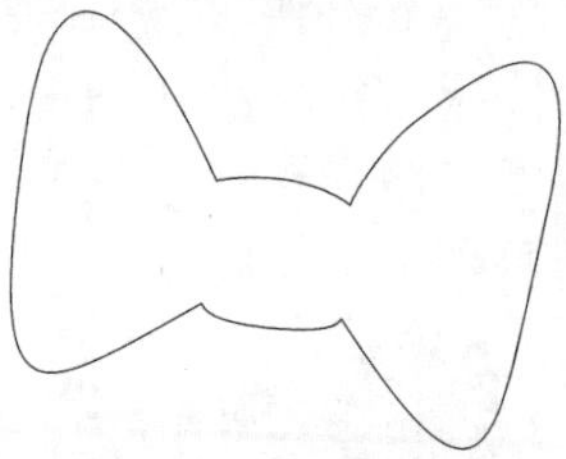

图3-67

图3-68

11 使用“贝塞尔工具”在蝴蝶结轮廓内部绘制两条曲线，然后设置它的“轮廓线宽度”为1.5mm，接着框选整个蝴蝶结轮廓，设置它的轮廓颜色为（C：53，M：71，Y：73，K：13），效果如图3-69所示。

图3-69

12 单击“艺术笔工具”，然后在其属性栏中选择一种预设笔触，如图3-70所示，接着在图案中进行绘制，最后选中绘制的对象设置不同的“笔触宽度”，左侧为2.5mm、2mm，右侧为1.5mm，效果如图3-71所示。

图3-70

图3-71

⑬ 将绘制好的蝴蝶结拖曳到人物的头顶上，然后调整到合适的角度，效果如图3-72所示。

图3-72

⑭ 绘制卡通人物的身体。使用“贝塞尔工具”在人物头部下面绘制身体轮廓，如图3-73所示，然后填充颜色为（C：1，M：33，Y：10，K：0），接着设置“轮廓宽度”为1.5mm，更改轮廓颜色为（C：6，M：47，Y：23，K：0），最后将该对象放置在头部下面，效果如图3-74所示。

图3-73

图3-74

⑮ 使用“贝塞尔工具”在身体中绘制轮廓，如图3-75所示，然后填充颜色为（C：1，M：19，Y：11，K：0），接着设置“轮廓线宽度”为1.5mm，更改轮廓颜色为（C：6，M：47，Y：23，K：0），效果如图3-76所示。

图3-75

图3-76

⑯ 使用“贝塞尔工具”在页面空白处绘制形状，然后填充颜色为（C：53，M：71，Y：73，K：13），接着去掉轮廓线，效果如图3-77所示。

图3-77

⑰ 使用“贝塞尔工具”在页面空白处绘制形状，然后填充白色，接着设置“轮廓线宽度”为2mm，更改轮廓颜色为（C：0，M：20，Y：100，K：0），效果如图3-78所示。

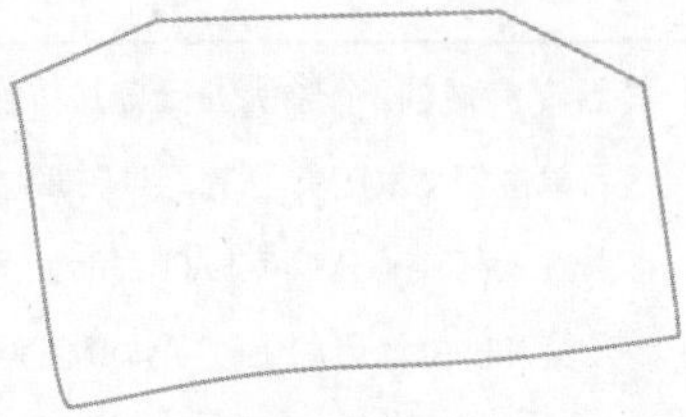

图3-78

⑱ 使用“贝塞尔工具”在页面空白处绘制形状，然后填充白色，接着设置“轮廓线宽度”为2mm，效果如图3-79所示。

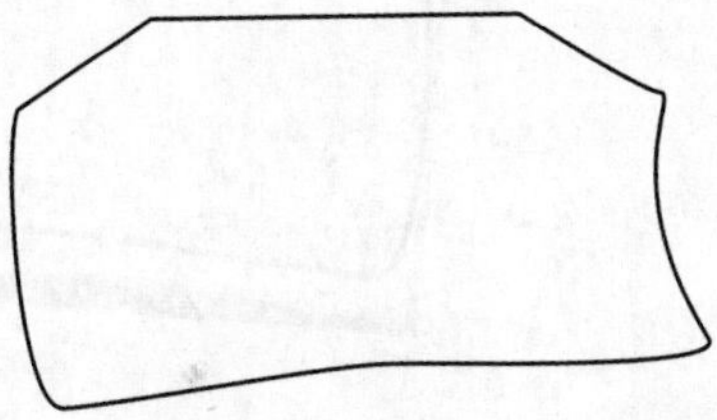

图3-79

⑲ 导入“素材文件>CH03>素材01.jpg”文件，然后选择“透明度工具”，并单击素材，接着设置“透明度”为85，效果如图3-80所示，保持素材的选中，再执行“对象>图框精确裁剪>置于图文框内部”菜单命令，最后单击上一步绘制的形状，如图3-81所示，效果如图3-82所示。

图3-80

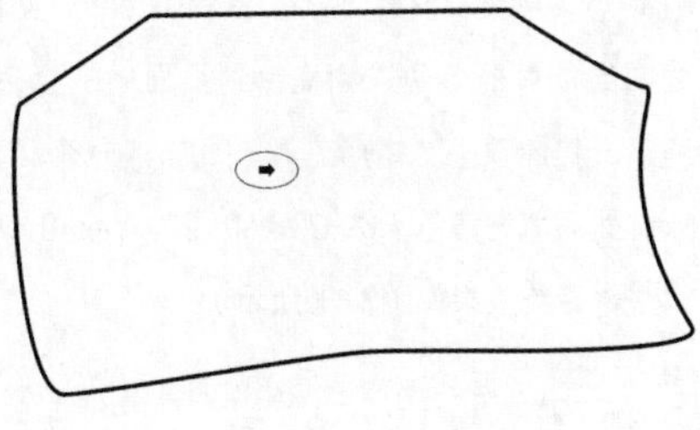

图3-81

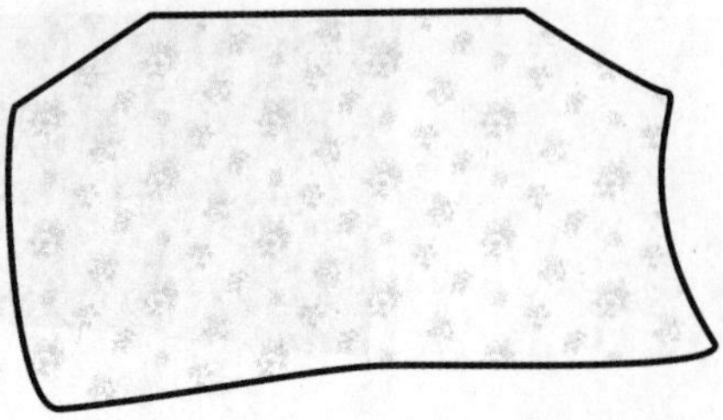

图3-82

知识链接

“透明度工具”在本书第9章9.7小节中会进行详细讲解。

20 将绘制完成的2个形状进行叠加排序，效果如图3-83所示，然后单击“文本工具”，并在属性栏选择一个合适的字体，接着在图形中输入文字HAPPY和everyday，再更改文字的大小为72pt和62pt，最后更改字体颜色为（C：0，M：60，Y：80，K：0），效果如图3-84所示。

图3-83

图3-84

知识链接

“文本工具”在本书第10章会进行详细讲解。

21 导入“素材文件>CH03>素材02.cdr”文件，然后将素材和之前绘制好的卡通人物拖曳到页面中的合适位置，如图3-85所示，接着双击“矩形工具”新建一个和页面大小相同的矩形，然后填充黄色（C：20，M：20，Y： 0，K：0），并去掉轮廓线，最终效果如图3-86所示。

图3-85

图3-86

疑难问答

为什么卡通人物在缩小后轮廓线会变粗，在放大后轮廓线会变细？如果不想要轮廓线产生变化，该怎么解决呢？

因为轮廓线并没有随着缩放而改变，所以在缩小的时候，轮廓线还保持着缩放前的宽度，解决这种问题的办法有两种。

第1种：将卡通人物取消组合对象，选中所有是轮廓线的对象，执行“对象>将轮廓线转换为对象”命令进行转换，此时轮廓线变为对象，再次组合对象后进行缩放，轮廓线就不会变化了。

第2种：选中卡通人物，在“轮廓线”对话框中勾选“随对象缩放”复选框，单击“确定”按钮完成设置，此时再进行缩放，也不会改变轮廓线的宽度。

3.3.3 贝塞尔的修饰

在使用“贝塞尔工具”进行绘制时，可能无法一次性得到目标图案，此时可以使用相关工具进行线条修饰来调整图案。“形状工具”和属性栏的搭配使用，可以对绘制的贝塞尔线条进行修改，如图3-87所示。

图3-87

知识链接

这里在进行与贝塞尔曲线相关的修饰处理时，会讲解到“形状工具”的使用，可以参考本书第5章中的相关内容。

1.曲线转直线

使用“形状工具”可以将曲线转换为直线。

操作演示

将曲线转换为直线

视频名称：将曲线转换为直线

扫码观看教学视频

将曲线转换为直线的操作比较简单。在“工具箱”中选择“形状工具”，然后单击选中对象，接着在需要变为直线的那条曲线上单击鼠标左键，此时出现黑色小点为选中，如图3-88所示，最后在属性栏中单击“转换为线条”按钮，此时曲线变为直线，如图3-89所示。

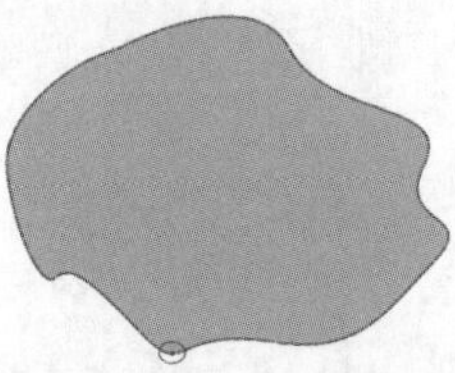

图3-88

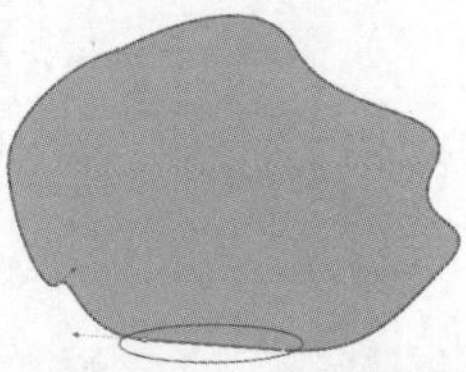

图3-89

提示

将直线变为曲线，也可以在右键的快捷菜单中进行操作。选中曲线，然后单击鼠标右键，在打开的快捷菜单中执行“到直线”命令，即可完成转变，如图3-90所示。

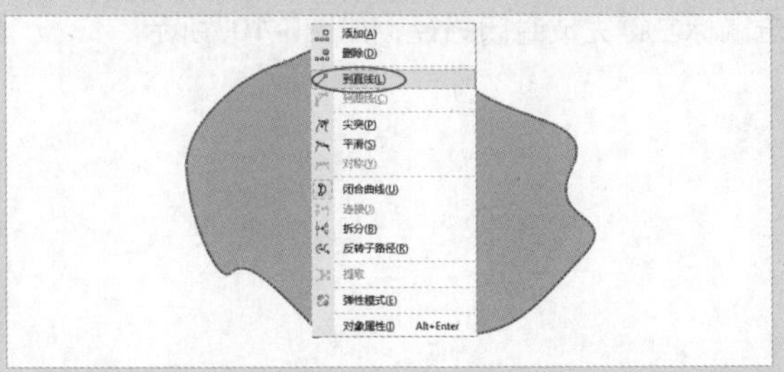

图3-90

2.直线转曲线

使用“形状工具”可以将曲线转换为直线，当然也可以将直线转换为曲线。

操作演示

将直线转换为曲线

视频名称：将直线转换为曲线

扫码观看教学视频

前面我们讲解了如何将曲线转换为直线，这里我们来讲解如何将直线转换为曲线。将直线转换为曲线依然是在属性栏中进行操作，在转换后可以对曲线的幅度进行调整。

第1步：选中要变为曲线的直线，如图3-91所示，然后在属性栏中单击“转换为曲线”按钮将其转换为曲线，此时选中的直线上会出现两个“控制点”，如图3-92所示。

图3-91

图3-92

第2步：将光标移动到转换后的曲线上，当光标变为时，按住鼠标左键进行拖曳来调节曲线，如图3-93所示。

第3步：在转换后的曲线上双击可以增加节点，此时调节“控制点”可以使曲线变得更有节奏，如图3-94和图3-95所示。

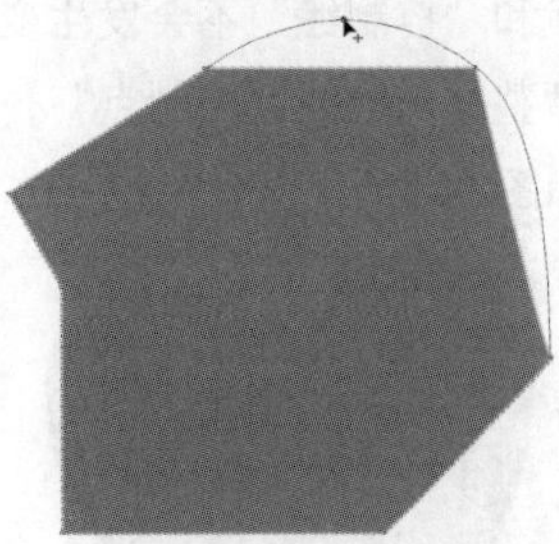

图3-93

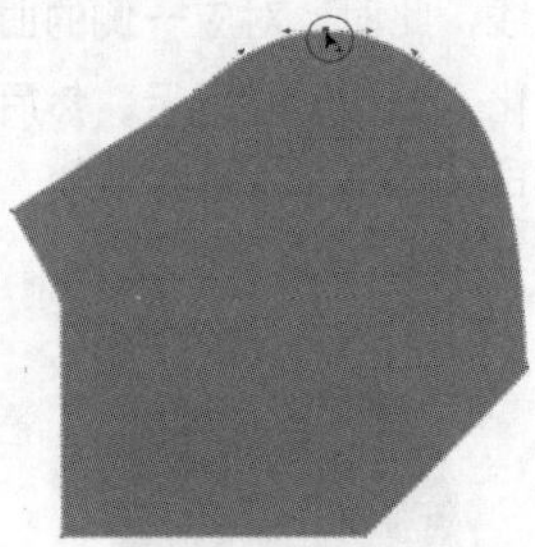

图3-94

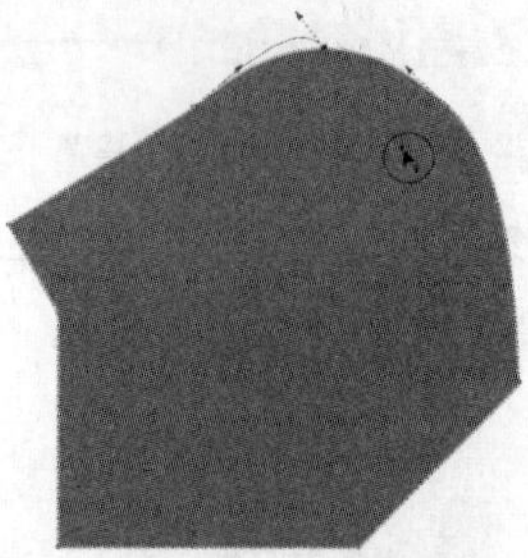

图3-95

3.对称节点转尖突节点

此项是针对节点的调节，它会影响节点与其两端曲线的变化。

操作演示

将对称节点转换为尖突节点

视频名称：将对称节点转换为尖突节点

扫码观看教学视频

将对称节点转换为尖突节点，可以更好地调整对象的形状。

第1步：选择“形状工具”，然后在节点上单击鼠标左键将其选中，如图3-96所示，接着在属性栏中单击“尖突节点”按钮，将该节点转换为尖突节点。

图3-96

第2步：拖曳其中一个“控制点”调节同侧的曲线，此时，对应一侧的曲线和“控制线”不会发生变化，如图3-97所示，然后调整另一边的“控制点”，可以得到一个桃心形状，如图3-98所示。

图3-97

图3-98

4.尖突节点转对称节点

选择“形状工具”，然后使用鼠标单击节点将其选中，如图3-99所示，接着在属性栏中单击“对称节点”按钮，将该节点转换为对称节点，最后拖曳“控制点”调整节点两端的曲线，如图3-100所示。

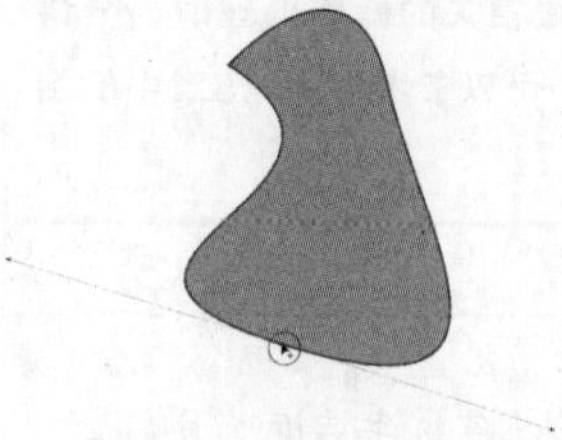

图3-99

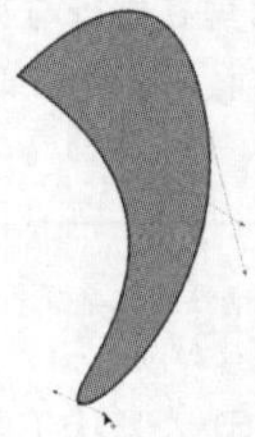

图3-100

5.闭合曲线

闭合曲线其实是针对节点进行操作的，在使用“贝塞尔工具”绘制曲线时，起点和终点没有闭合，就不会形成封闭的路径，也就不能对其进行填充。以下是闭合曲线的6种方法。

第1种：单击“形状工具”，然后选中结束节点，接着按住鼠标左键将其拖曳到起始节点，此时节点会自动吸附闭合为封闭式路径，如图3-101所示。

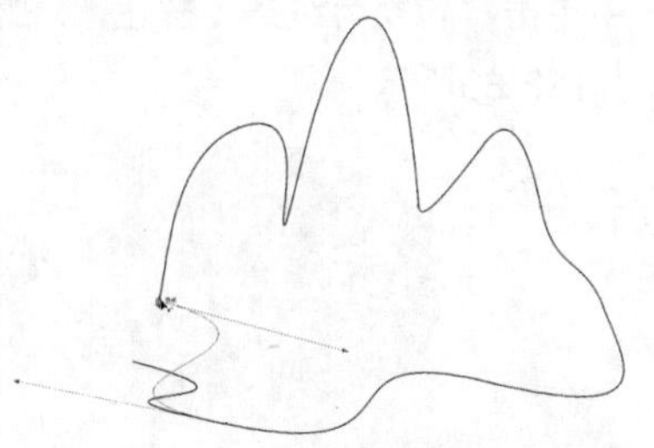

图3-101

第2种：使用“选择工具”选中未闭合线条，然后单击“贝塞尔工具”，接着将光标移动到结束节点上，当光标出现↙时单击鼠标左键，如图3-102所示，再将光标移动到开始节点，当光标出现↙时单击鼠标左键完成封闭路径，如图3-103所示。

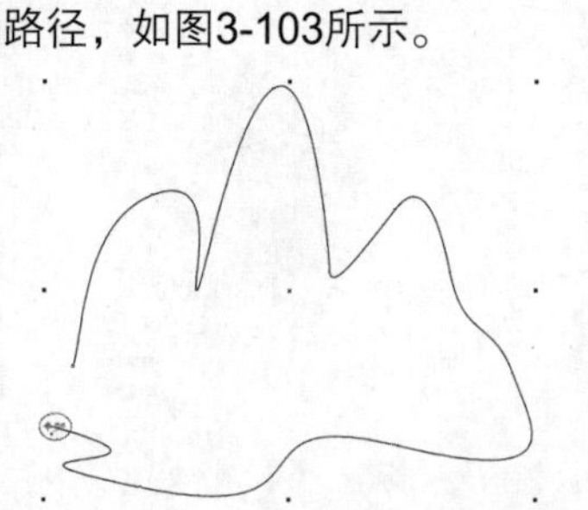

图3-102

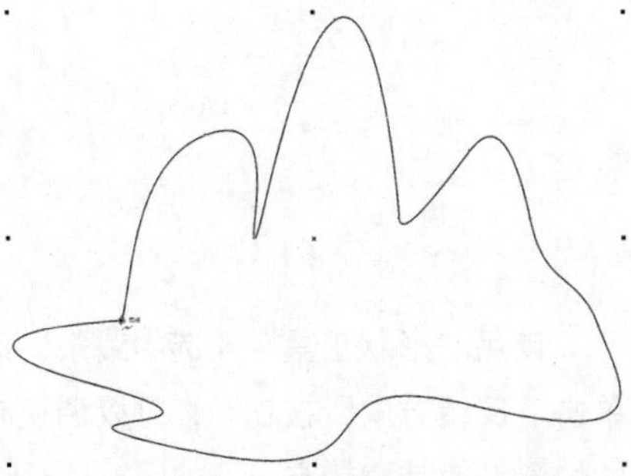

图3-103

第3种：使用“形状工具”选中未闭合线条，然后在属性栏中单击“闭合曲线”按钮，添加一条曲线完成闭合。

第4种：使用“形状工具”选中未闭合线条，然后单击鼠标右键，在快捷菜单中执行“闭合曲线”命令，添加一条曲线完成闭合。

第5种：使用“形状工具”选中未闭合线条的起始和结束节点，然后在属性栏中单击“延长曲线使之闭合”按钮，添加一条曲线完成闭合。

第6种：使用“形状工具”选中未闭合的起始和结束节点，然后在属性栏中单击“连接两个节点”按钮，将两个节点连接重合完成闭合。

6.断开节点

未闭合的线条经过编辑可以闭合，闭合路径也可以进行断开操作。将路径分解为线段，以下有两种断开方法。

第1种：使用“形状工具”选中要断开的节点，如图3-104所示，然后在属性栏中单击“断开曲线”按钮，断开当前节点的连接，此时闭合路径中的填充将会消失，并在原节点的位置出现两个“控制点”，如图3-105所示，使用“形状工具”可以移动这两个控制点，如图3-106所示。

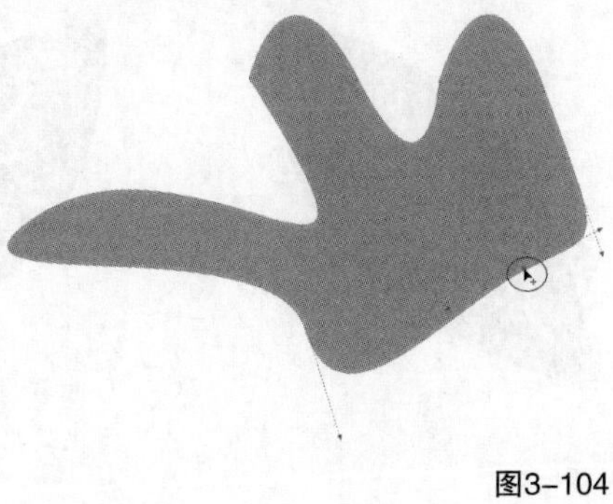

图3-104

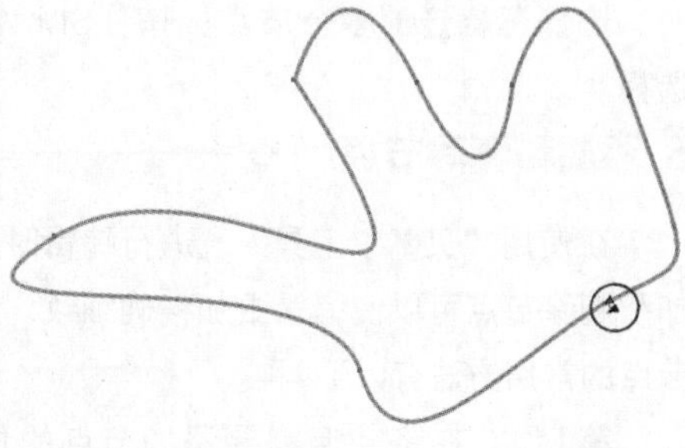

图3-105

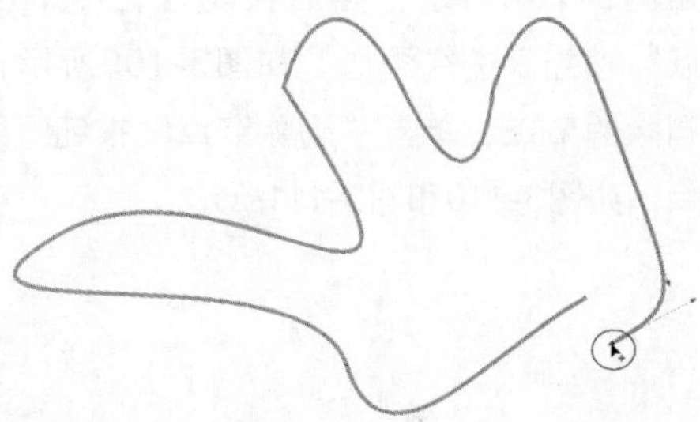

图3-106

提示

当节点断开时，无法形成封闭路径，因此原图形的填充就无法显示了，将路径重新闭合后会重新显示填充。

第2种：使用“形状工具”选中要断开的节点，然后单击鼠标右键，在弹出的快捷菜单中选择“拆分”命令，进行断开节点。

闭合路径可以进行断开，线段也可以进行分别断开。全选线段节点，然后在属性栏单击“断开曲线”按钮，此时就可以分别移开节点，如图3-107所示。

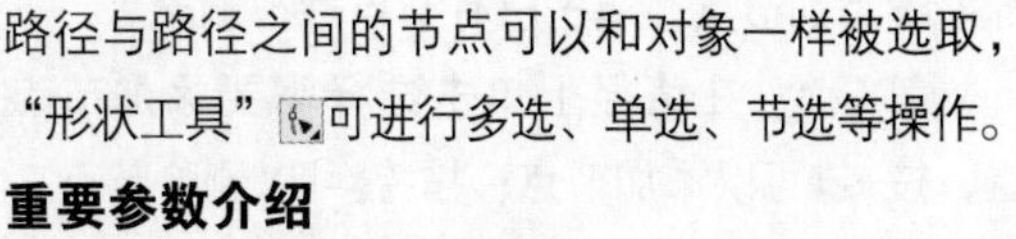

图3-107

7.选取节点

路径与路径之间的节点可以和对象一样被选取，使用“形状工具”可进行多选、单选、节选等操作。

重要参数介绍

选择单独节点：逐个单击进行选择编辑。

选择全部节点：按住鼠标左键在空白处拖曳范围进行全选；按Ctrl+A组合键全选节点；在属性栏中单击“选择所有节点”按钮进行全选。

选择相连的多个节点：在空白处拖曳范围进行选择。

选择不相连的多个节点：按住Shift键进行单击选择。

8.添加和删除节点

在使用“贝塞尔工具”进行编辑时，适当地添加和删除节点可以使编辑更加精确细致，添加和删除节点的常用方法有以下4种。

第1种：在路径上需要添加节点的位置单击，如图3-108所示，然后在属性栏中单击“添加节点”按钮进行添加，如图3-109所示；选中需要删除的节点，单击“删除节点”按钮即可进行删除，如图3-110和图3-111所示。

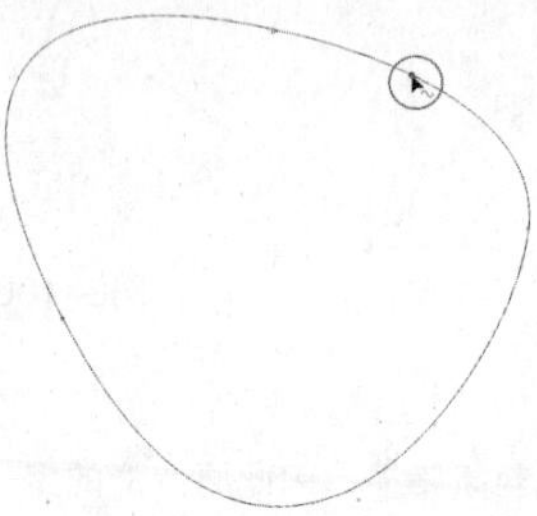
图3-108

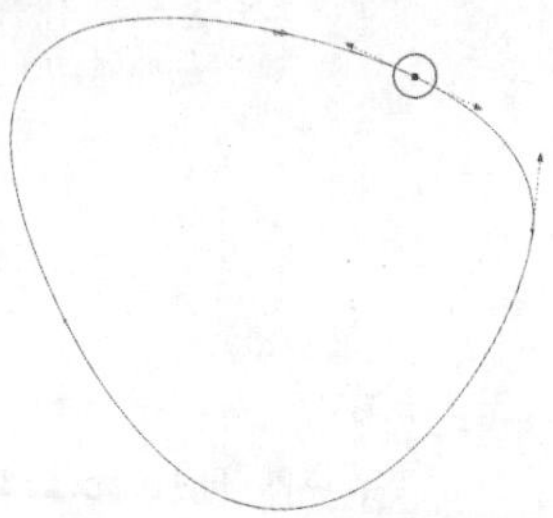
图3-109

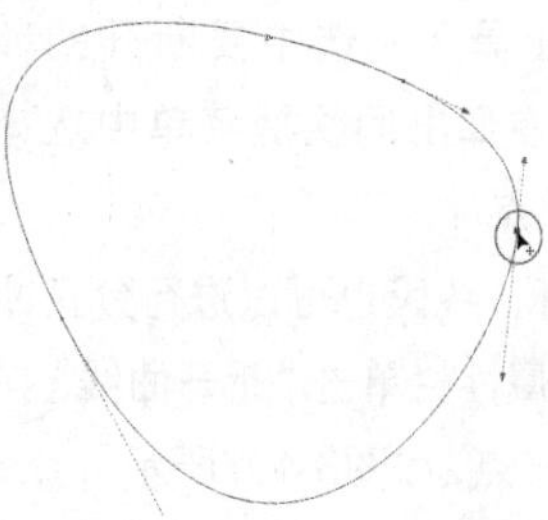
图3-110

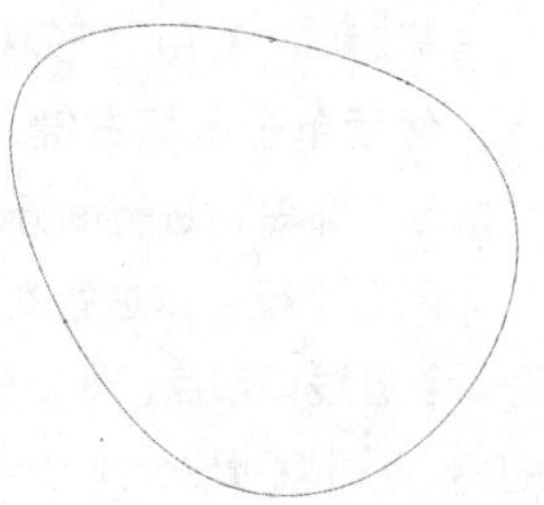
图3-111

第2种：在路径上需要添加节点的位置单击，然后单击鼠标右键，在弹出的快捷菜单中选择“添加”命令进行添加节点；选择“删除”命令进行删除节点。

第3种：在路径上需要添加节点的位置，双击鼠标左键添加节点，双击已有节点进行删除。

第4种：在路径上单击选择需要添加节点的位置，按+键可以添加节点；按-键可以删除节点。

9.翻转曲线方向

曲线的起始节点到结束节点中所有的节点，由开始到结束都是一个顺序，并且在首尾节点上有箭头表示方向，如图3-112所示。即使是首尾相接的闭合路径，也存在方向。

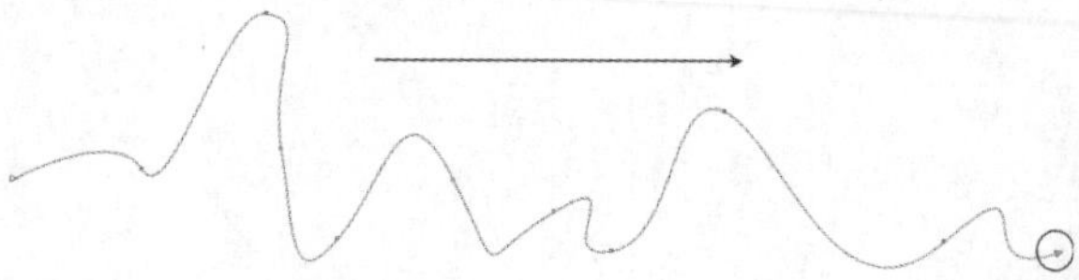
图3-112

使用“形状工具”选中线条，然后在属性栏中单击“反转方向”按钮，可以调换起始和结束节点的位置，使其翻转方向，如图3-113所示。

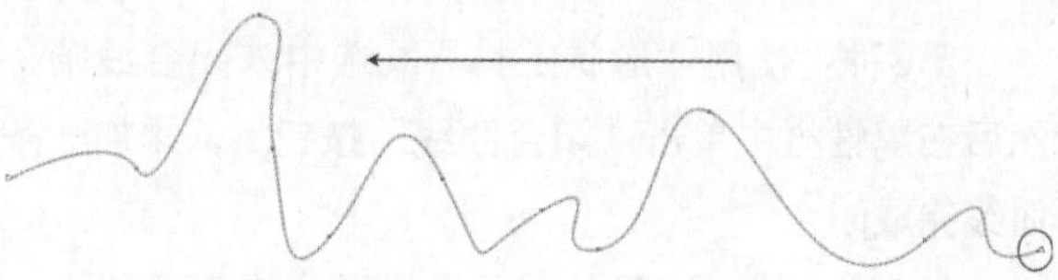
图3-113

10.反射节点

反射节点分为水平和垂直两种，用于镜像作用下选中双方向同一位置的节点，按相反方向发生相同的编辑。

操作演示

反射节点操作

视频名称：反射节点操作

扫码观看教学视频

单击“形状工具”属性栏中的“水平反射节点”按钮，可以使选中的节点在水平方向上进行相同且方向相反的操作；单击“垂直反射节点”按钮，可以使选中的节点在垂直方向上进行相同且方向相反的操作。

第1步：选中两个镜像的对象，然后使用“形状工具”选中对应的两个节点，如图3-114所示。

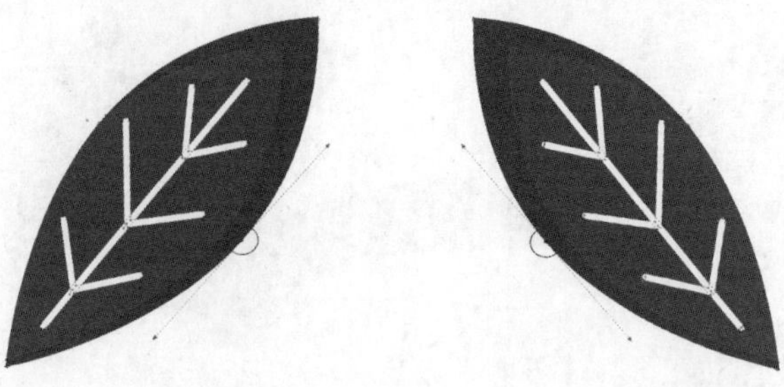
图3-114

第2步：在属性栏中单击“水平反射节点”按钮（或“垂直反射节点”按钮），然后将光标移动到其中一个选中的节点上，接着按住鼠标左键拖曳它的“控制线”，此时，相对的另一边的节点也会进行相同且方向相反的操作，如图3-115所示。

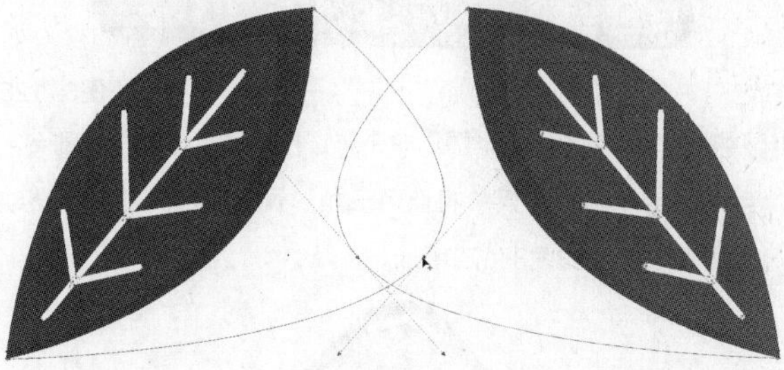

图3-115

11.节点的对齐

单击“对齐节点”按钮，可以将节点对齐在一条平行或垂直线上。使用“形状工具”选中对象，然后单击属性栏中的“选择所有节点”按钮选中所有节点，如图3-116所示，接着单击属性栏中的“对齐节点”按钮，最后在打开的“节点对齐”对话框中选择相应的命令进行操作，如图3-117所示。

图3-116

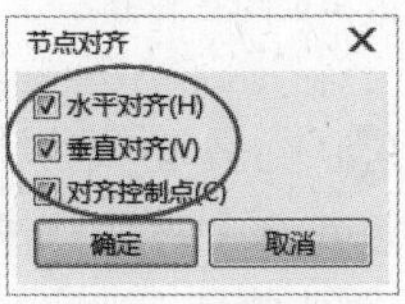

图3-117

节点对齐对话框选项介绍

水平对齐：将两个或多个节点水平对齐，如图3-118所示，也可以全选节点进行对齐，如图3-119所示。

图3-118

图3-119

垂直对齐：将两个或多个节点垂直对齐，如图3-120所示，也可以全选节点进行对齐。

同时勾选“水平对齐”和“垂直对齐”复选框，可以将两个或多个节点居中对齐，如图3-121所示，也可以全选节点进行对齐，如图3-122所示。

图3-120

图3-121

对齐控制点：将两个节点重合并以控制点为基准进行对齐。该选项只有同时勾选了“水平对齐”和“垂直对齐”时才可用，如图3-123所示。

图3-122

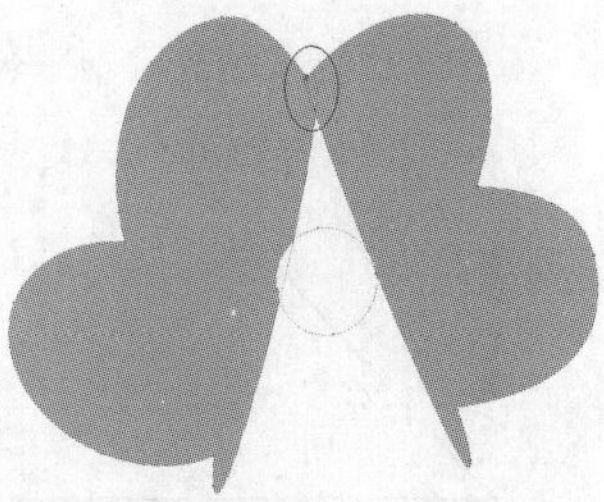

图3-123

实战练习

绘制插画

实例位置　实例文件>CH03>绘制插画.cdr
素材位置　素材文件>CH03>素材03.cdr、04.cdr
视频名称　绘制插画.mp4
技术掌握　贝塞尔工具的用法

扫码观看教学视频

最终效果图

01 新建一个A4大小的空白文档，然后使用“多边形工具”在页面中绘制一个等腰三角形，接着选择“形状工具”，在三角形的边上单击鼠标右键，最后在打开的菜单中选择“到曲线”命令，如图3-124所示。

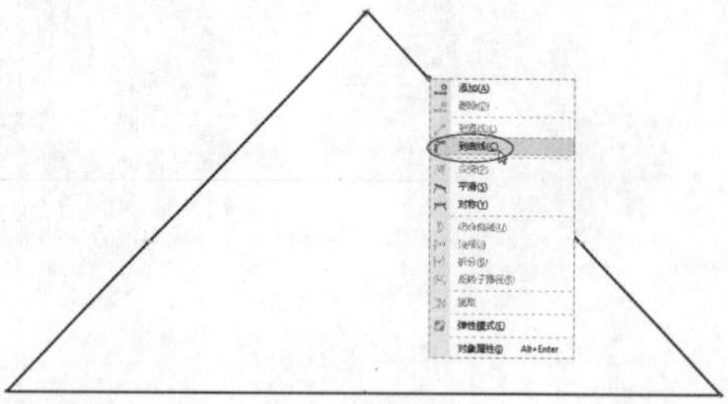

图3-124

02 使用“形状工具”双击三角形的顶点，删除锚点，如图3-125所示，效果如图3-126所示。

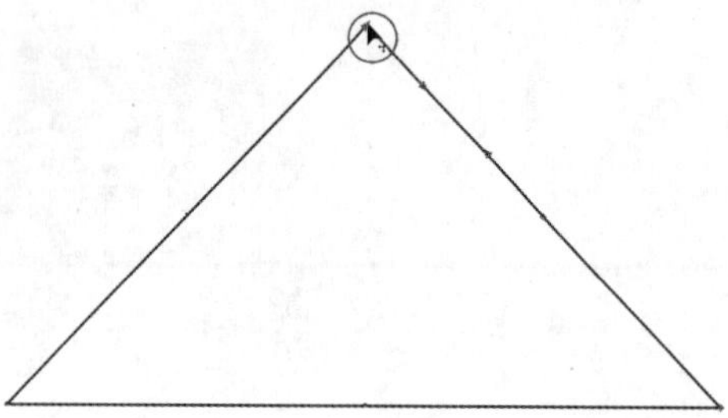

图3-125

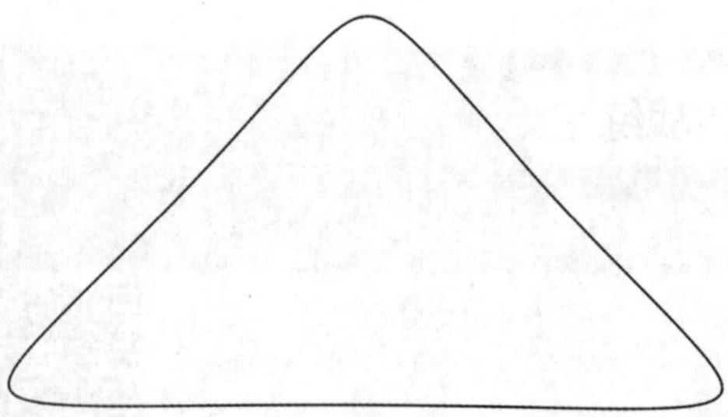

图3-126

03 为调整后的三角形填充颜色为（C：58，M：76，Y：74，K：24），然后去掉轮廓线，如图3-127所示，接着向中心等比例缩小复制一个三角形对象，最后填充颜色为（C：42，M：11，Y：13，K：0），效果如图3-128所示。

图3-127

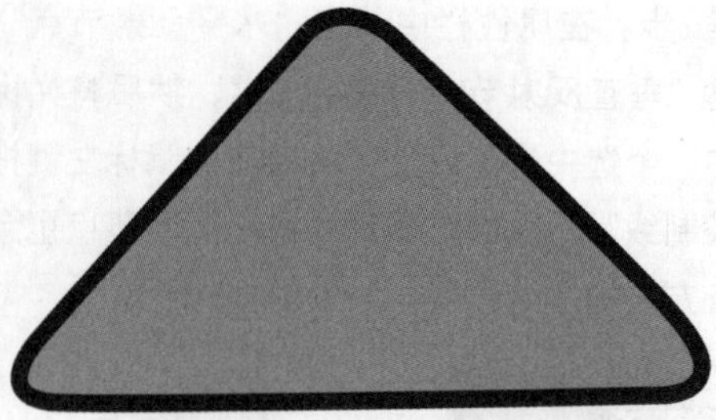

图3-128

04 将两个三角形选中，然后单击属性栏中的“修剪”按钮，修剪底层的三角形，接着将蓝色三角形置于底层，并向下移动一定距离，效果如图3-129所示。

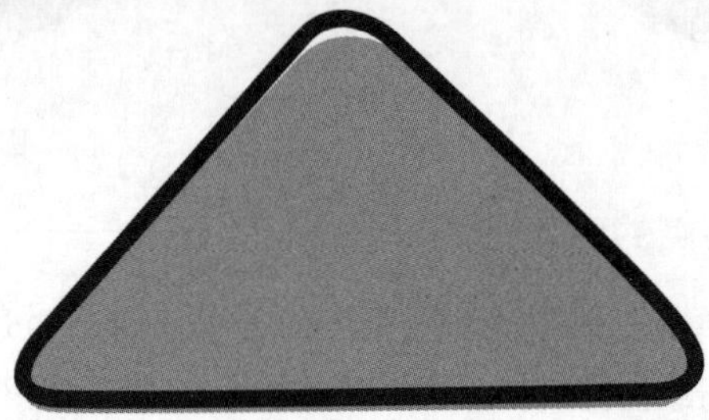

图3-129

05 使用“矩形工具”在三角形下面绘制两个竖着的矩形长条，然后填充颜色为（C：58，M：76，Y：74，K：24），接着去掉轮廓线，并旋转一定角度，最后在两条斜线之间绘制一个白色的矩形，去掉轮廓线后将其置于底层，效果如图3-130所示。

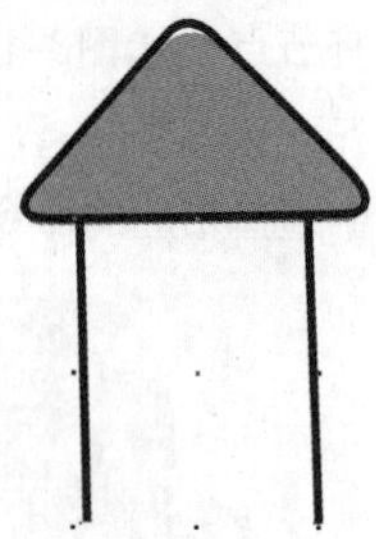

图3-130

06 使用“矩形工具”在页面中绘制一个矩形，然后在属性栏中设置矩形左上角和右上角的“转角半径”为10mm，效果如图3-131所示，接着填充颜色为（C：58，M：76，Y：74，K：24），最后去掉轮廓线，效果如图3-132所示。

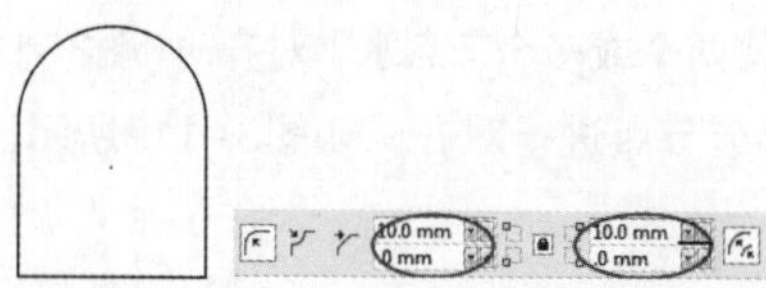

图3-131

图3-132

07 向中心等比例缩小复制一个圆角矩形，然后填充颜色为（C：16，M：1，Y：1，K：0），效果如图3-133所示，接着将这两个圆角矩形选中，再单击属性栏中的“修剪”按钮，修剪底层的圆角矩形，最后将蓝色圆角矩形置于底层，并向下移动一定距离，效果如图3-134所示。

图3-133

图3-134

08 使用“矩形工具”在圆角矩形中间绘制两个垂直的矩形条，然后填充颜色为（C：58，M：76，Y：74，K：24），并去掉轮廓线，效果如图3-135所示。

图3-135

09 将所有的对象选中，然后按组合键Ctrl+G将其组合，接着使用相同的方法绘制多个不同颜色的类似图形，效果如图3-136所示。

图3-136

10 导入“素材文件>CH03>素材03.cdr”文件，如图3-137所示，然后将之前绘制的所有对象都拖曳到素材下方，效果如图3-138所示。

图3-137

图3-138

11 导入“素材文件>CH03>素材04.cdr”文件，如图3-139所示，然后将蓝色的素材复制多份，分别填充颜色为（C：0，M：0，Y：100，K：0）、（C：0，M：40，Y：20，K：0）、（C：35，M：33，Y：47，K：0），接着调整这些对象的大小，最后将其拖曳到相应的位置处，效果如图3-140所示。

图3-139

图3-140

12 绘制松鼠。使用“椭圆形工具”在页面空白处绘制一个椭圆，作为松鼠的脑袋，然后旋转一定的角度，如图3-141所示，接着使用“贝塞尔工具”在脑袋上绘制松鼠的耳朵，效果如图3-142所示。

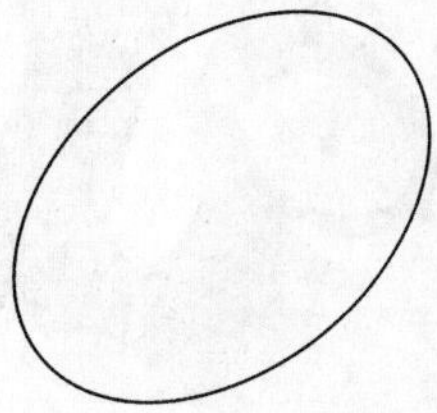

图3-141

图3-142

13 使用“贝塞尔工具”绘制松鼠的身体和尾巴，如图3-143所示，然后选中所有的对象，单击属性栏中的“创建边界”按钮，接着移除边界对象，效果如图3-144所示。

图3-143

图3-144

14 为松鼠填充颜色为（C：18，M：89，Y：100，K：0），然后去掉轮廓线，效果如图3-145所示，接着将松鼠的脑袋复制一份，并填充白色和去掉轮廓线，再将其缩小和旋转一定角度，最后将其拖曳到松鼠的脑袋上面，作为眼睛，效果如图3-146所示。

图3-145

图3-146

15 使用“椭圆形工具”绘制一个小圆和一个小椭圆，作为松鼠的眼珠和鼻子，然后填充颜色为（C：67，M：84，Y：100，K：60），并去掉轮廓线，效果如图3-147所示。

图3-147

16 使用“贝塞尔工具”在松鼠的耳朵处绘制一个水滴形状的图形，然后填充颜色为（C：67，M：84，Y：100，K：60），并去掉轮廓线，接着选中整个松鼠，按组合键Ctrl+G将其组合，效果如图3-148所示。

图3-148

17 绘制松果。使用“贝塞尔工具”在页面空白处绘制图3-149所示的形状，然后填充颜色为（C：67，M：84，Y：100，K：60），效果如图3-150所示。

图3-149

图3-150

18 使用“贝塞尔工具”在上一步的图形中绘制形状，然后填充白色，效果如图3-151所示。

图3-151

19 使用“椭圆形工具”继续在图形上绘制椭圆，如图3-152所示，然后填充颜色为（C：0，M：52，Y：93，K：0），接着将其置于图形下面，如图3-153所示。

图3-152

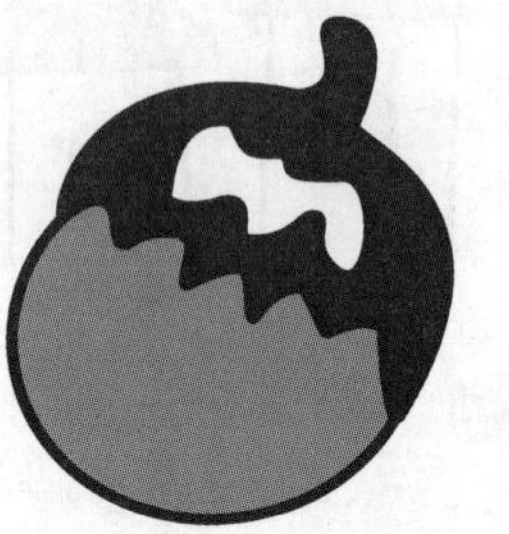

图3-153

20 选中上一步绘制完成的松果，按组合键Ctrl+G将其组合，然后去掉轮廓线，并复制一份备用，效果如图3-154所示，接着将其中一个松果拖曳到松鼠手臂的下面，效果如图3-155所示。

图3-154

图3-155

21 选中松鼠和松果，然后将其复制多份，接着分别为松鼠填充颜色为（C：9，M：23，Y：47，K：0）、（C：60，M：30，Y：45，K：10）、（C：50，M：60，Y：94，K：0），最后将每份松鼠和松果选中，按组合键Ctrl+G将其组合，效果如图3-156所示。

图3-156

22 将备份的松果复制多份拖曳到素材中，然后将所有的松鼠也拖曳到素材中，效果如图3-157所示。

图3-157

23 使用“贝塞尔工具”绘制云的轮廓，如图3-158所示，然后填充白色，并更改其轮廓线颜色为（C：58，M：76，Y：74，K：24），效果如图3-159所示。

图3-158

图3-159

24 将云向中心缩小复制一份，然后填充颜色为（C：11，M：0，Y：0，K：0），并去掉轮廓线，效果如图3-160所示，接着使用相同的方法再绘制两朵云，最后选中每朵云，按组合键Ctrl+G将其组合，效果如图3-161所示。

图3-160

图3-161

25 将绘制完成的云朵拖曳到页面中树的后面，如图3-162所示，然后双击“矩形工具”新建一个和页面大小相同的矩形，接着填充颜色为（C：0，M：4，Y：15，K：0），并去掉轮廓线，最终效果如图3-163所示。

图3-162

图3-163

3.4 钢笔工具

“钢笔工具”与“贝塞尔工具”十分相似，两者都是通过节点的连接绘制直线和曲线，在绘制完成后可使用“形状工具”进行修饰。

3.4.1 属性栏设置

“钢笔工具”的属性栏如图3-164所示。

图3-164

重要参数介绍

预览模式：单击激活该按钮后，会在确定下一节点前自动生成一条预览当前曲线形状的蓝线；关闭就不显示预览线。

自动添加或删除节点：单击激活该按钮后，将光标移动到曲线上，当光标变为时单击左键可添加节点，当光标变为时单击左键可删除节点；关闭就无法单击左键进行快速添加或删除。

3.4.2 绘制方法

使用“钢笔工具”绘制时，在其属性栏单击激活“预览模式”按钮后，可以预览到路径的走向，方便进行移动修改。

操作演示

绘制直线和折线

视频名称：绘制直线和折线

扫码观看教学视频

使用“钢笔工具”可以绘制直线和折线，当路径闭合时，可以对其进行填充。

第1步：在“工具箱”中选择“钢笔工具”，然后在页面内的空白处单击鼠标左键定下起始节点，接着移动光标，此时会出现路径走向的蓝色预览线条，如图3-165所示。

第2步：在目标位置单击鼠标左键定下结束节点，此时线条将变为实线，双击鼠标左键或者按空格键完成编辑，如图3-166所示。

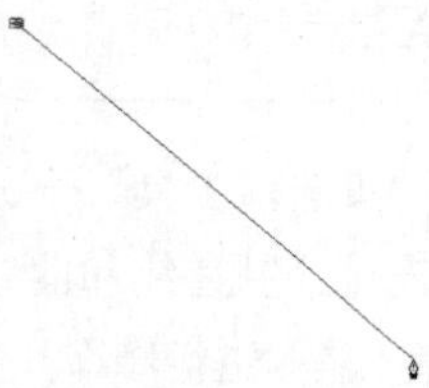

图3-165

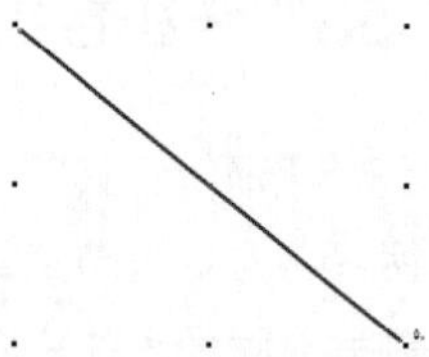

图3-166

第3步：将光标移动到结束节点上，当光标变为时单击鼠标左键，然后继续移动光标到目标位置进行单击确定下一个节点，如图3-167所示，当起始节点和结束节点重合时会自动形成闭合路径，此时可以进行填充操作，如图3-168所示。

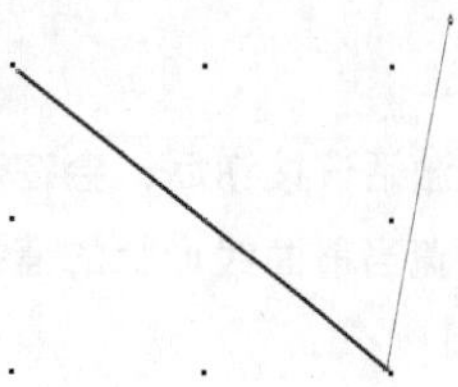

图3-167

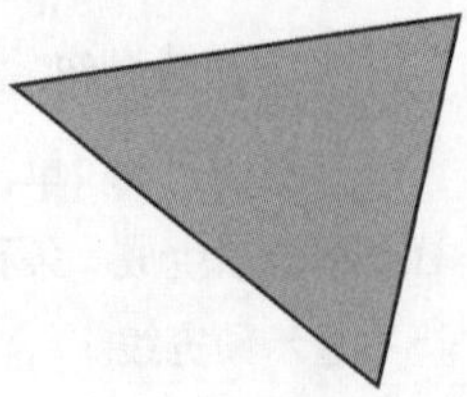

图3-168

提示

在绘制直线的时候按住Shift键可以绘制水平线段、垂直线段或以15°递进的线段。

操作演示

使用钢笔工具绘制曲线

视频名称：使用钢笔工具绘制曲线

扫码观看教学视频

“钢笔工具”是很适合用来绘制曲线的工具之一。

第1步：选择“钢笔工具”，然后在页面空白处单击鼠标左键确定起始节点，接着移动光标到下一位置，再按住鼠标左键不放进行拖曳“控制线”，如图3-169所示，松开鼠标左键后移动光标会出现路径走向的蓝色预览弧线，如图3-170所示。

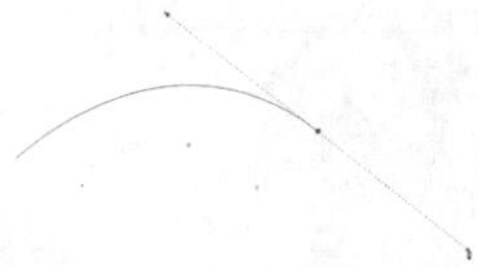

图3-169

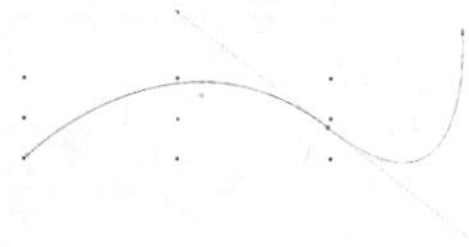

图3-170

第2步：继续单击位置确定节点，当起始节点和结束节点重合时可以自动形成闭合路径，如图3-171所示，然后可以为对象进行填充操作，如图3-172所示。在绘制连续的曲线时要考虑到曲线的转折，“钢笔工具”可以生成预览线进行查看，因此在确定节点之前，可以进行修正，如果位置不合适，也可以及时调整。

图3-171

图3-172

实战练习

绘制蛋糕

实例位置 实例文件>CH03>绘制蛋糕.cdr
素材位置 素材文件>CH03>素材05.cdr~08.cdr
视频名称 绘制蛋糕.mp4
技术掌握 钢笔工具的用法

扫码观看教学视频

最终效果图

01 新建一个大小为200mm×200mm的文档，然后使用“钢笔工具”在页面中绘制一个类圆形，如图3-173所示，接着填充颜色为（C：4，M：79，Y：28，K：0），效果如图3-174所示。

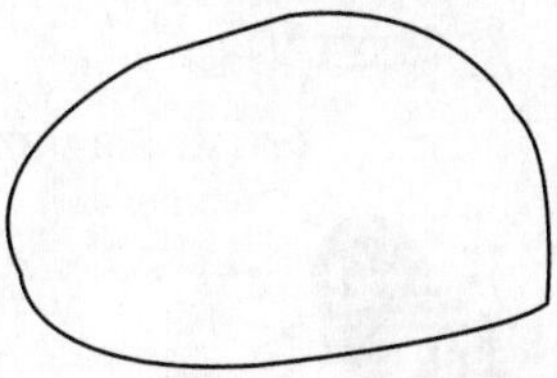

图3-173

图3-174

02 使用“钢笔工具”在页面中绘制图3-175所示的形状，然后填充颜色为（C：9，M：19，Y：38，K：0），接着按组合键Ctrl+PgDn将其置于下一层，效果如图3-176所示。

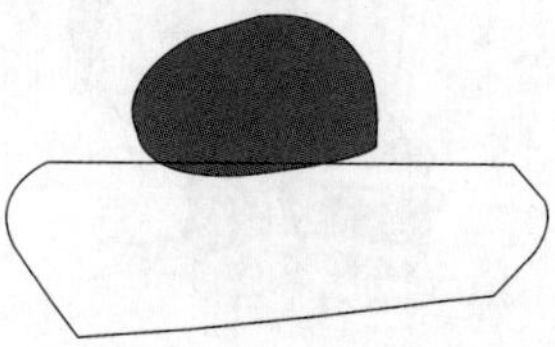

图3-175

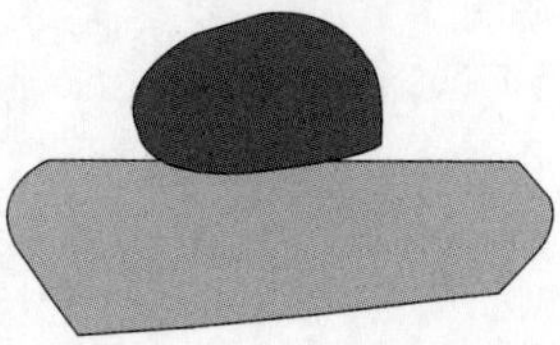

图3-176

03 使用“钢笔工具”在页面中绘制图3-177所示的两个形状，然后填充颜色为（C：40，M：64，Y：71，K：29），接着选中波浪形状的图案，按组合键Ctrl+PgDn将其置于红色对象的下一层，最后选中下面的图案，按组合键Ctrl+End将其置于底层，效果如图3-178所示。

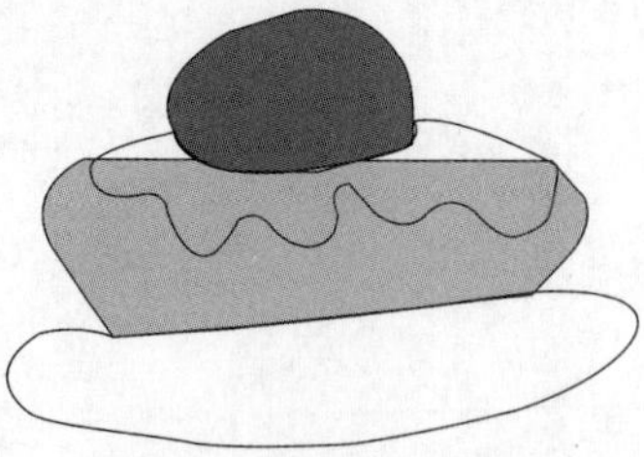

图3-177

图3-178

04 使用“钢笔工具”在页面中绘制图3-179所示的形状，然后填充颜色为（C：2，M：16，Y：8，K：0），接着按组合键Ctrl+End将其置于底层，效果如图3-180所示。

图3-179

图3-180

05 使用“钢笔工具”在最下面的对象上绘制图3-181所示的两个形状，然后填充颜色为（C：4，M：79，Y：28，K：0），效果如图3-182所示。

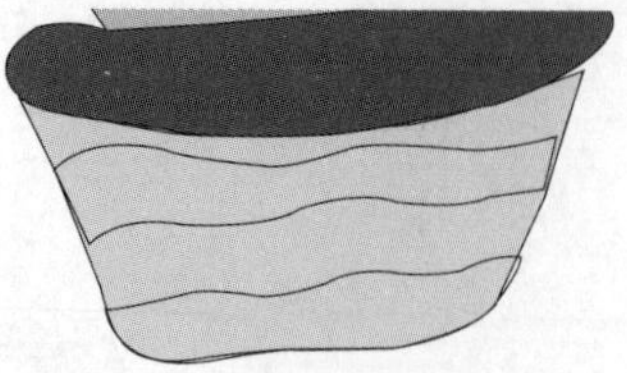

图3-181

图3-182

06 使用“钢笔工具”继续在图形上绘制形状，如图3-183所示，然后填充颜色为（C：9，M：19，Y：38，K：0），接着按组合键Ctrl+End将其置于底层，效果如图3-184所示。

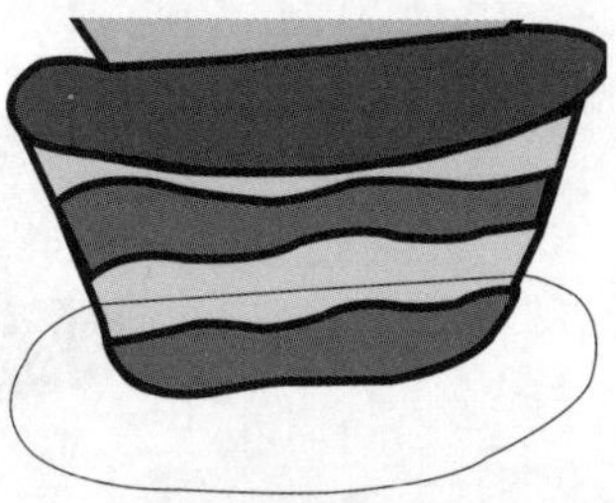

图3-183

图3-184

07 选中所有的对象，按组合键Ctrl+G将其组合，然后设置对象的“轮廓宽度”为1mm，蛋糕效果如图3-185所示。

图3-185

08 导入“素材文件>CH03>素材05.cdr”文件，然后将蜡烛素材拖曳到蛋糕顶端，并全选对象，按组合键Ctrl+G将其组合，效果如图3-186所示，接着导入“素材文件>CH03>素材06.cdr”文件，最后将蛋糕拖曳到素材上，并调整好大小，效果如图3-187所示。

图3-186

图3-187

09 导入“素材文件>CH03>素材07.cdr”文件，然后将素材放置在已有对象的下面，效果如图3-188所示，接着双击“矩形工具”创建一个和页面大小相同的矩形，效果如图3-189所示。

图3-188

图3–189

❿ 为矩形填充颜色为（C：0，M：22，Y：11，K：0），然后去掉轮廓线，如图3-190所示，接着导入“素材文件>CH03>素材08.cdr”文件，最后将素材拖曳到气球的上方，最终效果如图3-191所示。

图3–190

图3–191

3.5 B样条工具

“B样条工具”是通过建造控制点来轻松创建连续平滑的曲线。

操作演示

使用B样条工具绘制对象

视频名称：使用B样条工具绘制对象

扫码观看教学视频

下面我们通过一些步骤来讲解“B样条工具”的相关使用方法。

第1步：选择“工具箱”中的“B样条工具”，然后将光标移动到页面内的空白处，接着单击鼠标左键定下第一个控制点，再移动光标拖曳出一条实线与虚线重合的线段，如图3-192所示。

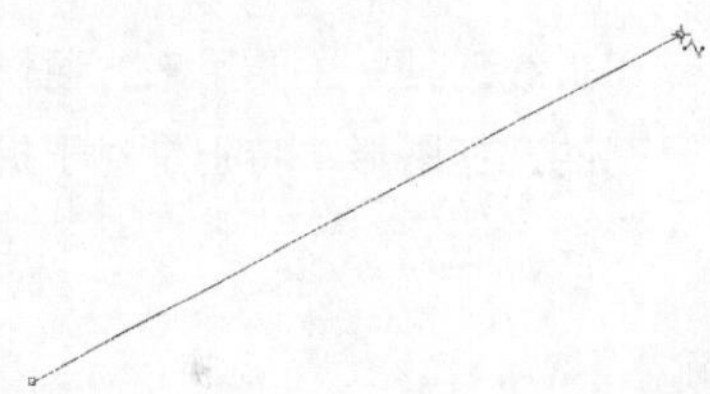

图3–192

第2步：在目标位置单击鼠标定下第二个控制点，再次移动光标，实线就会被分离出来，如图3-193所示，此时可以看出实线为绘制的曲线，虚线为连接控制点的控制线，继续绘制增加控制点直到闭合控制点，如图3-194所示。

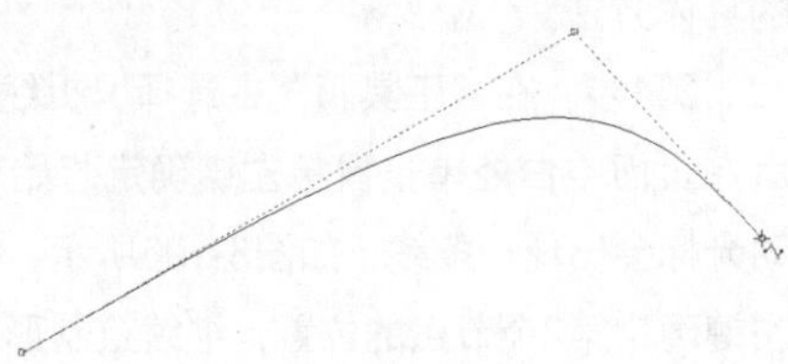

图3–193

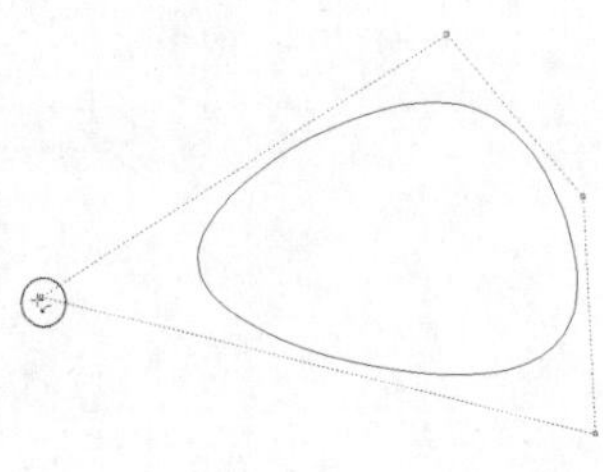

图3–194

第3步：在闭合控制线时会自动生成平滑曲线，此时，我们可以对闭合对象填充颜色和更改轮廓颜色，还可以使用“形状工具”调整控制点，修改曲线，如图3-195所示。

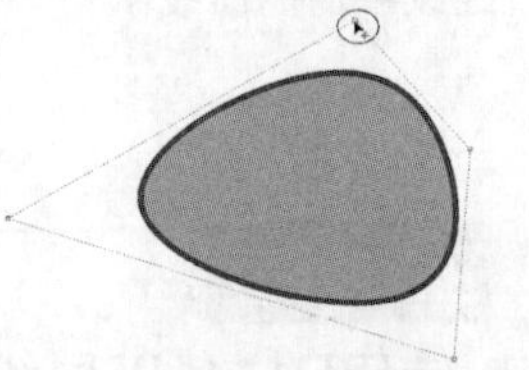

图3-195

提示

在使用“B样条工具”进行绘制时，在曲线末端双击鼠标左键可以绘制曲线线段，将曲线的首位衔接，可以绘制曲线图形。

3.6 折线工具

“折线工具”主要用来方便快捷地创建折线和复杂的几何图形，特别是对于折线，绘制非常随意简单。

操作演示

使用折线工具绘制对象

视频名称：使用折线工具绘制对象

扫码观看教学视频

下面讲解使用“折线工具”来绘制折线和图形的具体方法。

第1步：在“工具箱”中选择“折线工具”，然后在页面空白处单击鼠标左键确定起始节点，此时移动光标会出现一条线，如图3-196所示，接着单击鼠标左键确定第2个节点的位置，继续绘制形成折线，绘制完成后双击鼠标左键即可，效果如图3-197所示。

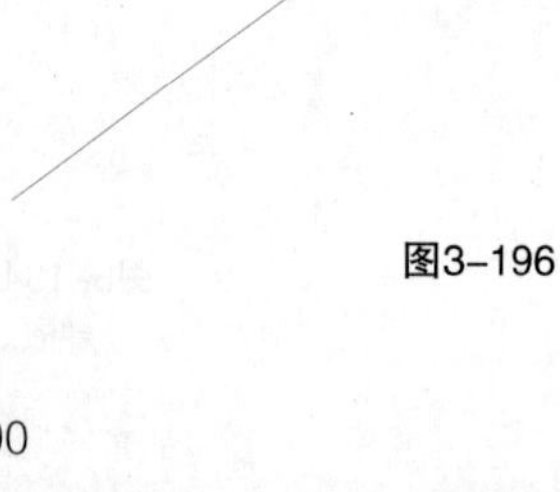

图3-196

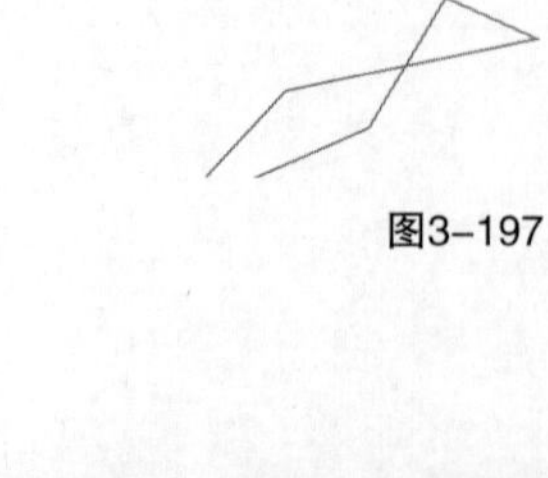

图3-197

第2步：如果在完成绘制后仍然想要继续绘制，可将光标移动到节点处，待光标变为时单击鼠标左键，如图3-198所示，此时移动光标就会出现直线，然后在目标位置单击鼠标左键继续进行绘制，如图3-199所示。

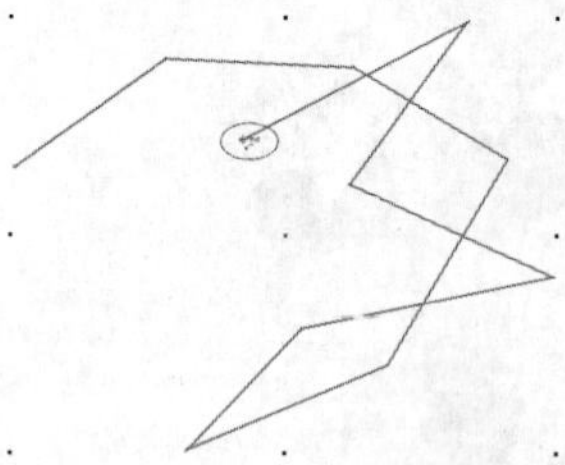

图3-198

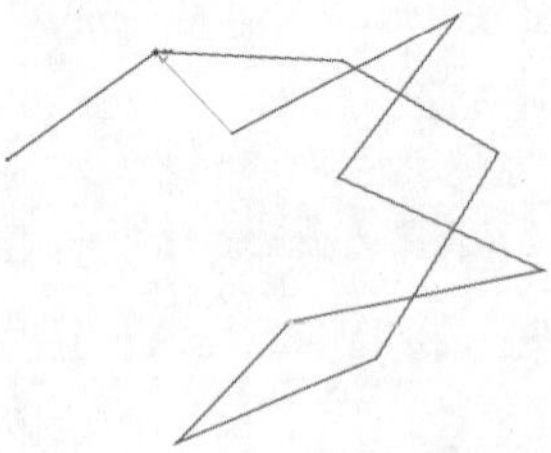

图3-199

第3步：按住鼠标左键拖曳可以绘制曲线，如图3-200所示，然后将光标移动到起始节点单击鼠标左键，可以绘制闭合路径，如图3-201所示，松开鼠标后可以对路径进行填充，并且曲线会自动变得平滑，如图3-202所示。

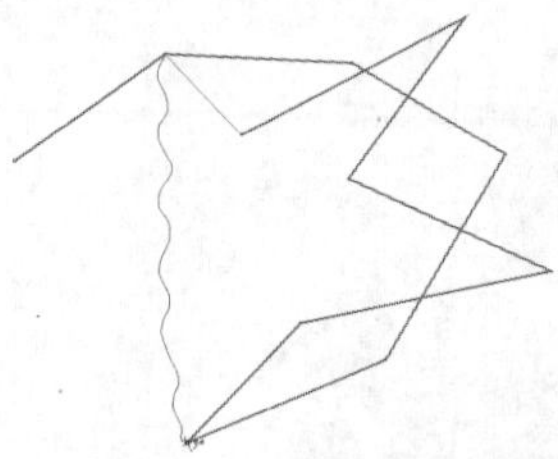

图3-200

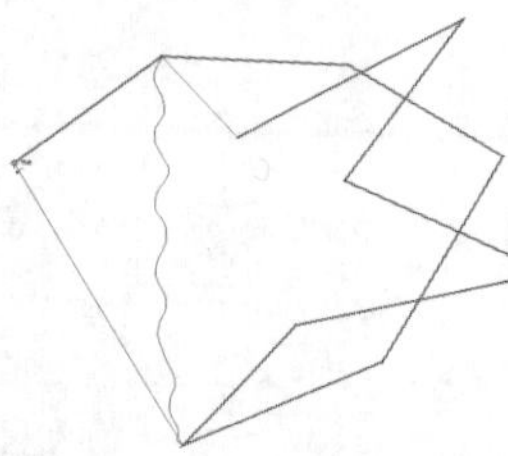

图3-201

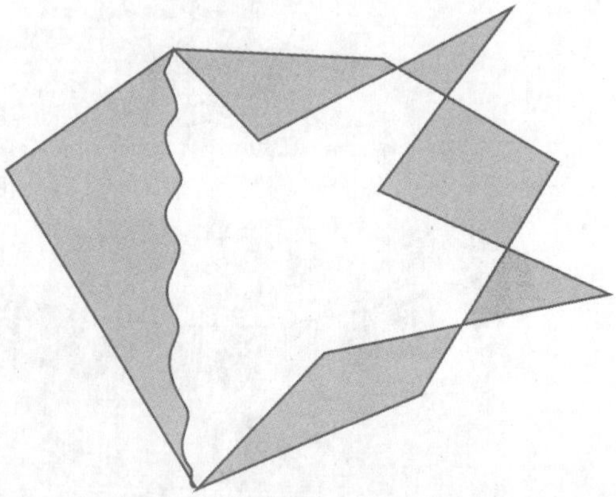

图3-202

提示

使用“折线工具”绘制对象时，如果绘制之前设置了线条颜色，在绘制中颜色将不会显示出来，只有绘制完成后才能显示。

3.7 3点曲线工具

“3点曲线工具”可以准确地确定曲线的弧度和方向。

操作演示

使用3点曲线工具绘制对象

视频名称：使用3点曲线工具绘制对象

扫码观看教学视频

第1步：在“工具箱”中选择“3点曲线工具”，然后将光标移动到页面内按住鼠标左键进行拖曳，此时会出现一条直线，可进行预览，如图3-203所示，拖曳到目标位置后松开左键并移动光标调整曲线的弧度，如图3-204所示。

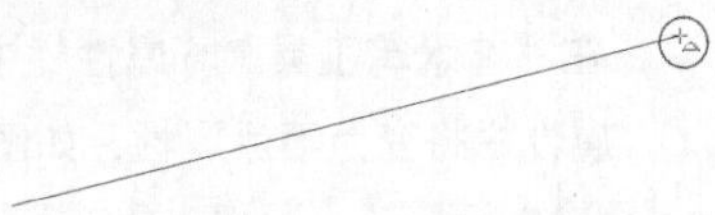

图3-203

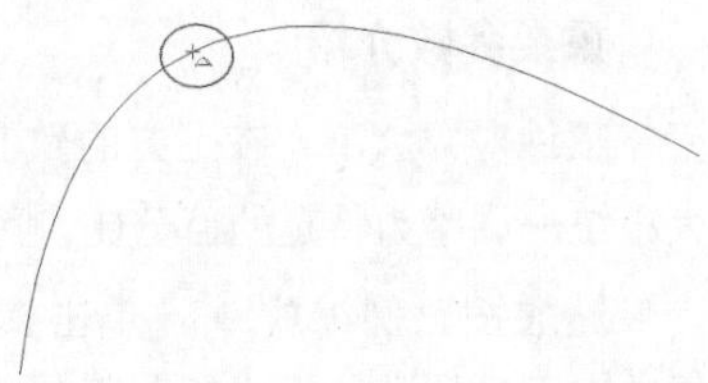

图3-204

第2步：曲线调整好后单击鼠标左键完成编辑，如图3-205所示。熟练运用“3点曲线工具”可以快速制作流线造型的花纹，如图3-206所示。

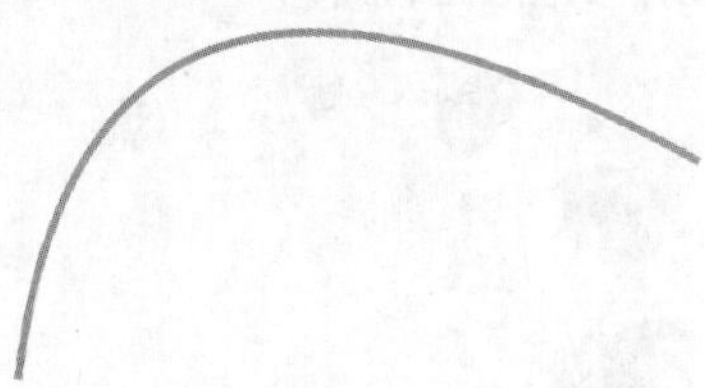

图3-205

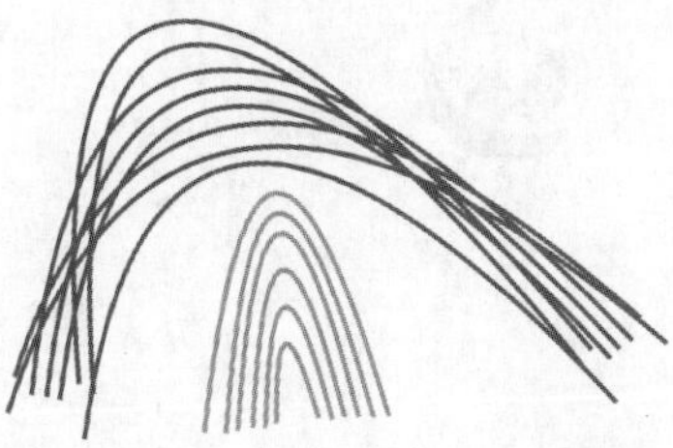

图3-206

3.8 艺术笔工具

在“艺术笔工具”中有许多系统提供的图形图案和笔触效果，选择后可以进行快速的绘制，且绘制出的对象为封闭路径，可进行填充，也可通过笔触路径节点来调整形状。艺术笔类型分为“预设”“笔刷”“喷涂”“书法”和“压力”5种，在属性栏中可以单击切换调整相关参数。

3.8.1 预设

“预设”是指使用预设的矢量图形来绘制曲线。

在“艺术笔工具”属性栏单击“预设”按钮，将属性栏变为预设属性，如图3-207所示。

图3-207

重要参数介绍

手绘平滑：在文本框内设置数值调整线条的平滑度，最高平滑度为100。

笔触宽度：设置数值可以调整绘制笔触的宽度，值越大笔触越宽，反之越小，如图3-208所示。

图3-208

预设笔触：单击后面的按钮，打开下拉样式列表，如图3-209所示，可以选取相应的笔触样式进行创建，如图3-210所示。

图3-209

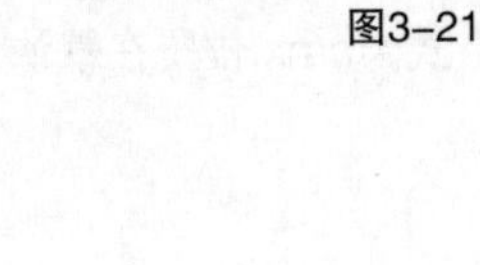

图3-210

随对象一起缩放笔触：单击该按钮后，缩放笔触时，笔触线条的宽度会随着缩放改变。

边框：单击后会隐藏或显示边框。

3.8.2 笔刷

“笔刷”是指绘制与笔刷笔触相似的曲线，可以利用“笔刷”绘制出仿真效果的笔触。

在“艺术笔工具”属性栏中单击“笔刷”按钮，将属性栏变为笔刷属性，如图3-211所示。

图3-211

重要参数介绍

类别：单击后面的按钮，在下拉列表中可以选择要使用的笔刷类型，如图3-212所示。

图3-212

笔刷笔触：在其下拉列表中可以选择相应笔刷类型的笔刷样式。

浏览：可以浏览硬盘中的艺术笔刷文件夹，选取艺术笔刷可以进行导入使用，如图3-213所示。

图3-213

保存艺术笔触：确定好自定义的笔触后，可以使用该命令保存到笔触列表，如图3-214所示，文件格式为cmx,位置在默认艺术笔刷文件夹。

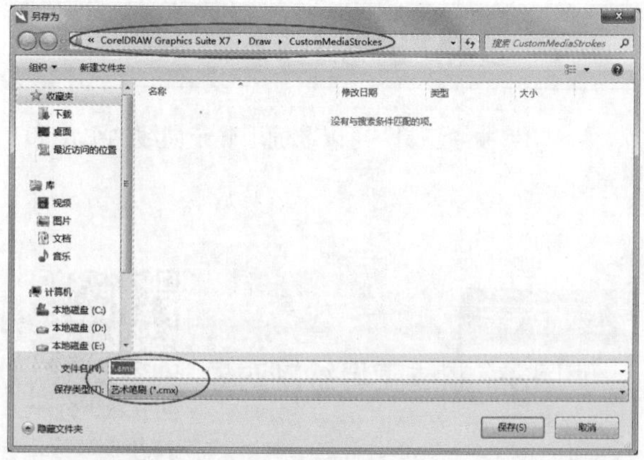

图3-214

删除：删除已有的笔触。

3.8.3 喷涂

“喷涂”是指通过喷涂一组预设图案进行绘制。

在“艺术笔工具”属性栏中单击“喷涂”按钮，属性栏将变为喷涂属性，如图3-215所示。

图3-215

重要参数介绍

喷涂对象大小：在上方的数值框中将喷射对象的大小统一调整为特定的百分比，可以手动调整数值。

递增按比例缩放：单击锁头激活下方的数值框，在下方的数值框中输入百分比可以将每一个喷射对象大小调整为前一个对象大小的某一特定百分比，如图3-216所示。

类别：在下拉列表中可以选择要使用的喷射的类别，如图3-217所示。

图3-216

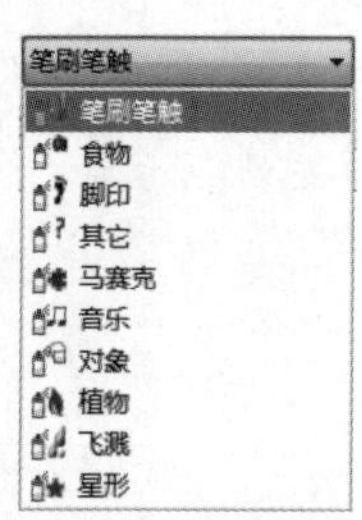

图3-217

喷涂图样：在其下拉列表中可以选择相应喷涂类别的图案样式，可以是矢量的图案组。

喷涂顺序：在下拉列表中提供有“随机”“顺序”“按方向”3种，如图3-218所示，这三种顺序要参考播放列表的顺序，如图3-219所示。

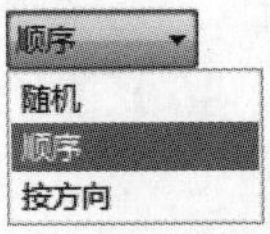

图3-218

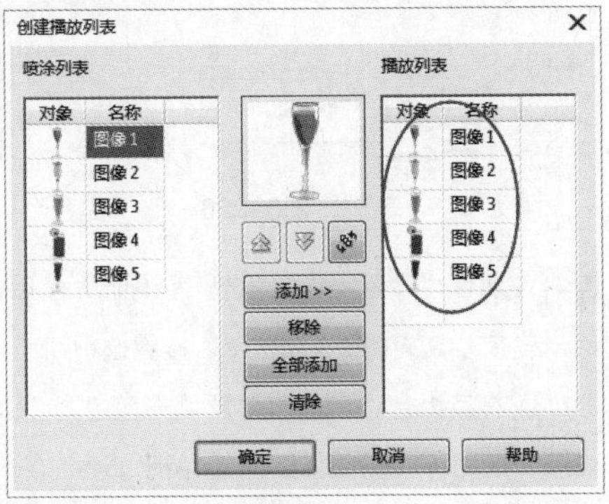

图3-219

随机：在创建喷涂时随机出现播放列表中的图案，如图3-220所示。

图3-220

顺序：在创建喷涂时按顺序出现播放列表中的图案，如图3-221所示。

图3-221

按方向：在创建喷涂时处在同一方向的图案在绘制时重复出现，如图3-222所示。

图3-222

添加到喷涂列表：添加一个或多个对象到喷涂列表。

喷涂列表选项：可以打开“创建播放列表”对话框，用来设置喷涂对象的顺序和对象的数目。

每个色块中的图案像素和图像间距：在上方的文字框中输入数值，可以设置每个色块中的图像数；在下方的文字框中输入数值，可以调整每个笔触长度中各色块之间的距离。

旋转：在下拉“旋转”选项面板中设置喷涂对象的旋转角度，如图3-223所示。

偏移：在下拉“偏移”选项面板中设置喷涂对象的偏移方向和距离，如图3-224所示。

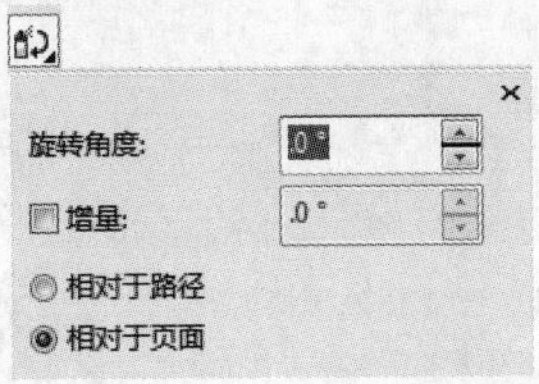

图3-223

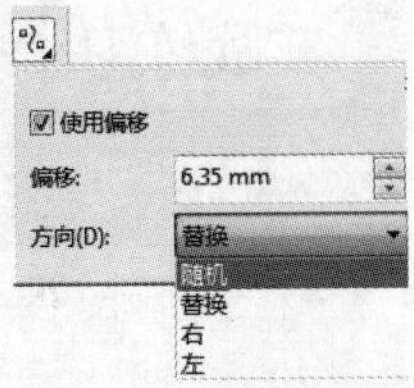

图3-224

3.8.4 书法

“书法”是指通过笔锋角度变化绘制与书法笔触相似的效果。

在“艺术笔工具”属性栏中单击“书法”按钮，将属性栏变为书法属性，如图3-225所示。

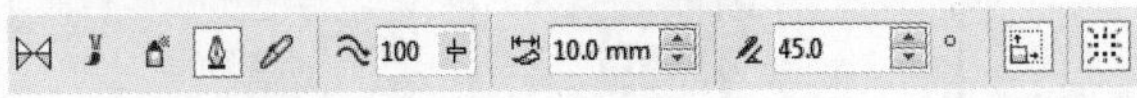

图3-225

重要参数介绍

书法角度：输入数值可以设置笔尖的倾斜角度，范围为0°~360°。

3.8.5 压力

“压力”是指模拟使用压感画笔的效果进行绘制，可以配合数位板进行使用。

在“艺术笔工具”属性栏中单击“压力”按钮，属性栏变为压力基本属性，如图3-226所示。绘制压力线条和在Adobe Photoshop软件里用数位板进行绘画感觉相似，模拟压感进行绘制，如图3-227所示，笔画流畅。

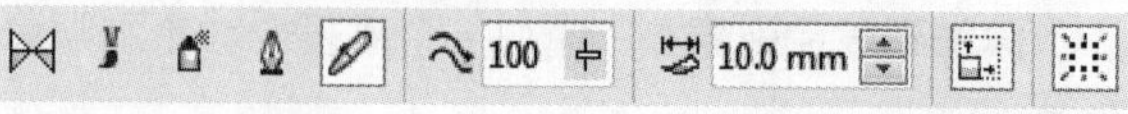

图3-226

图3-227

实战练习

绘制墨迹创意树

实例位置 实例文件>CH03>绘制墨迹创意树.cdr
素材位置 素材文件>CH03>素材09.cdr、10.cdr
视频名称 绘制墨迹创意树.mp4
技术掌握 艺术笔工具的用法

扫码观看教学视频

最终效果图

01 新建一个大小为210mm×270mm的文档，然后选择“艺术笔工具”，接着在属性栏中选择合适的“预设笔触”，并设置“笔触宽度”为10mm，设置如图3-228所示，最后在页面中由下至上绘制一个对象，作为树的枝干，效果如图3-229所示。

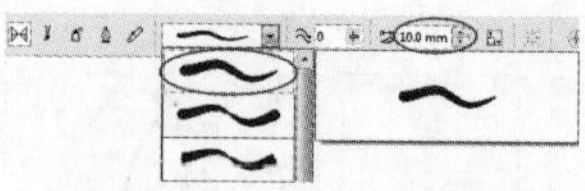

图3-228

图3-229

02 在属性栏设置“笔触宽度”为5mm，然后在树的枝干上绘制一些枝丫，如图3-230所示，接着选中所有对象，按组合键Ctrl+G将其组合，最后为对象填充颜色为（C：18，M：32，Y：47，K：0），效果如图3-231所示。

图3-230

图3-231

03 导入“素材文件>CH03>素材09.cdr”文件，如图3-232所示，然后将墨迹素材复制多份，并填充不同颜色，接着调整大小后拖曳到树的枝丫上，效果如图3-233所示。

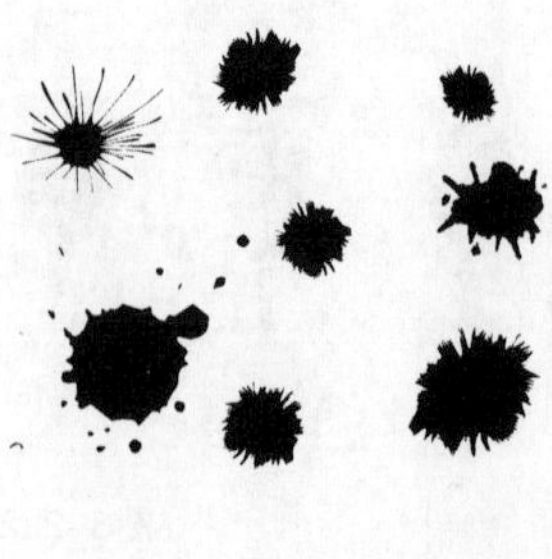

图3-232

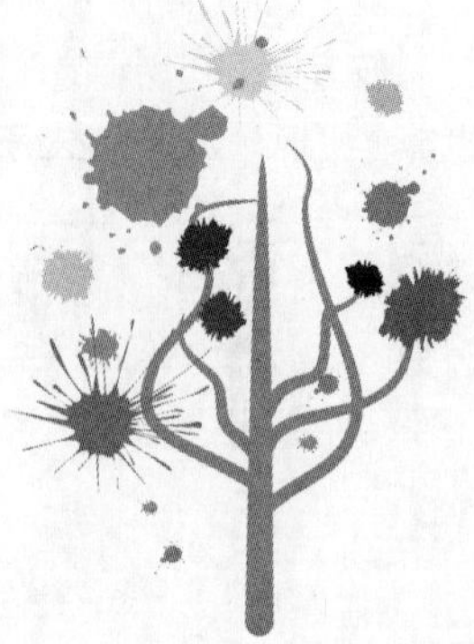

图3-233

04 导入“素材文件>CH03>素材10.cdr”文件，如图3-234所示，然后复制多份，接着在调整大小后拖曳到枝丫的后面，效果如图3-235所示。

图3-234

图3-235

05 将图3-236所示的墨迹复制一份，然后按组合键Ctrl+U将其解散群组，接着删除中间的黑色墨迹，留下墨点，效果如图3-237所示。

图3-236

图3-237

06 将图3-238所示的墨点复制一份，然后按组合键Ctrl+G将其组合，接着填充颜色为（C：20，M：0，Y：0，K：20），效果如图3-239所示。

图3-238

图3-239

07 将图3-240所示的墨点复制一份，然后按组合键Ctrl+G将其组合，接着填充颜色为（C：20，M：0，Y：20，K：20），效果如图3-241所示。

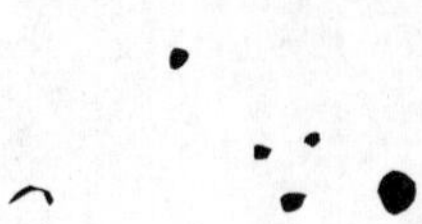
图3-240

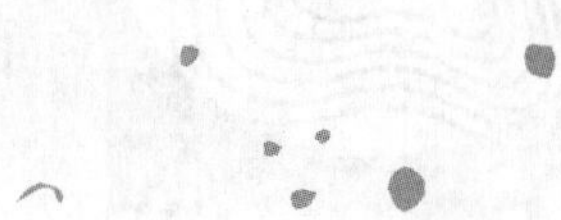
图3-241

08 将06和07步骤中填充颜色后的墨点先后拖曳到树的下方，效果如图3-242所示。

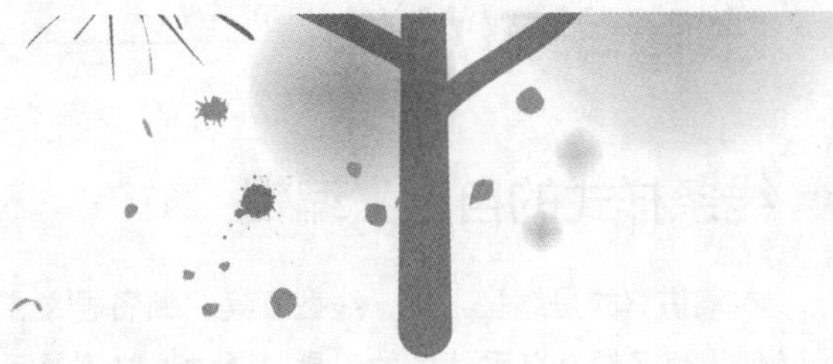
图3-242

09 选中所有的墨点，然后按组合键Ctrl+G将其组合，接着填充颜色为（C：0，M：20，Y：20，K：0），效果如图3-243所示，最后将其拖曳到树的中间部分，效果如图3-244所示。

图3-243

图3-244

10 双击“矩形工具”口新建一个和页面大小相同的矩形，然后填充颜色为（C：0，M：2，Y：0，K：0），接着更改“轮廓宽度”为1mm、填充轮廓颜色为（C：60，M：40，Y：0，K：0），最终效果如图3-245所示。

图3-245

本章学习总结

线条样式的自定义编辑

本章讲解的是线型工具，线型工具，顾名思义，是用来绘制线条的工具。CorelDRAW X7为我们提供了绘制各种线条的工具，通过这些工具可以绘制曲线和直线，以及同时包含曲线段和直线段的线条。绘制完成后，我们可以更改线条的颜色、宽度和样式。

扫码观看教学视频

在添加线条样式时，如果没有我们想要的样式，可以单击“更多”按钮更多...打开“编辑线条样式”对话框进行自定义编辑，如图3-246和图3-247所示。

拖曳滑轨上的点可以设置虚线点的间距，在下方预览间距效果，如图3-248所示。单击相应白色方格将其切换为黑色，可以设定虚线点的长短样式，如图3-249所示。编辑完成后，单击“添加”按钮添加(A)进行添加。

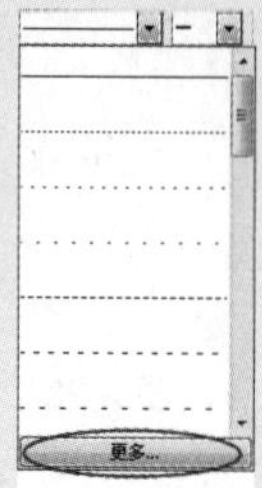

图3-246

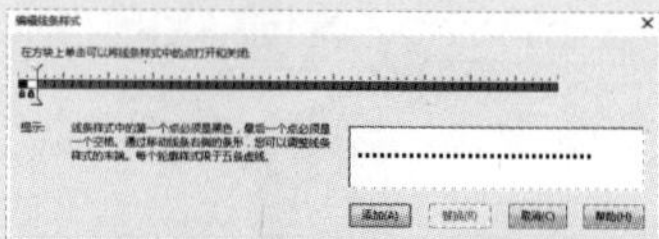

图3-247

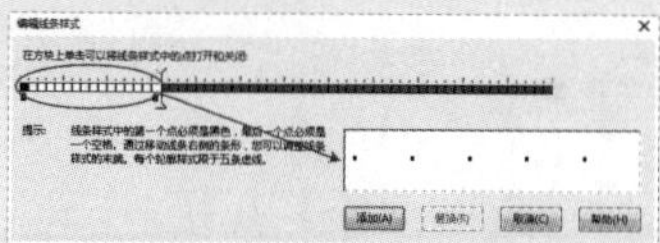

图3-248

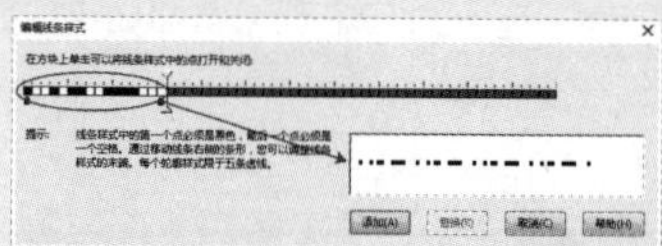

图3-249

线条在实际操作中的用处

线型工具可以绘制线条，也可以绘制形状或空间轮廓，因此，在实际工作中，可以使用这些工具绘制许多或精美或有趣的，平面的或者立体的图案。对于复杂图案的绘制，经常会出现几种线型工具同时使用的情况，在绘制的过程中也会搭配形状工具来进行调整，如图3-250所示。

扫码观看教学视频

图3-250

第 4 章

几何图形工具的使用

几何图形工具的种类多样，既有基础图形的绘制工具，也有复杂图形的绘制工具。本章将详细讲解这些几何图形工具的使用方法，通过学习本章内容，读者可以学会使用这些工具来绘制规则或者不规则的形状。

- 掌握矩形工具的使用方法
- 掌握椭圆形工具的使用方法
- 学会使用多边形工具
- 了解星形工具的用法

本章学习建议

本章总体讲解了多种几何工具，有些是一种工具单独成组，有些是多种工具组成一组。工具箱中工具图标右下角带有黑色小三角标志的就是工具组，长按这些工具图标就可以打开工具组，显示组内的所有工具。在选择工具后，属性栏中会显示这个工具的相关参数。在使用工具前，我们需要了解工具的各项参数的作用，然后再在页面中进行图形绘制。不过本章所讲的几何图形工具都比较简单，想要掌握它们并不是一件难事，再结合书中的实战练习巩固工具的使用方法和技巧，便可以将这些知识牢牢地存储在脑海中。

扫码观看教学视频

4.1 矩形工具组

矩形工具组包括“矩形工具”和“3点矩形工具”，矩形是绘制常用的基本图形，结合属性栏的使用可进行基本的修改变化。选择工具后，可以在其属性栏进行相关参数设置，“矩形工具”和“3点矩形工具”的属性栏如图4-1所示。

图4-1

重要参数介绍

圆角：单击该按钮可以将角变为弯曲的圆弧角，如图4-2所示，数值可以在后面输入。

扇形角：单击该按钮可以将角变为与扇形相切的角，形成曲线角，如图4-3所示。

图4-2

图4-3

倒棱角：单击该按钮可以将角变为直棱角，如图4-4所示。

圆角半径：在四个文本框中输入数值，可以分别设置边角样式的平滑度大小，如图4-5所示。

图4-4

图4-5

同时编辑所有角：单击激活该按钮后，在任意一个“圆角半径”文本框中输入数值，其他三个的数值将会统一进行变化；单击关闭后可以分别修改“圆角半径”的数值，如图4-6所示。

图4-6

相对的角缩放：单击激活该按钮后，边角在缩放时，“圆角半径”也会相对地进行缩放；单击熄灭后，缩放的同时“圆角半径”将不会缩放。

轮廓宽度：可以设置矩形边框的宽度。

转换为曲线：在没有转曲时只能进行角上的变化，如图4-7所示；单击转曲后可以进行自由变换和添加节点等操作，如图4-8所示。

图4-7

图4-8

4.1.1 矩形工具

使用“矩形工具”可以在页面中以斜角拖曳的方式快速绘制任意大小的矩形。

操作演示

绘制矩形

视频名称：绘制矩形

扫码观看教学视频

使用“矩形工具”可以随意绘制长方形，配合固定的按键可以绘制正方形，下面讲解具体绘制方法。

第1步：选择工具箱中的“矩形工具”，然后在页面空白处按住鼠标左键以对角的方向进行拉伸操作，形成实线方形可以进行预览大小，如图4-9所示，确定大小后松开鼠标左键完成编辑，接着可以进行颜色填充或者更改轮廓颜色，如图4-10所示。

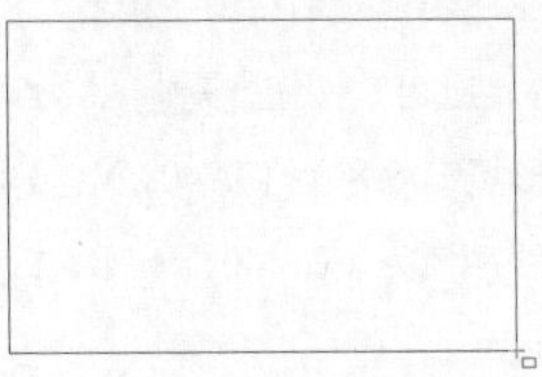

图4-9

图4-10

第2步：按住Ctrl键的同时按住鼠标左键拖曳绘制一个正方形，如图4-11所示，也可以在属性栏中输入宽和高将原有的矩形变为正方形，如图4-12所示。

图4-11

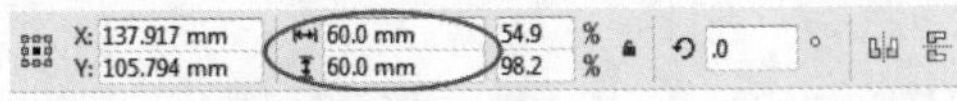

图4-12

提示

在绘制时按住Shift键可以以起始点为中心绘制一个矩形，同时按住Shift键和Ctrl键则是以起始点为中心绘制正方形。

4.1.2 3点矩形工具

“3点矩形工具”是通过定3个点的位置，以指定的高度和宽度绘制矩形。选择工具箱中的“3点矩形工具”，然后在页面空白处单击鼠标左键定下第1个点，接着按住鼠标左键进行拖曳，此时会出现一条实线进行预览，如图4-13所示，确定位置后松开鼠标定下第2个点，再移动鼠标进行绘制，如图4-14所示，确定大小后单击鼠标左键完成编辑，最后可以更改对象的轮廓颜色，效果如图4-15所示。

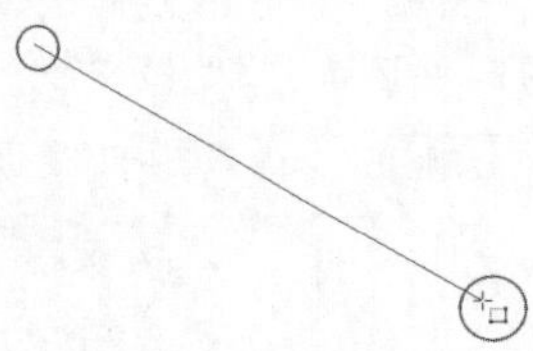

图4-13

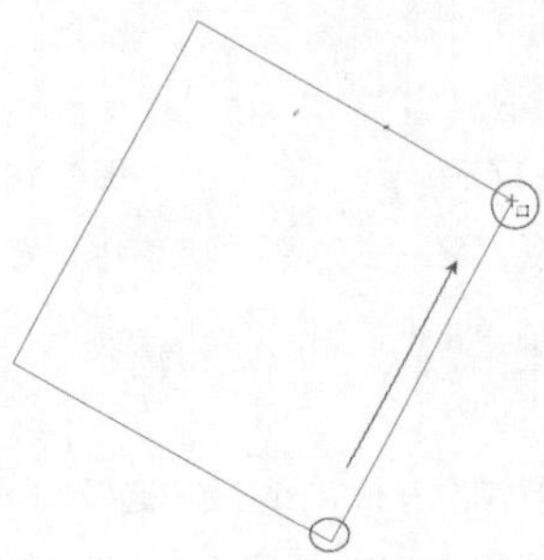

图4-14

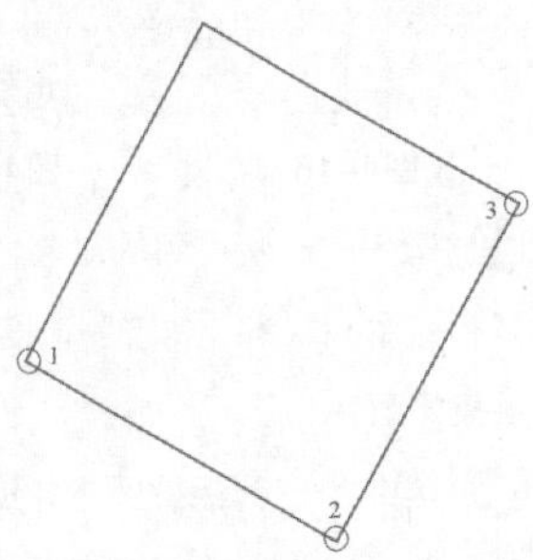

图4-15

实战练习

绘制彩色相框

实例位置　实例文件>CH04>绘制彩色相框.cdr

素材位置　素材文件>CH04>素材01.jpg

视频名称　绘制彩色相框.mp4

技术掌握　矩形工具的用法

扫码观看教学视频

最终效果图

01 新建一个大小为200mm×200mm的文档，然后使用“矩形工具”□在页面中绘制一个竖着的白色矩形，接着设置矩形“轮廓宽度”为0.5mm，效果如图4-16所示。

02 选中矩形，然后执行“对象>变换>旋转”菜单命令，接着在打开的“变换”泊坞窗中设置“旋转角度”为90、“副本”为1，再选择“相对中心”为“右上”，最后单击“应用”按钮［应用］，设置如图4-17所示，效果如图4-18所示。

图4-16

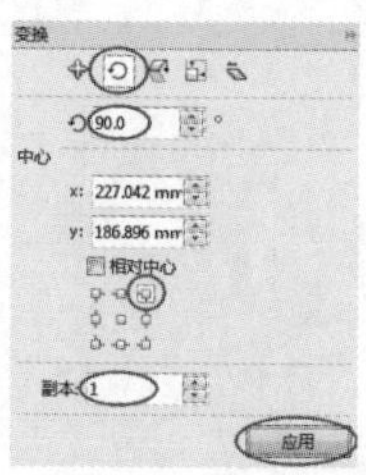

图4-17

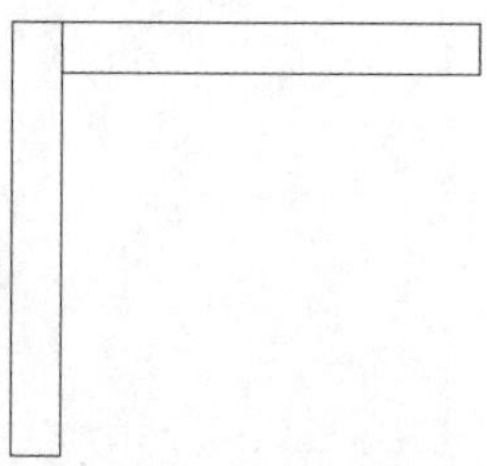

图4-18

03 选中上一步得到的对象，然后在“变换”泊坞窗中选择“相对中心”为“右下”，接着单击“应用”按钮［应用］，效果如图4-19所示。

04 选中上一步得到的对象，然后在“变换”泊坞窗中选择“相对中心”为“左下”，接着单击“应用”按钮［应用］，最后选中整个图形，按组合键Ctrl+G将其组合，效果如图4-20所示。

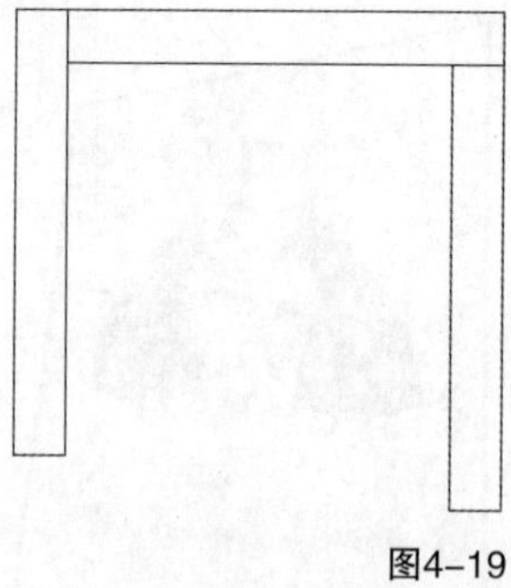

图4-19

图4-20

05 更改图形的轮廓线颜色为（C：0，M：20，Y：100，K：0），效果如图4-21所示，接着选中图形，在“变换”泊坞窗中设置“旋转角度”为45、“副本”为“1”、“相对中心”为“中”，最后单击“应用”按钮［应用］，设置如图4-22所示，效果如图4-23所示。

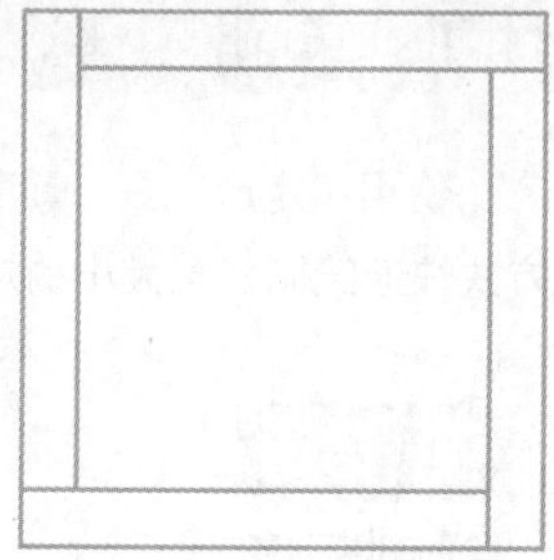

图4-21

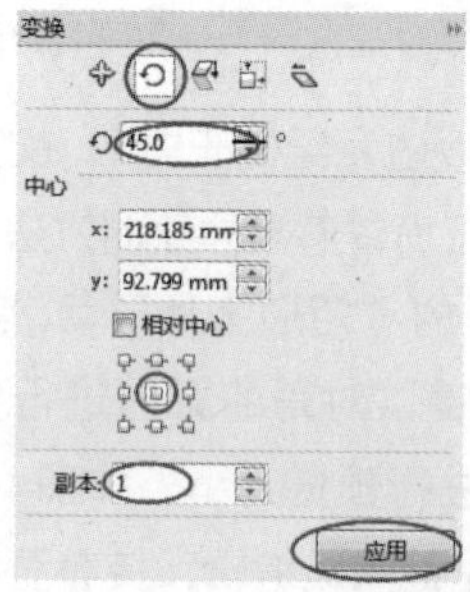

图4-22

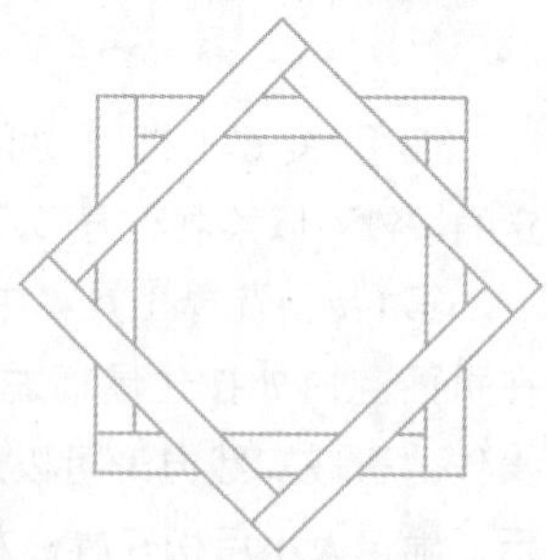

图4-23

06 选中旋转后的图形，然后在“变换”泊坞窗中设置“旋转角度”为“30”，接着单击“应用”按钮［应用］，效果如图4-24所示，再为得到的图形填充颜色为（C：0，M：0，Y：20，K：0），最后更改轮廓线颜色为（C：40，M：0，Y：100，K：0），效果如图4-25所示。

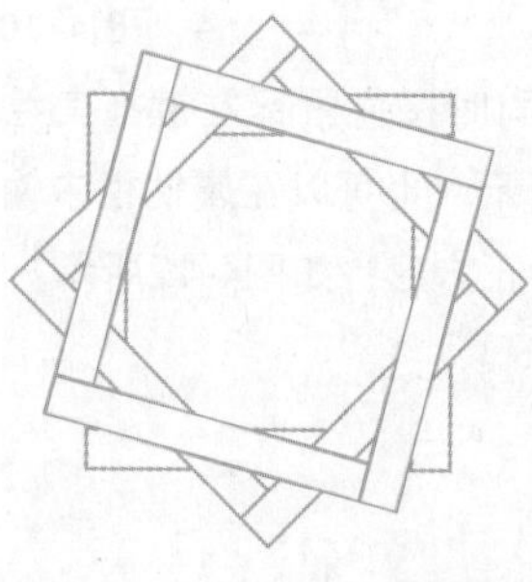

图4-24

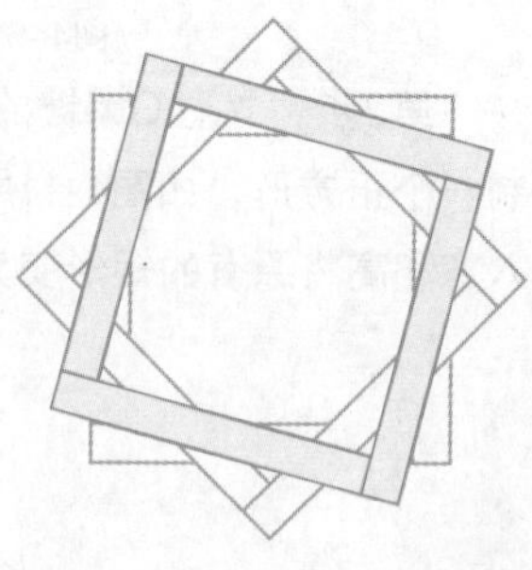

图4-25

07 为第二层的图形填充颜色为（C：0，M：20，Y：20，K：0），然后设置“轮廓宽度”为0.75mm，更改轮廓线颜色为（C：0，M：0，Y：20，K：0），效果如图4-26所示。

图4-26

08 分别选中上面的两个图形，然后按组合键Ctrl+U取消组合对象，接着调整矩形的顺序，再选中所有图形按组合键Ctrl+G组合对象，相框就制作完成了，效果如图4-27所示，最后使用“矩形工具”在图4-28所示的位置绘制一个矩形。

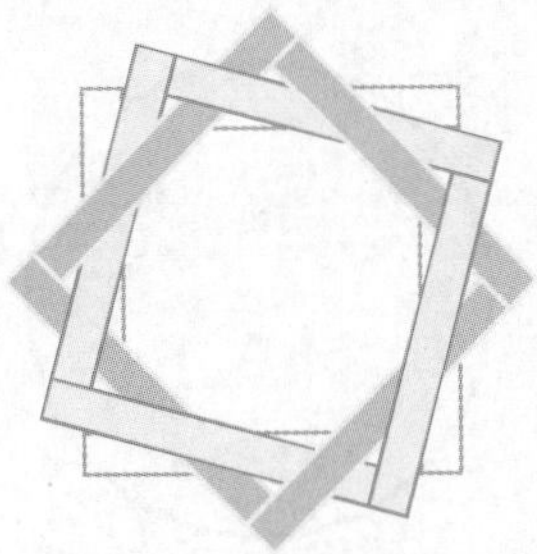

图4-27

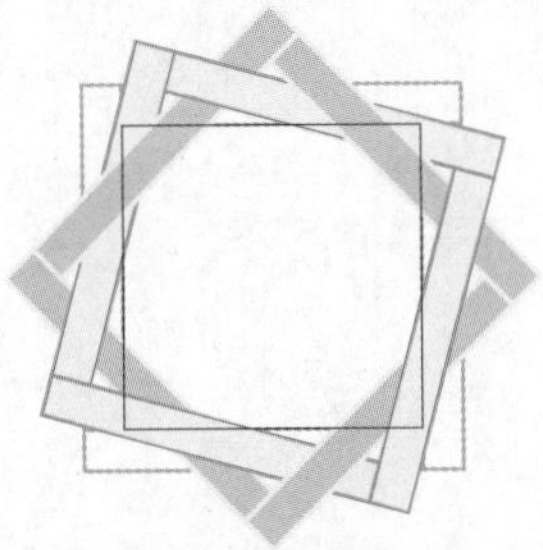

图4-28

09 导入“素材文件>CH04>素材01.jpg”文件，然后将绘制好的矩形框拖曳到素材上，并调整素材的大小，如图4-29所示，接着选中素材执行“对象>图框精确剪裁>置于图文框内部”菜单命令，再单击矩形框，如图4-30所示，最后去掉轮廓线，如图4-31所示。

图4-29

图4-30

图4-31

10 将上一步得到的图片拖曳到相框中，如图4-32所示，然后选中图片按组合键Ctrl+PgDn将其置于底层，最终效果如图4-33所示。

图4-32

图4-33

4.2 椭圆工具组

椭圆工具组包括“椭圆形工具”和“3点椭圆形工具”，椭圆形是图形绘制中除矩形外另一个常用的基本图形。选择工具后，可以在其属性栏进行相关参数设置，“椭圆形工具”和“3点椭圆形工具”的属性栏如图4-34所示。

图4-34

重要参数介绍

椭圆形：选中“椭圆形工具”后，默认情况下该图标是激活的，可以绘制椭圆形，如图4-35所示。选择饼图和弧后，该图标为未选中状态。

饼图：单击激活后可以绘制圆饼，或者将已有的椭圆变为圆饼，如图4-36所示。选择椭圆形和弧后，该图标恢复为未选中状态。

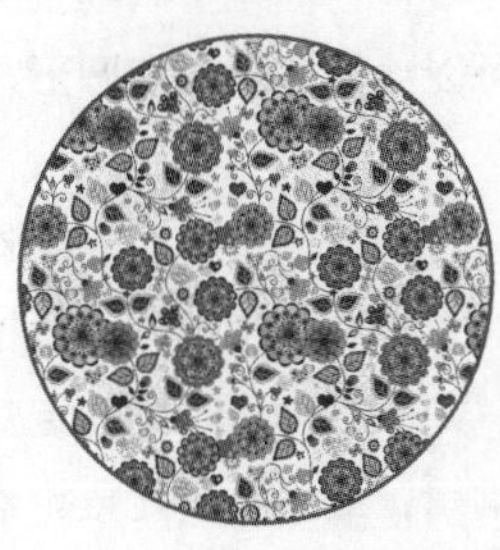

图4-35

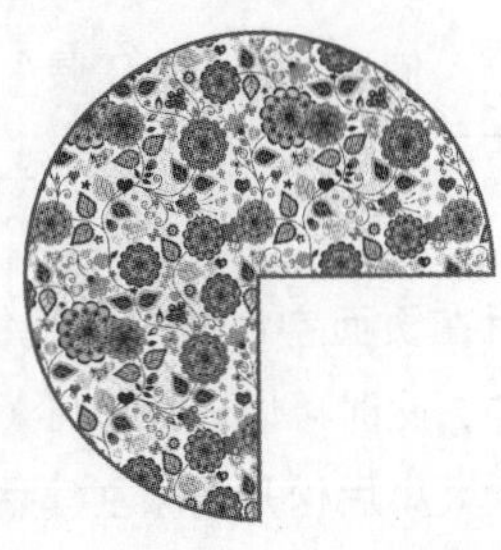

图4-36

弧：单击激活后可以绘制以椭圆为基础的弧线，或者将已有的椭圆或圆饼变为弧，如图4–37所示。变为弧后填充消失，只显示轮廓线。选择椭圆形和饼图后，该图标恢复为未选中状态。

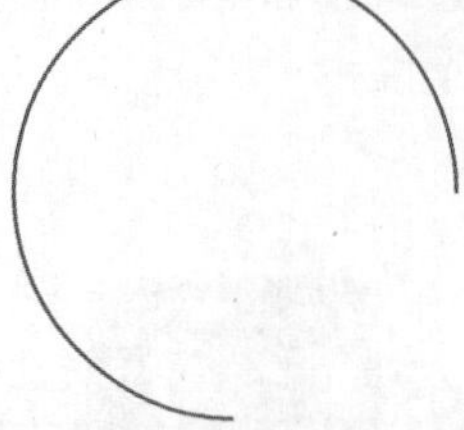

图4–37

起始和结束角度：用于设置“饼图”和“弧”的断开位置的起始角度与终止角度，取值范围是0° ~360° 。

更改方向：用于变更起始和终止角度的方向，也就是顺时针和逆时针的调换。

转曲：没有转曲进行“形状”编辑时，是以饼图或弧编辑的，如图4–38所示。转曲后可以进行曲线编辑，可以增减节点，如图4–39所示。

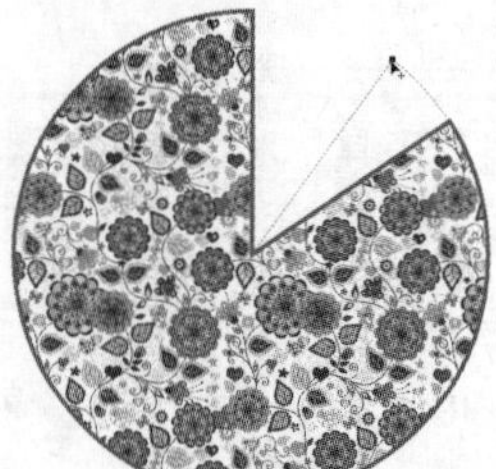

图4–38

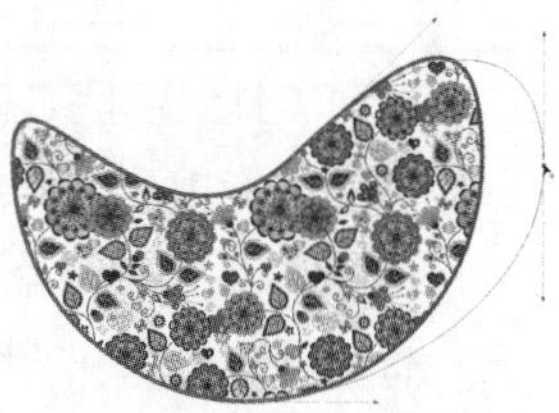

图4–39

4.2.1 椭圆形工具

使用“椭圆形工具”可以在页面中以斜角拖曳的方式快速绘制任意大小的椭圆。

操作演示

绘制椭圆和圆

视频名称：绘制椭圆和圆

扫码观看教学视频

使用“椭圆形工具”可以绘制椭圆形和圆形，下面讲解具体绘制方法。

第1步：选择工具箱中的“椭圆形工具”，然后在页面空白处按住鼠标左键以对角的方向进行拉伸，此时可以预览圆弧大小，如图4-40所示，确定对象大小后松开鼠标左键完成编辑，最后更改对象轮廓的颜色，如图4-41所示。

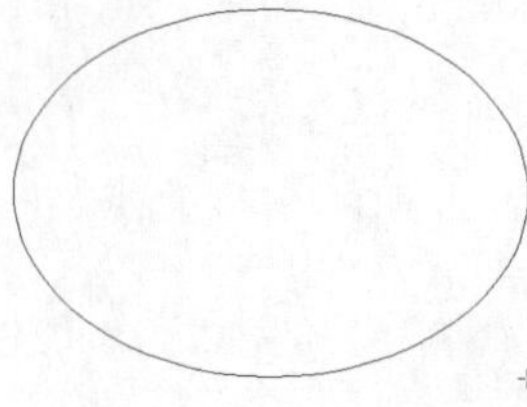

图4–40

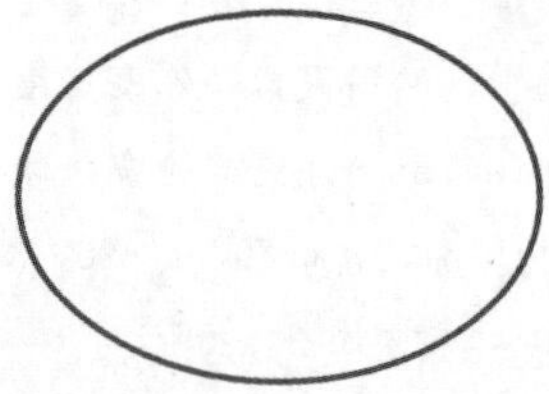

图4–41

第2步：按住Ctrl键的同时按住鼠标左键以对角的方向进行拉伸绘制，可以绘制一个圆形，如图4-42所示，或者在属性栏上输入宽和高将原有的椭圆变为圆形，如图4-43所示。按住Shift键可以以起始点为中心绘制一个椭圆形，同时按住Shift键和Ctrl键则是以起始点为中心绘制正圆。

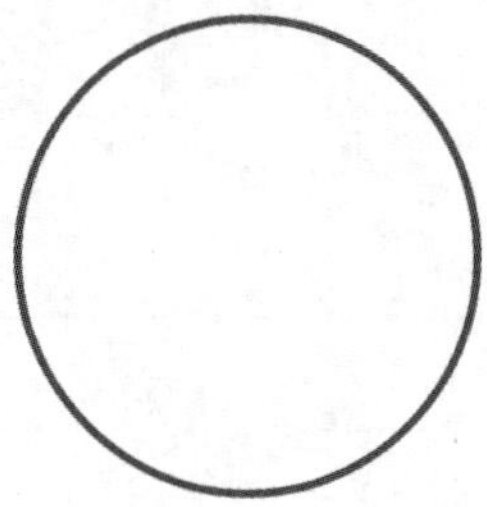

图4–42

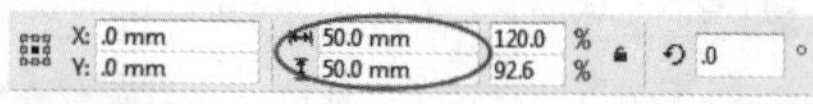

图4–43

4.2.2 3点椭圆形工具

“3点椭圆形工具”是以高度和直径长度定一个形。选择工具箱中的“3点椭圆形工具”，然后在页面空白处单击鼠标定下第1个点，接着按住鼠标左键拖曳一条实线进行预览，如图4-44所示，确定位置后松开鼠标左键定下第2个点，再移动光标进行定位，如图4-45所示，确定后单击鼠标左键完成编辑。

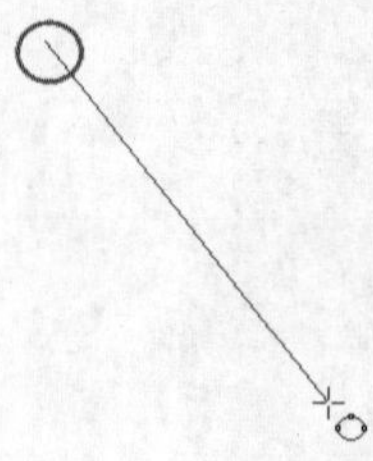

图4–44

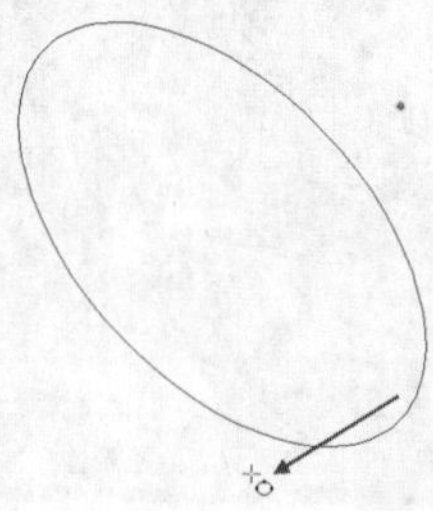

图4–45

提示

在使用“3点椭圆形工具”绘制时，按住Ctrl键进行拖曳可以绘制一个圆形。

实战练习

绘制数字圆形花纹

实例位置　实例文件>CH04>绘制数字圆形花纹.cdr
素材位置　无
视频名称　绘制数字圆形花纹.mp4
技术掌握　椭圆形工具的用法

扫码观看教学视频

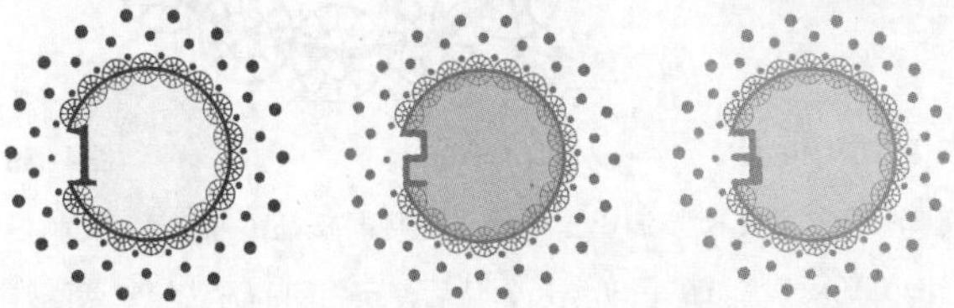

最终效果图

01 新建一个大小为200mm×200mm的文档，然后选择“多边形工具”，并在其属性栏中设置“边数”为6，接着按住Ctrl键，在页面中绘制一个正六边形，如图4-46所示。

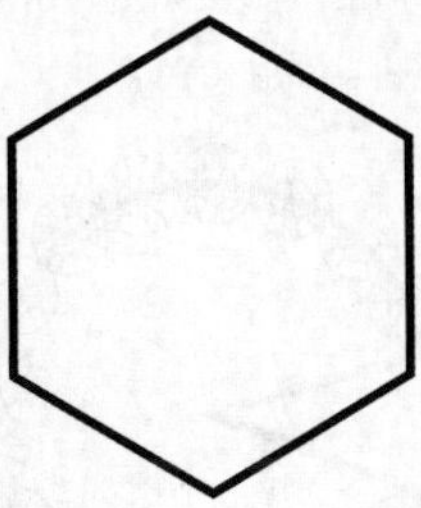

图4-46

知识链接

关于“多边形工具”的更多知识，请翻阅本章4.3小节。

02 选择正六边形，然后选择“吸引工具”，接着在其属性栏中设置合适的“笔尖半径”，使工具大小能够将正六边形完全覆盖，如图4-47所示，最后长按鼠标左键，如图4-48所示。

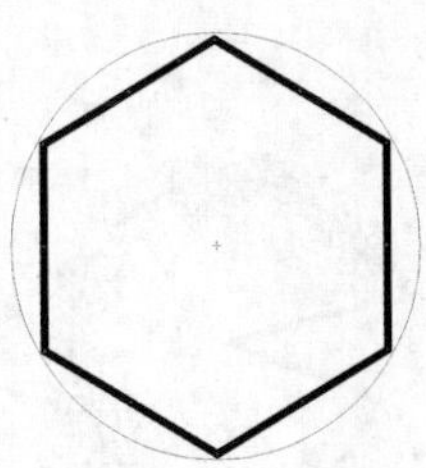

图4-47

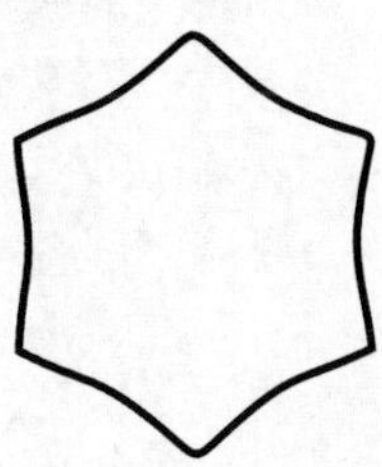

图4-48

提示

使用“吸引工具”处理正六边形时，长按鼠标的时间不能过长，短暂停留即可，否则会修饰过度，达不到理想效果。

03 使用“2点线工具”绘制一条竖直线，然后拖曳到六边形的顶点上，接着双击直线，使直线处于旋转状态，再将直线的中心拖曳到六边形的中心处，如图4-49所示。

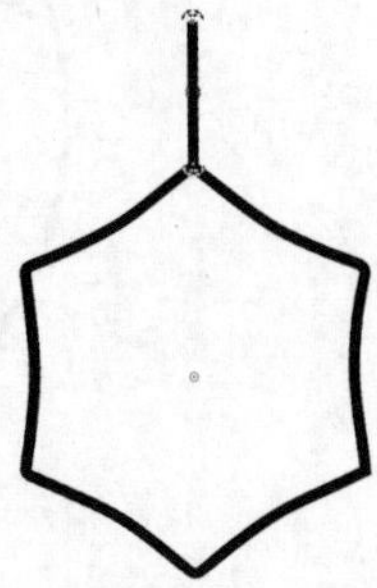

图4-49

04 执行“对象>变换>旋转”菜单命令，然后在打开的“变换”泊坞窗中设置“旋转角度”为60、“副本”为5，接着单击“应用”按钮，设置如图4-50所示，效果如图4-51所示，最后选中所有对象，按组合键Ctrl+G组合对象。

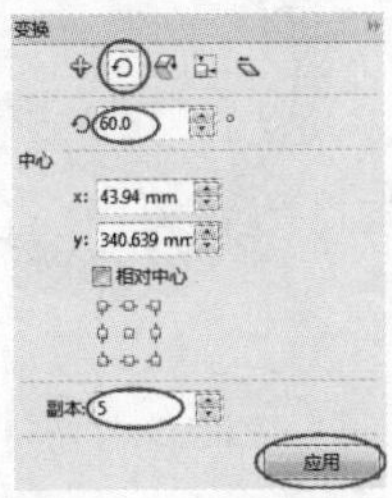

图4-50

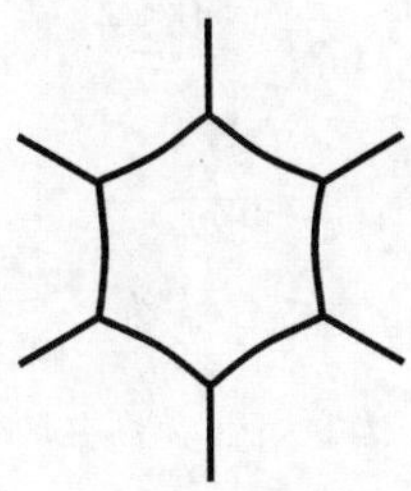

图4-51

05 选择“椭圆形工具”，然后将光标放在六边形的中心处，接着同时按住Shift键和Ctrl键，再按住鼠标进行拖曳，绘制一个和对象大小相同的同心圆，效果如图4-52所示，最后使用“2点线工具”绘制图4-53所示的两条直线。

图4-52

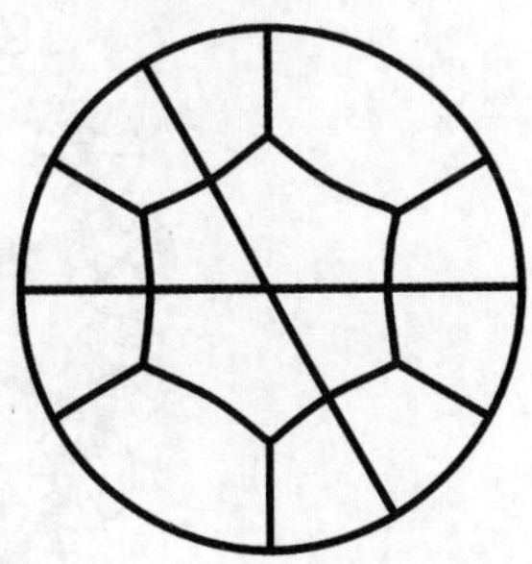

图4-53

06 选中上一步绘制得到的对象，然后按组合键Ctrl+G组合对象，接着使用“椭圆形工具”绘制一个大圆，再将组合对象拖曳到圆的轮廓线上，最后双击对象，将其中心拖曳到圆的中心处，如图4-54所示。

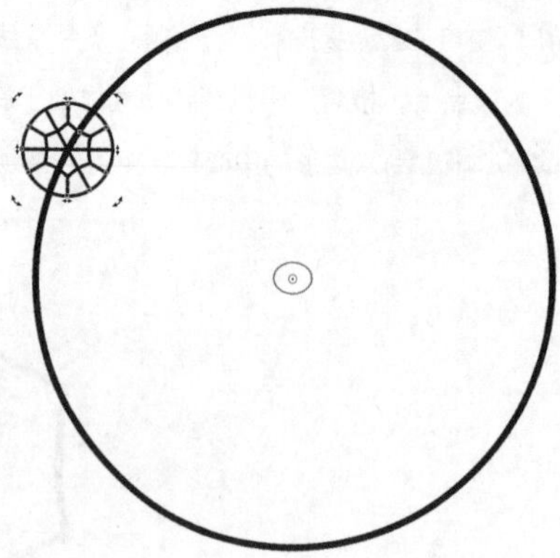

图4-54

07 在“变换”泊坞窗中设置“旋转角度”为20、“副本”为17，然后单击“应用”按钮，设置如图4-55所示，效果如图4-56所示。

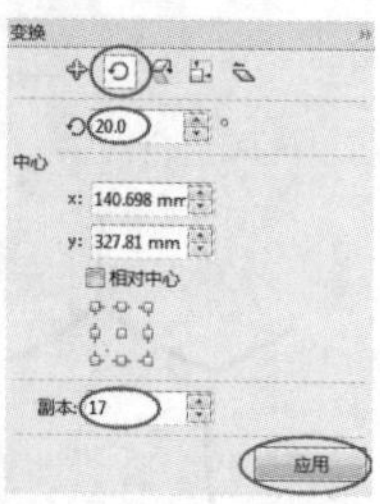

图4-55

图4-56

08 选中大圆，然后在属性栏中单击“饼图”按钮，并设置“起始角度”为200°、“结束角度”为165°，接着设置“轮廓宽度”为0.75mm，如图4-57所示，效果如图4-58所示。

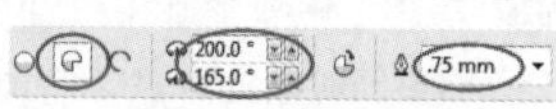

图4-57

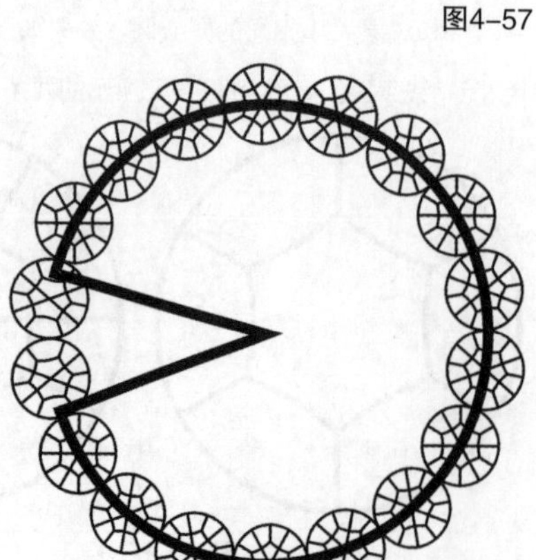

图4-58

09 删除扇形缺口处的两个图形，然后选中整个图形，按组合键Ctrl+G将其组合，接着使用“椭圆形工具”在两个图形之间绘制一个圆，再双击小圆进入旋转状态，最后将小圆中心拖曳到大圆的中心处，效果如图4-59所示。

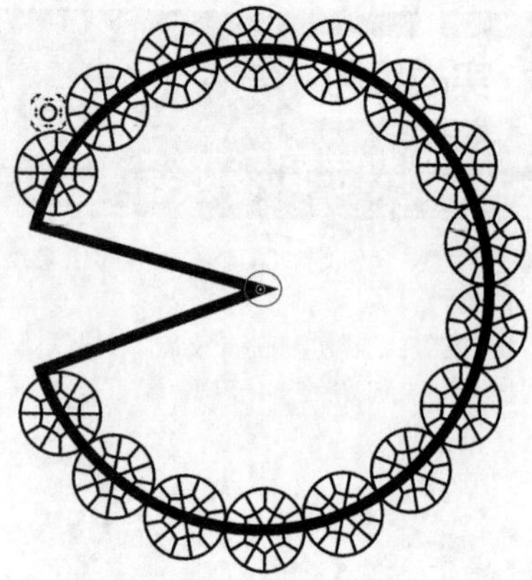

图4-59

10 单击“变换”泊坞窗中的“应用”按钮，复制多个小圆，效果如图4-60所示，然后使用相同的方法绘制两圈较大的小圆，效果如图4-61所示，接着选中所有的小圆，按组合键Ctrl+G将其组合。

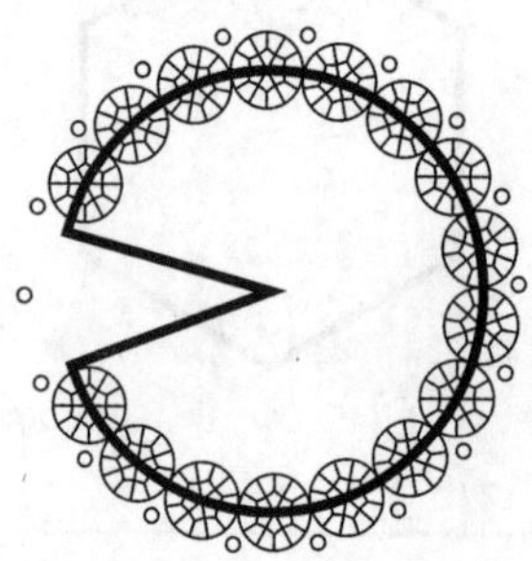

图4-60

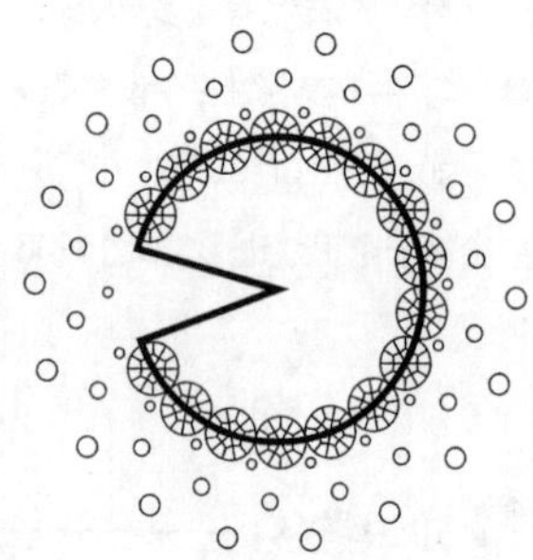

图4-61

11 将上一步绘制完成的图形复制两份，然后选中其中一个图形，接着为该图形的所有对象填充轮廓线颜色为（C：54，M：54，Y：78，K：4），再为扇形填充颜色为（C：0，M：2，Y：7，K：0），最后为所有小圆填充颜色为（C：54，M：54，Y：78，K：4），效果如图4-62所示。

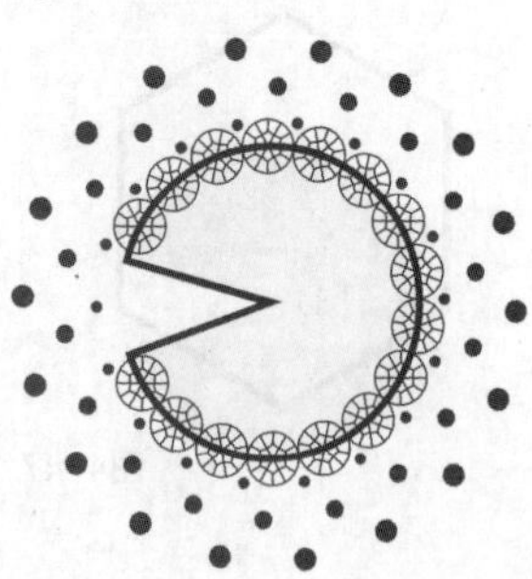

图4-62

⑫ 使用与上一步相同的方法，为复制的两个图形的扇形分别填充颜色为（C：20，M：0，Y：20，K：0）和（C：14，M：0，Y：0，K：0），为两个图形的小圆分别填充轮廓线颜色为（C：40，M：23，Y：62，K：0）和（C：38，M：12，Y：11，K：0），效果如图4-63所示。

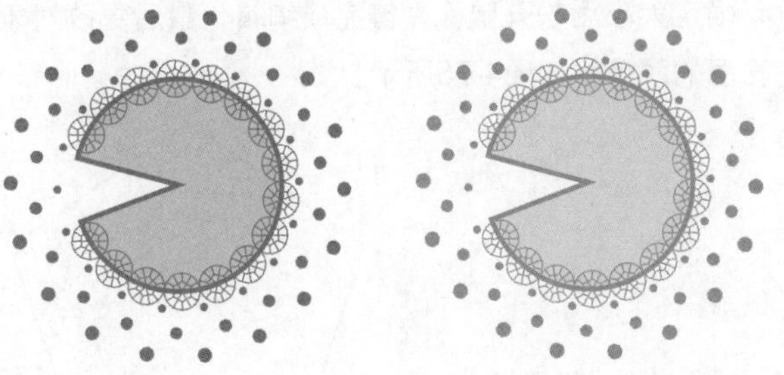

图4-63

⑬ 使用"文本工具"字在棕色图形中扇形的缺口处输入数字1，然后在属性栏中设置合适的字体和字体大小，如图4-64所示，接着选中数字，按组合键Ctrl+Q将其转换为曲线，再使用"形状工具"将数字右侧的路径线向左拖曳一定距离，如图4-65所示，效果如图4-66所示。

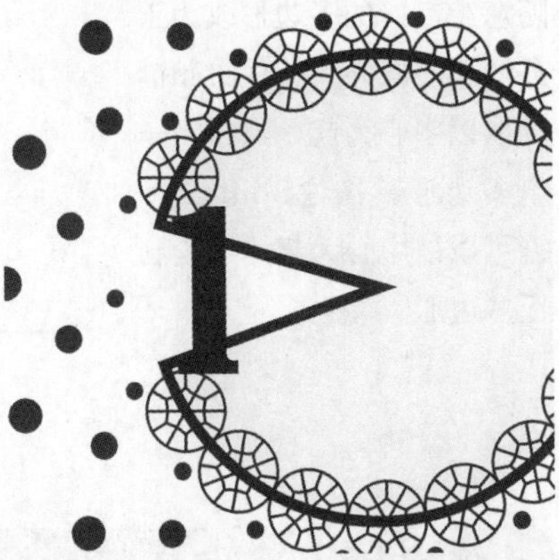

图4-64

图4-65

图4-66

⑭ 选中扇形，单击鼠标右键，然后在打开的快捷菜单中执行"转换为曲线"命令，将扇形转换为曲线，如图4-67所示，接着使用"形状工具"将扇形的中心锚点拖曳到数字上，如图4-68所示。

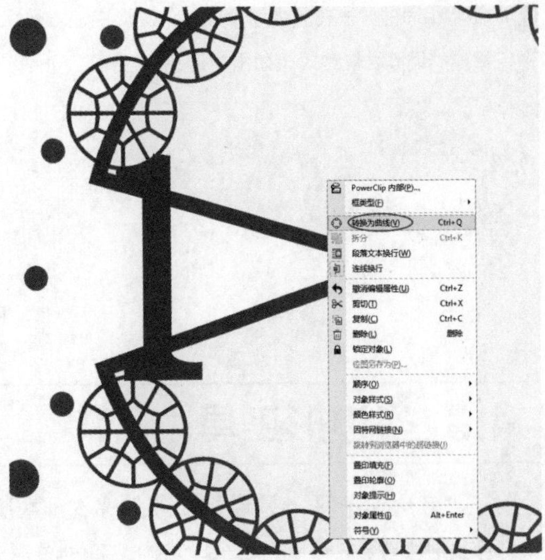

图4-67

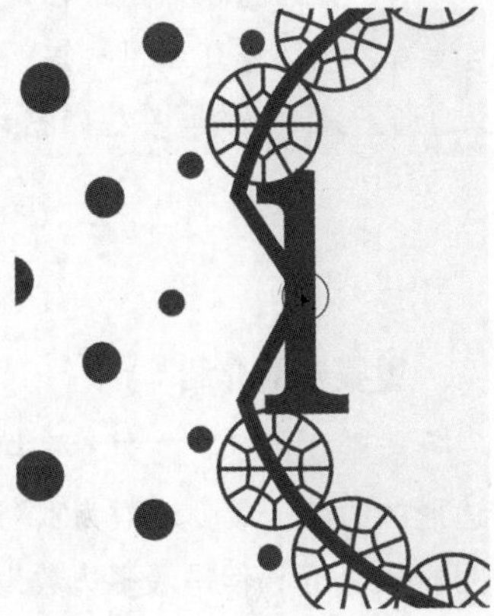

图4-68

⑮ 使用"形状工具"在锚点一侧的直线上单击鼠标右键，然后在打开的快捷菜单中执行"到曲线"命令，将直线转换为曲线，如图4-69所示，接着将锚点另一侧的直线也转换为曲线，最后调整这两条曲线，效果如图4-70所示。

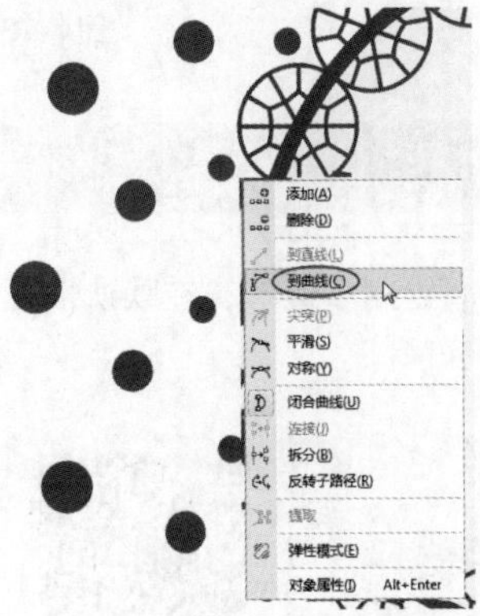

图4-69

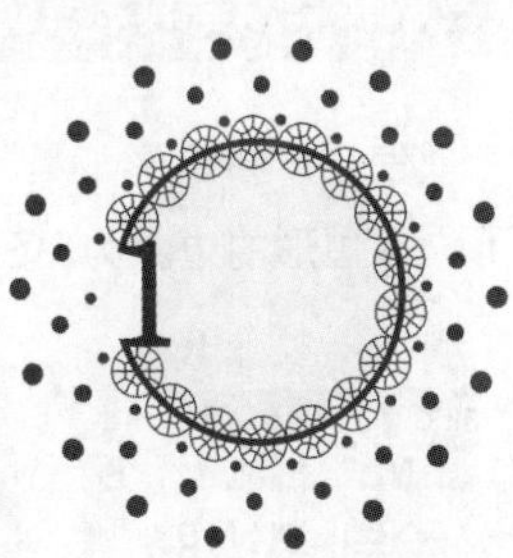

图4-70

16 使用相同的方法在另外两个颜色的图形中输入数字，然后进行相应的调整，最终效果如图4-71所示。

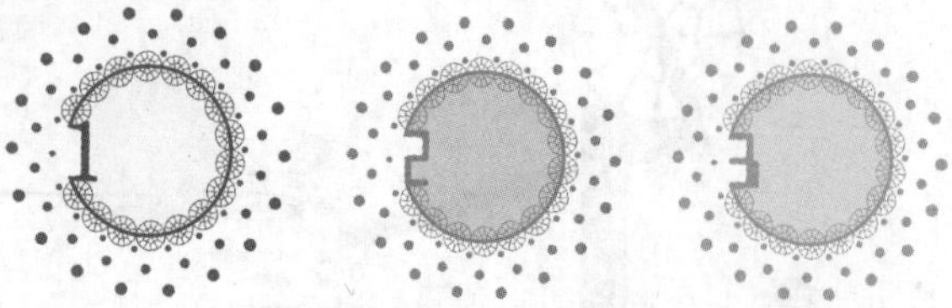

图4-71

4.3 多边形工具

“多边形工具”是专用于绘制多边形图形的工具，比矩形与椭圆形工具绘制出来的图形略微复杂，并且可以自定义多边形的边数。选择该工具后，可以在其属性栏进行相关参数设置，“多边形工具”的属性栏如图4-72所示。

图4-72

重要参数介绍

点数或边数：在文本框中输入数值，可以设置多边形的边数，最少边数为3，边数越多越偏向圆，如图4-73所示，但是最多边数为500。

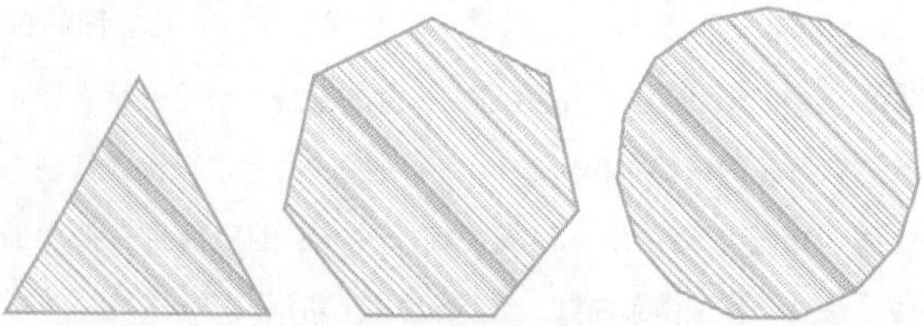

图4-73

4.3.1 绘制多边形

使用“多边形工具”绘制多边形，在默认情况下，多边形的边数为5条。

操作演示

绘制多边形

视频名称：绘制多边形

扫码观看教学视频

使用“多边形工具”可以绘制多边形和正多边形，下面讲解具体绘制方法。

第1步：选择工具箱中的“多边形工具”，然后在页面空白处按住鼠标左键以对角的方向进行拉伸，此时可以预览多边形的大小，如图4-74所示，接着确定大小后松开鼠标左键完成编辑，最后更改对象轮廓的颜色，如图4-75所示。

图4-74

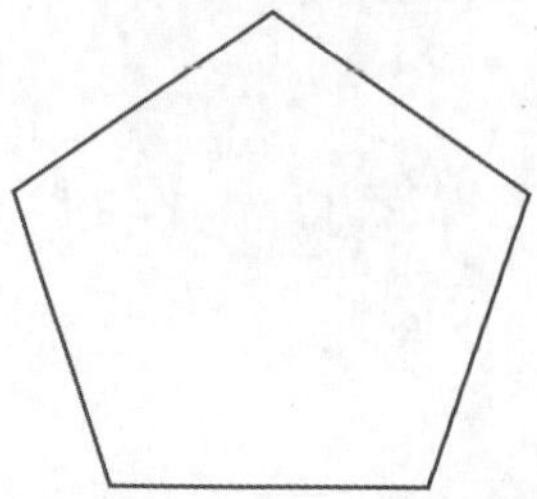

图4-75

第2步：按住Ctrl键的同时在页面空白处按住鼠标左键以对角的方向进行拉伸，可以绘制一个正多边形，如图4-76所示，也可以在属性栏上输入宽和高将随意绘制好的多边形改为正多边形。此外，按住Shift键可以以中心为起始点绘制一个多边形，按住Shift+Ctrl键可以以中心为起始点绘制正多边形。

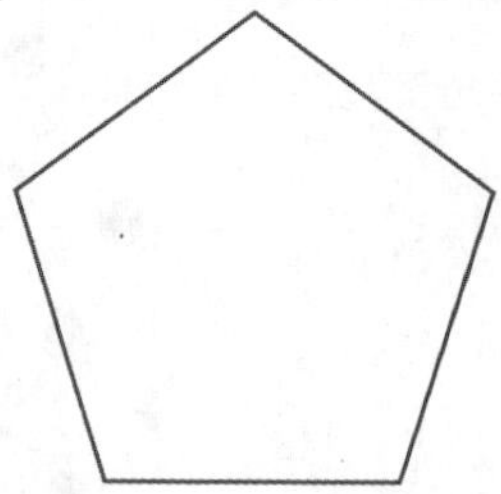

图4-76

4.3.2 多边形的修饰

多边形与星形和复杂星形三者之间息息相关，可以通过增加边数和利用“形状工具”调整来进行转化。下面讲解三者的转化方法。

操作演示

多边形转星形

视频名称：多边形转星形

扫码观看教学视频

使用“形状工具”可以将多边形转化为星形或者花边形状，并添加旋转效果，下面讲解具体方法。

第1步：在工具箱中选择“多边形工具”，然后按住Ctrl键使用鼠标在页面空白处绘制一个正五边形，并更改其轮廓的颜色，接着单击“形状工具”，在线段上选择一个节点，再按住Ctrl键，同时按住鼠标左键向五边形内部拖曳，如图4-77所示，松开鼠标左键得到一个五角星形，如图4-78所示。

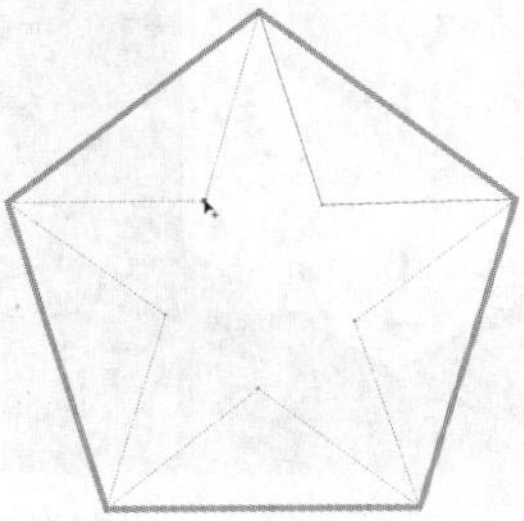
图4-77

图4-78

第2步：绘制一个边数相对较多的多边形，然后使用“形状工具”进行拖曳，可以做一个花边形状，如图4-79所示，接着任选一个多边形内侧的节点，再按住鼠标左键进行拖曳，就可以在此效果上加入旋转效果，如图4-80所示。

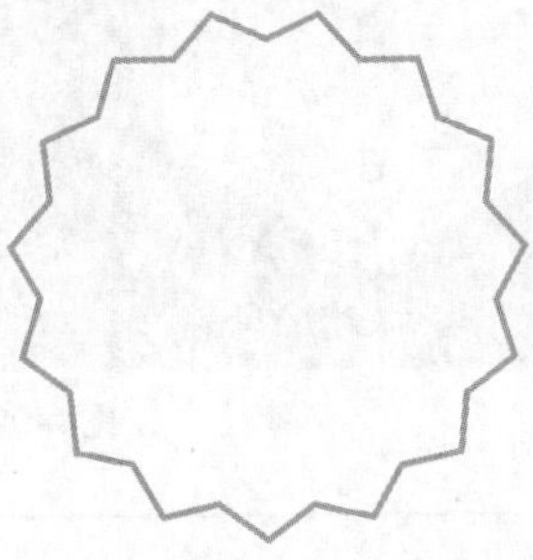
图4-79

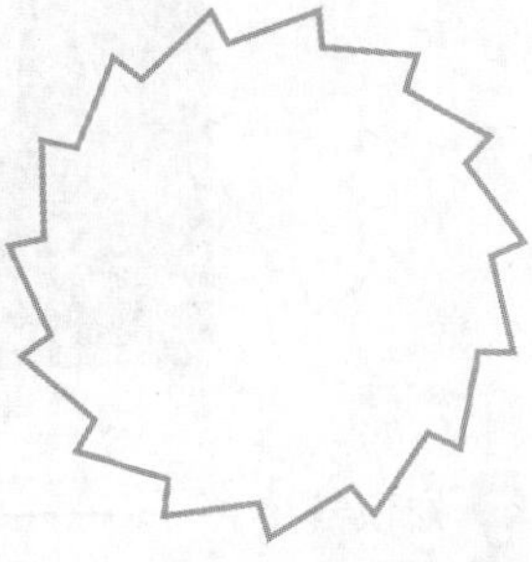
图4-80

操作演示

多边形转复杂星形

视频名称：多边形转复杂星形

扫码观看教学视频

有了前面多边形转星形的基础，这里将多边形转换为复杂星形的方法就简单多了。

选择工具箱中的“多边形工具”，然后在属性栏中设置边数为11，接着按住Ctrl键绘制一个正多边形，再单击“形状工具”，选择线段上的一个节点，进行拖曳至重叠，如图4-81所示，松开鼠标左键就得到一个复杂的重叠的星形，如图4-82所示。

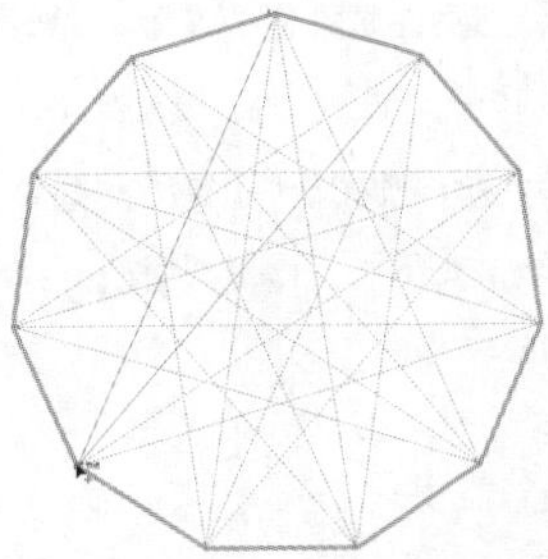
图4-81

图4-82

实战练习

绘制简单钟表

实例位置　实例文件>CH04>绘制简单钟表.cdr
素材位置　素材文件>CH04>素材02.cdr
视频名称　绘制简单钟表.mp4
技术掌握　多边形工具的用法

扫码观看教学视频

最终效果图

01 新建一个250mm×230mm大小的文档，然后选择“多边形工具”，并在该工具的属性栏中设置“边数”为6，接着按住Ctrl键在页面中绘制一个正六边形，最后向中心复制一个六边形，如图4-83所示。

图4-83

02 继续向中心复制一个六边形，然后在属性栏中设置“轮廓宽度”为0.25mm，接着更改轮廓颜色为（C：0，M：0，Y：0，K：20），效果如图4-84所示，再按组合键Ctrl+D等距离向中心复制多个六边形，最后选中这些正六边形，按组合键Ctrl+G将其组合，效果如图4-85所示。

图4-84

图4-85

03 选中最外层的六边形，然后填充颜色为（C：100，M：47，Y：59，K：3），并去掉轮廓线，接着选中第二层的六边形，填充白色，再设置其“轮廓宽度”为0.5mm，更改其轮廓颜色为（C：99，M：62，Y：65，K：23），效果如图4-86所示。

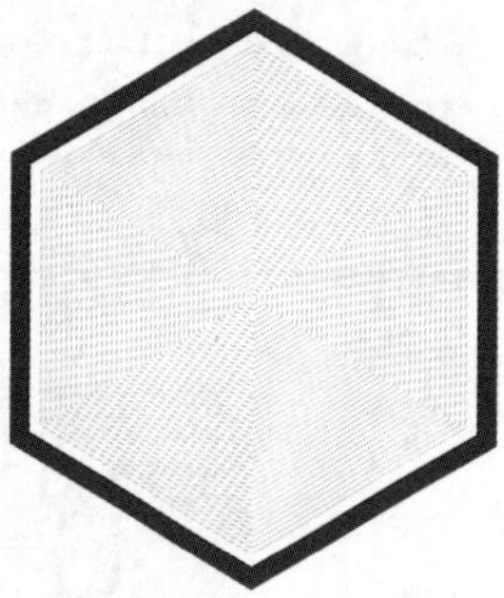
图4-86

04 使用“多边形工具”绘制多个小正六边形，然后将其拖曳到图形中的合适位置，作为钟表的时间刻度，效果如图4-87所示，接着导入“素材文件>CH04>素材02.cdr”文件，最后选中整个图形，按组合键Ctrl+G将其组合，效果如图4-88所示。

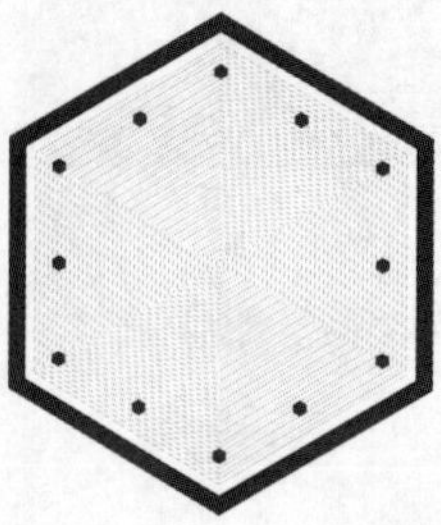
图4-87

图4-88

05 双击“矩形工具”新建一个与页面大小相同的矩形，填充颜色为（C：62，M：0，Y：33，K：0），接着去掉轮廓线，效果如图4-89所示。

图4-89

06 选择“阴影工具”，然后按住鼠标自图形中心向右下角拖曳，如图4-90所示，接着在工具的属性栏中设置“阴影的不透明度”为20、“阴影的羽化”为30，再设置“阴影颜色”为（C：100，M：72，Y：75，K：51），设置如图4-91所示，效果如图4-92所示。

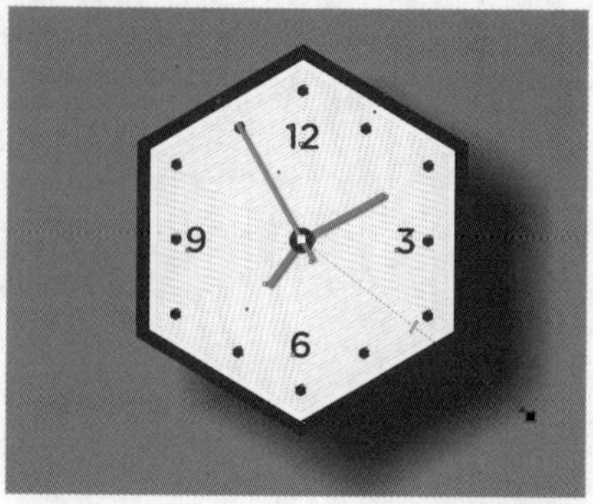

图4-90

图4-91

图4-92

知识链接

关于“阴影工具”的更多知识，请翻阅本书第9章9.1小节。

07 使用“文本工具”在图形下面输入英文Beijing，然后在工具的属性栏中设置字体样式和字体大小，接着填充颜色为（C：100，M：78，Y：79，K：63），最终效果如图4-93所示。

图4-93

4.4 星形工具

“星形工具”用于绘制规则的星形，软件默认星形的边数为5。选择该工具后，可以在其属性栏进行相关参数设置，“星形工具”的属性栏如图4-94所示。

图4-94

重要参数介绍

锐度：调整角的锐度，可以在文本框内输入数值，数值越大角越尖，数值越小角越钝。最大为99，角向内缩成线，如图4-95所示；最小为1，角向外扩几乎贴平，如图4-96所示；图4-97所示值为50，这个数值比较适中。

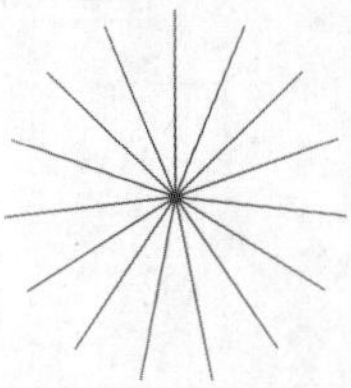

图4-95

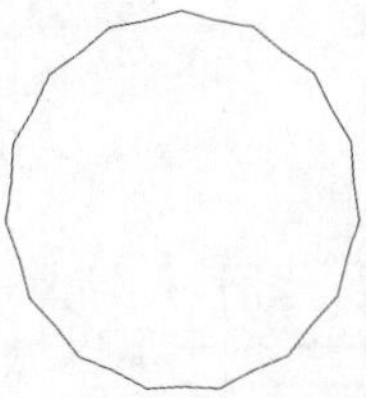

图4-96

图4-97

操作演示

绘制星形

视频名称：绘制星形

扫码观看教学视频

使用“星形工具”可以绘制星形和正星形，下面讲解具体绘制方法。

第1步：选择工具箱中的“星形工具”，然后在页面空白处按住鼠标左键以对角的方向进行拖曳，如图4-98所示，接着在确定大小后松开鼠标左键完成编辑，最后更改对象轮廓的颜色，如图4-99所示。

图4-98

图4-99

第2步：按住Ctrl键可以绘制一个正星形，如图4-100所示，也可以在属性栏中输入宽和高对已绘制好的星形进行修改。此外，按住Shift键可以以中心为起始点绘制一个星形，同时按住Shift键和Ctrl键则可以以中心为起始点绘制正星形，与其他几何图形的绘制方法相同。

图4-100

实战练习

绘制T恤印花图案

实例位置 实例文件>CH04>绘制T恤印花图案.cdr

素材位置 素材文件>CH04>素材03.cdr

视频名称 绘制T恤印花图案.mp4

技术掌握 星形工具的用法

扫码观看教学视频

最终效果图

01 新建一个A4大小的文档，然后使用“文本工具”分别在页面中输入字母D和J，接着选择一种合适的字体，如图4-101所示。

02 同时选中两个字母，然后按组合键Ctrl+Q将它们转换为曲线，接着在属性栏中设置字母的“轮廓宽度”为1mm，再更改轮廓颜色为（C：11，M：31，Y：49，K：0），效果如图4-102所示。

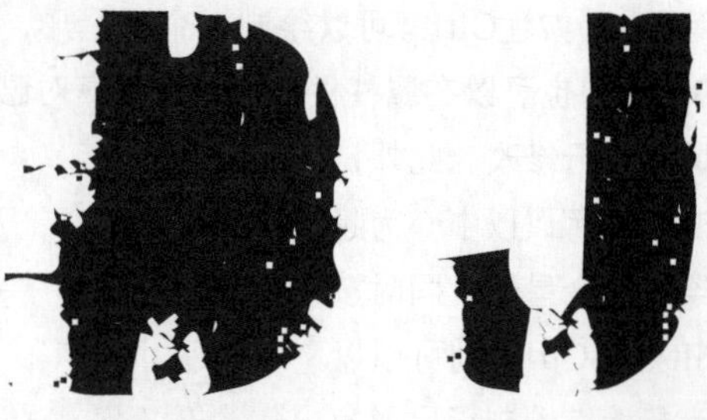

图4-101

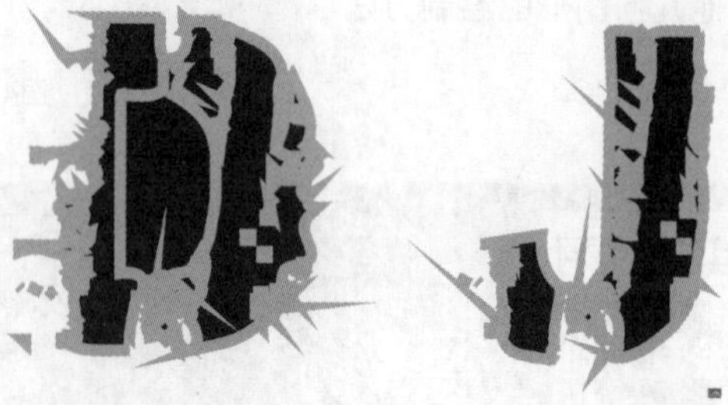

图4-102

03 选中字母D，然后单击属性栏中的“拆分”按钮，效果如图4-103所示，接着选中最上层的对象，按组合键Ctrl+End将其置于底层，效果如图4-104所示。

图4-103

图4-104

04 将最上层的对象暂时移开，然后框选剩下的对象，接着单击属性栏中的“合并”按钮，将对象合并，效果如图4-105所示，最后将最上层的对象拖曳回合并后的对象上，如图4-106所示。

图4-105

图4-106

05 全选字母D对象，然后单击属性栏中的“简化”按钮，接着将最上层的对象删除，效果如图4-107所示。

图4-107

06 使用“手绘工具”在页面中绘制一个不规则的波浪方框，默认“轮廓宽度”为0.2mm，如图4-108所示，然后将方框向右复制一份，接着在属性栏设置“轮廓宽度”为0.3mm，再选择一种“线条样式”，最后设置轮廓颜色为（C：11，M：31，Y：49，K：0），设置如图4-109所示，效果如图4-110所示。

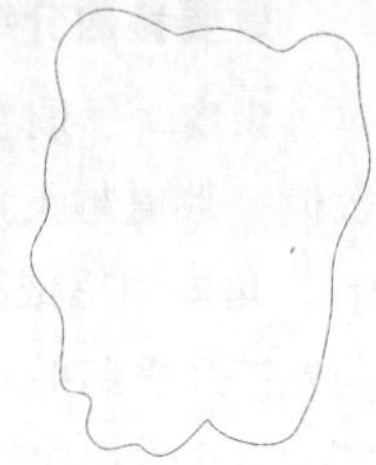

图4-108

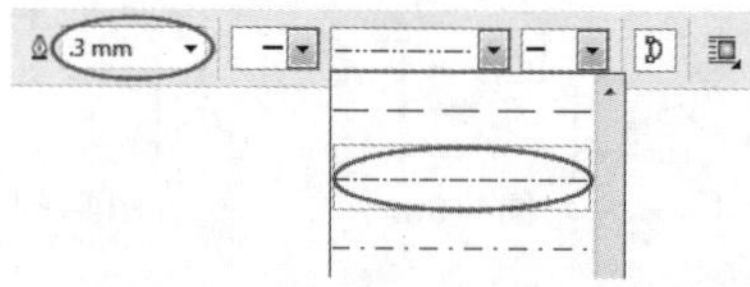

图4-109

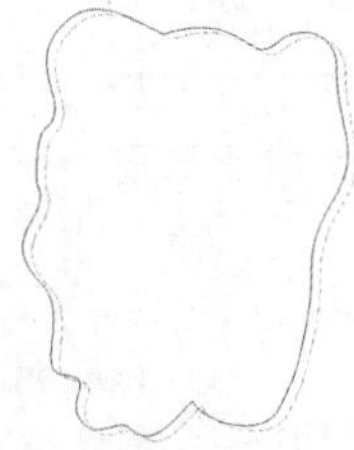

图4-110

07 将上一步更改后的方框向左复制一份，然后按组合键Ctrl+End将其置于底层，接着将字母拖曳到方框中，并调整字母的角度和形状，效果如图4-111所示。

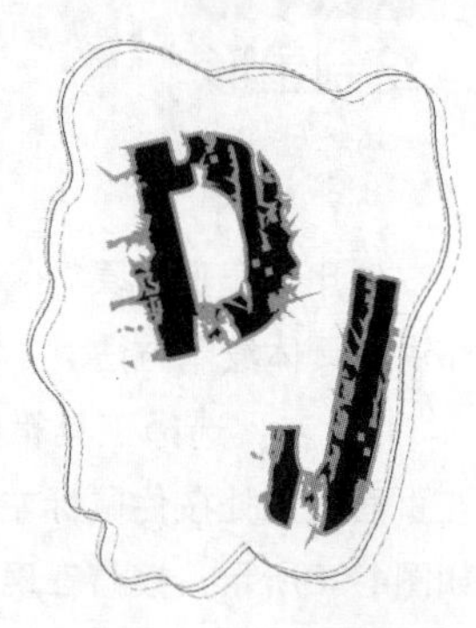

图4-111

08 选择“星形工具”，然后在属性栏中设置“锐度”为50、“轮廓宽度”为1mm，如图4-112所示，接着按住Ctrl键在页面中绘制五角星，再填充颜色为（C：11，M：31，Y：49，K：0），最后选中五角星，双击软件界面右下角的“轮廓笔”工具，在打开的“轮廓笔”对话框中选择一种“样式”，如图4-113所示，效果如图4-114所示。

图4-112

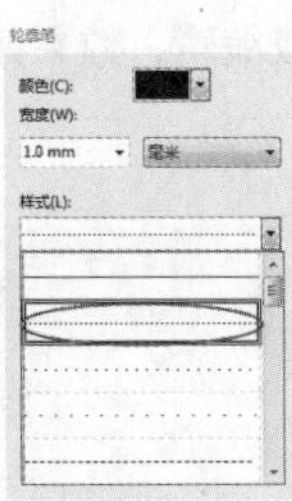

图4-113

图4-114

知识链接

关于“轮廓笔”工具的详细用法，请翻阅本书第8章8.2小节。

09 在页面空白处单击鼠标，然后在属性栏中更改“锐度”为53，接着按住Ctrl键在页面中绘制五角星，再填充颜色为黑色，最后更改“轮廓宽度”为1mm、轮廓颜色为（C：11，M：31，Y：49，K：0），效果如图4-115所示。

10 在页面空白处单击鼠标，然后在属性栏中更改“锐度”为48，接着按住Ctrl键在页面中绘制五角星，再填充颜色为（C：11，M：31，Y：49，K：0），最后更改“轮廓宽度”为1mm，效果如图4-116所示。

图4-115

图4-116

11 将绘制完成的第一个五角星复制1份，然后将复制对象缩小，接着在属性栏更改“锐度”为45、“轮廓宽度”为0.25mm，如图4-117所示，再填充颜色为黑色，更改轮廓线颜色为（C：11，M：31，Y：49，K：0），效果如图4-118所示。

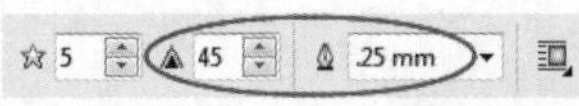

图4-117

图4-118

12 将上一步绘制的五角星复制多份，然后调整大小，并填充颜色为黑色或者（C：11，M：31，Y：49，K：0），接着更改其中一个五角星的轮廓线颜色为（C：11，M：31，Y：49，K：0），再根据五角星的大小更改“轮廓宽度”，最后更改一些五角星的轮廓样式，效果如图4-119所示。

图4-119

13 将绘制完成的所有五角星都拖曳到方框中，然后调整到合适的大小和角度，效果如图4-120所示，接着全选所有对象，按组合键Ctrl+G将对象组合，最后导入“素材文件>CH04>素材03.cdr”文件，将对象拖入素材中，效果如图4-121所示。

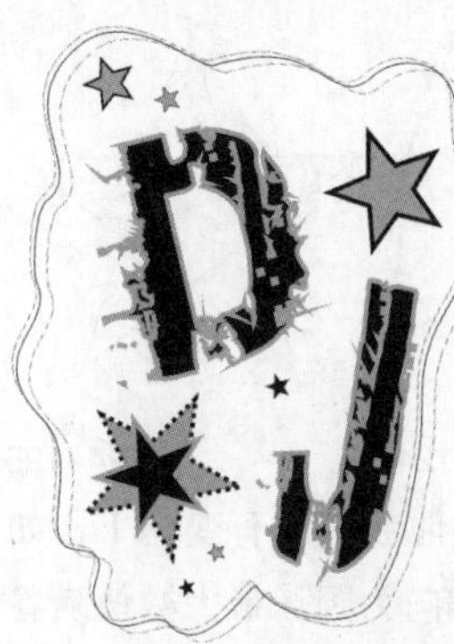

图4-120

图4-121

14 双击“矩形工具”创建一个和页面大小相同的矩形，然后填充颜色为（C：20，M：0，Y：0，K：20），接着去掉轮廓线，最终效果如图4-122所示。

图4-122

4.5 复杂星形工具

“复杂星形工具”用于绘制有交叉边缘的星形，与星形的绘制方法基本一样。选择该工具后，可以在其属性栏进行相关参数设置，“复杂星形工具”的属性栏如图4-123所示。

图4-123

重要参数介绍

点数或边数：最大数值为500（其他数值没有变化），如图4-124所示，则变为圆；最小数值为5（其他数值为3），如图4-125所示，为交叠的五角星。

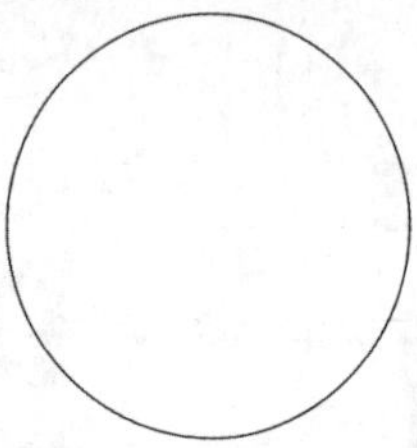

图4-124　图4-125

锐度：最小数值为1（其他数值没有变化），如图4-126所示，边数越大越偏向为圆。最大数值随着边数递增而递增，如图4-127所示。

图4-126　图4-127

操作演示

绘制复杂星形

视频名称：绘制复杂星形

扫码观看教学视频

使用“复杂星形工具”可以绘制复杂星形和正复杂星形，下面讲解具体绘制方法。

第1步：选择工具箱中的“复杂星形工具”，然后在页面空白处按住鼠标左键以对角的方向进行拖曳，此时可以预览大小，如图4-128所示，确定大小后松开鼠标左键即完成编辑，效果如图4-129所示。

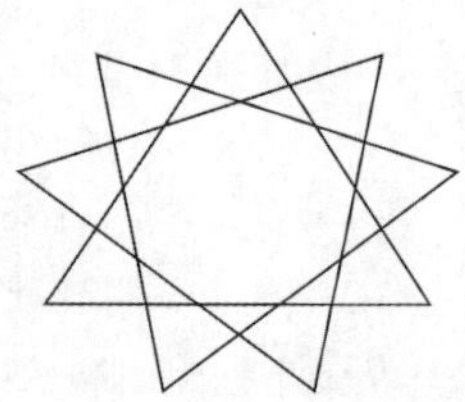

图4-128　图4-129

第2步：按住Ctrl键拖曳鼠标可以绘制一个正复杂星形，如图4-130所示。按住Shift键可以以中心为起始点绘制一个复杂星形，同时按住Shift键和Ctrl键则是以中心为起始点绘制正复杂星形。

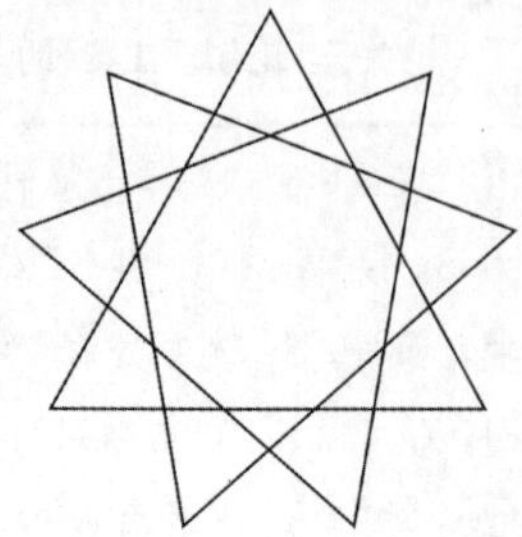

图4-130

4.6 图纸工具

使用“图纸工具”可以绘制一组由矩形组成的网格，格子数值可以在工具属性栏进行设置，在绘制图纸之前需要设置网格的行数和列数，以便于在绘制时更加精确。设置行数和列数的方法有以下两种。

第1种：双击工具箱中的“图纸工具”打开“选项”面板，如图4-131所示，在“图纸工具”选项下设置“宽度方向单元格数”和“高度方向单元格数”的数值，确定行数和列数，完成后单击“确定”按钮即设置好网格数值。

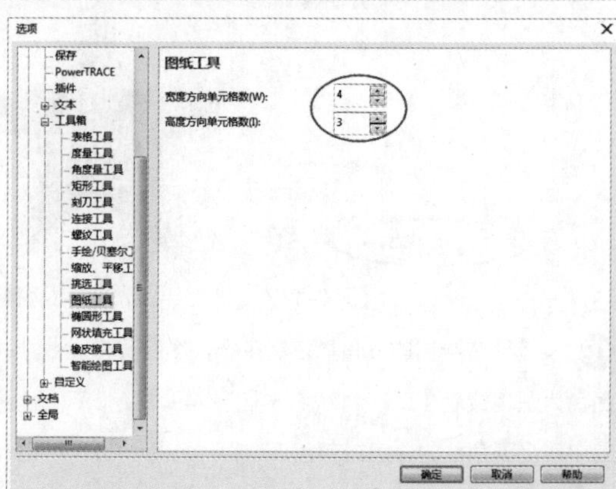

图4-131

第2种：选择工具箱中的“图纸工具”，在其属性栏的“行数和列数”上输入数值，如图4-132所示，在“行”输入6、“列”输入5得到的网格图纸如图4-133所示。

图4-132

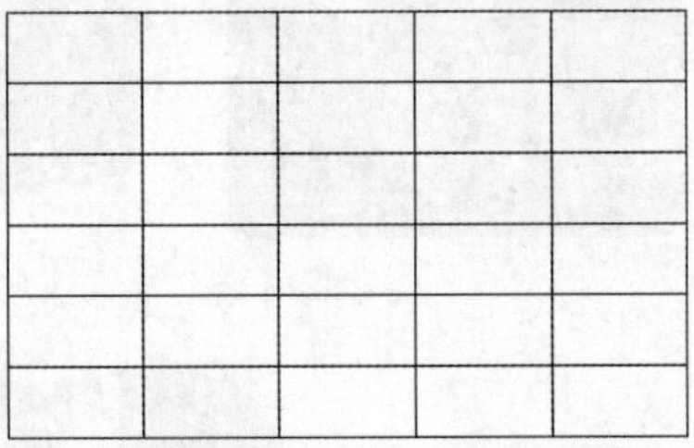

图4-133

操作演示

绘制图纸

视频名称：绘制图纸

扫码观看教学视频

使用“图纸工具”可以绘制长方形和正方形的图纸，下面讲解具体绘制方法。

第1步：选择工具箱中的“图纸工具”，然后在其属性栏设置网格的行数与列数，如图4-134所示，接着在页面空白处按住鼠标左键以对角方向拖曳鼠标，此时可以预览网格大小，如图4-135所示，松开鼠标左键完成绘制，如图4-136所示。

图4-134

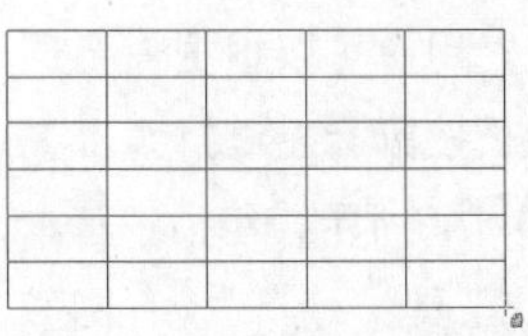

图4-135

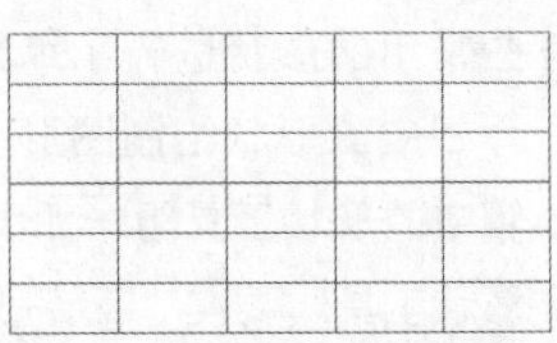

图4-136

第2步：按住Ctrl键的同时按住鼠标拖曳可以绘制一个外框为正方形的图纸，如图4-137所示。按住Shift键可以以中心为起始点绘制一个图纸，同时按住Shift键和Ctrl键则是以中心为起始点绘制外框为正方形的图纸。

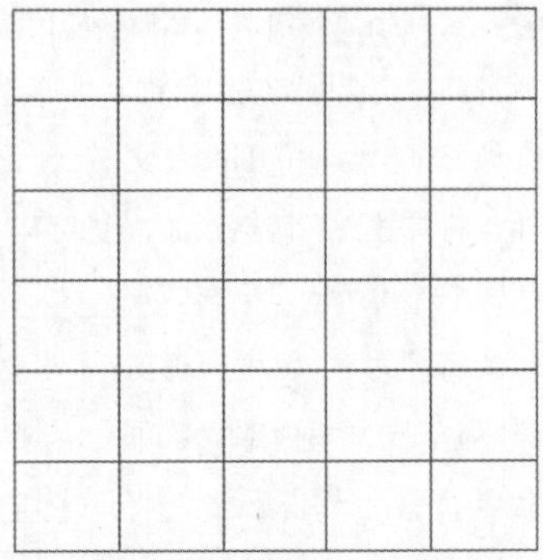

图4-137

实战练习

制作笔记本封面图案

实例位置　实例文件>CH04>制作笔记本封面图案.cdr
素材位置　素材文件>CH04>素材04.jpg、05.png
视频名称　制作笔记本封面图案.mp4
技术掌握　图纸工具的用法

扫码观看教学视频

最终效果图

01 新建一个A4大小的文档，然后选择“图纸工具”，接着在属性栏设置“行数和列数”都为10，整体大小为142mm×185mm，最后更改网格轮廓线颜色为（C：40，M：56，Y：66，K：0），效果如图4-138所示。

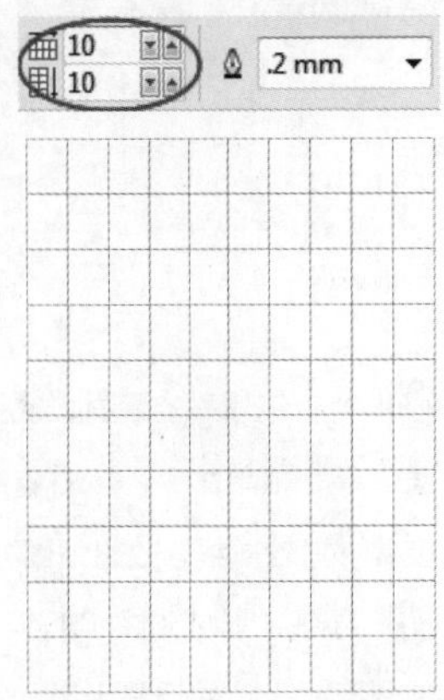

图4-138

02 将网格复制两份，然后移动位置和调整大小，如图4-139所示，并全选网格按组合键Ctrl+G将其组合，接着导入“素材文件>CH04>素材04.jpg”文件，将其放置在网格下面，如图4-140所示，再选中素材执行“对象>图框精确剪裁>置于图文框内部”菜单命令，最后单击网格，将素材置于网格中，效果如图4-141所示。

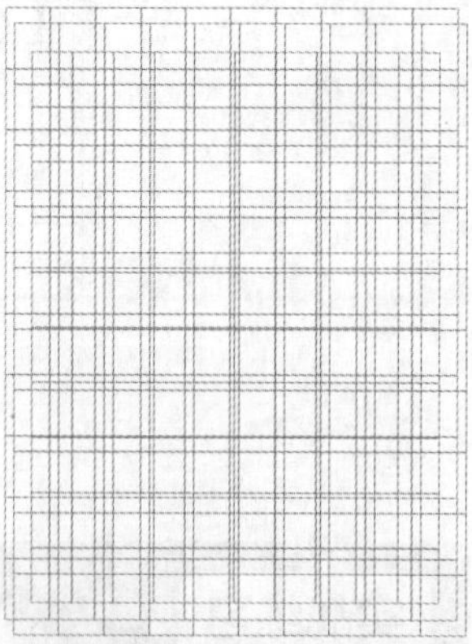

图4-139

图4-140

图4-141

03 使用“矩形工具”在页面中绘制一个宽为145mm、长为191mm的矩形，然后在属性栏设置“转角半径”为10mm，效果如图4-142所示。

图4-142

04 选中编辑后的素材，执行“对象>图框精确剪裁>置于图文框内部”菜单命令，然后单击圆角矩形，将素材置于矩形中，接着去掉轮廓线，效果如图4-143所示。

05 导入“素材文件>CH04>素材05.png”文件，然后将图案拖曳到素材上，并调整大小和角度，效果如图4-144所示，接着使用圆形“橡皮擦工具”将遮盖住的笔记本铁环上的图案擦除，最终效果如图4-145所示。

图4-143

图4-144

图4-145

4.7 形状工具组

为了方便用户使用，CorelDRAW X7软件将一些常用的形状进行了编组，用户可以根据需要选择相应的形状绘制图形。长按鼠标左键打开工具箱中的形状工具组，如图4-146所示，包括“基本形状工具”、“箭头形状工具”、“流程图形状工具”、“标题形状工具”、“标注形状工具”5种形状样式。

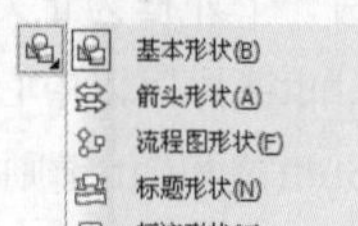

图4-146

4.7.1 基本形状工具

“基本形状工具”可以快速绘制梯形、心形、三角形和水滴等基本形状，如图4-147所示。绘制方法和多边形绘制方法一样，个别形状在绘制时会出现红色轮廓沟槽，可以通过轮廓沟槽修改形状。

图4-147

操作演示

绘制基本形状

视频名称：绘制基本形状

扫码观看教学视频

下面讲解如何使用“基本形状工具”绘制该工具中的相关形状，并通过轮廓沟槽来修改形状。

第1步：选择工具箱中的“基本形状工具”，然后单击属性栏中的“完美形状”按钮打开下拉样式列表，如图4-148所示，接着选择图标，在页面空白处按住鼠标左键拖曳进行绘制，松开鼠标左键即完成绘制，最后为对象更改轮廓颜色，如图4-149所示。

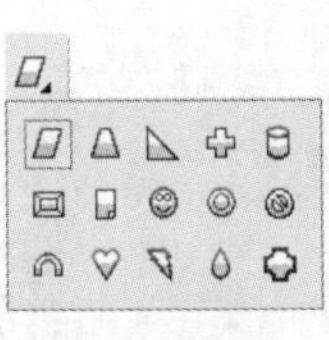

图4-148

图4-149

第2步：将光标放在红色轮廓沟槽上，当光标变为▶图标时按住鼠标左键可以修改形状，图4-150~图4-152所示为平行四边形变为矩形的过程。

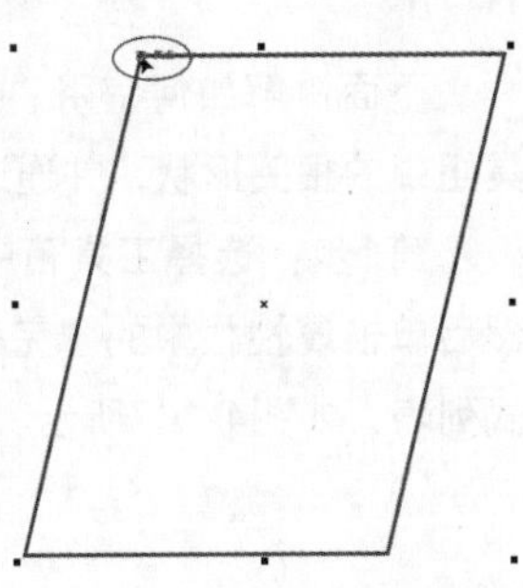

图4-150

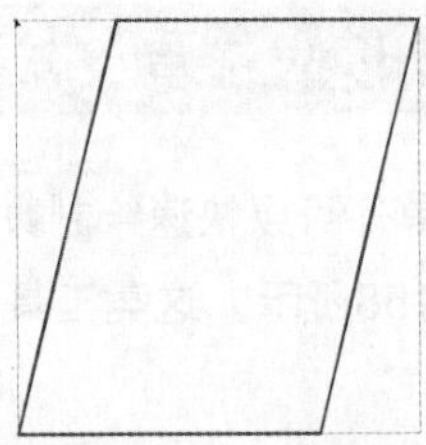

图4-151

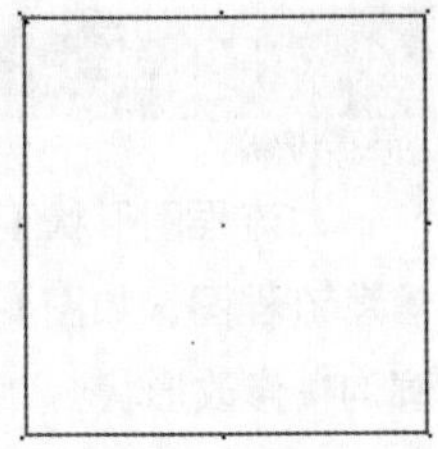

图4-152

4.7.2 箭头形状工具

“箭头形状工具”可以快速绘制路标、指示牌和方向引导标识，如图4-153所示，移动图形上的轮廓沟槽可以修改形状。

图4-153

选择工具箱中的“箭头形状工具”，然后单击属性栏中的“完美形状”按钮打开下拉样式列表，如图4-154所示，接着选择按钮，在页面空白处按住鼠标左键拖曳进行绘制，松开鼠标左键即完成绘制，此时可以为绘制的对象填充颜色，如图4-155所示。

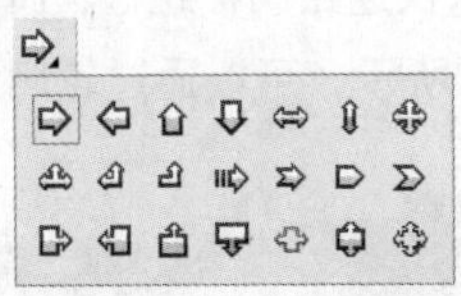

图4-154

图4-155

由于该箭头相对复杂，因此变量也相对较多，控制点为2个，黄色的轮廓沟槽控制十字干的粗细，如图4-156所示；红色的轮廓沟槽控制箭头的宽度，如图4-157所示。

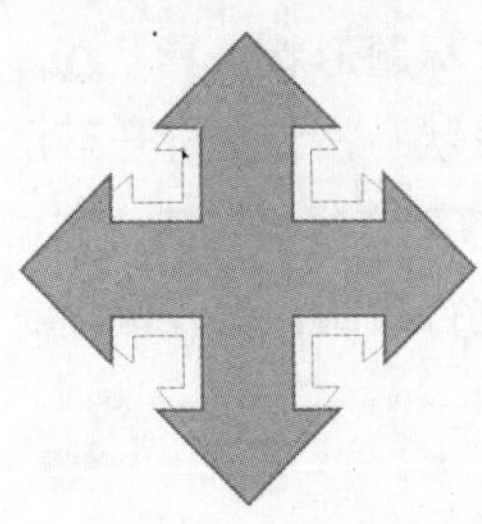

图4-156

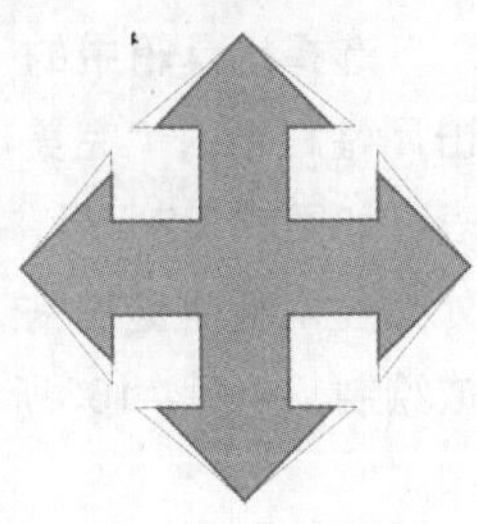

图4-157

4.7.3 流程图形状工具

“流程图形状工具”可以快速绘制数据流程图和信息流程图，如图4-158所示，这类工具不能通过轮廓沟槽修改形状。

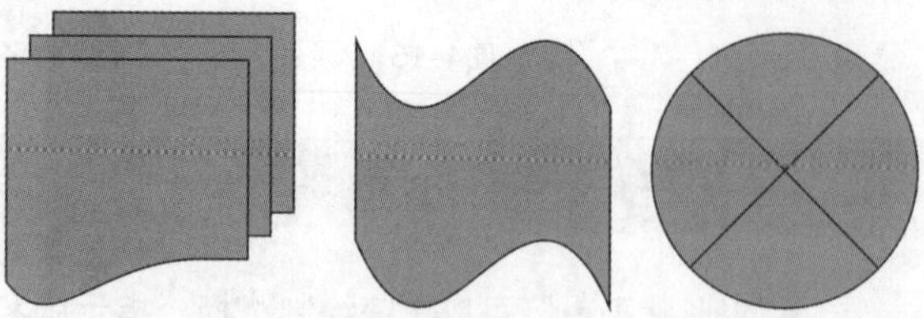

图4-158

选择工具箱中的“流程图形状工具”，然后单击属性栏中的“完美形状”按钮打开下拉样式列表，如图4-159所示，接着选择按钮，在页面空白处按住鼠标左键拖曳进行绘制，松开鼠标左键即完成绘制，如图4-160所示。

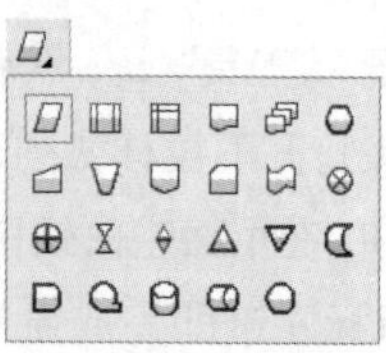

图4-159

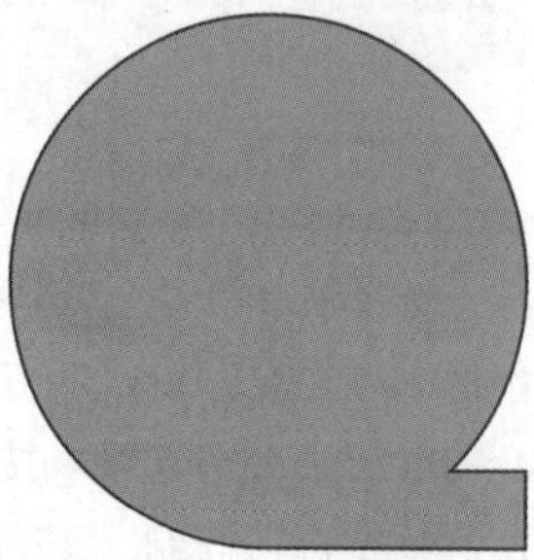

图4-160

4.7.4 标题形状工具

“标题形状工具”可以快速绘制标题栏、旗帜标语和爆炸效果，如图4-161所示，可以通过轮廓沟槽修改形状。

图4-161

选择工具箱中的“标题形状工具”，然后单击属性栏中的“完美形状”按钮打开下拉样式列表，如图4-162所示，接着选择按钮，在页面空白处按住鼠标左键拖曳进行绘制，松开鼠标左键即完成绘制，如图4-163所示。

图4-162

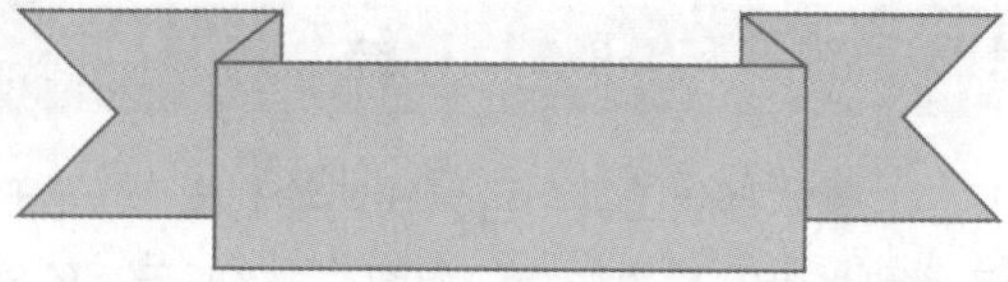

图4-163

在该形状中，红色的轮廓沟槽控制宽度，如图4-164所示；黄色的轮廓沟槽控制透视，如图4-165所示。

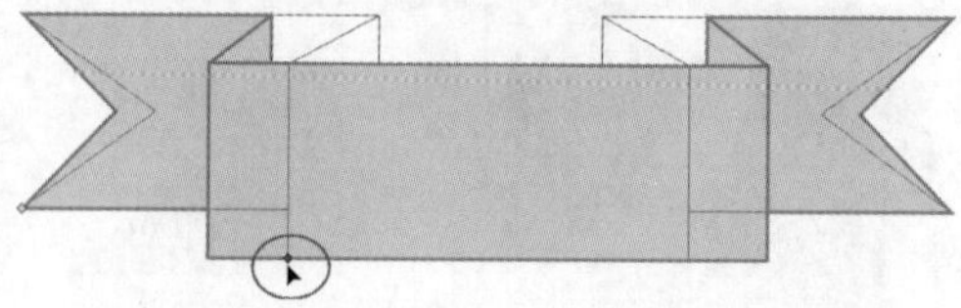

图4-164

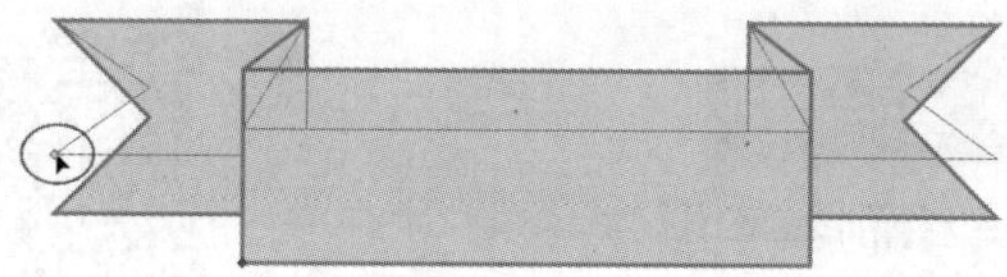

图4-165

4.7.5 标注形状工具

“标注形状工具”可以快速绘制补充说明对话框，如图4-166所示，可以通过轮廓沟槽修改形状，下面进行该工具操作的详细讲解。

图4-166

操作演示

绘制标注形状

视频名称：绘制标注形状

扫码观看教学视频

下面讲解如何使用“标注形状工具”绘制该工具组中的相关形状，并通过轮廓沟槽来修改形状。

第1步：选择工具箱中的“标注形状工具”，然后单击属性栏中的“完美形状”按钮打开下拉样式列表，如图4-167所示。

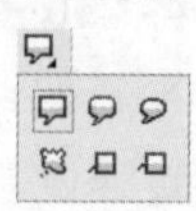

图4-167

第2步：选择按钮，在页面空白处按住鼠标左键拖曳进行绘制，松开鼠标左键即完成绘制，如图4-168所示。拖曳轮廓沟槽可以修改标注的角，如图4-169所示。

图4-168

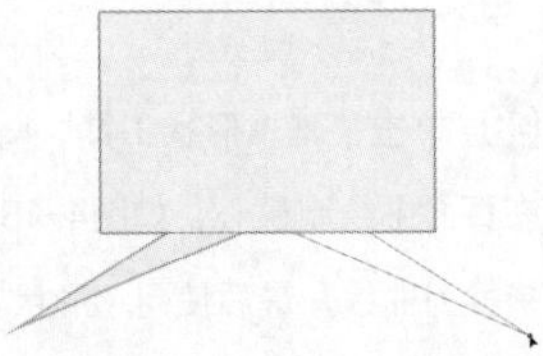

图4-169

实战练习

制作文艺图标

实例位置　实例文件>CH04>.cdr
素材位置　素材文件>CH04>素材06.png
视频名称　制作文艺图标.mp4
技术掌握　形状工具的用法

扫码观看教学视频

最终效果图

01 新建一个大小为A4的横向文档，然后单击“标题形状工具”，接着在其属性栏选择图标，在页面中进行绘制，如图4-170所示。

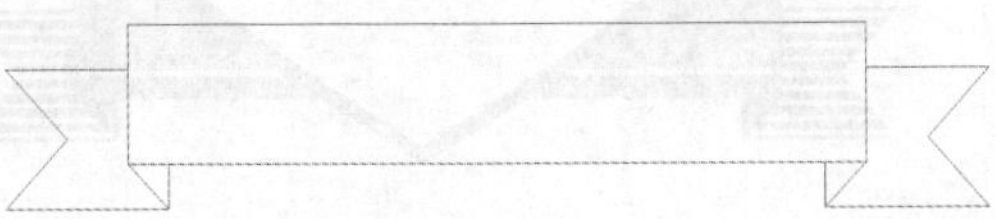

图4-170

02 使用“折线工具”沿着图形右端的形状绘制轮廓形状，然后设置轮廓线颜色为红色，如图4-171所示，接着将原图形填充为黑色，再去掉轮廓线，效果如图4-172所示。

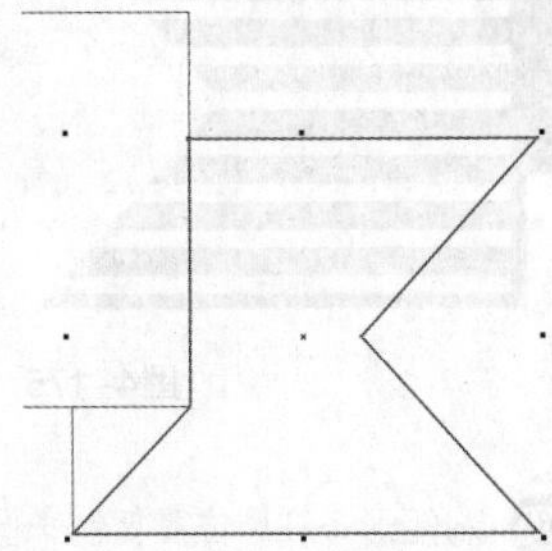

图4-171

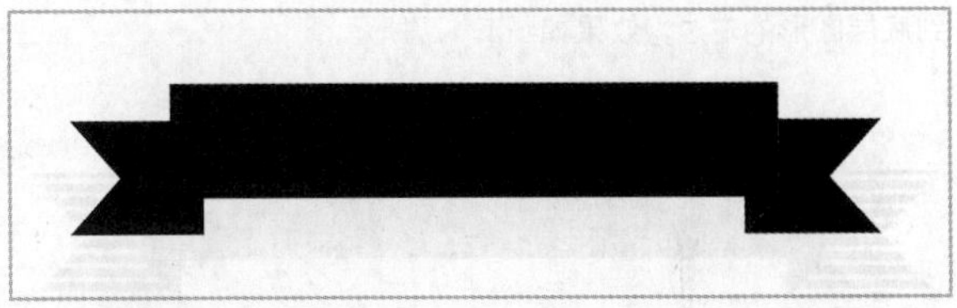

图4-172

提示

这里为了区分两个形状，所以将小形状轮廓线的颜色改为了红色。

03 使用“矩形工具”在红框上绘制矩形条，然后填充白色，更改轮廓线颜色为红色，如图4-173所示，接着向下等距离复制多个矩形条，再选中所有矩形条，按组合键Ctrl+G将其组合，最后去掉轮廓线，如图4-174所示。

图4-173

图4-174

04 选中矩形条，然后执行“对象>图框精确剪裁>置于图文框内部”菜单命令，接着单击红色轮廓将其置于其中，如图4-175所示，最后去掉红色轮廓线，效果如图4-176所示。

图4-175

图4-176

05 将矩形条在原位置复制一份，然后单击属性栏中的“水平镜像”按钮，将其水平翻转，接着按住Shift键将其水平平移到底层图形的左边，效果如图4-177所示。

图4-177

06 使用“矩形工具”沿着底层图形绘制一个矩形，然后填充颜色为（C：0，M：76，Y：69，K：0），并去掉轮廓线，效果如图4-178所示。

图4-178

07 使用“矩形工具”在矩形中绘制一个黑色和白色矩形条，如图4-179所示，然后同时选中，按组合键Ctrl+G将其组合，接着在原位置复制一份，再单击属性栏中的“垂直镜像”按钮，将其垂直翻转，最后按住Shift键将其水平拖曳到矩形下方位置，效果如图4-180所示。

图4-179

图4-180

08 单击“基本形状工具”，然后在属性栏选择图标，并在页面中绘制桃心，如图4-181所示，再按组合键Ctrl+Q将桃心转换为曲线，最后使用“形状工具”将桃心调整为图4-182所示的形状。

图4-181

图4-182

09 为桃心填充白色，然后设置其“轮廓宽度”为4mm，更改其轮廓线颜色为（C：57，M：99，Y：96，K：51），如图4-183所示，接着将桃心拖曳到之前绘制好的图形上，如图4-184所示。

图4-183

图4-184

⑩ 导入“素材文件>CH04>素材06.png”文件，调整其大小，然后将素材拖曳到桃心上，如图4-185所示，接着使用“文本工具”在素材中输入文字better me，并在属性中选择一种合适的字体，再单击“将文字更改为垂直方向”按钮将文字转换为垂直方向，最后填充文字颜色为（C：0，M：76，Y：69，K：0），最终效果如图4-186所示。

图4-185

图4-186

本章学习总结

多边形工具与星形工具

使用“多边形工具”绘制一个五边形，然后使用“形状工具”选中五边形任意一条边上的锚点，将其向五边形中间拖曳，可以调整为星形，按住Ctrl键向中间拖曳可以调整为正五角星，如图4-187所示；使用“星形工具”按住Ctrl键绘制一个正五角星，然后使用“形状工具”在五角星上任意选择一个锚点，将其向五角星外部拖曳直至拖曳无变化时，松开鼠标即可调整为一个正五边形，如图4-188所示。将多边形转换为星形的方法，我们在前面讲解“多边形工具”时提到过。多边形不仅可以转换为正星形，还可以转换为扭曲的星形，甚至是复杂的星形。

扫码观看教学视频

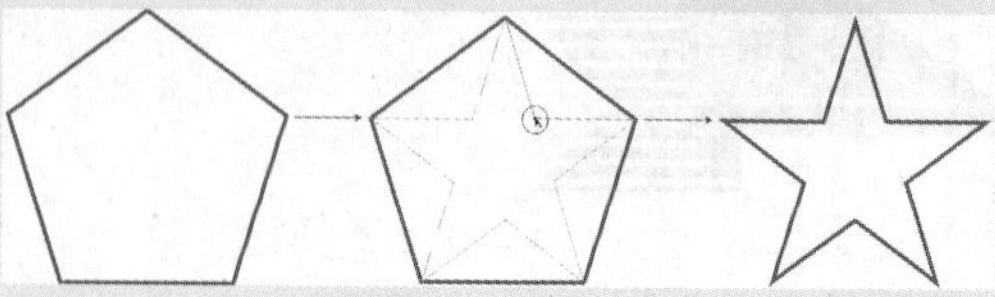

图4-187

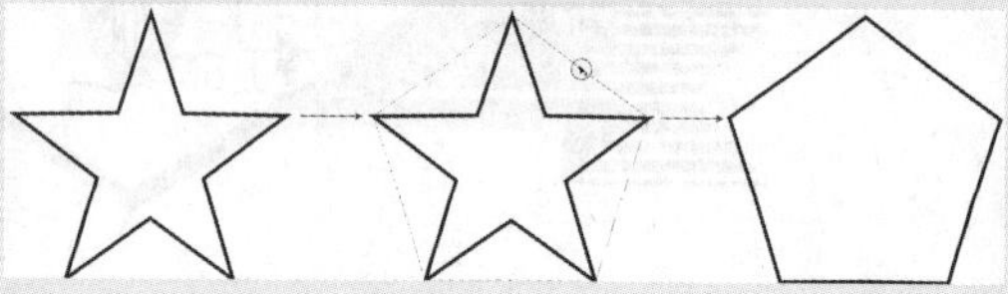

图4-188

说说几何图形工具

几何图形工具，顾名思义，就是用来绘制几何图形的工具。使用几何图形工具可以绘制各种各样的几何图形，如矩形、圆、三角形、菱形、星形、多边形等，有些图形之间还可以相互转换，如上面讲到的多边形和星形。虽然本章的几何图形工具看起来比较简单，使用起来也相当容易，但是它们的使用频率却是很高的。例如，为对象绘制一个形状，然后填充颜色作为背景，根据不同的对象，我们会选择不同的形状来作为背景，以美化对象，如图4-189所示；再者，我们也可以绘制一个简单的图形，然后结合其他工具将其变形，成为一个新的对象，如图4-190所示，我们使用“吸引工具”修饰六边形，改变了其形状。

扫码观看教学视频

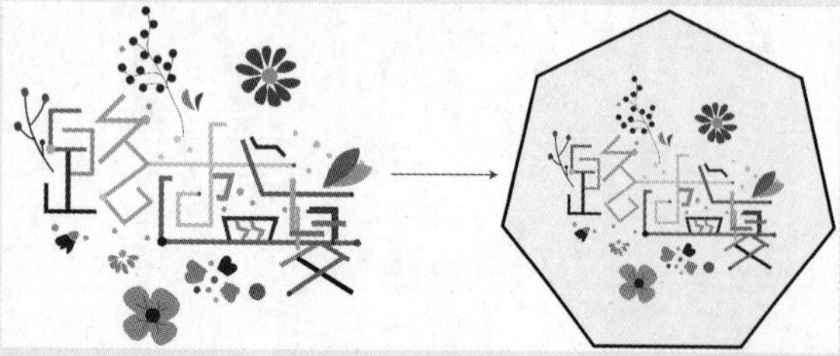

图4-189

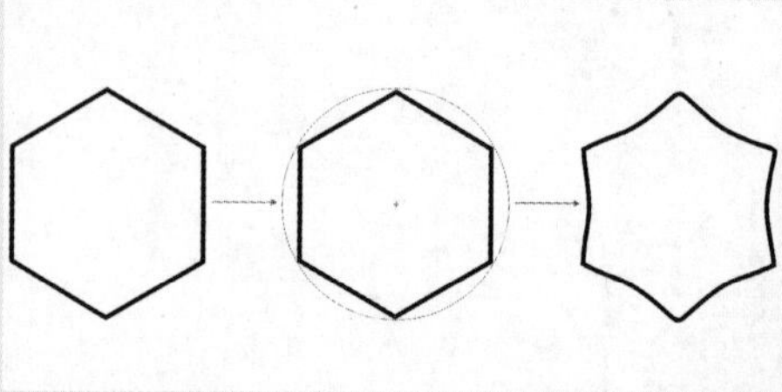

图4-190

第5章 图形的修饰

本章主要讲解图形的修饰工具。图形的修饰是平面设计中很重要的一个环节，用户在使用CorelDRAW绘制对象时，可以针对绘制的对象使用多种工具来进行修饰，以使图形效果符合创作者心中所想，也使图形更加精准美观，富有表现力。

- 了解形状工具的参数
- 掌握平滑工具的用法
- 掌握涂抹工具的用法
- 掌握吸引工具的用法
- 学习使用排斥工具
- 掌握沾染工具的用法
- 掌握粗糙工具的用法

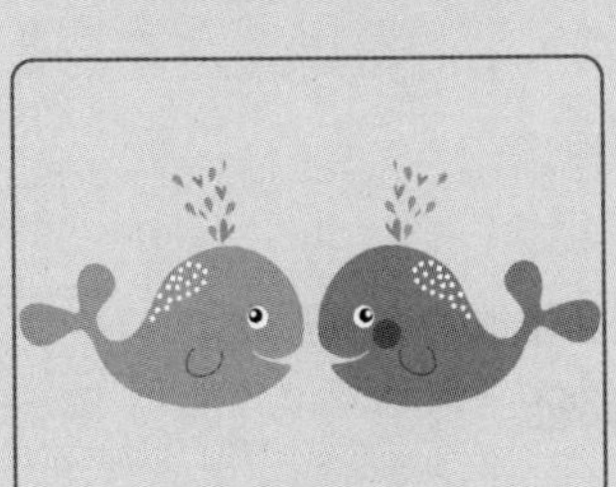

本章学习建议

本章中的工具极具创造性，都是修饰图形或者图像的工具。在使用这些工具前需要先绘制或者导入图像，将工具在这些对象上进行运用会改变对象本身的形状。在使用时需要注意的是，要弄清什么工具适合修饰图形，什么工具适合修饰图像，即什么工具适合矢量图，什么工具适合位图，或者两个都适合。例如，沾染工具和粗糙工具就无法在位图上使用，只能运用在矢量图上，而其他工具对于两者都适用。对于本章中的工具，我们要做到熟练运用，合理地运用这些工具，可以制作出许多精美的图案，从本章的实战练习中就可以看出来。在最初使用这些工具的时候，修饰出来的效果不尽人意，不过这是正常的，任何工具都需要在使用过一段时间后，才能得心应手地使用。因此，在了解了这些软件后，我们需要勤加练习。

扫码观看教学视频

5.1 形状工具

“形状工具”可以通过增加与减少节点、移动控制节点来改变曲线。它可以直接编辑由“手绘”“贝塞尔”“钢笔”等曲线工具绘制的对象，而对于“椭圆形”“多边形”“文本”等工具绘制的对象，则不能直接进行编辑，需要将其转曲后才能进行相关操作。

“形状工具”的属性栏如图5-1所示。

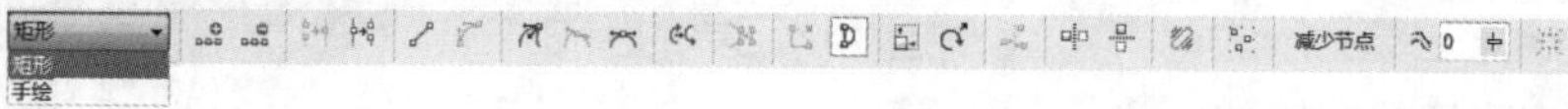

图5-1

重要参数介绍

选取范围模式：切换选择节点的模式，包括“手绘”和“矩形”两种。

添加节点：单击增加节点，以增加可编辑线段的数量。

删除节点：单击删除节点，改变曲线形状，使之更加平滑，或重新修改曲线的形状。

连接两个节点：连接开放路径的起始节点和结束节点，创建闭合路径。

断开曲线：断开闭合或开放对象的路径。

转换为线条：将曲线转换为直线。

转换为曲线：将直线转换为曲线，可以调整曲线的形状。

尖突节点：通过将节点转换为尖突，制作一个锐角。

平滑节点：通过将节点转为平滑节点来提高曲线的平滑度。

对称节点：将节点的调整应用到两侧的曲线。

反转方向：反转起始节点与结束节点的方向。

延长曲线使之闭合：以直线连接起始节点与结束节点来闭合曲线。

提取子路径：在对象中提取出其子路径，创建两个独立的对象。

闭合曲线：连接曲线的结束节点，闭合曲线。

延展与缩放节点：放大或缩小与选中节点相应的线段。

旋转与倾斜节点：旋转或倾斜与选中节点相应的线段。

对齐节点：水平、垂直或以控制柄来对齐节点。

水平反射节点：激活编辑对象水平镜像的相应节点。

垂直反射节点：激活编辑对象垂直镜像的相应节点。

弹性模式：为曲线创建另一种具有弹性的形状。

选择所有节点：选中对象所有的节点。

减少节点：自动删减选定对象的节点来提高曲线的平滑度。

曲线平滑度：通过更改节点数量调整平滑度。

边框：激活去掉边框。

"形状工具"只能对单个对象进行编辑，无法对组合的对象进行修改。

知识链接

有关"形状工具"的具体介绍，请参阅本书第3章"3.3.3 贝塞尔的修饰"中的内容。

5.2 平滑工具

使用"平滑工具"沿对象轮廓拖曳，可以使对象变得平滑，它可以用来修饰线和面。选择工具后，可以在其属性栏进行相关参数设置，"平滑工具"的属性栏如图5-2所示。

图5-2

重要参数介绍

笔尖半径：设置笔尖的半径，半径的大小决定修改节点的多少。

速度：设置用于应用效果的速度，根据需要修改对象的大小调整速度。

笔压：绘图时，运用数字笔或写字板的压力控制效果。

5.2.1 线的修饰

使用"平滑工具"修饰线的操作方法是非常简单的。

操作演示

修饰折线

视频名称：修饰折线

扫码观看教学视频

这里用折线来展示"平滑工具"对于线的修饰，下面讲解具体操作步骤。

第1步：在新建的空白文档中绘制一条折线，然后将其选中，如图5-3所示。

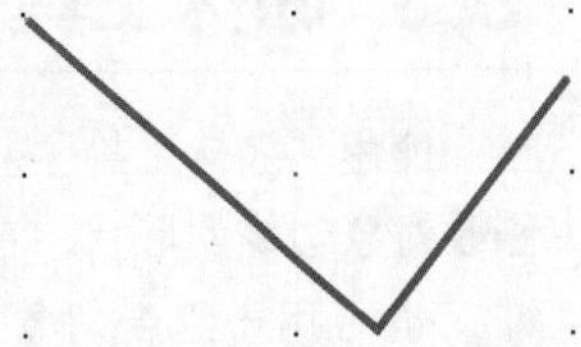

图5-3

第2步：选择"平滑工具"，然后在对象上需要修饰的地方（这里选择折线转角处）按住鼠标左键进行拖曳，此时会出现一条虚线进行预览，如图5-4所示，接着拖曳光标到一定位置后长按鼠标左键进行调整，调整好之后松开鼠标，效果如图5-5所示。

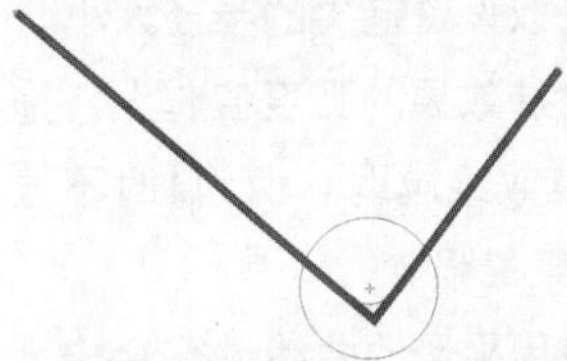

图5-4

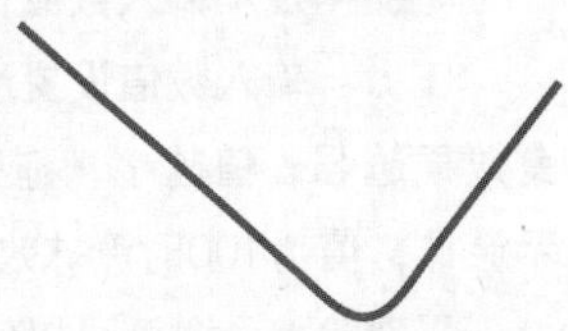

图5-5

提示

注意，在使用"平滑工具"修饰对象时，拖曳时按住鼠标左键的时间长短决定了线条的平滑程度。

5.2.2 面的修饰

使用"平滑工具"修饰面时，首先选中需要修饰的闭合路径，然后选择"平滑工具"，在对象轮廓需要修饰的位置按住鼠标左键进行拖曳，如图5-6所示，调整好之后松开鼠标，效果如图5-7所示。

图5-6

图5-7

提示

面的修饰和线的修饰方法相同，修饰面需要注意的是路径中的节点，在修饰对象时，“平滑工具”笔尖半径包括的节点都会变平滑，而没有包括的节点则不会改变。

5.3 涂抹工具

使用“涂抹工具”沿着对象轮廓拖曳可以修改对象边缘的形状，它既可用于单一对象的修饰，也可用于组合对象的涂抹操作。选择工具后，可以在其属性栏进行相关参数设置，“涂抹工具”的属性栏如图5-8所示。

图5-8

重要参数介绍

笔尖半径：输入数值可以设置笔尖的半径大小。

压力：输入数值设置涂抹效果的强度值越大，拖曳效果越强；值越小，拖曳效果越弱。值为1时不显示涂抹，值为100时涂抹效果最强。

平滑涂抹：激活可以使用平滑的曲线进行涂抹。

尖状涂抹：激活可以使用带有尖角的曲线进行涂抹。

笔压：激活可以运用数位板的笔压进行操作。

5.3.1 单一对象涂抹

选中要修饰的对象，然后选择“涂抹工具”，在边缘上按住鼠标左键拖曳进行调整，如图5-9所示，松开鼠标可以产生扭曲效果，如图5-10所示；在边缘上按住鼠标左键沿边缘进行拖曳拉伸，松开鼠标可以产生拉伸或挤压效果，如图5-11所示。

图5-9

图5-10

图5-11

5.3.2 组合对象涂抹

使用“涂抹工具”修饰组合对象时，首先选中要修饰的组合对象，该对象每一图层的填充颜色都不相同，单击“涂抹工具”，在边缘上按住鼠标左键进行拖曳，如图5-12所示，松开鼠标可以产生拉伸效果，群组中每一层都将会被均匀拉伸，如图5-13所示，利用这种效果可以制作爆炸标签效果，如图5-14所示。

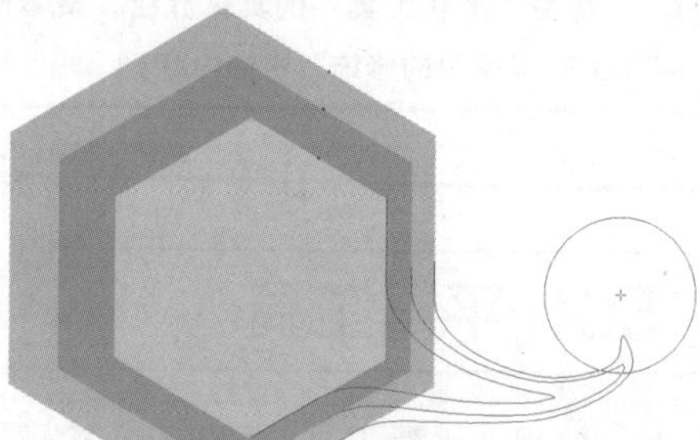
图5-12

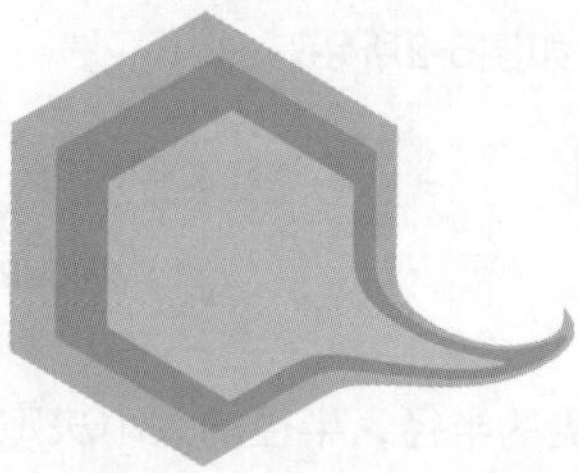
图5-13

图5-14

实战练习

绘制卡通鲸鱼图案

实例位置　实例文件>CH05>绘制卡通鲸鱼图案.cdr
素材位置　素材文件>CH05>素材01.png
视频名称　绘制卡通鲸鱼图案.mp4
技术掌握　涂抹工具的用法

扫码观看教学视频

最终效果图

01 新建一个A4大小的文档，文档方向为“横向”，然后使用“椭圆形工具”在页面中绘制一个类似圆的椭圆，如图5-15所示。

图5-15

02 选择“涂抹工具”，然后在其属性栏中设置合适的“笔尖半径”，并将光标移动到椭圆的右下角，接着按住鼠标左键以弧形轨迹向右上角移动，如图5-16所示，待图形形状达到理想效果时松开鼠标，效果如图5-17所示。

图5-16

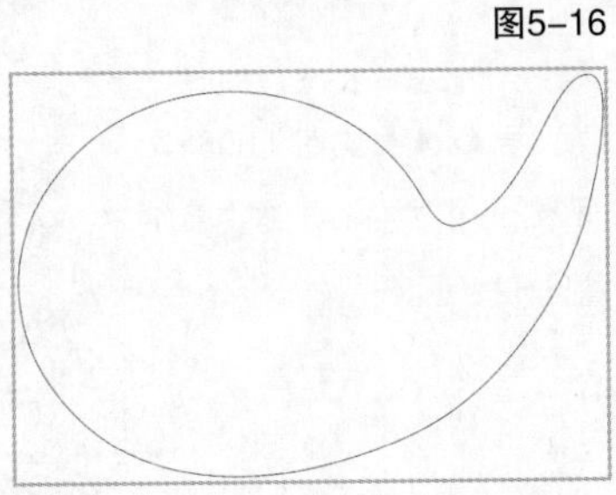

图5-17

03 继续使用“涂抹工具”绘制鲸鱼的尾巴，如图5-18和图5-19所示，在绘制出大致轮廓后不断进行调整，效果如图5-20所示。

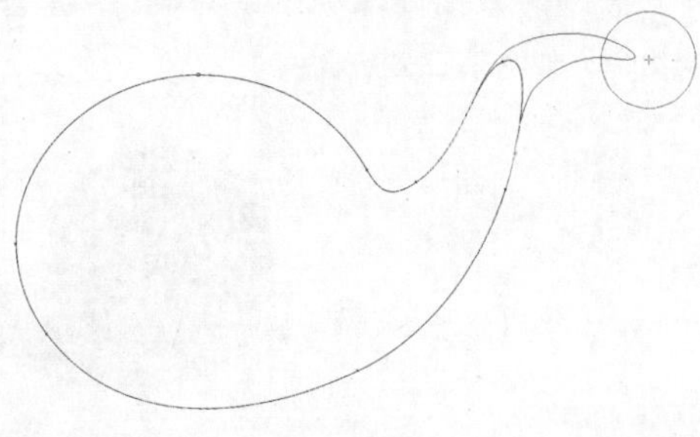

图5-18

图5-19

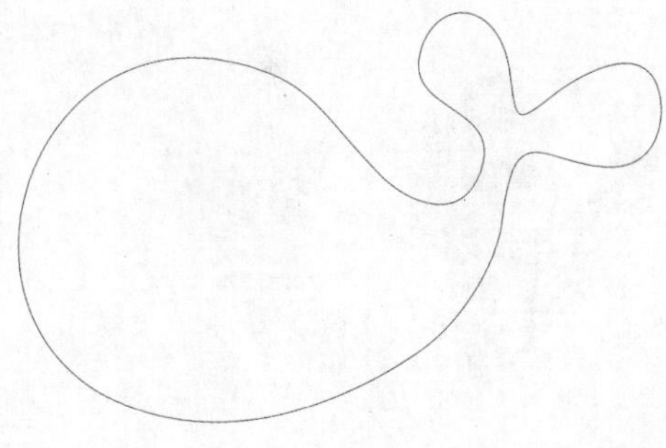

图5-20

04 使用“涂抹工具”绘制鲸鱼的嘴巴，然后为鲸鱼填充颜色为（C：0，M：50，Y：22，K：0），接着去掉轮廓线，效果如图5-21所示。

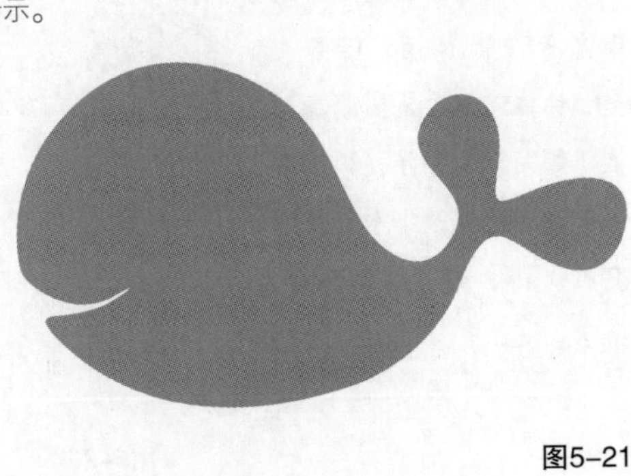

图5-21

05 为鲸鱼绘制眼睛，填充白色和黑色，然后绘制腮红，填充颜色为（C：0，M：71，Y：42，K：0），接着绘制鱼鳍，填充轮廓线颜色为（C：0，M：0，Y：0，K：80），再在鲸鱼背上绘制一些小白点做装饰，最后选中所有对象，按组合键Ctrl+G将其组合，效果如图5-22所示。

图5-22

06 使用“基本形状工具”绘制桃心，然后填充颜色为（C：2，M：42，Y：28，K：0），并去掉轮廓线，如图5-23所示，接着使用“涂抹工具”更改其形状，如图5-24所示，再复制两份，最后更改桃心的角度，效果如图5-25所示。

图5-23

图5-24

图5-25

07 使用“基本形状工具”绘制小水滴，然后填充颜色为（C：41，M：3，Y：0，K：0），并去掉轮廓线，效果如图5-26所示，接着使用“涂抹工具”更改其形状，如图5-27所示，再复制多份，最后更改小水滴的角度和大小，效果如图5-28所示。

图5-26

图5-27

图5-28

08 将绘制完成的桃心和小水滴进行排列，然后选中所有桃心和小水滴，并按组合键Ctrl+G将其组合，效果如图5-29所示。

图5-29

09 将上一步组合后的图案拖曳到鲸鱼的脑袋上面，如图5-30所示，然后选中所有对象，按组合键Ctrl+G将其组合，并将组合后的对象复制一份，接着单击属性栏中的“水平镜像”按钮将其水平镜像，再更改鲸鱼身体颜色为（C：41，M：2，Y：0，K：0），最后调整对象的位置，效果如图5-31所示。

图5-30

图5-31

10 导入“素材文件>CH05>素材01.png”文件，最终效果如图5-32所示。

图5-32

5.4 吸引工具

使用“吸引工具”在对象内部或外部长按鼠标左键可以使边缘产生回缩涂抹效果，同样可以运用于单一对象和组合对象的操作。选择工具后，可以在其属性栏进行相关参数设置，“吸引工具”的属性栏如图5-33所示。

图5-33

重要参数介绍

速度：设置数值可以调节吸引的速度，方便进行精确涂抹。

5.4.1 单一对象吸引

使用“吸引工具”修饰单一对象，需要注意笔刷中心的位置摆放，笔刷中心在轮廓线内，对象向内凹陷，反之对象向外凸出。

操作演示

使用吸引工具修饰单一对象

视频名称：使用吸引工具修饰单一对象

扫码观看教学视频

使用“吸引工具”修饰单一对象，步骤如下。

第1步：绘制一个对象并选中，然后单击“吸引工具”，接着将光标移动到图形边缘线上，并将笔刷中心放置在对象边缘线内，如图5-34所示。

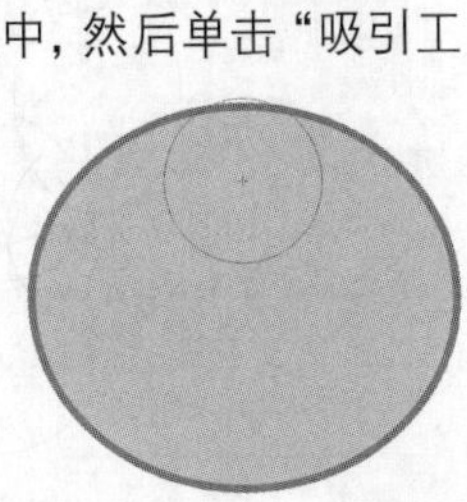

图5-34

第2步：长按鼠标左键进行修改，可浏览吸引的效果，如图5-35所示，确定效果后松开鼠标完成修改，效果如图5-36所示。

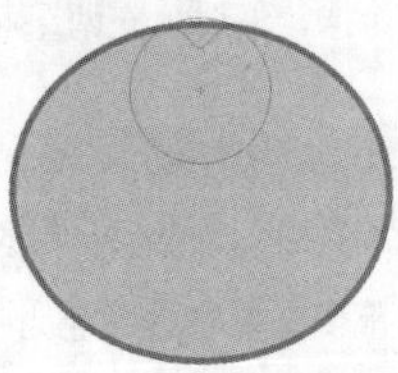

图5-35

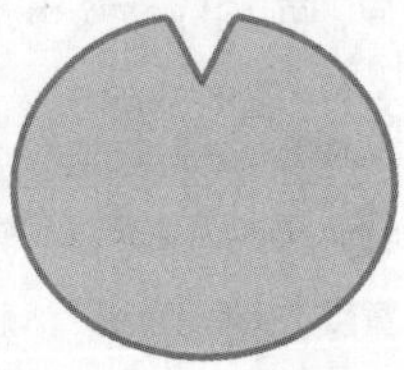

图5-36

提示

注意，在使用“吸引工具”修改对象时，对象的轮廓线必须在笔触的范围内，才能显示涂抹效果，并且光标移动的位置会影响吸引的效果。此外，笔刷中心在轮廓线内和线外的吸引效果也是不一样的。

5.4.2 群组对象吸引

使用“吸引工具”修饰群组对象时，首先选中组合的对象，然后单击“吸引工具”，接着将光标移动到相应位置上，如图5-37所示，最后长按鼠标左键进行修改，松开鼠标完成修改，如图5-38所示。

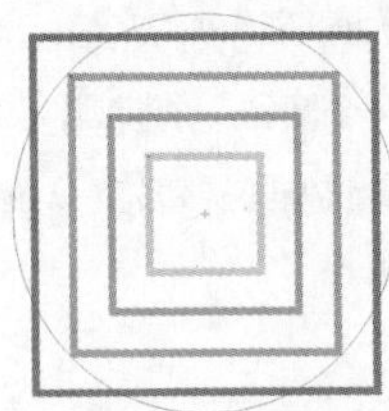

图5-37

图5-38

由于是组合对象，因此吸引时根据对象的叠加位置不同，吸引后产生的凹陷程度也不同。

提示

在修改过程中移动鼠标，会产生涂抹吸引的效果，如图5-39所示，在正方形左下角的端点上按住鼠标左键向右上拖曳，产生涂抹效果，预览如图5-40所示，松开鼠标完成编辑，效果如图5-41所示。

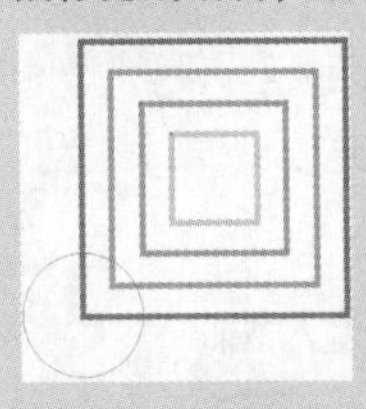

图5-39

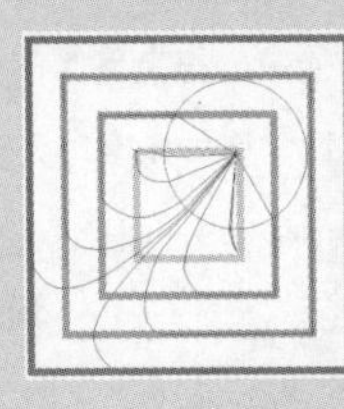

图5-40

图5-41

实战练习

绘制花朵边框

实例位置　实例文件>CH05>绘制花朵边框.cdr

素材位置　无

视频名称　绘制花朵边框.mp4

技术掌握　吸引工具的用法

扫码观看教学视频

最终效果图

01 新建一个大小为260cm×210cm的文档，然后使用“椭圆形工具”，在页面中绘制一个圆和一个椭圆，如图5-42所示，并将其复制一份备用，接着将椭圆旋转15°，最后将其拖曳到圆上，如图5-43所示。

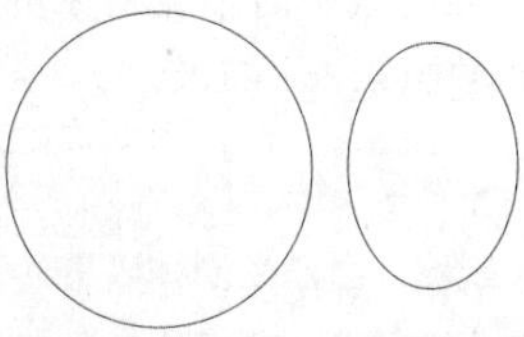

图5-42

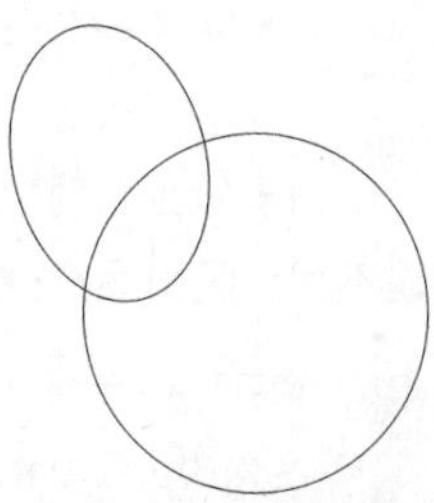

图5-43

02 按组合键Alt+F8打开“变换”泊坞窗，然后双击椭圆使其呈旋转状态，并将椭圆的中心拖曳到圆的中心处，如图5-44所示，接着在泊坞窗中设置“旋转角度”为60°、“副本”为5，设置如图5-45所示。

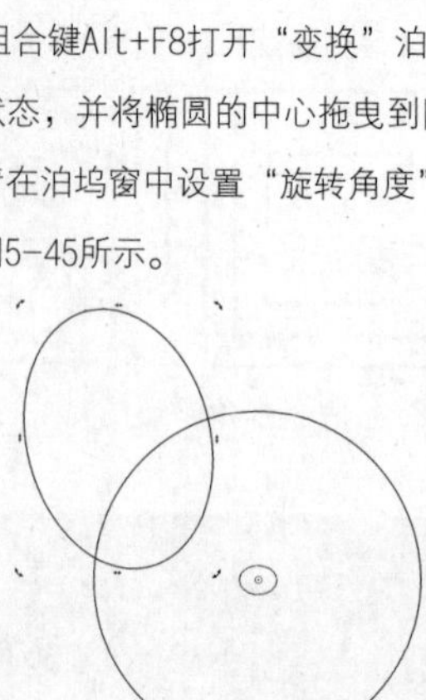

图5-44

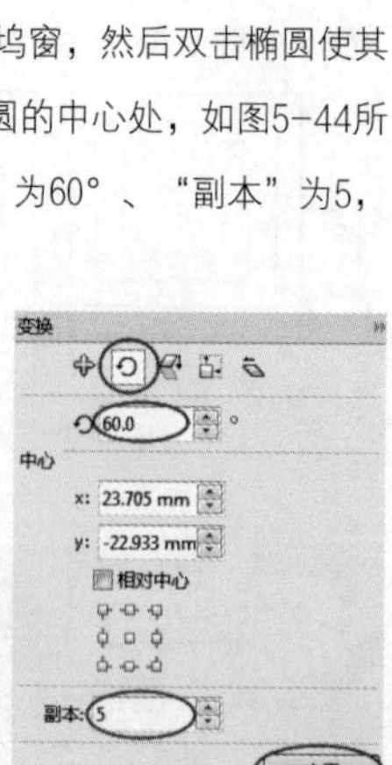

图5-45

03 单击“应用”按钮 应用 后得到图5-46所示的图案，接着选中该图案单击属性栏中的“合并”按钮，得到大花朵轮廓，效果如图5-47所示。

图5-46

图5-47

04 将之前复制备用的椭圆和圆缩小，然后将椭圆拖曳到圆上，如图5-48所示，接着双击椭圆使其呈旋转状态，再将椭圆的中心拖曳到圆的中心处，如图5-49所示，接着在泊坞窗中设置“旋转角度”为72度°、“副本”为4，设置如图5-50所示。

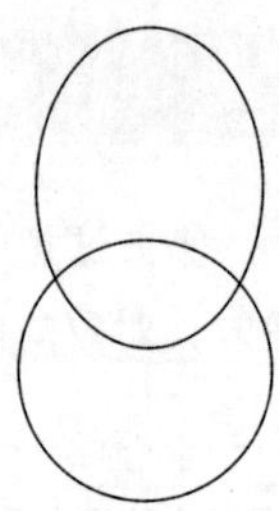

图5-48

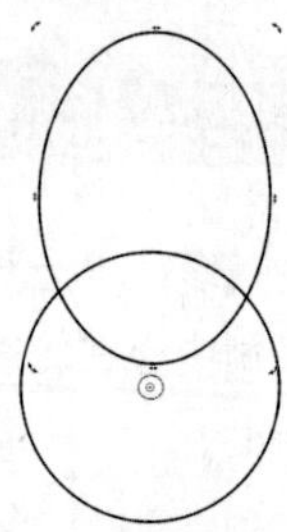

图5-49

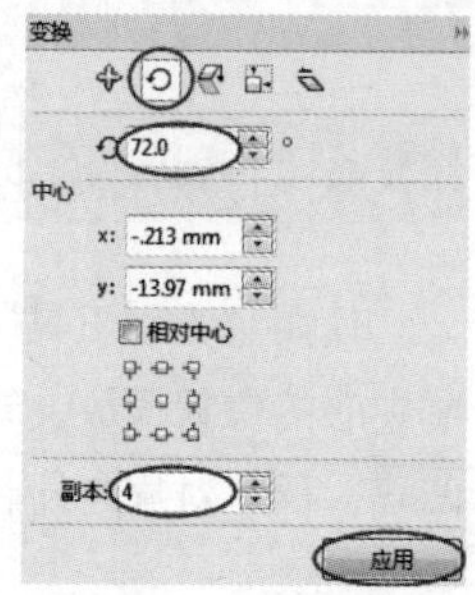

图5-50

05 单击“应用”按钮 应用 后得到图5-51所示的图案，接着选中该图案单击属性栏中的“合并”按钮，得到小花朵轮廓，效果如图5-52所示。

图5-51

图5-52

06 选择“吸引工具”，然后在属性栏设置合适的笔尖半径，接着将光标移动到绘制完成的一大一小两朵花的花瓣中间，再由外向花朵中心涂抹，最后填充两朵花的颜色为白色，效果如图5-53所示。

07 更改大花朵的“轮廓宽度”为1mm，更改小花朵的“轮廓宽度”为0.75mm，然后都填充轮廓线颜色为（C：0，M：40，Y：20，K：0），效果如图5-54所示。

图5-53

图5-54

08 选中大花朵，然后向中心复制缩小，得到花朵的第二层，接着更改其“轮廓宽度”为1.5mm，效果如图5-55所示，再将整朵花复制一份，最后为中间一层花朵填充颜色为（C：0，M：40，Y：20，K：0），效果如图5-56所示。

图5-55

图5-56

09 将上一步绘制完成的两朵花分别选中，然后按组合键Ctrl+G将其组合，接着复制填充颜色后的花朵，最后将其缩小，效果如图5-57所示。

10 选中小花朵，然后向中心复制缩小，得到花朵的第二层，接着为中间一层花朵填充颜色为（C：0，M：40，Y：20，K：0），再去掉轮廓线，最后框选整朵花，按组合键Ctrl+G将其组合，效果如图5-58所示。

图5-57

图5-58

11 将绘制完成的几种花朵复制多份，然后调整大小，并拖曳到合适位置，花朵边框效果如图5-59所示。

图5-59

12 双击“矩形工具”□新建一个与页面大小相同的矩形，然后填充颜色为（C：0，M：0，Y：20，K：0），接着设置“轮廓宽度”为1mm，填充轮廓颜色为（C：0，M：60，Y：100，K：0），再将上一步绘制完成的花朵边框复制两份，最后适当更改花朵的填充颜色和形状，得到不同样式的花朵边框，最终效果如图5-60所示。

图5-60

5.5 排斥工具

使用“排斥工具”在对象内部或外部长按鼠标左键可以使对象边缘产生推挤涂抹效果，与涂抹工具和吸引工具一样适用于单一对象和组合对象。选择“排斥工具”后，可以在其属性栏进行相关参数设置，其属性栏如图5-61所示。由于它和“吸引工具”参数相同，因此这里省略介绍。

图5-61

5.5.1 单一对象排斥

“排斥工具”和“吸引工具”的使用方法类似，不同的是笔刷中心在对象内外产生的效果与其相反。

操作演示

使用排斥工具修饰单一对象

视频名称：使用排斥工具修饰单一对象

扫码观看教学视频

使用“排斥工具”修饰单一对象的操作方法比较简单，步骤如下。

第1步：绘制一个对象并选中，然后单击“排斥工具”，接着将光标移动到图形边缘线上，如图5-62所示。

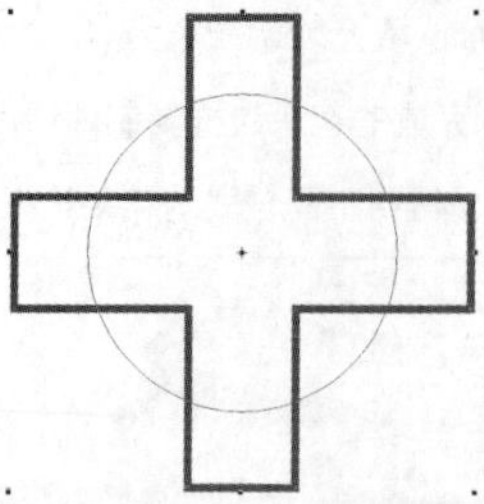

图5-62

第2步：长按鼠标左键进行修改，此时可进行效果预览，如图5-63所示，调整到合适效果后松开鼠标左键完成修改，效果如图5-64所示。

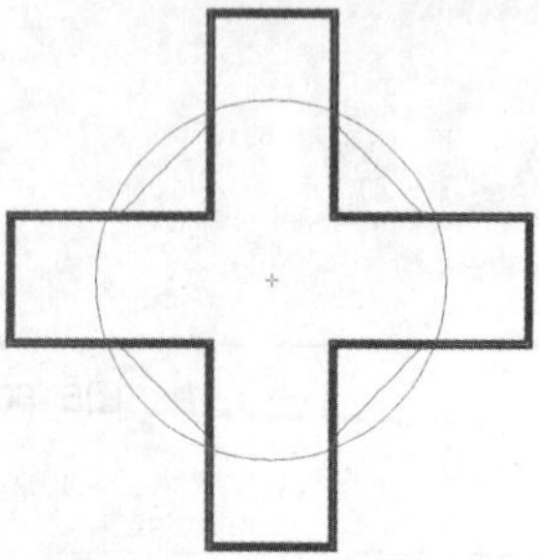

图5-63

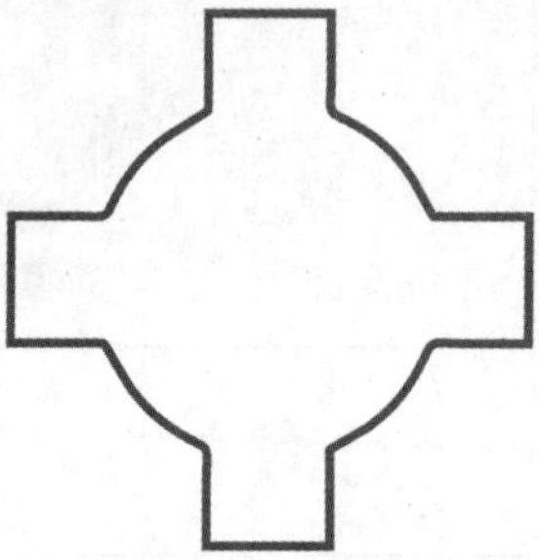

图5-64

提示

“排斥工具”是从笔刷中心开始向笔刷边缘推挤产生效果，在涂抹时可以产生两种情况。

第1种：笔刷中心在对象内，涂抹效果为向外凸出，如图5-65所示。

第2种：笔刷中心在对象外，涂抹效果为向内凹陷，如图5-66所示。

图5-65

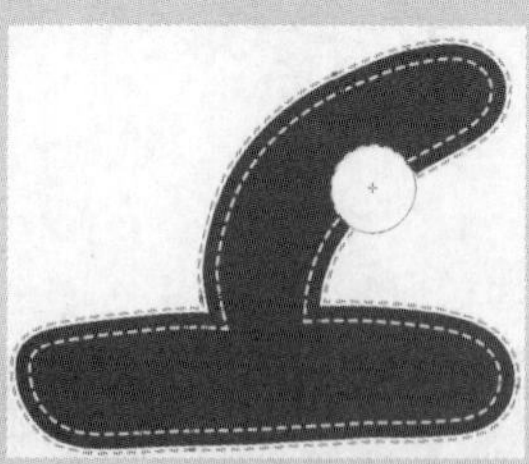

图5-66

5.5.2 组合对象排斥

使用“排斥工具”修饰组合对象，会将对象的多层轮廓修饰为一层。

操作演示

修饰组合对象

视频名称：修饰组合对象

扫码观看教学视频

使用“排斥工具”修饰组合对象，具体操作步骤如下。

第1步：选中组合对象，然后单击“排斥工具”，接着将光标移动到图形最里层上面，如图5-67所示。

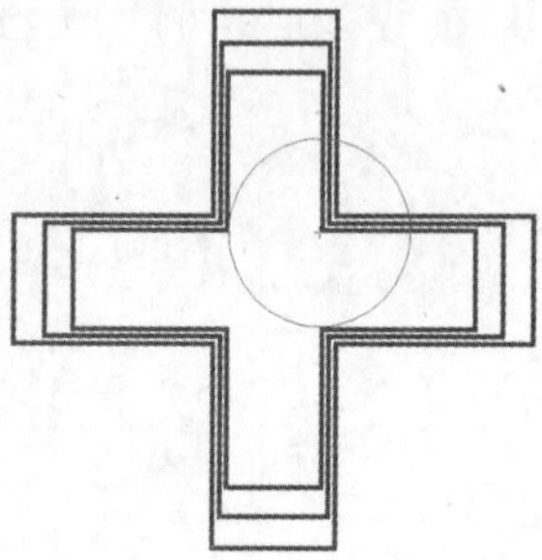

图5-67

第2步：长按鼠标左键进行修改，此时可进行效果预览，如图5-68所示，调整到合适效果后松开鼠标完成修改，效果如图5-69所示。

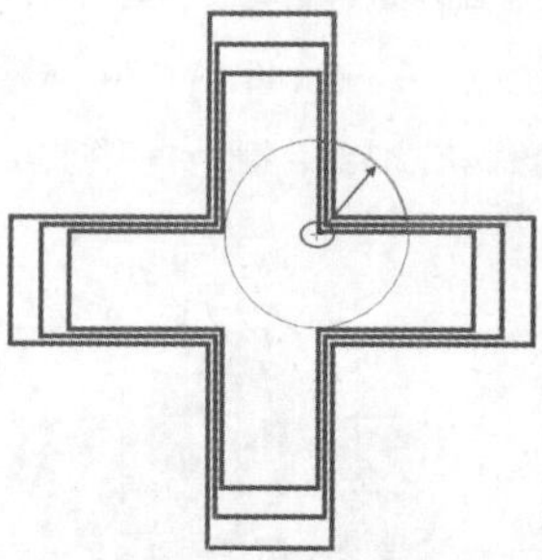

图5-68

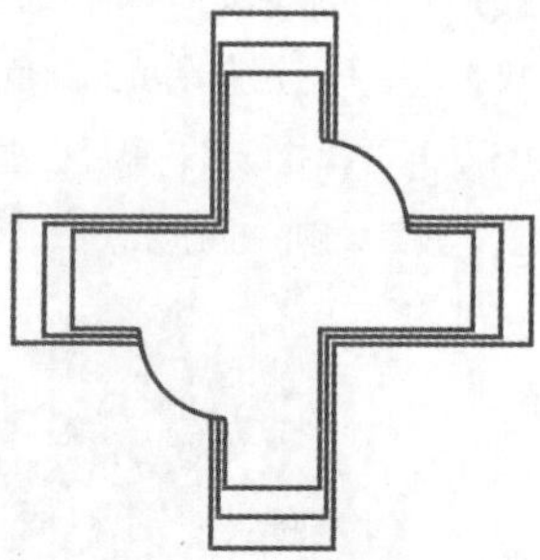

图5-69

将笔刷中心移至对象外，进行排斥涂抹会形成扇形角的效果，如图5-70和图5-71所示。

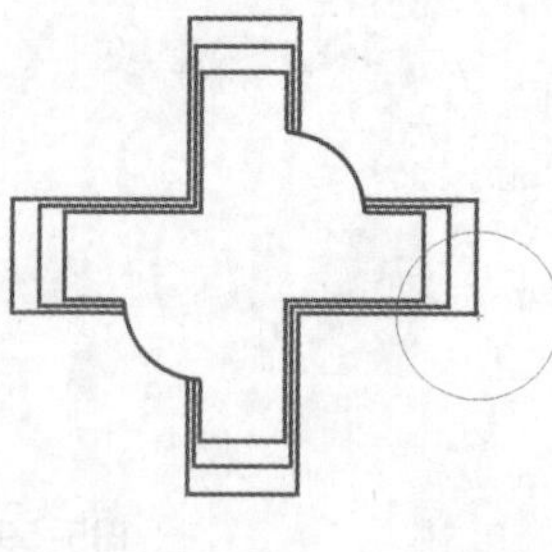

图5-70

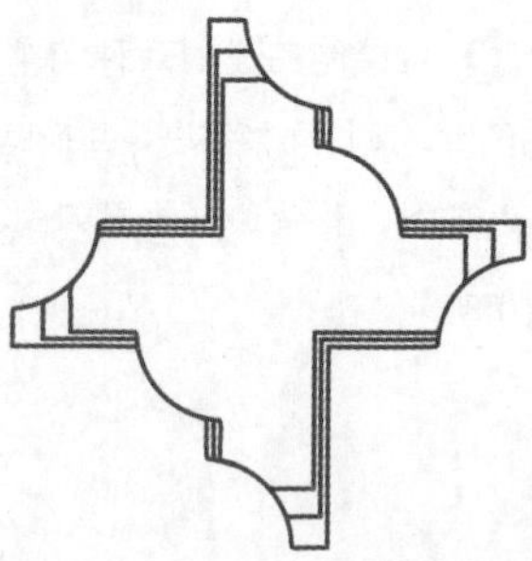

图5-71

实战练习

绘制搞怪骷髅图案

实例位置　实例文件>CH05>绘制搞怪骷髅图案.cdr
素材位置　素材文件>CH05>素材02.cdr、03.cdr
视频名称　绘制搞怪骷髅图案.mp4
技术掌握　排斥工具的用法

扫码观看教学视频

最终效果图

01 绘制骨头形状。新建一个A4大小的文档，然后使用“矩形工具”在页面中绘制一大一小两个叠放的矩形，接着填充大矩形的颜色为（C：53，M：100，Y：100，K：42）、小矩形的颜色为白色，再去掉轮廓线，最后选中两个矩形，按组合键Ctrl+G将其组合，如图5-72所示。

图5-72

02 选择“排斥工具”，然后在其属性栏中设置合适的“笔尖半径”，接着将光标放在矩形的四个角上，如图5-73所示，再长按鼠标左键进行修改，待图形形状达到理想效果时松开鼠标，得到一个骨头的形状，效果如图5-74所示。

图5-73

图5-74

03 选中骨头，然后将光标放置在对象最上面中间的黑色控制点上，待光标变为双向箭头时，如图5-75所示，按住鼠标向下拖曳，使其宽度变窄，如图5-76所示，效果如图5-77所示。

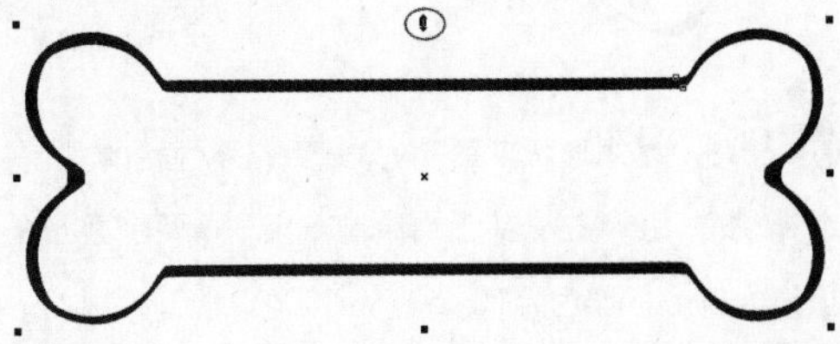

图5-75

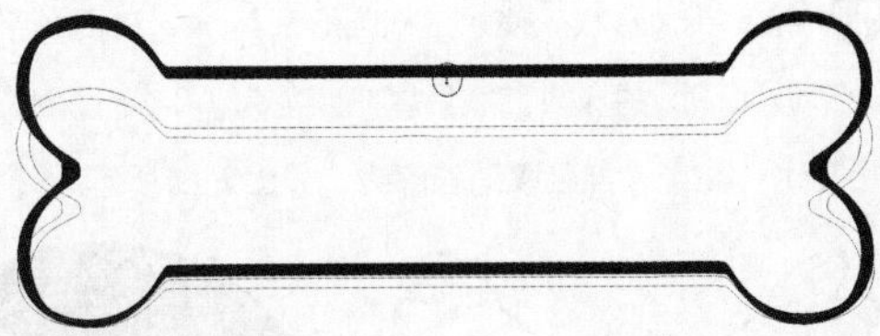

图5-76

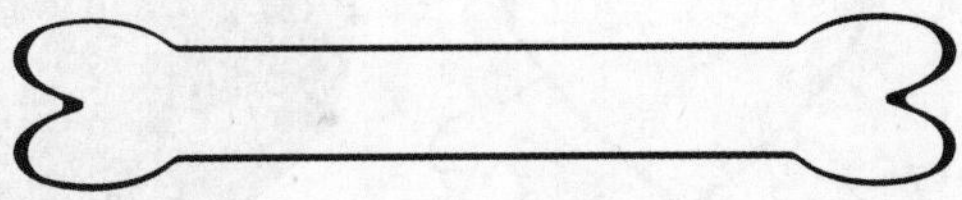

图5-77

04 选中调整后的骨头，然后在其属性栏中设置“旋转角度”为35°，效果如图5-78所示。

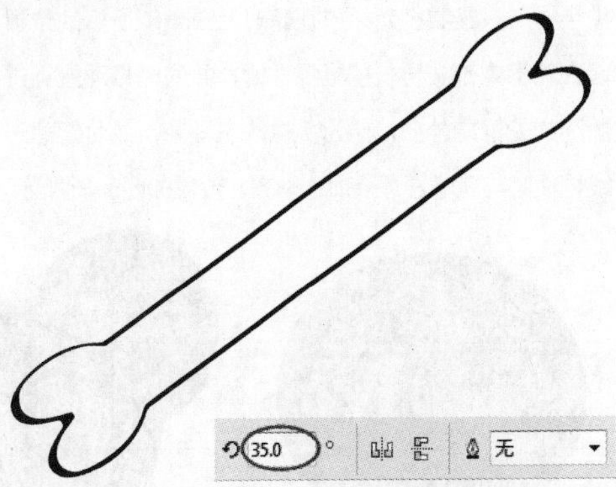

图5-78

05 将旋转后的骨头在原位置复制一份，然后将其选中，接着在其属性栏单击“水平镜像”按钮，使两根骨头呈交叉状，效果如图5-79所示。

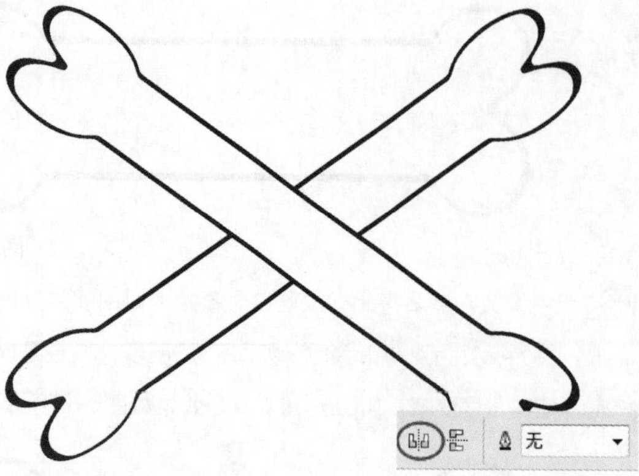

图5-79

06 单击“基本形状工具”，然后在属性栏的“完美形状”中选择桃心，接着在骨头上面绘制一大一小两个叠放的桃心，再填充大桃心的颜色为（C：53，M：100，Y：100，K：42）、小桃心的颜色为白色，最后去掉轮廓线，效果如图5-80所示。

07 绘制头像形状。使用“椭圆形工具”在页面空白处绘制一个近似于圆的椭圆，然后填充颜色为（C：53，M：100，Y：100，K：42），接着取消轮廓线，如图5-81所示。

图5-80

图5-81

08 选择“排斥工具”，然后在其属性栏中设置合适的“笔尖半径”，接着将光标放在椭圆上图5-82所示的位置，使笔刷中心在轮廓内部，再长按鼠标左键，并同时移动鼠标进行修改，使椭圆的轮廓向外凸，作为头像的左耳朵，最后新建一条水平辅助线，使其与头像左耳朵顶端贴齐，效果如图5-83所示。

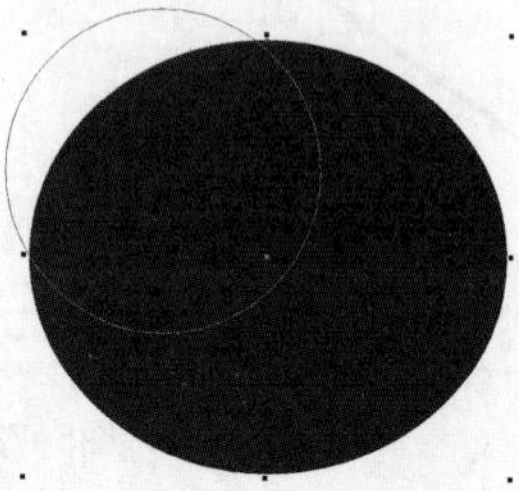

图5-82

图5-83

09 使用与上一步相同的操作方法，绘制头像的右耳朵，并使其顶端与辅助线贴齐，效果如图5-84所示。

10 保持“排斥工具”的选中状态，然后在其属性栏将“笔尖半径”适当调小，接着将光标放在头像的左下轮廓，使笔刷中心在轮廓外部，如图5-85所示，最后按住鼠标左键从左向右移动曲线，如图5-86所示，效果如图5-87所示。

图5-84

图5-85

图5-86

图5-87

11 绘制头像上的眼眶。使用“椭圆形工具”在头像上绘制图5-88所示的两个椭圆，然后框选头像，并执行“对象>造型>修剪”菜单命令，接着删除椭圆，效果如图5-89所示。

图5-88

图5-89

12 绘制头像上的牙齿。使用“矩形工具”在页面空白处绘制一个矩形，然后复制3份，接着将其水平排列，并适当调整第一个矩形和最后一个矩形的间距，如图5-90所示，再执行“对象>对齐与分布>对齐与分布”菜单命令打开“对齐与分布”泊坞窗，最后在泊坞窗中单击“对齐”选项下的“底端对齐”按钮和“分布”选项下的“左分散排列”按钮，如图5-91所示，效果如图5-92所示。

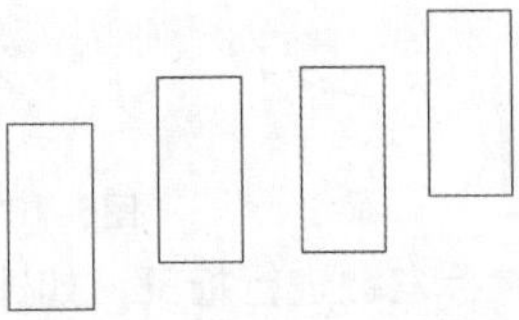

图5-90

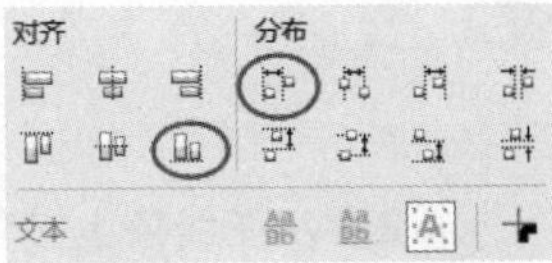

图5-91

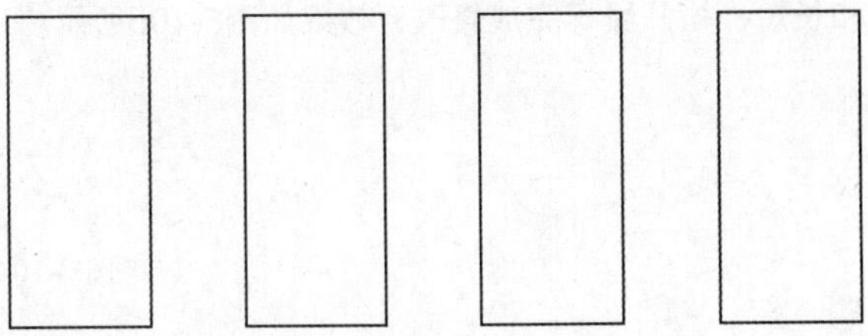

图5-92

13 选中排列好的矩形，然后按组合键Ctrl+G将其组合，接着将其拖曳到眼眶下面，并调整大小和位置，再去掉轮廓线，效果如图5-93所示。

图5-93

14 将图5-94所示的骨头图案复制一份，然后分别选中两根骨头，并分别在属性栏更改“旋转角度”为155°和25°，效果如图5-95所示，接着同时选中两根骨头，再按组合键Ctrl+G将其组合，最后将其拖曳到头像的下面，效果如图5-96所示。

图5-94

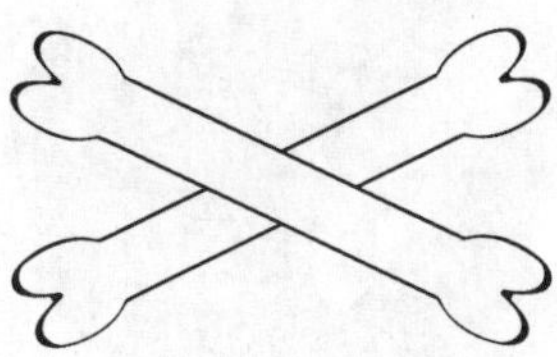

图5-95

图5-96

15 将上一步绘制好的骷髅图案拖曳到之前绘制好的桃心中间，然后调整大小，效果如图5-97所示，接着导入“素材文件>CH05>素材02.cdr”文件，再将其拖曳到桃心顶端的中间位置，最后选中所有对象，按组合键Ctrl+G将其组合，效果如图5-98所示。

图5-97

图5-98

16 导入“素材文件>CH05>素材03.cdr”文件，然后将上一步组合后的对象拖曳到素材中，并调整大小和位置，最终效果如图5-99所示。

图5-99

5.6 沾染工具

使用“沾染工具”可以在矢量对象外轮廓上进行拖曳使其变形，可以用于修饰线和面。选择工具后，可以在其属性栏进行相关参数设置，“沾染工具”的属性栏如图5-100所示。

图5-100

重要参数介绍

笔尖半径：调整沾染笔刷的尖端大小，决定凸出和凹陷的大小。

干燥：在使用“沾染工具”时调整加宽或缩小渐变效果的比率，范围是-10~10。数值为0时，笔刷是不渐变的；数值为-10时，笔刷随着鼠标的移动而变大，如图5-101所示；数值为10时，笔刷随着鼠标的移动而变小，如图5-102所示。

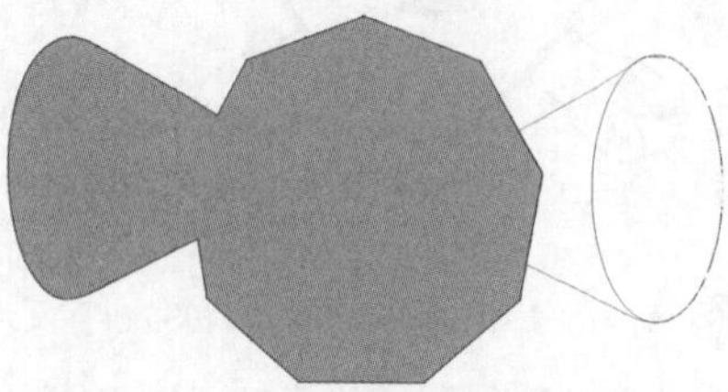

图5-101

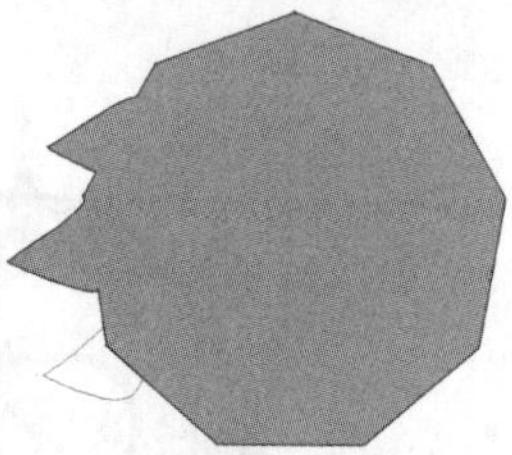

图5-102

笔倾斜：设置笔刷尖端的饱满程度，角度固定为15°～90°，角度越大越圆，越小越尖，调整的效果也不同。

笔方位：以固定的数值更改沾染笔刷的方位。

5.6.1 线的修饰

使用“沾染工具”修饰线段，可以使线段向鼠标移动的方向凸出。

操作演示

修饰曲线

视频名称：修饰曲线

扫码观看教学视频

使用“沾染工具”修饰曲线，下面是具体的操作步骤。

第1步：绘制线条并选中，如图5-103所示，然后单击“沾染工具”。

图5-103

第2步：在线条上按住鼠标左键进行拖曳，如图5-104所示，笔刷拖曳的方向和距离决定挤出的方向和长短，松开鼠标完成修改，效果如图5-105所示。

图5-104

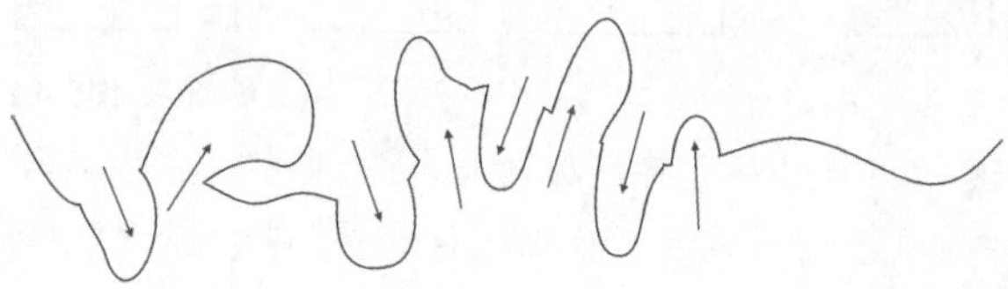

图5-105

注意，在调整时重叠的位置会被修剪掉，如图5-106所示。

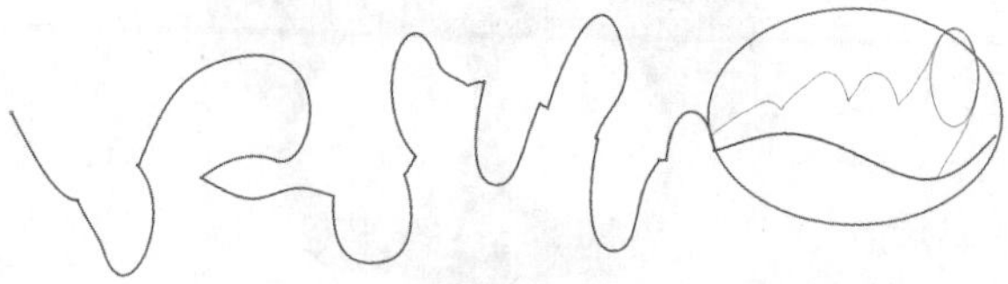

图5-106

5.6.2 面的修饰

使用“沾染工具”修饰面时，首先选中需要修改的闭合路径，然后单击“沾染工具”，在对象轮廓位置按住鼠标左键拖曳进行修改，笔尖向外拖曳为添加，如图5-107所示；笔尖向内拖曳为修剪，如图5-108所示。在调整时笔尖的拖曳方向和距离决定挤出的方向和长短，且重叠的位置会被修剪掉。

图5-107

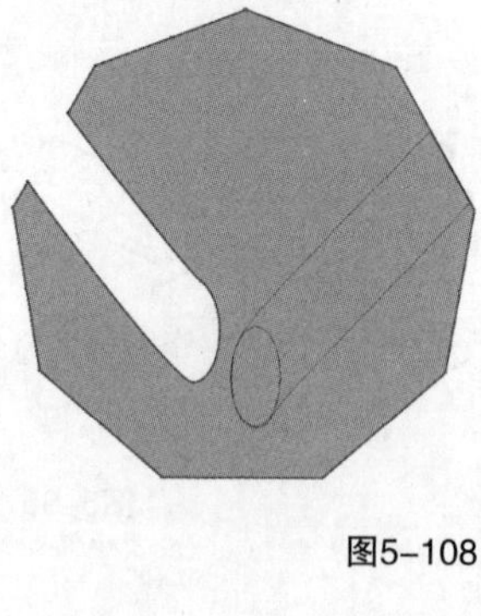

图5-108

> **提示**
>
> 注意，“沾染工具”只能用于单一对象，不能用于组合对象，对于组合对象，需要将其解散后分别针对线和面进行调整修饰。
>
> 此外，沾染的修剪不是真正的修剪，如果向内部调整的范围超出对象，就会有轮廓显示，而不是修剪成两个独立的对象，如图5-109所示。
>
> 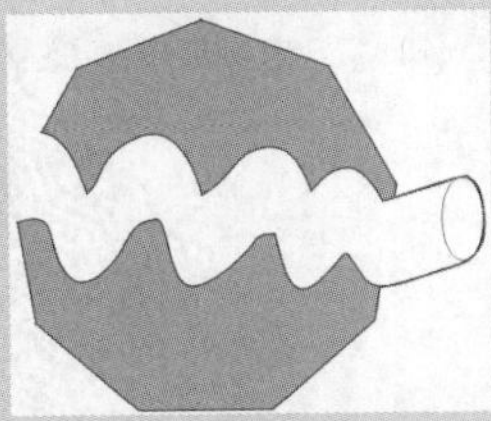
>
> 图5-109

5.7 粗糙工具

使用“粗糙工具”可以沿着对象的轮廓进行操作，将轮廓形状改变，它和“沾染工具”一样只能用于单一对象的修饰。选择工具后，可以在其属性栏进行相关参数设置，“粗糙工具”的属性栏如图5-110所示。

图5-110

重要参数介绍

尖突的频率：通过输入数值改变粗糙的尖突频率，数值最小为1，尖突比较缓，如图5-111所示；最大为10，尖突比较密集，像锯齿，如图5-112所示。

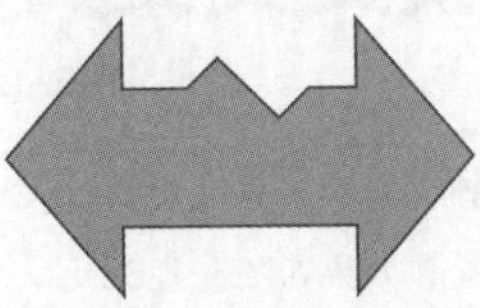

图5-111

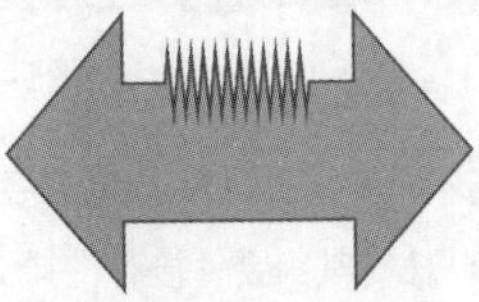

图5-112

尖突方向：可以更改粗糙尖突的方向。

> **提示**
>
> 注意，在转曲之后，如果在对象上添加了如变形、透视、封套之类的效果，也是无法使用“粗糙工具”的。若要使用该工具，必须再转曲一次。

操作演示

粗糙的修饰

视频名称：粗糙的修饰

扫码观看教学视频

使用“粗糙工具”修饰对象，可以使对象产生锯齿状的尖突效果，具体操作方法如下：

第1步：绘制对象并选中，如图5-113所示，然后单击“粗糙工具”。

图5-113

第2步：在对象轮廓上长按鼠标左键并拖曳进行修改，此时会形成细小且均匀的粗糙尖突效果，如图5-114所示，松开鼠标完成修改，，效果如图5-115所示。

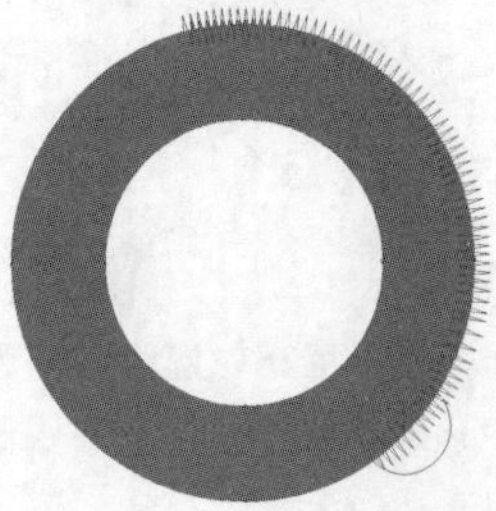

图5-114

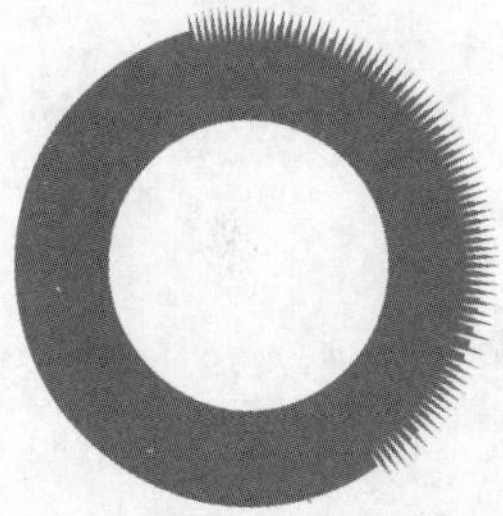

图5-115

实战练习

绘制多彩波纹背景

实例位置	实例文件>CH05>绘制多彩波纹背景.cdr
素材位置	素材文件>CH05>素材04.png
视频名称	绘制多彩波纹背景.mp4
技术掌握	粗糙工具的用法

扫码观看教学视频

最终效果图

01 新建一个A4大小的文档，然后使用“2点线工具”在页面中绘制一条长度为124mm的横直线，接着选中“粗糙工具”，并在其属性栏设置“笔尖半径”为30mm、“尖突的频率”为1，设置如图5-116所示，最后将光标移动到横线上左端，按住鼠标左键从左向右拖曳，得到一条波纹线，如图5-117所示，效果如图5-118所示。

图5-116

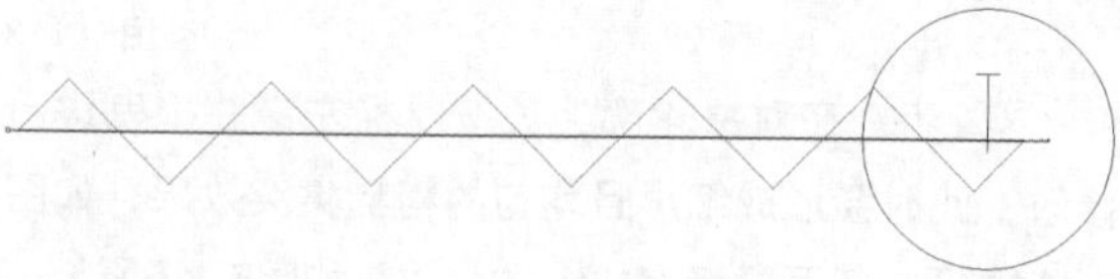

图5-117

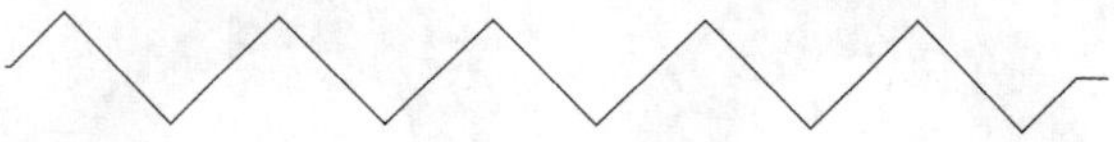

图5-118

02 更改波纹线的长度为210mm，然后填充轮廓线颜色为（C：40，M：40，Y：0，K：0），如图5-119所示，接着将波纹线复制一份，再更改线的“轮廓宽度”分别为3mm和5mm，如图5-120所示。

图5-119

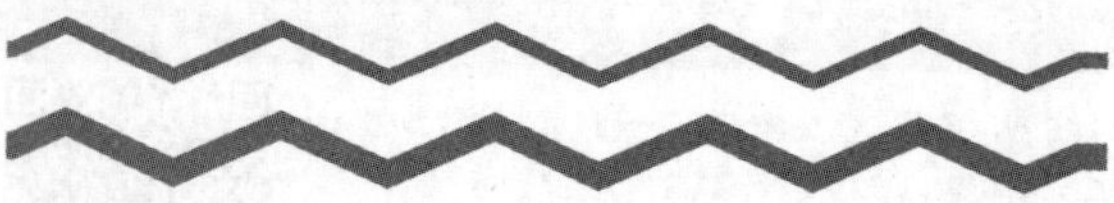

图5-120

03 执行“编辑>步长和重复”菜单命令，打开“步长与重复”泊坞窗，然后选中较细的波纹线，接着在泊坞窗中的“垂直设置”下设置“类型”为“对象之间的间距”、“距离”为-3mm、“方向”为“往下”、“份数”为48，设置如图5-121所示，效果如图5-122所示。

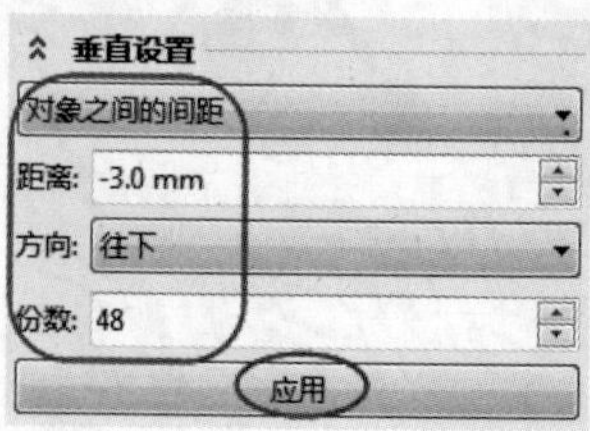

图5-121

图5-122

04 更改一些波纹线的颜色，然后将对象框选，并按组合键Ctrl+G将其组合，接着将其旋转45°，效果如图5-123所示。

图5-123

05 选中较粗的波纹线，然后在泊坞窗中的“垂直设置”下设置“类型”为“对象之间的间距”、“距离”为3mm、“方向”为“往下”、“份数”为24，设置如图5-124所示，效果如图5-125所示。

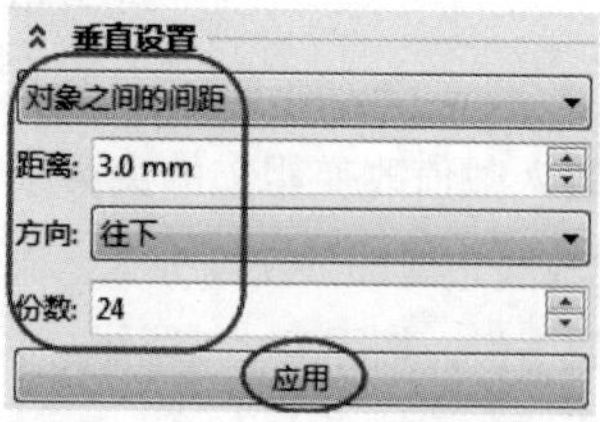

图5-124

图5-125

06 更改一些波纹线的颜色，然后将对象框选，并按组合键Ctrl+G将其组合，接着将其旋转45°，效果如图5-126所示。

图5-126

07 双击“矩形工具”新建一个与页面大小相同的矩形，填充颜色为（C：0，M：0，Y：20，K：0），接着更改“轮廓宽度”为2mm，填充轮廓颜色为（C：0，M：60，Y：100，K：0），如图5-127所示。

图5-127

08 选中较细波纹线对象，然后执行“对象>图框精确裁剪>置于图文框内部”菜单命令，将对象置于矩形框中，接着单击矩形框下面的“编辑PowerClip”按钮进入编辑模式，如图5-128所示，再将波纹对象放大直到覆盖矩形，最后单击矩形下面的“停止编辑内容”按钮完成编辑，如图5-129所示，效果如图5-130所示。

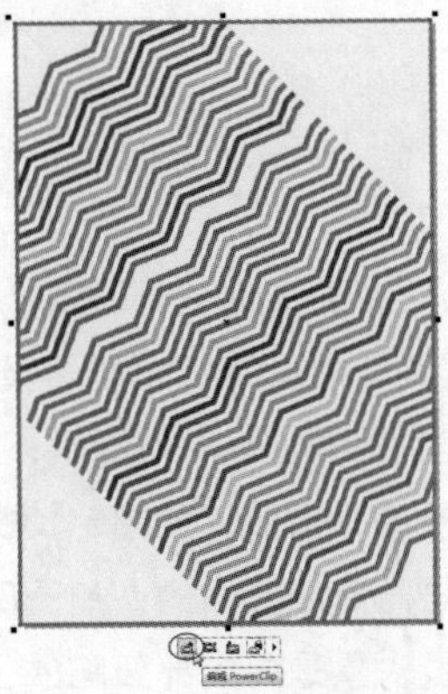

图5-128

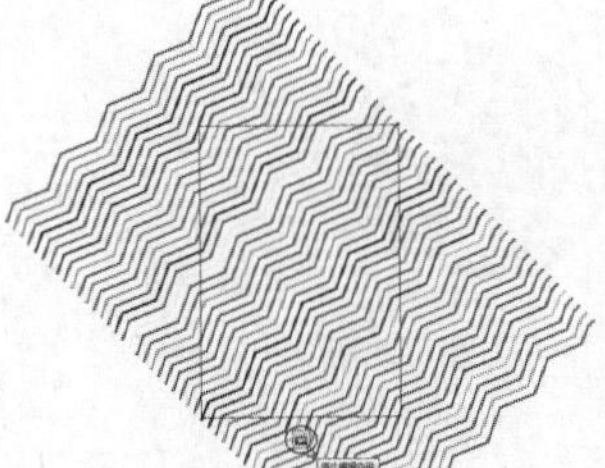

图5-129

图5-130

09 使用和上一步相同的方法将较粗波纹对象也置于矩形中，然后进入编辑模式放大到覆盖矩形，如图5-131所示，接着将该对象向下拖曳一定距离，使其与较细的波纹对象产生错开的效果，如图5-132所示，最后单击矩形下面的“停止编辑内容”按钮完成编辑，效果如图5-133所示。

图5-131

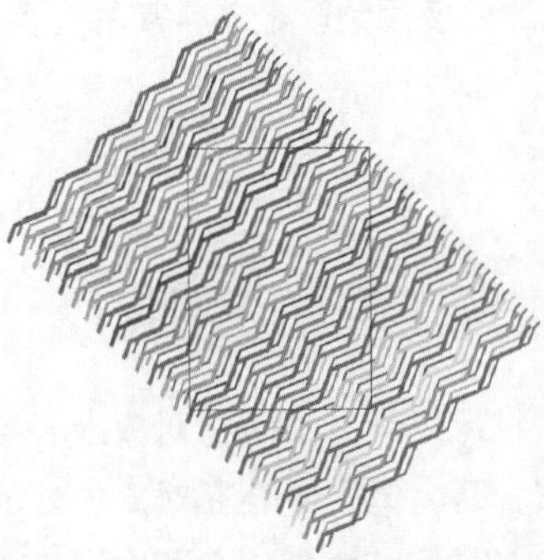

图5-132

图5-133

10 导入“素材文件>CH05>素材04.png”文件，然后调整大小，接着将其拖曳到矩形中间，最终效果如图5-134所示。

图5-134

本章学习总结

细说形状工具

与本章的其他工具相比，“形状工具”似乎不太一样，其他工具都是通过使用圆形的笔刷在对象上长按或者长按拖曳来改变对象的形状，而形状工具却是通过调整对象的节点来改变对象的形状，但是为什么我们要将其分配到这一章中呢？就像前面提到的一样，它们都是可以用来改变图形形状的工具，而我们这一章讲解的就是图形的修饰，所以将其归在了这一章中。

扫码观看教学视频

大多数时候在绘制图形之后都需要“形状工具”来进行二次加工，将图形调整得更平滑、精致。“形状工具”在很多地方都可以使用，既可以用来调整图形的形状，还可以用来调整文字的形状，并且在使用本章其他工具修改对象形状后，还可以使用形状工具进行调整，因此在绘制图形时“形状工具”的使用频率是非常高的，但是有一个前提，就是在调整之前需要将对象转换为曲线。

吸引工具和排斥工具的区别

“吸引工具”和“排斥工具”都是在对象上长按鼠标左键拖曳进行调整，两者的区别在于笔刷中心位置的放置，两者笔刷中心在对象内外的效果是相反的，即当“吸引工具”的笔刷中心在对象内部时，长按鼠标左键对象是向内部凹陷的，如图5-135所示；而当“排斥工具”的笔刷中心在对象内部时，长按鼠标左键对象是向外部凸出的，如图5-136所示。当“吸引工具”的笔刷中心在对象外部时，长按鼠标左键对象是向外部凸出的，如图5-137所示；而当“排斥工具”的笔刷中心在对象外部时，长按鼠标左键对象是向内部凹陷的，如图5-138所示。另外，从下面4张图中我们还可以看出“吸引工具”的吸引效果会越来越小，而“排斥工具”的排斥效果是根据笔触大小来定的。

扫码观看教学视频

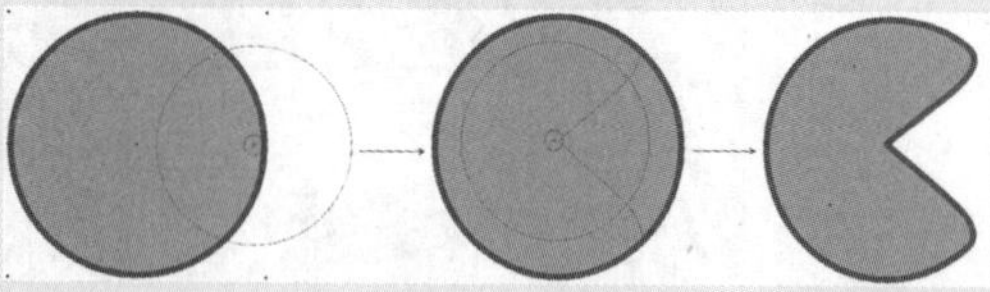

图5-135

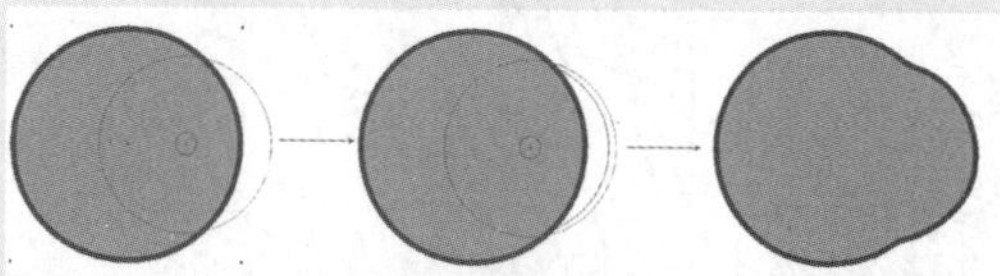

图5-136

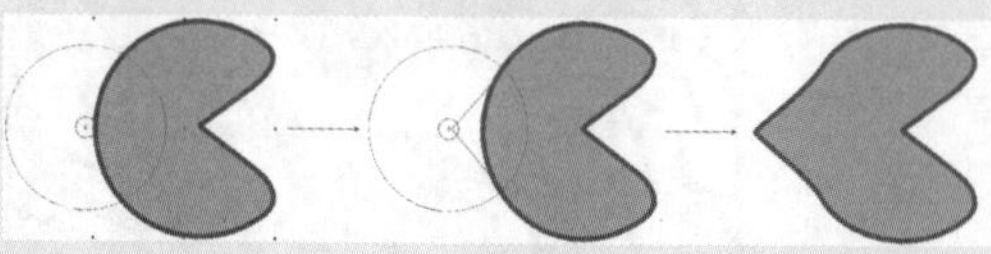

图5-137

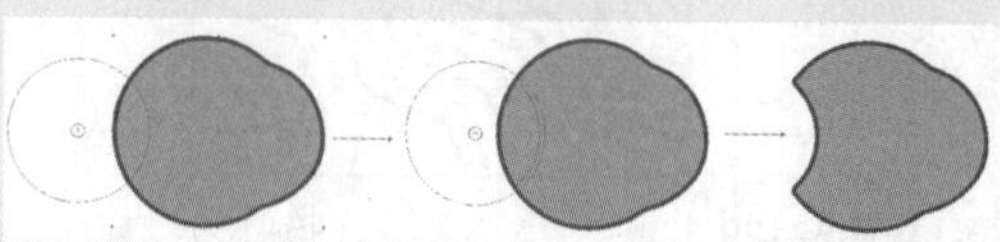

图5-138

第6章 图形的编辑

在CorelDRAW中，对于已经绘制好的图形，可以对其进行擦除、裁剪、精确剪裁和造形等编辑操作，本章主要讲解这些编辑图形的工具或者命令的使用方法。通过学习本章，可以更好地对图形进行处理，从而更完美地展现图形。

- 了解橡皮擦工具的用法
- 懂得如何使用裁剪工具
- 学会使用图框精确剪裁命令
- 掌握造型操作

本章学习建议

继图形的绘制、修饰后，我们接下来讲解的是图形的编辑，图形的编辑就是在图形上应用各种工具或者命令，使图形发生一些区别于原对象的变化。在本章讲解的一系列图形编辑的工具或者命令中，重点要掌握图框的精确剪裁和造型的操作。图框精确剪裁这部分内容学习起来比较简单，但在实际操作中的作用却不容忽视。而造型的操作，虽然内容较多，但是掌握起来也不难，因为这个命令分类型操作，应根据需要的效果选择相应的命令，我们只需在学习时牢记每一种造型可以达到的效果，便可以在使用的时候迅速反应，合理进行运用。需要注意的一点是，造型操作可以通过菜单命令进行直接操作，也可以执行相关菜单命令打开泊坞窗，在泊坞窗中进行操作，两者的区别不是很明显，可能有些许名称上的差别。例如，菜单命令中的“合并”和泊坞窗中的“焊接”实际是同一个造型操作，在操作效果上没有任何差异。

扫码观看教学视频

6.1 橡皮擦工具

“橡皮擦工具”用于擦除位图或矢量图中不需要的部分，文本和有辅助效果的图形需要转曲后才能进行操作。选择工具后，可以在其属性栏进行相关参数设置，“橡皮擦工具”的属性栏如图6-1所示。

图6-1

重要参数介绍

橡皮擦厚度：在后面的文本框1.0 mm中输入数值，可以调节橡皮擦尖头的宽度。

提示

调节橡皮擦尖头的宽度，除了可以在文本框中输入数值外，还可以通过按住Shift键再按住鼠标左键移动来调节。

减少节点：单击激活该按钮，可以减少在擦除过程中节点的数量。

橡皮擦形状：橡皮擦的形状有两种，一种是默认的圆形笔尖，另一种是未激活的方形笔尖。

操作演示

使用橡皮擦擦除对象

视频名称：使用橡皮擦擦除对象

扫码观看教学视频

根据实际操作的需要，有时需要擦除对象的某些部分，这时我们就可以选择使用“橡皮擦工具”来对对象进行擦除，下面是该工具的具体使用方法。

第1步：导入位图进行选中，然后选择“橡皮擦工具”，并将光标移动到对象内，接着单击鼠标左键定下开始点，再移动光标，此时会出现一条可进行预览的虚线，如图6-2所示，最后单击鼠标左键进行直线擦除，效果如图6-3所示。

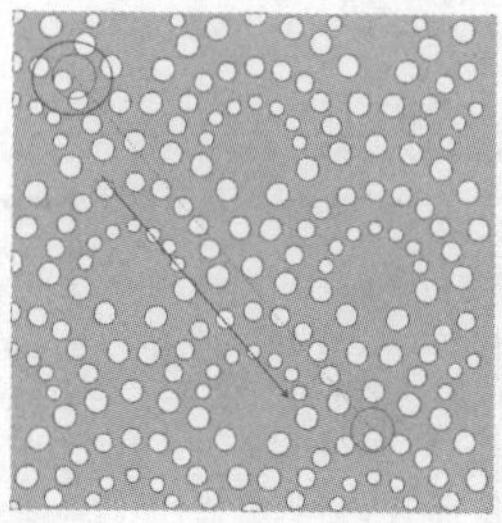

图6-2

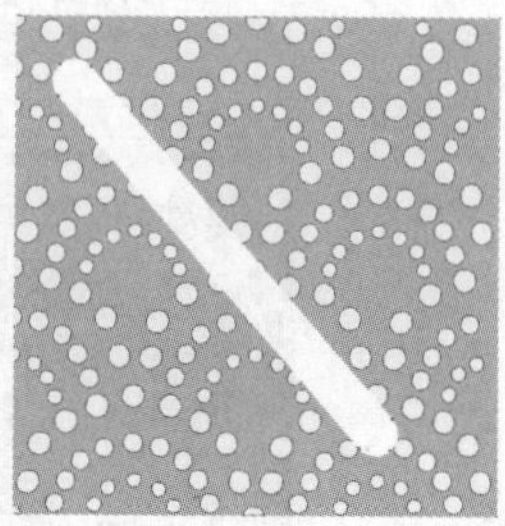

图6-3

第2步：将光标移动到对象外也可进行擦除。将光标移动到对象外部，然后单击鼠标左键确定起始点，接着移动到对象另一边的外部，如图6-4所示，最后单击鼠标左键完成擦除，效果如图6-5所示。

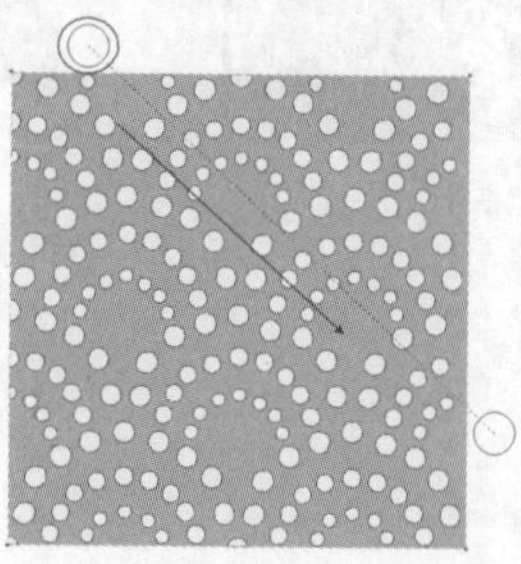

图6-4

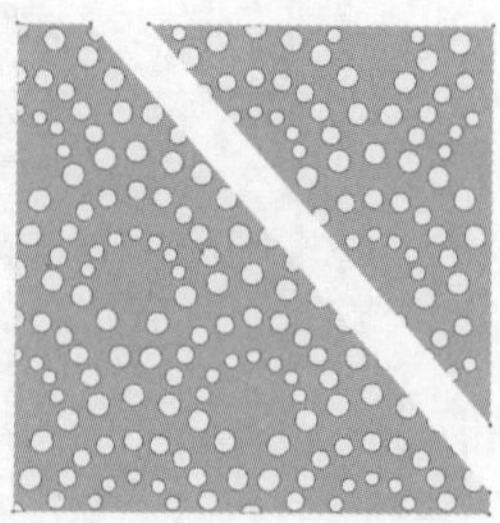

图6-5

第3步：按住鼠标左键移动可以随意进行擦除，如图6-6所示。与“刻刀工具”不同的是，橡皮擦可以在对象内进行擦除。

图6-6

提示

在使用“橡皮擦工具”时，擦除的对象并没有拆分开，如图6-7所示。

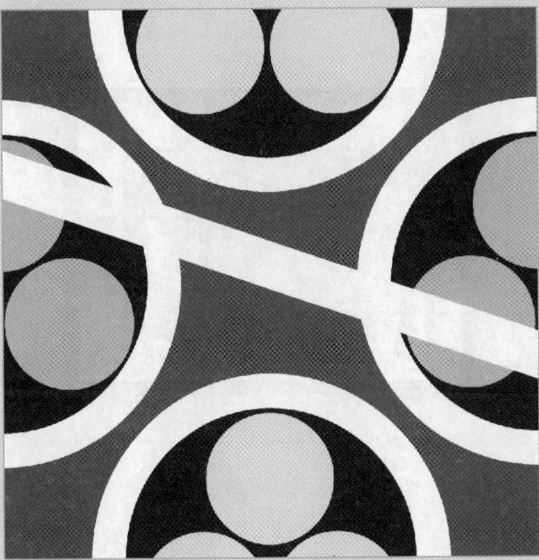

图6-7

需要进行分开编辑时，执行“对象>拆分位图”菜单命令，如图6-8所示，可以将原来的对象拆分成两个独立的对象，方便进行分别编辑，如图6-9所示。

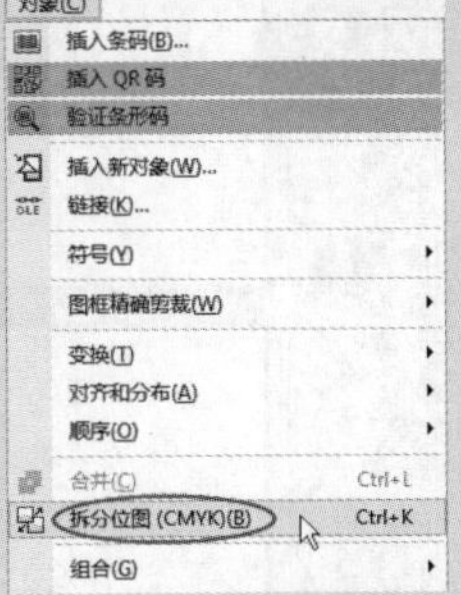

图6-8

图6-9

另外，“橡皮擦工具”和“虚拟段删除工具”一样，不能对组合对象、文本、阴影和图像进行操作。

6.2 裁剪工具

“裁剪工具”可以裁剪掉对象或图像中不需要的部分，它可以裁剪组合的对象，但不可以裁剪转曲过的对象。

操作演示

裁剪图像

视频名称：裁剪图像

扫码观看教学视频

“裁剪工具”的使用方法非常简单，下面以裁剪图像为例来对该工具的用法进行讲解。

第1步：选中需要修整的图像，然后单击“裁剪工具”，接着在图像上绘制范围，如图6-10所示。

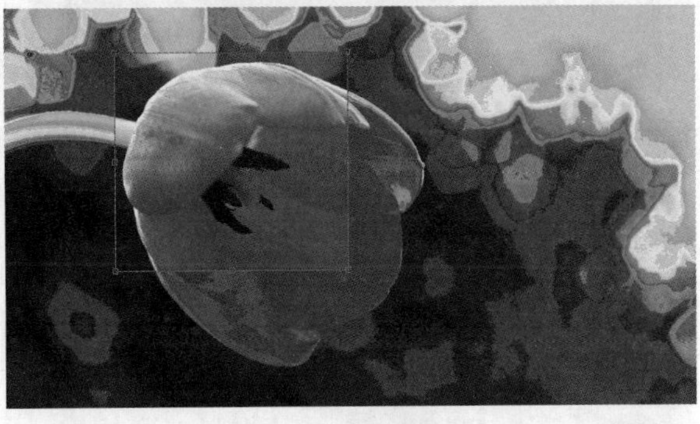

图6-10

第2步：如果裁剪范围不理想，可以拖曳节点进行修正，如图6-11所示，确定范围后按Enter键确定裁剪，效果如图6-12所示。

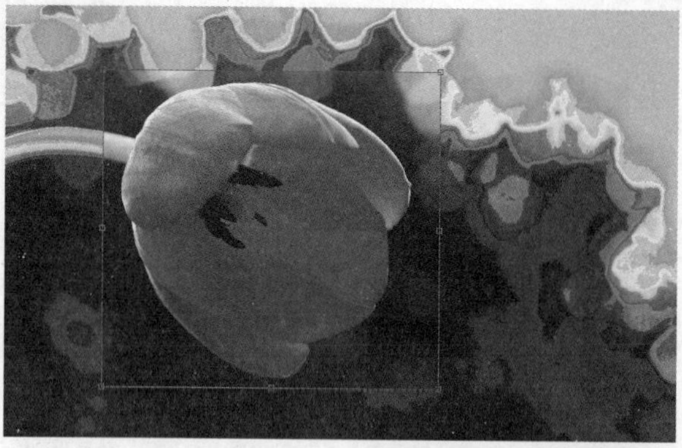

图6-11

图6-12

提示

在绘制裁剪范围时，单击范围内的区域可以旋转裁剪范围，让裁剪变得更灵活，如图6-13所示，按Enter键完成裁剪，效果如图6-14所示。

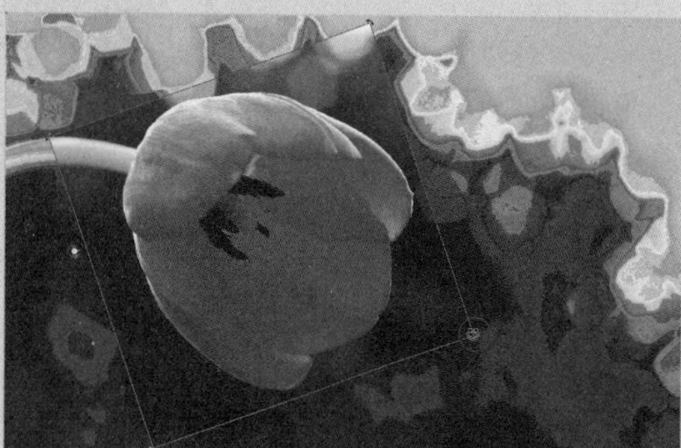

图6-13

图6-14

在绘制裁剪范围时，如果绘制失误，可以单击属性栏中的“清除裁剪选取框”按钮，如图6-15所示，取消裁剪的范围，方便用户重新进行范围绘制。

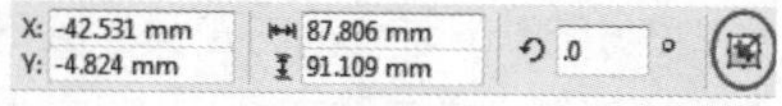

图6-15

实战练习

制作儿童相册

实例位置　实例文件>CH06>制作儿童相册.cdr

素材位置　素材文件>CH06>素材01.cdr、02.jpg~04.jpg、05.cdr

视频名称　制作儿童相册.mp4

技术掌握　裁剪工具的用法

扫码观看教学视频

最终效果图

01 打开“素材文件>CH06>素材01.cdr”文件，如图6-16所示，然后导入“素材文件>CH06>素材02.jpg~04.jpg”文件，如图6-17所示。

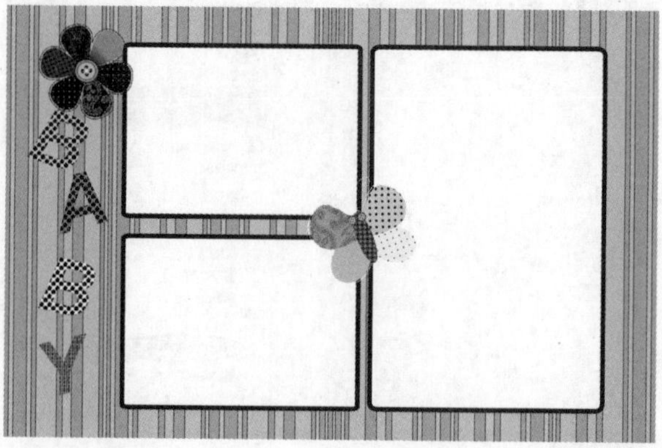

图6-16

图6-17

02 选中图6-18所示的图像，然后使用“裁剪工具” 在相框中绘制裁剪范围，如图6-19所示，接着将绘制好的裁剪框拖曳到选中的图像上，如图6-20所示。

图6-18

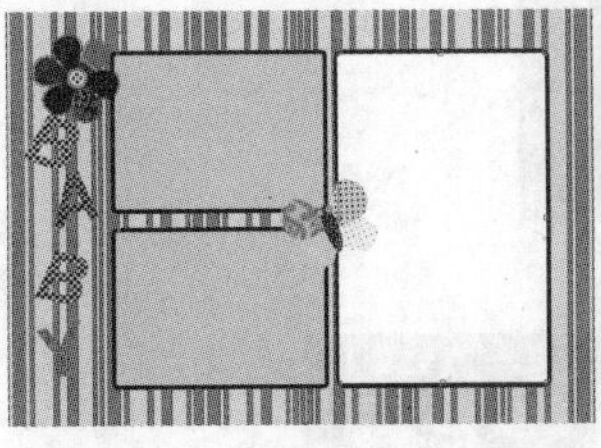

图6-19

图6-20

提示

注意，在使用“裁剪工具” 绘制裁剪范围之前，一定要选中需要裁剪的对象，否则按Enter键后无法裁剪对象。

03 如果裁剪框太小，可以将光标移动到裁剪框的直角上，当光标变为┼形状时按住Shift键，然后按住鼠标左键进行拖曳，等比例放大裁剪框，如图6-21所示，效果如图6-22所示。

图6-21

图6-22

04 确定裁剪范围后按Enter键裁剪对象，然后将裁剪后的图像拖曳到相框中，如图6-23所示，接着选中相框中间的蝴蝶图形，按组合键Shift+PgUp将蝴蝶图形移动到图层的最前面，效果如图6-24所示。

图6-23

图6-24

05 使用相同的方法裁剪其他照片，然后将裁剪好的照片拖曳到对应的相框中，并将选中页面中的所有对象按组合键Ctrl+G进行组合，如图6-25所示，接着导入“素材文件>CH06>素材05.cdr”文件，最后将组合后的对象拖曳到素材相框中，最终效果如图6-26所示。

图6-25

图6-26

6.3 图框精确剪裁

“图框精确剪裁”命令可以将所选对象置入目标对象的内部，使对象按目标对象的外形进行精确的裁剪，形成纹理或者裁剪图像效果。所选对象可以是矢量对象也可以是位图对象，置入的目标可以是任何对象，如文字或图形等。下面我们对该命令的相关操作进行讲解。

6.3.1 置入对象

执行“对象>图框精确剪裁>置于图文框内部”菜单命令，可以将选中的对象置入已绘制完成的形状中。

操作演示

将图像置入形状内

视频名称：将图像置入形状内

扫码观看教学视频

可以在图像上面或者外部绘制形状进行置入，下面是具体的操作步骤。

第1步：导入素材，然后在页面空白处绘制一个形状，此时可以对形状填充颜色和更改轮廓线颜色，如图6-27所示。

图6-27

第2步：选中位图，执行“对象>图框精确剪裁>置于图文框内部”菜单命令，如图6-28所示，此时光标会自动显示为➡形状，再将光标移动到形状内，如图6-29所示，最后单击鼠标左键将图片置入，置入后的位图居中显示，效果如图6-30所示。

图6-28

图6-29

图6-30

第3步：在置入时，我们也可以在需要置入的对象上绘制图形，如图6-31所示，然后选中对象，执行“对象>图框精确剪裁>置于图文框内部”菜单命令，执行置入后的图像为图形所在的区域，如图6-32所示。

图6-31

图6-32

6.3.2 编辑操作

在置入对象后可以在菜单栏“对象>图框精确剪裁”的子菜单上选择命令进行相关操作，如图6-33所示。也可以在对象下方的悬浮按钮上选择命令进行操作，如图6-34所示。

图6-33

图6-34

1.编辑内容

用户可以选择相应的编辑方式编辑置入内容。

（1）编辑PowerClip

选中对象，此时下方会出现悬浮按钮，然后单击“编辑PowerClip”按钮进入目标对象内部，如图6-35所示，接着调整位图的位置或大小，如图6-36所示，最后单击“停止编辑内容”按钮完成编辑，如图6-37所示。

图6-35

图6-36

图6–37

（2）选择PowerClip内容

选中对象，此时下方会出现悬浮按钮，然后单击“选择PowerClip内容”按钮选中置入的位图，如图6-38所示。

图6–38

“选择PowerClip内容”进行编辑内容是不需要进入目标对象内部的，可以直接选中对象，系统会自动以圆点标注出来，然后直接进行编辑，单击任意位置完成编辑，如图6-39所示。

图6–39

2.调整内容

单击图像下方悬浮按钮后面的展开箭头，在打开的下拉菜单上可以选择相应的命令来调整置入的对象。

（1）内容居中

当置入的对象位置有偏移时，选中置入后的图像，在悬浮按钮的下拉菜单上执行“内容居中”命令，可将置入的对象居中排放在目标对象内，如图6-40所示。

图6–40

（2）按比例调整内容

当置入的对象大小与目标对象不符时，选中置入后的对象，在悬浮按钮的下拉菜单上选择“按比例调整内容”命令，可将置入的对象按图像原比例缩放在目标对象内，如图6-41所示。如果目标对象的形状与置入的对象形状不符合，会留空白位置。

图6-41

（3）按比例填充框

当置入的对象大小与目标对象不符时，选中置入后的对象，在悬浮按钮的下拉菜单上选择“按比例填充框”命令，可将置入的对象按图像原比例填充在目标对象内，如图6-42所示，图像不会变形。

图6-42

（4）延展内容以填充框

当置入对象的比例大小与目标对象的形状不符时，选中置入后的图像，在悬浮按钮的下拉菜单上选择“延展内容以填充框”命令，将置入的对象按目标对象比例进行填充，如图6-43所示，图像会变形。

图6-43

3. 锁定内容

将对象置入目标对象形状后，可以锁定形状中的对象。

操作演示

锁定内容

视频名称：锁定内容

扫码观看教学视频

在目标对象形状中锁定内容对象后，对象不会随着形状的移动而移动。

第1步：当对象置入后，在下方的悬浮按钮上单击“锁定PowerClip的内容”按钮解锁，如图6-44所示，然后移动桃心目标对象，置入的对象不会随着桃心移动而移动，如图6-45所示。

图6-44

图6-45

第2步：单击“锁定PowerClip的内容”按钮激活上锁后，移动桃心目标对象会连带置入对象一起移动，如图6-46所示。

图6-46

4. 提取内容

将对象置入目标对象形状后，还可以将对象从形状中提取出来。

操作演示

提取内容

视频名称：提取内容

扫码观看教学视频

单击“提取内容”按钮可以提出置入形状中的对象，下面是相关操作。

第1步：选中置入后的图像，然后在下方出现的悬浮按钮中单击“提取内容”按钮，将置入对象提取出来，如图6-47所示。

图6-47

第2步：提取对象后，目标对象中间会出现两条对角线，如图6-48所示，表示该对象为“空PowerClip图文框”显示，此时拖入图片或提取出的对象可以快速置入。

图6-48

第3步：选中“空PowerClip图文框”，然后单击鼠标右键，在打开的菜单中执行“框类型>无”命令，如图6-49所示，可以将空PowerClip图文框转换为图形对象，如图6-50所示。

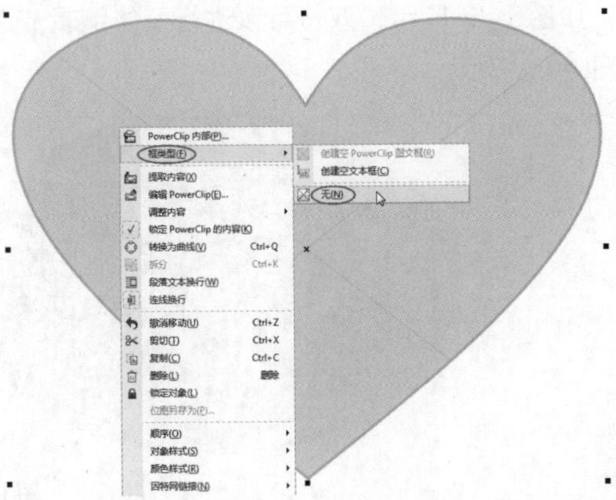

图6-49

图6-50

实战练习

制作花朵便签纸

实例位置　实例文件>CH06>制作花朵便签纸.cdr
素材位置　素材文件>CH06>素材06.cdr、07.cdr
视频名称　制作花朵便签纸.mp4
技术掌握　图框精确剪裁命令

扫码观看教学视频

最终效果图

01 打开“素材文件>CH06>素材06.cdr”文件，如图6-51所示，然后将素材填充为黑色，并去掉轮廓线，如图6-52所示。

图6-51

图6-52

02 将素材复制一份，然后填充颜色为（C：1，M：3，Y：9，K：0），并去掉轮廓线，如图6-53所示，接着将其拖曳到黑色的对象上，如图6-54所示。

图6-53

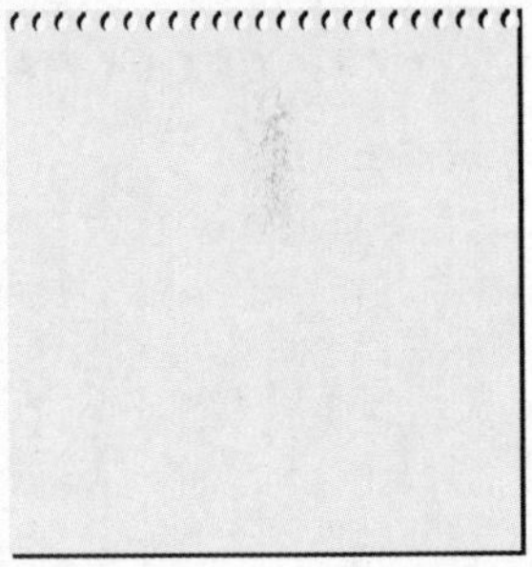

图6-54

03 打开“素材文件>CH06>素材07.cdr”文件，然后将其拖曳到最上层对象的右下角，如图6-55所示，接着执行“对象>图框精确剪裁>置于图文框内部”菜单命令，待光标变为➡形状时，将光标移动到最上层对象上，如图6-56所示，最后单击鼠标左键将素材置入，最终效果如图6-57所示。

图6-55

图6-56

图6-57

6.4 刻刀工具

“刻刀工具”可以将对象边缘沿直线、曲线绘制拆分为两个独立的对象。选择工具后，可以在其属性栏进行相关参数设置，“刻刀工具”的属性栏如图6-58所示。

图6-58

重要参数介绍

保留为一个对象：将对象拆分为两个子路径，并不是两个独立对象。激活该按钮后不能进行分别移动，如图6-59所示，双击可以进行整体编辑节点，如图6-60所示。

图6-59

图6-60

剪切时自动闭合：激活该按钮后，在分割时会自动闭合路径，且将对象拆分为两个独立的对象，填充效果依然存在，如图6-61所示；关掉该按钮，切割后不会闭合路径，且填充效果消失，但是对象依然拆分为两个独立的对象，图6-62所示只显示路径。

图6-61

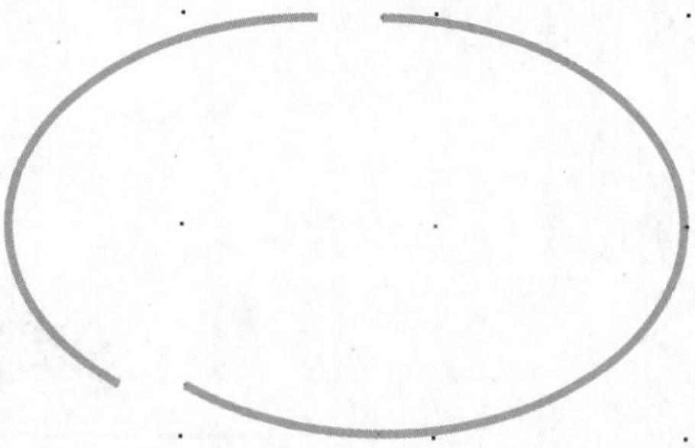

图6-62

6.4.1 直线拆分对象

使用“刻刀工具”在对象上绘制直线，便可以以直线的方式拆分对象。

操作演示

直线拆分对象

视频名称：直线拆分对象

扫码观看教学视频

直线拆分对象的方法简单易掌握，下面是具体操作步骤。

第1步：选中对象，然后单击“刻刀工具”，当光标变为刻刀形状时，移动到对象轮廓线上单击鼠标左键定下开始点，如图6-63所示，移动光标会出现一条可进行预览的实线，如图6-64所示。

图6-63

图6-64

第2步：将光标移动到目标位置后，单击左键确认，此时绘制的切割线变为轮廓属性，如图6-65所示。拆分为独立对象后，可以分别移动拆分后的对象，如图6-66所示。

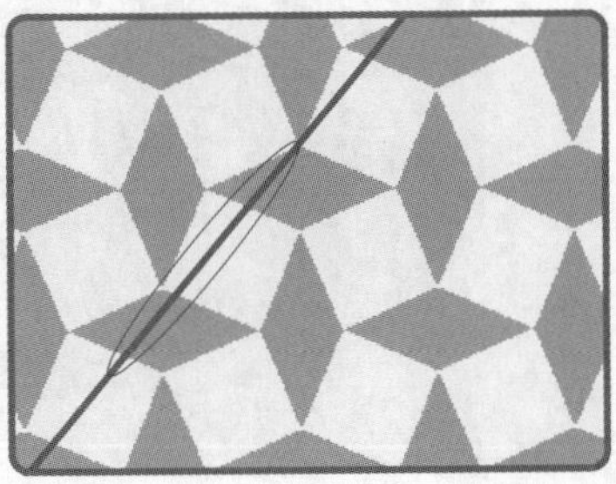

图6-65

图6-66

6.4.2 曲线拆分对象

使用“刻刀工具”在对象上绘制曲线，可以以曲线的方式拆分对象。

操作演示

曲线拆分对象

视频名称：曲线拆分对象

扫码观看教学视频

曲线拆分对象相对于直线拆分对象，效果更美观，下面是拆分对象的步骤。

第1步：选中对象，然后单击“刻刀工具”，当光标变为刻刀形状时，移动到对象轮廓线上按住鼠标左键绘制曲线，如图6-67所示，预览绘制的实线进行调节，如图6-68所示。若切割失误，可按组合键Ctrl+Z撤销后进行重新绘制。

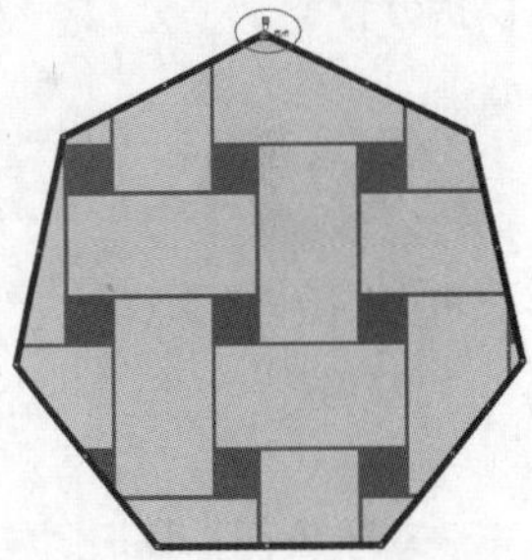

图6-67

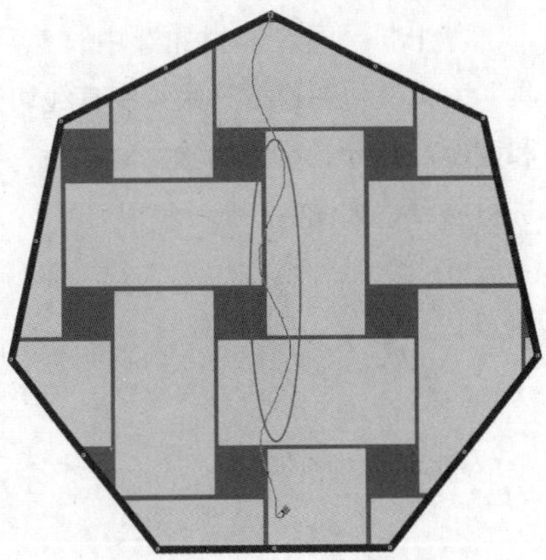

图6-68

第2步：曲线绘制到对象边缘线后，会吸附连接成轮廓线，如图6-69所示。拆分为独立对象后，可以分别移动拆分后的对象，如图6-70所示。

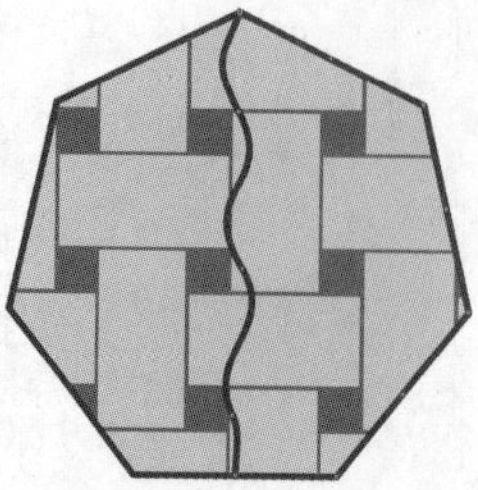

图6-69

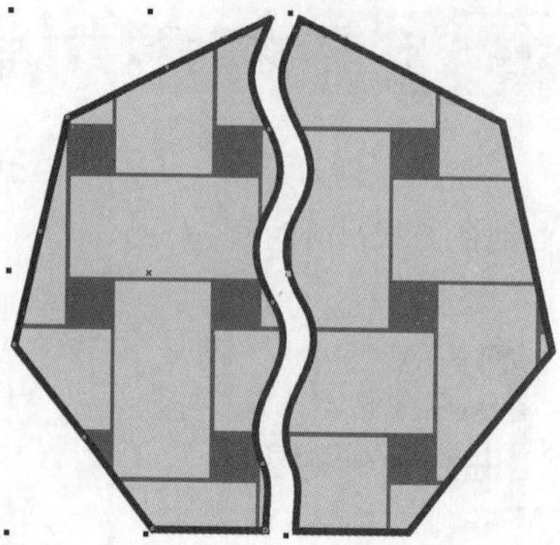

图6-70

6.4.3 拆分位图

"刻刀工具"除了可以拆分矢量图之外，还可以拆分位图。

操作演示

拆分位图

视频名称：拆分位图

扫码观看教学视频

对于位图，我们同样可以使用直线和曲线两种方式进行拆分，下面对此进行讲解。

第1步：导入素材并选中，然后单击"刻刀工具"，在位图边框开始绘制直线切割线，如图6-71和图6-72所示，拆分为独立对象后，可以将对象分别进行移动，如图6-73所示。

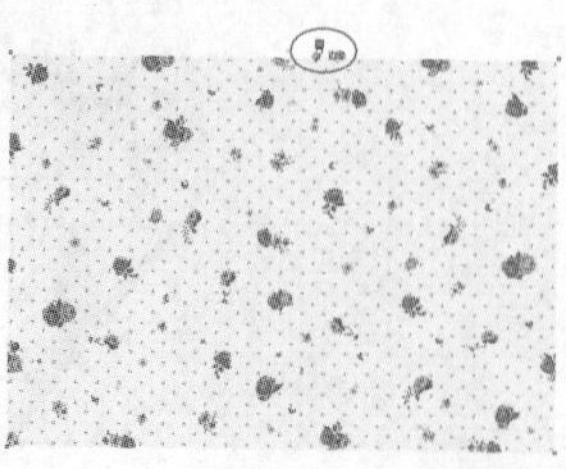

图6-71

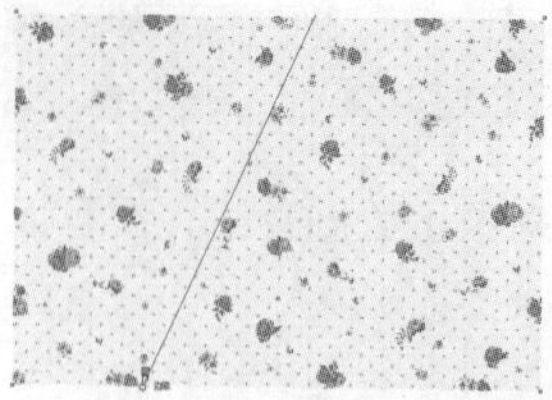

图6-72

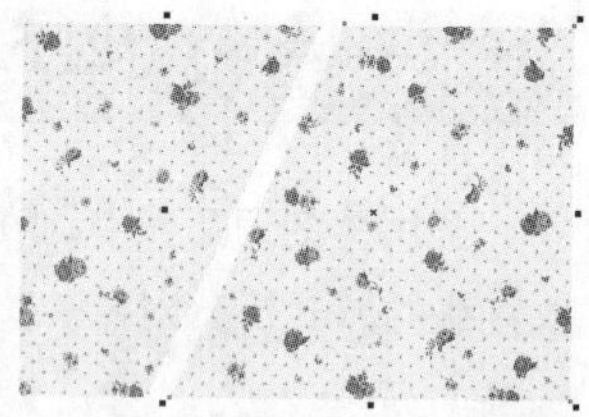

图6-73

第2步：在位图边框开始绘制曲线切割线，如图6-74所示，拆分为独立对象后，可以将对象分别进行移动，如图6-75所示。

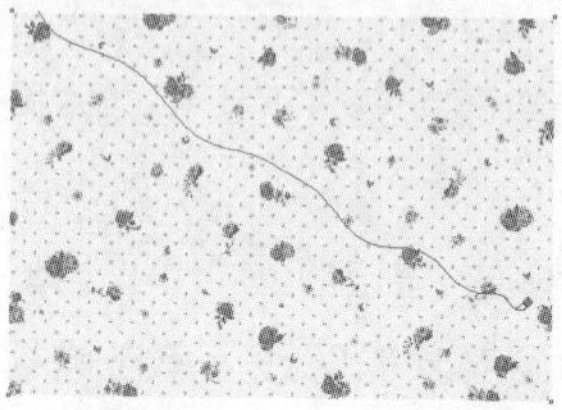

图6-74

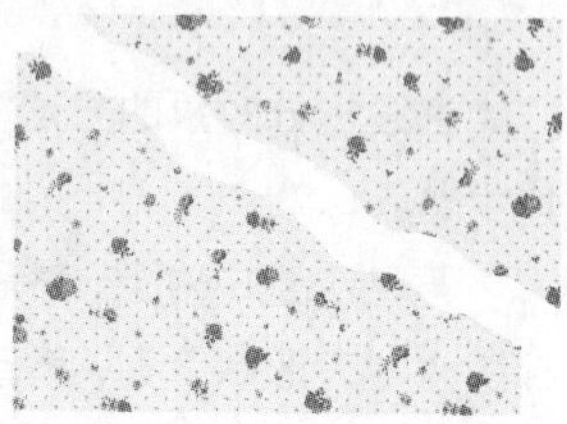

图6-75

疑难问答

"切割工具"可以绘制平滑的曲线吗?

使用"切割工具"绘制曲线切割，除了长按鼠标左键拖曳绘制外，可以先按住Shift键，再单击定下节点，然后进行曲线绘制，形成平滑曲线，如图6-76所示，效果如图6-77所示。

图6-76

图6-77

6.5 虚拟段删除工具

“虚拟段删除工具”用于删除对象中重叠和不需要的线段。

操作演示

删除线段

视频名称：删除线段

扫码观看教学视频

“虚拟段删除工具”可以删除对象中多余的线段，并在连接节点后，能够对对象进行填充操作。下面对该工具的用法进行详细讲解。

第1步：绘制一个图形并选中，然后选择“虚拟段删除工具”，将光标移动到页面空白处，光标显示为，如图6-78所示，将光标移动到需要删除的线段上，光标变为，如图6-79所示。

图6-78

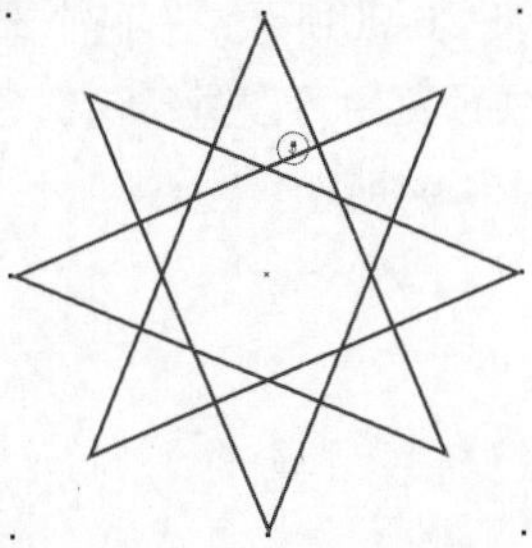

图6-79

第2步：单击选中的线段进行删除，如图6-80所示，删除多余线段后，效果如图6-81所示。

图6-80

图6-81

第3步：此时图形无法进行填充操作，因为删除线段后节点是断开的，如图6-82所示，选择“形状工具”连接节点，闭合路径后就可以进行填充操作了，如图6-83所示。

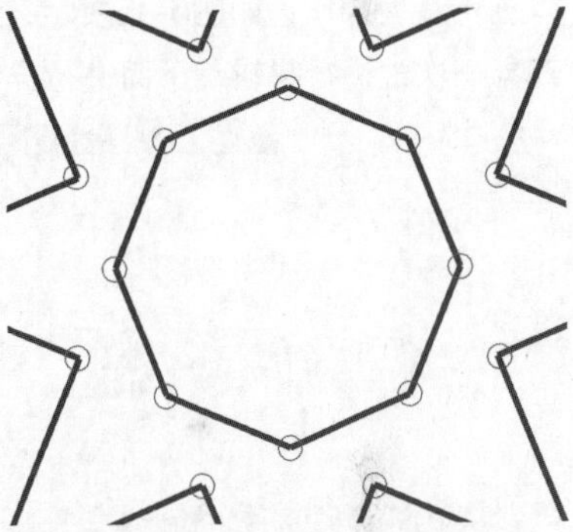

图6-82

图6-83

提示

“虚拟段删除工具”不能对文本、阴影和图像进行操作。

6.6 造型操作

执行菜单栏中的“对象>造形>造型”命令，打开“造型”泊坞窗，如图6-84所示，该泊坞窗可以执行“焊接”“修剪”“相交”“简化”“移除后面对象”“移除前面对象”“边界”命令对对象进行编辑操作。

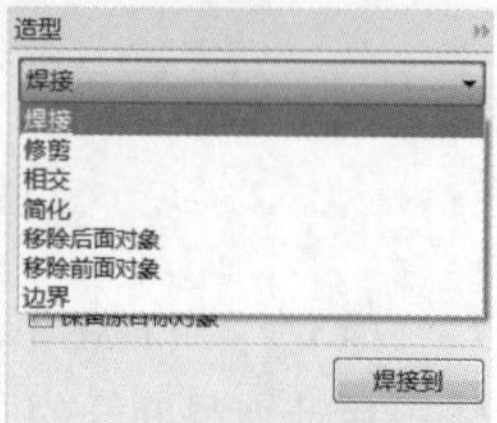

图6-84

分别执行菜单栏中“对象>造形”下的命令也可以进行造型操作，如图6-85所示，菜单栏操作可以将对象一次性进行编辑，下面进行详细介绍。

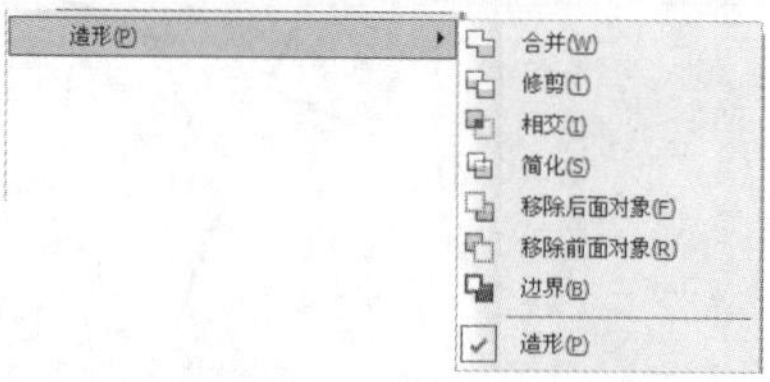

图6-85

6.6.1 焊接

“焊接”命令可以将2个或者多个对象焊接成一个独立对象。下面分别讲解该命令在“菜单栏”和“泊坞窗”中的使用方法。

1.菜单栏焊接操作

全选需要焊接的对象，如图6-86所示，执行“对象>造形>合并”菜单命令，如图6-87所示。在焊接前选中的对象如果颜色不同，在执行该菜单命令后都以底层的对象为主，如图6-88所示。

图6-86

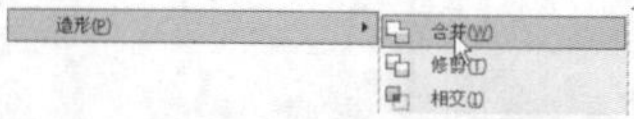

图6-87

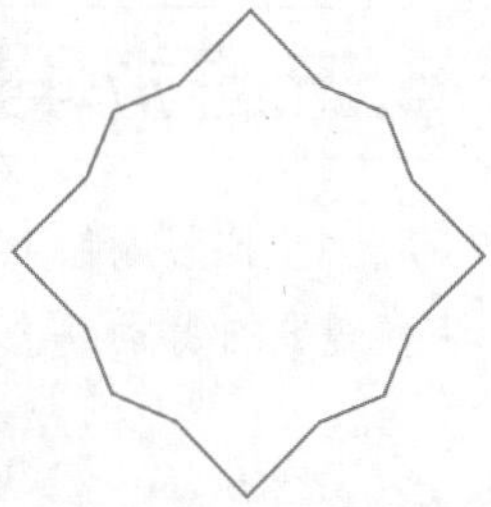

图6-88

疑难问答

菜单和泊坞窗中的焊接为什么名称不同?

菜单命令里的“合并”和“造型”泊坞窗中的“焊接”是同一个，只是名称有变化，菜单命令在于一键操作，泊坞窗中的“焊接”可以进行设置，使焊接更精确。

2.泊坞窗焊接操作

选中一个对象，此选中的对象为“原始源对象”，而未被选中的对象则为“目标对象”，如图6-89所示。然后执行“对象>造形>造型”菜单命令，接着在打开的“造型”泊坞窗里选择“焊接”，如图6-90所示，有两个选项可以进行设置，在上方选项预览中可以进行勾选预览，避免出错，如图6-91~图6-94所示。

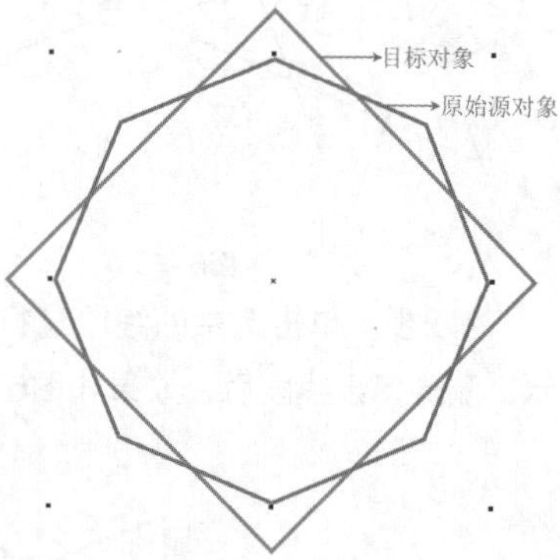

图6-89

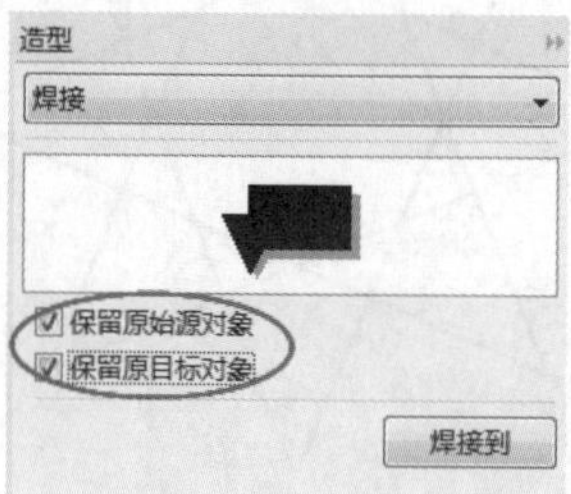

图6-90

图6-91

图6-92

图6-93

图6-94

重要参数介绍

保留原始源对象：单击选中后可以在焊接后保留原始源对象。

保留原目标对象：单击选中后可以在焊接后保留原目标对象。

提示

同时勾选“保留原始源对象”和“保留原目标对象”两个选项，可以在“焊接”之后保留所有原始源对象；勾去两个选项，在“焊接”后不保留原始源对象。

下面讲解 “焊接”在泊坞窗中的具体操作方法。选中上层的“原始源对象”，如图6-95所示，然后在“造型”泊坞窗中勾选“保留原始源对象”选项，接着单击“焊接到”按钮焊接到，当光标变为时单击“目标对象”完成焊接，如图6-96和图6-97所示。在实际工作中，可以利用“焊接”制作很多复杂图形。

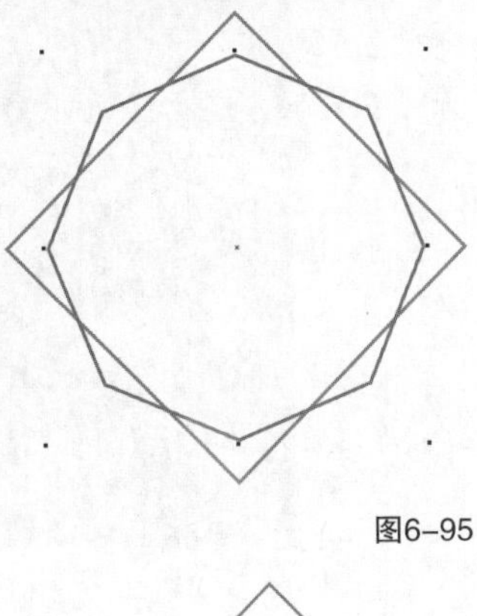

图6-95

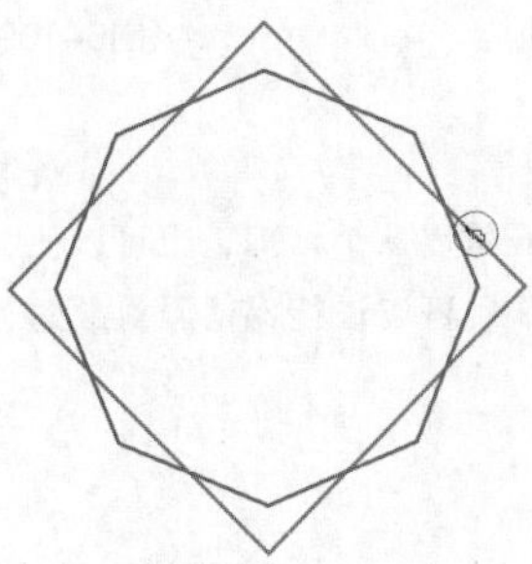

图6-96

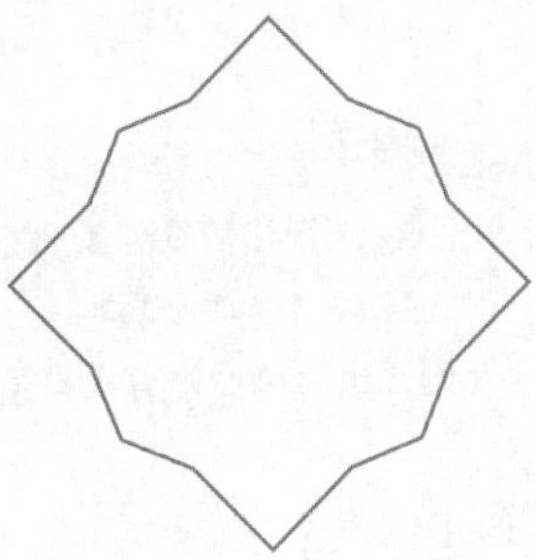

图6-97

6.6.2 修剪

“修剪”命令可以将一个对象用另外一个或多个对象进行修剪，去掉多余的部分，在修剪时需要确定源对象和目标对象的前后关系。下面分别讲解该命令在“菜单栏”和“泊坞窗”中的使用方法。

提示

“修剪”命令除了不能修剪文本、度量线之外，其余对象均可以进行修剪。文本对象在转曲后也可以进行修剪操作。

操作演示

在菜单栏中修剪对象

视频名称：在菜单栏中修剪对象

扫码观看教学视频

在菜单栏中修剪对象，完成修剪后软件会自动保留源对象，下面是相关操作方法。

第1步：绘制需要修剪的源对象和目标对象，如图6-98所示，然后全选已整理好并需要修剪的对象，如图6-99所示。

图6-98

图6-99

第2步：执行“对象>造形>修剪”菜单命令，如图6-100所示，菜单栏修剪会保留源对象，将源对象移开，得到修剪后的图形，如图6-101所示。

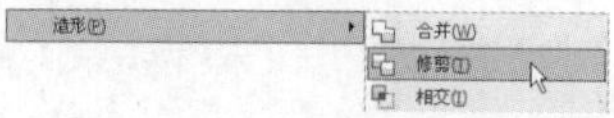

图6-100

图6-101

提示

使用菜单修剪可以一次性进行多个对象的修剪，根据对象的排放顺序，在全选中的情况下，位于最下方的对象为目标对象，上面的所有对象均是修剪目标对象的源对象。

操作演示

在泊坞窗中修剪对象

视频名称：在泊坞窗中修剪对象

扫码观看教学视频

在泊坞窗中修剪对象，可以根据需要保留对象，或者不保留对象，下面具体进行讲解。

第1步：打开“造型”泊坞窗，在下拉选项中将类型切换为“修剪”，面板上将呈现修剪的选项，如图6-102所示。勾选相应的选项可以保留相应的对象，在预览中可进行预览，如图6-103~图6-106所示。

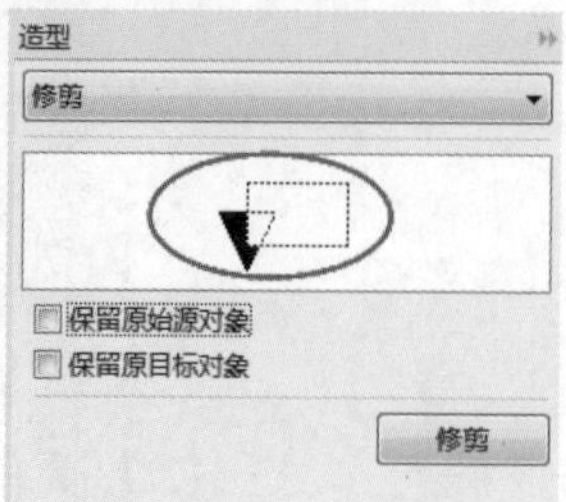

图6-102

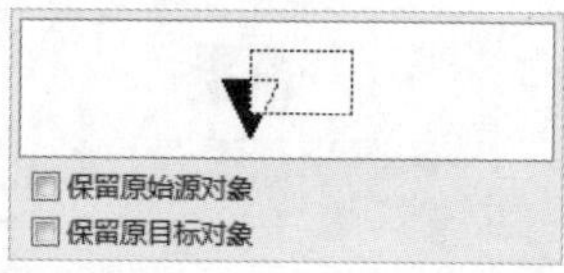

图6-103

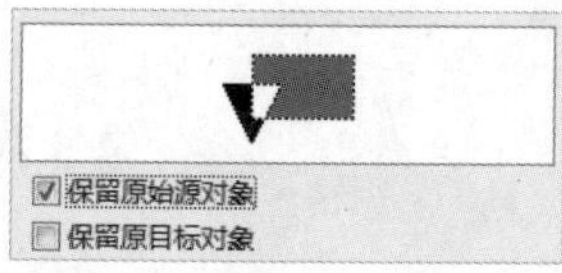

图6-104

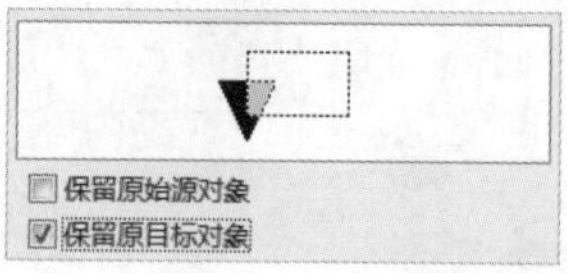

图6-105

图6-106

第2步：选中上方的原始源对象，如图6-107所示，然后在“造型”泊坞窗取消勾选的保留选项，接着单击“修剪”按钮修剪，当光标变为时单击目标对象完成修剪，如图6-108和图6-109所示。

图6-107

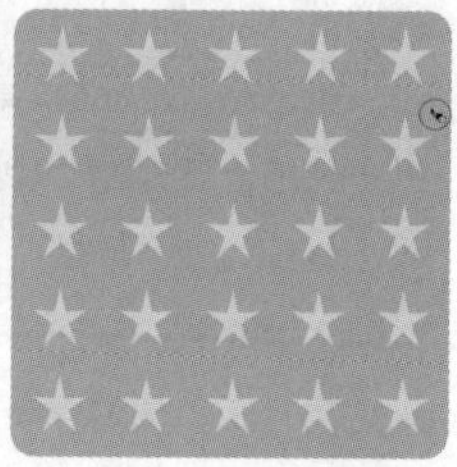

图6-108

图6-109

提示

在进行泊坞窗修剪时，既可以逐个修剪，也可以使用底层对象修剪上层对象，并且可以进行保留原对象的设置，比菜单栏修剪更灵活。

实战练习

制作相框

实例位置 实例文件>CH06>制作相框.cdr
素材位置 素材文件>CH06>素材08.jpg
视频名称 制作相框.mp4
技术掌握 修剪命令的用法

扫码观看教学视频

最终效果图

01 新建一个大小为220mm×155mm的文档，然后使用“矩形工具”□在页面中绘制一个大小为216mm×152mm的矩形，并填充颜色为(C: 77, M: 42, Y: 69, K: 2)，效果如图6-110所示。

02 单击“基本形状工具”，然后在属性栏中选择◎图标，接着在矩形左上角绘制一个直径为8mm的圆圈，并填充轮廓线颜色为白色，再选中圆圈，如图6-111所示。

图6-110

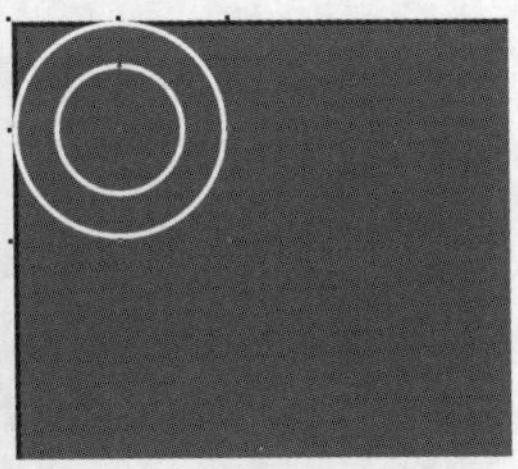

图6-111

03 执行“编辑>步长和重复”菜单命令打开“步长和重复”泊坞窗，然后在泊坞窗的“垂直设置”选项下选择“无偏移”，接着在“水平设置”选项下选择“对象之间的间距”，再设置“距离”为0mm、“方向”为“右”、“份数”为26，最后单击“应用”按钮 应用 ，设置如图6-112所示，效果如图6-113所示。

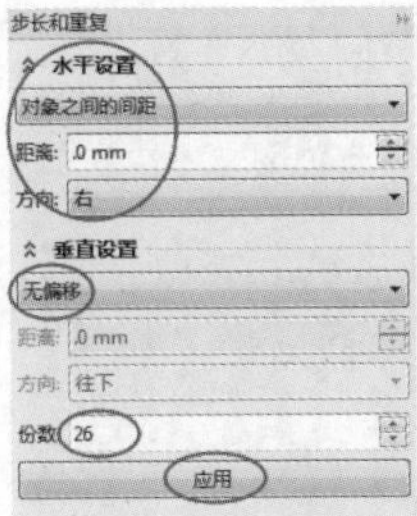

图6-112

图6-113

04 选中最后一个圆圈，如图6-114所示，然后在泊坞窗的“水平设置”选项下选择“无偏移”，接着在“垂直设置”选项下选择“对象之间的间距”，再设置“距离”为0mm、“方向”为“往下”、“份数”为18，最后单击“应用”按钮 应用 ，设置如图6-115所示，效果如图6-116所示。

图6-114

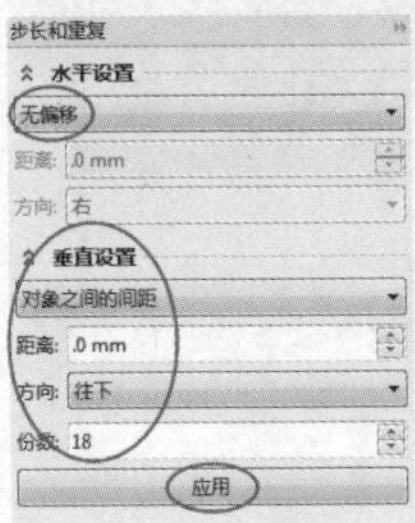

图6-115

图6-116

05 选中除横排第一个圆圈和竖排最后一个圆圈以外的所有圆圈，如图6-117所示，然后在原位置进行复制粘贴，接着单击属性栏中的“水平镜像”按钮或“垂直镜像”按钮，效果如图6-118所示，最后将对象移动到矩形左下角，使其与矩形的边贴合，效果如图6-119所示。

图6-117

图6-118

图6-119

06 选中矩形，然后单击鼠标右键，在打开的快捷菜单中选择“锁定对象”命令，将其锁定，以方便编辑矩形中的圆圈，如图6-120和图6-121所示，接着全选所有的圆圈，使用相同的方法将其锁定。

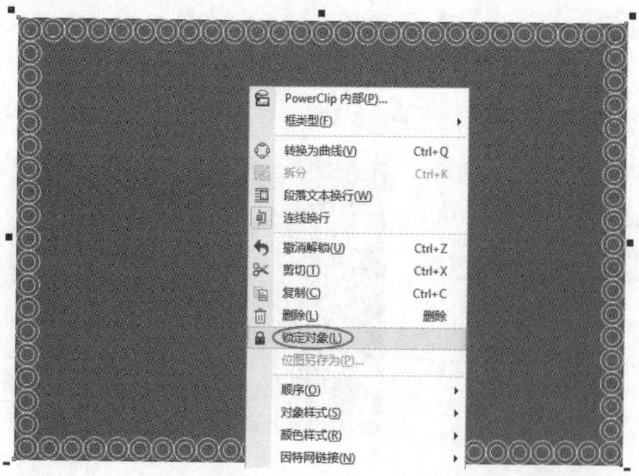

图6-120

图6-121

07 以矩形左上直角点为中心，使用“椭圆形工具”绘制一个直径为3.2mm的圆圈，如图6-122所示，然后在泊坞窗的“垂直设置”选项下选择“无偏移”，接着在“水平设置”选项下选择“对象之间的间距”，再设置“距离”为4.8mm、“方向”为“右”、“份数”为27，最后单击“应用”按钮 应用 ，设置如图6-123所示，效果如图6-124所示。

图6-122

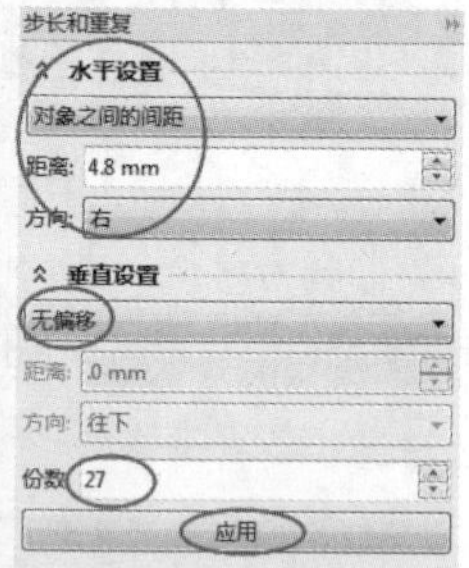

图6-123

图6-124

08 选中最后一个圆圈，如图6-125所示，然后在泊坞窗的“水平设置”选项下选择“无偏移”，接着在“垂直设置”

选项下选择“对象之间的间距”，再设置“距离”为4.8mm、“方向”为“往下”、“份数”为19，最后单击“应用”按钮，设置如图6-126所示，效果如图6-127所示。

图6-125

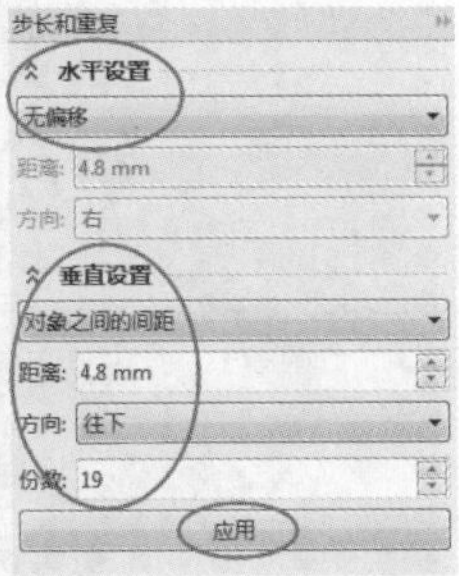

图6-126

图6-127

09 使用和步骤03相同的方法制作矩形左侧和下边的圆圈，效果如图6-128所示，然后选中除矩形上边前两个和右侧最后两个以外的所有圆，如图6-129所示，接着复制一份向矩形内部拖曳，使其与矩形内部上边和右侧的圆圈贴合，效果如图6-130所示。

图6-128

图6-129

图6-130

10 继续使用和步骤03相同的方法制作矩形内部左侧和下边的圆，效果如图6-131所示，然后使用“矩形工具”在矩形内部绘制一个大小为200mm×136mm的矩形，并将其放置在外部矩形的中间，接着填充颜色为(C：40，M：0，Y：40，K：0)，最后按组合键Ctrl+C将其复制一份备用，效果如图6-132所示。

图6-131

图6-132

11 执行“对象>锁定>对所有对象解锁”菜单命令，将所有对象解锁，然后选中所有对象执行“对象>造形>修剪”菜单命令，接着在打开的“造型”泊坞窗中，取消勾选“保留原始源对象”和“保留原目标对象”选项，再单击“修剪”按钮，如图6-133所示，待光标变为时，单击底层的矩形，如图6-134所示，取消轮廓线后的效果如图6-135所示。

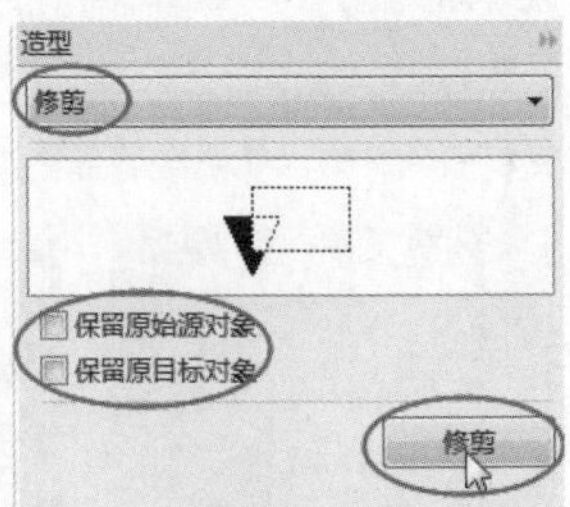

图6-133

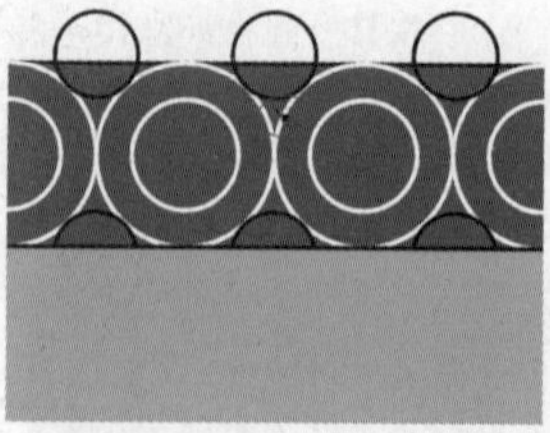

图6-134

图6-135

⑫ 按组合键Ctrl+V将之前复制的矩形进行原位置粘贴，如图6-136所示，然后将修剪后的对象在原位置复制一份，接着填充颜色和设置轮廓线颜色为（C：0，M：0，Y：0，K：60），如图6-137所示，再按组合键Ctrl+End将其置于底层，并将其向上和向右稍微调整一下位置，效果如图6-138所示。

图6-136

图6-137

图6-138

⑬ 导入“素材文件>CH06>素材08.jpg”文件，如图6-139所示，然后选中素材调整大小，接着执行“对象>图框精确剪裁>置于图文框内部”菜单命令，待光标变为➡形状时，将光标移动到最上的层矩形上，如图6-140所示，最后单击鼠标左键将素材置入，取消轮廓线后最终效果如图6-141所示。

图6-139

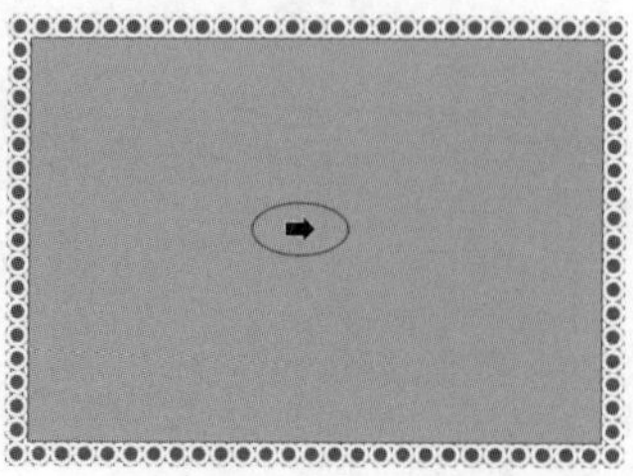

图6-140

图6-141

6.6.3 相交

“相交”命令可以在两个或多个对象的重叠区域上创建新的独立对象。下面分别讲解该命令在“菜单栏”和“泊坞窗”中的使用方法。

操作演示

菜单栏中的相交操作

视频名称：菜单栏中的相交操作

扫码观看教学视频

菜单栏中的相交操作比泊坞窗中的操作简单，但是软件会自动保留原对象。将需要创建相交区域的对象全选，如图6-142所示，执行“对象>造型>相交”菜单命令，得到相交的对象，此时创建好的相交对象颜色属性为底层对象的颜色属性，如图6-143所示。

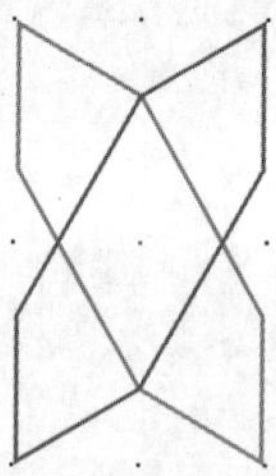

图6-142

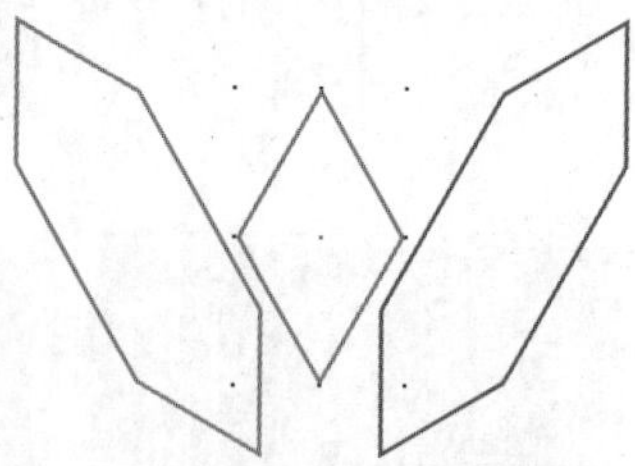

图6-143

操作演示

泊坞窗中的相交操作

视频名称：泊坞窗中的相交操作

扫码观看教学视频

在泊坞窗中进行相交操作，可以根据需要选择保留的对象，或者不保留对象，下面是具体的操作方法。

第1步：打开“造型”泊坞窗，在下拉选项中将类型切换为“相交”，面板上呈现相交的选项，如图6-144所示。勾选相应的选项可以保留相应的原对象，在预览中可进行预览，如图6-145~图6-147所示。

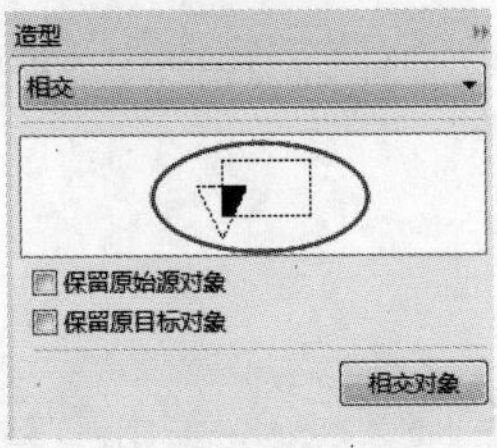

图6-144

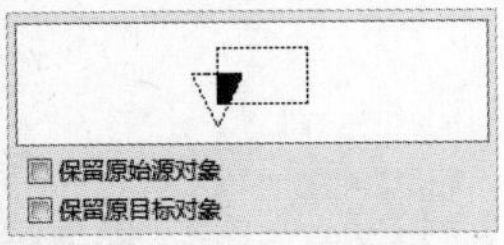

图6-145

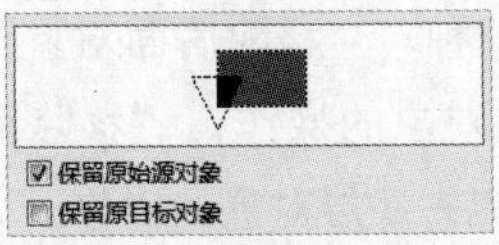

图6-146

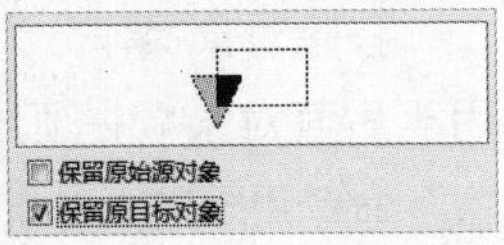

图6-147

第2步：选中上方的原始源对象，如图6-148所示，然后在“造型”泊坞窗取消勾选的保留选项，接着单击“相交对象”按钮 相交对象 ，当光标变为 时单击目标对象完成相交，如图6-149所示，效果如图6-150所示。

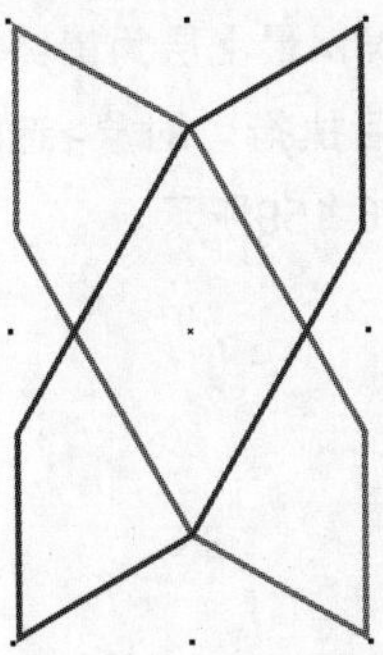
图6-148

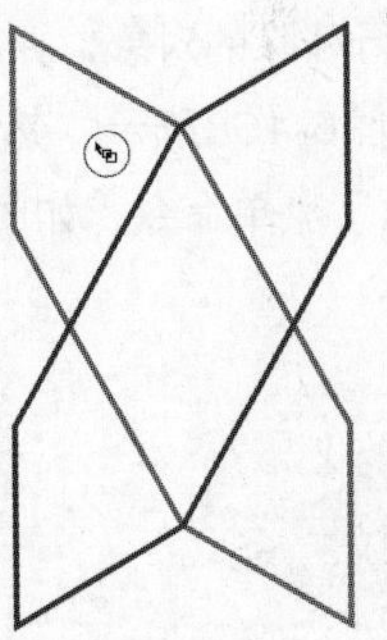
图6-149

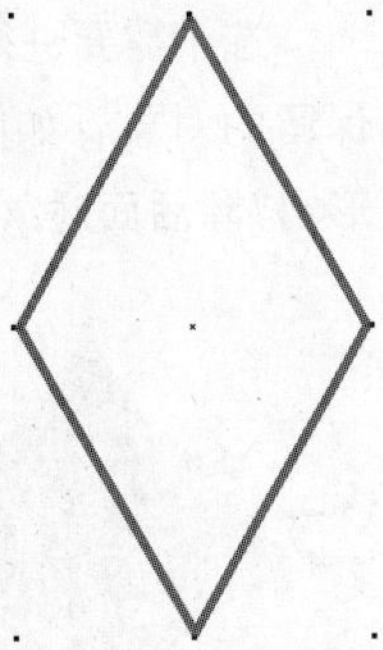
图6-150

6.6.4 简化

“简化”命令和“修剪”命令相似，都是将相交区域的重合部分进行修剪，不同的是简化不分源对象。下面分别讲解该命令在“菜单栏”和“泊坞窗”中的使用方法。

操作演示

菜单栏中的简化操作

视频名称：菜单栏中的简化操作

扫码观看教学视频

菜单栏中的简化操作比泊坞窗中的操作简单，但是软件会自动保留原对象。全选需要进行简化的对象，如图6-151所示，执行“对象>造形>简化”菜单命令，如图6-152所示，简化后相交的区域被修剪掉，效果如图6-153和图6-154所示。

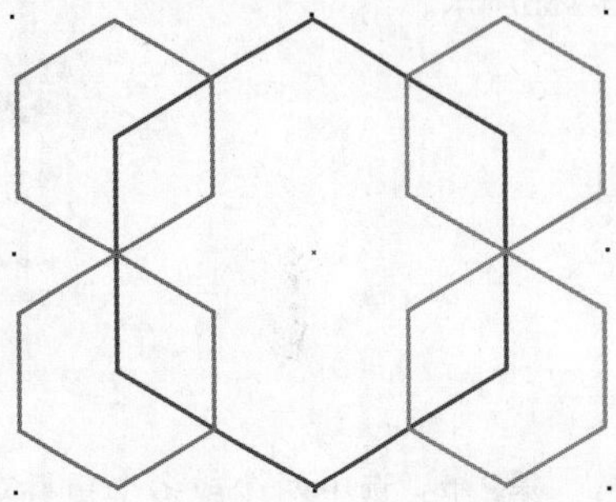
图6-151

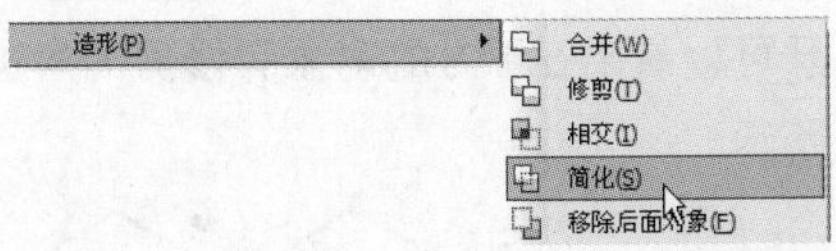

图6-152

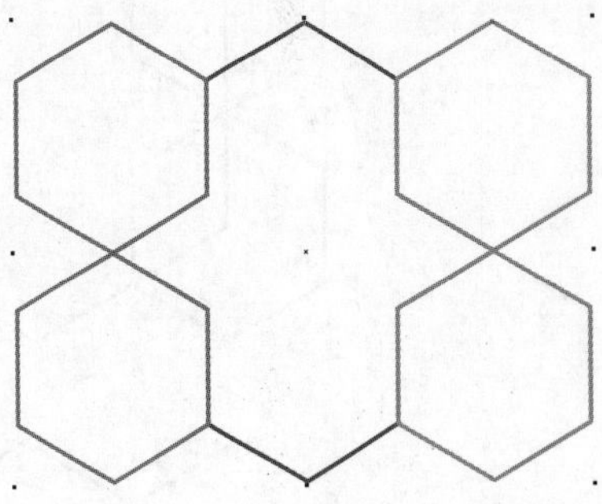
图6-153

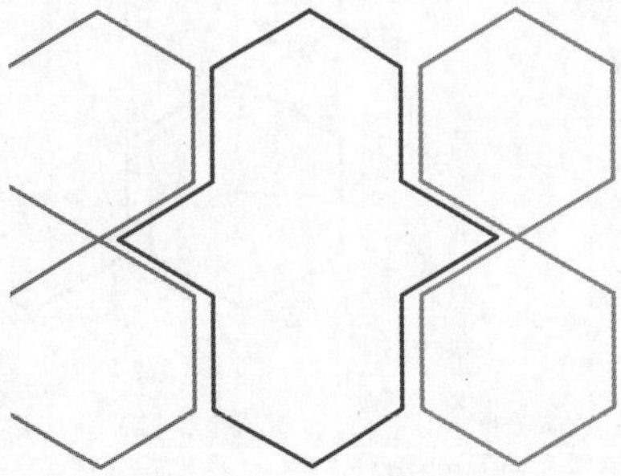
图6-154

操作演示

泊坞窗中的简化操作

视频名称：泊坞窗中的简化操作

扫码观看教学视频

在泊坞窗中进行简化操作，简化面板与之前3种造型不同，没有保留源对象的选项，并且在操作上也有所不同。下面是具体的操作方法。

第1步：打开“造型”泊坞窗，在下拉选项中将类型切换为“简化”，面板上呈现简化的选项，如图6-155所示。

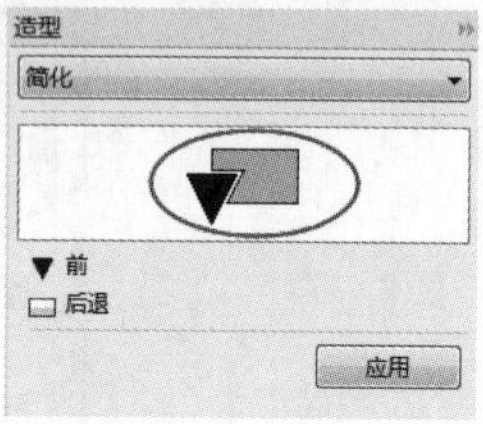

图6-155

第2步：选中两个或多个重叠对象，如图6-156所示，然后单击“应用”按钮应用完成，将对象移开可以看出在下方的对象有修剪的痕迹，如图6-157所示。

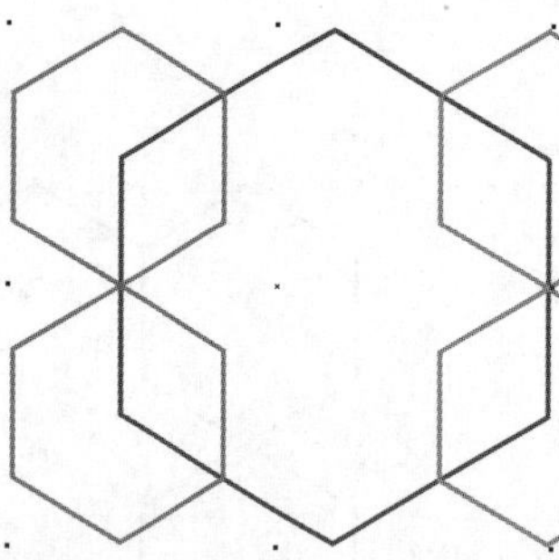

图6-156

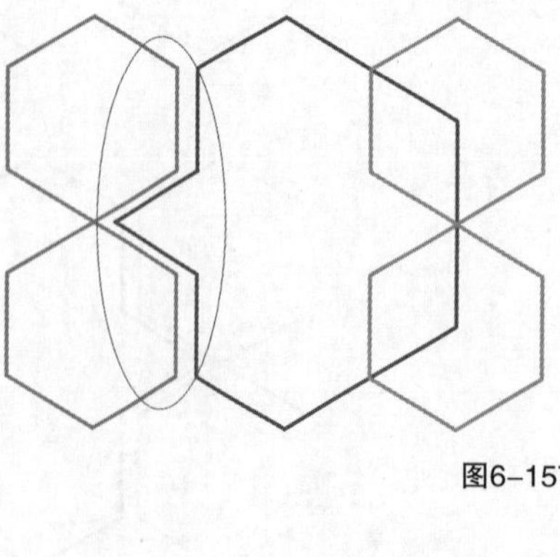

图6-157

> **疑难问答**
>
> 为什么“简化”操作选中源对象，应用按钮不激活？
>
> 在“简化”操作时，需要同时选中2个或多个对象才可以激活“应用”按钮应用，如果选中的对象有阴影、文本、立体模型、艺术笔、轮廓图和调和的效果，在进行简化前需要转曲对象。

6.6.5 移除对象操作

移除对象操作分为2种，“移除后面对象”命令用于后面对象减去顶层对象的操作，“移除前面对象”命令用于前面对象减去底层对象的操作。下面分别讲解这两个命令在“菜单栏”和“泊坞窗”中的使用方法。

1.移除后面对象操作

下面对“移除后面对象”命令在菜单栏和泊坞窗中的操作分别进行讲解。

（1）菜单操作

选中需要进行移除的对象，并确保最上层为最终保留的对象，如图6-158所示，然后执行“对象>造形>移除后面对象”菜单命令，如图6-159所示。

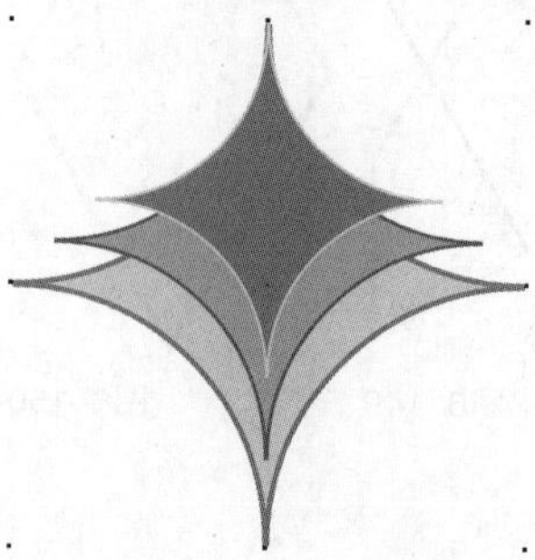

图6-158

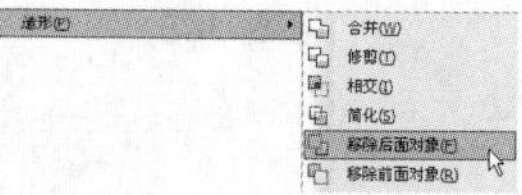

图6-159

在执行“移除后面对象”命令时，如果选中的对象中没有与顶层对象重叠的对象，那么在执行命令后这些对象将被删除，有重叠的对象则为修剪顶层的对象，如图6-160所示。

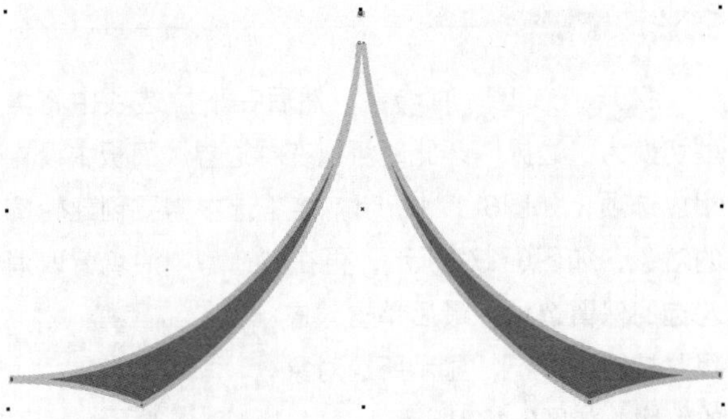

图6-160

（2）泊坞窗操作

打开“造型”泊坞窗，在下拉选项中将类型切换为“移除后面对象”，如图6-161所示，然后选中两个或多个重叠对象，单击“应用”按钮 应用 ，只显示移除后的顶层对象，效果如图6-162所示。“移除后面对象”面板与“简化”面板相同，没有保留原对象的选项，并且在操作上也相同。

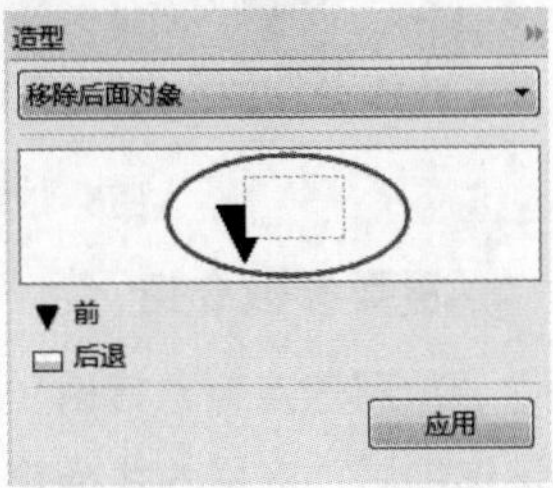

图6-161

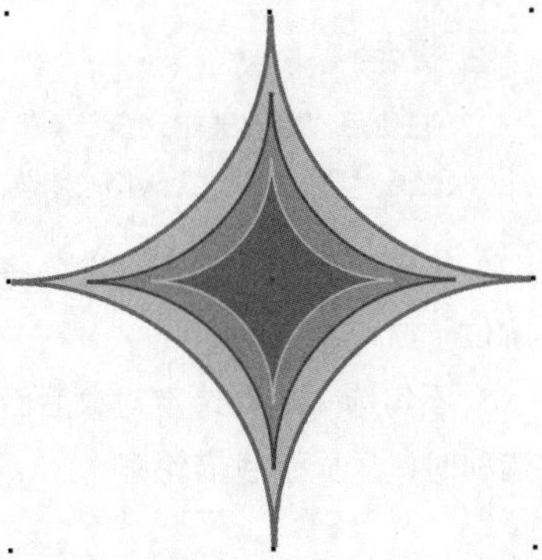

图6-162

2. 移除前面对象操作

下面对“移除前面对象”命令在菜单栏和泊坞窗中的操作分别进行讲解。

（1）菜单操作

选中需要进行移除的对象，确保底层为最终保留的对象，如图6-163所示，然后执行“对象>造形>移除前面对象”命令，如图6-164所示，最终保留底层对象，如图6-165所示。

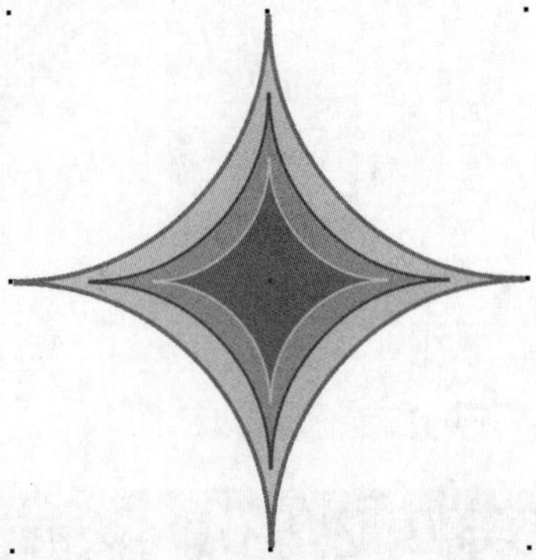

图6-163

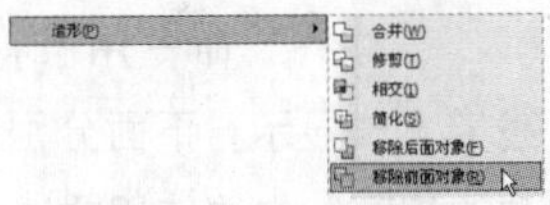

图6-164

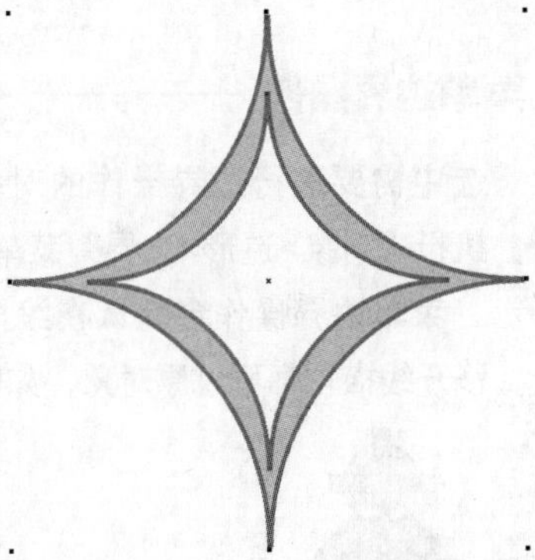

图6-165

（2）泊坞窗操作

打开“造型”泊坞窗，在下拉选项中将类型切换为“移除前面对象”，如图6-166所示，然后选中两个或多个重叠对象，在单击“应用”按钮 应用 后，页面中只显示移除后的底层对象，如图6-167所示。

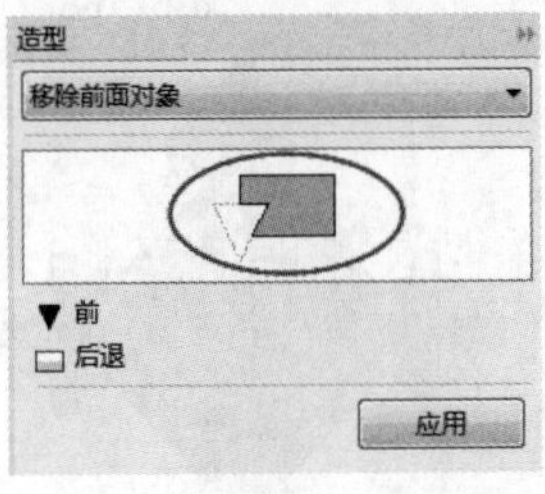

图6-166

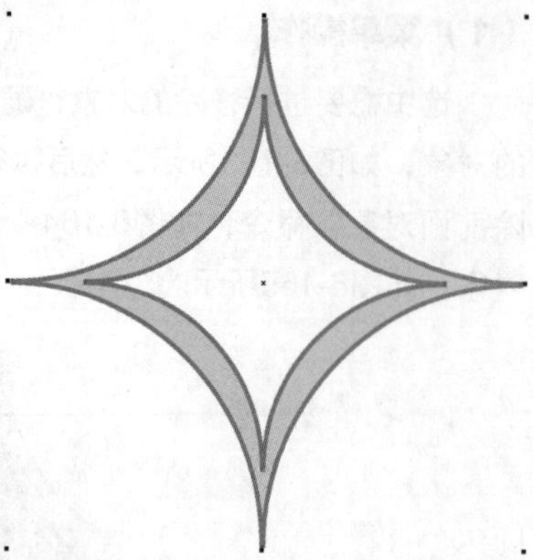

图6-167

6.6.6 边界

“边界”命令用于将所有选中的对象的轮廓以线描方式显示。下面分别讲解该命令在“菜单栏”和“泊坞窗”中的使用方法。

1.菜单边界操作

选中需要进行边界操作的对象，如图6-168所示，执行“对象>造形>边界”菜单命令，如图6-169所示，菜单边界操作会默认在线描轮廓下保留原对象，移开线描轮廓可见原对象，如图6-170所示。

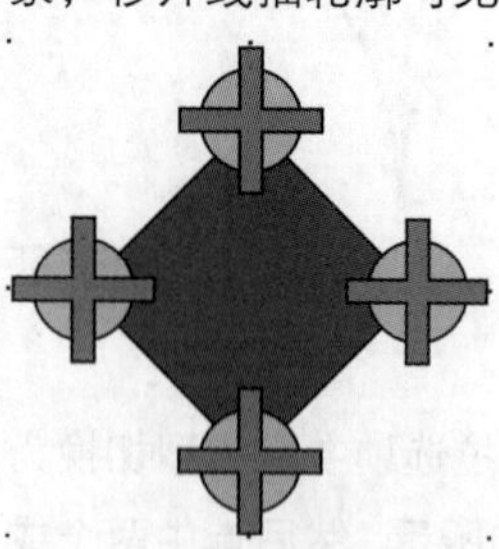

图6-168

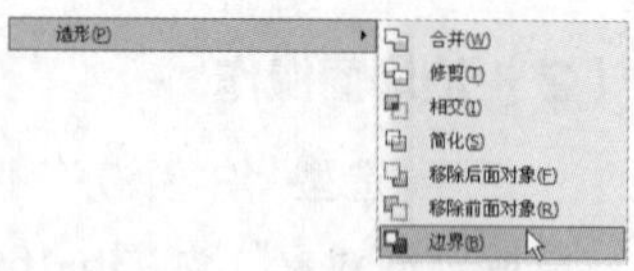

图6-169

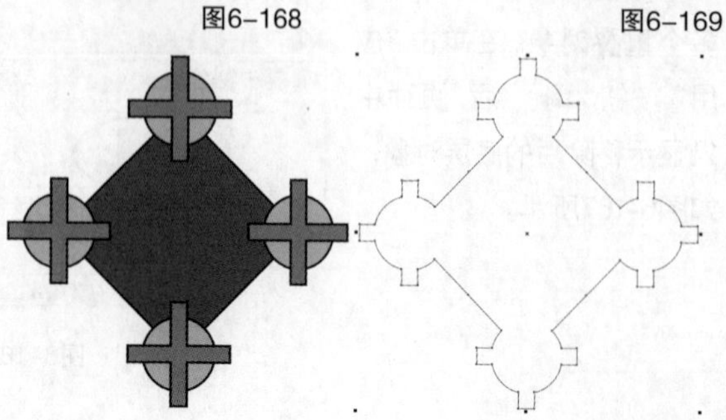

图6-170

2.泊坞窗操作

打开“造型”泊坞窗，然后在下拉选项中将类型切换为“边界”，此时可以在“边界”面板中设置相应选项，如图6-171所示，接着选中需要创建轮廓的对象，如图6-172所示，再在“造型”泊坞窗取消勾选的保留选项，最后单击“应用”按钮 应用 ，显示所选对象的轮廓，如图6-173所示。

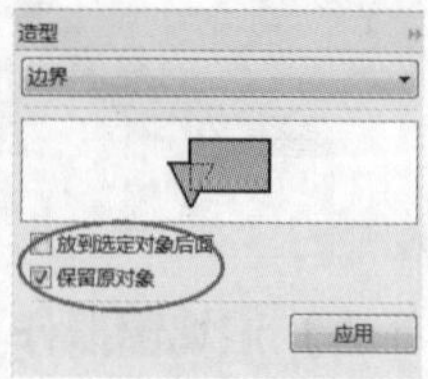

图6-171

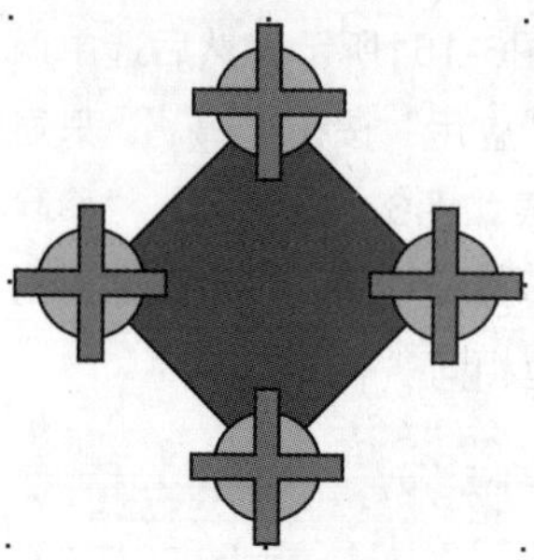

图6-172

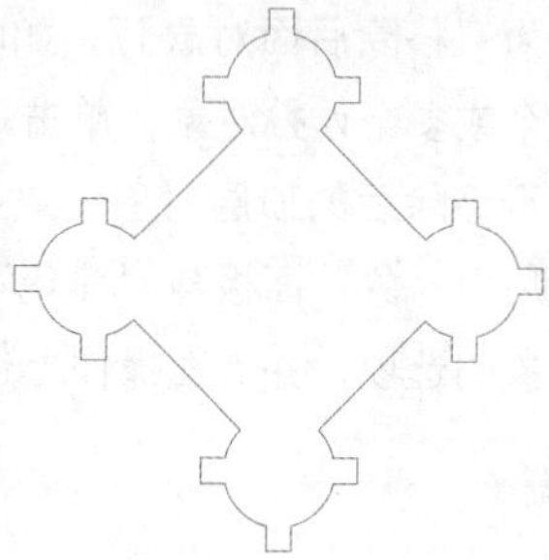

图6-173

重要参数介绍

放到选定对象后面：在保留原对象的时候，勾选该选项后，应用的线描轮廓将位于原对象的后面。

提示

在使用“放到选定对象后面”选项时，需要同时勾选“保留原对象”选项，否则不显示原对象，就没有效果。

保留原对象：勾选该选项将保留原对象，线描轮廓位于原对象上面。

不勾选“放到选定对象后面”和“保留原对象”选项时，只显示线描轮廓。

实战练习

绘制简单的圣诞树

实例位置　实例文件>CH06>绘制简单的圣诞树.cdr
素材位置　素材文件>CH06>素材09.cdr~12.cdr
视频名称　绘制简单的圣诞树.mp4
技术掌握　边界命令的用法

扫码观看教学视频

最终效果图

01 新建一个大小为280mm×280mm的文档，然后使用“多边形工具”在页面中绘制一个等腰三角形，如图6-174所示，接着使用“形状工具”选中三角形，再在三角形的一条边上单击鼠标右键，最后在打开的菜单中选择“到曲线”命令，如图6-175所示。

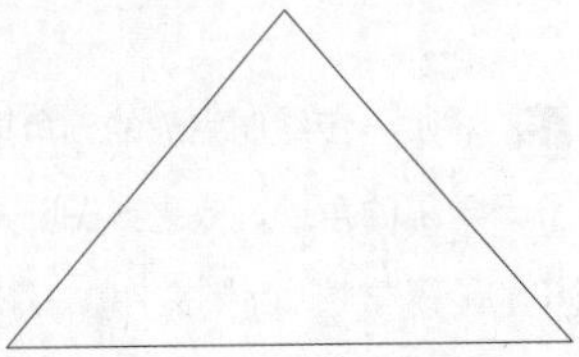

图6-174

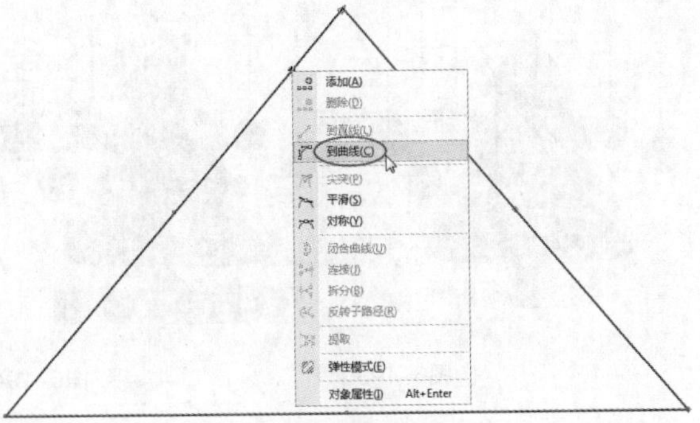

图6-175

02 将光标移动到三角形边线的中点上，然后按住鼠标左键向三角形的外部拖曳，如图6-176所示，轮廓效果如图6-177所示。

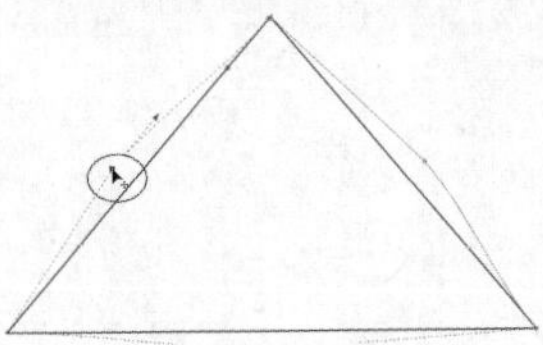

图6-176

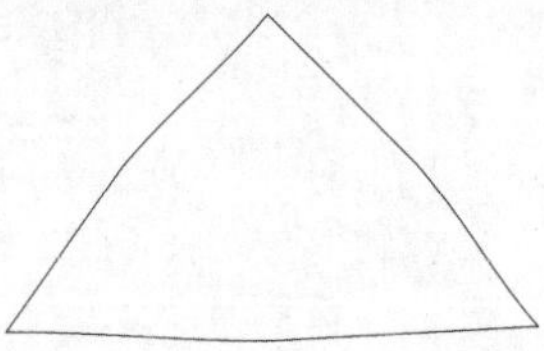

图6-177

03 使用鼠标双击变形的三角形的顶点删除锚点，使三角形的三个角呈圆角，如图6-178所示，效果如图6-179所示。

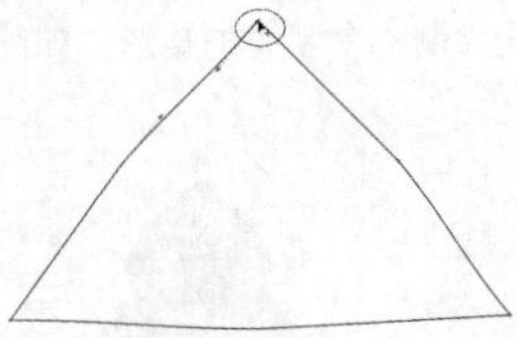

图6-178

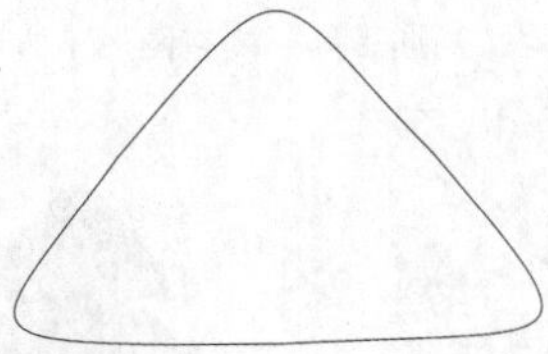

图6-179

04 将调整后的三角形垂直向下复制一份，如图6-180所示，然后调整大小，效果如图6-181所示。

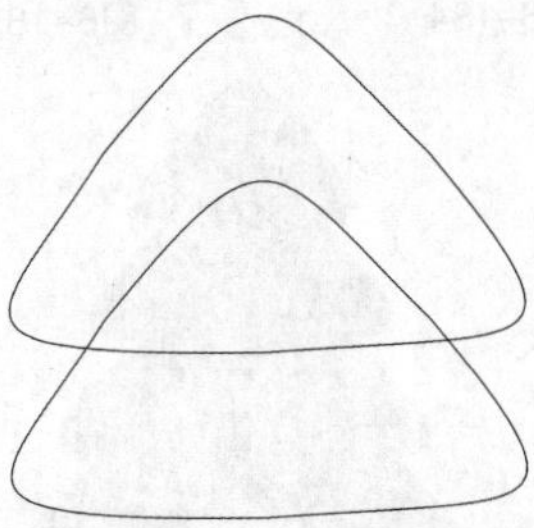

图6-180

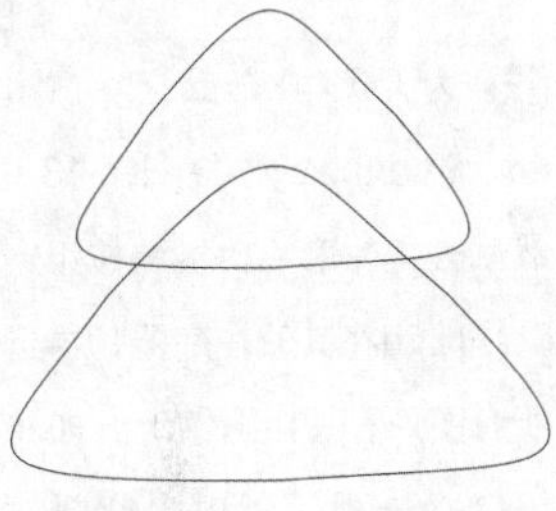

图6-181

05 使用与上一步相同的方法制作剩下的两个三角形，如图6-182所示，然后选中所有图形执行“对象>造形>边界”菜单命令，接着将得到的图形从原对象上移除，效果如图6-183所示。

图6-182

图6-183

06 为上一步得到的图形填充颜色为（C：65，M：22，Y：100，K：0），然后去掉轮廓线，效果如图6-184所示，接着使用“矩形工具”在图形下方中间绘制一个竖着的矩形，如图6-185所示。

图6-184

图6-185

07 为矩形填充颜色为（C：45，M：85，Y：100，K：13），然后去掉轮廓线，接着按组合键Ctrl+End将其放在底层，再选中所有图形，按组合键Ctrl+G将其组合，一棵圣诞树就绘制完成了，效果如图6-186所示。

图6-186

08 导入“素材文件>CH06>素材09.cdr”文件，然后将其拖曳到树上进行装饰，效果如图6-187所示，接着导入“素材文件>CH06>素材10.cdr”文件，并调整雪人素材的大小，再复制两份，最后在调整雪人的角度后拖曳到树上合适的位置处，效果如图6-188所示。

图6-187

图6-188

09 选中所有的对象，按组合键Ctrl+G将其组合，然后导入“素材文件>CH06>素材11.cdr”文件，接着将对象拖曳到素材中，效果如图6-189所示。

图6-189

10 使用“星形工具”在页面中绘制一个正五角星，然后在其属性栏设置“锐角”为36，效果如图6-190所示，接着向中心复制一个小五角星，如图6-191所示。

图6-190

图6-191

11 为外层的大五角星填充颜色为（C：7，M：45，Y：99，K：0），为里层的小五角星填充颜色为（C：0，M：87，Y：100，K：0），然后选中这两个五角星，按组合键Ctrl+G将其组合，接着去掉它们的轮廓线，效果如图6-192所示。

图6-192

12 将上一步绘制完成的五角星拖曳到圣诞树顶，然后调整一下五角星的角度，效果如图6-193所示，接着导入“素材文件>CH06>素材12.cdr”文件，将其拖曳到圣诞树的底部，最终效果如图6-194所示。

图6-193

图6-194

本章学习总结

裁剪工具和图框精确剪裁

裁剪工具和图框精确剪裁都可以用来裁剪对象，两者的区别在于在改变对象后是否还能将对象还原为原来的模样。裁剪工具是一种工具，我们在使用时首先需要在工具箱中选择“裁剪工具”，然后再在对象上绘制裁剪框进行裁剪，裁剪工具是将对象中不需要的部分裁剪掉，并且不能再恢复原样，所以我们在裁剪时可以将原对象复制一份备用，如图6-195所示。图框精确剪裁是一个菜单命令，我们在使用时需要先选中对象，然后执行“对象>图框精确剪裁>置于图文框内部”菜单命令，再单击之前绘制或者导入的形状，该命令的剪裁并不是真正的剪裁，而是隐藏了形状外的对象内容，如图6-196所示。从图6-195和图6-196中可以看出，裁剪工具的最终显示效果是绘制的裁剪框内的部分，而图框精确剪裁命令的最终显示效果是原对象的中间部分。此外，执行“图框精确剪裁”命令置入对象后，可以在不对形状进行任何编辑的情况下改变对象的方向、大小和角度，详细的讲解可以翻阅本章6.3.2小节的内容。

扫码观看教学视频

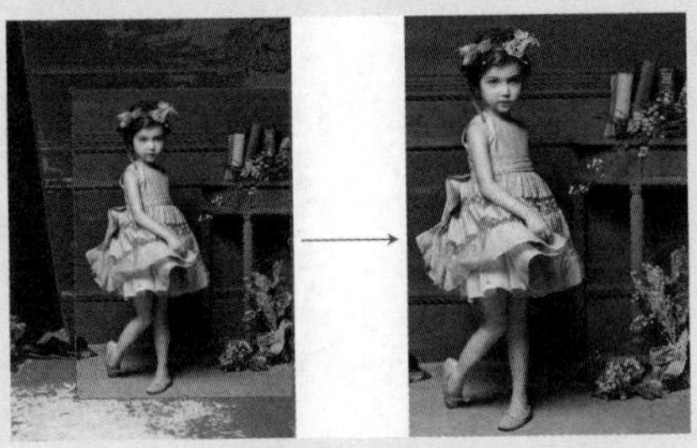

图6–195

图6–196

裁剪工具在裁剪时也可以旋转裁剪框，进行不同角度的范围裁剪，如图6-197所示；而图框精确剪裁命令如果想要剪裁不同角度的对象范围，可以在置入前调整好形状的角度，也可以置入后再编辑改变角度。图框精确剪裁命令还有一个好处，就是可以将对象置入各种形状的对象中，如图6-198所示。

图6–197

图6–198

造型中的焊接和边界

扫码观看教学视频

造型中的焊接和边界在某些情况下创造出来的效果极其相似，如图6-199和图6-200所示。全选对象，然后在泊坞窗中选择相应的类型，接着得到相应的效果，不过，焊接造型比边界造型多一个步骤，需要单击对象，并且单击不同的对象，得到的效果也不同。图6-200单击的是绿色的对象，所以结果对象的轮廓颜色是绿色，也就意味着焊接时单击的对象属性决定了结果效果的属性。但是边界造型，无论选中的对象是何种属性，结果效果的属性都还原到最初未设置属性的时候了。当然两者得到结果效果后，我们依然可以为其进行填充颜色等操作。

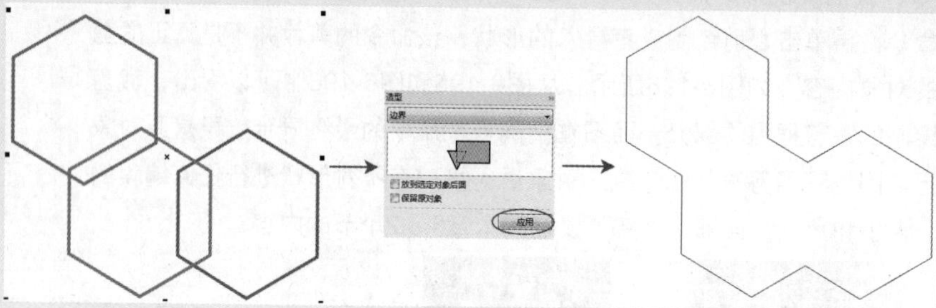

图6–199

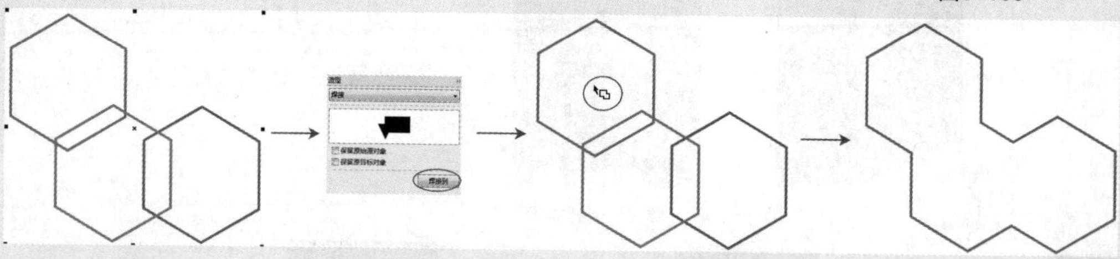

图6–200

第7章 图形的填充

为了使对象表现出更丰富的视觉效果，通常会对绘制好的对象进行填充颜色或者图案操作。本章主要讲解填充工具的几种填充类型和滴管工具的使用方法。填充类型包括无填充、均匀填充、渐变填充、图样填充和底纹填充。滴管工具主要用来吸取对象的颜色样式或者属性样式，并且可以将已吸取到的样式应用到其他对象上。

- 掌握均匀填充
- 学会使用渐变填充
- 合理利用颜色滴管工具
- 灵活运用属性滴管工具

本章学习建议

填充在实际操作中使用的频率相当高，图形在没有填充之前，看起来比较单调，而一旦我们为图形填充了颜色或者图样，整个图形就变得丰富多彩，十分有生气，更具表现力。在本章中，需要注意的就是编辑填充工具和交互式填充工具在运用效果上相同，但操作方法不同，实际运用时可以根据自己的使用习惯来选择工具。对于颜色滴管工具和属性滴管工具，它们一个是吸取对象颜色来填充其他对象，另一个是吸取对象属性（其中包括了颜色属性）来填充其他对象，这两个工具在很大程度上避免了在使用相同颜色或者属性填充对象时，重复打开填充工具进行填充的麻烦，也大大地节省了操作时间，提高了工作的效率，因此合理地利用每一样工具和工具属性栏中的按钮是非常有必要的。

扫码观看教学视频

7.1 编辑填充

双击状态栏上的“编辑填充”图标打开“编辑填充”对话框，该对话框中有“无填充”“均匀填充”“渐变填充”“向量图样填充”“位图图样填充”“双色图样填充”“底纹填充”“PostScript填充”8种填充方式，如图7-1所示。下面对前7种方式进行讲解。

图7-1

7.1.1 无填充

选中一个已填充的对象，如图7-2所示，然后双击“编辑填充”图标，接着在打开的“编辑填充”对话框中选择“无填充”，即可观察到对象内的填充内容直接被移除，但轮廓颜色不进行任何改变，如图7-3所示。

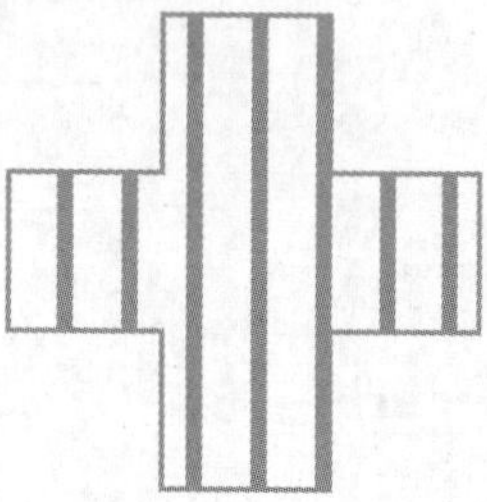

图7-2

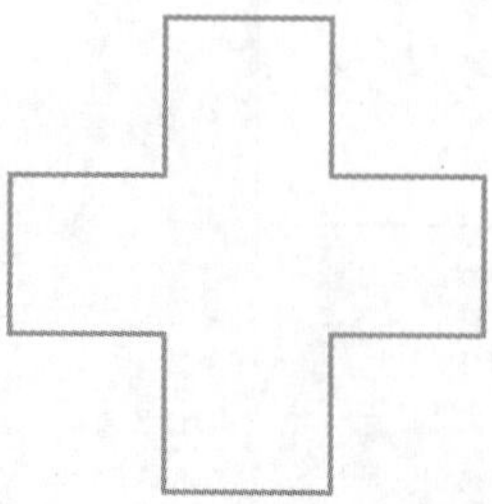

图7-3

在未选中对象的状态下，双击“编辑填充”图标，在打开的“编辑填充”对话框中选择“无填充”，如图7-4所示，单击“确定”按钮后会打开“更改文档默认值”对话框，如图7-5所示。勾选相应选项后单击“确定”按钮，也可勾选“不再显示此对话框”选项，避免以后进行相同操作时再次出现。

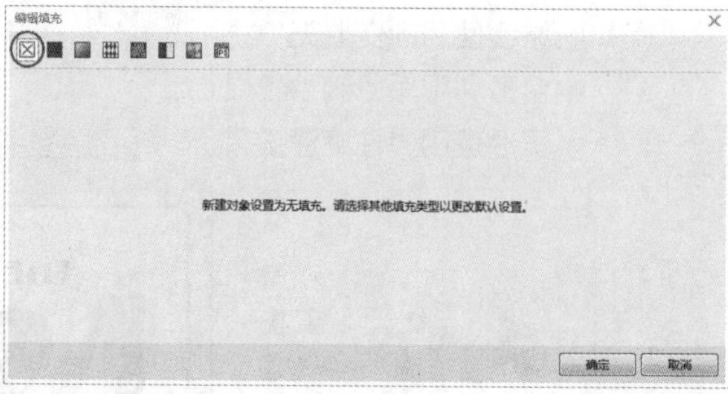

图7-4

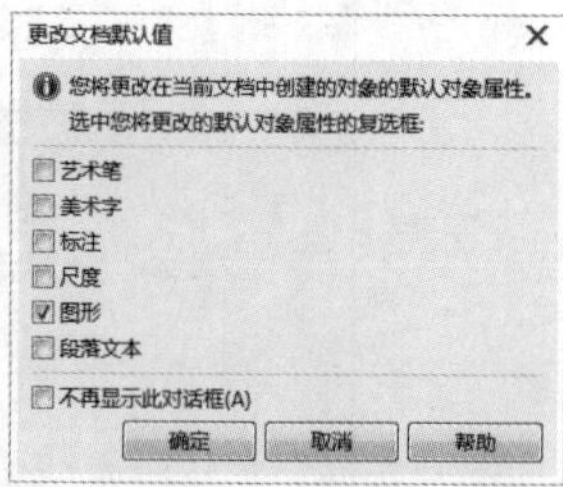

图7-5

提示

注意，在未选中对象的状态下，除了选择“无填充”方式会打开“更改文档默认值”对话框外，选择其他填充方式也会打开该对话框。

7.1.2 均匀填充

使用“均匀填充”类型可以为对象填充单一颜色，也可以在调色板中单击颜色进行填充。“编辑填充”包含“调色板填充”“混合器填充”“模型填充”3种。常用的一般是“模型填充”和“调色板填充”，下面进行详细讲解。

1.调色板填充

选中需要填充的对象，如图7-6所示，然后双击“编辑填充”图标，在打开的“编辑填充”对话框中选择“均匀填充”，接着单击“调色板”选项卡，在其中单击选择想要填充的色样，最后单击“确定”按钮，即可为对象填充选定的颜色，如图7-7和图7-8所示。

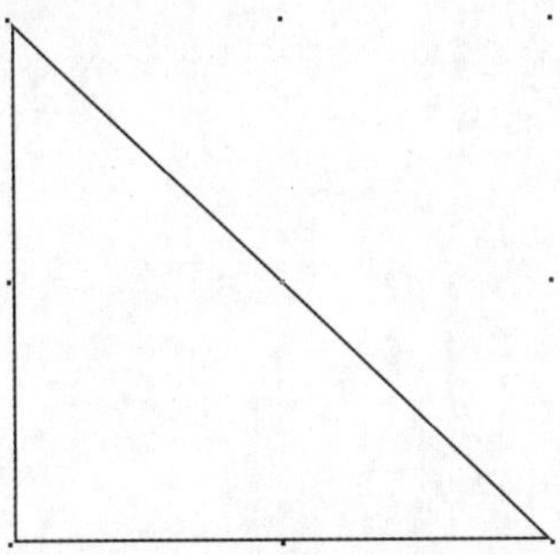

图7-6

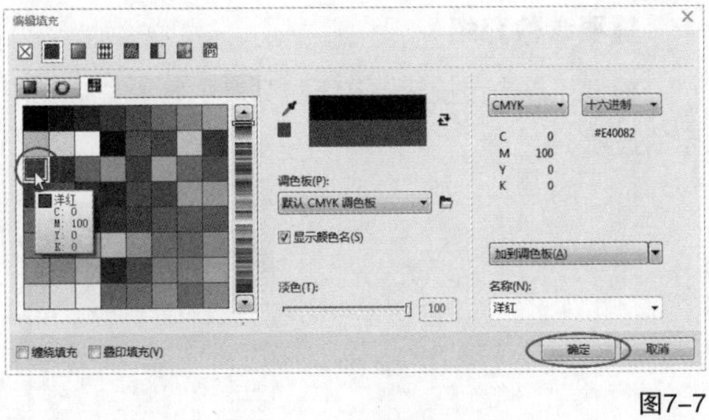

图7-7

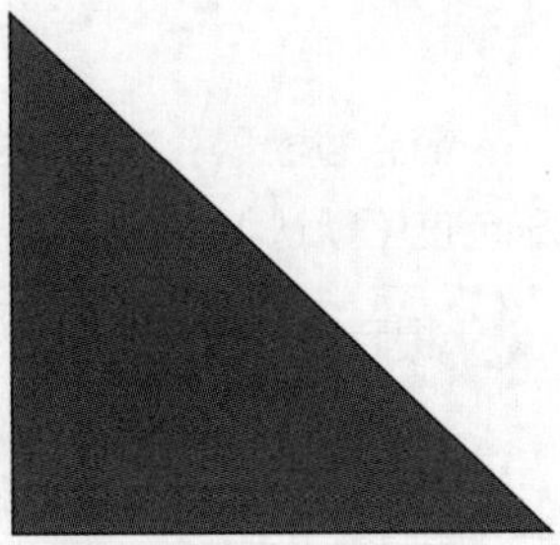

图7-8

在“均匀填充”对话框中，拖曳纵向颜色条上的矩形滑块可以预览其他区域的颜色，如图7-9所示。

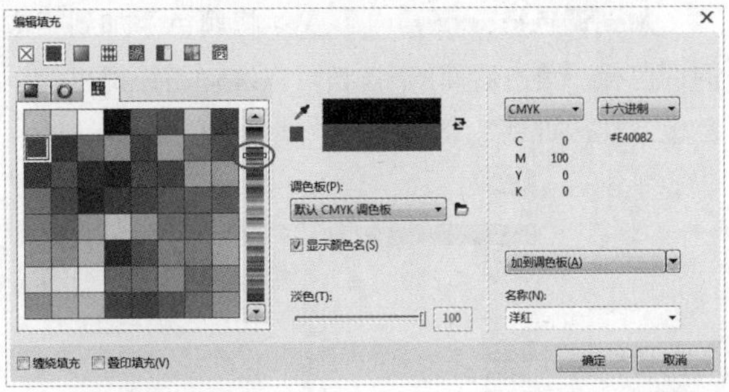

图7-9

重要参数介绍

调色板：用于选择调色板，如图7-10所示。

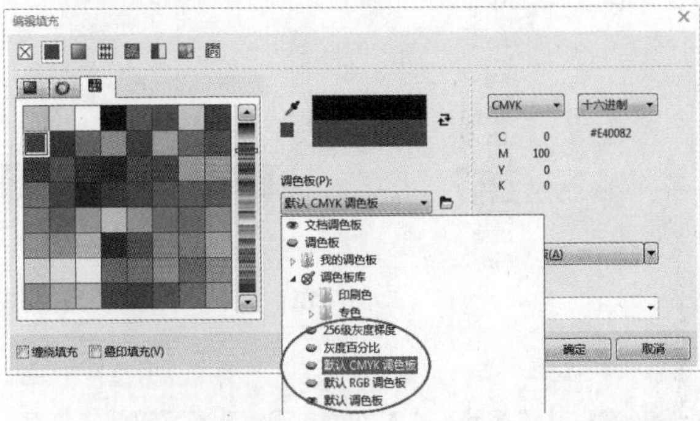

图7-10

打开调色板：用于载入用户自定义的调色板。单击该按钮，打开“调色板”对话框，然后选择要载入的调色板，接着单击“打开”按钮即可载入自定义的调色板。

滴管：单击该按钮可以在整个文档窗口内进行颜色取样。

颜色预览窗口：显示对象当前的填充颜色和对话框中新选择的颜色，顶端的色条显示选中对象的填充颜色，底部的色条显示对话框中新选择的颜色，如图7-11所示。

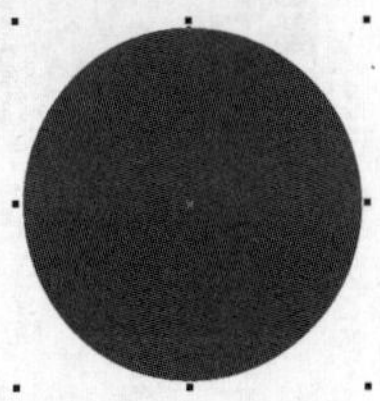

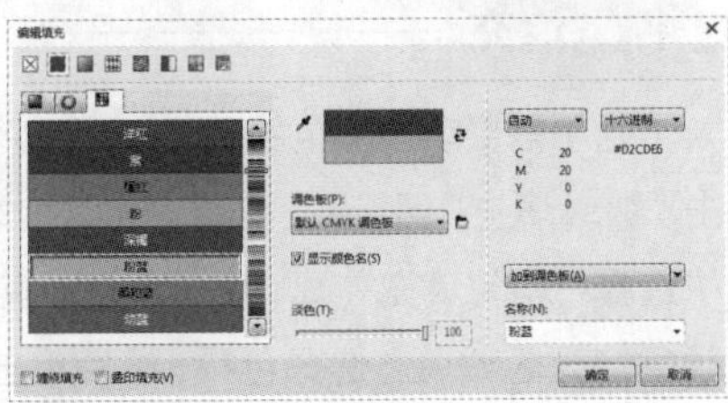

图7-11

名称：显示选中调色板中颜色的名称，同时可以在下拉列表中快速选择颜色，如图7-12所示。

加到调色板 加到调色板(A) ：将颜色添加到相应的调色板。单击后面的按钮可以选择系统提供的调色板方式，如图7-13所示。

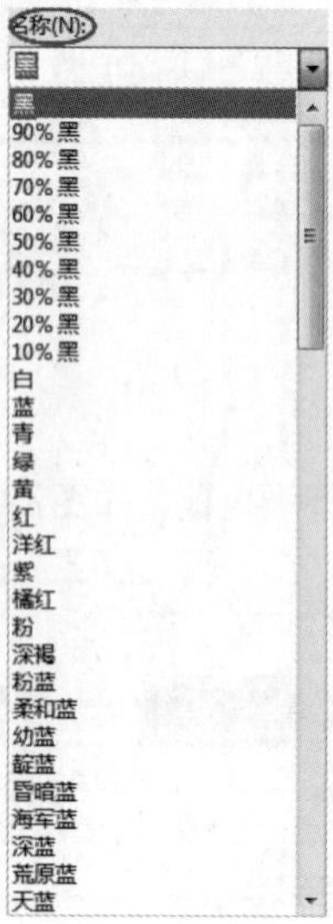

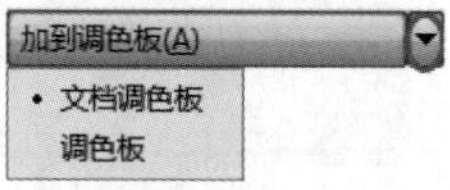

图7-12　　图7-13

> **提示**
>
> 在默认情况下，“淡色”选项处于不可用状态，只有在将“调色板”方式设置为专色调色板方式（例如DIC Colors调色板）时，该选项才可用。往右调整淡色滑块，可以减淡颜色，往左调整则可以加深颜色，同时可在颜色预览窗口中查看淡色效果，如图7-14所示。
>
> 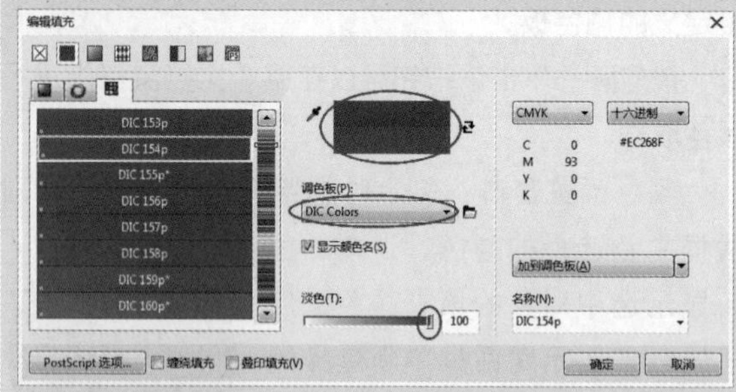
>
> 图7-14

2.模型填充

选中需要填充颜色的对象，如图7-15所示，然后双击“编辑填充”图标，在打开的“编辑填充”对话框中选择“均匀填充”，接着单击“模型”选项卡，在颜色选择区域单击选择色样，最后单击“确定” 按钮 确定 ，如图7-16所示，填充效果如图7-17所示。

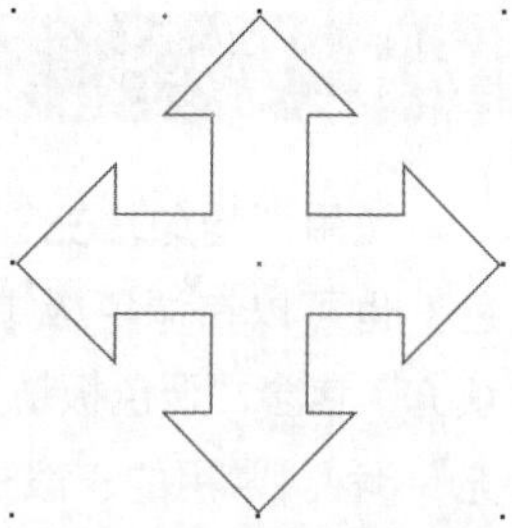

图7-15

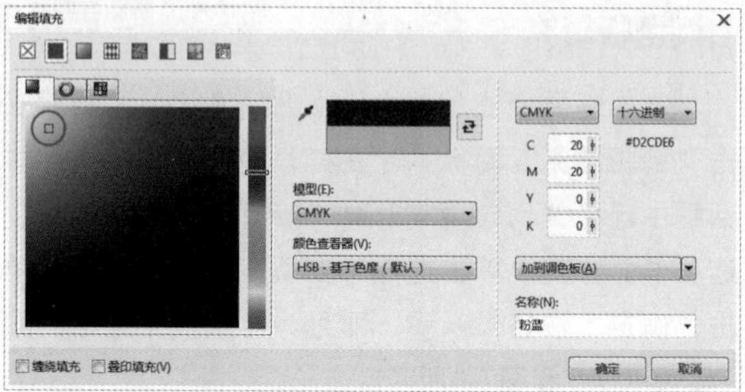

图7-16

图7-17

重要参数介绍

模型：单击该按钮，在下拉列表中显示图7-18所示的选项。

图7-18

颜色查看器：在“模型”选项卡中除“HSB-基于色度（默认）(H)”以外的另外3种设置界面。

> **提示**
>
> 在“模型”选项卡中，除了可以在色样上单击为对象选择填充颜色，还可以在“组件”中输入所要填充颜色的数值。

7.1.3 渐变填充

使用“渐变填充”类型可以为对象添加两种或多种颜色的平滑渐进色彩效果，应用到设计创作中可表现物体质感，以及在绘图中表现非常丰富的色彩变化。“渐变填充”类型包括“线性渐变填充”“椭圆形渐变填充”“圆锥形渐变填充”“矩形渐变填充”4种填充方式，下面进行详细讲解。

1.填充的设置

“渐变填充”对话框选项如图7-19所示。

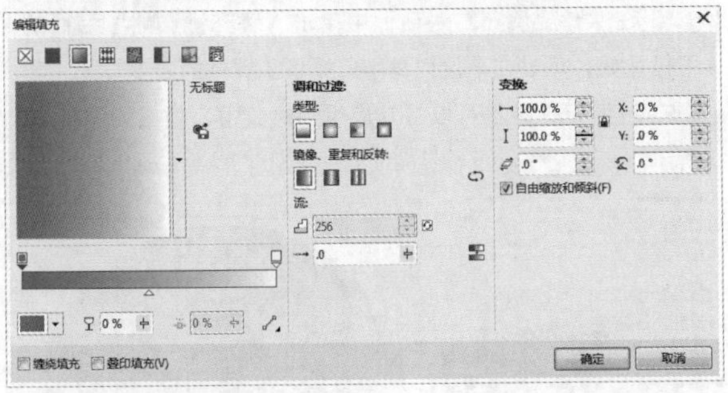

图7-19

重要参数介绍

填充挑选器：单击“填充挑选器”按钮，可以选择下拉列表中的填充纹样填充对象，如图7-20所示。

节点颜色：以两种或多种颜色进行渐变设置，可在频带上双击添加色标，使用鼠标左键单击色标即可在颜色样式中为所选色标选择颜色，如图7-21所示。

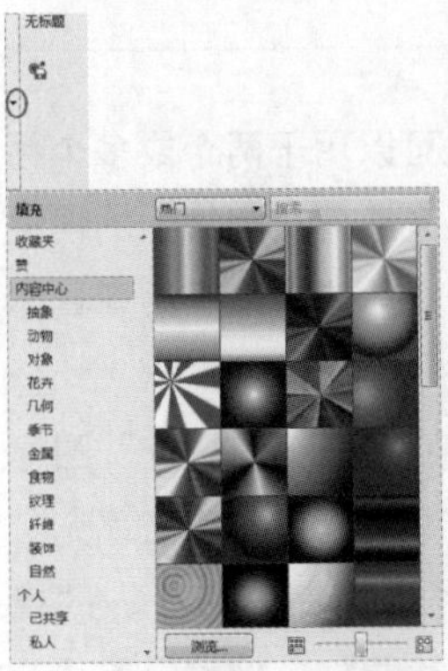

图7-20

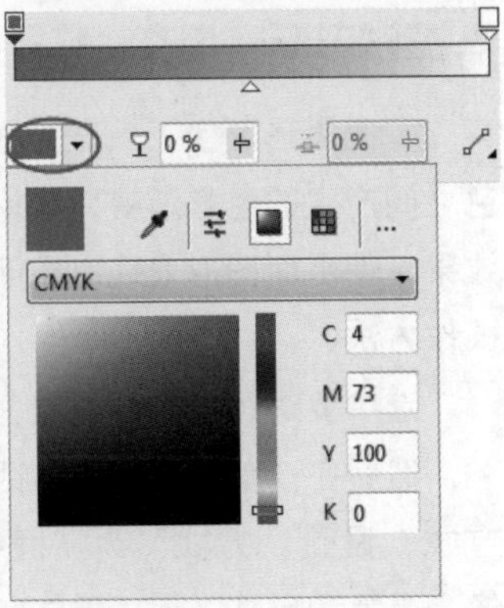

图7-21

节点透明度：指定选定节点的透明度。

节点位置：指定中间节点相对于第一个和最后一个节点的位置。

调和方向：指定两个选定节点间的调和方向或选择一个中点。

渐变步长：设置各个颜色之间的过渡数量，数值越大，渐变的层次越多，渐变颜色也就越细腻；数值越小，渐变层次越少，渐变就越粗糙。

加速：指定渐变填充从一个颜色调和到另一个颜色的速度。

填充宽度：设置与对象宽度相对的填充宽度。

填充高度：设置与对象宽度相对的填充高度。

水平偏移：相对于对象中心，向左或向右移动填充中心。

垂直偏移：相对于对象中心，向上或向下移动填充中心。

倾斜：将填充倾斜指定角度。

旋转：顺时针或逆时针旋转颜色渐变序列（在“椭圆形渐变填充”方式中设置“旋转”选项，填充无变化）。对填充对象的角度进行设置后，效果如图7-22所示。

图7-22

2.线性渐变填充

“线性渐变”填充方式可以用于两个或多个颜色之间产生直线型的颜色渐变。选中要进行填充的对象，然后双击“编辑填充”图标，在打开的“编辑填充”对话框中选择“渐变填充”，打开“渐变填充”对话框，接着设置“方式”为“线性渐变填充”，再设置“节点位置”为0%的色标颜色为黄色、“节点位置”为100%的色标颜色为紫色，最后单击“确定”按钮，如图7-23所示，效果如图7-24所示。

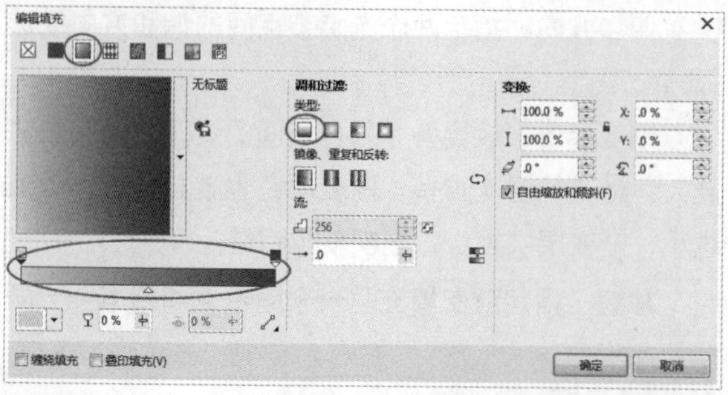

图7-23

图7-24

3.椭圆形渐变填充

“椭圆形渐变”填充方式可以用于两个或多个颜色之间产生以同心圆的形式由对象中心向外辐射生成的渐变效果，此填充方式可以很好地体现球体的光线变化和光晕效果。下面讲解具体操作方法。

选中要进行填充的对象，然后双击“编辑填充”图标◈，在“编辑填充”对话框中选择“渐变填充”类型，设置“方式”为“椭圆形渐变填充”，接着设置“节点位置”为0%的色标颜色为酒绿色、“节点位置”为100%的色标颜色为白色，最后单击“确定”按钮［确定］，如图7-25所示，效果如图7-26所示。

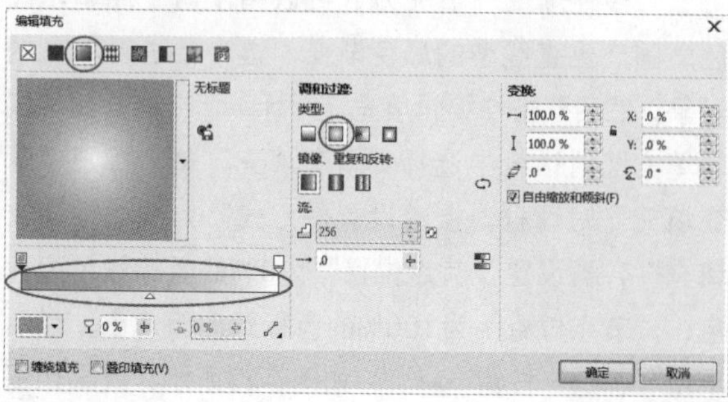

图7-25

图7-26

提示

在“渐变填充”对话框中单击“填充挑选器”后面的下拉按钮，可以在下拉列表中选择系统提供的渐变样式，如图7-27所示，并且可以将其应用到对象中，效果如图7-28所示。

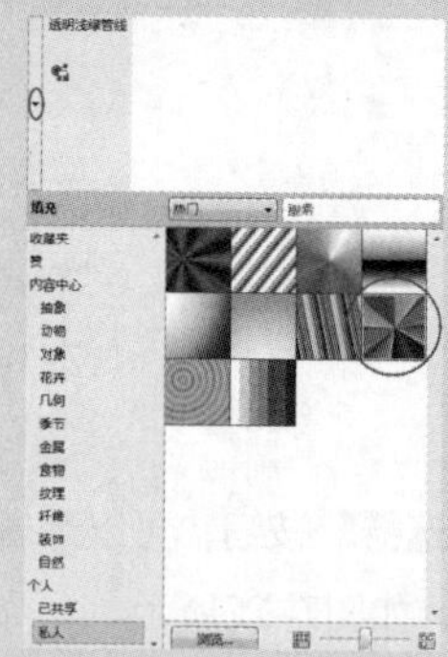

图7-27

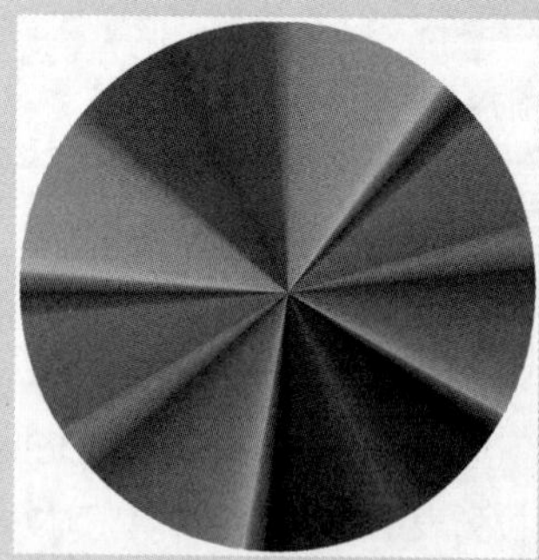

图7-28

4.圆锥形渐变填充

“圆锥形渐变”填充方式可以用于两个或多个颜色之间产生的色彩渐变，模拟光线落在圆锥上的视觉效果，使平面图形表现出空间立体感。下面讲解具体操作方法。

选中要进行填充的对象，双击“编辑填充”图标◈，然后在“编辑填充”对话框中选择“渐变填充”方式，设置“方式”为“圆锥形渐变填充”、“镜像、重复和反转”为“重复和镜像”，接着设置“节点位置”为0%的色标颜色为黄色、“节点位置”为100%的色标颜色为红色，最后单击“确定”按钮［确定］，如图 7-29所示，效果如图7-30所示。

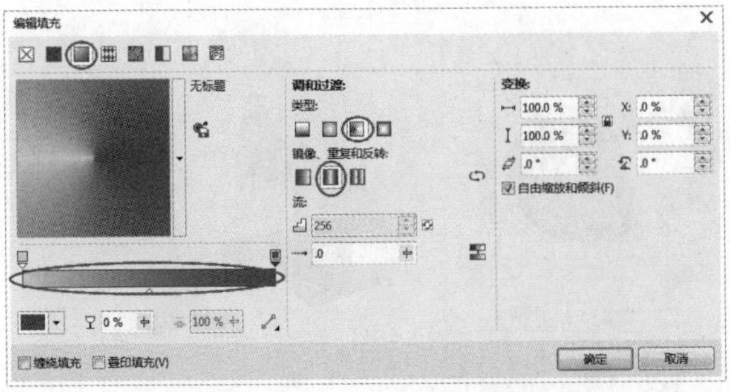

图7-29

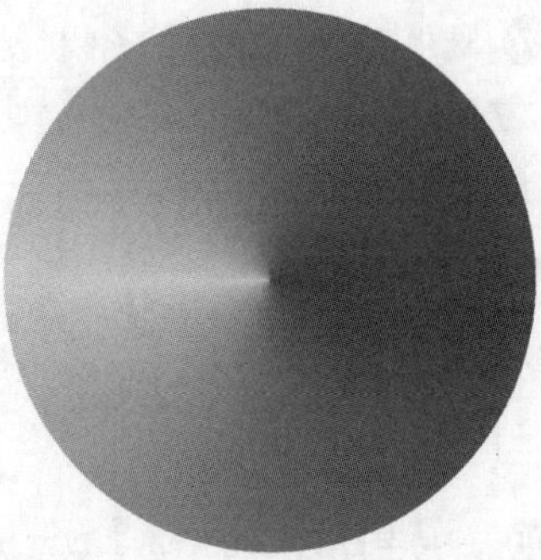

图7-30

5.矩形渐变填充

“矩形渐变”填充方式用于两个或多个颜色之间，产生以同心方形的形式从对象中心向外扩散的色彩渐变效果。下面讲解具体操作方法。

选中要进行填充的对象，双击“编辑填充”图标◈，然后在“编辑填充”对话框中选择“渐变填充”方式，设置“方式”为“矩形渐变填充”、“镜像、重复和反转”为“默认渐变填充”，接着设置“节点位置”为0%的色标颜色为紫色、“节点位置”为100%的色标颜色为白色，最后单击“确定”按钮 确定 ，如图7-31所示，效果如图7-32所示。

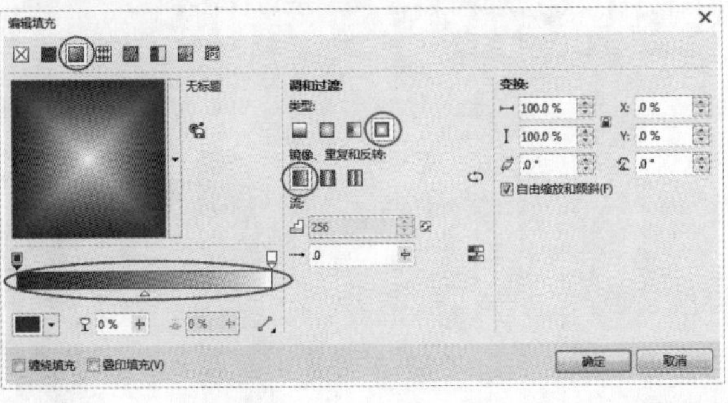

图7-31

图7-32

实战练习

制作渐变立体文字

实例位置　实例文件>CH07>制作渐变立体文字.cdr
素材位置　素材文件>CH07>素材01.cdr、02.cdr
视频名称　制作渐变立体文字.mp4
技术掌握　渐变填充的用法

扫码观看教学视频

最终效果图

01 新建一个A4大小的横向文档，然后使用“文本工具”字在页面中分别输入字母A、n、i、m、a、l，接着在属性栏设置合适的字体，如图7-33所示，最后选中字母A，在属性栏设置“字体大小”为250pt、“旋转角度”为350，效果如图7-34所示。

图7-33

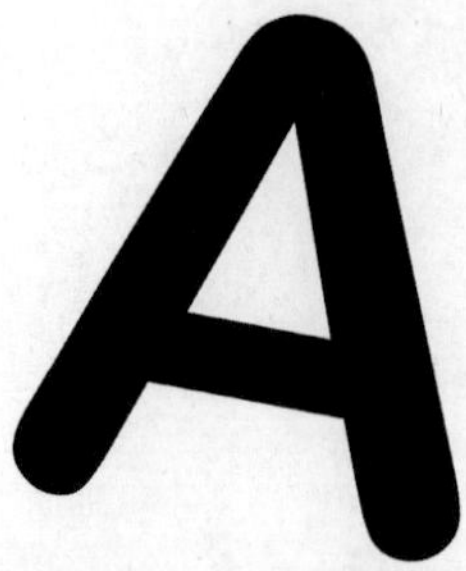

图7-34

02 保持字母A的选中状态，双击状态栏上的“编辑填充”图标，然后在打开的“编辑填充”对话框中选择“渐变填充”方式，并设置“方式”为“椭圆形渐变填充”，接着设置“节点位置”为0%的色标颜色为（R：0，G：255，B：153）、“节点位置”为51%的色标颜色为（R：204，G：255，B：0）、“节点位置”为100%的色标颜色为（R：255，G：245，B：130），最后设置“填充宽度”和“填充高度”为150%、“水平偏移”为3%、“垂直偏移”为8%，设置如图7-35所示，效果如图7-36所示。

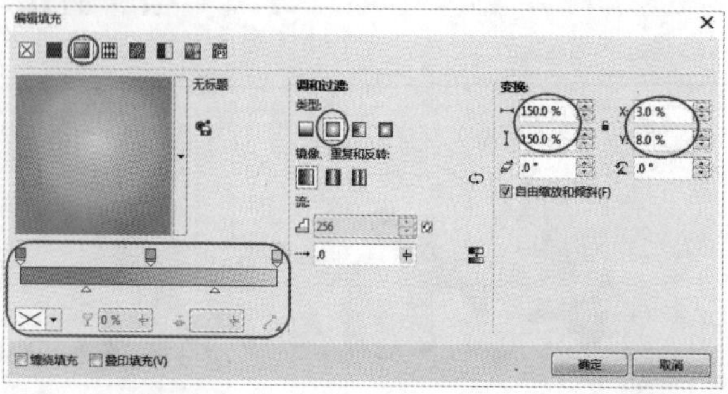

图7-35

图7-36

03 使用“立体化工具”在文字上从中心向右下角拖曳创建立体化效果，然后在属性栏设置“灭点坐标”为（52，-54）、“深度”为20，接着单击“立体化照明”按钮，在打开的面板中单击“光源1”图标为文字添加一个光源，设置如图7-37和图7-38所示，效果如图7-39所示。

图7-37

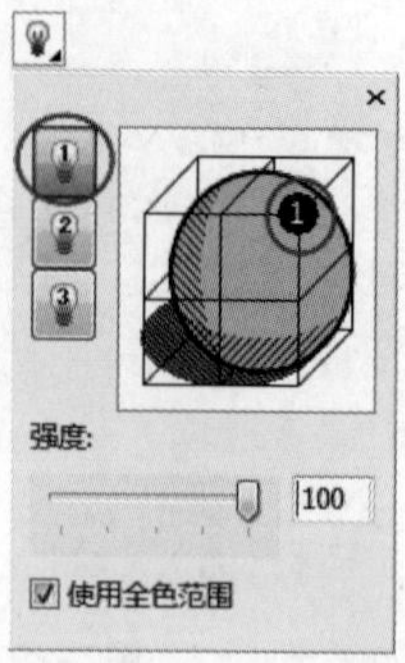

图7-38

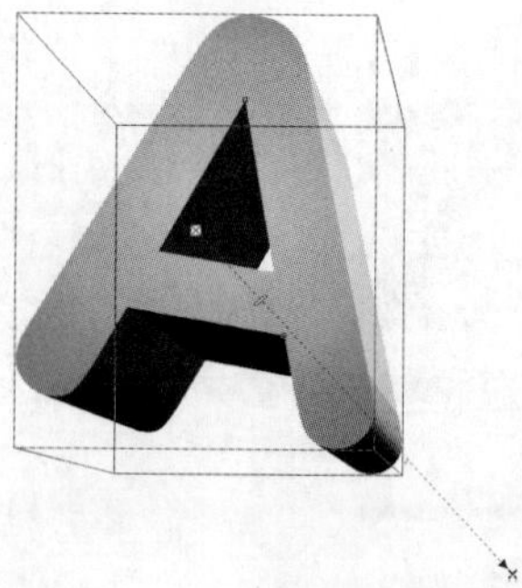

图7-39

04 选中字母n，然后在属性栏设置“字体大小”为215pt、“旋转角度”为355，效果如图7-40所示。

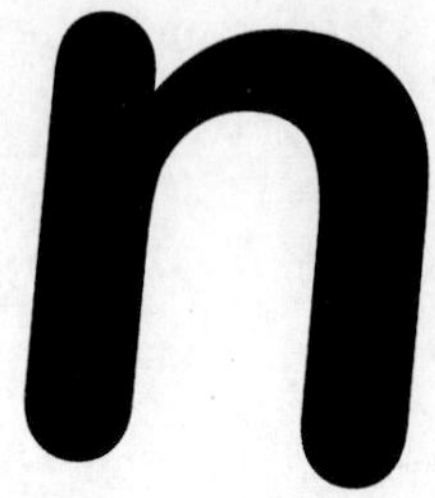

图7-40

05 保持字母n的选中状态，双击状态栏上的“编辑填充”图标，然后在打开的“编辑填充”对话框中选择“渐变填充”方式，并设置“方式”为“矩形渐变填充”，接着设置“节点位置”为0%的色标颜色为（R：0，G：162，B：233）、“节点位置”为100%的色标颜色为（R：179，G：222，B：234），再设置颜色条下方小三角的“节点位置”为35%，最后设置“水平偏移”为-6%、“垂直偏移”为3%、“旋转”为-25.5°，设置如图7-41所示，效果如图7-42所示。

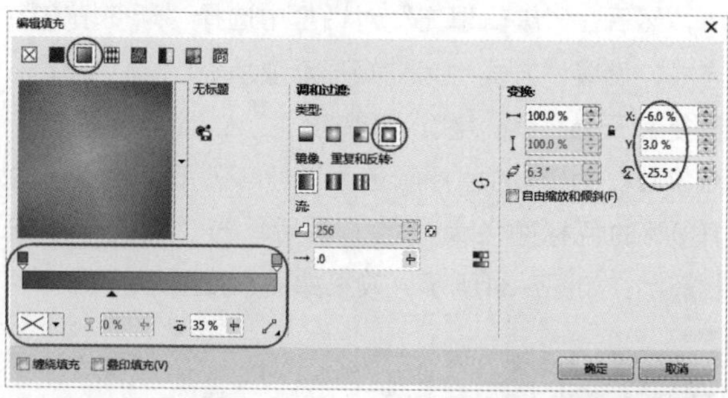

图7-41

图7-42

06 使用“立体化工具”在文字上从中心向下方拖曳创建立体化效果，然后在属性栏设置“灭点坐标”为（1.5，-35）、“深度”为20，接着单击“立体化照明”按钮，在打开的面板中单击“光源1”图标为文字添加一个光源，设置如图7-43和图7-44所示，效果如图7-45所示。

图7-43

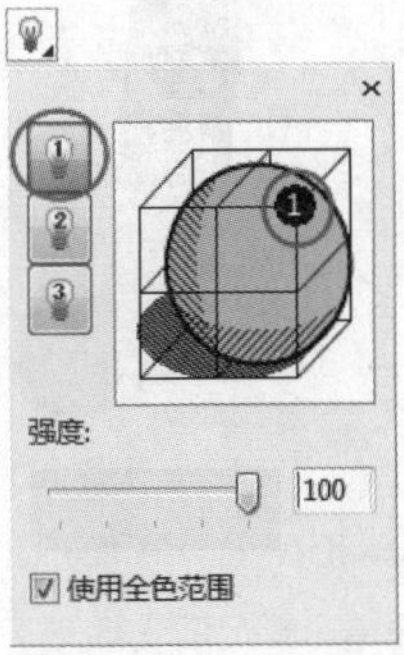

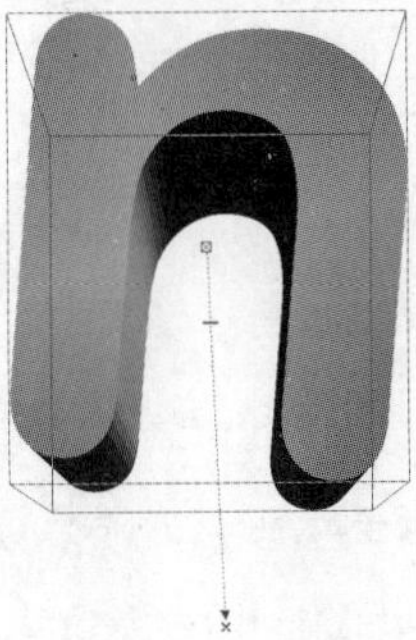

图7-44　图7-45

07 选中字母i，在属性栏设置“字体大小”为240pt，如图7-46所示，然后双击状态栏上的“编辑填充”图标，在打开的“编辑填充”对话框中选择“渐变填充”方式，并设置“方式”为“线性渐变填充”，接着设置“节点位置”为0%和“节点位置”为100%的色标颜色为（R：228，G：0，B：130）、“节点位置”为49%的色标颜色为白色，最后设置“填充宽度”为120%、“水平偏移”为-11.5%、“垂直偏移”为-4.5%、“旋转”为105°，设置如图7-47所示，效果如图7-48所示。

图7-46

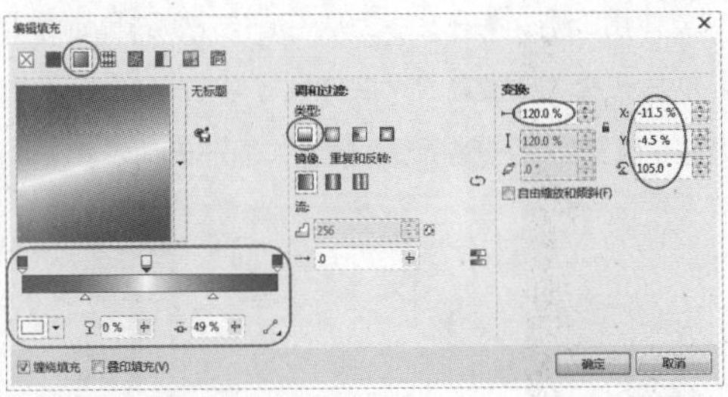

图7-47　图7-48

08 使用“立体化工具”在文字上从中心向左侧拖曳创建立体化效果，然后在属性栏设置“灭点坐标”为（-13，-2.5）、“深度”为20，设置如图7-49所示，效果如图7-50所示。

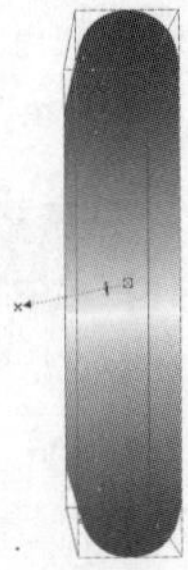

图7-49　图7-50

09 选中字母m，然后在属性栏设置“字体大小”为215pt、“旋转角度”为5，效果如图7-51所示。

图7-51

10 保持字母m的选中，双击状态栏上的“编辑填充”图标，然后在打开的“编辑填充”对话框中选择“渐变填充”方式，并设置“方式”为“椭圆形渐变填充”，接着设置“节点位置”为0%的色标颜色为（R：51，G：153，B：102）、“节点位置”为100%的色标颜色为（R：255，G：255，B：153）、“节点位置”为50%的色标颜色为（R：172，G：206，B：34），设置如图7-52所示，效果如图7-53所示。

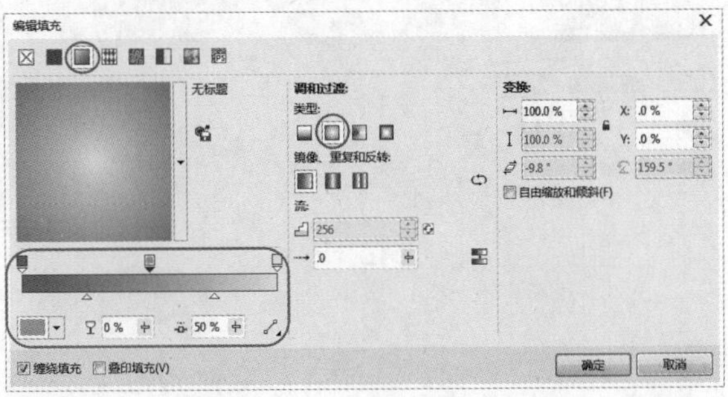

图7-52

图7-53

⓫ 使用“立体化工具”在文字上从中心向左侧拖曳创建立体化效果，然后在属性栏设置“灭点坐标”为（-25，-18）、“深度”为20，设置如图7-54所示，效果如图7-55所示。

⓬ 选中字母a，然后在属性栏设置“字体大小”为220、“旋转角度”为340，效果如图7-56所示。

图7-54

图7-55

图7-56

⓭ 保持字母a的选中状态，双击状态栏上的“编辑填充”图标，然后在打开的“编辑填充”对话框中选择“渐变填充”方式，并设置“方式”为“椭圆形渐变填充”，接着设置“节点位置”为0%的色标颜色为（R：0，G：143，B：215）、“节点位置”为100%的色标颜色为白色，最后设置“水平偏移”为-7%、“垂直偏移”为2°，设置如图7-57所示，效果如图7-58所示。

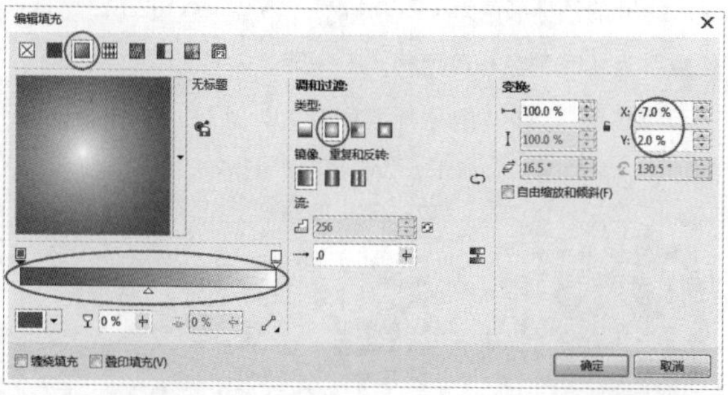

图7-57

图7-58

⓮ 使用“立体化工具”在文字上从中心向左侧拖曳创建立体化效果，然后在属性栏设置“灭点坐标”为（-32，9）、“深度”为20，设置如图7-59所示，效果如图7-60所示。

图7-59

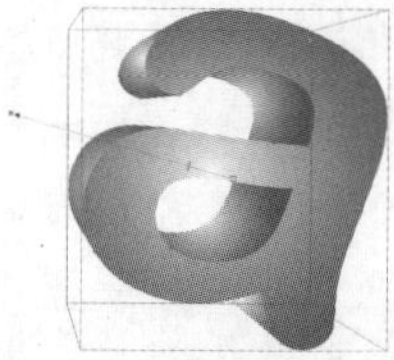

图7-60

⓯ 选中字母l，然后在属性栏设置“字体大小”为255、“旋转角度”为5，效果如图7-61所示。

图7-61

⓰ 保持字母l的选中状态，双击状态栏上的“编辑填充”图标，然后在打开的“编辑填充”对话框中选择“渐变填充”方式，并设置“方式”为“线性渐变填充”，接着设置“节点位置”为0%和“节点位置”为100%的色标颜色为（R：148，G：37，B：134）、“节点位置”为49%的色标颜色为白色，最后设置“填充宽度”为120%、“水平偏移”为-11.5%、“垂直偏移”为-4.5%、“旋转”为105°，设置如图7-62所示，效果如图7-63所示。

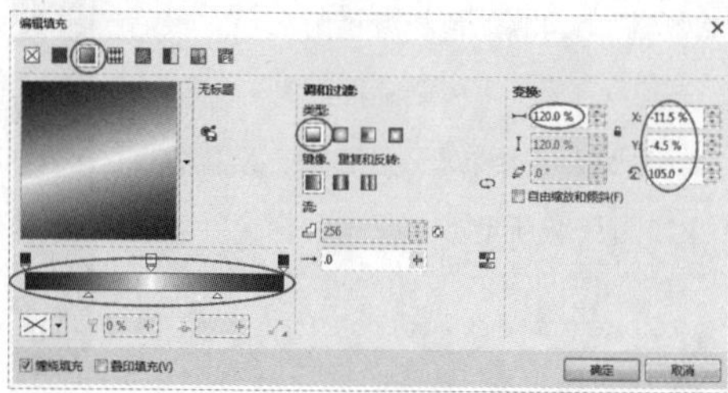

图7-62

图7-63

⓱ 使用“立体化工具”在文字上从中心向左侧拖曳创建立体化效果，然后在属性栏设置“灭点坐标”为（-41，-7）、“深度”为20，设置如图7-64所示，效果如图7-65所示。

图7-64

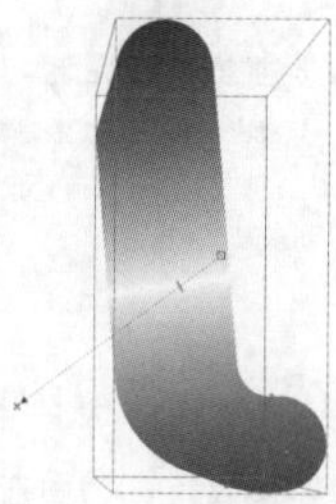

图7-65

提示

关于“立体化工具”的具体用法，请翻阅本书“第9章 图像的效果操作”中的相关内容。

18 调整添加效果后的字母之间的距离，然后双击“矩形工具”新建一个和页面大小相同的矩形，效果如图7-66所示。

图7-66

19 双击状态栏上的“编辑填充”图标，然后在打开的“编辑填充”对话框中选择“渐变填充”方式，并设置“方式”为“椭圆形渐变填充”，接着设置“节点位置”为0%的色标颜色为（R：252，G：228，B：120）、“节点位置”为100%的色标颜色为白色，再设置颜色条下方小三角的“节点位置”为41%，最后设置“填充宽度”为140%、“水平偏移”为-1%、“垂直偏移”为-13%，设置如图7-67所示，效果如图7-68所示。

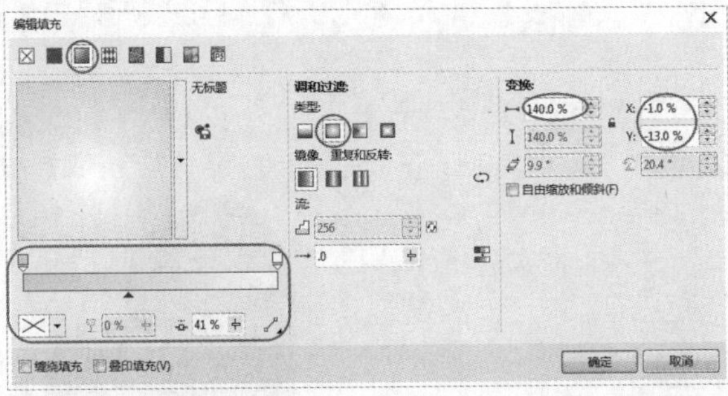

图7-67

图7-68

20 取消矩形的轮廓线，然后使用“椭圆形工具”在页面中绘制多个白色的圆，如图7-69所示，接着导入“素材文件>CH07>素材01.cdr”文件，效果如图7-70所示。

图7-69

图7-70

21 使用“文本工具”在页面中输入文字World Animal Protection，然后设置字体样式为“方正综艺简体”、“字体大小”为50pt，接着在文字下面输入数字2014，设置字体样式为“汉仪花蝶体简”、“字体大小”为90pt，效果如图7-71所示。

图7-71

❷❷ 选中数字2014，双击状态栏上的“编辑填充”图标，然后在打开的“编辑填充”对话框中选择“渐变填充”方式，并设置“方式”为“线性渐变填充”，接着设置“节点位置”为0%的色标颜色为（R：230，G：33，B：41）、“节点位置”为100%的色标颜色为（R：0，G：143，B：215）、“节点位置”为18%的色标颜色为（R：255，G：240，B：0）、“节点位置”为46%的色标颜色为（R：172，G：206，B：34）、“节点位置”为67%的色标颜色为（R：95，G：167，B：118），最后设置“填充宽度”为115%、“垂直偏移”为-10%、“旋转”为-33°，设置如图7-72所示，效果如图7-73所示。

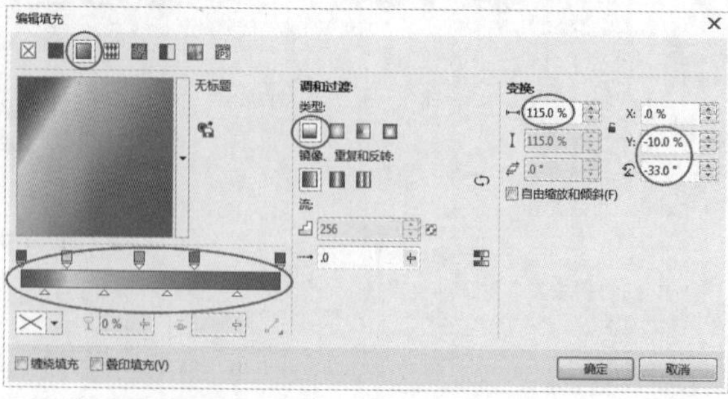

图7-72

图7-73

❷❸ 导入“素材文件>CH07>素材02.cdr”文件，然后将花纹复制一份，并单击属性栏中的“水平镜像”按钮将花纹水平翻转，接着将花纹拖曳到数字2014两侧，最终效果如图7-74所示。

图7-74

7.1.4 图样填充

CorelDRAW X7提供了预设的多种图案，在“图样填充”对话框中可以直接为对象填充预设的图案，也可用绘制的对象或导入的图像创建图样进行填充。

1.双色图样填充

使用“双色图样填充”，可以为对象填充只有“前部”和“后部”两种颜色的图案样式。下面讲解具体操作方法。

选中需要填充的对象，然后双击“编辑填充”图标，在打开的“编辑填充”对话框中选择“双色图样填充”方式，并使用鼠标左键单击“图样填充挑选器”右侧的按钮选择一种图样，接着分别单击“前景颜色”和“背景颜色”的下拉按钮进行颜色选取（这里选择“黄”和“红”），最后单击“确定”按钮，如图7-75所示，效果如图7-76所示。

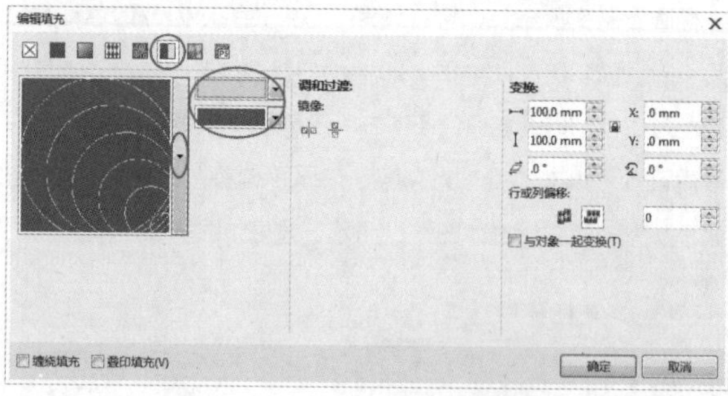

图7-75

图7-76

2.向量图样填充

使用“向量图样填充”，可以把矢量花纹生成为图案样式为对象进行填充，软件中包含多种“向量”填充的图案可供选择。另外，也可以下载和创建图案进行填充。下面讲解具体操作方法。

选中需要填充的对象，然后双击“编辑填充”图标◈，在打开的“编辑填充”对话框中选择“向量图样填充”方式▦，接着单击“图样填充挑选器”右边的下拉按钮进行图样选择，最后单击“确定”按钮[确定]，如图7-77所示，填充效果如图7-78所示。

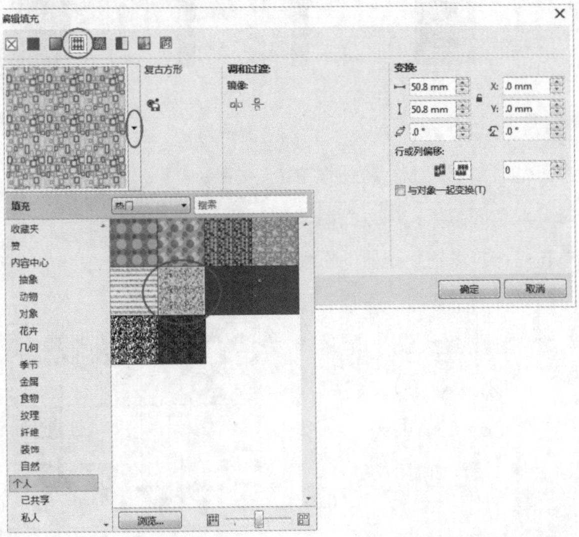

图7-77

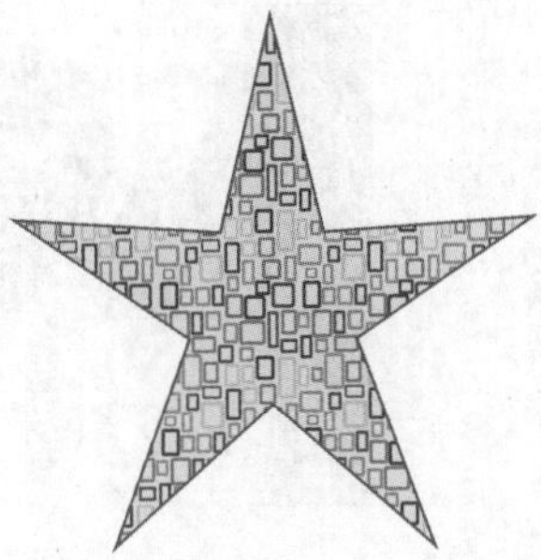

图7-78

3.位图图样填充

使用“位图图样填充”，可以选择位图图像为对象进行填充，填充后的图像属性取决于位图的大小、分辨率和深度。下面讲解具体操作方法。

选中需要填充的对象，然后双击“编辑填充”图标◈，在打开的“编辑填充”对话框中选择“位图图样填充”方式▩，接着单击“图样填充挑选器”的下拉按钮选择图样，最后单击“确定”按钮[确定]，如图7-79所示，效果如图7-80所示。

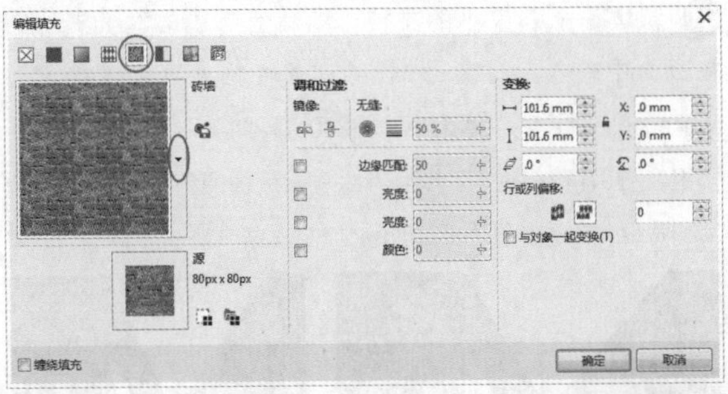

图7-79

图7-80

提示

注意，在使用位图进行填充时，复杂的位图会占用较多的内存空间，所以会影响填充速度。

实战练习

制作图案文字

实例位置　实例文件>CH07>制作图案文字.cdr

素材位置　素材文件>CH07>素材03.cdr

视频名称　制作图案文字.mp4

技术掌握　双色图样填充的用法

扫码观看教学视频

最终效果图

01 新建一个A4大小的文档，然后使用“文本工具”字在页面中输入大写字母M，并在属性栏设置字体样式为AsukaCapsSSK、“字体大小”为300pt，如图7-81所示，接着按组合键Ctrl+Q将文字转换为曲线，最后调整一下文字的长度和宽度，效果如图7-82所示。

图7-81

图7-82

02 将字母向右水平移动复制一份，然后单击属性栏中的“水平镜像”按钮将复制的字母水平翻转，接着选中字母，按组合键Ctrl+G将其组合，效果如图7-83所示。

图7-83

03 使用“基本形状工具”绘制一个桃心，然后填充颜色为（C：2，M：71，Y：22，K：0），并去掉轮廓线，接着将其拖曳到两个字母的中间，效果如图7-84所示。

图7-84

04 选中桃心和字母，然后单击属性栏中的“修剪”按钮，用桃心修剪字母，接着将桃心等比例缩小，效果如图7-85所示。

图7-85

05 选中字母，双击状态栏上的“编辑填充”图标，然后在打开的“编辑填充”对话框中选择“双色图样填充”方式，并单击“图样填充挑选器”右侧的按钮选择“竖条纹”图样，接着设置“前景颜色”为（C：2，M：71，Y：22，K：0）、“背景颜色”为（C：69，M：0，Y：31，K：0），设置如图7-86所示，效果如图7-87所示。

图7-86

图7-87

06 使用“文本工具”字在图案上面从上到下依次输入英文shoes、FOR和THE DEST，在图案下面输入英文IN THE WORLD，然后为这些文字选择合适的字体样式和大小，效果如图7-88所示。

图7-88

07 为英文FOR填充颜色为（C：69，M：0，Y：31，K：0），然后选择英文THE DEST，双击状态栏上的“编辑填充”图标◈，在打开的“编辑填充”对话框中选择“双色图样填充”方式◧，并单击“图样填充挑选器”右侧的按钮选择“菱形格子”图样，接着设置“前景颜色”为（C：69，M：0，Y：31，K：0）、“背景颜色”为黑色，设置如图7-89所示，填充效果如图7-90所示。

图7-89

图7-90

08 同时选中英文shoes、IN THE WORLD，双击状态栏上的“编辑填充”图标◈，然后在打开的“编辑填充”对话框中选择“双色图样填充”方式◧，并单击“图样填充挑选器”右侧的按钮选择一种图样，接着设置“前景颜色”为（C：69，M：0，Y：31，K：0）、“背景颜色”为黑色，设置如图7-91所示，填充效果如图7-92所示。

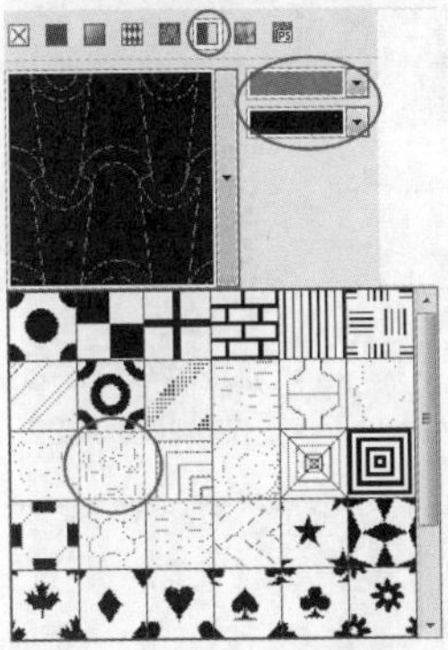

图7-91

图7-92

09 导入“素材文件>CH07>素材03.cdr”文件，将鞋子素材拖曳到文字顶端，如图7-93所示，然后双击“矩形工具”□新建一个和页面大小相同的矩形，接着填充颜色为（C：0，M：2，Y：4，K：0），最后设置矩形的“轮廓宽度”为2mm、轮廓线颜色为（C：2，M：71，Y：22，K：0），最终效果如图7-94所示。

图7-93

图7-94

7.1.5 底纹填充

“底纹填充”方式▦是用随机生成的纹理来填充对象，使用“底纹填充”可以赋予对象自然的外观。CorelDRAW X7提供了多种底纹样式供用户选择，每种底纹都可以在“底纹填充”对话框中进行相对应的属性设置。

1.底纹库

选中需要填充的对象，然后双击“编辑填充”图标◈，在打开的“编辑填充”对话框中选择“底纹填充”方式▦，接着单击“样品”右边的下拉按钮选择一个样本，再选择“底纹列表”中的一种底纹，最后单击“确定”按钮［确定］，如图7-95所示，填充效果如图7-96所示。

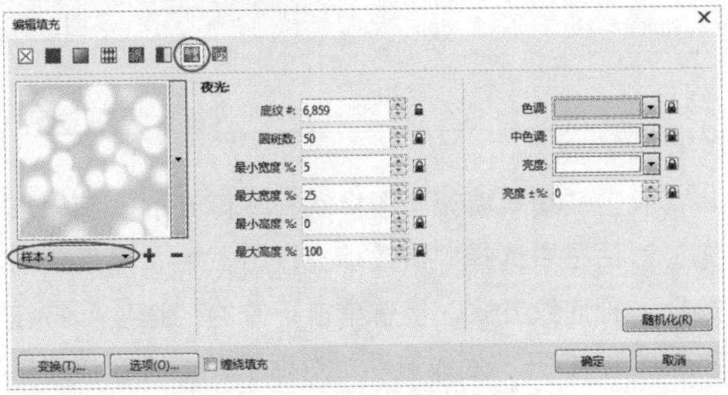

图7-95

图7–96

2.颜色选择器

打开“底纹填充”对话框，在“底纹库”中选择任意一种底纹样式，然后单击“样品”图案右侧的下拉按钮显示相应的底纹图案选项（根据用户选择的底纹图案，会出现相应的属性选项），如图7-97所示，接着单击任意一个颜色选项后面的按钮，即可打开相应的颜色挑选器，如图7-98所示。

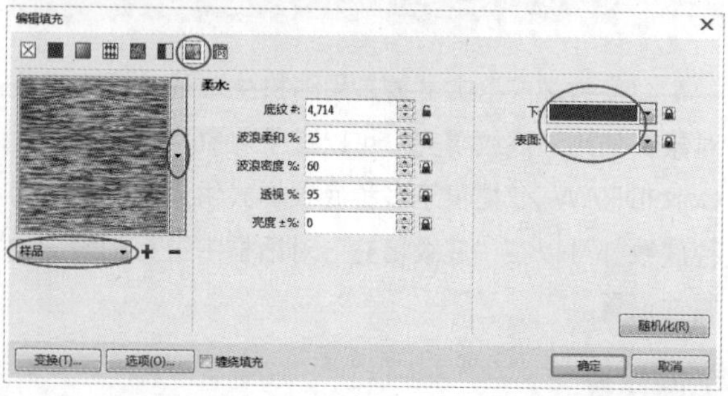

图7–97

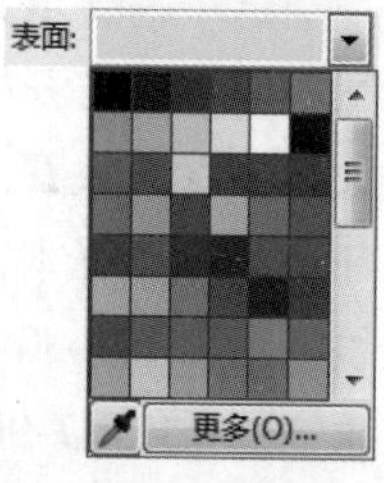

图7–98

3.选项

双击“编辑填充”图标，在打开的“编辑填充”对话框中选择“底纹填充”方式，然后任意选择一种底纹方式，接着单击下方的“选项”按钮 选项(O)... ，打开“底纹选项”对话框，即可在该对话框中设置“位图分辨率”和“最大平铺宽度”，如图7-99所示。

图7–99

疑难问答

设置“位图分辨率”和“最大平铺宽度”有什么作用?

当设置的“位图分辨率”和“最大平铺宽度”的数值越大时，填充的纹理图案就越清晰；当数值越小时，填充的纹理就越模糊。

4.变换

双击“编辑填充”图标，在打开的“编辑填充”对话框中选择“底纹填充”方式，然后任意选择一种底纹方式，接着单击对话框下方的“变换”按钮 变换(T)... ，打开“变换”对话框，即可在该对话框中对所选底纹进行参数设置，如图7-100所示。

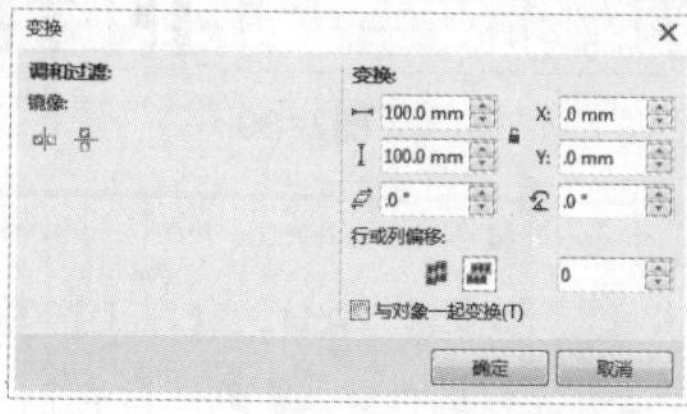

图7–100

实战练习

制作精美信纸

实例位置 实例文件>CH07>制作精美信纸.cdr

素材位置 素材文件>CH07>素材04.cdr

视频名称 制作精美信纸.mp4

技术掌握 底纹填充的用法

扫码观看教学视频

最终效果图

01 新建一个A4大小的文档，然后双击“矩形工具”□创建一个和页面大小相同的矩形，如图7-101所示，接着双击状态栏上的“编辑填充”图标◆，在打开的“编辑填充”对话框中选择“底纹填充”方式▦，并在“样品”的“底纹列表”中选择一种底纹，如图7-102所示，最后去掉矩形的轮廓线，效果如图7-103所示。

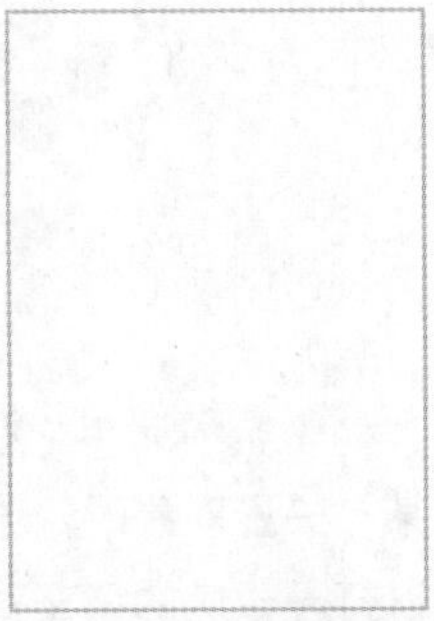

图7-101

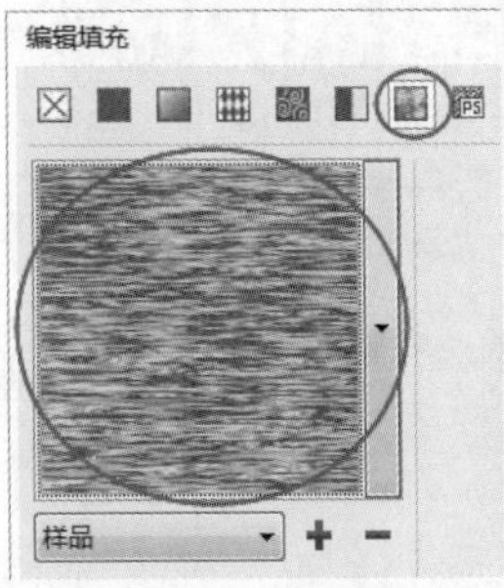

图7-102

图7-103

02 使用“透明度工具”单击矩形，然后设置“均匀透明度”为30，如图7-104所示，接着将矩形向中心等比例缩小复制一份，并旋转一定角度，再为其添加宽度为0.2mm的白色轮廓线，效果如图7-105所示。

图7-104

图7-105

提示

关于“透明度工具”的具体用法，请翻阅本书“第9章 图像的效果操作”中的相关内容。

03 将第二个矩形向中心等比例缩小复制一份，然后旋转一定角度，接着使用相同的方法，继续向中心缩小复制两个矩形，效果如图7-106所示。

04 使用“透明度工具”从下到上依次为矩形设置“透明度”，从第二层到最上面一层的“透明度”分别为40、50、60、70，效果如图7-107所示。

图7-106

图7-107

05 使用“矩形工具”□在页面中绘制白色矩形，如图7-108所示，然后设置“透明度”为60，如图7-109所示，接着导入“素材文件>CH07>素材04.cdr”文件，将其拖曳到页面右下角，最终效果如图7-110所示。

图7-108

图7-109

图7-110

7.2 交互式填充工具

"交互式填充工具"包含填充工具组中所有填充工具的功能，利用该工具可以为图形设置各种填充效果，其属性栏选项会随着设置的填充类型而发生变化。

7.2.1 属性栏设置

"交互式填充工具"的属性栏如图7-111所示。

图7-111

重要参数介绍

填充方式：在对话框上方包含多种填充方式，分别单击图标可切换填充方式，如图7-112所示。

填充色：设置对象中相应节点的填充颜色，如图7-113所示。

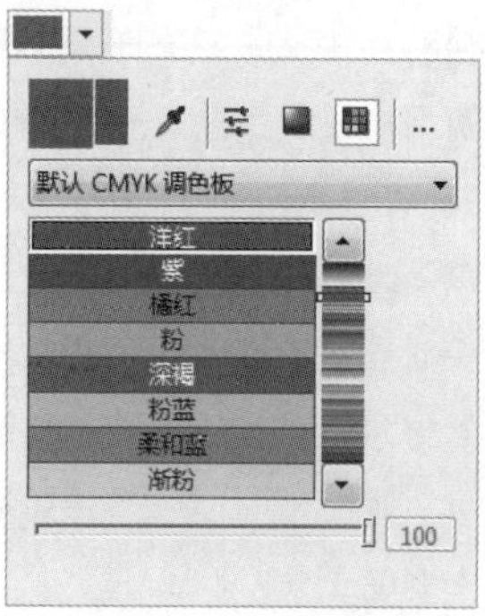

图7-112　　图7-113

复制填充：将文档中另一对象的填充属性应用到所选对象中。复制对象的填充属性，首先要选中需要复制属性的对象，然后单击该按钮，待光标变为箭头形状➡时，单击想要取样其填充属性的对象，即可将该对象的填充属性应用到选中对象，如图7-114和图7-115所示。

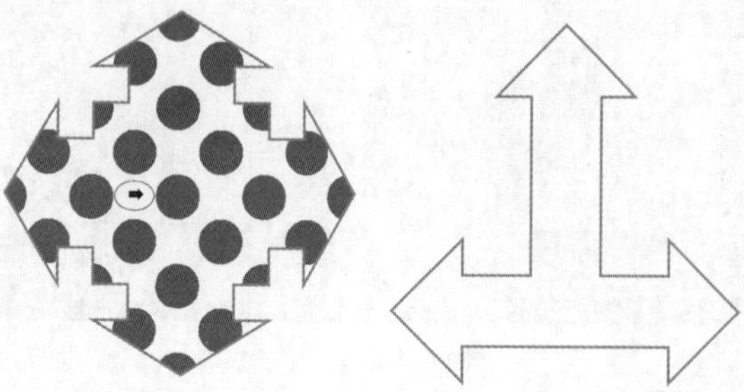

图7-114

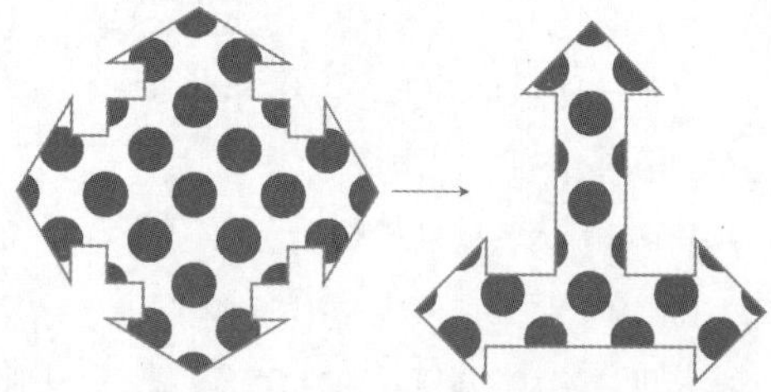

图7-115

编辑填充：更改对象当前的填充属性（当选中某一矢量对象时，该按钮才可用）。单击该按钮，可以打开相应的填充对话框，在相应的对话框中可以设置新的填充内容为对象进行填充。

提示

通过对"交互式填充工具"的各种填充方式进行填充操作，可以熟练掌握"交互式填充工具"的基本使用方法。

"交互式填充工具"中的各种填充方式的相关参数，都可以通过单击其属性栏中的"编辑填充"按钮，在打开的"编辑填充"对话框中进行设置，如图7-116和图7-117所示。

图7-116

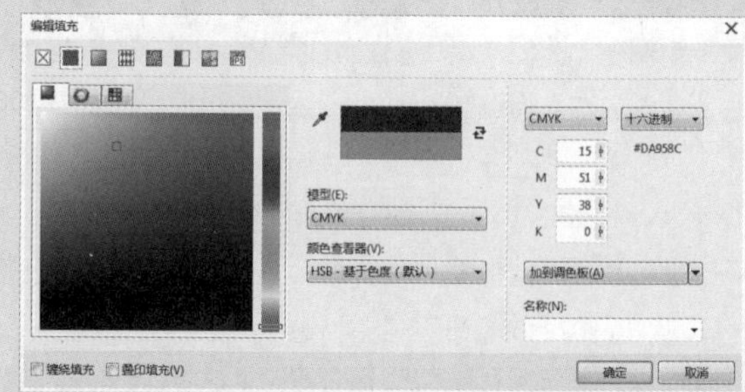

图7-117

在"填充方式"选项中，当选择"填充方式"为"无填充"时，属性栏中其余选项不可用。

这里的"编辑填充"与在本章7.1节讲解的"编辑填充"是相同的，所以关于"交互式填充工具"中几种填充类型的使用方法，这里就不进行讲解了，用户在使用该功能时可以任选一种。

7.2.2 基本使用方法

通过对"交互式填充工具"的各种填充方式进行填充操作，可以熟练掌握"交互式填充工具"的基本使用方法。

1.无填充

选中一个已填充的对象，如图7-118所示，然后单击“交互式填充工具”，接着在其属性栏中设置“填充方式”为“无填充”，即可移除该对象的填充内容，如图7-119所示。

图7-118

图7-119

2.均匀填充

选中需要填充的对象，然后单击“交互式填充工具”，接着在其属性栏中设置“填充方式”为“均匀填充”、“填充色”为“粉色”，如图7-120所示，填充效果如图7-121所示。

图7-120

图7-121

> **提示**
>
> “交互式填充工具”无法移除对象的轮廓颜色，也无法填充对象的轮廓颜色。“均匀填充”最快捷的方法就是通过调色板进行填充。

3.线性填充

选中要填充的对象，然后单击“交互式填充工具”，接着在其属性栏中选择“渐变填充”为“线性渐变填充”、两端节点的填充颜色均为（C：0，M：84，Y：100，K：0），再使用鼠标双击对象上的虚线添加一个节点，“节点位置”为50%，最后设置该节点颜色为白色，如图7-122所示，填充效果如图7-123所示。

图7-122

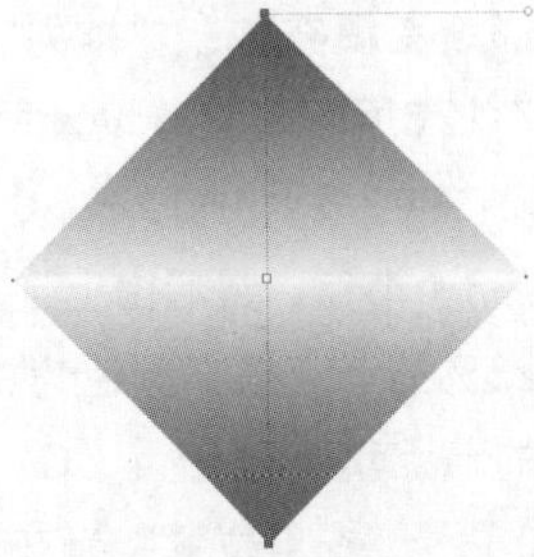

图7-123

> **提示**
>
> 在使用“交互式填充工具”时，若要删除添加的节点，可以将光标移动到该节点，待光标变为十字形状时双击鼠标左键，即可删除该节点和该节点填充的颜色（两端的节点无法进行删除）。在接下来的操作中，填充对象两端的颜色挑选器和添加的节点统称为节点。

4.椭圆形填充

选中要填充的对象，然后选择“交互式填充工具”，接着在其属性栏中设置“渐变填充”为“椭圆形渐变填充”、两个节点颜色为（C：0，M：84，Y：100，K：0）和白色，如图7-124所示，填充效果如图7-125所示。

图7-124

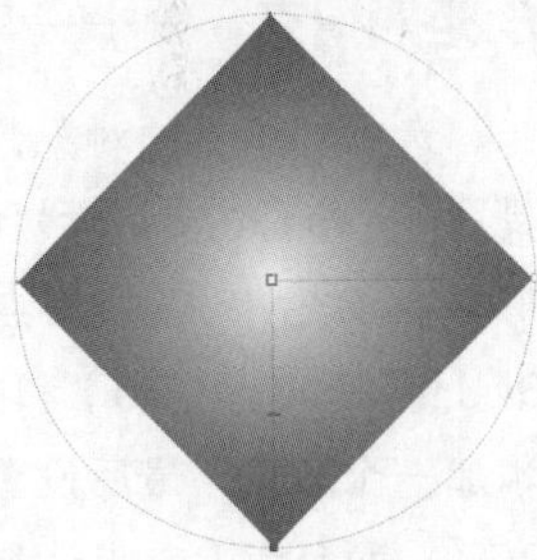

图7-125

> **提示**
>
> 为对象上的节点填充颜色，除了可以通过属性栏进行设置外，还可以直接在对象上单击该节点，然后在调色板中单击色样为该节点填充。

5.圆锥填充

选中要填充的对象，然后选择“交互式填充工具”，在其属性栏中设置“渐变填充”为“圆锥形渐变填充”、“排列”为“重复和镜像”，如图7-126所示，接着设置两端节点颜色均为（C：0，M：84，Y：100，K：0），再双击对象上的虚线添加3个节点，最后由上到下依次设置“节点位置”为25%的节点填充颜色为白色、“节点位置”为50%的节点填充颜色为（C：0，M：29，Y：29，K：0）、“节点位置”为75%的节点填充颜色为白色，填充效果如图7-127所示。

图7-126

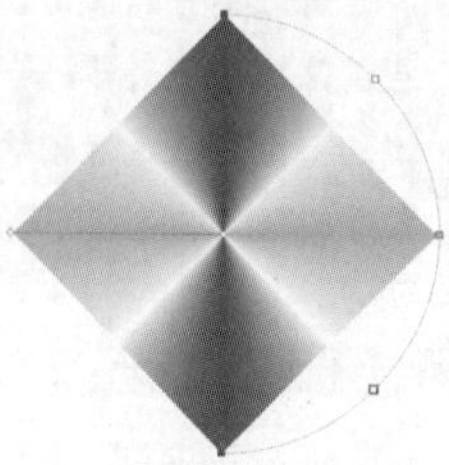

图7-127

提示

在渐变填充方式中，所添加节点的“节点位置”除了可以通过属性栏进行设置外，还可以在填充对象上单击该节点，待光标变为十字形状时，按住左键拖曳，即可更改该节点的位置。

6.矩形填充

选中要填充的对象，然后选择“交互式填充工具”，接着在其属性栏中设置“渐变填充”为“矩形渐变填充”、两端节点颜色分别为（C：0，M：84，Y：100，K：0）和白色，再双击对象上的虚线添加一个节点，最后设置该节点的“节点位置”为35%、颜色为（C：0，M：49，Y：91，K：0），如图7-128所示，填充效果如图7-129所示。

图7-128

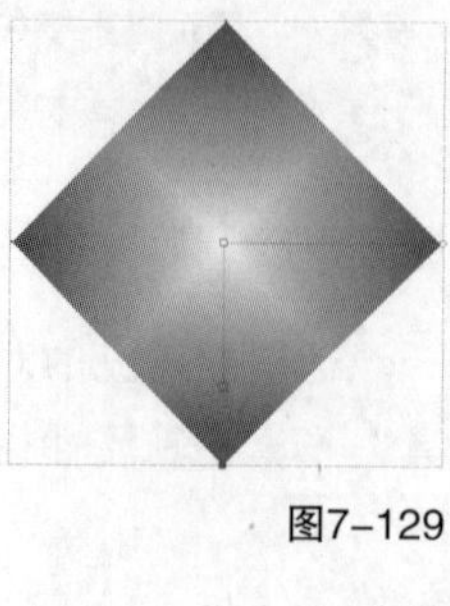

图7-129

当填充方式为“线性渐变填充”和“圆锥形渐变填充”时，设置填充对象的“旋转”，可以单击填充对象上虚线两端的节点，然后按住鼠标左键旋转拖曳，即可更改填充对象的“旋转”，如图7-130所示。当填充方式为“矩形渐变填充”时，拖曳虚线框外侧的节点，即可更改填充对象的“旋转”，如图7-131所示。

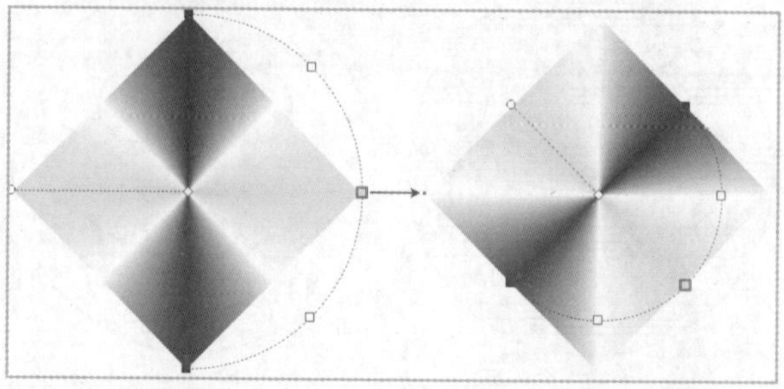

图7-130

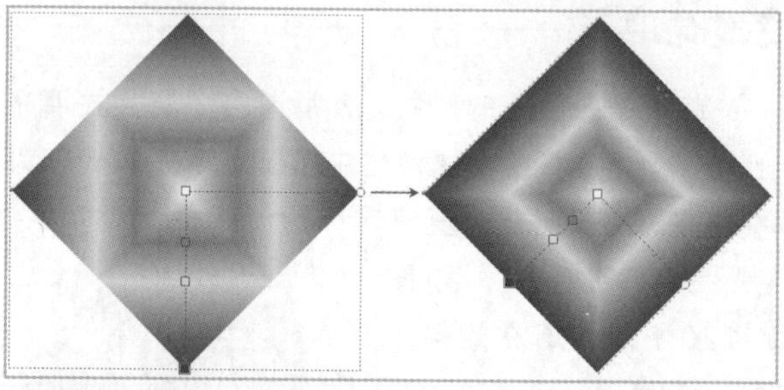

图7-131

提示

当填充方式为“线性”“椭圆形”“圆锥形”“矩形”时，移动光标到填充对象的虚线上，待光标变为十字箭头形状时，按住鼠标左键移动，即可更改填充对象的“中心位移”，如图7-132所示；或者移动光标到“节点位置”为0%的节点，待光标变为十字箭头形状时，按住鼠标左键移动，即可更改填充对象的“中心位移”，如图7-133所示。

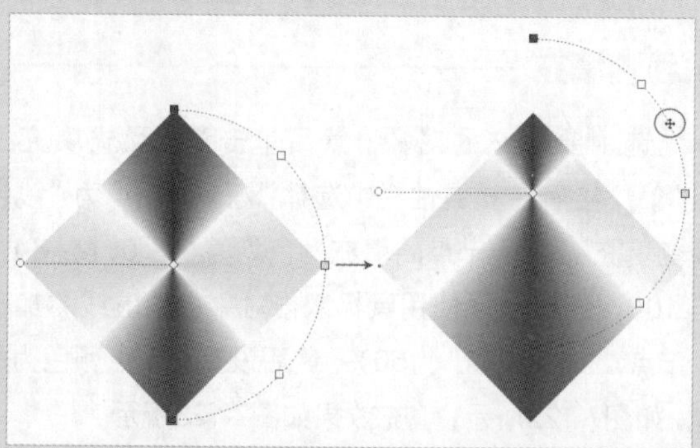

图7-132

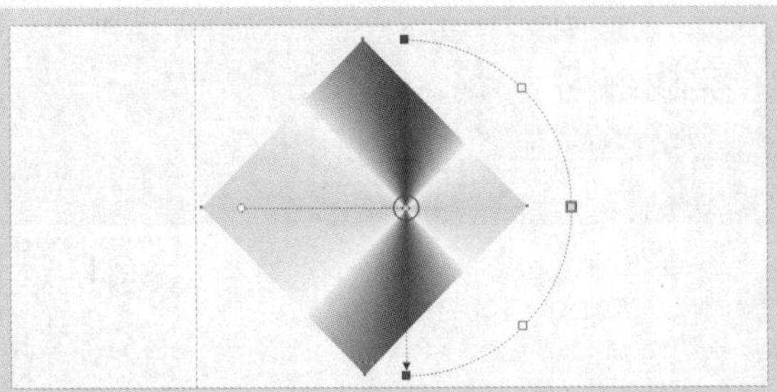

图7-133

7.双色图样填充

选中要填充的对象，然后选择“交互式填充工具”，接着在其属性栏中设置“填充方式”为“双色图样”、“填充图样”为、“前景色”为（C：21，M：100，Y：49，K：0）、“背景色”为白色，如图7-134所示，填充效果如图7-135所示。

图7-134

图7-135

8.向量图样填充

选中要填充的对象，然后选择“交互式填充工具”，接着在其属性栏中设置“填充方式”为“向量图样填充”、“填充图样”为，如图7-136所示，填充效果如图7-137所示。

图7-136

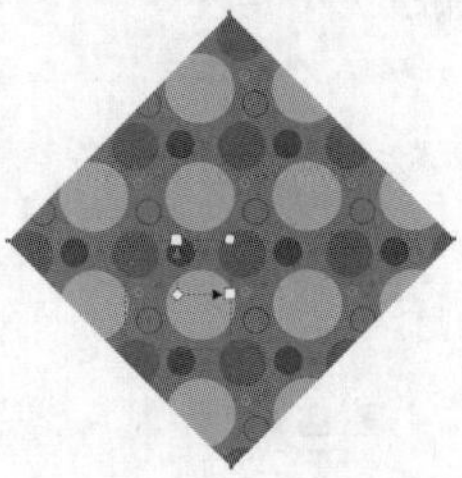

图7-137

9.位图图样填充

选中要填充的对象，然后选择“交互式填充工具”，接着在其属性栏中设置“填充方式”为“位图图样填充”、“填充图样”为，如图7-138所示，填充效果如图7-139所示。

图7-138

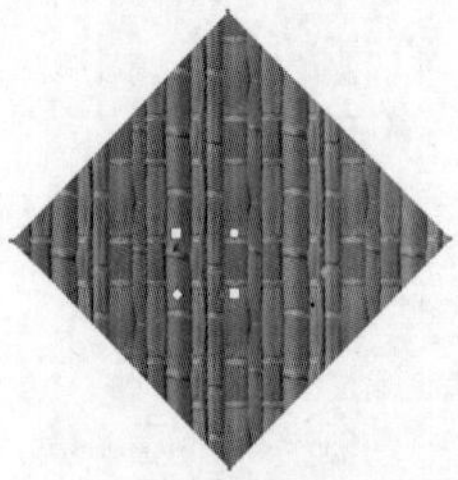

图7-139

当选择“填充方式”为“双色图样填充”“向量图样填充”“位图图样填充”时，除了可以通过属性栏对填充进行设置外，还可以直接在对象上进行编辑。为对象填充图样后，将光标移动到虚线上的白色圆点上面，然后按住鼠标左键进行拖曳，可以等比例地更改填充对象的“高度”和“宽度”，如图7-140所示；将光标移动到虚线上的节点上面，按住鼠标左键进行拖曳可以改变填充对象的“高度”或“宽度”，使填充图样产生扭曲现象，如图7-141所示。

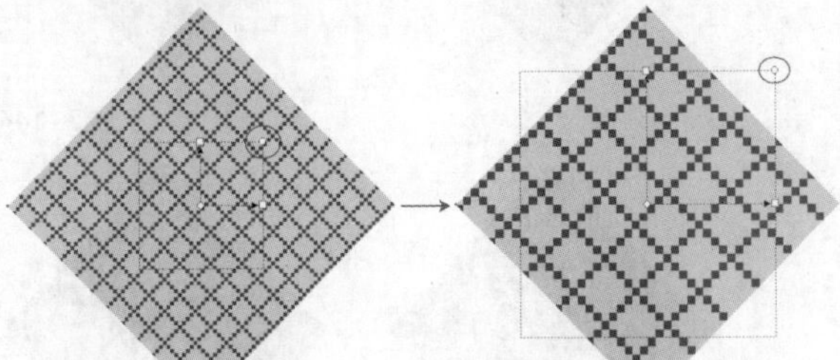

图7-140

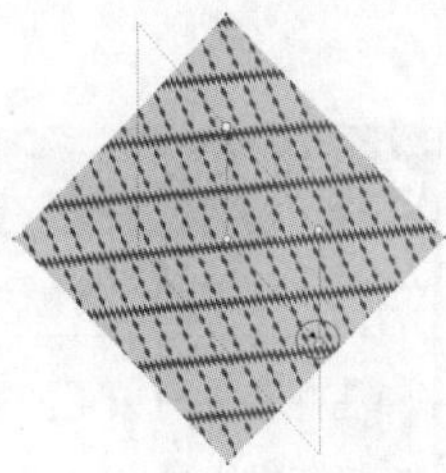

图7-141

10.底纹填充

选中要填充的对象，然后选择“交互式填充工具”，接着在其属性栏中设置“填充方式”为“底纹填充”、“填充图样”为，如图7-142所示，填充效果如图7-143所示。

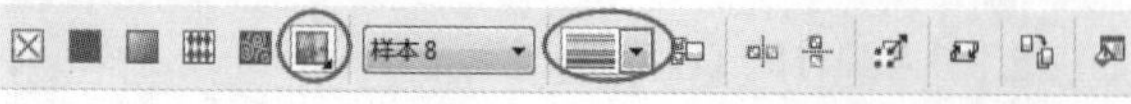

图7-142

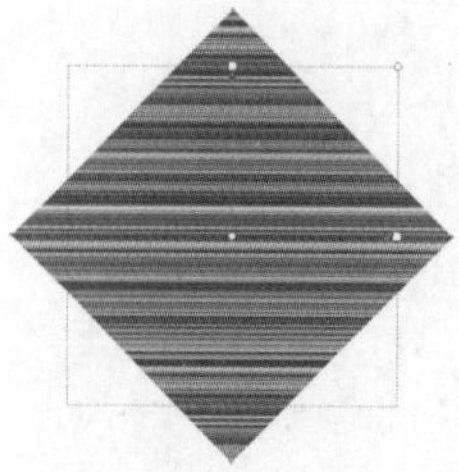

图7-143

当选择“填充方式”为“底纹填充”时，单击填充对象上的白色圆点，然后按住鼠标左键拖曳，可以更改单元图案的大小和角度，如图7-144所示；如果单击虚线上的节点，按住鼠标左键拖曳，可以使填充底纹产生扭曲现象，如图7-145所示。

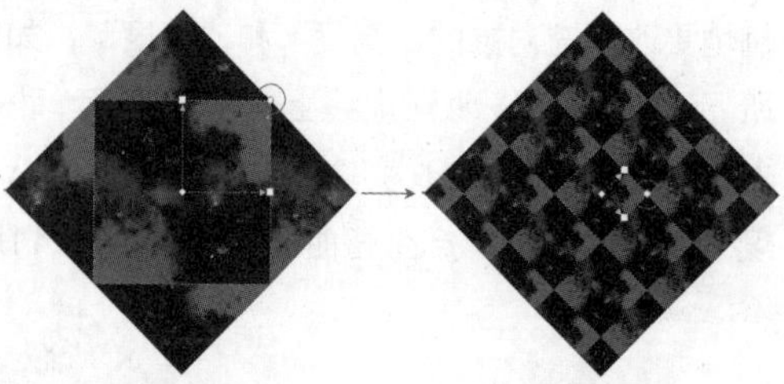

图7-144

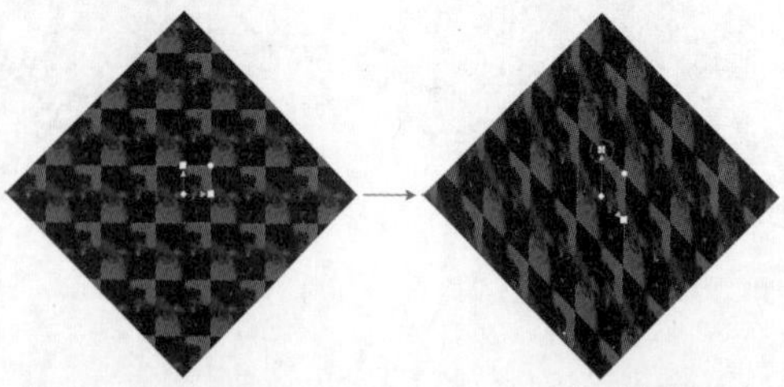

图7-145

疑难问答

该属性栏中的“重新生成底纹”按钮有什么作用呢?

单击该按钮可以更改所填充底纹的部分属性，使填充底纹产生细微变化。

实战练习

制作水晶按钮

实例位置　实例文件>CH07>制作水晶按钮.cdr

素材位置　素材文件>CH07>素材05.png

视频名称　制作水晶按钮.mp4

技术掌握　交互式填充工具的用法

扫码观看教学视频

最终效果图

01 新建一个A4大小的文档，然后使用“矩形工具”在页面中绘制一个大小为132mm×132mm的正方形，接着设置它的“轮廓宽度”为0.5mm、轮廓线颜色为（C：0，M：0，Y：0，K：20），效果如图7-146所示。

图7-146

02 选中矩形单击“交互式填充工具”，然后使用鼠标从矩形的左上角向左下角垂直拖曳渐变，接着设置“节点位置”为0%处的填充颜色为白色、“节点位置”为100%处的填充颜色为（C：0，M：0，Y：0，K：30），设置如图7-147所示，效果如图7-148所示。

图7-147

图7-148

03 将上一步绘制的矩形向中心等比例缩小复制一份，然后去掉轮廓线，接着使用 “交互式填充工具” 从该矩形的左上角向左下角垂直拖曳渐变，再设置“节点位置”为0%处的填充颜色为黑色、“节点位置”为100%处的填充颜色为白色，效果如图7-149所示。

图7-149

04 将底层的大矩形在原位置复制粘贴一份，如图7-150所示，然后按组合键Ctrl+PgDn将其置于下一层，接着将该矩形向下缩短一半长度，如图7-151所示。

图7-150

图7-151

05 选中缩短的矩形和最上层的矩形，如图7-152所示，然后单击属性栏中的“修剪”按钮修剪缩短的矩形，接着使用“交互式填充工具”从该对象的上边中间垂直向下拖曳渐变，再设置“节点位置”为0%处的填充颜色为黑色、“节点位置”为100%处的填充颜色为白色，效果如图7-153所示。

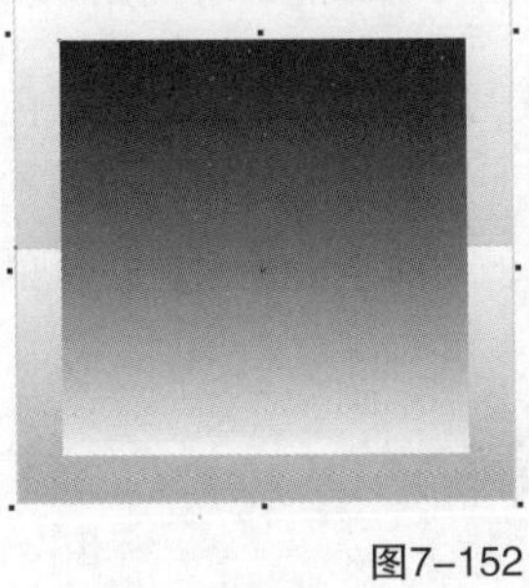

图7-152

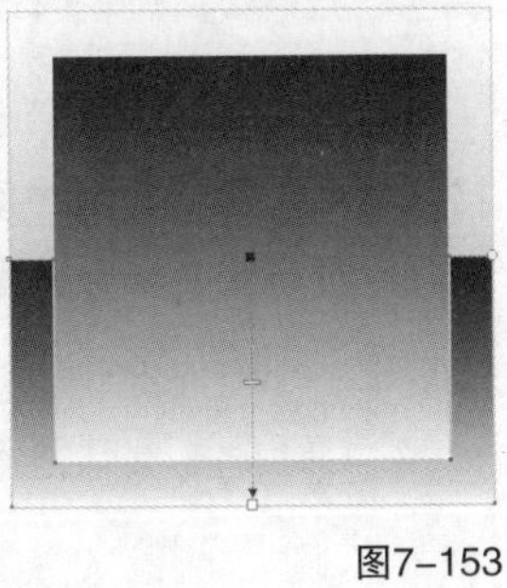

图7-153

06 选中中间的矩形向中心缩小复制一份，然后设置它的“轮廓宽度”为0.5mm、轮廓线颜色为（C：0，M：0，Y：0，K：20），效果如图7-154所示。

07 使用“交互式填充工具”从矩形框的中心向下垂直拖曳渐变，然后设置填充方式为“矩形渐变填充”，再设置“节点位置”为0%处的填充颜色为（C：100，M：100，Y：0，K：0）、“节点位置”为100%处的填充颜色为（C：12，M：0，Y：0，K：0）、“节点位置”为45%处的填充颜色为（C：95，M：19，Y：0，K：0）、“节点位置”为68%处的填充颜色为（C：56，M：19，Y：4，K：0），效果如图7-155所示。

图7-154

图7-155

08 使用“矩形工具”在页面空白处绘制一个和最上层的矩形宽度一样的矩形条，然后使用“交互式填充工具”从矩形条的中心向右水平拖曳渐变，接着设置填充方式为“矩形渐变填充”、“节点位置”为0%处的填充颜色为（C：0，M：0，Y：0，K：30）、“节点位置”为42%和“节点位置”为100%处的填充颜色为白色，最后去掉轮廓线，效果如图7-156所示。

图7-156

09 使用“透明度工具”从矩形条的中心偏上向右下角拖曳渐变透明度效果，然后在属性栏选择“渐变透明效果”，并单击“自由缩放和倾斜”按钮，取消该功能，接着设置“旋转”为-45°，设置如图7-157所示，最后通过调整线上的白色滑块来调整透明度，效果如图7-158所示。

图7-157

知识链接

关于“透明度工具”的具体用法，请翻阅本书第9章9.7小节。

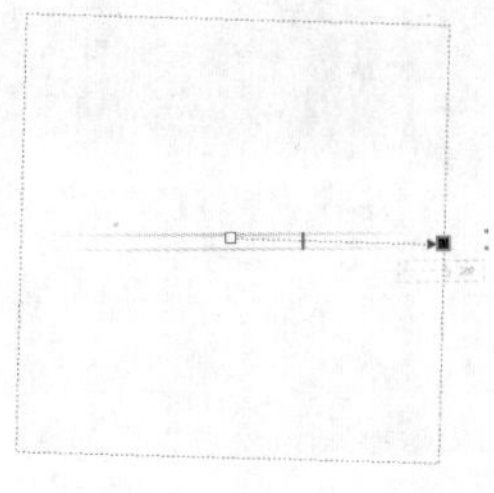

图7-158

10 将绘制好的矩形条拖曳到最上层矩形的上边沿处，然后将其向下移动复制粘贴一份，接着单击属性栏中的“垂直镜像”按钮，将其垂直翻转，效果如图7-159所示。

11 选中上下两个矩形条，然后将其在原位置复制一份，接着将其旋转90°，水晶按钮就制作完成了，效果如图7-160所示。

图7-159

图7-160

12 双击“矩形工具”新建一个和页面大小相同的矩形，然后使用“交互式填充工具”从矩形的左上角向右下角拖曳渐变，接着设置“节点位置”为0%处的填充颜色为(C:60，M:20，Y:0，K:0)、“节点位置”为100%处的填充颜色为白色，效果如图7-161所示。

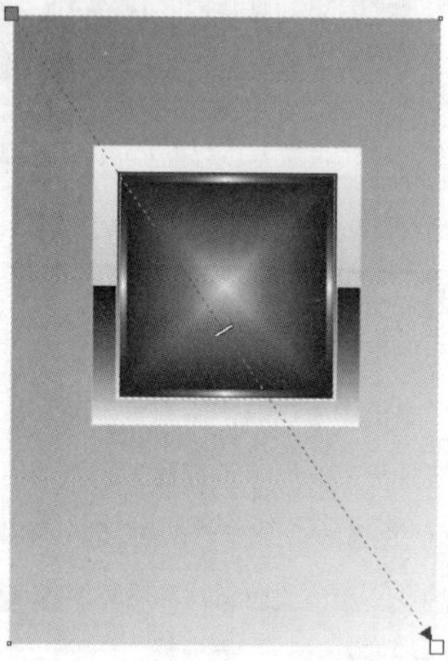

图7-161

13 导入“素材文件>CH07>素材05.png”文件，然后将其拖曳到按钮的下方，效果如图7-162所示，接着使用“文本工具”在页面中输入英文Crystal Button，并将其向下复制一份，再单击属性栏中的“垂直镜像”按钮将其垂直翻转，效果如图7-163所示。

图7-162

图7-163

14 选中翻转后的文字，然后使用“透明度工具”从文字上方的中心垂直向下拖曳渐变透明度效果，接着通过调整线上的白色滑块来调整透明度，效果如图7-164所示，最终效果如图7-165所示。

图7-164

图7-165

7.3 滴管工具

滴管工具包括“颜色滴管工具”和“属性滴管工具”，滴管工具可以复制对象的颜色样式和属性样式，并且可以将吸取的颜色或属性应用到其他对象上。

7.3.1 颜色滴管工具

“颜色滴管工具”可以在对象上进行颜色取样，然后应用到其他对象上。选择工具后，可以在其属性栏进行相关参数设置，“颜色滴管工具”的属性栏选项如图7-166所示。

图7-166

重要参数介绍

选择颜色 ：单击该按钮可以在文档窗口中进行颜色取样。

应用颜色 ：单击该按钮后可以将取样的颜色应用到其他对象。

从桌面选择 从桌面选择：单击该按钮后，“颜色滴管工具” 不仅可以在文档窗口内进行颜色取样，还可在应用程序外进行颜色取样（该按钮必须在“选择颜色” 模式下才可用）。

1×1 ：单击该按钮后，“颜色滴管工具” 可以对1×1像素区域内的平均颜色值进行取样。

2×2 ：单击该按钮后，“颜色滴管工具” 可以对2×2像素区域内的平均颜色值进行取样。

5×5 ：单击该按钮后，“颜色滴管工具” 可以对5×5像素区域内的平均颜色值进行取样。

所选颜色：对取样的颜色进行查看。

添加到调色板 添加到调色板：单击该按钮，可将取样的颜色添加到“文档调色板”或“默认CMYK调色板”中。单击该选项右侧的按钮可显示调色板方式。

操作演示

使用颜色滴管工具填充对象

视频名称：使用颜色滴管工具填充对象

扫码观看教学视频

使用颜色滴管工具填充对象，可以省去打开填充工具对话框，然后在其中输入颜色值来进行填充的步骤，下面是“颜色滴管工具” 的使用方法。

第1步：在页面中绘制一个图形，如图7-167所示，然后选择“颜色滴管工具” ，接着把光标移动到将要取样的图形上单击进行取样，如图7-168所示。

图7-167

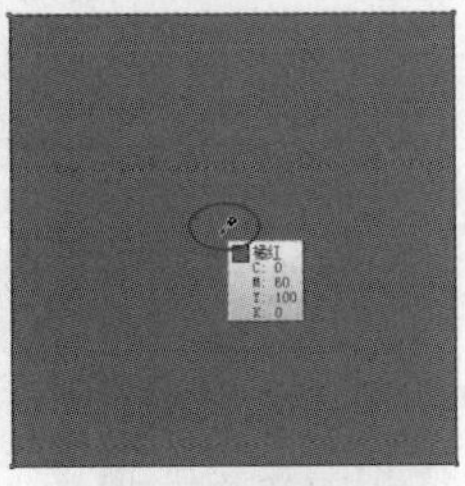

图7-168

第2步：当光标变为油漆桶形状 时移动到圆上，此时会出现纯色色块，如图7-169所示，再单击鼠标左键即可填充对象，填充效果如图7-170所示。若要填充对象轮廓颜色，将光标移动到轮廓上单击鼠标左键即可。

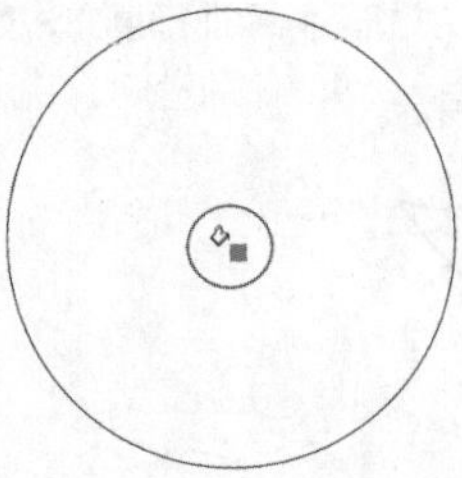

图7-169

图7-170

实战练习

为卡通动物填色

实例位置　实例文件>CH07>为卡通动物填色.cdr
素材位置　素材文件>CH07>素材06.cdr
视频名称　为卡通动物填色.mp4
技术掌握　颜色滴管工具的用法

扫码观看教学视频

最终效果图

01 打开“素材文件>CH07>素材06.cdr”文件，如图7-171所示。

02 选择卡通动物头部的帽子，如图7-172所示，然后双击状态栏上的“编辑填充”图标，在打开的“编辑填充”对话框中选择“均匀填充”方式，接着单击“模型”选项卡，在颜色选择区域单击选择色样，同时在“组建”中会出现填充颜色的数值，最后单击“确定”按钮进行填充，如图7-173所示，填充效果如图7-174所示。

图7-171

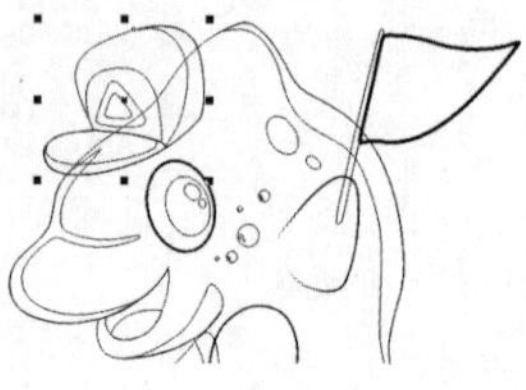

图7-172

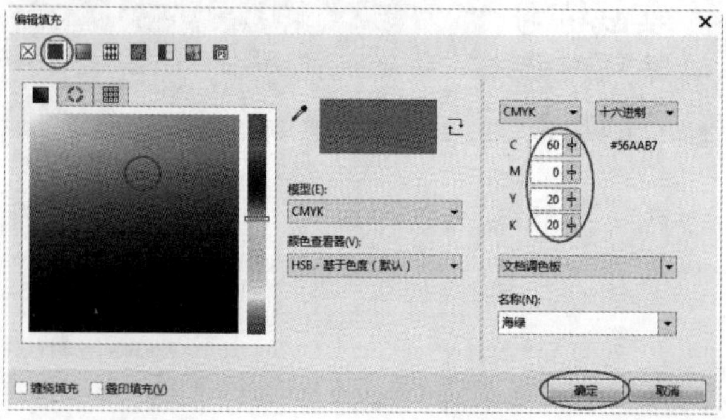

图7-173

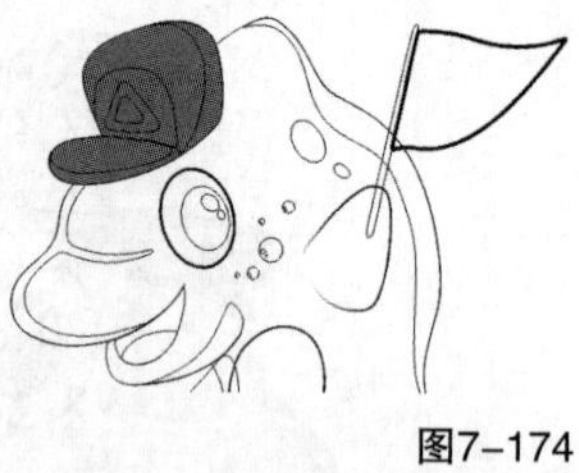

图7-174

03 选择帽子右侧的阴影图形，再次打开“编辑填充”对话框，选择“均匀填充”方式，在右侧设置颜色数值，如图7-175所示，单击“确定”按钮进行填充，效果如图7-176所示。

04 使用“颜色滴管工具”在帽子的阴影图形中单击吸取填充好的颜色，如图7-177所示，当光标变为油漆桶形状时，将光标移动到需要填充颜色的对象上，此时会出现纯色色块，如图7-178所示，单击鼠标左键进行填充，填充效果如图7-179所示。

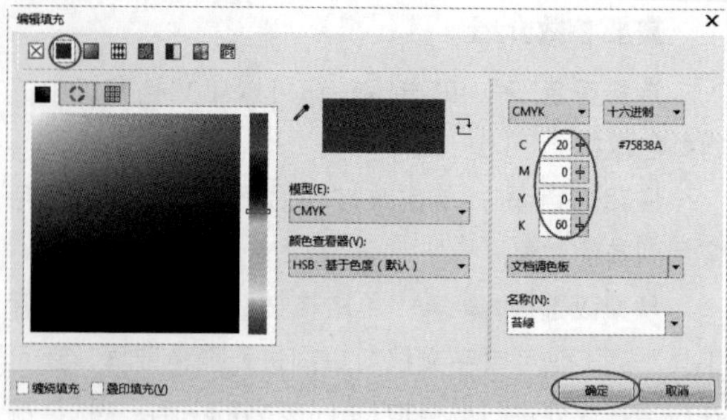

图7-175

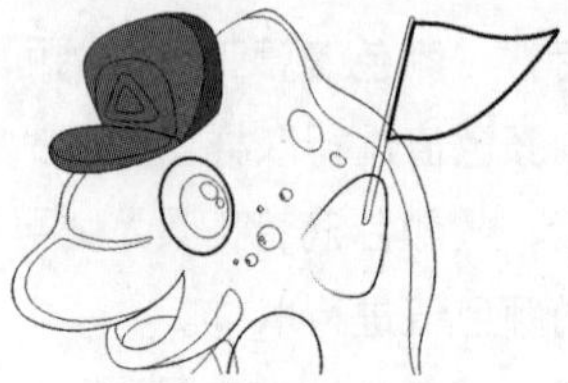

图7-176

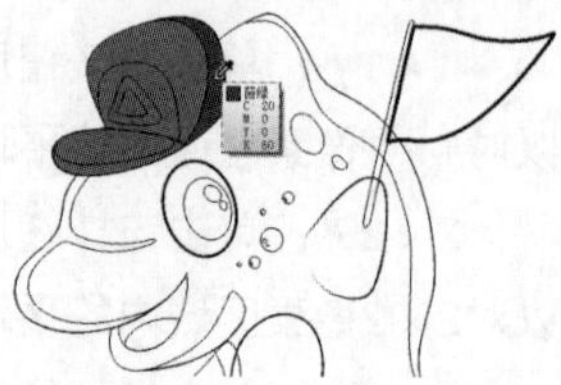

图7-177

图7-178

图7-179

05 选择帽子上最大的那个图形，如图7-180所示，然后双击状态栏上的“编辑填充”图标，在打开的“编辑填充”对话框中选择“均匀填充”方式，并单击“模型”选项卡，在颜色选择区域单击选择色样，同时在“组建”中会出现填充颜色的数值，接着单击“确定”按钮进行填充，如图7-181所示，填充效果如图7-182所示，最后选择中间较小的两个图形，分别填充为白色和蓝色，效果如图7-183所示。

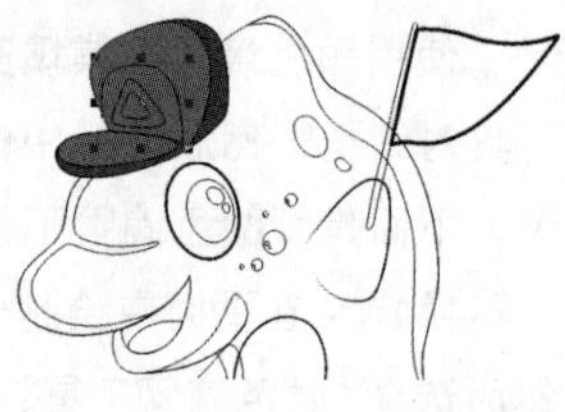

图7-180

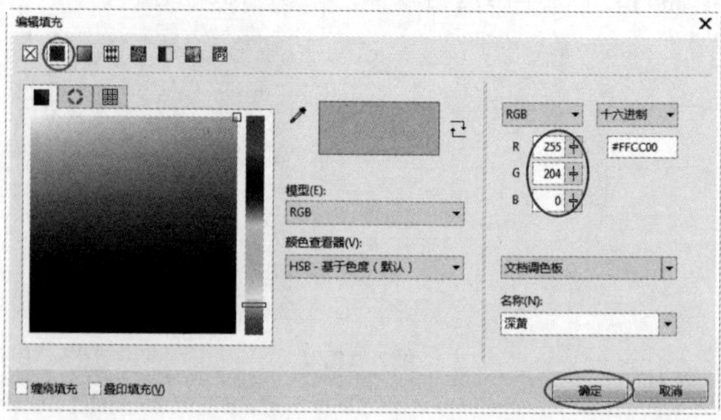

图7-181

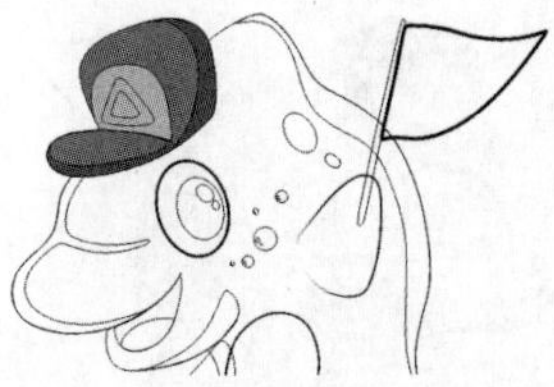

图7-182

图7-183

06 选择卡通动物的身体，如图7-184所示，然后选择“交互式填充工具”，接着在其属性栏中选择“渐变填充”为“线性渐变填充”、颜色为从淡蓝色（C：36，M：0，Y：12，K：0）到白色，如图7-185所示，填充效果如图7-186所示。

图7-184

图7-185

图7-184

07 选择卡通动物身体中的阴影轮廓图形，如图7-187所示，然后双击状态栏上的“编辑填充”图标，在打开的“编辑填充”对话框中选择“均匀填充”方式■，并单击“模型”选项卡，在颜色选择区域单击选择色样，同时在“组建”中会出现填充颜色的数值，接着单击“确定”按钮进行填充，如图7-188所示，填充效果如图7-189所示。

图7-187

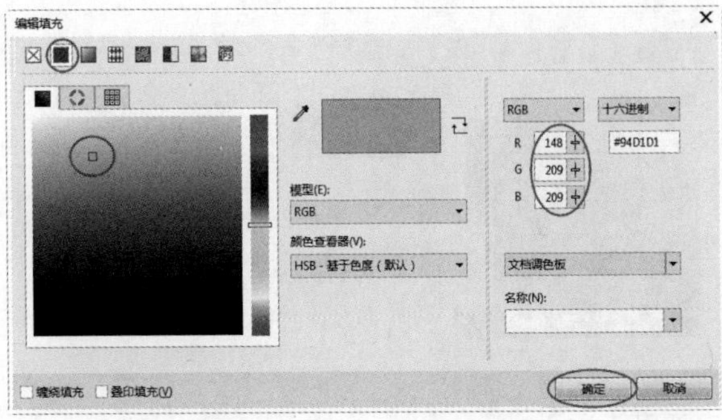

图7-188

图7-189

08 使用“颜色滴管工具”在填充好的阴影图形上单击吸取填充好的颜色，如图7-190所示，然后对其身体中的其他阴影图形进行填充，效果如图7-191所示。

图7-190

图7-191

09 选择卡通动物的嘴巴，如图7-192所示，然后双击状态栏上的“编辑填充”图标，在打开的“编辑填充”对话框中选择“均匀填充”方式■，接着单击“模型”选项卡，在颜色选择区域单击选择色样，同时在“组建”中会出现填充颜色的数值，最后单击“确定”按钮进行填充，如图7-193所示，填充效果如图7-194所示。

图7-192

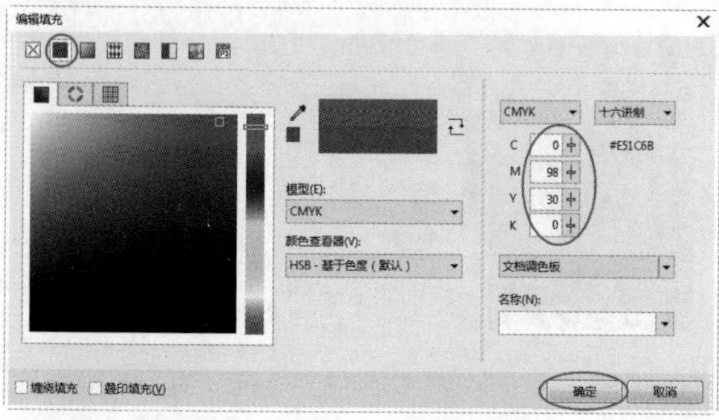

图7-193

图7-194

10 选择嘴巴里面的舌头，在“编辑填充”对话框中设置颜色，如图7-195所示，填充效果如图7-196所示。

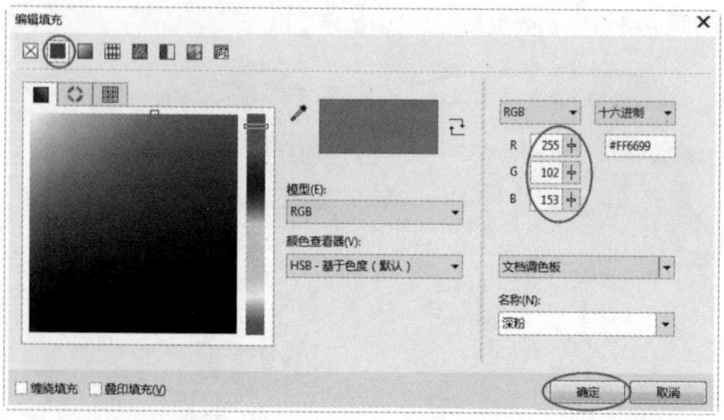

图7-195

图7-196

11 选择卡通动物的眼睛，将其填充为白色，如图7-197所示，然后使用“颜色滴管工具”吸取眼睛上的颜色，在动物身体中的圆形图像中单击，如图7-198所示，填充多个圆形为白色，效果如图7-199所示。

图7-197

图7-198

图7-199

12 选择眼珠图形，将其填充为黑色，并将眼珠中的高光填充为白色，如图7-200所示。

13 选择卡通动物的背鳍，选择“交互式填充工具”，在属性栏中选择“渐变填充”为“线性渐变填充”、颜色为从蓝色（C：36，M：0，Y：12，K：0）到淡蓝色（C：12，M：0，Y：2，K：0），填充效果如图7-201所示。

图7-200

图7-201

14 选择卡通动物右下方的水泡图形，如图7-202所示，然后双击状态栏上的“编辑填充”图标，在打开的“编辑填充”对话框中选择“均匀填充”方式，接着单击“模型”选项卡，在颜色选择区域单击选择色样，同时在“组建”中会出现填充颜色的数值，最后单击“确定”按钮进行填充，如图7-203所示，填充效果如图7-204所示。

图7-202

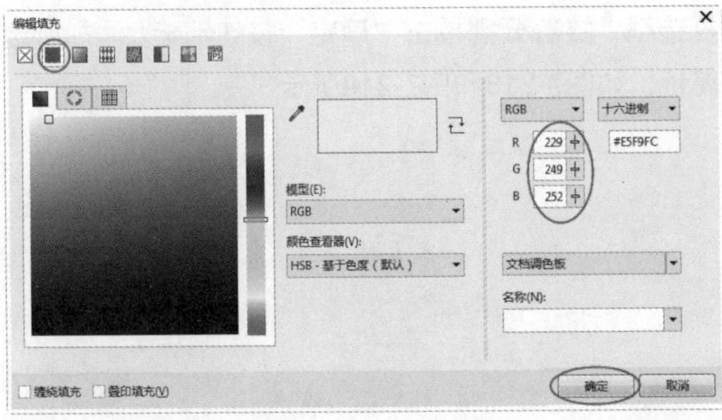

图7-203

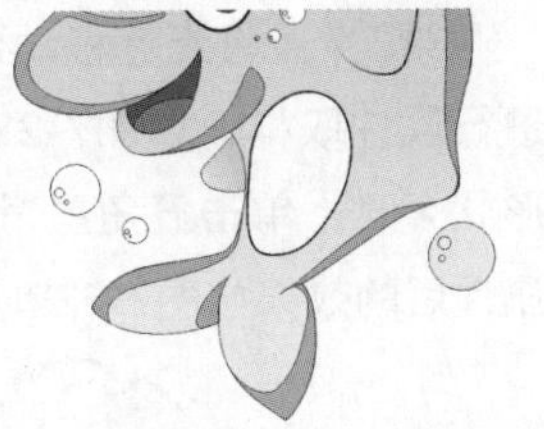

图7-204

15 使用“颜色滴管工具”吸取水泡图形中的颜色，如图7-205所示，然后对其他水泡图形填充颜色，效果如图7-206所示。

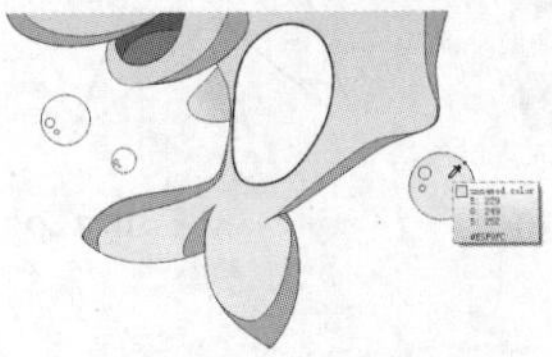

图7-205

图7-206

16 选择卡通动物右上方的旗帜，如图7-207所示，然后双击状态栏上的“编辑填充”图标，在打开的“编辑填充”对话框中选择“均匀填充”方式，接着单击“模型”选项卡，在颜色选择区域单击选择色样，同时在“组建”中会出现填充颜色的数值，最后单击“确定”按钮进行填充，如图7-208所示，填充效果如图7-209所示。

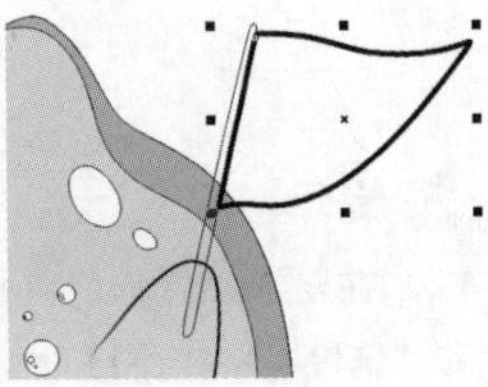

图7-207

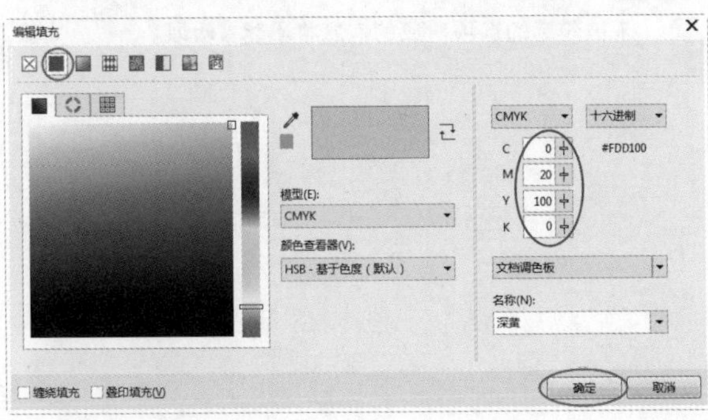

图7-208

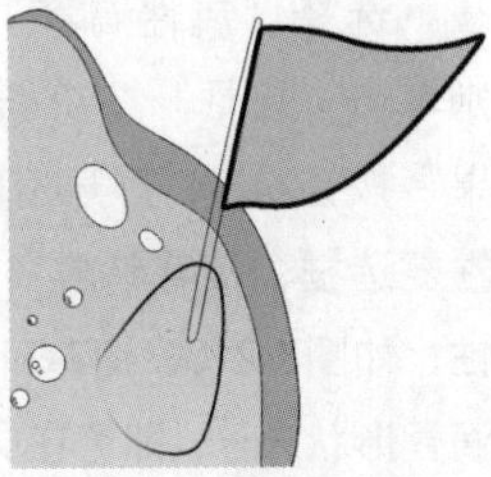

图7-209

17 选择旗杆，如图7-210所示，然后双击状态栏上的“编辑填充”图标，在打开的“编辑填充”对话框中选择“均匀填充”方式，接着单击“模型”选项卡，在颜色选择区域单击选择色样，同时在“组建”中会出现填充颜色的数值，最后单击“确定”按钮进行填充，如图7-211所示，最终效果如图7-212所示。

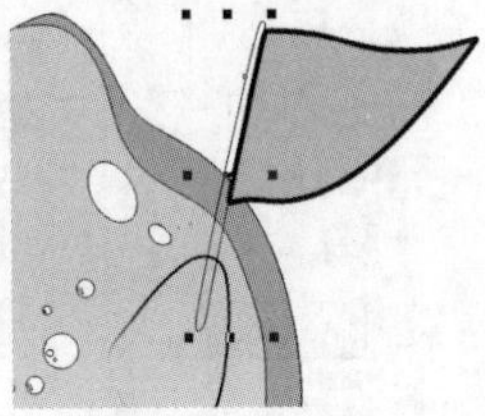

图7-210

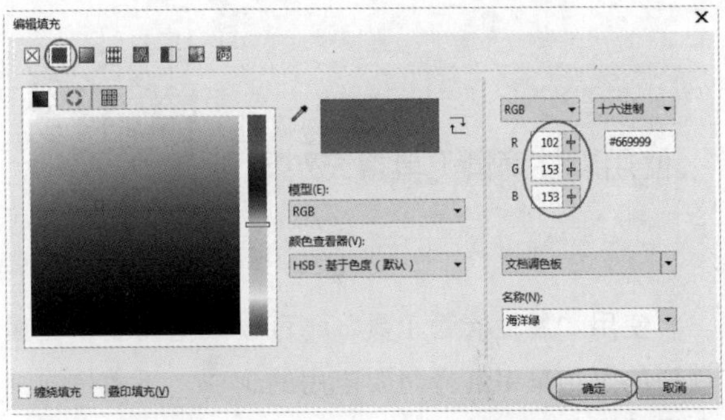

图7-211

图7-212

7.3.2 属性滴管工具

使用“属性滴管工具”可以复制对象的属性，并将复制的属性应用到其他对象上。

选择“属性滴管工具”，然后在属性栏中分别单击“属性”按钮、“变换”按钮和“效果”按钮，打开相应的选项，勾选想要复制的属性复选框，接着单击“确定”按钮添加相应属性，如图7-213、图7-214和图7-215所示，待光标变为滴管形状时，即可在文档窗口内进行属性取样，取样结束后，光标变为油漆桶形状，此时单击想要应用的对象，即可进行属性应用。

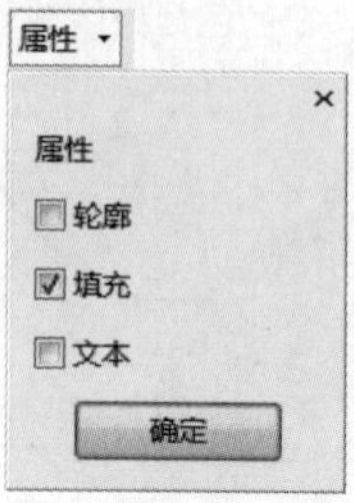

图7-213

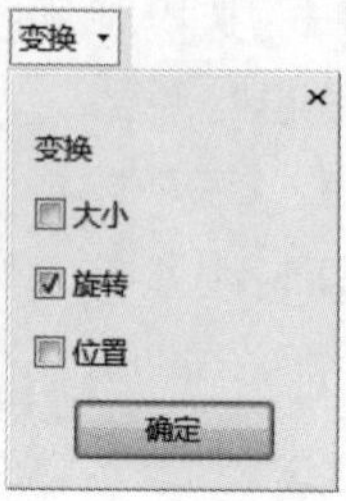

图7-214

图7-215

操作演示

使用属性滴管工具填充对象

视频名称：使用属性滴管工具填充对象

扫码观看教学视频

使用“属性滴管工具”可以根据需要，在属性栏的复选框中选择将要应用的选项，下面是详细介绍。

第1步：绘制一个桃心，然后填充图案并旋转一定角度，接着设置该图形的“轮廓宽度”为0.5mm，如图7-216所示。再在图形的右侧绘制一个五角星，默认的“轮廓宽度”为0.2mm，如图7-217所示。

图7-216

图7-217

第2步：选择“属性滴管工具”，然后在工具属性栏的“属性”选项中勾选“轮廓”和“填充”的复选框，“变换”选项中勾选“大小”和“旋转”的复选框，接着分别单击“确定”按钮添加所选属性，如图7-218和图7-219所示。

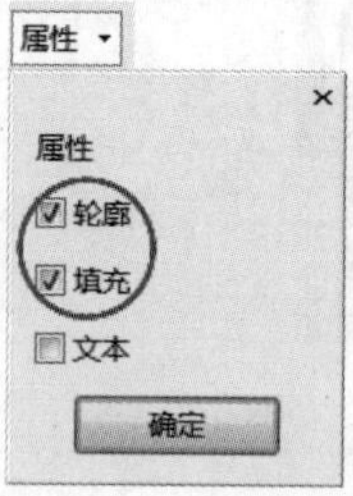

图7-218

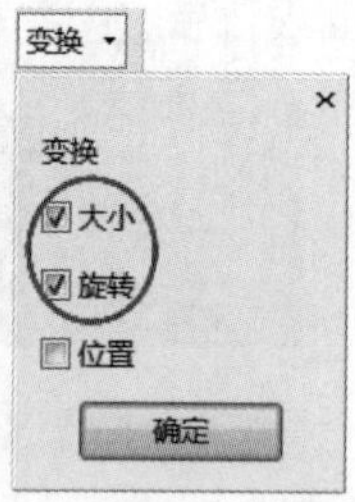

图7-219

第3步：将光标移动到桃心对象上单击鼠标左键进行属性取样，如图7-220所示，当光标变为油漆桶形状时，单击五角星对象，如图7-221所示，应用属性后的效果如图7-222所示。

图7-220

图7-221

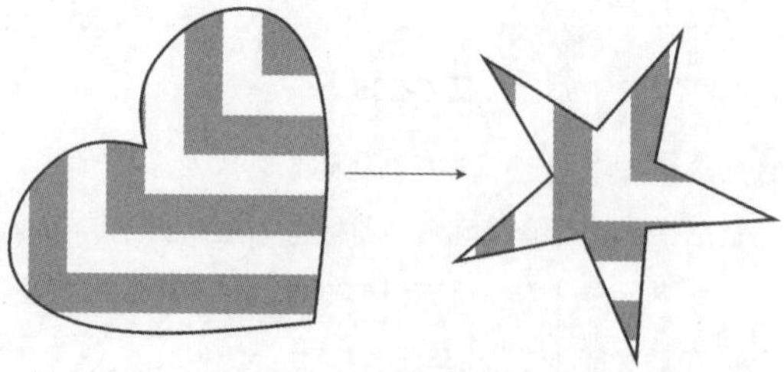
图7-222

提示

在属性栏中分别单击“效果”按钮、“变换”按钮和“属性”按钮，打开相应的选项列表，在列表中被勾选的选项表示“属性滴管工具”所能吸取的信息范围；反之，未被勾选的选项对应的信息将不能被吸取。

本章学习总结

编辑填充和交互式填充工具

“编辑填充”和“交互式填充工具”的填充方式有所不同，但是填充的效果是相同的。“交互式填充工具”在填充渐变颜色的时候比使用“编辑填充”更灵活，可以随意调整填充的起始点和结束点，如图7-223所示；而“编辑填充”需要在打开的对话框中的“变换”选项下输入数值才能进行调整，如图7-224所示。

扫码观看教学视频

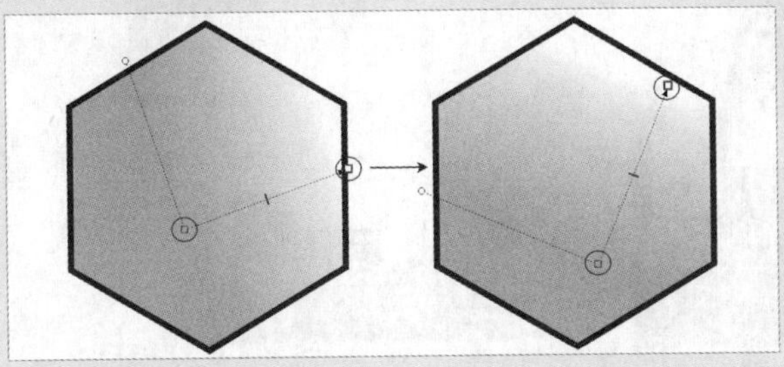

图7-223

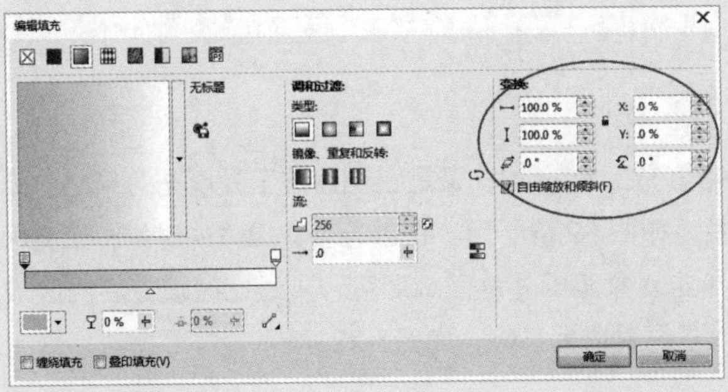

图7-224

“编辑填充”可以作为工具添加在软件的工具箱中。单击工具箱中的“快速自定义图标”⊕，可以在打开的对话框中勾选“编辑填充”工具将其添加在工具箱中，如图7-225所示。

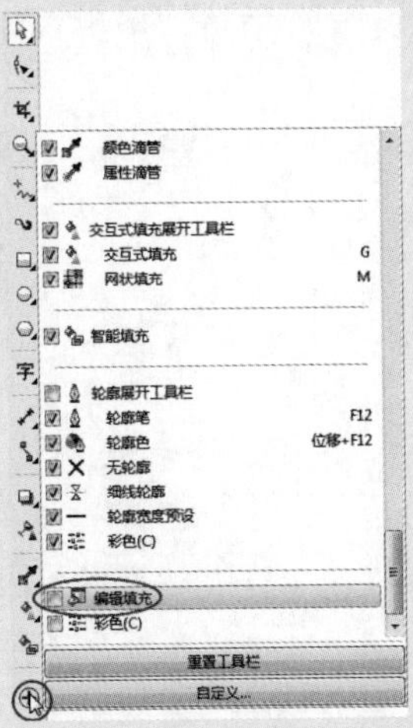

图7-225

智能填充

CorelDRAW X7中还有一种工具，可以填充多个对象的交叉区域，包括同时填充轮廓线，如图7-226所示。并且填充区域是独立的个体，和原对象不是一个整体，就相当于在填充时将填充区域复制了一份并进行了填充，可以将填充区域从原对象上移走，如图7-227所示。

扫码观看教学视频

图7-226

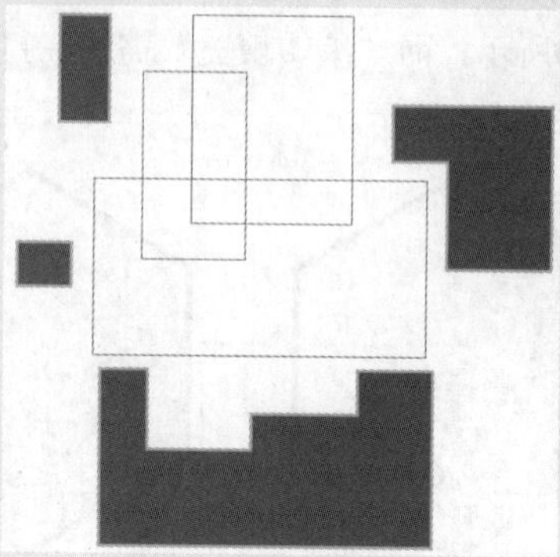

图7-227

这种智能填充的工具就是“智能填充工具”，只是在使用该工具填充对象之前需要在工具属性栏中设置填充色、轮廓宽度、轮廓色等属性，如图7-228所示。在进行填充操作的时候，填充哪个区域就使用鼠标单击该区域，如果要填充所有对象，单击对象范围外的区域即可，不过此时填充后的区域是所有对象合并后的范围，且依然是一个新的对象，可以从原对象上移走，如图7-229所示。

图7-228

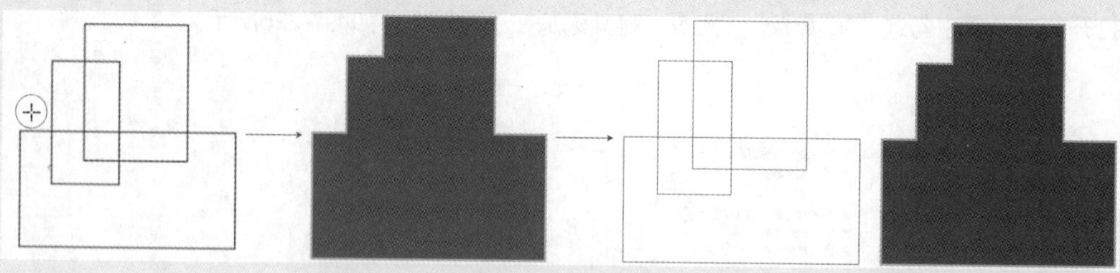

图7-229

第 8 章

轮廓线的操作

本章主要讲解轮廓线的相关知识，包括对轮廓线的样式、颜色、宽度等属性进行编辑和修改。设置轮廓线可以增强图形的表现力，从而提高整个设计作品的表现力。

- 了解轮廓笔对话框
- 学会设置轮廓线宽度
- 学会填充轮廓线颜色
- 掌握轮廓线样式设置
- 熟练运用轮廓线转换

本章学习建议

轮廓线的操作在CorelDRAW X7中可谓是随时使用，随处可见。给轮廓线填充颜色、改变宽度或者更改样式，就如上一章我们讲到的图形填充一样，会增强整个图形的表现力，而对轮廓线进行的一系列操作既不烦琐也不复杂，都是属于比较简单的操作类型，包括后面的轮廓线转对象，也都十分简单易学。将轮廓线转换为对象，可以对轮廓线进行二次加工，制作出更为精美的图形图案，常见的就是制作一些轮廓文字或者图案。对轮廓线的颜色填充、宽度设置和样式更改都是可以随时进行调整的，但一旦转换为轮廓对象后就无法再次进行调整了，所以在转换之前一定要确定好各方面设置得是否正确，或者在转换之前先复制一份，以备不时之需。虽然本章的内容较少，但是里面的知识却是不可忽视的，我们要认真学习。

扫码观看教学视频

8.1 轮廓线简介

轮廓线是图形的外部线条、外边缘界线，可以清除，也可以对其进行样式、颜色、宽度等属性的设置。轮廓线的属性在对象与对象之间可以进行复制，并且可以将轮廓转换为对象进行编辑。

在软件默认情况下，系统自动为绘制的图形添加轮廓线，并设置颜色为黑色，宽度为0.2mm，线条样式为直线型，用户可以选中对象进行重置修改。

8.2 轮廓笔对话框

"轮廓笔"用于设置轮廓线的属性，可以设置颜色、宽度、样式、箭头等。

在状态栏上双击"轮廓笔"工具打开"轮廓笔"对话框，可以在里面变更轮廓线的属性，如图8-1所示。

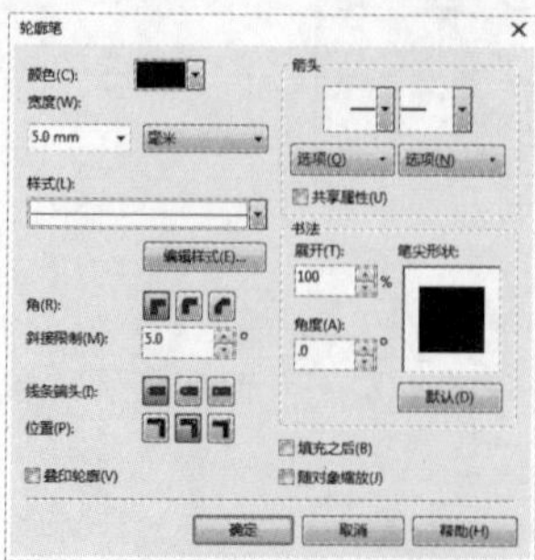

图8-1

重要参数介绍

颜色：单击在下拉颜色选项里选择填充的线条颜色，如图8-2所示，可以单击已有的颜色进行填充，也可以单击"滴管"按钮吸取图片上的颜色进行填充。

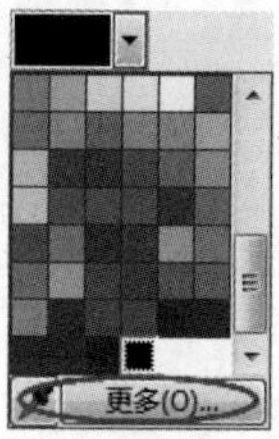

图8-2

更多：在颜色选项中如果没有需要的颜色，可以单击"更多"按钮，选择更多的颜色。

宽度：在下面的文字框中输入数值，或者在下拉选项中进行选择，如图8-3所示，可以在后面的文字框的下拉选项中选择单位，如图8-4所示。

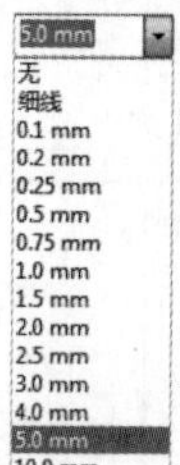

图8-3

图8-4

样式：单击可以在下拉选项中选择线条样式，如图8-5所示。

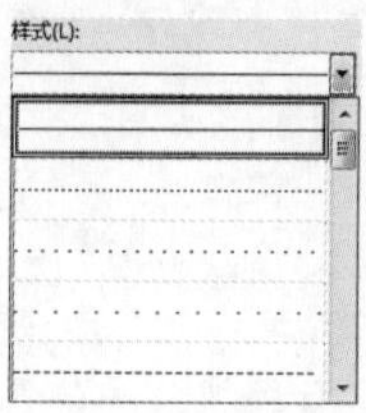

图8-5

编辑样式：可以自定义编辑线条样式。在下拉样式中没有需要的样式时，单击“编辑样式”按钮可以打开“编辑线条样式”对话框进行编辑，如图8–6所示。

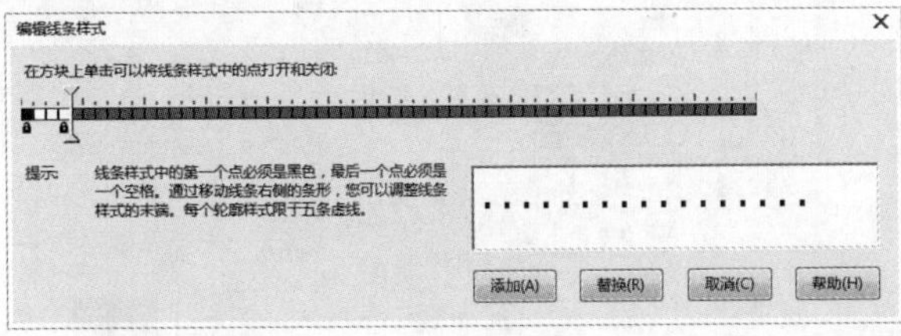

图8–6

斜接限制：用于消除添加轮廓时出现的尖突情况，可以直接在文字框中输入数值进行修改。数值越小越容易出现尖突，正常情况下45° 为最佳值，低版本的CorelDRAW中默认的“斜接限制”为45° ，而高版本的CorelDRAW默认为5° 。

角：“角”选项用于轮廓线夹角的“角”样式的变更，如图8–7所示。

图8–7

线条端头：用于设置单线条或未闭合路径线段顶端的样式，如图8–8所示。

图8–8

箭头：在相应方向的下拉样式选项中，可以设置添加左边与右边端点的箭头样式，如图8–9所示。

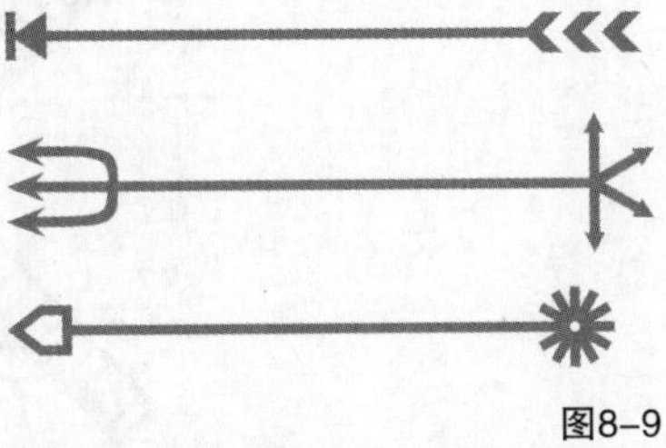

图8–9

选项：单击选项按钮可以在下拉选项中进行快速操作和编辑设置，左右两个“选项”按钮，分别控制相应方向的箭头样式，如图8–10所示。

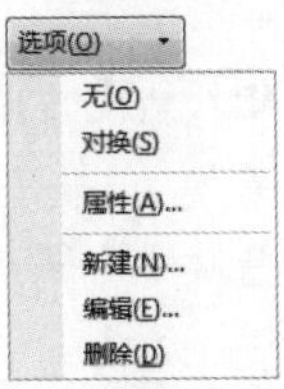

图8–10

共享属性：单击选中后，会同时应用“箭头属性”中设置的属性。

书法：设置书法效果可以将单一粗细的线条修饰为书法线条，如图8–11和图8–12所示。

图8–11

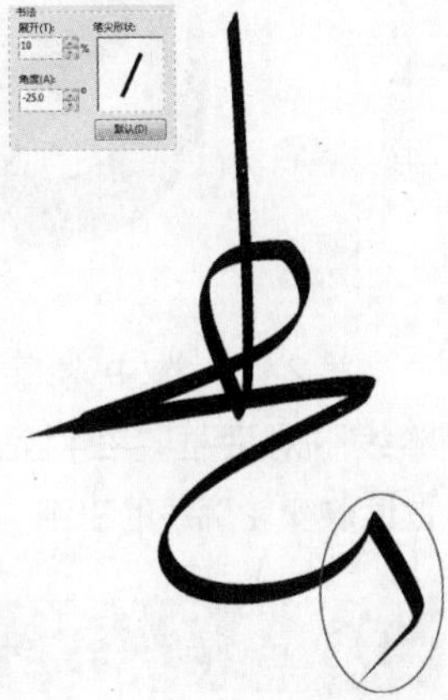

图8–12

展开：在“展开”下方的文字框中输入数值，可以改变笔尖形状的宽度。

角度：在“角度”下方的文字框中输入数值，可以改变笔尖旋转的角度。

笔尖形状：可以用来预览笔尖设置。

默认：单击“默认”按钮，可以将笔尖形状还原为系统默认，“展开”为100%，“角度”为0° ，笔尖形状为圆形。

随对象缩放：勾选该选项后，在放大或缩小对象时，轮廓线也会随之进行变化；若不勾选，轮廓线宽度不变。

8.3 轮廓线宽度

变更对象轮廓线的宽度可以使图像效果更丰富，同时达到使对象醒目的效果。下面讲解设置轮廓线宽度和清除轮廓线的方法。

8.3.1 设置轮廓线宽度

设置轮廓线宽度的方法有2种。

第1种：选中对象，在属性栏上“轮廓宽度”后面的文字框中输入数值进行修改，或在下拉选项中进行修改，如图8-13所示，数值越大轮廓线越宽，如图8-14所示。

图8-13

图8-14

第2种：选中对象，按F12键快速打开“轮廓线”对话框，在对话框的“宽度”选项中输入数值改变轮廓线的粗细。

8.3.2 清除轮廓线

在绘制图形时，系统会默认图形轮廓线的宽度为0.2mm、颜色为黑色，可以通过相关操作将轮廓线去掉。去掉轮廓线的方法有3种。

第1种：选中对象，在默认调色板中使用鼠标右键单击“无填充”将轮廓线去掉，如图8-15所示。

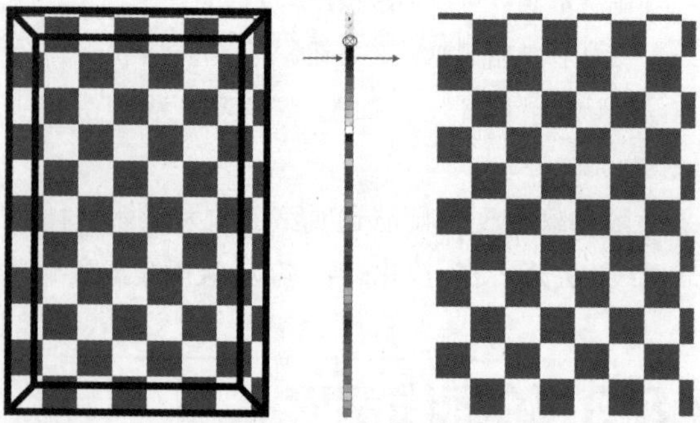

图8-15

第2种：选中对象，单击属性栏上“轮廓宽度”的下拉选项，选择“无”将轮廓线去掉，如图8-16所示。

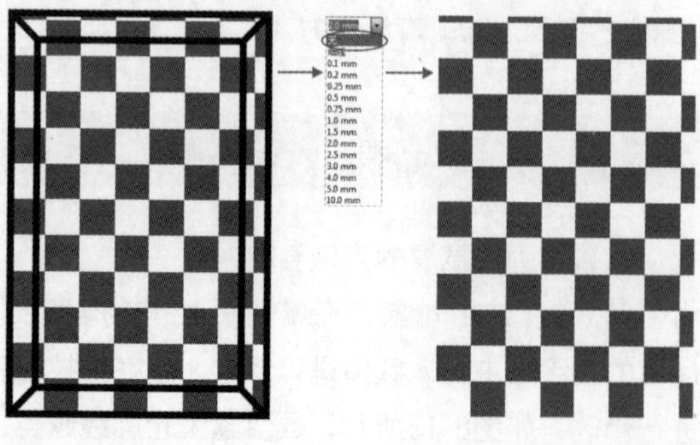

图8-16

第3种：选中对象，在状态栏中双击“轮廓笔工具”打开“轮廓笔”对话框，在对话框中“宽度”的下拉选项中选择“无”去掉轮廓线，如图8-17所示。

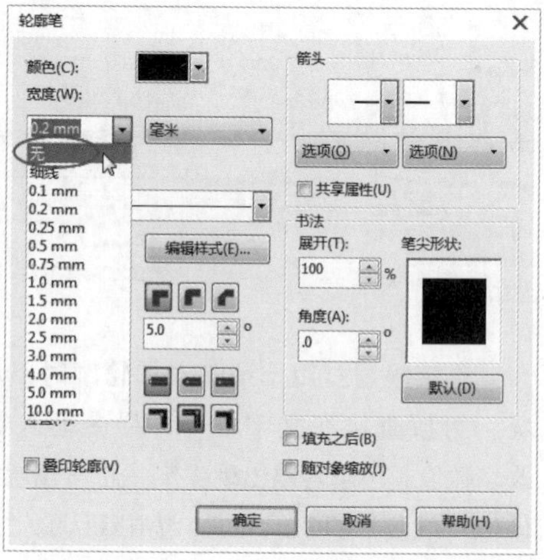

图8-17

实战练习

绘制风车时钟

实例位置　实例文件>CH07>绘制风车时钟.cdr
素材位置　无
视频名称　绘制风车时钟.mp4
技术掌握　轮廓线宽度的用法

扫码观看教学视频

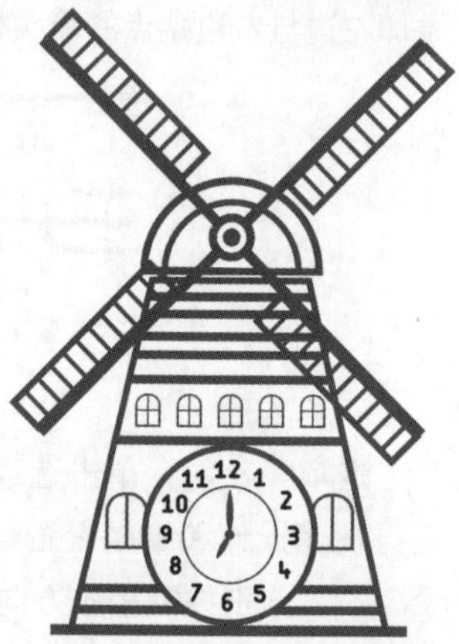

最终效果图

01 新建一个A4大小的空白文档，然后单击“基本形状工具”，并在属性栏中选择图标，接着在页面中绘制一个等腰梯形，再填充白色，如图8-18所示，最后设置“轮廓宽度”为3mm，填充轮廓颜色为（C：27，M：100，Y：100，K：0），效果如图8-19所示。

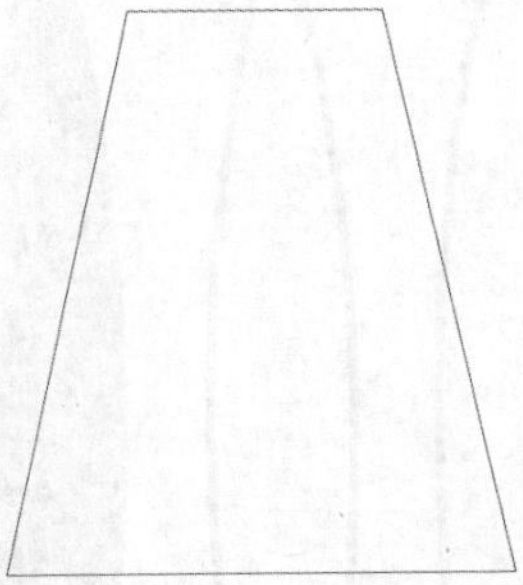

图8-18

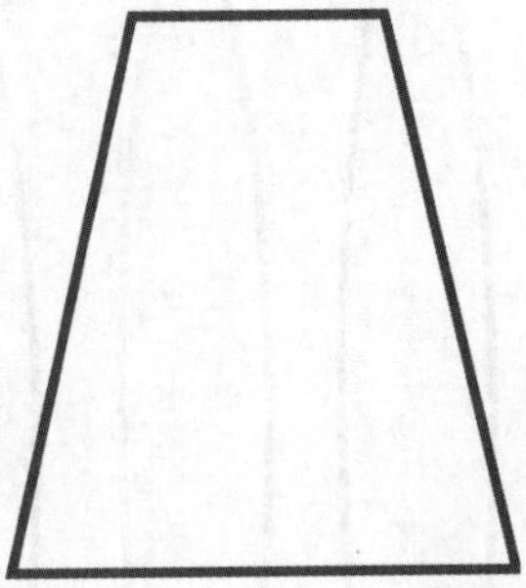

图8-19

02 使用“2点线工具”在梯形中绘制多条横线，如图8-20所示，然后设置所有横线的“轮廓宽度”为4mm，填充轮廓颜色为（C：27，M：100，Y：100，K：0），效果如图8-21所示。

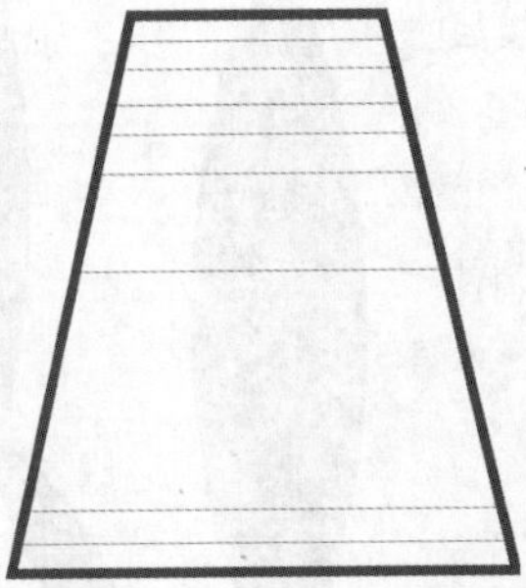

图8-20

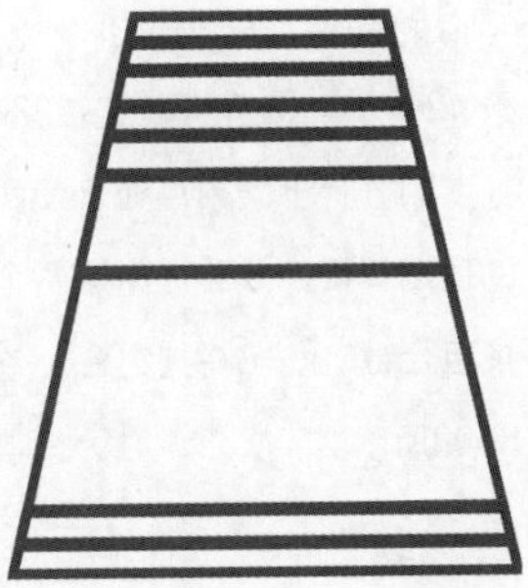

图8-21

03 使用“2点线工具”在梯形底边缘绘制一条相同颜色的横线，然后设置横线的“轮廓宽度”为5mm，如图8-22所示，接着使用“椭圆形工具”在梯形下半部分的中间绘制一个圆，再填充白色，最后设置“轮廓宽度”为3mm，更改轮廓线颜色为（C：27，M：100，Y：100，K：0），效果如图8-23所示。

图8-22

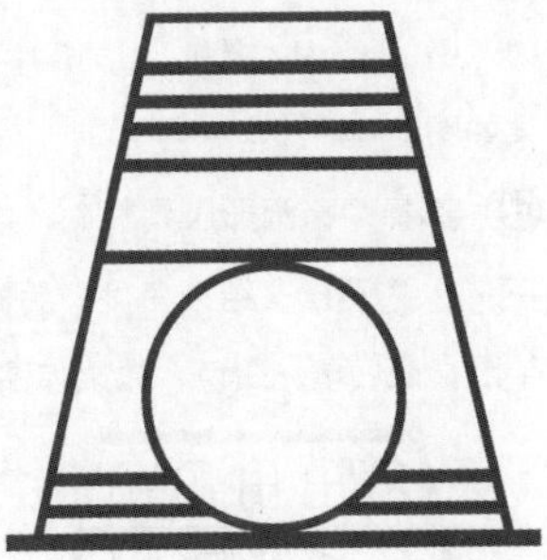

图8-23

04 使用“矩形工具”在页面空白处绘制一个竖着的矩形，然后填充白色，接着使用“2点线工具”在矩形的中间绘制一条竖直线，如图8-24所示，最后在其属性栏中设置矩形左上角和右上角的“转角半径”为10mm，设置如图8-25所示，效果如图8-26所示。

图8-25

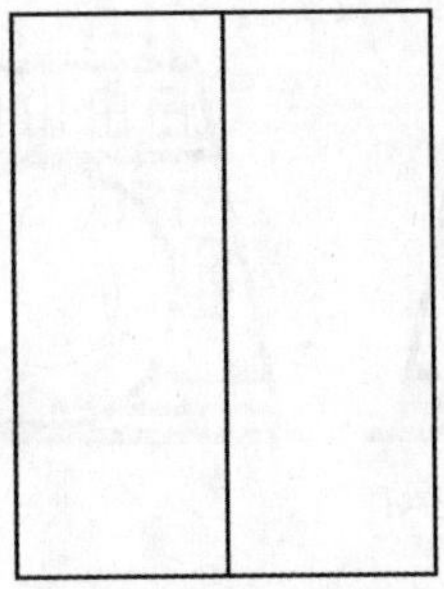

图8-24

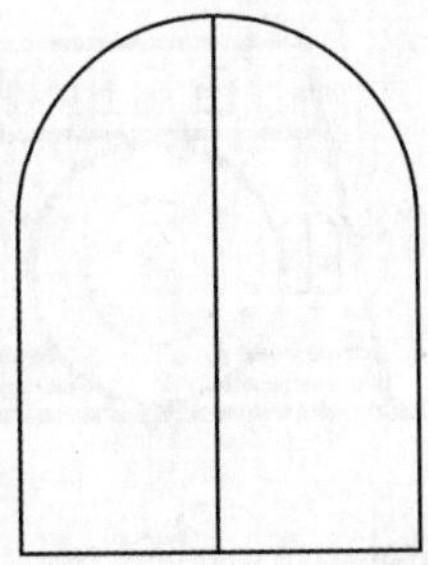

图8-26

05 选中上一步绘制得到的图形，然后设置其“轮廓宽度”为1.5mm，更改轮廓线颜色为（C：27，M：100，Y：100，K：0），效果如图8-27所示。

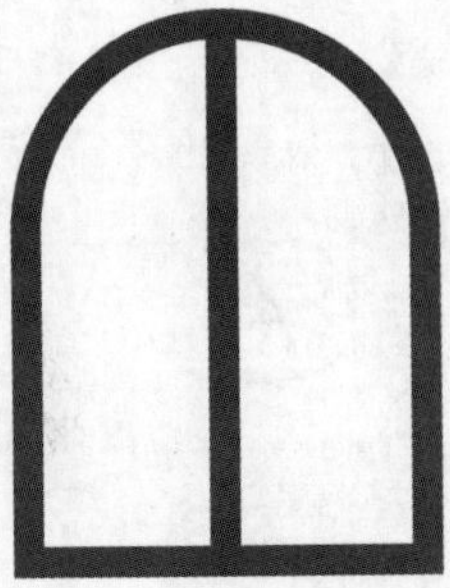

图8-27

06 将上一步完成的窗户复制两份，然后将其中的两份分别选中，按组合键Ctrl+G将其组合，拖曳到矩形中圆的两边，接着按组合键Ctrl+PgDn将其放置在圆的后面，效果如图8-28所示。

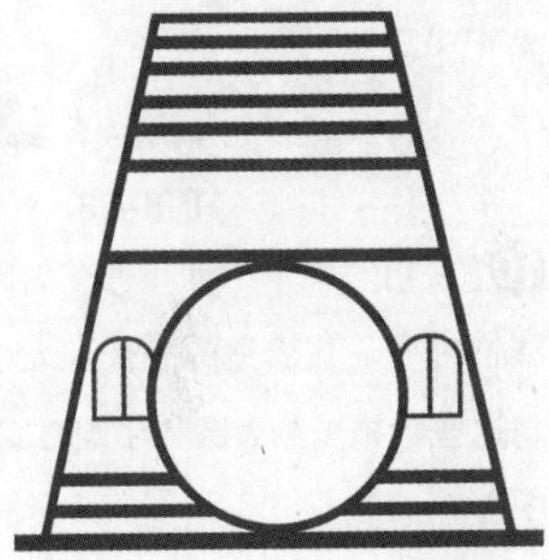

图8-28

07 使用“2点线工具”在剩下的窗户中间绘制一条横直线，制作田字格窗户，然后设置矩形的“轮廓宽度”为1mm，矩形中间两条线的“轮廓宽度”为0.75mm，效果如图8-29所示，接着将其拖曳到梯形中圆的上方，最后水平复制多份，效果如图8-30所示。

图8-29

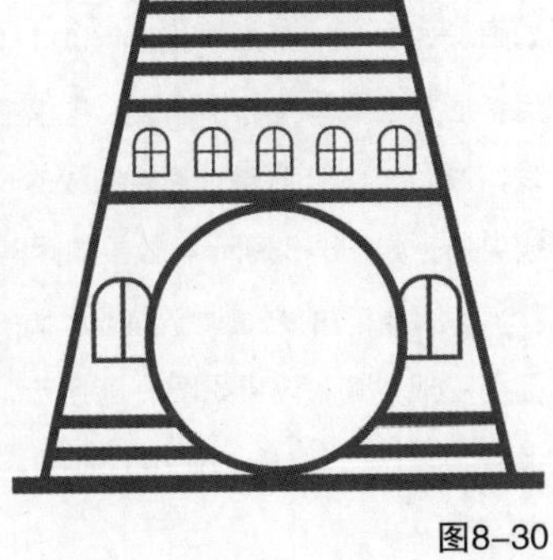

图8-30

08 选中梯形中的圆，然后向中心复制一个小圆，接着设置“轮廓宽度”为1mm，效果如图8-31所示，最后使用“2点线工具”过圆心绘制一条横直线，如图8-32所示。

图8-31

图8-32

09 选中横直线，执行“对象>变换>旋转”菜单命令，然后在打开的“变换”泊坞窗中设置“旋转角度”为30°、“副本”为5，接着单击“应用”按钮 应用 应用设置，设置如图8-33所示，效果如图8-34所示。

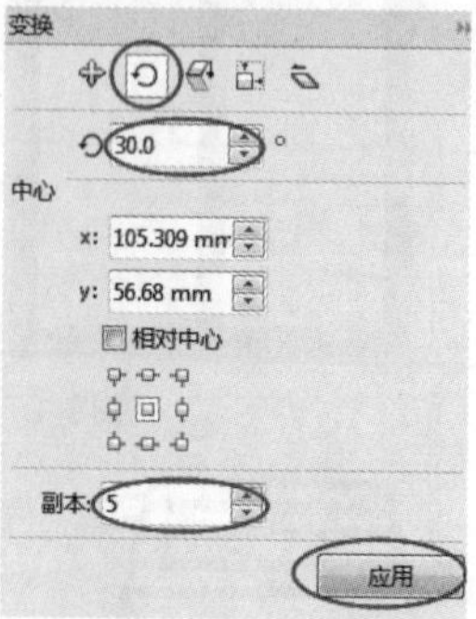

图8-33

图8-34

10 使用“文本工具”字在页面空白处输入数1～12，然后在属性栏中设置合适的字体和大小，效果如图8-35所示，接着将这些数拖曳到大圆和小圆之间，并放置在直线上，效果如图8-36所示。

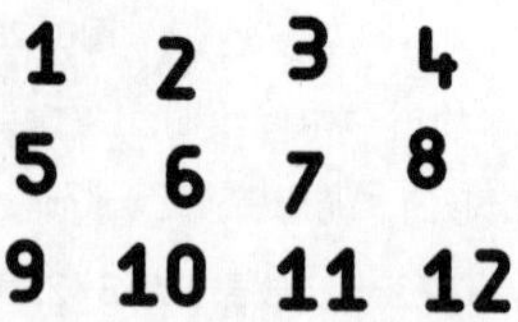

图8-35

图8-36

11 使用“椭圆形工具”在页面中绘制一个竖向的椭圆，如图8-37所示，然后按组合键Ctrl+Q将其转换为曲线，接着使用“形状工具”选中椭圆，再单击椭圆上端顶点，出现控制线，最后按住Shift键调整控制线的长短，使椭圆上端由圆角变成尖角，如图8-38所示，效果如图8-39所示。

12 使用相同的方法调整椭圆底端的控制线，使椭圆底端也由圆角变成尖角，效果如图8-40所示，然后为调整后的椭圆填充颜色为（C：27，M：100，Y：100，K：0），并去掉轮廓线，分针就制作完成了，效果如图8-41所示。

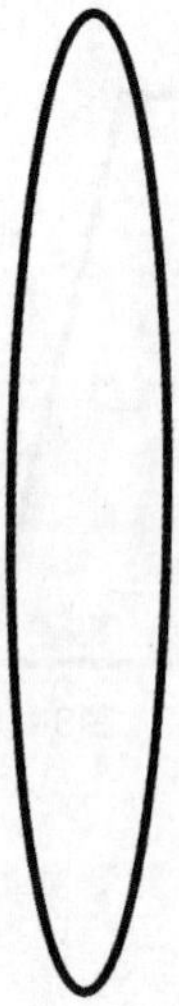

图8-37

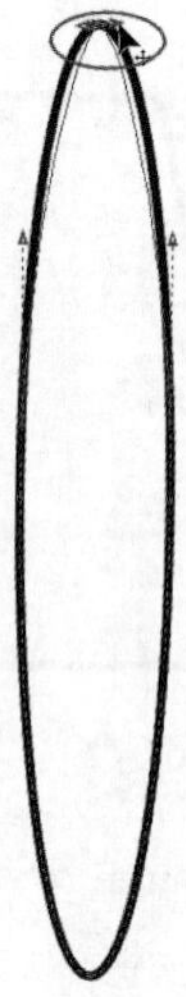

图8-38

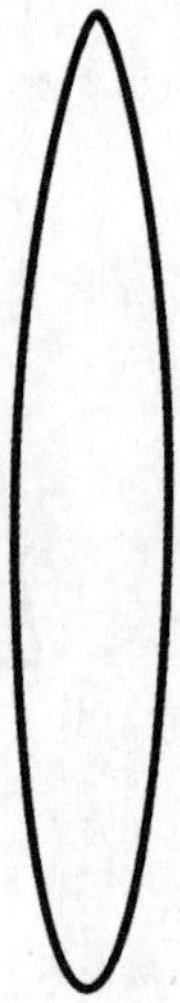

图8-39

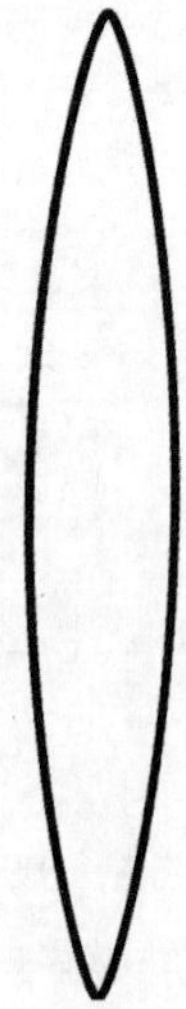

图8-40

图8-41

13 将分针复制一份，然后调整长度和宽度，得到时针，效果如图8-42所示，接着将其旋转330°，再拖曳到分针下端顶点处，使两个指针的顶端相接，最后选中这两个指针，按组合键Ctrl+G将其组合，效果如图8-43所示。

图8-42

图8-43

14 将组合后的指针拖曳到小圆中，然后调整大小，并使两指针相接处处于圆心上，接着在圆心处绘制一个圆，再填充颜色为（C：27，M：100，Y：100，K：0），最后去掉轮廓线，效果如图8-44所示。

15 选择“椭圆形工具”，然后在属性栏中单击“饼图”按钮，并设置“结束角度”为180°，接着在页面空白处绘制半圆，最后填充白色，效果如图8-45所示。

图8-44

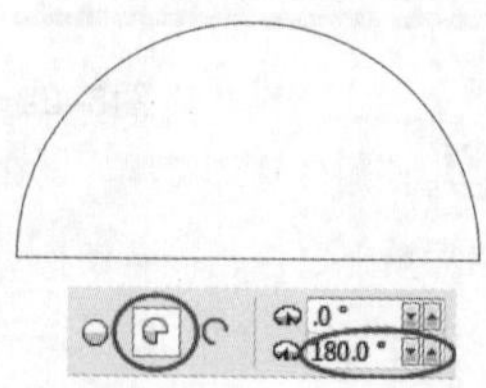

图8-45

⑯ 为半圆填充轮廓线颜色为（C：27，M：100，Y：100，K：0），设置“轮廓宽度”为3.5mm，效果如图8-46所示，然后将半圆向中心缩小复制一份，得到一个小半圆，并设置其“轮廓宽度”为3mm，接着将小半圆垂直向下平移，直到与大半圆的底边重合，效果如图8-47所示。

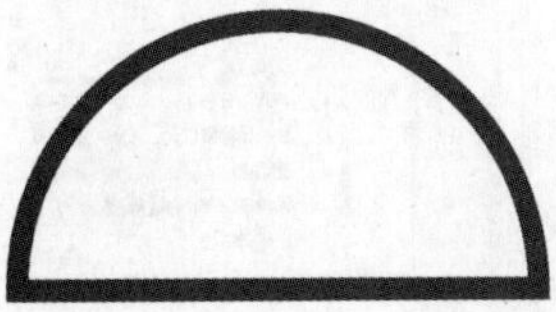

图8-46

图8-47

⑰ 选中大、小半圆，按组合键Ctrl+G将其组合，然后拖曳到梯形的顶端中间，如图8-48所示。

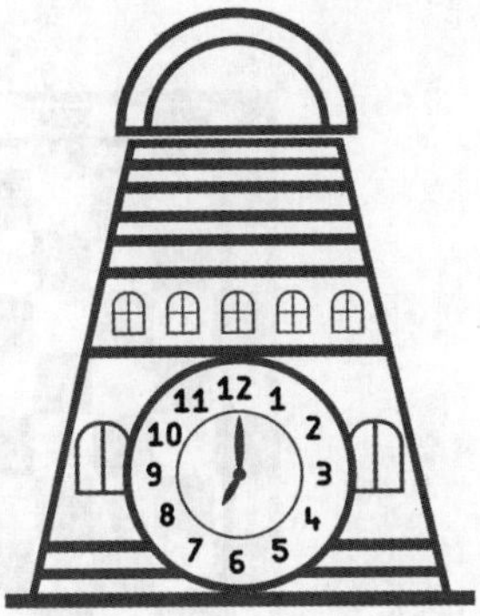

图8-48

⑱ 使用“矩形工具”在页面空白处绘制一个矩形，然后使用“2点线工具”在矩形中绘制多条间距相等的竖直线，如图8-49所示，接着设置矩形的“轮廓宽度”为3mm，竖直线的“轮廓宽度”为2mm，效果如图8-50所示。

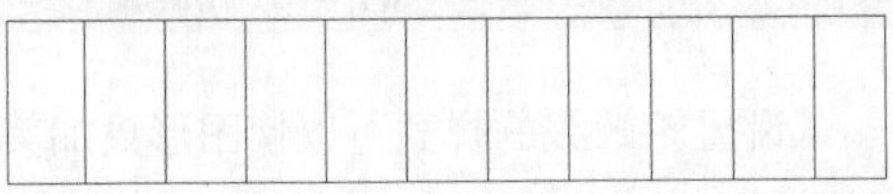

图8-49

图8-50

⑲ 使用“2点线工具”在矩形上面绘制一条横直线，如图8-51所示，然后设置“轮廓宽度”为5mm，接着选中这些对象，填充轮廓线颜色为（C：27，M：100，Y：100，K：0），最后按组合键Ctrl+G将其组合，风车扇叶就制作完成了，效果如图8-52所示。

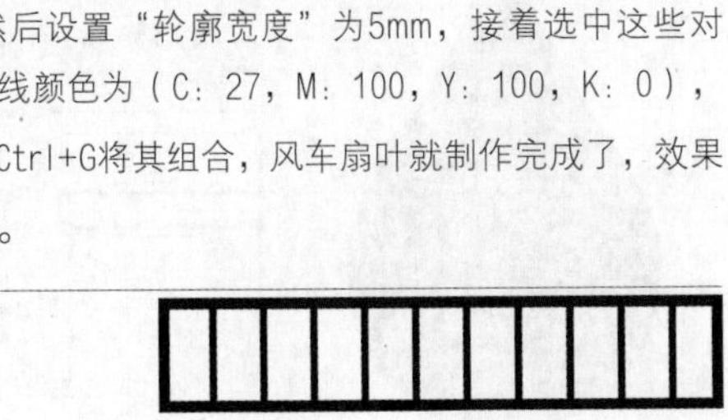

图8-51

图8-52

⑳ 选中风车扇叶，然后旋转30°，如图8-53所示，接着在之前打开的“变换”泊坞窗中设置“旋转角度”为90°、“中心”为“左下、”“副本”为3，最后单击“应用”按钮应用设置，设置如图8-54所示，效果如图8-55所示。

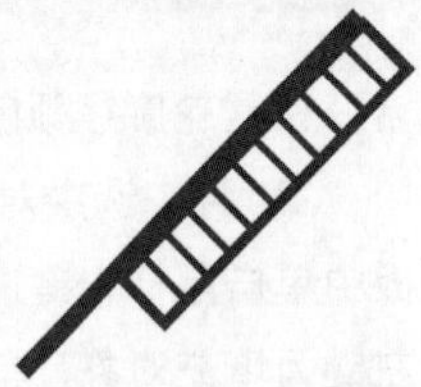

图8-53

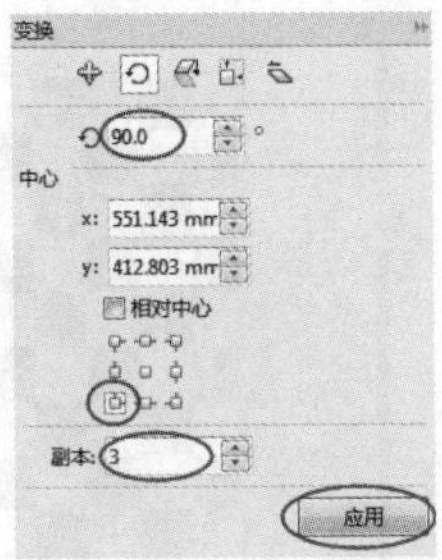

图8-54

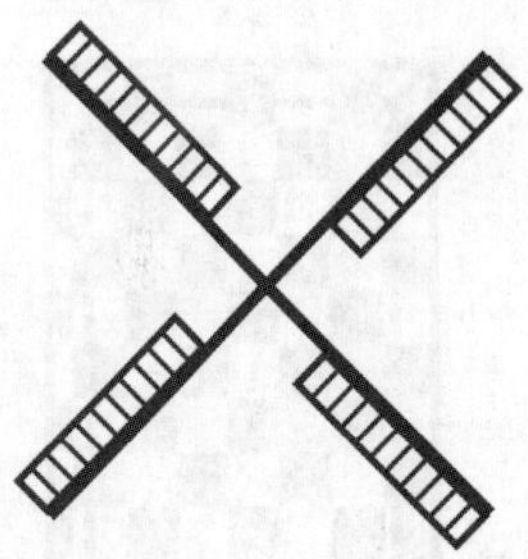

图8-55

㉑ 选中上一步制作完成的风车，然后按组合键Ctrl+G将其组合，接着将其拖曳到梯形上方的半圆中，使风车扇叶的交接处处于半圆的最中间，效果如图8-56所示。

㉒ 使用“椭圆形工具”在风车扇叶交接处绘制圆，然后填充白色，并设置其“轮廓宽度”为4mm，填充轮廓线颜色为（C：27，M：100，Y：100，K：0），接着在圆中绘制一个小圆，再填充与大圆轮廓线相同的颜色，最终效果如图8-57所示。

图8-56

图8-57

8.4 轮廓线的颜色和样式

轮廓线的颜色和样式是可以进行更改的，下面介绍更改的方法。

8.4.1 轮廓线颜色

设置轮廓线颜色的方法有3种。

第1种：选中对象，在软件界面右侧的默认调色板中单击鼠标右键进行修改。默认情况下，单击鼠标左键为填充对象，单击鼠标右键为填充轮廓线，在操作时可以利用调色板进行快速填充，如图8-58所示。

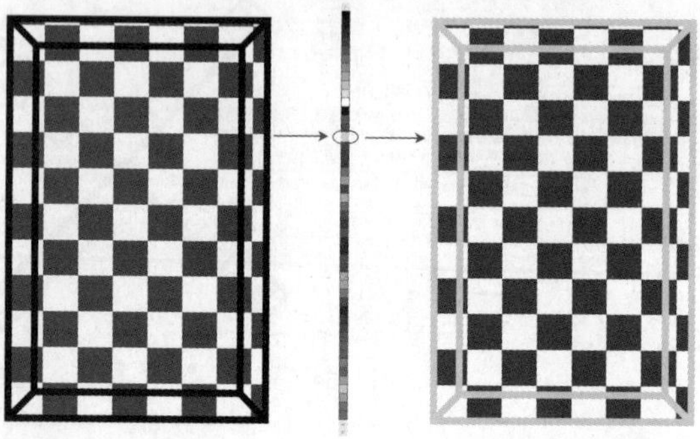

图8–58

第2种：选中对象，在状态栏中双击“轮廓笔工具”，如图8-59所示，然后在打开的“轮廓笔”对话框中进行轮廓颜色修改，如图8-60所示。

图8–59

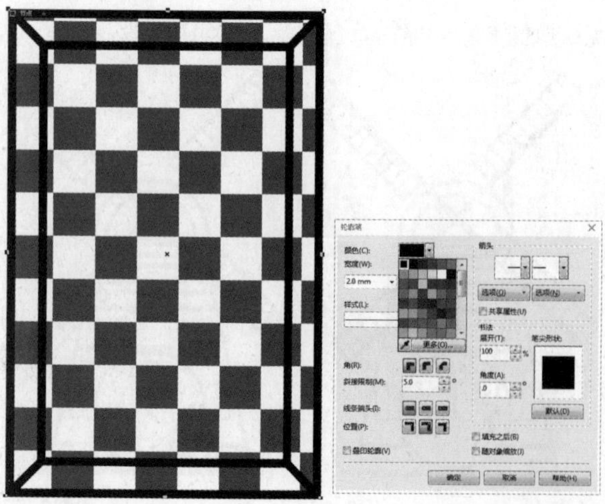

图8–60

第3种：选中对象，执行“窗口>泊坞窗>彩色”菜单命令，如图8-61所示，打开“颜色泊坞窗”面板，单击选取颜色或输入数值，完成后单击“轮廓”按钮 轮廓(O) 进行填充，如图8-62所示。

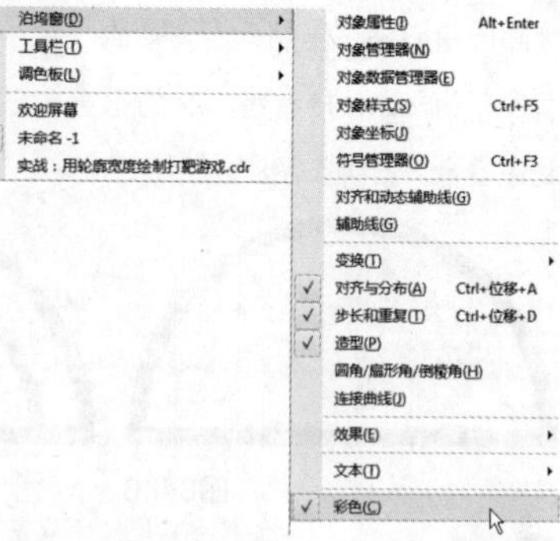

图8–61

图8–62

8.4.2 轮廓线样式

设置轮廓线的样式可以使图形更加美观，同时起到醒目和提示作用。

选中对象后，双击状态栏中的“轮廓笔工具”，打开“轮廓笔”对话框，在对话框中的“样式”下面可以选择相应的样式，如图8-63所示。

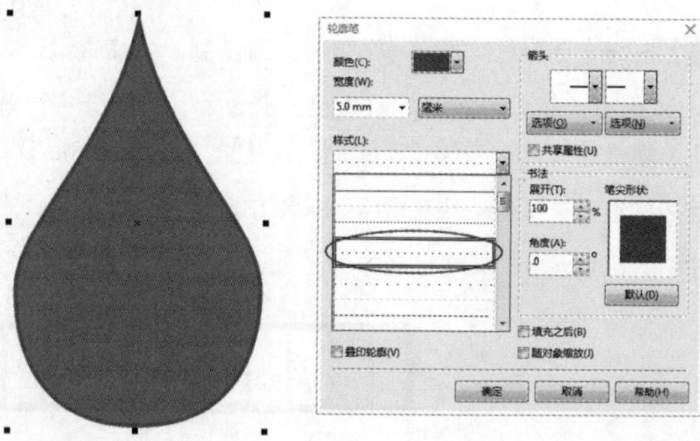

图8–63

提示

在样式选项中如果没有需要的样式，可以在下面单击“编辑样式”按钮［编辑样式(E)...］，打开“编辑线条样式”对话框进行编辑。

实战练习

绘制小熊吊牌

实例位置　实例文件>CH08>绘制小熊吊牌.cdr
素材位置　素材文件>CH08>素材01.cdr、02.jpg、03cdr
视频名称　绘制小熊吊牌.mp4
技术掌握　轮廓线的颜色和样式

扫码观看教学视频

最终效果图

01 打开“素材文件>CH08>01.cdr”文件，如图8-64所示，然后选中所有对象，在属性栏单击“创建边界”按钮，为对象创建边界，如图8-65所示。

图8-64

图8-65

02 将边界等比例放大，如图8-66所示，然后使用“形状工具”将边界调整为图8-67所示的形状，接着为边界填充白色，更改“轮廓宽度”为0.5mm、轮廓颜色为（C：40，M：51，Y：78，K：0），最后按组合键Ctrl+End将其置于底层，效果如图8-68所示。

图8-66

图8-67

图8-68

03 将小熊的五官、脚板和胸前的桃心选中，然后按组合键Ctrl+G将其组合，如图8-69所示，接着导入“素材文件>CH08>02.jpg”文件，如图8-70所示。

图8-69

图8-70

04 选中素材，执行“对象>图框精确剪裁>置于图文框内部”菜单命令，然后单击组合的对象将素材置于对象内，如图8-71所示，效果如图8-72所示。

图8-71

图8-72

05 将图案对象和小熊的双腿、身体选中，然后设置其“轮廓宽度”为0.4mm、轮廓颜色为（C：40，M：51，Y：78，K：0），如图8-73所示，接着双击状态栏中的“轮廓笔工具”，最后在打开的“轮廓笔”对话框中选择合适的线条样式，如图8-74所示，效果如图8-75所示。

图8-73

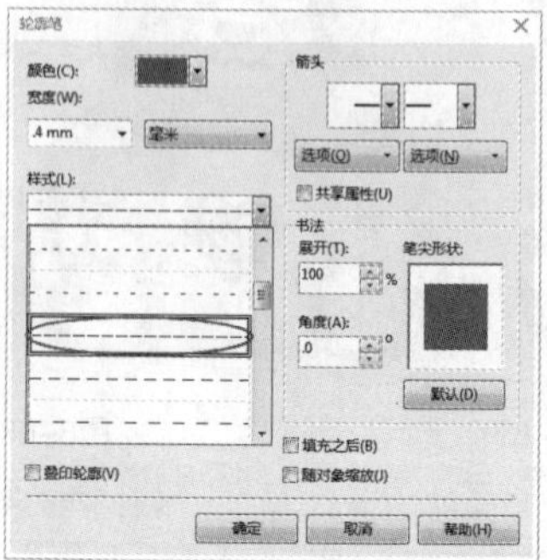

图8-74

图8-75

06 导入“素材文件>CH08>03.cdr”文件，然后将素材拖曳到小熊额头处，接着将所有对象选中，按组合键Ctrl+G将其组合，效果如图8-76所示。

07 使用“椭圆形工具”在素材上绘制一个圆，然后使用“钢笔工具”根据小熊双腿上方的白色图形绘制轮廓图形，接着选中绘制的这些图形，按组合键Ctrl+G将其组合，最后为其填充白色，效果如图8-77所示。

图8-76

图8-77

08 全选所有对象，选中整个小熊和上一步组合好的图形，然后单击属性栏中的“修剪”按钮修剪小熊，并删除组合图形，效果如图8-78所示，接着双击“矩形工具”新建一个和页面大小相同的矩形，再填充颜色为（C：0，M：0，Y：20，K：0）、更改轮廓颜色为（C：40，M：51，Y：78，K：0）、轮廓线宽度为1mm，最终效果如图8-79所示。

图8-78

图8-79

8.5 轮廓线转对象

在CorelDRAW X7软件中，针对轮廓线只能进行宽度调整、颜色均匀填充、样式变更等操作，如果要为轮廓线填充渐变色、添加纹样和其他效果，就需要将轮廓线转换为对象。

操作演示

轮廓线转对象

视频名称：轮廓线转对象

扫码观看教学视频

将轮廓线转换为对象后，可以修改对象的形状，还可以为其填充渐变色、图案等，下面讲解转换的方法。

第1步：选中要进行编辑的轮廓，如图8-80所示，执行“对象>将轮廓转换为对象”菜单命令，如图8-81所示，将轮廓线转换为对象。

图8-80

图8-81

第2步：使用“形状工具”在对象上添加锚点进行形状修改，如图8-82所示，然后我们可以对其进行渐变填充、图案填充等效果的操作，如图8-83和图8-84所示。

图8-82

图8-83

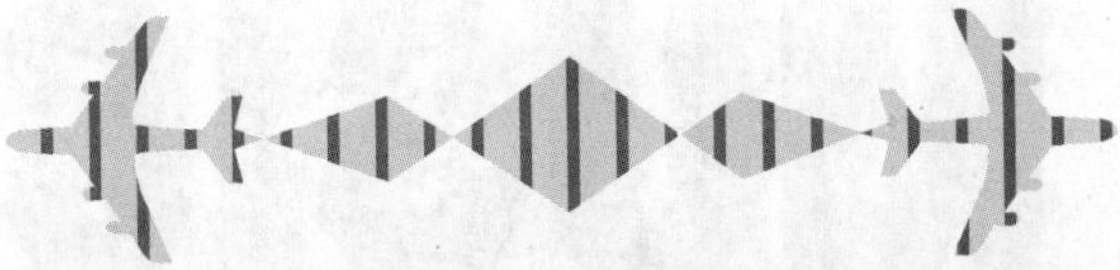

图8-84

实战练习

制作多彩立体轮廓文字

实例位置 实例文件>CH08>制作多彩立体轮廓文字
素材位置 素材文件>CH08>素材04.cdr
视频名称 制作多彩立体轮廓文字.mp4
技术掌握 轮廓线转对象

扫码观看教学视频

最终效果图

01 新建一个大小为250mm×250mm的空白文档，然后使用“文本工具”在页面外输入文字LOVE，接着在属性栏设置“字体”为ArmyChalk、“字体大小”为70pt，最后按组合键Ctrl+Q将文字转换为曲线，效果如图8-85所示。

图8-85

02 选中文字，然后在属性栏设置文字的“轮廓宽度”为0.75mm、轮廓线颜色为(C：20，M：0，Y：20，K：0)，如图8-86所示，接着执行“对象>将轮廓线转换为对象”菜单命令，将轮廓线转为对象，最后将轮廓对象从文字上移除，如图8-87所示。

图8-86

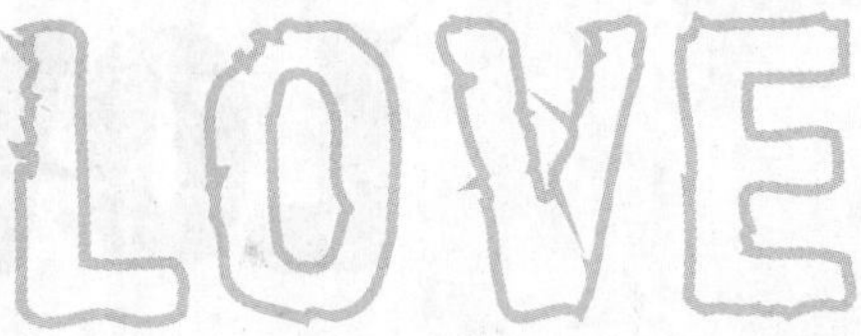

图8-87

03 选中文字，然后设置“轮廓宽度”为1.5mm、轮廓线颜色为（C：20，M：0，Y：60，K：0），如图8-88所示，接着执行“对象>将轮廓线转换为对象”菜单命令，将轮廓线转为对象，最后将轮廓对象从文字上移除，如图8-89所示。

图8-88

图8-89

04 选中文字，然后设置“轮廓宽度”为3mm、轮廓线颜色为（C：40，M：0，Y：40，K：0），如图8-90所示，接着执行“对象>将轮廓线转换为对象”菜单命令，将轮廓线转为对象，最后将轮廓对象从文字上移除，如图8-91所示。

图8-90

图8-91

05 选中文字，然后设置“轮廓宽度”为2mm、轮廓线颜色为黑色，如图8-92所示，接着执行“对象>将轮廓线转换为对象”菜单命令，将轮廓线转为对象，最后将轮廓对象从文字上移除，如图8-93所示。

图8-92

图8-93

06 将步骤02到步骤05制作完成的轮廓对象按顺序进行叠加排列，然后选中这些文字轮廓对象，按组合键Ctrl+G将其组合，效果如图8-94所示。

图8-94

07 使用“文本工具”字在页面外输入文字MUSIC，然后在属性栏设置“字体”为ArmyChalk、“字体大小”为56pt，接着按组合键Ctrl+Q将文字转换为曲线，效果如图8-95所示。

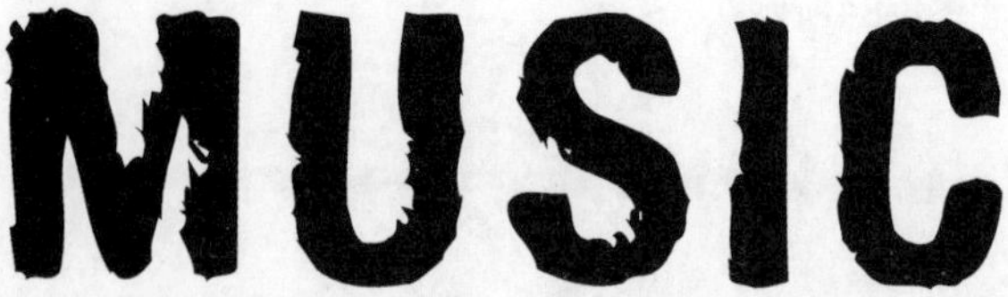

图8-95

08 选中文字，然后设置“轮廓宽度”为1.5mm、轮廓线颜色为（C：76，M：37，Y：30，K：0），如图8-96所示，接着执行“对象>将轮廓线转换为对象”菜单命令，将轮廓线转为对象，最后将轮廓对象从文字上移除，如图8-97所示。

图8-96

图8-97

09 选中文字，然后设置“轮廓宽度”为2.5mm、轮廓线颜色为白色，如图8-98所示，接着执行“对象>将轮廓线转换为对象”菜单命令，将轮廓线转为对象，最后将该轮廓对象从文字上拖曳到上一步制作完成的轮廓对象上，效果如图8-99所示。

图8-98

图8-99

⑩ 选中文字，然后设置“轮廓宽度”为0.75mm、轮廓线颜色为（C：0，M：42，Y：29，K：0），如图8-100所示，接着执行“对象>将轮廓线转换为对象”菜单命令，将轮廓线转为对象，最后将该轮廓对象从文字上拖曳到上一步制作完成的轮廓对象上，效果如图8-101所示。

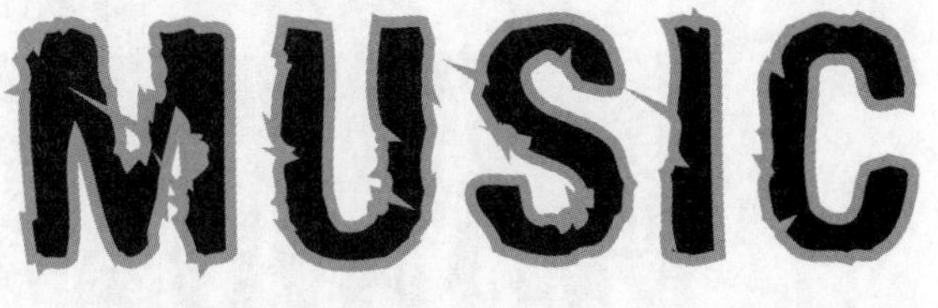

图8-100

图8-101

⑪ 选中文字，然后设置“轮廓宽度”为0.5mm、轮廓线颜色为（C：43，M：13，Y：3，K：0），如图8-102所示，接着执行“对象>将轮廓线转换为对象”菜单命令，将轮廓线转为对象，再将该轮廓对象从文字上拖曳到上一步制作完成的轮廓对象上，最后选中这些文字轮廓对象按组合键Ctrl+G将其组合，效果如图8-103所示。

图8-102

图8-103

提示

步骤09~步骤11，在将新绘制的轮廓对象拖曳到上一步完成的轮廓对象上时，因为制作顺序的原因，会自动放置在以前轮廓对象的下层，此时就需要按组合键Shift+PgUp，将新绘制的轮廓对象向前移动一层。

⑫ 双击“矩形工具”□新建一个和页面大小相同的矩形，然后填充颜色为（C：20，M：0，Y：0，K：20），并去掉轮廓线，如图8-104所示。

图8-104

⑬ 导入“素材文件>CH08>04.cdr”文件，然后将其拖曳到矩形中，如图8-105所示，接着将文字轮廓对象拖曳到素材的下方，效果如图8-106所示。

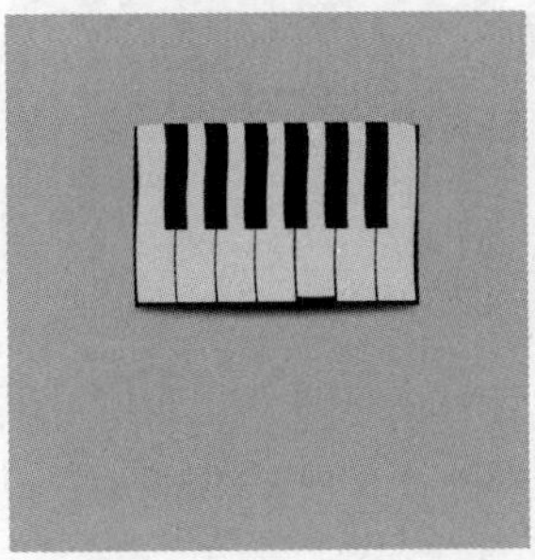
图8-105

图8-106

⑭ 使用“阴影工具”□在LOVE文字的轮廓对象上绘制阴影，阴影的起点为轮廓对象的底部中点，如图8-107所示，然后在该工具的属性栏设置“阴影颜色”为（C：20，M：0，Y：0，K：20）、“阴影角度”为35、“阴影延展”为50、“阴影的不透明度”为35、“阴影羽化”为15，设置如图8-108所示，效果如图8-109所示。

图8-107

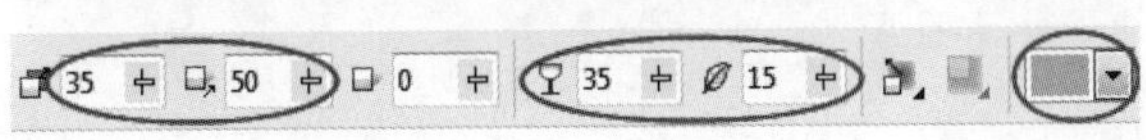

图8-108

图8-109

图8-112

图8-113

⑮ 选中MUSIC文字的轮廓对象，然后单击“阴影工具”属性栏的“复制阴影效果属性”按钮，接着在LOVE文字轮廓对象的阴影上单击，如图8-110所示，再设置“阴影颜色”为（C：0，M：20，Y：0，K：20），属性栏设置如图8-111所示，效果如图8-112所示，最终效果如图8-113所示。

图8-110

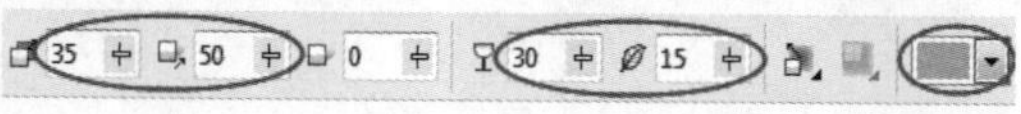

图8-111

知识链接

关于“阴影工具”的具体用法，请翻阅本书第9章9.1小节。

本章学习总结

轮廓线的缩放

我们在为对象填充颜色与轮廓线颜色和增加轮廓线宽度后，将对象进行缩放，可以很清楚地看出，无论将对象放大或者缩小多少，轮廓线的宽度都没有变化，如图8-114所示。这样就会造成一种十分不方便的情况，当我们绘制完成一个对象时，如果需要将对象放大或缩小，结果就会发现对象的轮廓线没有变化，此时图像就会变得极其不协调。面对这样的情况，我们应该怎么办呢？首先选中对象，然后打开“轮廓笔”对话框，接着在对话框底部勾选“随对象缩放”选项，如图8-115所示，在单击“确定”按钮后，我们再将对象进行缩放，此时轮廓线的宽度就会随着对象的大小而改变了，如图8-116所示。

扫码观看教学视频

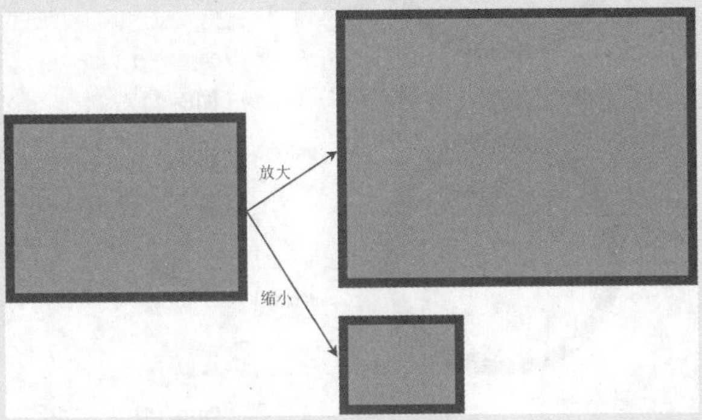

图8-114

图8-115

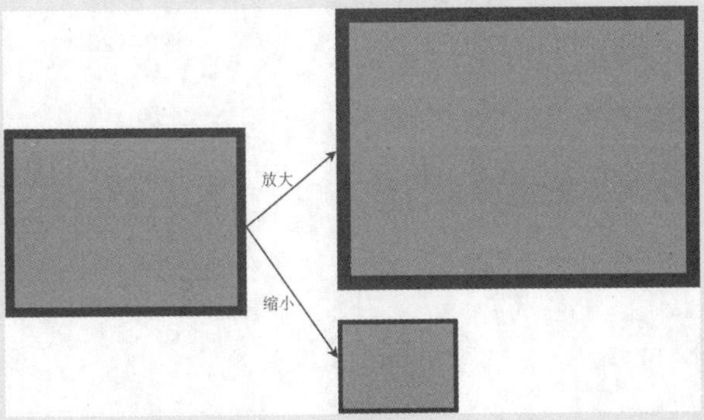

图8-116

轮廓边角和端头设置

轮廓边角和端头平时虽然使用得不多，但是在一些情况下对这两个参数进行设置，可以使轮廓线样式更多样。如图8-117和图8-118所示，不同的“线条端头”，呈现出了不同的轮廓样式，进而使对象更加美观了。

扫码观看教学视频

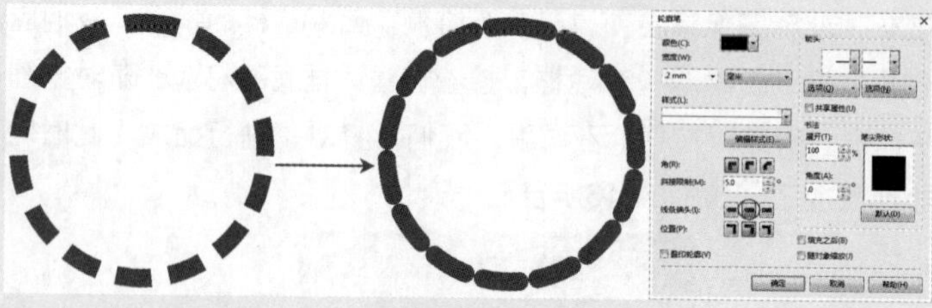

图8-117

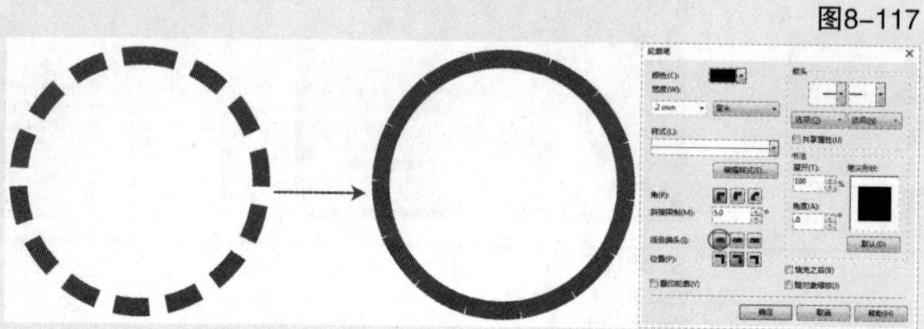

图8-118

这两个参数在字体设计的时候使用得尤为多。例如，使用“钢笔工具”绘制出了字体轮廓，此时观察会发现默认的“角”和“线条端头”使字体的线条看起来比较生硬，如图8-119所示。当我们将“角”改为“圆角”、“线条端头”改为“圆形端头”后，文字就柔和了很多，如图8-120所示。

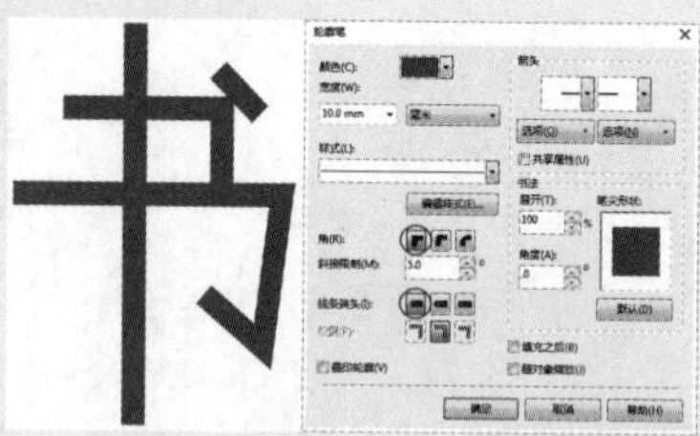

图8-119

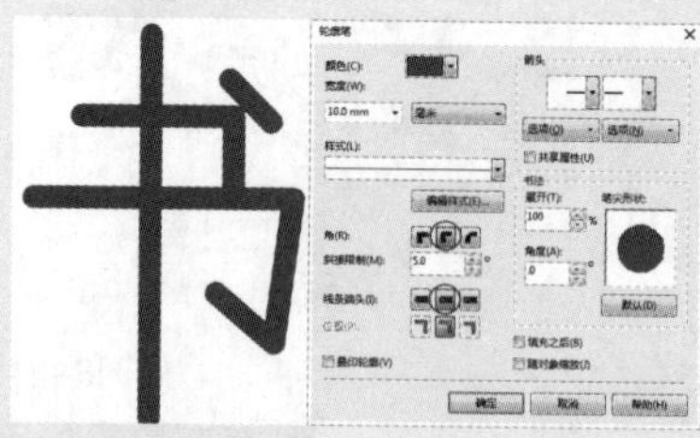

图8-120

第 9 章

图像的效果操作

图像效果是图像编辑中经常运用的功能，它不仅可以调和对象之间的融合，还可以为对象添加各种特殊效果。本章主要讲解对象的效果添加，包括平面效果和立体效果，添加平面效果的工具主要有变形工具、封套工具和透明度工具，添加立体效果的工具主要有阴影工具、轮廓图工具、调和工具、立体化工具和透视工具。

- 学会创建阴影效果
- 学会使用轮廓图工具
- 掌握调和工具的使用方法
- 适当添加立体化效果
- 合理利用变形工具
- 灵活运用透明效果
- 掌握透视的调整方法

本章学习建议

本章可以算是本书中内容最多的一章了，但都属于图像的特效效果操作，所以学习的难度系数也不算高，只是相对前面的内容，参数设置要稍微复杂一些。本章中很多工具的使用方法都有些类似，且都是有迹可循的，只要掌握了其中的规律，工具的使用就变得比较简单了。比如轮廓图工具的轮廓图步长和轮廓图偏移这两个参数，与调和工具的调和步长数和调和步长间距这两个参数的使用方法和产生的效果比较类似，而阴影工具和立体化工具的某些参数作用也比较类似，我们在识记这些参数的时候可以对比进行记忆，能达到事半功倍的效果。另外，本章中有两点需要注意：第一点，本章中很多工具可以直接在工具箱中选择，然后在属性栏设置参数后进行使用，也可以执行相关的菜单命令打开泊坞窗，然后在里面设置参数进行使用；第二点，本章中的一些工具参数，只有在使用工具后才能进行设置，如调和工具。前面提到的这些内容，大家可以在看书学习或者练习时稍加注意，这样能更好地理解书中内容。

扫码观看教学视频

9.1 阴影效果

阴影效果是绘制图形中必不可少的，使用阴影工具可以为对象添加各种光线照射效果，从而使对象产生立体的视觉效果，适用的对象有位图、矢量图、美工文字、段落文本等。下面对阴影工具的参数设置、阴影的创建方法及阴影的相关操作进行详细的讲解。

9.1.1 阴影参数设置

使用“阴影工具”创建阴影后可以进行阴影参数设置，其属性栏如图9-1所示。

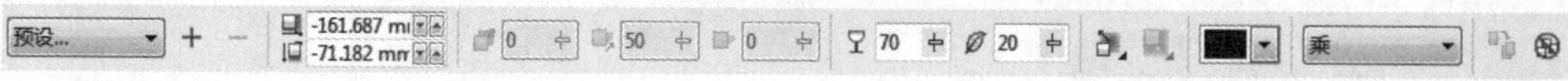

图9-1

重要参数介绍

阴影偏移：在x轴和y轴后面的文本框内输入数值，设置阴影与对象之间的偏移距离，正数为向上向右偏移，负数为向下向左偏移。“阴影偏移”在创建无角度阴影时才会激活，如图9-2所示。

图9-2

阴影角度：在后面的文本框内输入数值，设置阴影与对象之间的角度。该设置只在创建呈角度透视阴影时激活，如图9-3所示。

图9-3

阴影的不透明度：在后面的文本框内输入数值，设置阴影的不透明度。值越大颜色越深，如图9-4所示；值越小颜色越浅，如图9-5所示。

图9-4

图9-5

阴影羽化：在后面的文本框内输入数值，设置阴影的羽化程度。

羽化方向：单击该按钮，可在打开的选项中选择羽化的方向，包括“向内”“中间”“向外”“平均”4种方式，如图9-6所示。

图9-6

向内：单击该选项，阴影从内部开始计算羽化值，如图9-7所示。

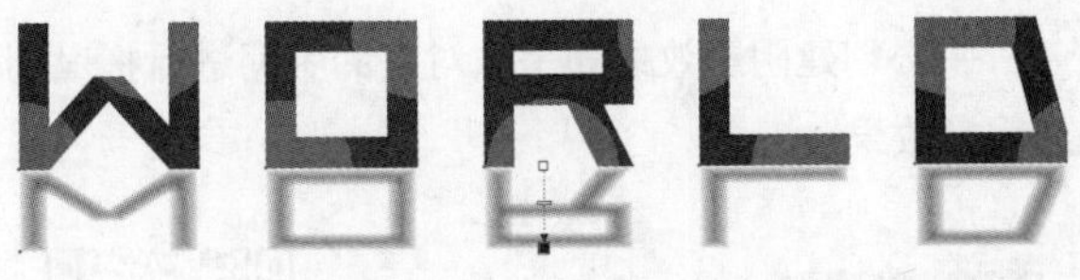

图9-7

中间：单击该选项，阴影从中间开始计算羽化值，如图9-8所示。

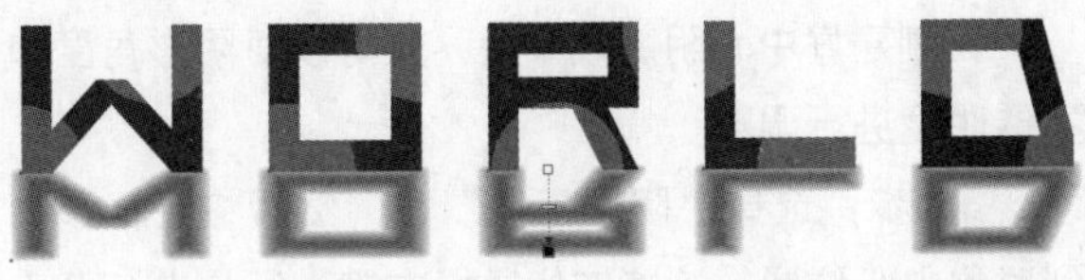

图9-8

向外：单击该选项，阴影从外开始计算羽化值，形成的阴影柔和而且较宽，如图9-9所示。

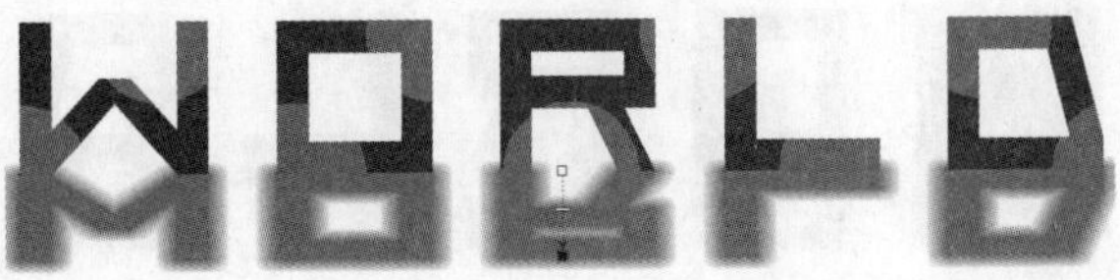

图9-9

平均：单击该选项，阴影以平均状态介于内外之间进行计算羽化，是系统默认的羽化方式，如图9-10所示。

图9-10

羽化边缘：单击该按钮，可在打开的选项中选择羽化的边缘类型，包括“线性”“方形的”“反白方形”“平面”4种方式，如图9-11所示。

图9-11

线性：单击该选项，阴影从边缘开始进行羽化，如图9-12所示。

图9-12

方形的：单击该选项，阴影从边缘外进行羽化，如图9-13所示。

图9-13

反白方形：单击该选项，阴影从边缘开始向外突出羽化，如图9-14所示。

图9-14

平面：单击该选项，阴影以平面方式显示不进行羽化，如图9-15所示。

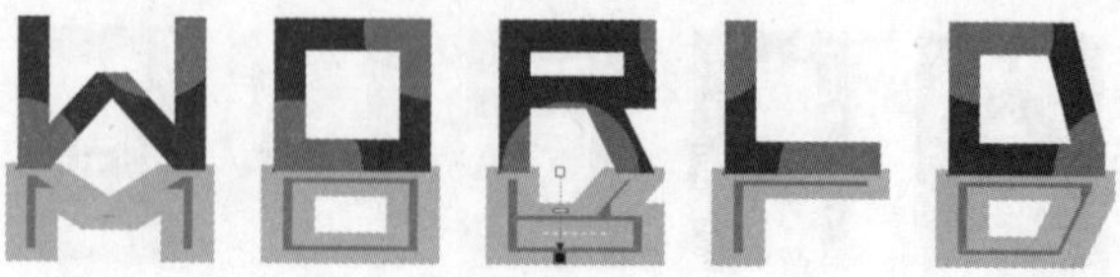

图9-15

阴影淡出：用于设置阴影边缘向外淡出的程度。在后面的文本框内输入数值，最小值为0，最大值为100，值越大向外淡出的效果越明显，如图9-16和图9-17所示。

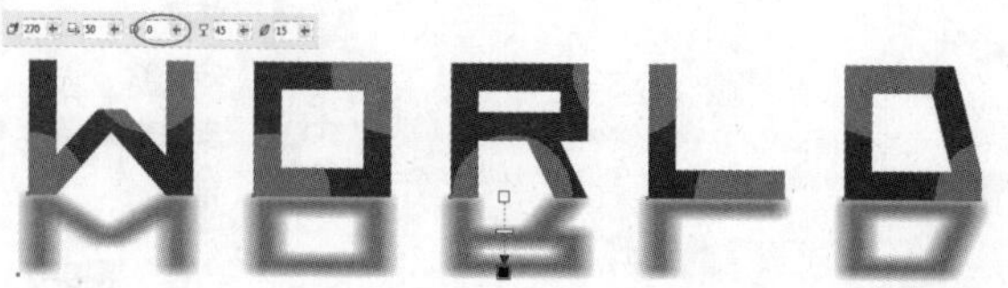

图9-16

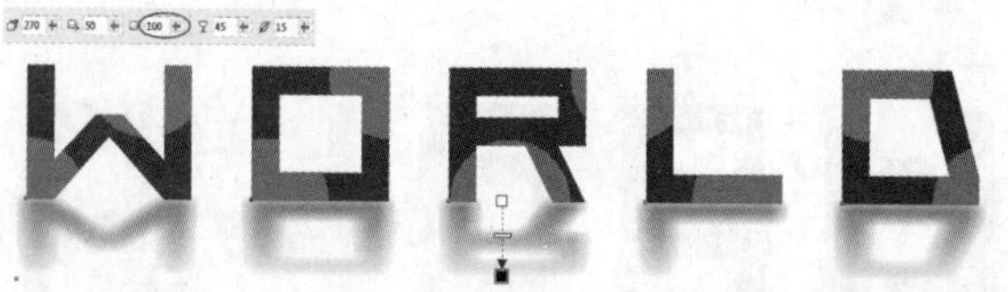

图9-17

阴影延展：用于设置阴影的长度。在后面的文本框内输入数值，如图9-18所示，数值越大，阴影的延伸越长。

图9-18

透明度操作：用于设置阴影和覆盖对象的颜色混合模式。可在下拉选项中选择进行设置，如图9-19所示。

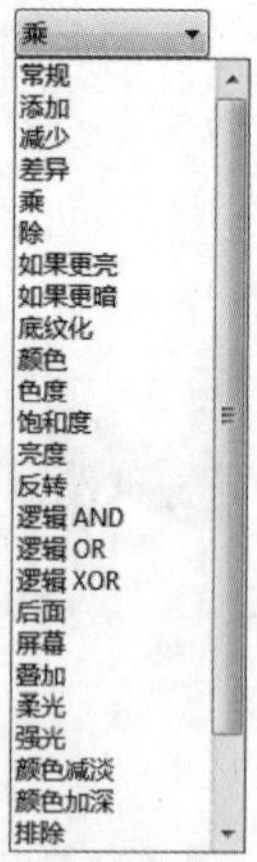

图9-19

阴影颜色：用于设置阴影的颜色，可在后面的下拉选项中选取颜色进行填充。填充的颜色会在阴影方向线的终端显示，如图9-20所示。

图9-20

9.1.2 创建阴影效果

"阴影工具"可以为平面对象创建不同角度的阴影效果，并且通过属性栏上的参数设置还可以使效果更自然。

1.中心创建

中心创建阴影效果即是从对象的中间进行拖曳创建阴影效果。

操作演示

创建中心阴影效果

视频名称：创建中心阴影效果

扫码观看教学视频

在创建好中心阴影效果后，还可以对阴影角度和不透明度进行调整。

第1步：选择"阴影工具"，然后将光标移动到对象中心位置，接着按住鼠标左键进行拖曳，会出现可进行预览的蓝色实线，如图9-21所示。

图9-21

第2步：松开鼠标左键即可生成阴影，然后调整阴影方向线上的滑块设置阴影的不透明度，如图9-22所示。在拖曳阴影效果时，“白色方块”表示阴影的起始位置，“黑色方块”表示拖曳阴影的终止位置。如果需要调整阴影的位置和角度，使用鼠标拖曳“黑色方块”即可，如图9-23所示。

图9-22

图9-23

2.底端创建

选择“阴影工具”，然后将光标移动到对象底端中间位置，接着按住鼠标左键进行拖曳，会出现可进行预览的蓝色实线，如图9-24所示，松开鼠标左键即生成阴影，最后调整阴影方向线上的滑块设置阴影的不透明度，如图9-25所示。

图9-24

图9-25

当创建底部阴影时，不同的阴影倾斜角度决定了字体的不同倾斜角度，因此给观者的视觉感受也不同，如图9-26所示。

图9-26

3.顶端创建

选择“阴影工具”，然后将光标移动到对象顶端中间位置，接着按住鼠标左键进行拖曳，会出现蓝色实线进行预览，如图9-27所示，松开鼠标左键即生成阴影，最后调整阴影方向线上的滑块设置阴影的不透明度，如图9-28所示。

图9-27

图9-28

4.左边创建

选择“阴影工具”，然后将光标移动到对象左边中间位置，接着按住鼠标左键进行拖曳，会出现蓝色实线进行预览，如图9-29所示，松开鼠标左键即生成阴影，最后调整阴影方向线上的滑块设置阴影的不透明度，如图9-30所示。

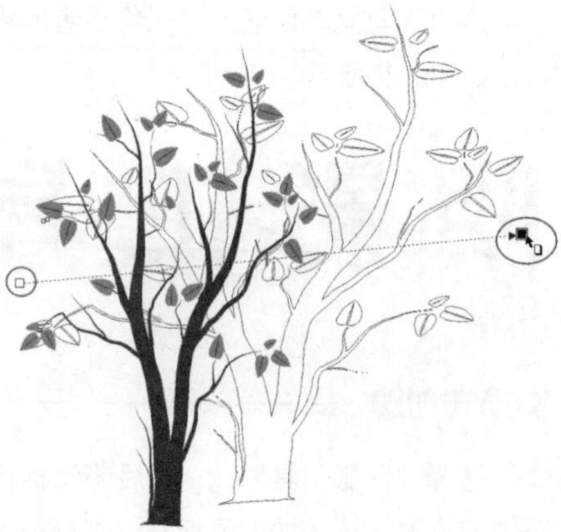

图9-29

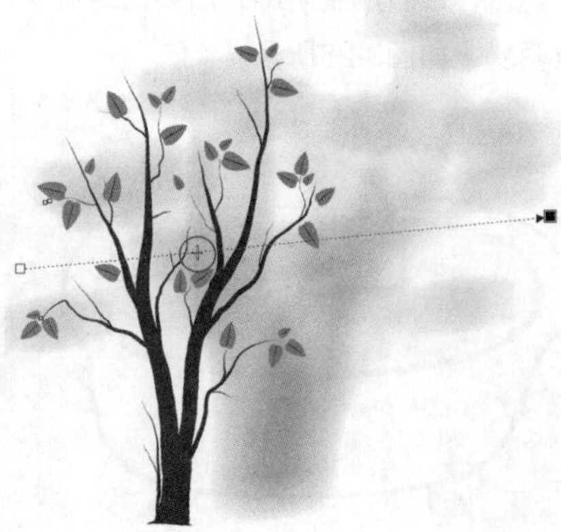

图9-30

5.右边创建

右边创建阴影和左边创建阴影步骤相同，如图9-31所示。左、右边阴影效果在设计中多运用于产品的包装设计。

图9-31

9.1.3 阴影操作

通过属性栏和菜单栏的参数选项可以进行阴影的相关操作，下面进行详细讲解。

1.添加真实投影

选中文字，然后使用“阴影工具”创建阴影，如图9-32所示，接着在其属性栏设置“阴影角度”为40、“阴影延展”为50、“阴影淡出”为70、“阴影的不透明度”为60、“阴影羽化”为5、“透明度操作”为“如果更暗”、“阴影颜色”为（C：0，M：0，Y：0，K：100），如图9-33所示，调整后的效果如图9-34所示。

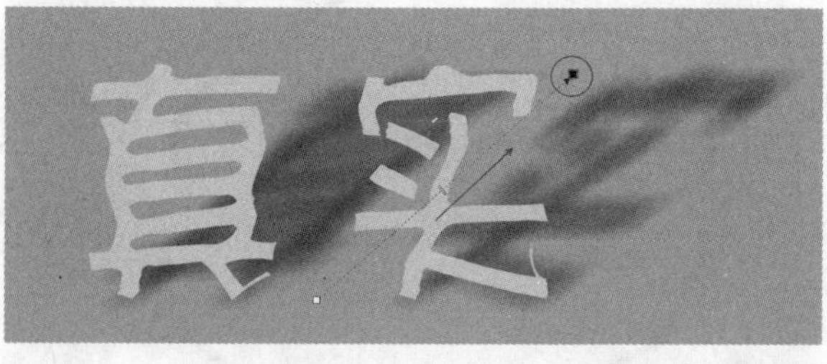

图9-32

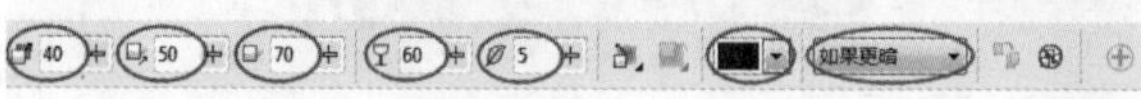

图9-33

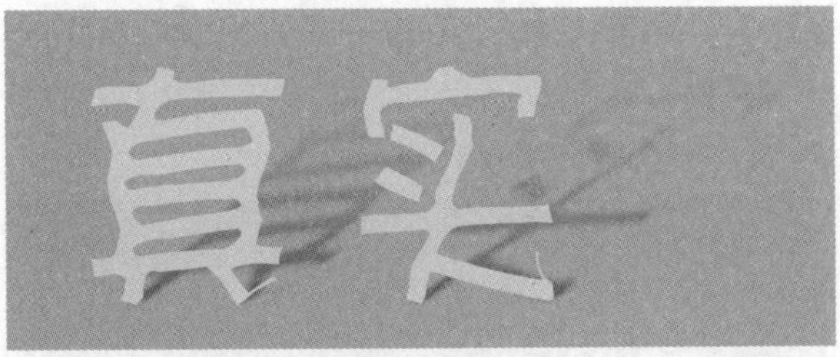

图9-34

2.复制阴影效果

选中未添加阴影效果的文字，然后在属性栏单击“复制阴影效果属性”图标，如图9-35所示，当光标变为黑色箭头时，单击目标对象的阴影，即可复制该阴影属性到所选对象，如图9-36和图9-37所示。

图9-35

图9-36

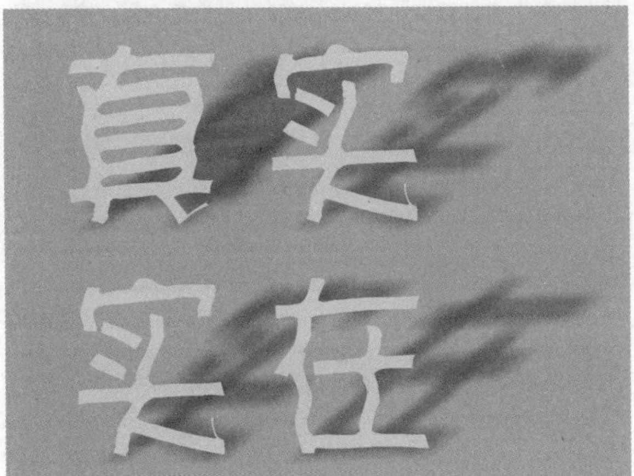

图9-37

提示

注意，在复制阴影效果时，单击对象是无法进行复制的，且会弹出出错的对话框，只有单击对象的阴影才能进行复制。

3.拆分阴影效果

在对象的阴影上单击鼠标右键，在打开的菜单中选择“拆分阴影群组”命令，如图9-38所示，即可将阴影选中进行移动和编辑，如图9-39所示。也可以通过执行“对象>拆分阴影群组”菜单命令来拆分阴影效果。

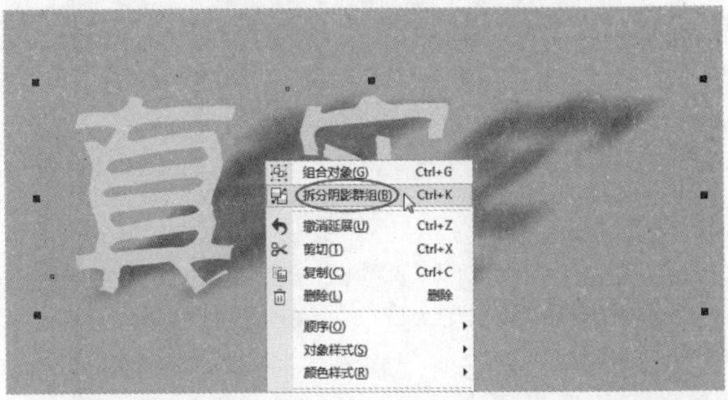

图9-38

图9-39

实战练习

绘制插画

实例位置　实例文件>CH09>绘制插画.cdr
素材位置　素材文件>CH09>素材01.cdr、02.cdr
视频名称　绘制插画.mp4
技术掌握　阴影的用法

扫码观看教学视频

最终效果图

01 新建一个大小为210mm×160mm的文档，然后使用“矩形工具”绘制一个大小为210mm×80mm的矩形，并向下复制一份，如图9-40所示，接着分别填充颜色为（C：60，M：0，Y：20，K：20）和（C：20，M：0，Y：0，K：40），再去掉轮廓线，效果如图9-41所示。

图9-40

图9-41

02 使用“2点线工具”在两个矩形中间绘制一条宽度为1mm的黑色直线，如图9-42所示，然后导入“素材文件>CH09>素材01.cdr”文件，效果如图9-43所示。

图9-42

图9-43

03 将上一步导入的素材中的铁轨水平复制多份，如图9-44所示，然后全部选中，按组合键Ctrl+G将其组合，接着使用“裁剪工具”将多余的部分裁剪掉，如图9-45所示，效果如图9-46所示。

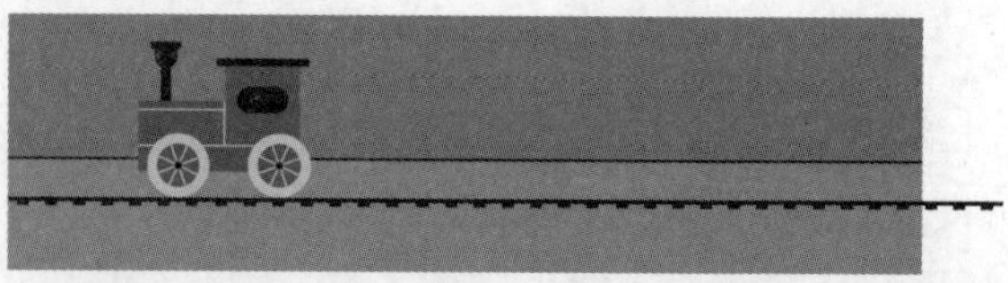

图9-44

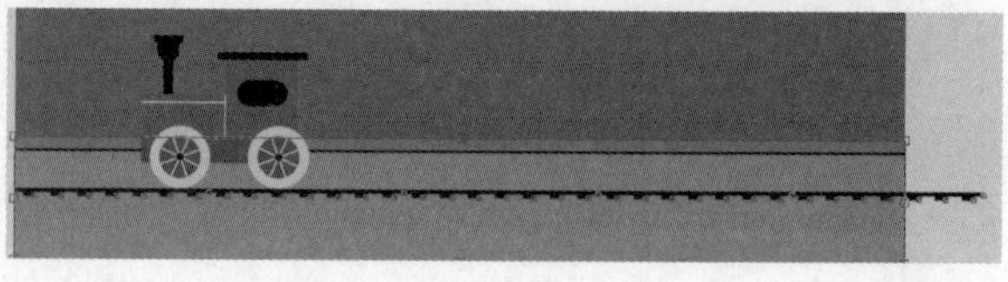

图9-45

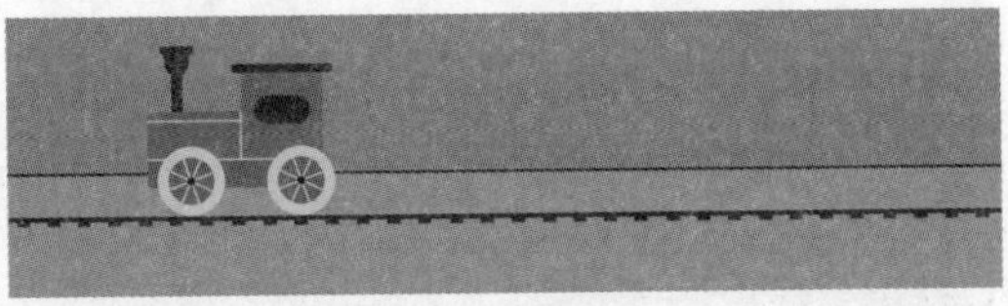

图9-46

04 导入"素材文件>CH09>素材02.cdr"文件，如图9-47所示。

图9-47

05 选中火车头，然后使用"阴影工具"在火车头上进行拖曳创建阴影，接着在属性栏中设置"阴影的不透明度"为40、"阴影羽化"为20、"合并模式"为"乘"，效果如图9-48所示。

图9-48

06 使用"阴影工具"选中火车身体，然后在其属性栏中单击"复制阴影效果属性"图标，待光标变为黑色箭头时，在火车头的阴影上单击，如图9-49所示，松开鼠标，火车身体生成阴影，效果如图9-50所示。

图9-49

图9-50

07 在"阴影工具"属性栏修改火车身体的"阴影的不透明度"为20、"阴影羽化"为90，设置及效果如图9-51所示。

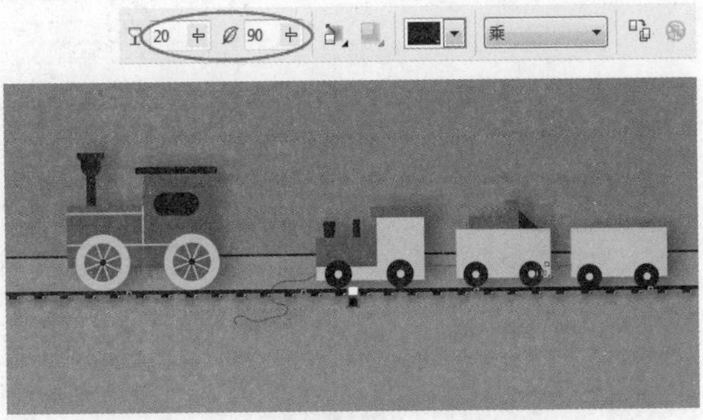

图9-51

08 使用"文本工具"在下面的矩形上面输入英文，然后设置合适的字体和大小，效果如图9-52所示，接着在上面的矩形上输入英文，设置合适的字体和大小，最终效果如图9-53所示。

图9-52

图9-53

9.2 轮廓图效果

轮廓图效果，是指通过使用“轮廓图工具”拖曳对象为其创建一系列渐进到对象内部或外部的同心线。创建轮廓图效果可以在属性栏进行设置，使轮廓图效果更加精确美观。下面讲解轮廓图的创建、操作及参数设置。

9.2.1 轮廓图参数设置

在创建好轮廓图后可以进行轮廓参数设置，一种是在属性栏中进行设置，另一种是执行“效果>轮廓图”菜单命令，在打开的“轮廓图”泊坞窗进行设置。最常用的是在属性栏中进行设置，下面对属性栏的相关参数进行讲解。

“轮廓图工具”的属性栏设置如图9-54所示。

图9-54

重要参数介绍

预设列表：系统提供的预设轮廓图样式，可以在下拉列表中选择预设选项，如图9-55所示。

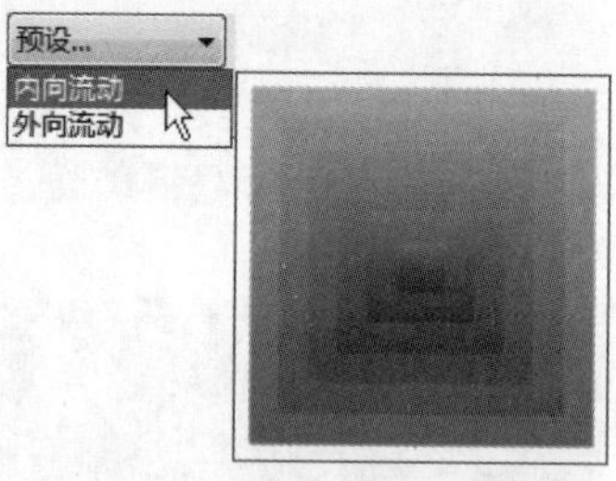

图9-55

到中心：单击该按钮，创建从对象边缘向中心放射状的轮廓图。创建后无法通过“轮廓图步长”进行设置，可以利用“轮廓图偏移”进行自动调节，偏移越大层次越少，偏移越小层次越多。

内部轮廓：单击该按钮，创建从对象边缘向内部放射状的轮廓图。创建后可以通过“轮廓图步长”设置轮廓图的层次数。

提示

“到中心”和“内部轮廓”的区别主要有两点。

第1点：当轮廓图层次少的时候，“到中心”轮廓图的最内层还是位于中心位置，而“内部轮廓”则是更贴近对象边缘，如图9-56所示。

图9-56

第2点：“到中心”只能使用“轮廓图偏移”进行调节，而“内部轮廓”则可以使用“轮廓图步长”和“轮廓图偏移”进行调节。

外部轮廓：单击该按钮，创建从对象边缘向外部放射状的轮廓图。创建后可以通过“轮廓图步长”设置轮廓图的层次数。

轮廓图步长：在后面的文本框内输入数值来调整轮廓图的数量。

轮廓图偏移：在后面的文本框内输入数值来调整轮廓图各步数之间的距离。

轮廓图角：用于设置轮廓图的角类型。单击该图标，在下拉选项列表中选择相应的角类型进行应用，如图9-57所示。

图9-57

斜接角：在创建的轮廓图中使用尖角渐变，如图9-58所示。

圆角：在创建的轮廓图中使用倒圆角渐变，如图9-59所示。

图9-58

图9-59

斜切角：在创建的轮廓图中使用倒角渐变，如图9-60所示。

轮廓色：用于设置轮廓图的轮廓色渐变序列。单击该图标，在下拉选项列表中选择相应的颜色渐变序列类型进行应用，如图9-61所示。

图9-60

图9-61

线性轮廓色：单击该选项，设置轮廓色为直接渐变序列，如图9-62所示。

顺时针轮廓色：单击该选项，设置轮廓色为按色谱顺时针方向逐步调和的渐变序列，如图9-63所示。

图9-62

图9-63

逆时针轮廓色：单击该选项，设置轮廓色为按色谱逆时针方向逐步调和的渐变序列，如图9-64所示。

图9-64

轮廓色：在后面的颜色选项中设置轮廓图的轮廓线颜色。当去掉轮廓线“宽度”后，轮廓色不显示。

填充色：在后面的颜色选项中设置轮廓图的填充颜色。

对象和颜色加速：调整轮廓图中对象大小和颜色变化的速率，如图9-65所示。

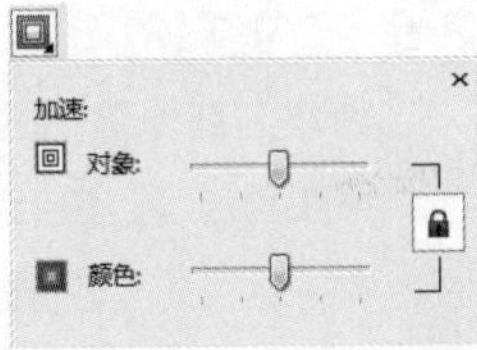

图9-65

复制轮廓图属性：单击该按钮，可以将其他轮廓图属性应用到所选轮廓中。

清除轮廓：单击该按钮，可以清除所选对象的轮廓。

9.2.2 创建轮廓图

创建轮廓图的对象可以是封闭路径，也可以是开放路径，还可以是文本对象。在CorelDRAW X7中可以创建的轮廓图效果主要有3种，“到中心”“内部轮廓”“外部轮廓”，下面分别讲解这3种效果的创建方法。

1.创建中心轮廓图

绘制一个十字图形，然后选中，如图9-66所示，接着选择“轮廓图工具”，再单击属性栏中的“到中心”按钮，图形会自动生成到中心依次渐变的层次效果，如图9-67和图9-68所示。在创建“到中心”轮廓图效果时，可以在属性栏设置数量和距离。

图9-66

图9-67

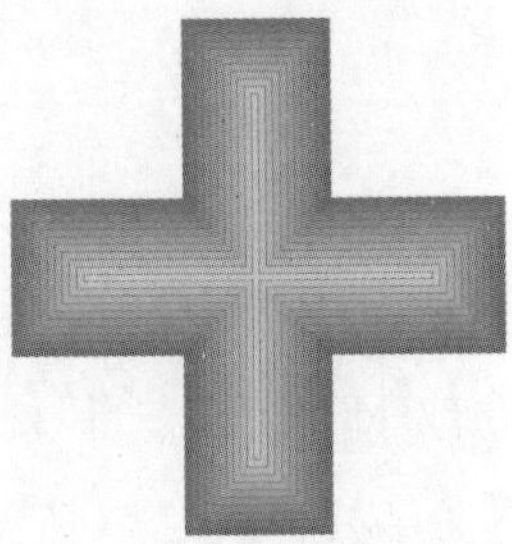

图9-68

2.创建内部轮廓图

创建内部轮廓图的方法有两种。

第1种：选中十字图形，然后使用“轮廓图工具”在星形轮廓处按住鼠标左键向内拖曳，如图9-69所示，松开左键完成创建。

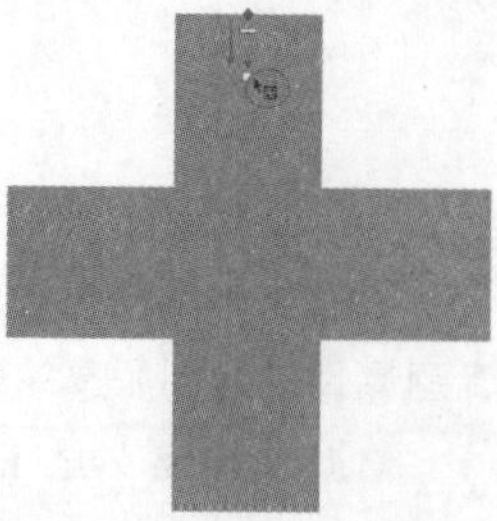

图9-69

第2种：选中十字图形，然后选择“轮廓图工具”，接着单击属性栏中的“内部轮廓”按钮，图形则自动生成内部轮廓图效果，如图9-70和图9-71所示。

图9-70

图9-71

3.创建外部轮廓图

创建外部轮廓图的方法与创建内部轮廓图的方法一样，有两种。

第1种：选中十字图形，然后使用“轮廓图工具”在星形轮廓处按住鼠标左键向外拖曳，如图9-72所示，松开左键完成创建。

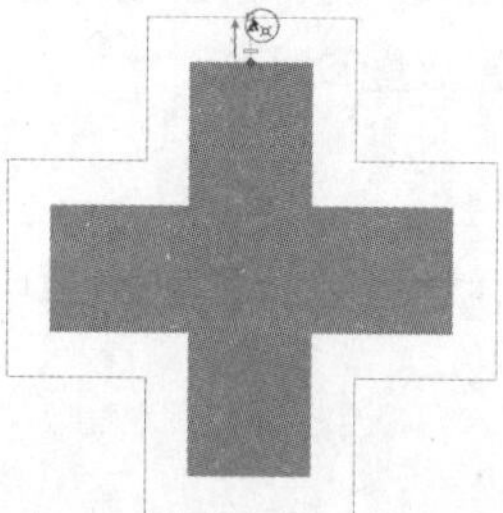

图9-72

第2种：选中十字图形，然后选择“轮廓图工具”，接着单击属性栏中的“外部轮廓”按钮，图形则自动生成外部轮廓图效果，如图9-73和图9-74所示。

图9-73

> **提示**
>
> 创建轮廓图效果除了可以使用鼠标手动拖曳和在属性栏单击相关按钮之外，还可以在“轮廓图”泊坞窗进行单击创建。

图9-74

9.2.3 轮廓图操作

轮廓图的操作是通过设置属性栏和泊坞窗中的相关参数选项来进行的。

1.调整轮廓步长

选中创建好的中心轮廓图，然后在属性栏的“轮廓图偏移”文本框中输入新数值，按回车键生成步数，如图9-75所示。

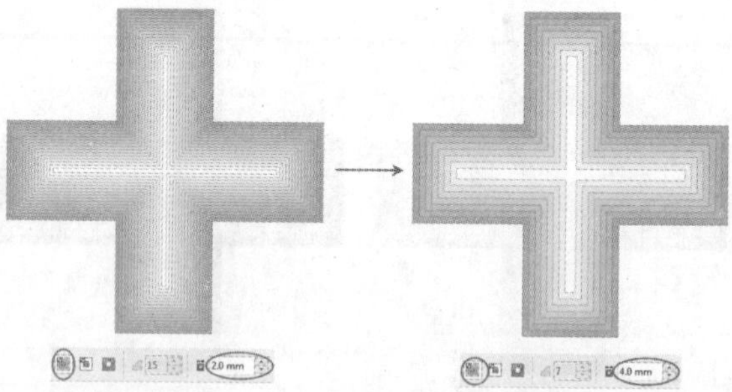

图9-75

选中创建好的内部轮廓图，然后在属性栏的“轮廓图步长”文本框中输入新数值，“轮廓图偏移”文本框中的数值不变，按回车键生成步数，如图9-76所示。在轮廓图偏移不变的情况下，步长越大越向中心靠拢。

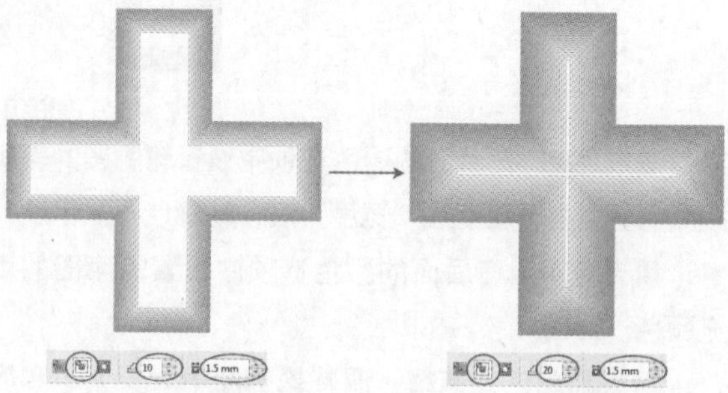

图9-76

选中创建好的外部轮廓图，然后在属性栏的“轮廓图步长”文本框中输入新数值，“轮廓图偏移”文本框中的数值不变，按回车键生成步数，如图9-77所示。在轮廓图偏移不变的情况下，步长越大越向外扩散，产生的视觉效果越向下延伸。

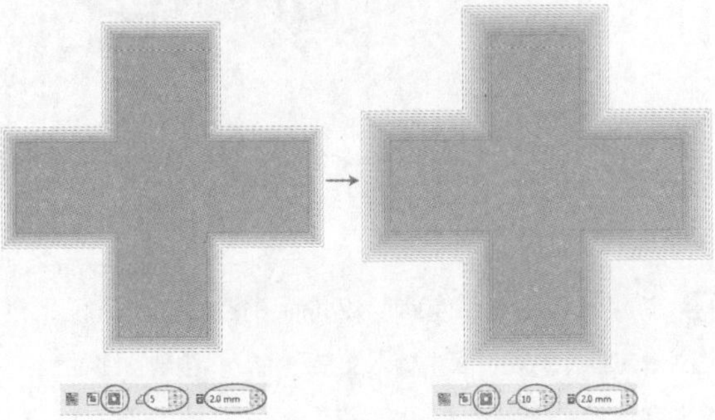

图9-77

2.轮廓图颜色

填充轮廓图颜色分为填充颜色和轮廓线颜色，两者都可以在属性栏或泊坞窗直接选择颜色进行填充。

第1种：填充轮廓图颜色。选中创建好的轮廓图，然后在属性栏中的“填充色”图标后面选择需要的颜色，轮廓图就向选取的颜色进行渐变，如图9-78所示。

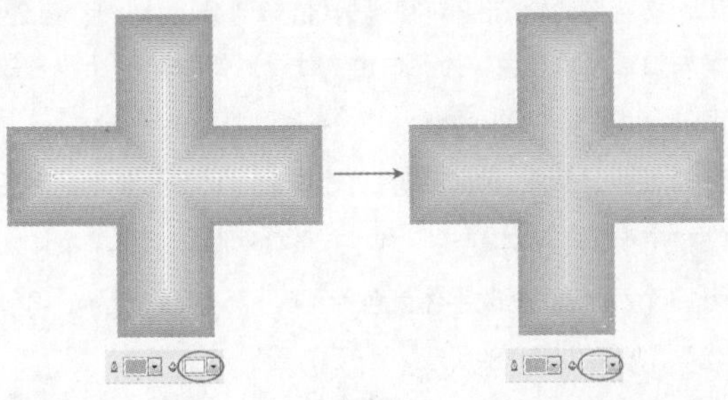

图9-78

第2种：填充轮廓线颜色。将对象的填充去掉，设置轮廓线“宽度”为1.5mm，如图9-79所示，此时“轮廓色”显示出来，“填充色”不显示。然后选中对象，在属性栏中的“轮廓色”图标后面选择需要的颜色，轮廓图的轮廓线以选取的颜色进行渐变，如图9-80所示。

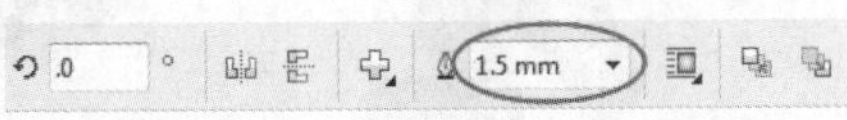

图9-79

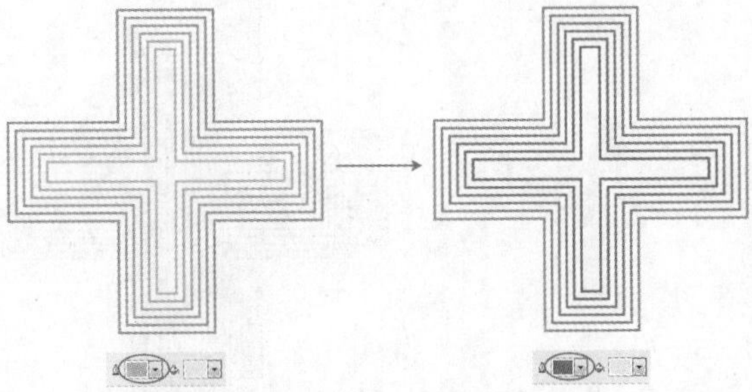

图9-80

第3种：同时填充轮廓图和轮廓线颜色。在填充效果和轮廓线“宽度”都没有去掉时，轮廓图会同时显示“轮廓色”和“填充色”，并以设置的颜色进行渐变，如图9-81所示。

图9-81

3.拆分轮廓图

在设计中出现的一些特殊效果可以使用“拆分轮廓图群组”命令来实现，如在轮廓上添加渐变效果等。

操作演示

拆分轮廓图

视频名称：拆分轮廓图

扫码观看教学视频

创建轮廓图效果后，可以将轮廓图拆分再重组或者添加效果等。

第1步：在轮廓图上单击鼠标右键，然后在打开的快捷菜单中选择“拆分轮廓图群组”命令，如图9-82所示。注意，拆分后的对象只是将生成的轮廓图和源对象进行分离，还不能进行分别移动，如图9-83所示。

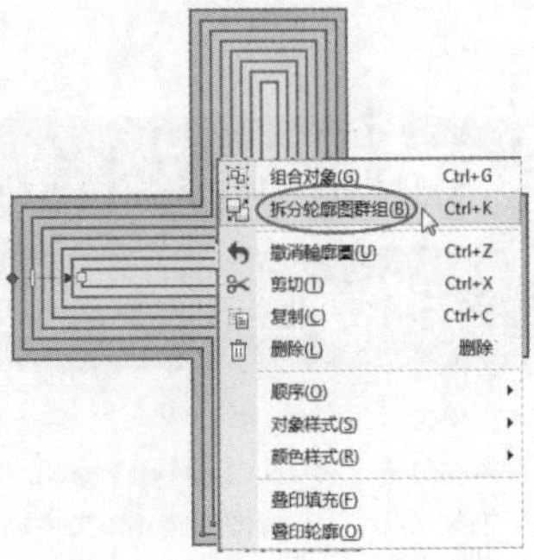

图9-82

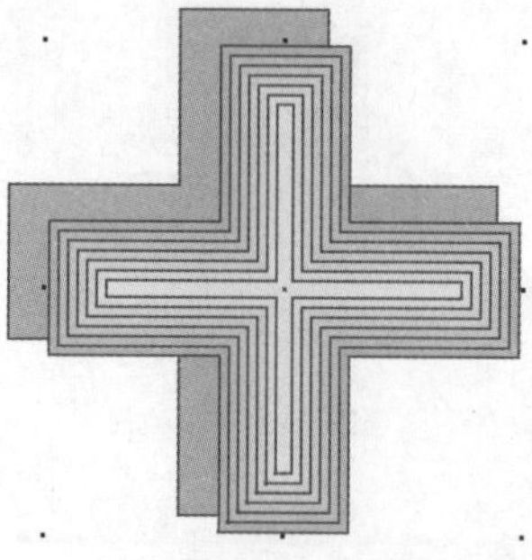

图9-83

第2步：选中轮廓图并单击鼠标右键，在打开的快捷菜单中选择“取消组合对象”命令，如图9-84所示，此时可以将对象分别移动进行编辑，如图9-85所示。

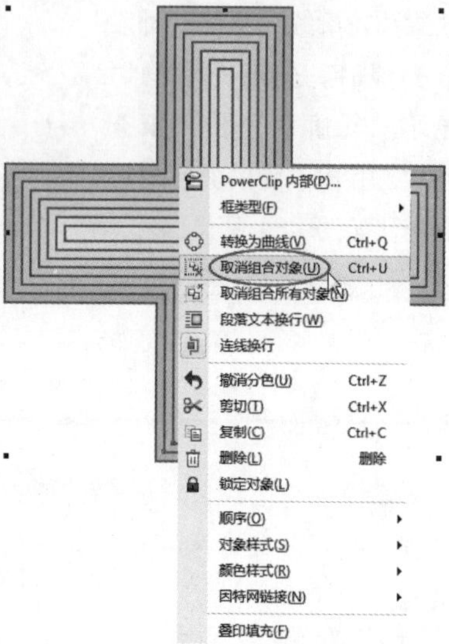

图9-84

图9-85

实战练习

用轮廓图制作立体文字

实例位置　实例文件>CH08>用轮廓图制作立体文字.cdr
素材位置　素材文件>CH09>素材03.cdr
视频名称　用轮廓图制作立体文字.mp4
技术掌握　创建轮廓图的用法

扫码观看教学视频

最终效果图

01 新建一个大小为240mm×240mm的空白文档，然后使用“文本工具”字在页面中输入文字“古”，接着在属性栏中设置“字体样式”为“方正黄草简体”、“字体大小”为186pt，最后更改字体颜色为（C：75，M：69，Y：81，K：42），效果如图9-86所示。

图9-86

02 使用“轮廓图工具”选中文字，然后在属性栏中单击“到中心”按钮，图形会自动生成到中心依次渐变的层次效果，接着将“轮廓图偏移”数值调到最小，此处为0.25mm，最后设置“填充色”为“白色”，设置如图9-87所示，效果如图9-88所示。

03 使用“文本工具”字在页面中输入文字“典”，然后在属性栏中设置“字体样式”为“方正黄草简体”、“字体大小”为186pt，最后更改字体颜色为（C：75，M：69，Y：81，K：42），效果如图9-89所示。

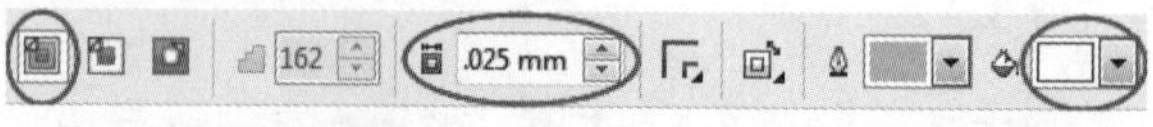

图9-87

图9-88

图9-89

04 使用“轮廓图工具”选中“典”字，然后在属性栏中单击“复制调和属性”图标，接着将光标移动到轮廓文字“古”上面进行单击，如图9-90所示，效果如图9-91所示。

图9-90

图9-91

05 选中两个轮廓文字，然后执行“对象>对齐和分布>底端对齐”菜单命令，将其调整在同一水平线上，接着导入“素材文件>CH08>素材03.cdr”文件，将其放置在轮廓文字上面，最终效果如图9-92所示。

图9-92

9.3 调和效果

调和工具是CorelDRAW X7中用途非常广泛、性能非常强大的工具，在设计中运用频繁。它可以创建任意两个或多个对象之间的颜色和形状过渡，也可以创建颜色渐变、高光、阴影、透视等特殊效果，还可以用来增强图形和艺术文字的效果。

9.3.1 调和参数设置

在创建调和后可以进行调和参数设置。一种是在属性栏中进行设置，另一种是执行“效果>调和”菜单命令，在打开的“调和”泊坞窗中进行设置。下面分别来讲解属性栏和泊坞窗中的具体参数。

1.属性栏参数

“调和工具”的属性栏设置如图9-93所示。

图9-93

重要参数介绍

预设列表：系统提供的预设调和样式，可以在下拉列表中选择预设选项，如图9-94所示。

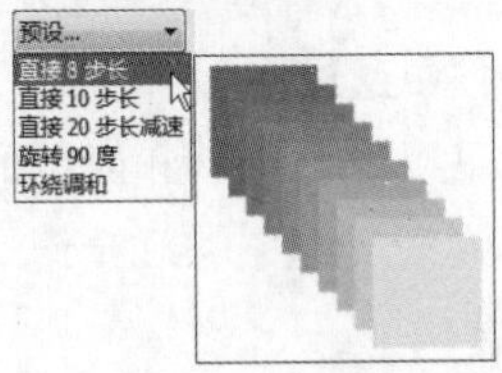

图9-94

添加预设：单击该图标，可以将当前选中的调和对象另存为预设。

删除预设：单击该图标，可以将当前选中的调和样式删除。

调和步长：用于设置调和效果中的调和步长数和形状之间的偏移距离。激活该图标，可以在后面的“调和对象”文本框中输入相应的数值。

调和间距：用于设置路径中调和步长对象之间的距离。激活该图标，可以在后面的“调和对象”文本框中输入相应的数值。

调和方向：在后面的文本框中输入数值，可以设置已调和对象的旋转角度。

环绕调和：激活该图标，可将环绕效果添加应用到调和中。

直接调和：激活该图标，可设置颜色调和序列为直接颜色渐变，如图9-95所示。

图9-95

顺时针调和：激活该图标，可设置颜色调和序列为按色谱顺时针方向颜色渐变，如图9-96所示。

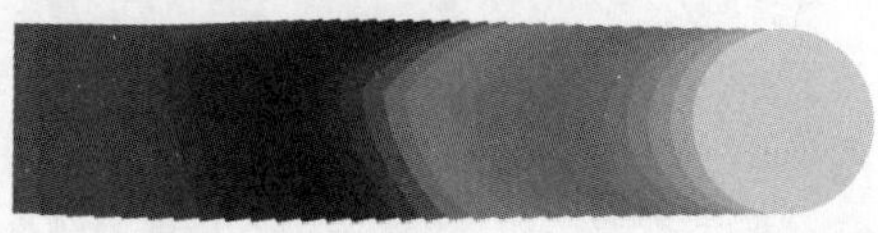
图9-96

逆时针调和：激活该图标，可设置颜色调和序列为按色谱逆时针方向颜色渐变，如图9-97所示。

图9-97

对象和颜色加速：单击该按钮，在打开的对话框中通过拖曳“对象”和“颜色”后面的滑块，可以调整形状和颜色的加速效果，如图9-98所示。

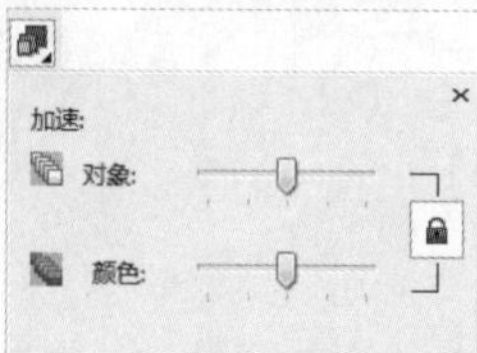

图9-98

> **提示**
>
> 激活“锁头”图标后可以同时调整“对象”、“颜色”后面的滑块；解锁后可以分别调整“对象”、“颜色”后面的滑块。

调整加速大小：激活该对象可以调整调和对象的大小，更改变化速率。

更多调和选项：单击该图标，在打开的下拉选项中可进行“映射节点”“拆分”“熔合始端”“熔合末端”“沿全路径调和”“旋转全部对象”操作，如图9-99所示。

起始和结束属性：用于重置调和效果的起始点和终止点。单击该图标，在打开的下拉选项中可进行显示和重置操作，如图9-100所示。

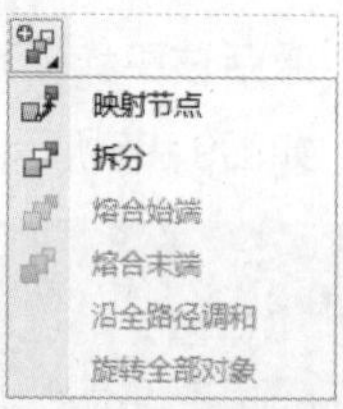

图9-99

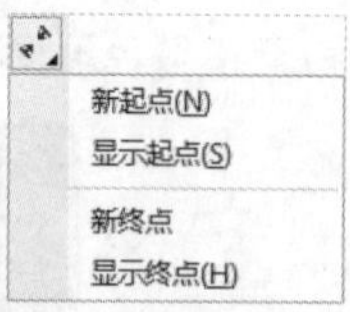

图9-100

路径属性：用于将调和好的对象添加到新路径、显示路径和分离出路径，如图9-101所示。

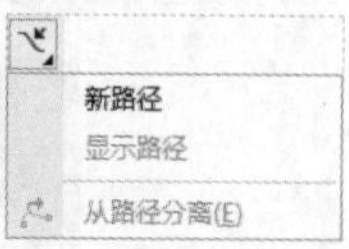

图9-101

> **提示**
>
> “显示路径”和“从路径分离”这两个选项在曲线调和状态下才会激活进行操作，直线调和则无法使用。

复制调和属性：单击该按钮，可以将其他调和属性应用到所选调和中。

清除调和：单击该按钮，可以清除所选对象的调和效果。

2.泊坞窗参数

执行“效果>调和”菜单命令，打开“调和”泊坞窗，如图9-102所示。

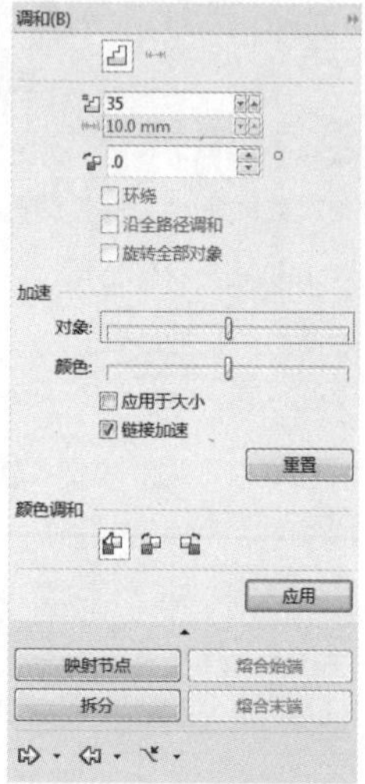

图9-102

重要参数介绍

沿全路径调和：沿整个路径延展调和，该命令仅运用在添加路径的调和中。

旋转全部对象：沿曲线旋转所有的对象，该命令仅运用在添加路径的调和中。

应用于大小：勾选后，可把调整的对象加速应用到对象大小。

链接加速：勾选后可以同时调整对象加速和颜色加速。

重置：将调整的对象加速和颜色加速还原为默认设置。

映射节点：将起始形状的节点映射到结束形状的节点上。

拆分：将选中的调和拆分为两个独立的调和。

熔合始端：熔合拆分或复合调和的始端对象，按住Ctrl键选中中间和始端对象，可以激活该按钮。

熔合末端：熔合拆分或复合调和的末端对象，按住Ctrl键选中中间和末端对象，可以激活该按钮。

始端对象：更改或查看调和中的始端对象。

末端对象：更改或查看调和中的末端对象。

路径属性：用于将调和好的对象添加到新路径、显示路径和分离出路径。

9.3.2 创建调和效果

“调和工具”是通过创建对象之间的一系列对象，并以颜色序列来调和两个源对象，而源对象的位置、形状、颜色会直接影响调和效果。创建调和效果的方法分为直线调和、曲线调和和复合调和，下面分别进行讲解。

1.直线调和

绘制两个图形，如图9-103所示，然后选择“调和工具”，接着在起始对象上按住鼠标左键向终止对象进行拖曳，会出现一列可预览的实线框，如图9-104所示，确定无误后松开鼠标完成调和，效果如图9-105所示。

图9-103

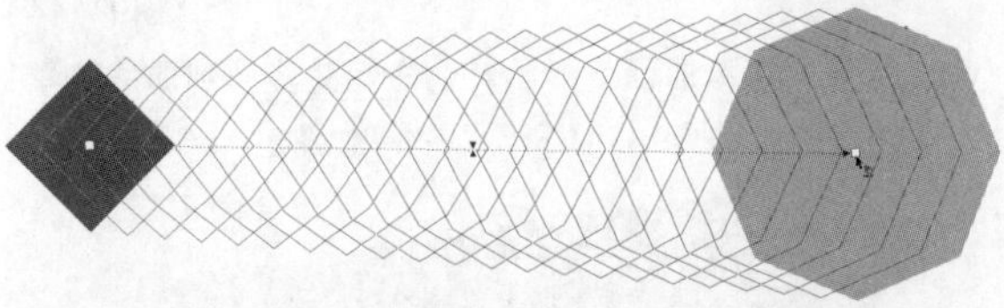

图9-104

图9-105

在调和时，两个对象的位置、大小会影响中间系列对象的形状变化，两个对象的颜色决定中间系列对象的颜色渐变的范围。

技术专题 调和线段对象

“调和工具”除了可以对图形对象进行调和外，还可以创建轮廓线的调和。绘制两条曲线，填充不同颜色，如图9-106所示。

图9-106

使用“调和工具”选中红色曲线，然后按住鼠标左键拖曳到终止曲线，待出现预览线后松开鼠标完成调和，如图9-107和图9-108所示。

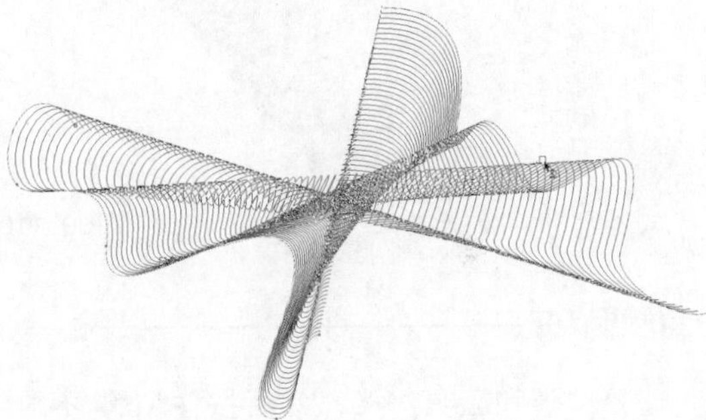

图9-107

图9-108

当线条形状和轮廓线“宽度”都不相同时，也可以进行调和，调和的中间对象会进行形状和宽度渐变，如图9–109和图9–110所示。

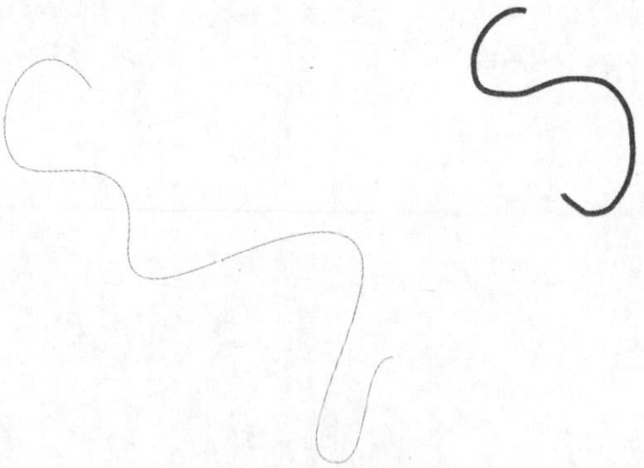

图9–109

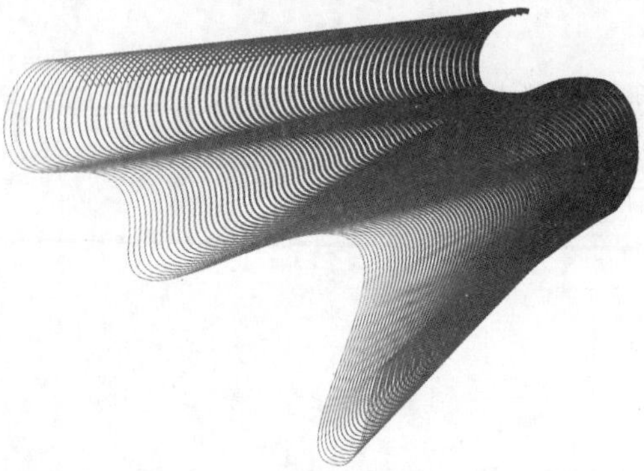

图9–110

2.曲线调和

选择“调和工具”，然后按住Alt键不放，接着在起始对象上按住鼠标左键向终止对象拖曳绘制出曲线路径，会出现一列可预览的实线框，如图9-111所示，确定后松开鼠标完成调和，效果如图9-112所示。

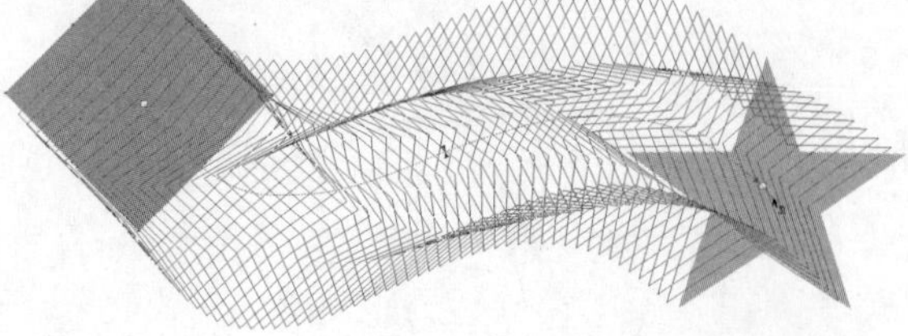

图9–111

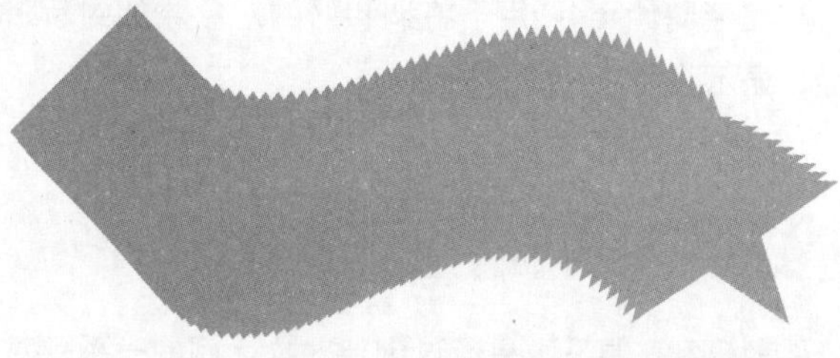

图9–112

技术专题 直线调和转曲线调和

在选取创建曲线调和的起始对象时，必须先按住Alt键再选取绘制路径，否则无法创建曲线调和。在创建曲线调和时，绘制的曲线弧度与长短会影响到中间系列对象的形状和颜色的变化。

直线调和也可以转换为曲线调和。使用“钢笔工具”绘制一条平滑曲线，如图9–113所示，然后选中已经进行了直线调和的对象，接着在属性栏上单击“路径属性”图标，在下拉选项中选择“新路径”命令，如图9–114所示。

图9–113

图9–114

此时光标变为弯曲箭头形状，将箭头移动到曲线上单击鼠标即可，如图9–115所示，效果如图9–116所示。

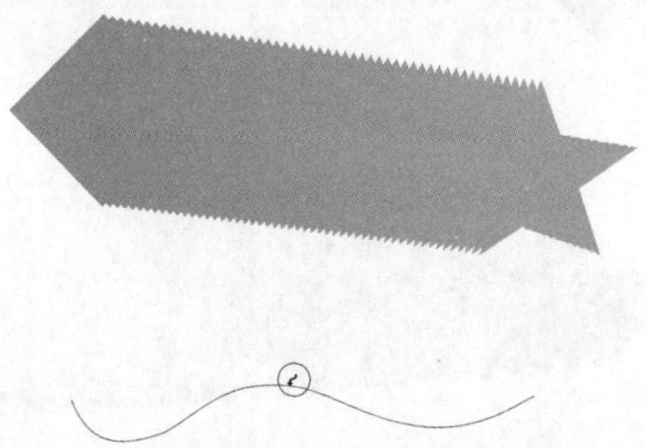

图9–115

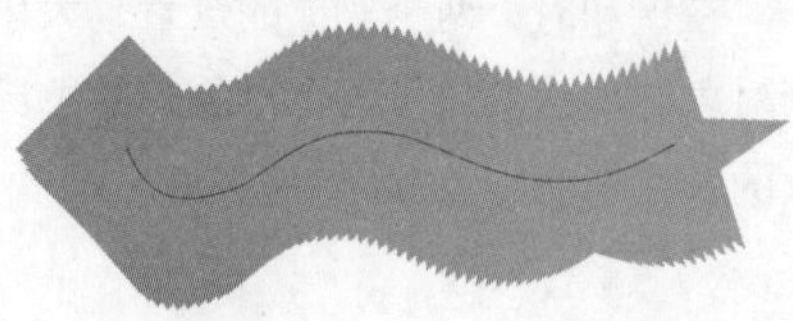

图9–116

3.复合调和

创建3个几何对象，填充不同颜色，如图9-117所示，然后选择“调和工具”，接着在红色起始对象上按住鼠标左键不放向黄色对象拖曳直线调和，如图9-118所示，最后在五角星形上按住鼠标左键向圆形对象拖曳直线调和，如图9-119所示。

图9-117

图9-118

图9-119

如果需要创建曲线调和，可以按住Alt键选中五角星形向圆形创建曲线调和，如图9-120所示。

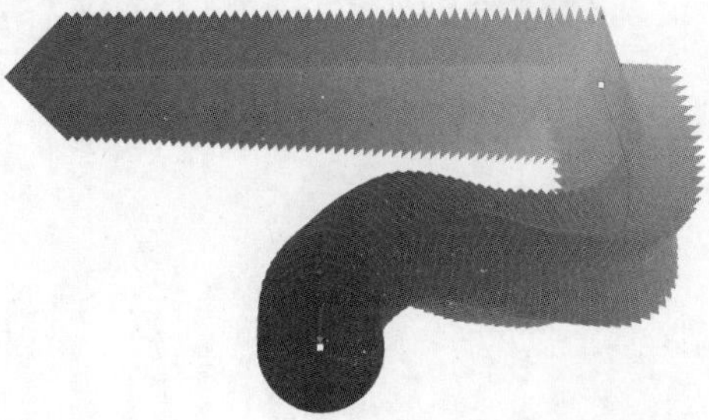

图9-120

疑难问答

在创建调和效果时，如何使调和效果更自然?

选中调和对象，如图9-121所示，然后在属性栏的“调和步长”文本框里输入数值，数值越大，调和效果越细腻、自然，如图9-122所示，按回车键应用后，调和效果如图9-123所示。

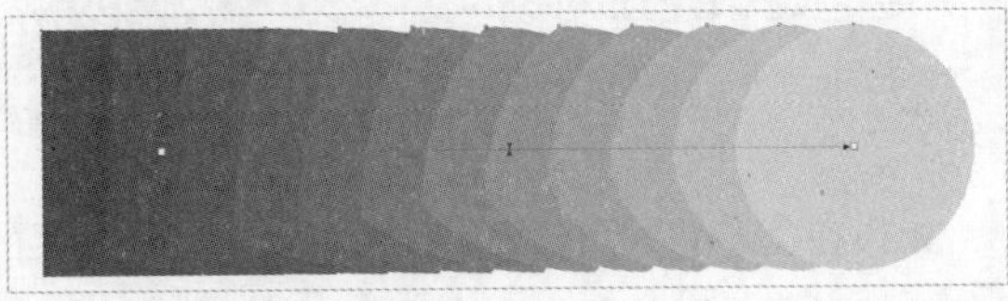

图9-121

图9-122

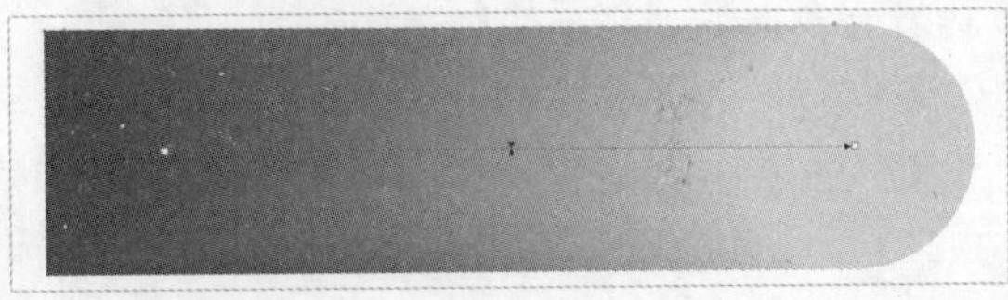

图9-123

9.3.3 调和操作

通过属性栏和泊坞窗的参数选项可以进行调和的相关操作，下面进行详细讲解。

1.变更调和顺序

使用“调和工具”在菱形到五角星形中间添加调和，如图9-124所示，然后选中调和对象执行“对象>顺序>逆序”菜单命令，此时前后顺序进行了颠倒，如图9-125所示。

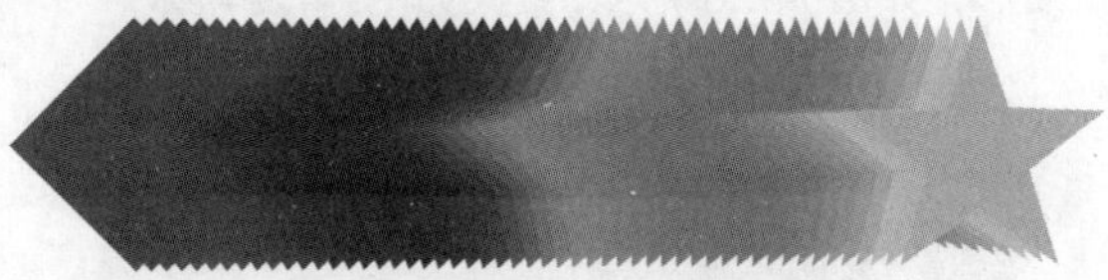

图9-124

图9-125

2.变更起始和终止对象

在创建好调和效果后，可以变更效果中的起始对象和终止对象。

操作演示

变更起始和终止对象

视频名称：变更起始和终止对象

扫码观看教学视频

如果在创建好调和效果后，想要更换调和效果的对象，但又不想重新创建新的调和效果，此时就可以在“调和”泊坞窗中单击相关按钮进行变更。

第1步：在终止对象下面绘制另一个图形，然后执行“效果>调和”菜单命令打开“调和”泊坞窗，如图9-126所示。

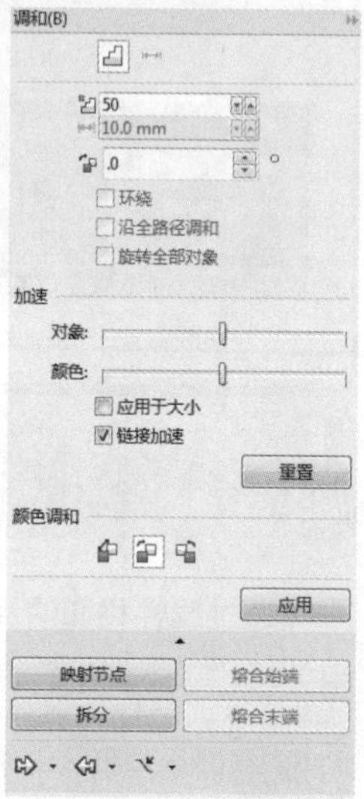

图9-126

第2步：选中已调和的对象，如图9-127所示，然后单击泊坞窗中的“末端对象”图标，在下拉选项中选择“新终点”选项，当光标变为箭头时单击新图形，如图9-128所示，效果如图9-129所示。

图9-127

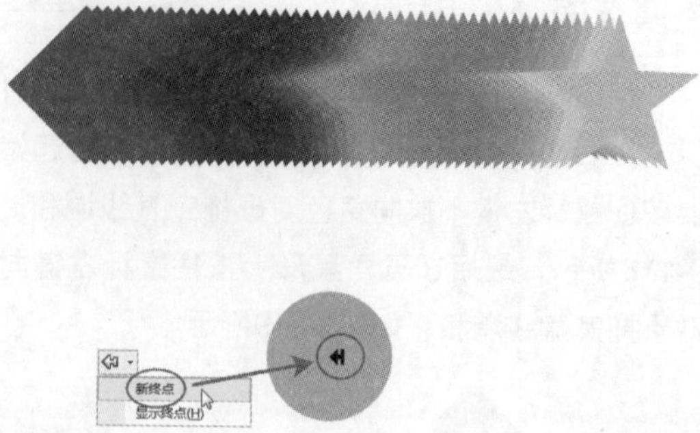

图9-128

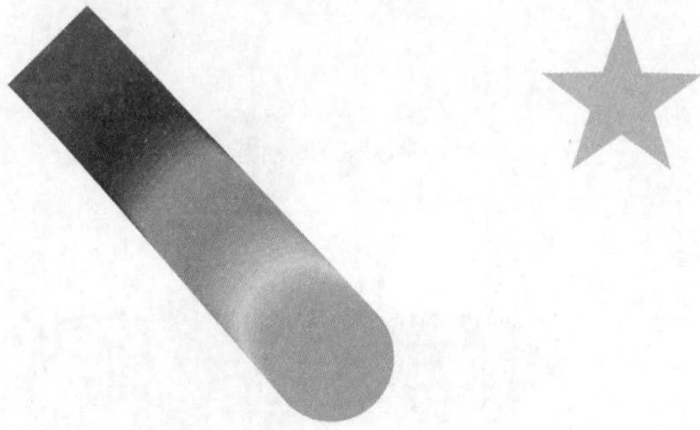

图9-129

第3步：选中已调和的对象，如图9-130所示，然后单击泊坞窗中的“始端对象”图标，在下拉选项中选择“新起点”选项，当光标变为箭头时单击新图形，如图9-131所示，效果如图9-132所示。

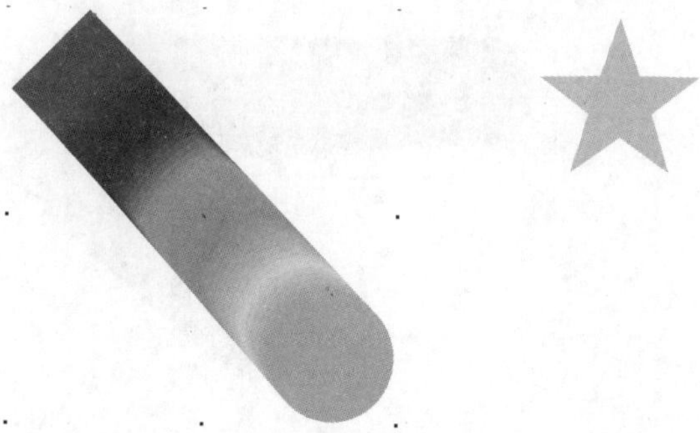

图9-130

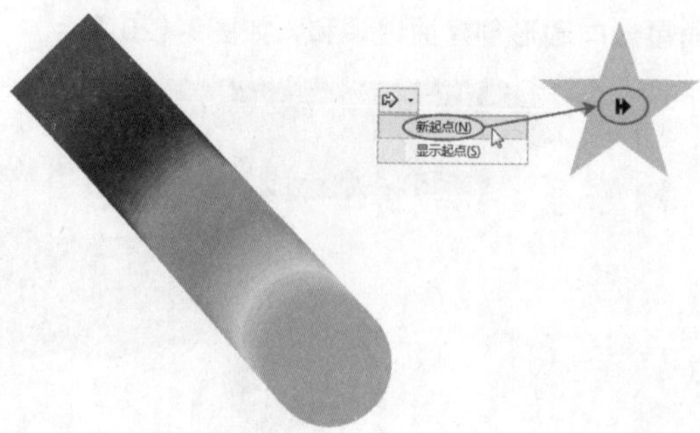

图9-131

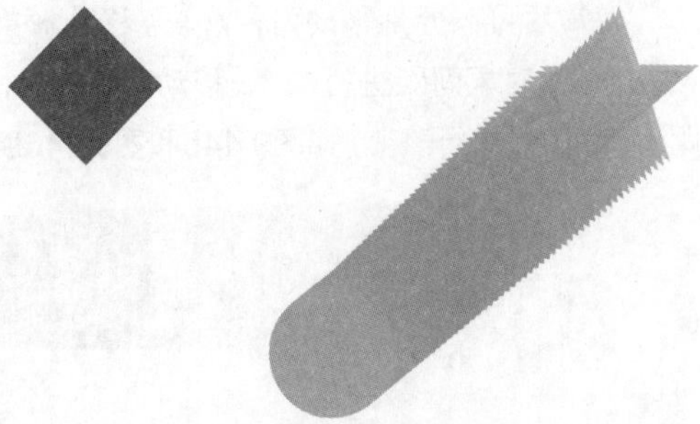

图9-132

提示

将两个起始对象组合为一个对象，如图9-133所示，然后使用“调和工具”进行拖曳调和，此时调和的起始节点在两个起始对象中间，如图9-134所示，调和后的效果如图9-135所示。

图9-133

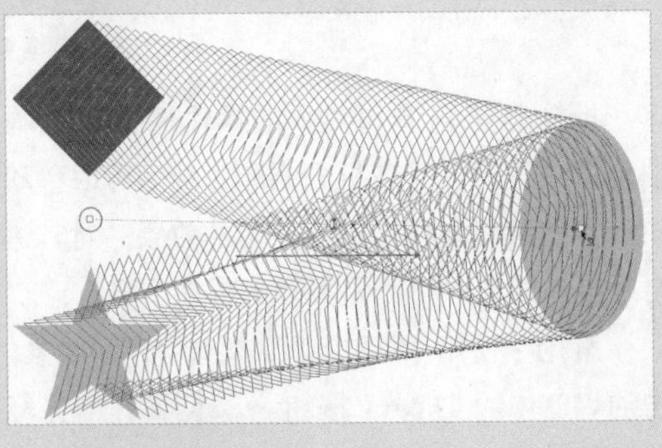

图9-134

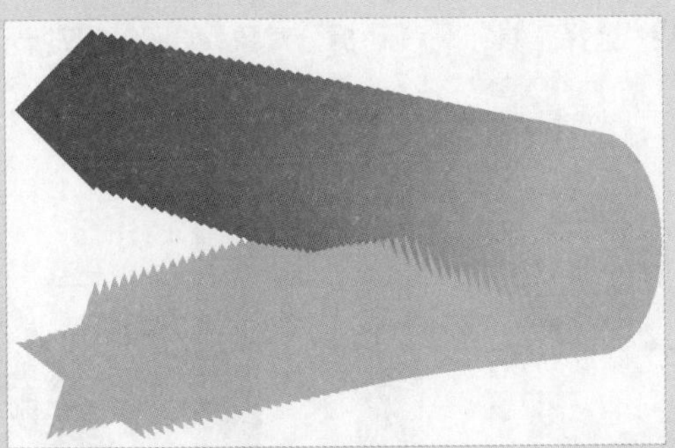

图9-135

3.修改调和路径

使用“形状工具”单击调和对象显示出调和路径，如图9-136所示，然后进行调整，效果如图9-137所示。

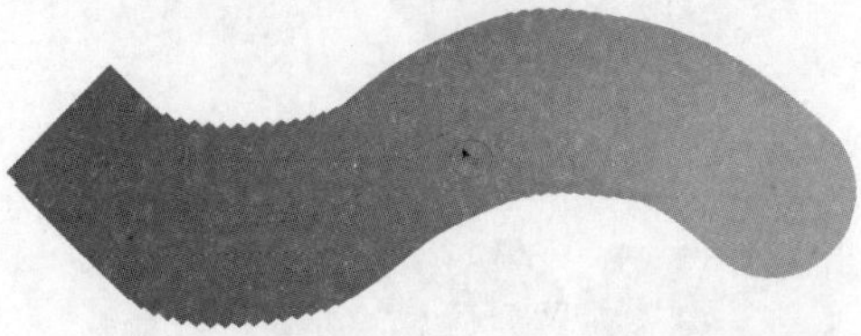

图9-136

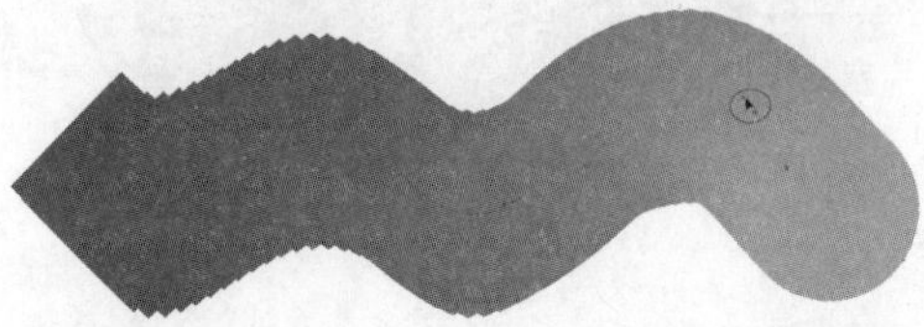

图9-137

4.变更调和步长

选中直线调和对象，属性栏的“调和对象”文本框中会出现当前调和的步长数，如图9-138所示，此时的步长数可以进行更改，在文本框中输入需要的步长数，按回车键即可确定更改，效果如图9-139所示。

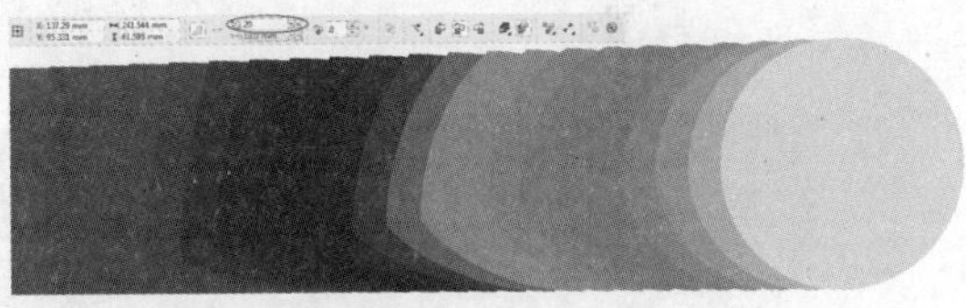

图9-138

图9-139

5.变更调和间距

选中曲线调和对象，在属性栏的“调和间距”文本框中输入新数值可以更改调和间距。数值越小间距越小，调和越细腻，如图9-140所示；数值越大间距越大，分层越明显，如图9-141所示。

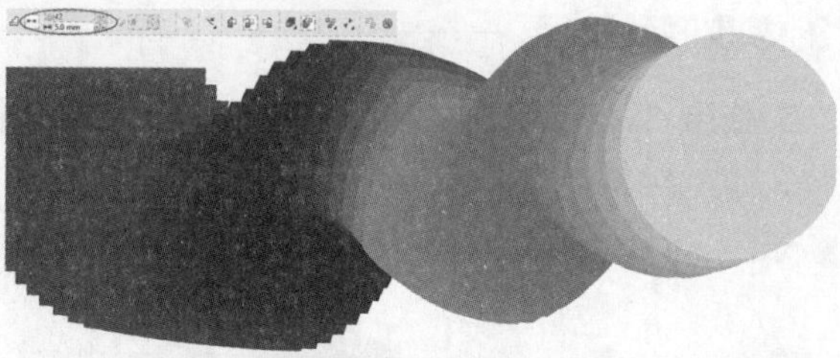

图9-140

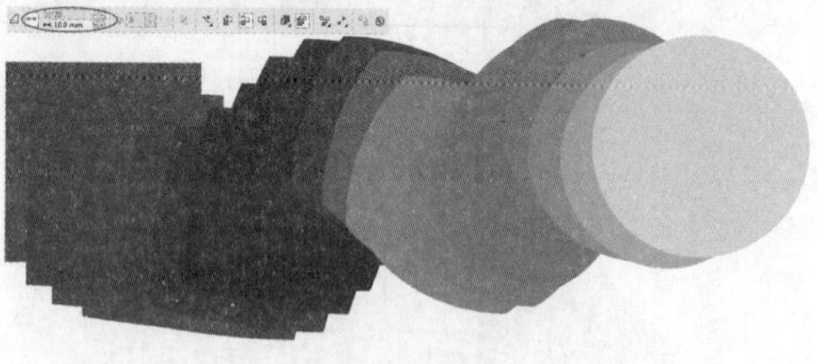

图9-141

提示

在更改曲线调和对象的调和间距时，调和步长数会跟随调和间距的变化而变化；在更改调和步长数时，调和间距亦会跟随调和步长数的变化而变化。

6.调整对象颜色的加速

选中调和对象，如图9-142所示，然后在属性栏中单击“对象和颜色加速”图标，打开“加速”对话框，如图9-143所示，在激活“锁头”图标时移动滑轨，可以同时调整对象加速和颜色加速，如图9-144所示。

图9-142

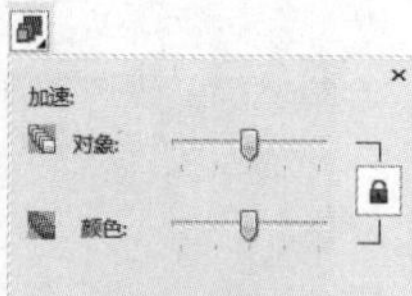

图9-143

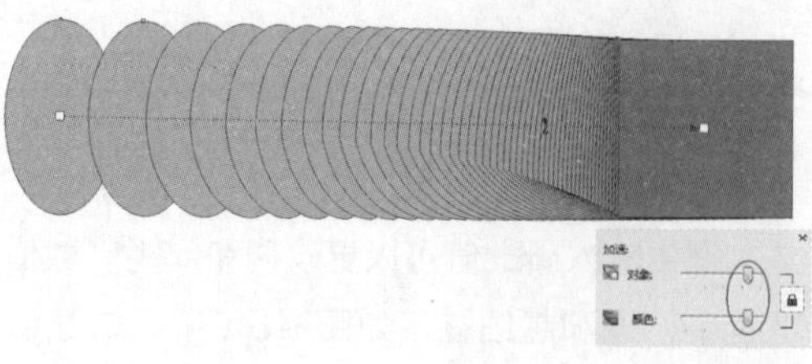

图9-144

解锁后可以分别移动两种滑轨。移动对象滑轨，颜色不变，对象间距进行改变；移动颜色滑轨，对象间距不变，颜色进行改变，如图9-145和图9-146所示。

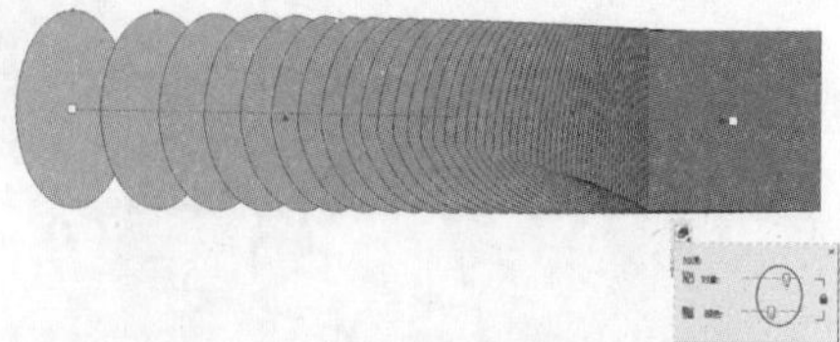

图9-145

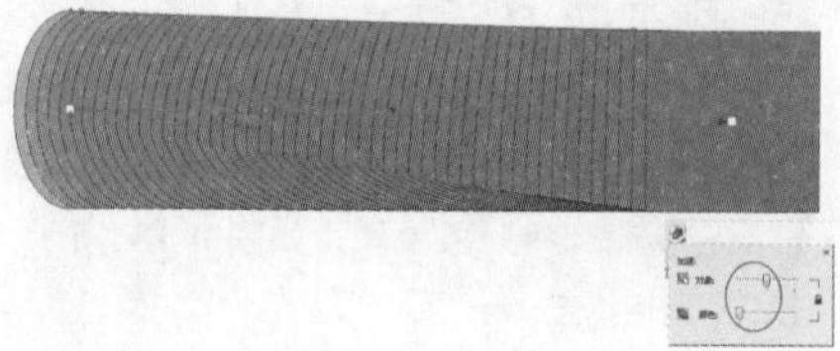

图9-146

7.调和的拆分与熔合

创建调和效果后，可以对效果进行拆分，当然拆分后也可以将其熔合，恢复到拆分前的效果。

操作演示

拆分与熔合调和对象

视频名称：拆分与熔合调和对象

扫码观看教学视频

拆分与熔合调和对象的操作需要在“调和”的泊坞窗中进行，且在拆分调和效果后可以移动拆分的对象，如果想要还原到拆分前的效果，对其进行“熔合”操作即可，下面是具体的操作步骤。

第1步：使用“调和工具”选中调和对象，然后单击泊坞窗中的“拆分”按钮 拆分 ，当光标变为弯曲箭头时单击中间任意形状进行拆分，在拆分后可以使用“选择工具”移动拆分对象，如图9-147所示。

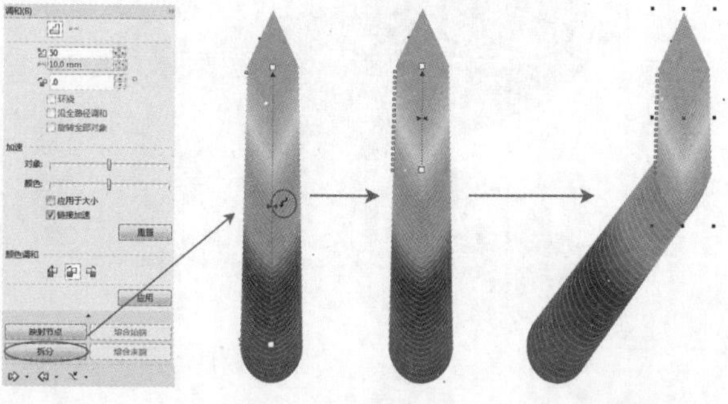

图9-147

第2步：选择“调和工具”，单击上半段路径，然后单击泊坞窗中的“熔合始端”按钮完成熔合，如图9-148所示。

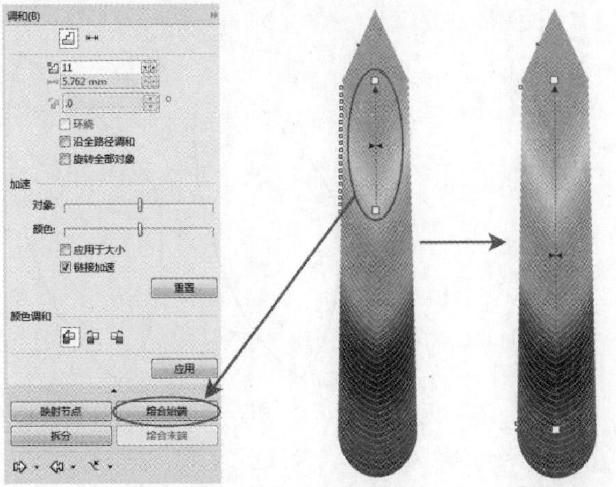

图9-148

第3步：单击下半段路径，然后单击泊坞窗中的“熔合末端”按钮完成熔合，如图9-149所示。

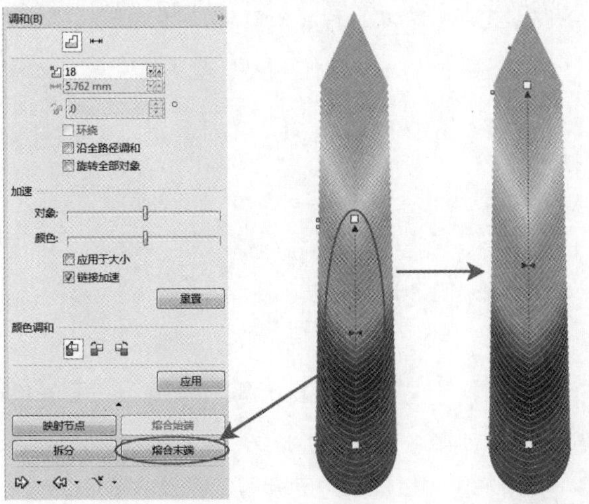

图9-149

8.复制调和效果

复制调和效果可以将一个调和对象中间的颜色复制粘贴到另一个调和对象之间。选中直线调和对象，然后在属性栏中单击“复制调和属性”图标，接着将变为箭头的光标移动到需要复制的调和对象上，如图9-150所示，单击鼠标完成属性复制，效果如图9-151所示。

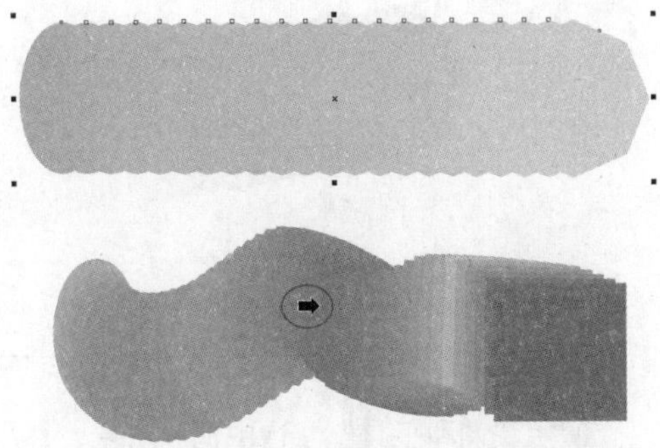

图9-150

图9-151

9.拆分调和对象

在调和对象上单击鼠标右键，然后在打开的快捷菜单中选择“拆分调和群组”命令，如图9-152所示，接着再次单击鼠标右键，在打开的快捷菜单中选择“取消组合对象”命令，如图9-153所示，取消组合对象后中间进行调和的渐变对象可以分别进行移动，如图9-154所示。

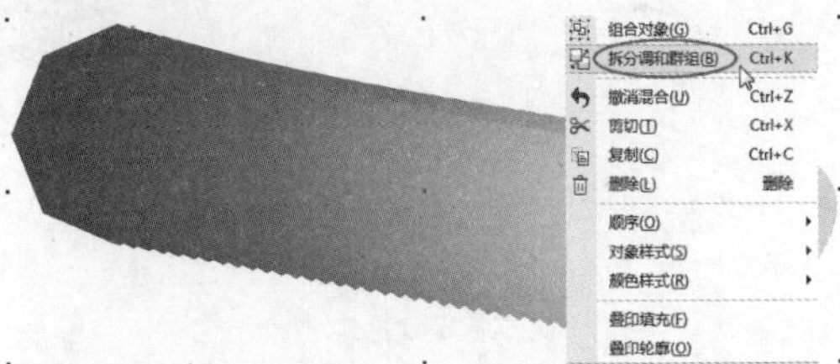

图9-152

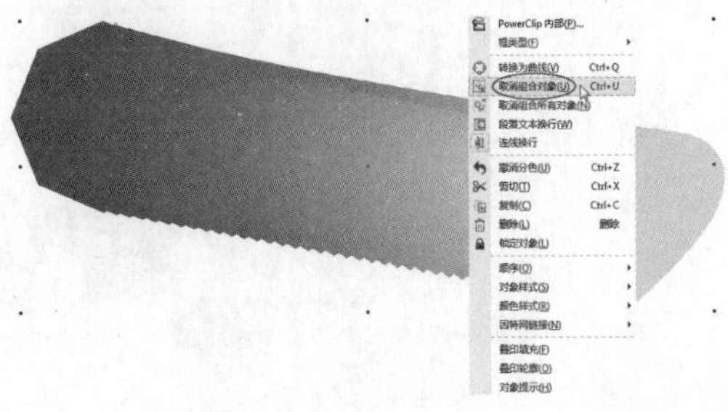

图9-153

图9-154

10.清除调和效果

使用“调和工具”选中调和对象，然后单击属性栏中的“清除调和”图标，可以清除选中对象的调和效果，如图9-155和图9-156所示。

图9-155

图9-156

实战练习

绘制荷花图

实例位置　实例文件>CH09>绘制荷花图.cdr
素材位置　素材文件>CH09>素材04.cdr
视频名称　绘制荷花图.mp4
技术掌握　调和工具的用法

扫码观看教学视频

最终效果图

01 绘制荷花花瓣。新建一个大小为210mm×290mm的空白文档，然后使用“钢笔工具”在页面中绘制荷花花瓣的形状，如图9-157所示，接着将花瓣向中心等比例缩小复制一份，再将其拖曳到花瓣内部顶端，效果如图9-158所示。

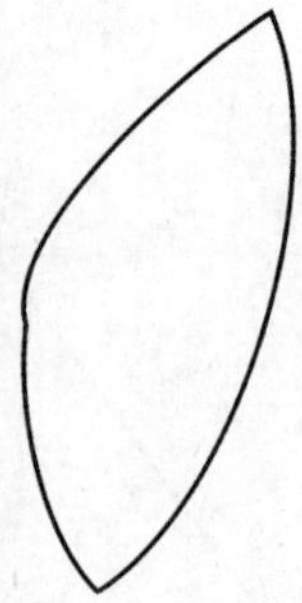

图9-157

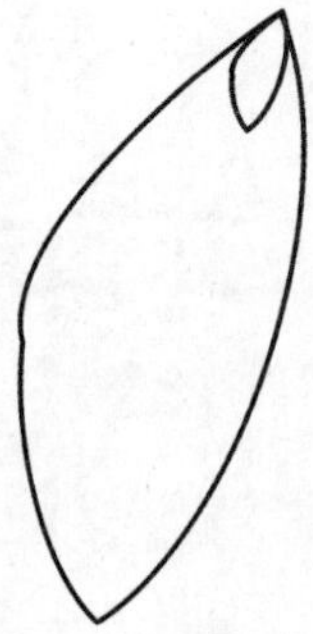

图9-158

02 从内到外依次为花瓣填充颜色为（C：4，M：54，Y：0，K：0）、（C：5，M：16，Y：2，K：0），然后去掉轮廓线，效果如图9-159所示。

03 使用“调和工具”添加调和效果。将光标移动到较大的花瓣上，然后按住鼠标不放向终止对象小花瓣进行拖曳，接着松开左键完成调和效果的添加，效果如图9-160所示。

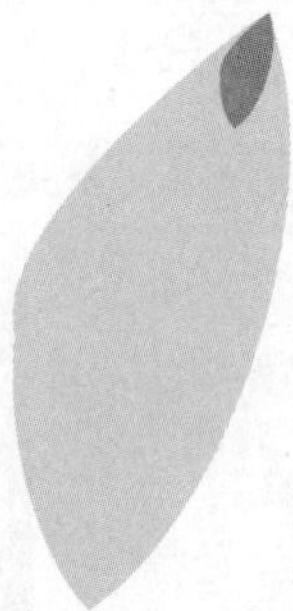

图9-159

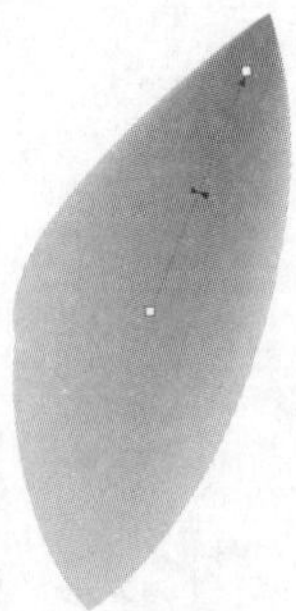

图9-160

04 使用与步骤01~步骤03相同的方法绘制另外两种形状的花瓣，效果如图9-161和图9-162所示，然后选中每片花瓣，按组合键Ctrl+G将其组合。

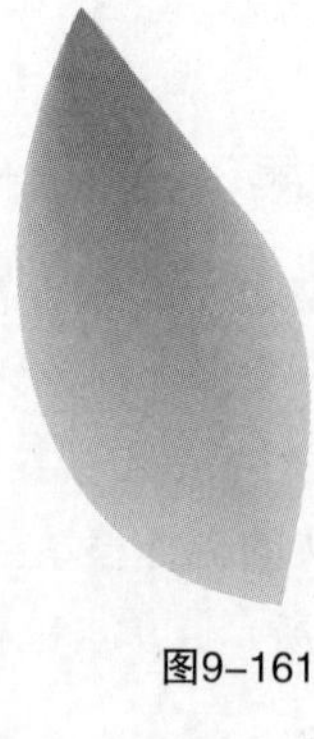

图9-161

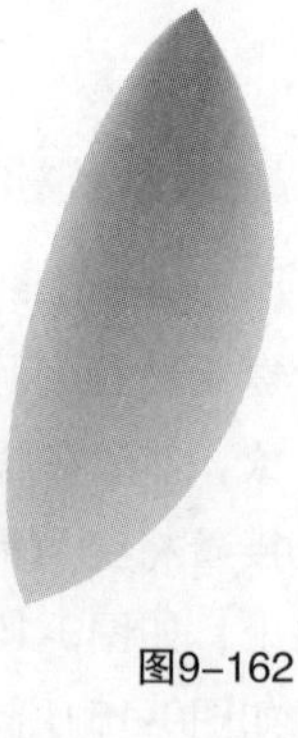

图9-162

05 将绘制的花瓣复制多份，然后将其中的一些调整角度，拼凑成一朵荷花，效果如图9-163所示。

图9-163

06 使用“钢笔工具”在少数的花瓣上绘制形状，如图9-164所示，然后填充颜色为（C：4，M：54，Y：0，K：0），接着去掉轮廓线，效果如图9-165所示。

图9-164

图9-165

07 使用“钢笔工具”在荷花下面绘制形状，如图9-166所示，然后填充颜色为（C：4，M：54，Y：0，K：0），接着去掉轮廓线，效果如图9-167所示。

图9-166

图9-167

08 使用“透明度工具”单击形状，然后在属性栏为其添加“线性渐变透明度”，并设置“旋转”为-50°，接着移动渐变线上的白色滑块来调整透明度，如图9-168所示。

图9-168

09 使用与步骤08相同的方法为其他的形状添加“线性渐变透明度”，设置它们的“旋转”依次为-45°、-53°、-45°、-43°，如图9-169所示，效果如图9-170所示。

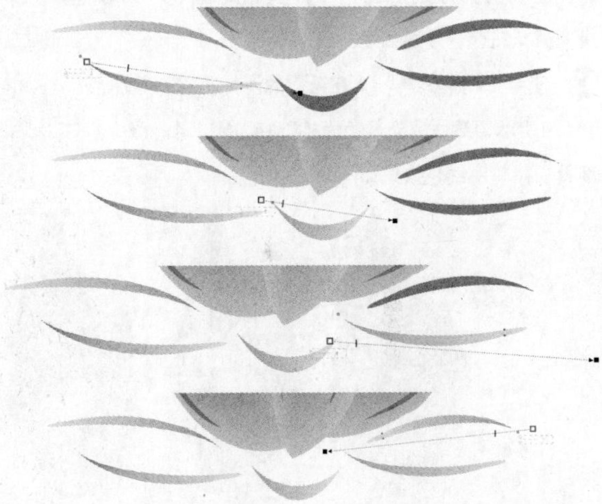

图9-169

图9-170

❿ 绘制荷梗。使用“钢笔工具”在荷花下面绘制荷梗的形状，如图9-171所示，然后填充颜色为（C：60，M：0，Y：40，K：40），接着去掉轮廓线，效果如图9-172所示。

图9-171

图9-172

⓫ 将之前复制使用后剩下的一些花瓣进行变形和调整角度，拼凑荷花花苞，效果如图9-173所示。

⓬ 使用“钢笔工具”在正面的两片花瓣上绘制形状，如图9-174所示，然后填充颜色为（C：4，M：54，Y：0，K：0），接着去掉轮廓线，效果如图9-175所示。

图9-173

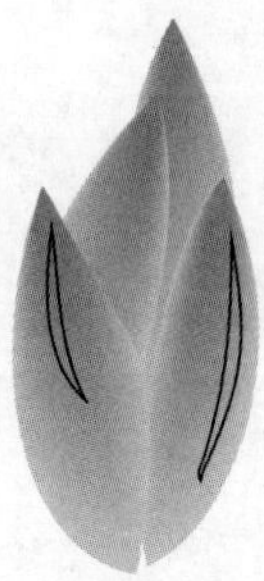

图9-174

图9-175

⓭ 使用“钢笔工具”在荷花花苞下面绘制荷梗的形状，如图9-176所示，然后填充颜色为（C：60，M：0，Y：40，K：40），接着去掉轮廓线，效果如图9-177所示。

图9-176

图9-177

⓮ 使用相同的方法再绘制一朵荷花，为花瓣上和花瓣下的形状填充颜色为（C：0，M：40，Y：20，K：0），如图9-178所示，然后分别将这三束荷花进行组合，并拖曳到页面中的合适位置，效果如图9-179所示。

图9-178

图9-179

⓯ 使用“钢笔工具”在中间荷花的荷梗周围绘制水波形状，如图9-180所示，接着填充颜色为（C：47，M：11，Y：46，K：0），效果如图9-181所示。

图9-180

图9-181

⓰ 使用“透明度工具”单击形状，然后在属性栏中依次为形状添加“线性渐变透明度”，并依次设置“旋转”为－48°、－35°、－55°，如图9-182~图9-184所示，效果如图9-185所示。

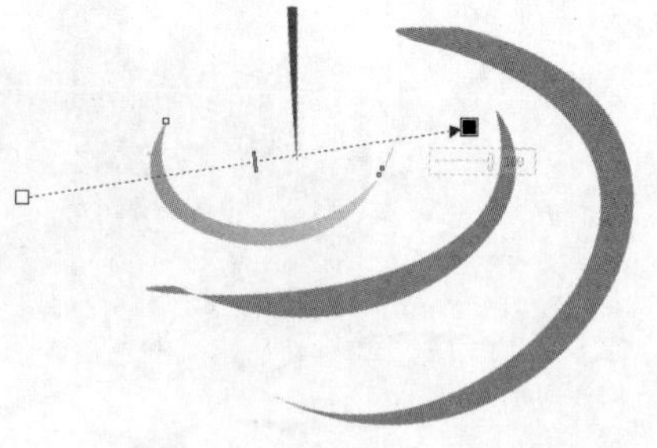

图9-182

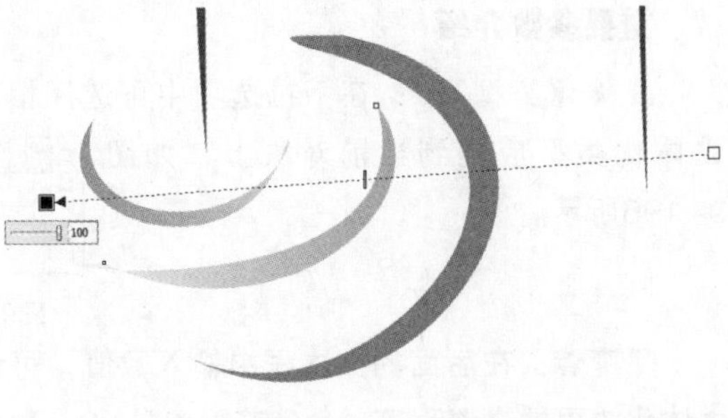

图9-183

图9-184

图9-185

17 绘制荷叶。使用“钢笔工具”在页面空白处绘制荷叶的形状，然后将荷叶向中心等比例缩小复制一份，如图9-186所示，接着从内到外依次填充颜色为（C：40，M：0，Y：20，K：60）、（C：60，M：0，Y：40，K：20），效果如图9-187所示。

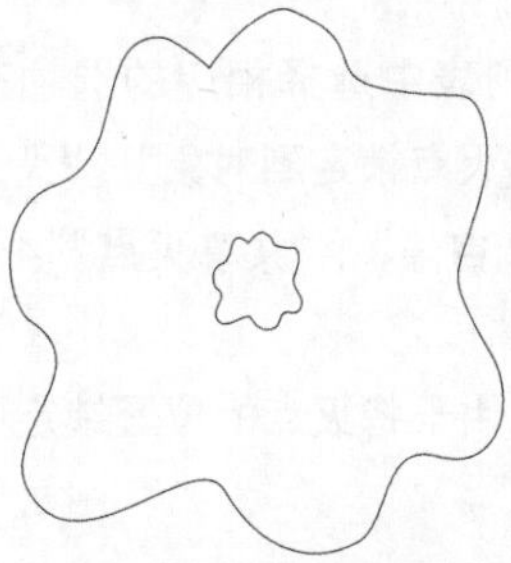

图9-186

图9-187

18 使用“调和工具”在荷叶上由中心向外进行拖曳，效果如图9-188所示。

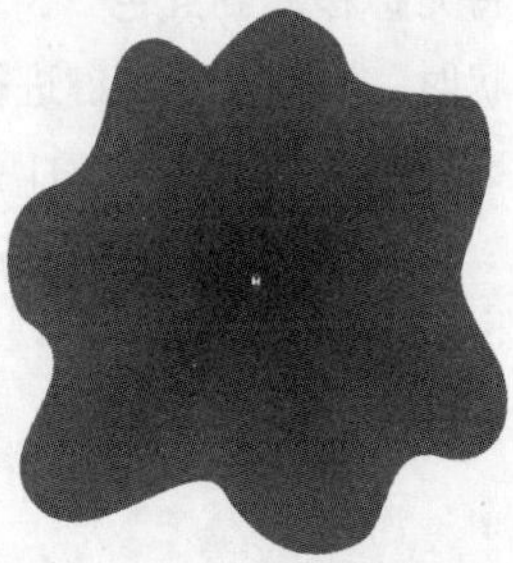

图9-188

19 选择“艺术笔工具”，然后在属性栏中选择一种“预设笔触”类型，并设置“笔触宽度”为0.762mm，如图9-189所示，接着在荷叶上绘制纹路，再填充颜色为（C：47，M：11，Y：46，K：0），效果如图9-190所示。

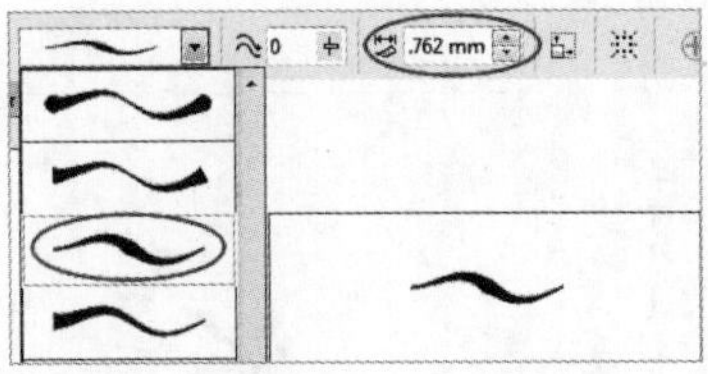

图9-189

图9-190

20 使用与步骤17~步骤19相同的方法再绘制一片荷叶，效果如图9-191所示，然后选中每片荷叶，按组合键Ctrl+G将其组合。

21 将荷叶复制多份，然后使用“透视”命令将一些荷叶变形，接着将荷叶拖曳到页面中的合适位置，再调整角度和大小，效果如图9-192所示。

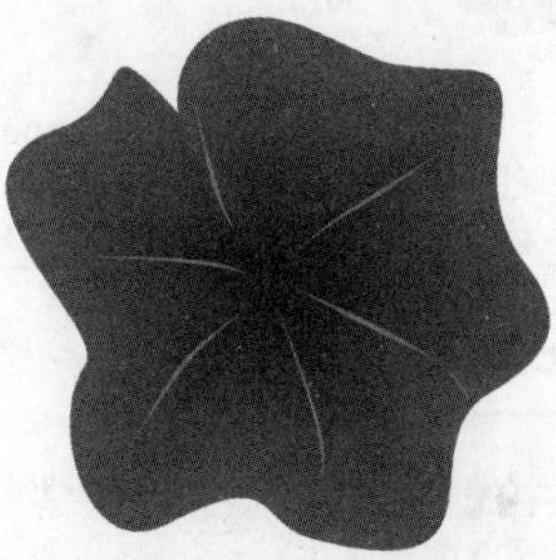

图9-191

图9-192

22 导入“素材文件>CH09>素材04.cdr”文件，将其拖曳到页面中的合适位置，效果如图9-193所示。

图9-193

23 双击“矩形工具”创建一个和页面大小相同的矩形，然后在页面左上角输入文本，接着在属性栏中设置“字体样式”为“方正黄草简体”、“字体大小”为36pt，最终效果如图9-194所示。

图9-194

9.4 立体化效果

三维立体效果在设计中的使用也相当频繁，常运用在Logo设计、包装设计、景观设计、插画设计等领域中。CorelDRAW X7中的“立体化工具”可以为线条、图形、文字等对象添加立体化效果，方便用户在制作过程中快速达到三维立体效果。

9.4.1 立体参数设置

在创建立体效果后可以进行立体参数设置，一种是在属性栏中进行设置，另一种是执行“效果>立体化”菜单命令，在打开的“立体化”泊坞窗中进行设置。下面分别来讲解属性栏和泊坞窗中的具体参数。

1.属性栏设置

“立体化工具”的属性栏设置如图9-195所示。

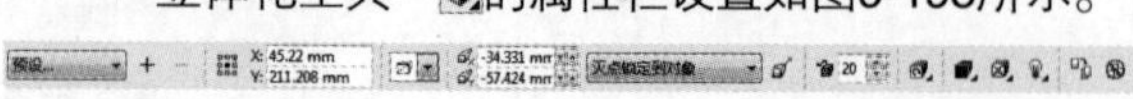
图9-195

重要参数介绍

立体化类型：在下拉选项中可选择相应的立体化类型应用到当前对象上，如图9-196所示。

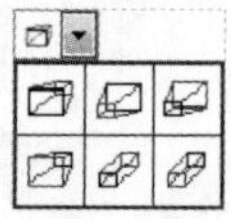
图9-196

深度：在后面的文本框中输入数值，可调整立体化效果的进深程度。数值范围为1~99，数值越大，进深越深。当数值为10时，效果如图9-197所示；当数值为60时，效果如图9-198所示。

图9-197

图9-198

灭点坐标：在相应的x轴和y轴上输入数值，可以更改立体化对象的灭点位置。灭点就是对象透视线相交的消失点，变更灭点位置可以变更立体化效果的进深方向，如图9-199所示。

灭点属性：在下拉列表中选择相应的选项来更改对象灭点属性，包括“灭点锁定到对象”“灭点锁定到页面”“复制灭点，自…”“共享灭点”4个选项，如图9-200所示。

页面或对象灭点：用于将灭点的位置锁定到对象或页面中。

立体化旋转：单击该按钮，在打开的小面板中将光标移动到红色“3”形状上，当光标变为抓手形状时，按住鼠标左键进行拖曳，可以调节立体对象的透视角度，如图9-201所示。

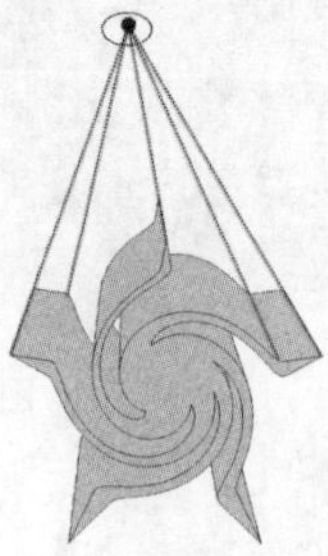
图9-199

图9-200

图9-201

：单击该图标可以将旋转后的对象恢复为旋转前。

：单击该图标可以输入数值进行精确旋转，如图9-202所示。

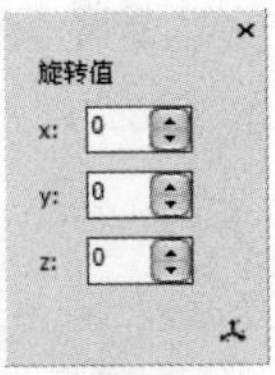

图9-202

立体化颜色：在下拉面板中选择立体化效果的颜色模式，如图9-203所示。

使用对象填充：激活该按钮，可将当前对象的填充色应用到整个立体对象上，如图9-204所示。

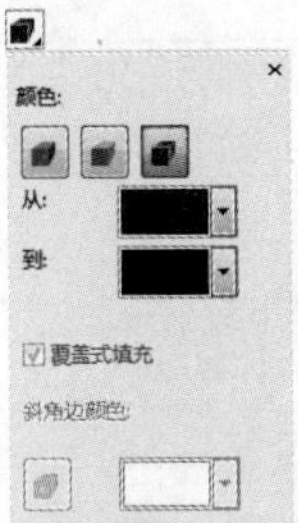

图9-203

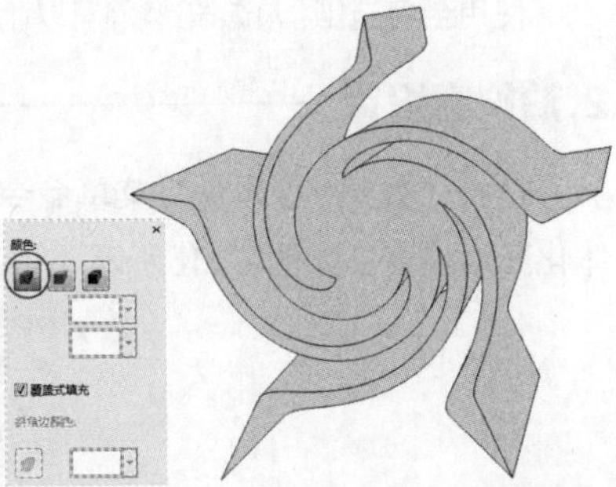

图9-204

提示

在“使用对象填充”按钮时，删除轮廓线则显示纯色，无法分辨立体效果，如图9-205所示；添加轮廓线后则显示线描的立体效果，如图9-206所示。

图9-205

图9-206

使用纯色：激活该按钮，可以在下面的颜色选项中选择需要的颜色填充到立体效果上，如图9-207所示。

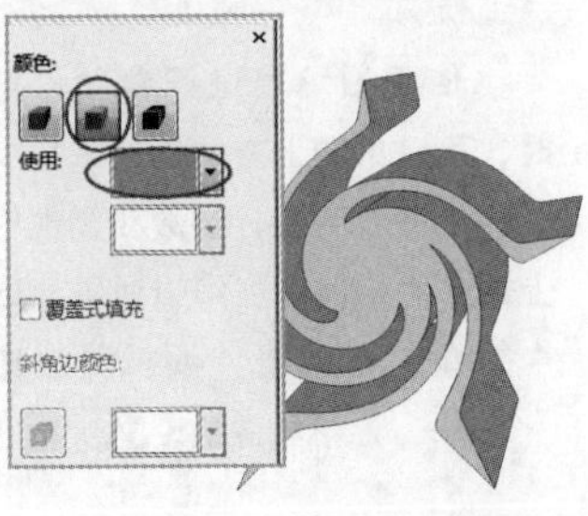

图9-207

使用递减的颜色：激活该按钮，可以在下面的颜色选项中选择需要的颜色，以渐变形式填充到立体效果上，如图9-208所示。

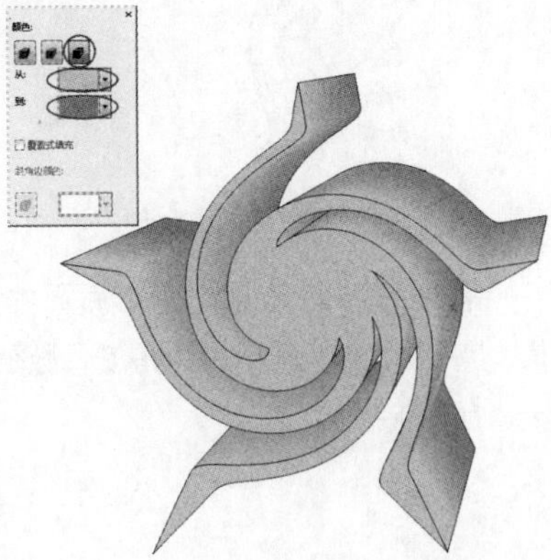

图9-208

立体化倾斜：单击该按钮，在打开的面板中可以为对象添加斜边，如图9-209所示。

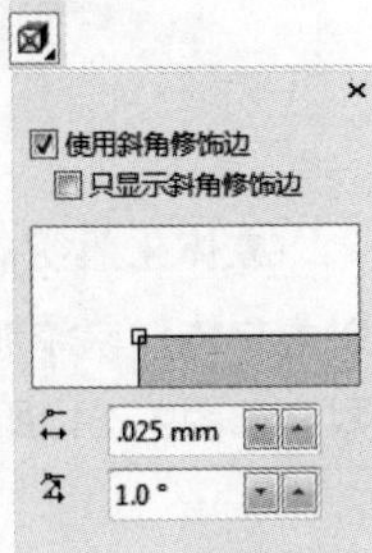

图9-209

使用斜角修饰边：勾选该选项可以激活“立体化倾斜”面板进行设置，显示斜角修饰边。

只显示斜角修饰边：勾选该选项，只显示斜角修饰边，隐藏立体化效果，如图9-210所示。

图9-210

斜角修饰边深度：在后面的文本框中输入数值，可以设置对象斜角边缘的深度，如图9-211所示。

图9-211

斜角修饰边角度：在后面的文本框中输入数值，可以设置对象斜角的角度，数值越大，斜角就越大，如图9-212所示。

图9-212

立体化照明：单击该按钮，在打开的面板中可以为立体对象添加光照效果，可以使立体化效果更强烈，如图9-213所示。

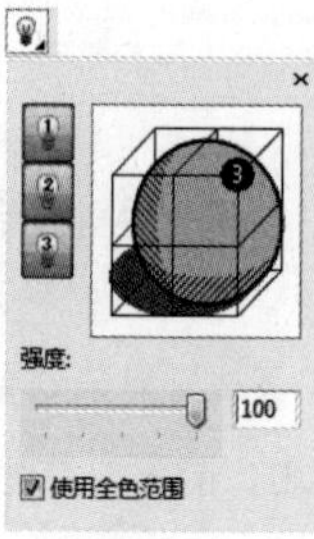

图9-213

光源：单击可以为对象添加光源，最多可以添加3个光源进行移动，如图9-214所示。

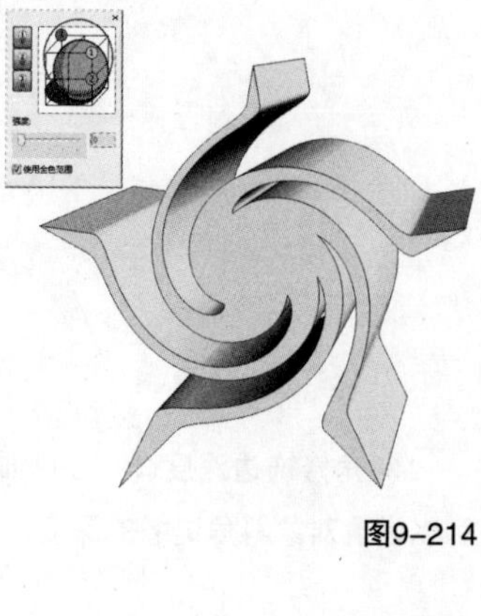

图9-214

强度：可以通过移动滑块设置光源的强度。数值越大，光源越亮，如图9-215所示。

图9-215

使用全色范围：勾选该选项，可以让阴影效果更真实。

2.泊坞窗设置

执行"效果>立体化"菜单命令，可以打开"立体化"泊坞窗，如图9-216所示。

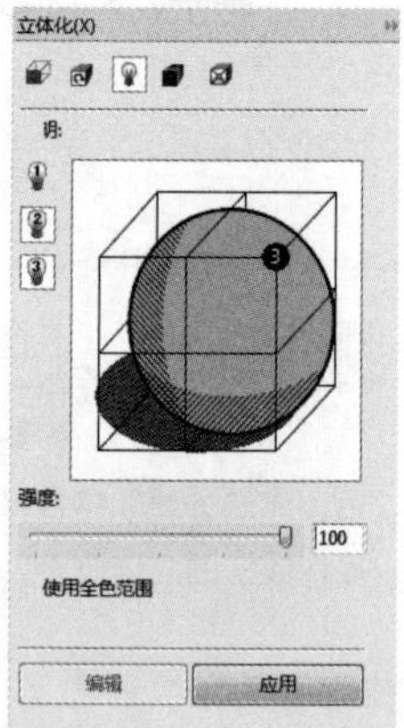

图9-216

重要参数介绍

立体化相机：单击该按钮可以快速切换为立体化编辑版面，用于编辑修改立体化对象的灭点位置和进深程度，如图9-217所示。

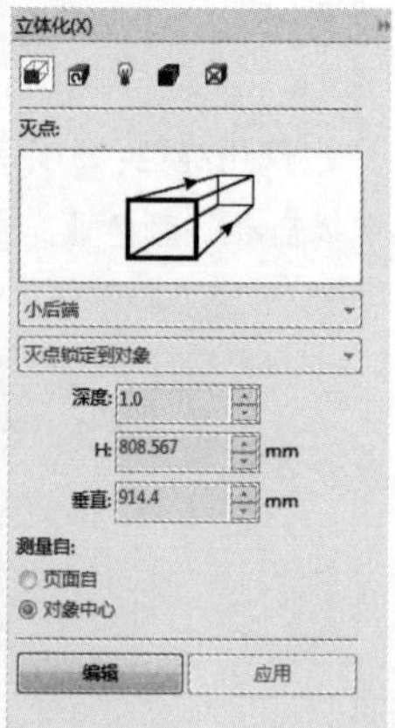

图9-217

> **提示**
>
> 使用泊坞窗进行参数设置时，可以单击上方的按钮来切换相应的设置面板，参数和属性栏上的参数相同。在编辑时需要选中对象，再单击"编辑"按钮 编辑 激活相应的设置。

9.4.2 创建立体效果

选择“立体化工具”，然后将光标放在对象中心，按住鼠标左键进行拖曳，出现矩形透视线预览效果，如图9-218所示；松开鼠标出现立体效果，如图9-219所示；移动方向可以改变立体化效果，效果如图9-220所示。

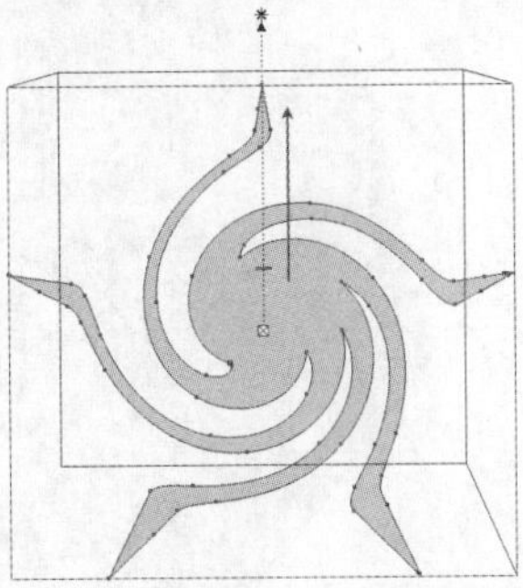
图9-218

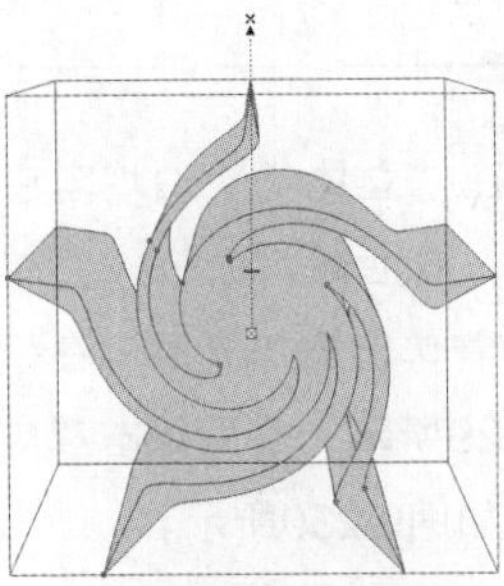
图9-219

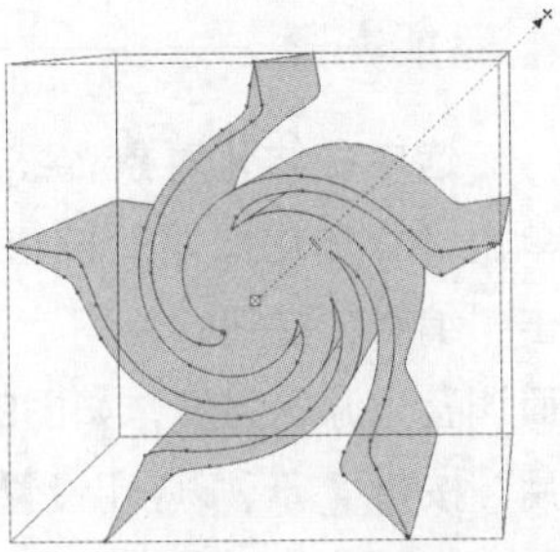
图9-220

9.4.3 立体化操作

通过属性栏和泊坞窗的参数选项可以进行立体化的相关操作，下面进行详细讲解。

1.更改灭点位置和深度

更改灭点和进深的方法有两种，一种是在泊坞窗中进行设置，另一种是在属性栏中进行操作。

第1种：在泊坞窗中进行设置。

操作演示

在泊坞窗中更改灭点位置和深度

视频名称：在泊坞窗中更改灭点位置和深度

扫码观看教学视频

在泊坞窗中更改灭点位置和深度可以看到更改的虚线预览图。

第1步：选中立体化对象，然后执行“效果>立体化”菜单命令，在打开的“立体化”泊坞窗中单击“立体化相机”按钮激活面板选项，接着单击“编辑”按钮，出现立体化对象的虚线预览图，如图9-221所示。

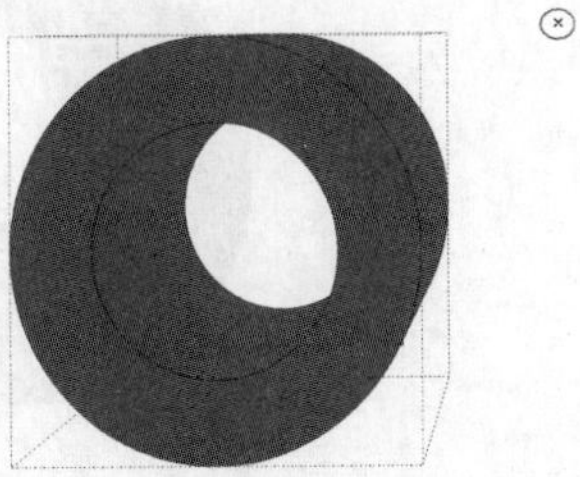
图9-221

第2步：在泊坞窗中输入数值进行设置，虚线会根据设置的数值进行显示，如图9-222所示，最后单击“应用”按钮应用设置。

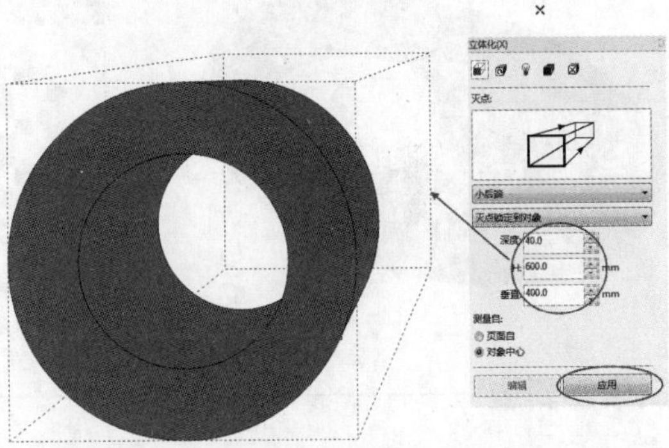

图9-222

第2种：在属性栏中进行设置。选中立体化对象，然后在属性栏上“深度”后面的文本框中更改进深数值，在“灭点坐标”后相应的x轴和y轴上输入数值，可以更改立体化对象的灭点位置，如图9-223所示。

图9-223

提示

注意，在属性栏更改灭点和进深不会出现虚线预览，而是直接在对象上进行修改。

2.旋转立体化效果

选中立体化对象，然后在“立体化”泊坞窗中单击“立体化旋转”按钮，激活旋转面板，并单击“编辑”按钮，接着拖曳红色“3”形状，出现虚线预览图，如图9-224所示，最后单击“应用”按钮应用设置。

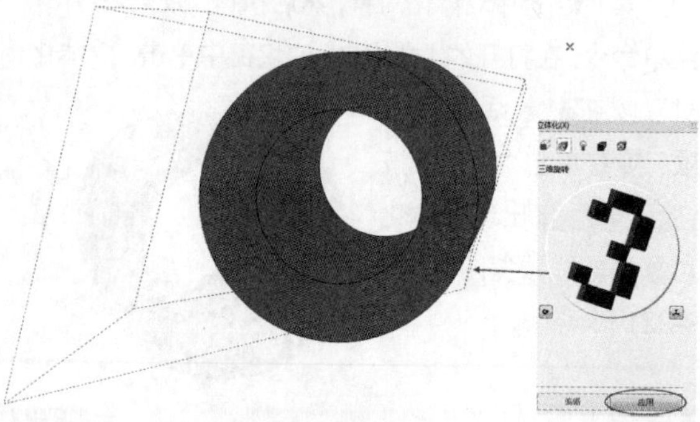

图9-224

在旋转后如果需要重新旋转，可以单击按钮取消旋转效果，如图9-225所示。

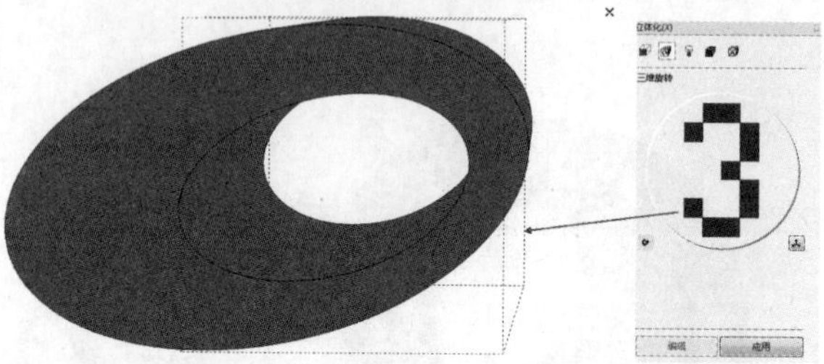

图9-225

3.设置斜边

选中立体化对象，然后在“立体化”泊坞窗中单击“立体化倾斜”按钮，激活倾斜面板，并单击“编辑”按钮，如图9-226所示，接着勾选“使用斜角修饰边”选项，再拖曳斜角，最后单击“应用”按钮应用设置，如图9-227所示。

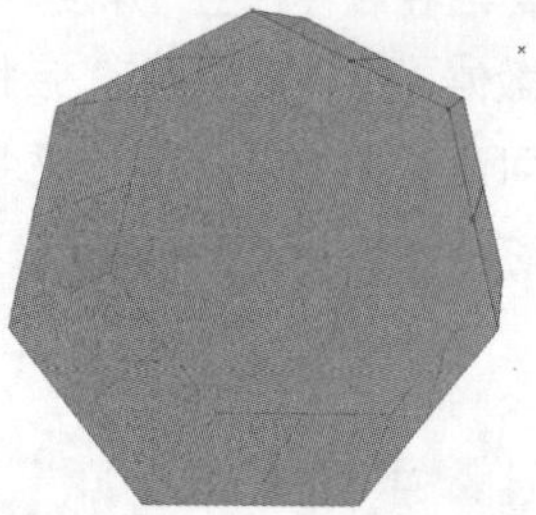

图9-226

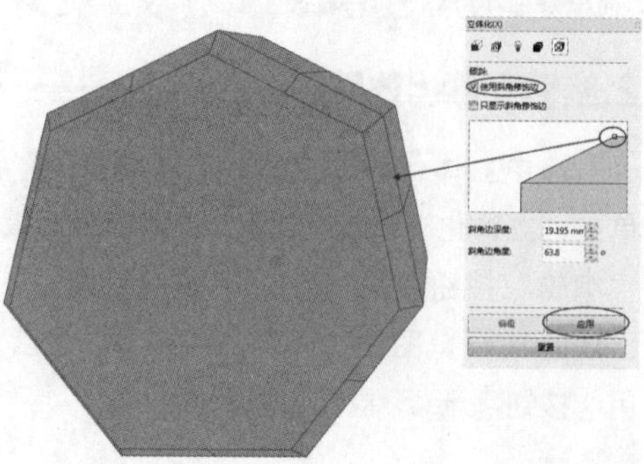

图9-227

在单击“应用”按钮之前，可以勾选“只显示斜角修饰边”选项隐藏立体化进深效果，保留斜角和对象，如图9-228所示。

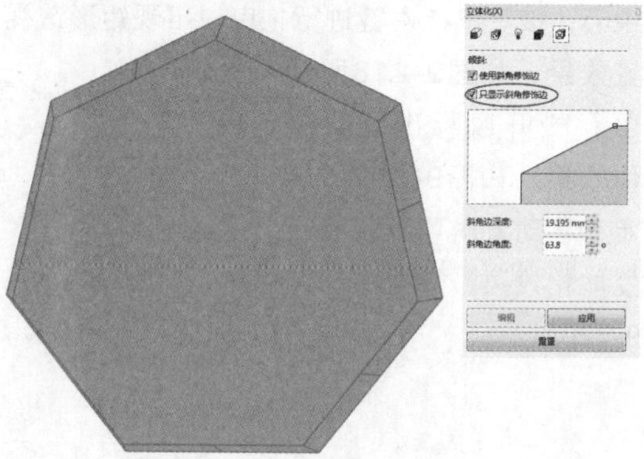

图9-228

4.添加光源

选中立体化对象，然后在“立体化”泊坞窗中单击“立体化照明”按钮，激活倾斜面板，并单击“编辑”按钮，接着单击添加光源，在下面调整光源的强度，如图9-229所示，最后单击“应用”按钮应用设置，如图9-230所示。

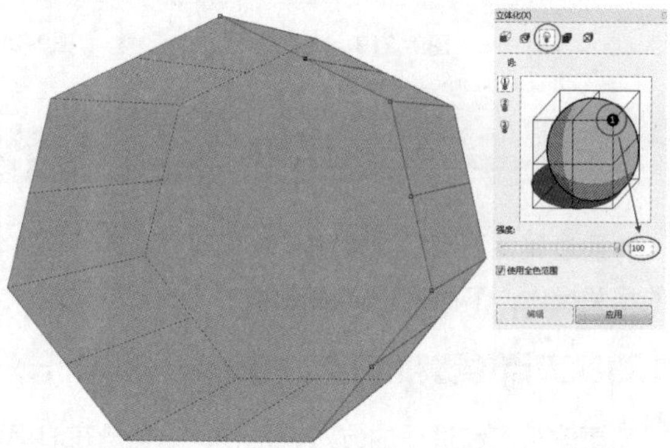

图9-229

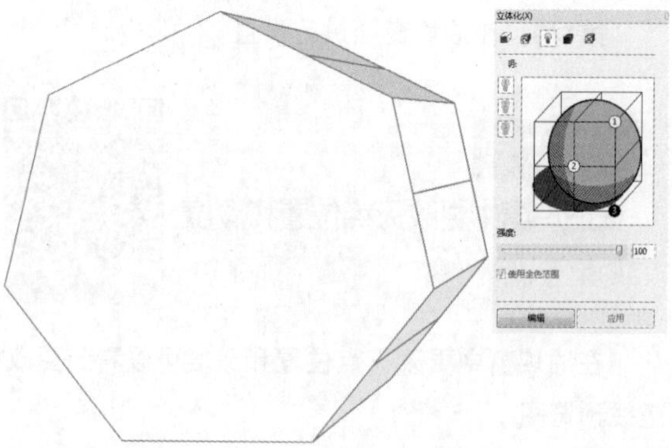

图9-230

实战练习

制作彩色立体文字

实例位置 实例文件>CH09>制作彩色立体文字.cdr
素材位置 无
视频名称 制作彩色立体文字.mp4
技术掌握 立体工具的用法

扫码观看教学视频

最终效果图

01 新建一个大小为240mm×240mm的空白文档，然后使用“文本工具”在页面中输入文本2018，并调整字体样式和大小，如图9-231所示，接着将文本复制一份，最后为复制的文本填充颜色为（C：0，M：20，Y：100，K：0），如图9-232所示。

图9-231

图9-232

02 选中黄色文字，使用“立体化工具”从中间向上拖曳创建立体效果，然后在属性栏设置“立体化颜色”为“使用递减的颜色”，并设置“从”的颜色为（C：0，M：20，Y：100，K：0）、“到”的颜色为（C：0，M：60，Y：60，K：0），接着设置“立体化类型”为最后一个，最后设置“灭点坐标”为（0mm，12mm），设置如图9-233所示，效果如图9-234所示。

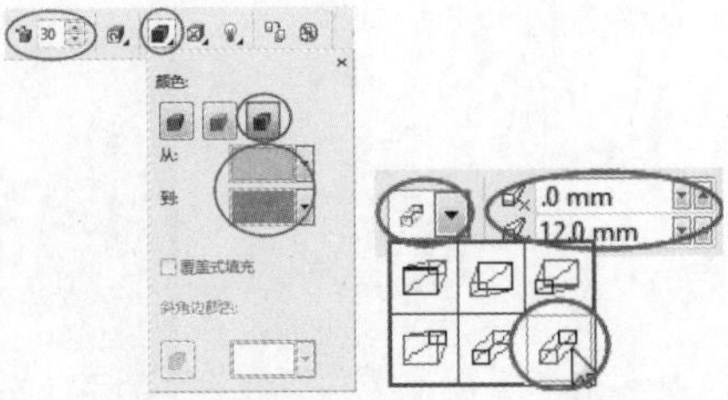

图9-233

图9-234

03 将原文本填充颜色为（C：2，M：85，Y：45，K：0），然后将其拖曳到立体文字上面，效果如图9-235所示。

图9-235

04 使用“椭圆形工具”和“矩形工具”绘制一个大圆和一个小矩形，然后都填充颜色为（C：0，M：50，Y：20，K：0），如图9-236所示。

05 选中矩形，然后按组合键Ctrl+Q将其转换为曲线，接着使用“形状工具”在矩形的上边线上单击鼠标右键，在打开的快捷菜单中选择“到曲线”命令，如图9-237所示，最后将这条边向上调整为弧线，效果如图9-238所示。

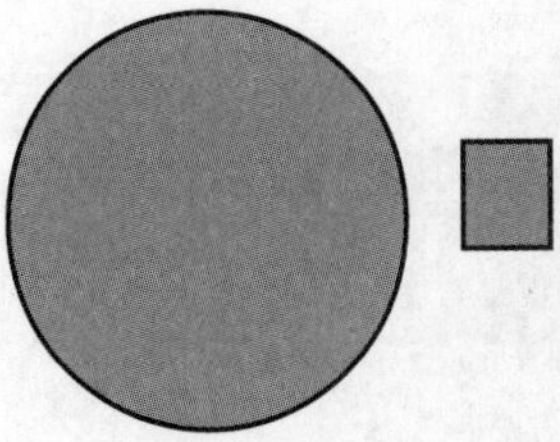

图9-236

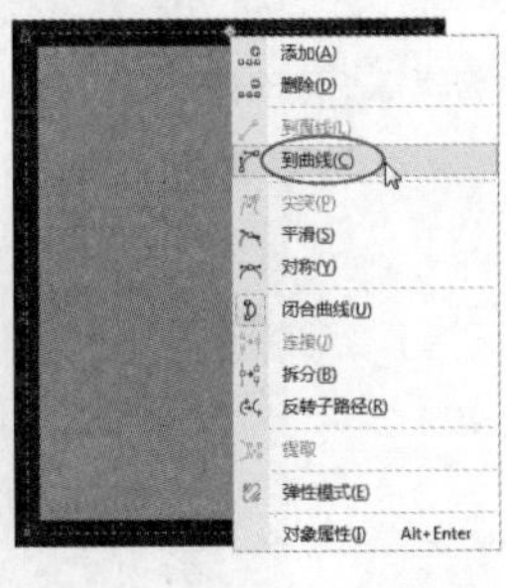

图9-237

图9-238

06 将调整后的矩形旋转315°，然后拖曳到圆上，如图9-239所示，接着单击属性栏中的“合并”按钮合并两个对象，最后取消轮廓线，效果如图9-240所示。

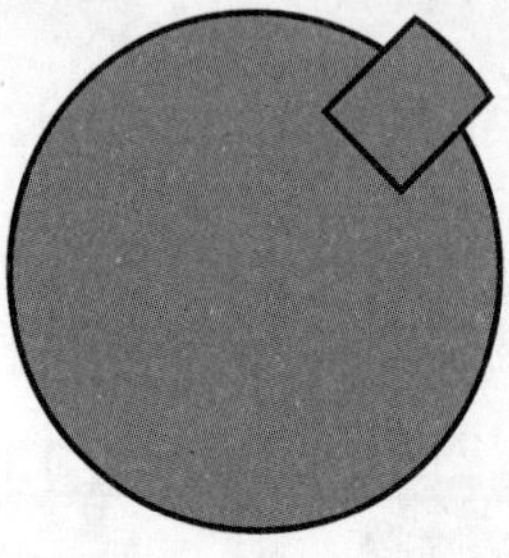

图9-239

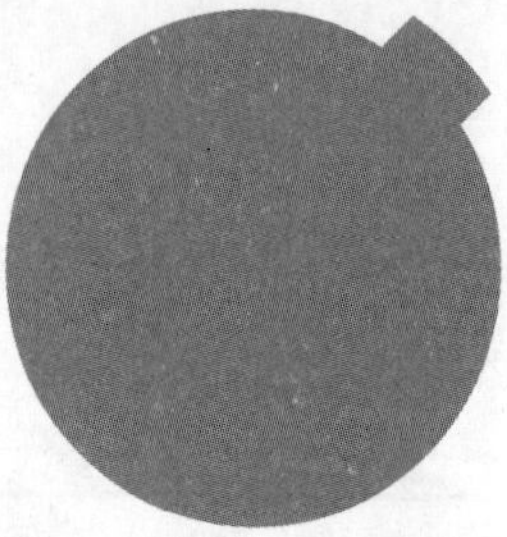

图9-240

07 将合并后的图形复制一份，然后旋转一定角度，接着拖曳到立体文字上，最后选中所有对象，按组合键Ctrl+G将其组合，效果如图9-241所示。

图9-241

08 双击“矩形工具”创建一个和页面大小相同的矩形，然后填充颜色为（C：0，M：20，Y：100，K：0），并去掉轮廓线，如图9-242所示，接着将立体文字水平向下复制一份，再单击属性栏中的“垂直镜像”按钮将其垂直翻转，留着一会制作倒影文字，效果如图9-243所示。

图9-242

图9-243

09 使用“阴影工具”从原立体文字的中间垂直向下拖曳建立阴影，然后在属性栏中设置“阴影的不透明度”为50、“阴影羽化”为15，再设置“阴影颜色”为（C：0，M：40，Y：0，K：0），设置如图9-244所示，效果如图9-245所示。

图9-244

图9-245

10 使用“矩形工具”在垂直立体文字上绘制一个和页面颜色相同的矩形，如图9-246所示，然后去掉轮廓线，接着使用“透明度工具”从矩形的中点向上拖曳创建透明度渐变，再拖曳线中间的“透明度中心点”滑块调整渐变效果，如图9-247所示，最终效果如图9-248所示。

图9-246

图9-247

图9-248

知识链接

关于“透明度工具”的具体用法，请翻阅本章“9.7 透明效果”。

9.5 变形效果

“变形工具”可以将图形通过拖曳达到不同效果的变形，在CorelDRAW X7软件中为用户提供了“推拉变形”“拉链变形”“扭曲变形”3种变形方法，下面进行详细介绍。

9.5.1 推拉变形

“推拉变形”效果可以通过手动拖曳的方式，将对象边缘进行推进或拉出操作。

1.推拉变形设置

选择“变形工具”，单击其属性栏中的“推拉变形”按钮，属性栏将变为推拉变形的相关设置，如图9-249所示。

图9-249

重要参数介绍

预设列表：系统提供的预设变形样式，可以在下拉列表中选择预设选项，如图9-250所示。

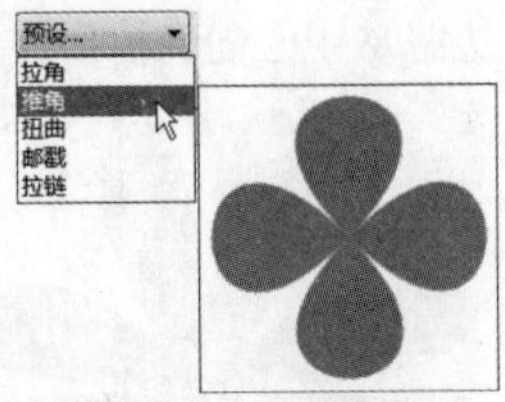

图9-250

推拉变形：单击该按钮可以激活推拉变形效果，同时激活推拉变形的属性设置。

添加新的变形：单击该按钮可以将当前变形的对象转为新对象，然后进行再次变形。

推拉振幅：在后面的文本框中输入数值，可以设置对象推进拉出的程度。输入数值为正数则向外拉出，最大为200；输入数值为负数则向内推进，最小为-20。

居中变形：单击该按钮可以将变形效果居中放置，如图9-251所示。

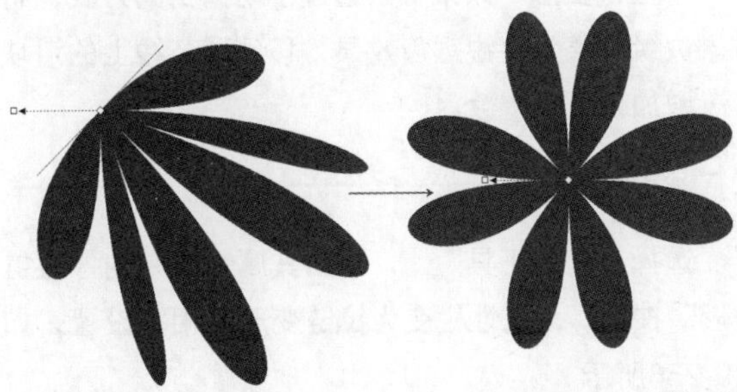

图9-251

2.创建推拉变形

绘制一个菱形，然后选择“变形工具”，并单击属性栏中的“推拉变形”按钮，将变形样式转换为推拉变形，接着在菱形中间位置按住鼠标进行水平方向拖曳，会出现可预览变形效果的蓝色实线，如图9-252所示，松开鼠标即可完成变形，效果如图9-253所示。

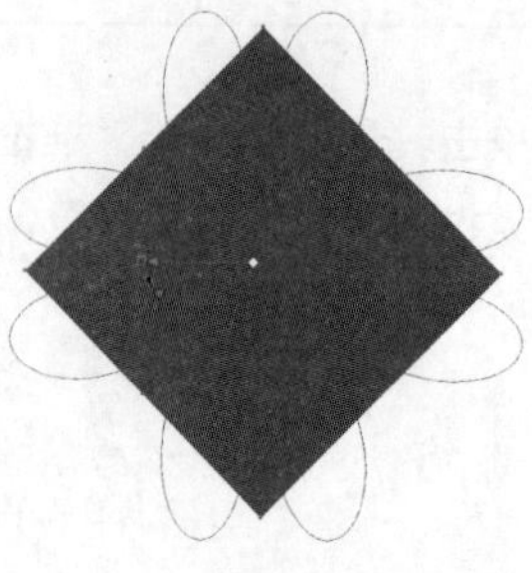

图9-252

图9-253

在进行拖曳变形时，向左边拖曳可以使轮廓边缘向内推进，如图9-254所示；向右边拖曳可以使轮廓边缘从中心向外拉出，如图9-255所示。

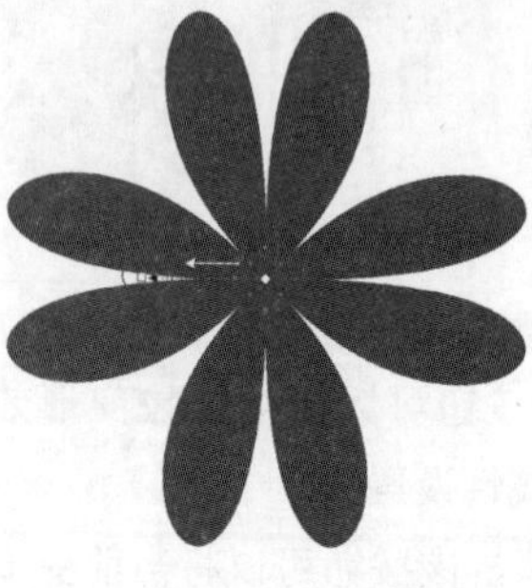

图9-254

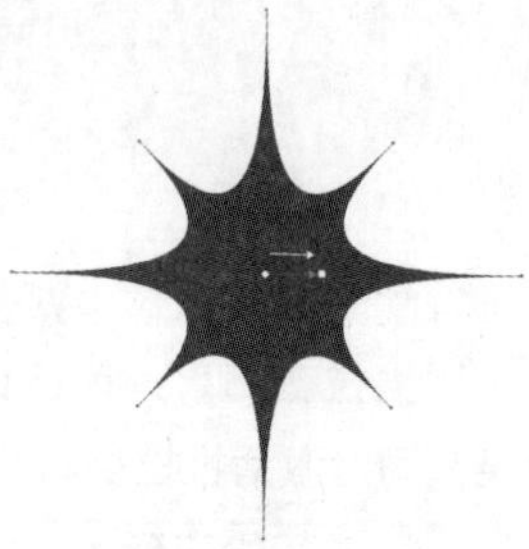

图9-255

提示

注意，水平方向移动的距离决定推进和拉出的距离和程度，在属性栏也可以设置推拉振幅。

9.5.2 拉链变形

“拉链变形”效果可以通过手动拖曳的方式，将对象边缘调整为尖锐锯齿效果，移动调节线上的滑块可以增加锯齿的个数。

1.拉链变形设置

选择“变形工具”，单击其属性栏中的“拉链变形”按钮，属性栏变为拉链变形的相关设置，如图9-256所示。

图9-256

重要参数介绍

拉链变形：单击该按钮可以激活拉链变形效果，同时激活拉链变形的属性设置。

拉链振幅：用于调节拉链变形中锯齿的高度。

拉链频率：用于调节拉链变形中锯齿的数量。

随机变形：激活该图标，可以将对象按系统默认方式随机设置变形效果，如图9-257所示。

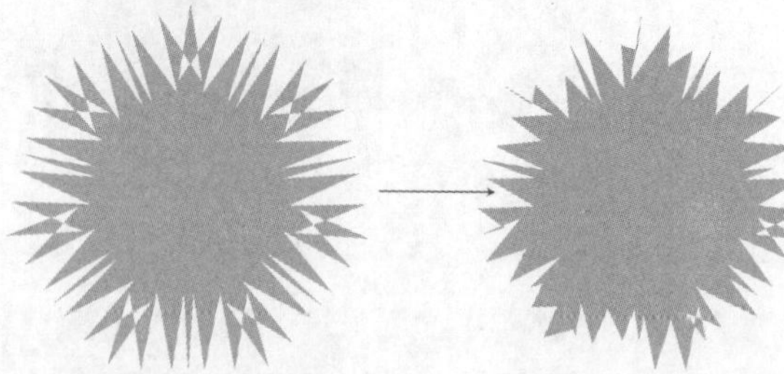

图9-257

平滑变形：激活该图标，可以将变形对象的节点进行平滑处理，如图9-258所示。

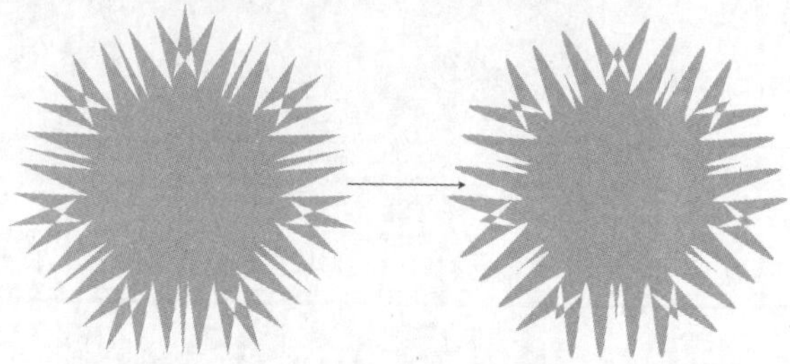

图9-258

局限变形：激活该图标，可以随着变形的进行降低变形的效果，如图9-259所示。

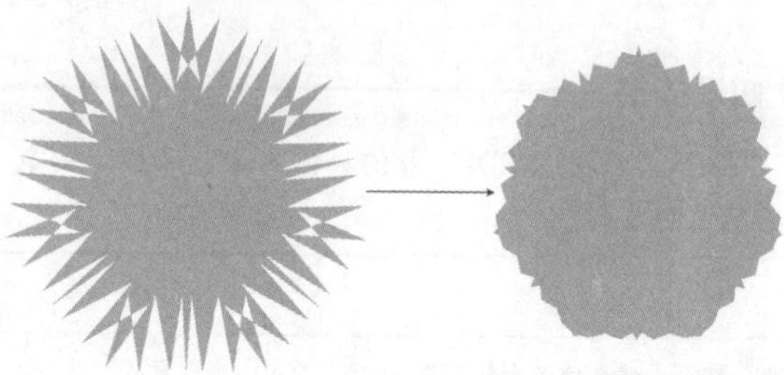

图9-259

2.创建拉链变形

绘制一个七边形，然后选择“变形工具”，并单击属性栏中的“拉链变形”按钮，将变形样式转换为拉链变形，接着在图形的中间位置按住鼠标左键向外进行拖曳，会出现可预览变形效果的蓝色实线，如图9-260所示，松开鼠标即完成变形，效果如图9-261所示。

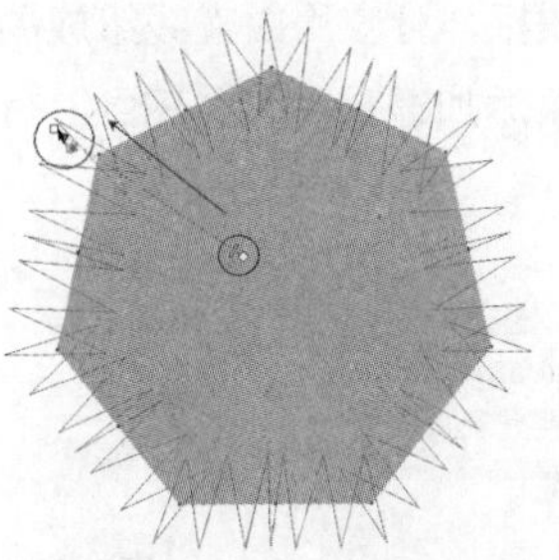

图9-260

图9-261

变形后移动调节线上的滑块可以添加尖角锯齿的数量，如图9-262所示；可以在不同的位置创建变形，如图9-263所示；也可以增加拉链变形的调节线，如图9-264所示。

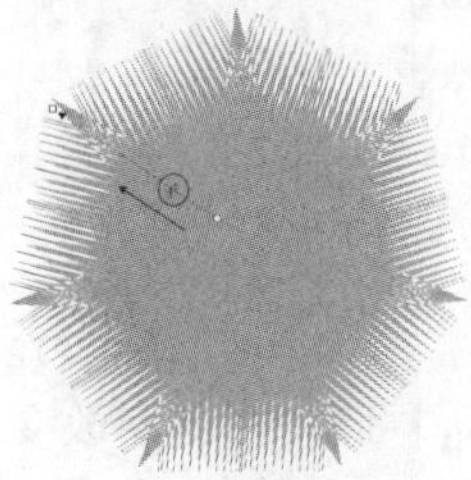

图9-262

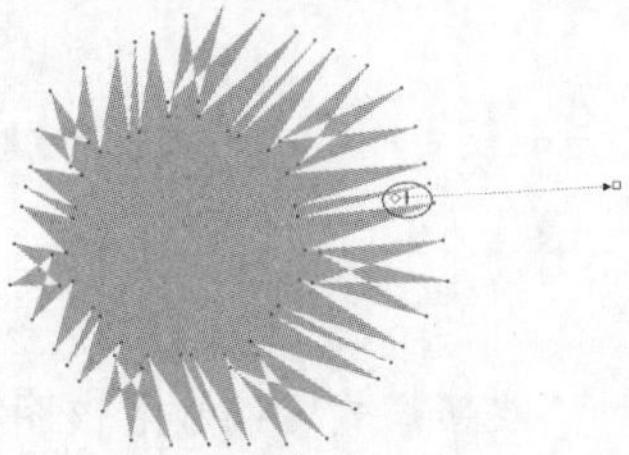

图9-263

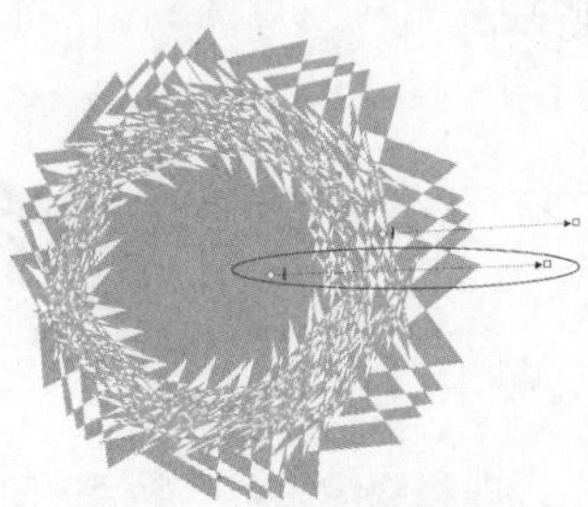

图9-264

9.5.3 扭曲变形

“扭曲变形”效果可以使对象绕变形中心进行旋转，产生螺旋状的效果。

1.扭曲变形设置

选择“变形工具”，单击属性栏中的“扭曲变形”按钮，属性栏变为扭曲变形的相关设置，如图9-265所示。

图9-265

重要参数介绍

扭曲变形：单击该按钮可以激活扭曲变形效果，同时激活扭曲变形的属性设置。

顺时针旋转：激活该图标，可以使对象按顺时针方向进行旋转扭曲。

逆时针旋转：激活该图标，可以使对象按逆时针方向进行旋转扭曲。

完整旋转：在后面的文本框中输入数值，可以设置扭曲变形的完整旋转次数，如图9-266所示。

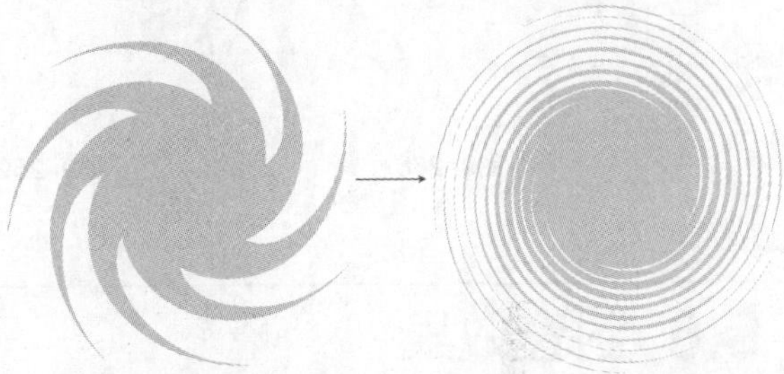

图9-266

附加度数：在后面的文本框中输入数值，可以设置超出完整旋转的度数。

2.创建扭曲变形

在对象上应用“变形工具”，可以使对象形状产生螺旋状的效果。

操作演示

创建扭曲变形

视频名称：创建扭曲变形

扫码观看教学视频

配合属性栏的相关参数，可以创建扭曲效果，下面我们进行讲解。

第1步：绘制一个七角星，然后选择“变形工具”，接着单击属性栏中的“扭曲变形”按钮，将变形样式转换为扭曲变形，如图9-267所示。

图9-267

第2步：将光标移动到星形中间位置，然后按住鼠标左键向外进行拖曳，旋转角度的固定边位于起点的右侧，接着根据蓝色预览线确定扭曲的形状，如图9-268所示，确定形状后松开左键完成扭曲，如图9-269所示。

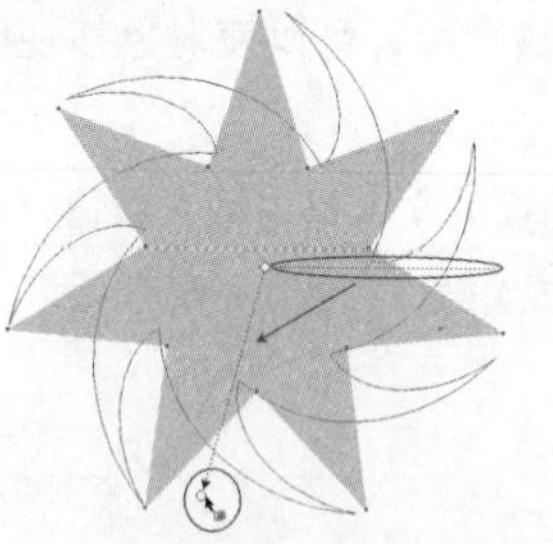

图9-268

图9-269

9.6 封套效果

“封套工具”是通过创建不同样式的封套来改变对象的形状，从而调整对象的透视效果。因此封套效果常运用在字体、产品、景观等设计中，以此来增加对象的视觉美感。虽然“形状工具”也可用来调整对象的形状，但是比较麻烦，而利用封套能快速创建逼真的透视效果，使用户在转换三维效果的创作中更加灵活。

9.6.1 封套参数设置

创建封套效果后可以对封套参数进行设置，一种是在属性栏中进行设置，另一种是执行“效果>封套”菜单命令，在打开的“封套”泊坞窗中进行设置。下面分别对属性栏和泊坞窗中的参数进行讲解。

1.属性栏设置

“封套工具”的属性栏设置如图9-270所示。

图9-270

重要参数介绍

选取范围模式：用于切换选取框的类型。在下拉选项列表中包括“矩形”和“手绘”两种选取框。

直线模式：激活该图标，可应用由直线组成的封套改变对象形状，为对象添加透视点，如图9-271所示。

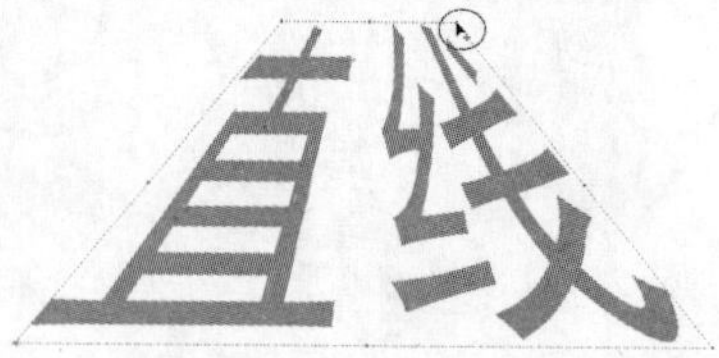

图9-271

单弧模式：激活该图标，可应用单边弧线组成的封套改变对象形状，使对象边线形成弧度，如图9-272所示。

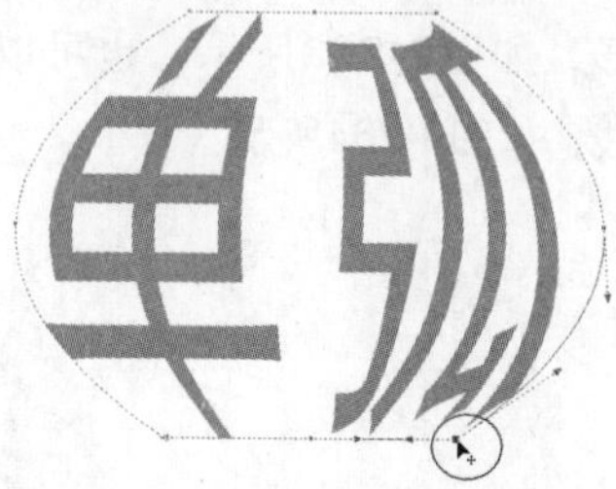

图9-272

双弧模式：激活该图标，可用S形封套改变对象形状，使对象边线形成S形弧度，如图9-273所示。

图9-273

非强制模式：激活该图标，可将封套模式变为允许更改节点的自由模式，同时激活前面的节点编辑图标，如图9-274所示。选中封套节点可以进行自由编辑。

图9-274

添加新封套：在使用封套变形后，单击该图标可以为其添加新的封套，如图9-275所示。

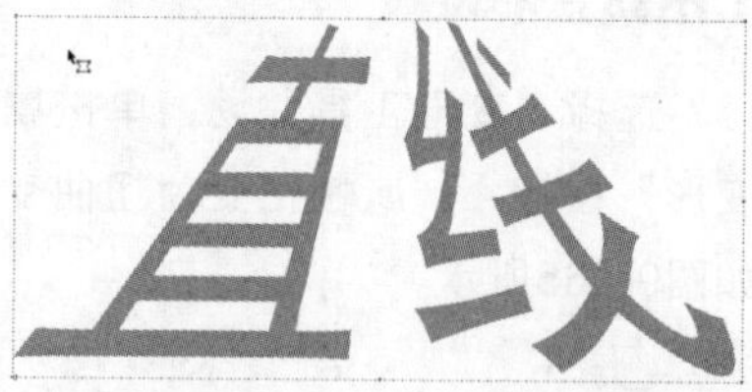

图9-275

映射模式：选择封套中对象的变形方式，可在后面的下拉选项中进行选择，如图9-276所示。

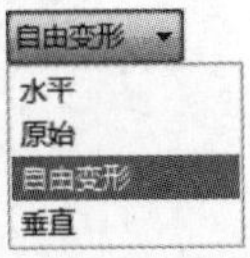

图9-276

创建封套自：单击该图标，当光标变为箭头时在图形上单击，可以将图形形状应用到封套中，然后再进行调整，如图9-277和图9-278所示。

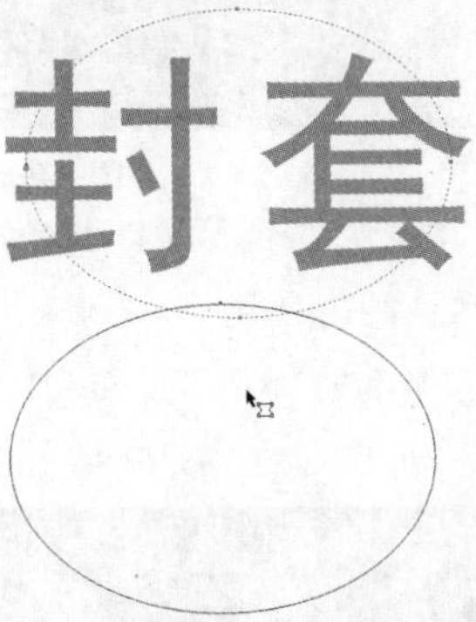

图9-277

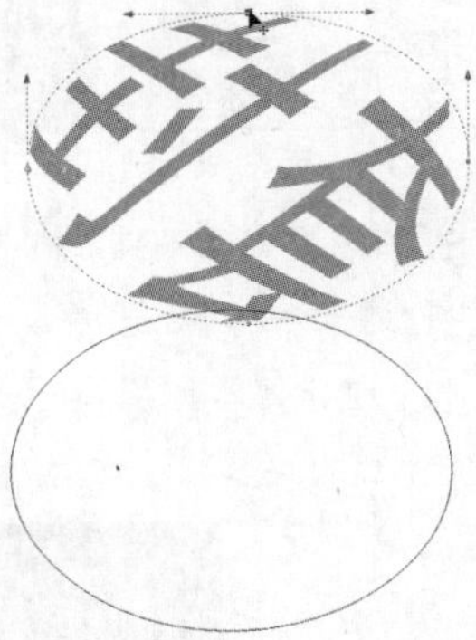

图9-278

2.泊坞窗设置

执行“效果>封套”菜单命令，可以打开“封套”泊坞窗，如图9-279所示。

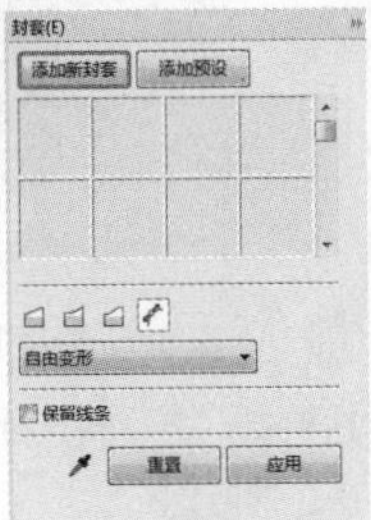

图9-279

重要参数介绍

添加预设：将系统提供的封套样式应用到对象上。单击“添加预设”按钮可以激活下面的样式表，选择样式单击“应用”按钮完成添加，如图9-280和图9-281所示。

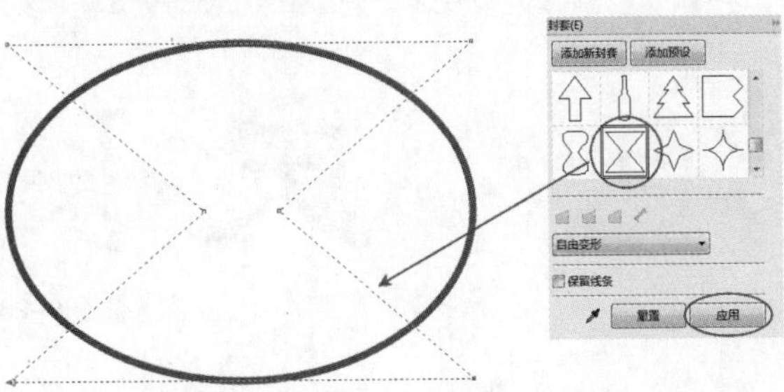

图9-280

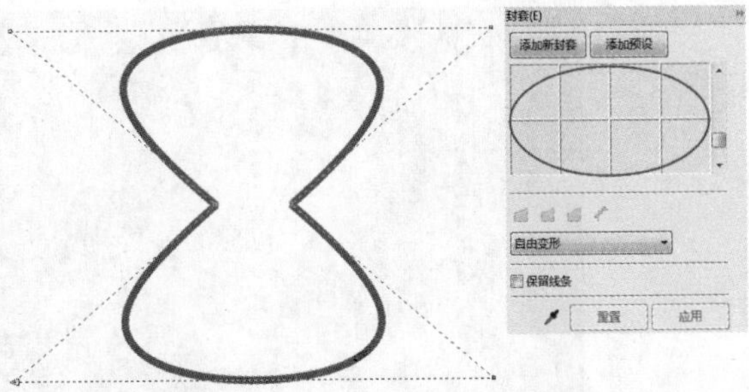

图9-281

保留线条：勾选该选项，在应用封套变形时可以保留对象中的直线。

9.6.2 创建封套

使用“封套工具”单击对象，对象外面会自动生成一个蓝色虚线框，如图9-282所示，通过拖曳虚线上的封套控制节点来改变对象形状，效果如图9-283所示。

图9-282

图9-283

在使用“封套工具”改变形状时，可以根据需要选择相应的封套模式，其属性栏中有“直线模式”“单弧模式”“双弧模式”3种封套类型可供选择。

实战练习

制作变形文字

实例位置　实例文件>CH09>制作变形文字.cdr
素材位置　素材文件>CH09>素材05.cdr、文字.cdr
视频名称　制作变形文字.mp4
技术掌握　封套工具的用法

扫码观看教学视频

最终效果图

01 打开学习资源中的“素材文件>CH09>素材05.cdr”文件，如图9-284所示。

图9-284

02 使用“文本工具”字在素材中的桃心上输入文字“爱”，然后在属性栏中设置“字体样式”为“方正流行体GBK”、“字体大小”为100pt，接着双击状态栏中的“轮廓笔”工具，在打开的“轮廓笔”对话框中设置“宽度”为0.5mm、颜色为（C：0，M：40，Y：20，K：0），最后为文字填充白色，效果如图9-285所示。

图9-285

03 使用“文本工具”字在文字“爱”的下面输入文字“要”，然后在属性栏中设置“字体样式”为“方正平和简体”、“字体大小”为48pt，接着填充颜色为（C：0，M：60，Y：100，K：0），效果如图9-286所示。

图9-286

04 打开学习资源中的“素材文件>CH09>文字.cdr”文件，将其拖曳到页面空白处，如图9-287所示。

图9-287

05 从左到右依次为文字填充颜色为（C：40，M：40，Y：0，K：0）、（C：10，M：0，Y：83，K：0）、（C：0，M：84，Y：0，K：0）、（C：36，M：4，Y：69，K：0），效果如图9-288所示。

图9-288

06 使用“封套工具”单击文字，然后在属性栏中设置“映射模式”为“垂直”、“预设”为“上推”，效果如图9-289所示，接着调整路径和锚点，效果如图9-290所示。

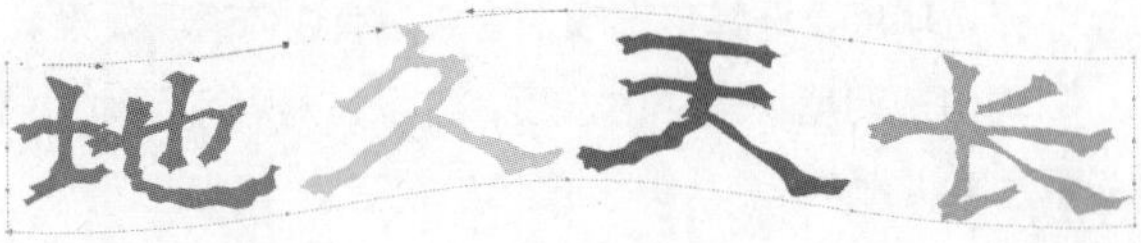

图9-289

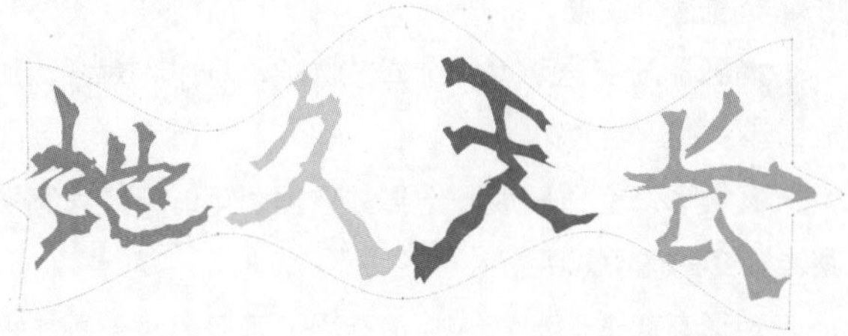

图9-290

07 选中文字，双击状态栏中的“轮廓笔”工具，在打开的“轮廓笔”对话框中设置“宽度”为0.5mm、颜色为“白色”，然后将变形后的文字拖曳到素材中，效果如图9-291所示。

图9-291

08 使用“基本形状工具”绘制一个心形，如图9-292所示，然后按组合键Ctrl+Q将其转换为曲线，接着使用“形状工具”进行调整，效果如图9-293所示。

图9-292

图9-293

09 将心形向中心等比例缩小复制一份，如图9-294所示，然后从内到外依次填充颜色为（C：10，M：0，Y：83，K：0）、（C：0，M：100，Y：0，K：0），接着去掉轮廓线，效果如图9-295所示。

图9-294

图9-295

10 将填充好颜色的心形复制两份，然后将其中一份中间小心形的颜色更改为（C：0，M：57，Y：0，K：0），接着将每组心形分别进行组合，效果如图9-296所示，最后将心形拖曳到素材中的合适位置，最终效果如图9-297所示。

图9-296

图9-297

9.7 透明效果

透明效果可以表现出对象的光滑质感和真实效果，因此经常运用于书籍装帧、排版、海报设计、广告设计和产品设计等领域中。CorelDRAW X7提供的“透明度工具”可以为对象创建均匀透明效果、渐变透明效果以及图案和底纹透明效果。

下面是该工具的参数详解和创建透明的方法。

9.7.1 透明参数设置

“透明度工具”的属性栏设置如图9-298所示。

图9-298

重要参数介绍

编辑透明度：以颜色模式来编辑透明度的属性。单击该按钮，在打开的“编辑透明度”对话框中设置“调和过渡”可以变更渐变透明度的类型、选择透明度的目标、选择透明度的方式；“变换”可以设置渐变的偏移、旋转和倾斜；“节点透明度”可以设置渐变的透明度，颜色越浅透明度越低，颜色越深透明度越高；“中点”可以调节透明渐变的中心，如图9-299所示。

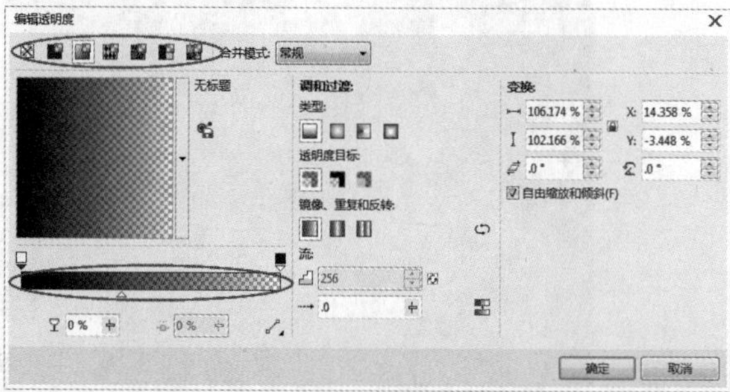

图9-299

透明度类型：在属性栏中选择透明图样进行应用。包括“无透明度”“均匀透明度”“渐变透明度”“向量图样透明度”“位图图样透明度”“双色图样透明度”“底纹透明度”，如图9-300所示。

图9-300

无透明度：选择该选项，对象没有任何透明效果。

均匀透明度：选择该选项，可以为对象添加均匀的渐变效果。

线性渐变透明度：选择该选项，可以为对象添加直线渐变的透明效果。

椭圆形渐变透明度：选择该选项，可以为对象添加放射渐变的透明效果。

圆锥形渐变透明度：选择该选项，可以为对象添加圆锥渐变的透明效果。

矩形渐变透明度：选择该选项，可以为对象添加矩形渐变的透明效果。

向量图样透明度：选择该选项，可以为对象添加全色矢量纹样的透明效果。

位图图样透明度：选择该选项，可以为对象添加位图纹样的透明效果。

双色图样透明度：选择该选项，可以为对象添加黑白双色纹样的透明效果。

底纹透明度：选择该选项，可以为对象添加系统自带的底纹纹样的透明效果。

透明度操作：在属性栏中的“合并模式”下拉选项中选择透明颜色与下层对象颜色的调和方式，如图9-301所示。

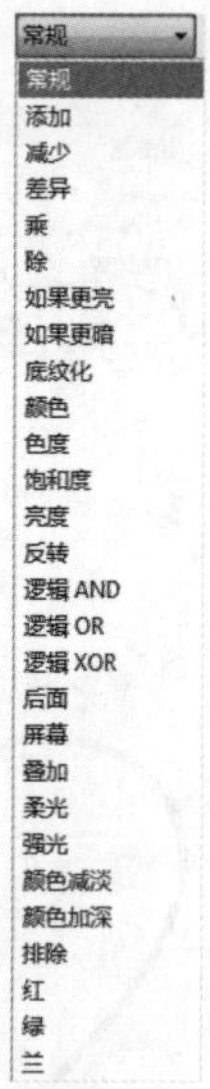

图9-301

透明度目标：在属性栏中选择透明度的应用范围。包括“全部”“填充”“轮廓”3种范围，如图9-302所示。

图9-302

全部：选择该选项，可以将透明度效果应用到对象的填充和轮廓线上，如图9-303所示。

图9-303

填充：选择该选项，可以将透明度效果应用到对象的填充上，如图9-304所示。

图9-304

轮廓：选择该选项，可以将透明度效果应用到对象的轮廓线上，如图9-305所示。

图9-305

冻结透明度：激活该按钮，可以冻结当前对象的透明度叠加效果，在移动对象时透明度叠加效果不变，如图9-306所示。

图9-306

复制透明度属性：单击该图标，可以将文档中目标对象的透明度属性应用到所选对象上。

下面根据创建透明度的类型分别进行讲解。

1.均匀透明度

在“透明度类型”的选项中选择“均匀透明度”，切换到均匀透明度的属性栏，如图9-307所示。

图9-307

重要参数介绍

透明度：在后面的文本框内输入数值可以改变透明度的程度，如图9-308所示。数值越大，对象越透明，反之越弱。

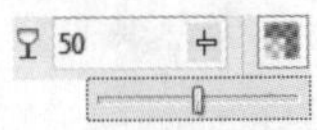

图9-308

2.渐变透明度

在“透明度类型”中选择“渐变透明度”，切换到渐变透明度的属性栏，如图9-309所示。

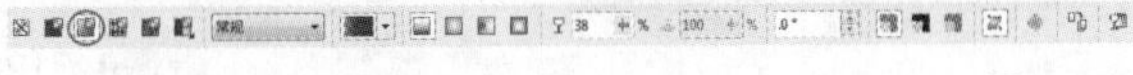

图9-309

重要参数介绍

线性渐变透明度：选择该选项，应用沿线性路径逐渐更改不透明度的透明度，如图9-310所示。

图9-310

椭圆形渐变透明度：选择该选项，应用从同心椭圆形中心向外逐渐更改不透明度的透明度，如图9-311所示。

图9-311

圆锥形渐变透明度：选择该选项，应用从锥形逐渐更改不透明度的透明度，如图9-312所示。

图9-312

矩形渐变透明度：选择该选项，应用从同心矩形的中心向外逐渐更改不透明度的透明度，如图9-313所示。

图9-313

节点透明度：在后面的文本框中输入数值，可以更改透明效果。最小值为0，最大值为100。

节点位置：在后面的文本框中输入数值设置不同的节点位置，可以丰富渐变透明效果。

旋转：在旋转后面的文本框内输入数值，可以旋转渐变透明效果。

3.图样透明度

在“透明度类型”的选项中选择“向量图样透明度”，切换到图样透明度的属性栏，如图9-314所示。

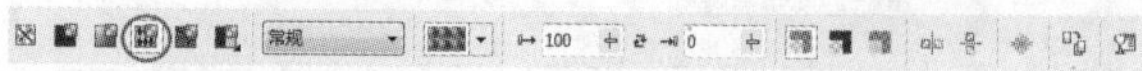

图9-314

重要参数介绍

透明度挑选器：可以在下拉选项中选取填充的图样类型，如图9-315所示。

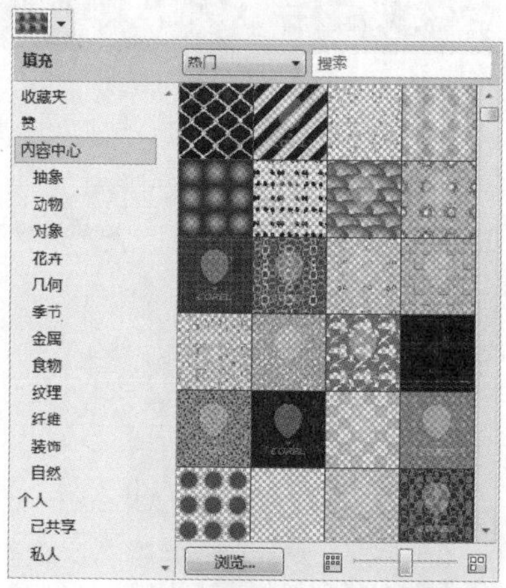

图9-315

前景透明度：在后面的文字框内输入数值，可以改变填充图案浅色部分的透明度。数值越大，对象越不透明，反之越强，图9-316所示为数值最大时的效果。

图9-316

背景透明度：在后面的文字框内输入数值，可以改变填充图案深色部分的透明度。数值越大，对象越透明，反之越弱，图9-317所示为数值最大时的效果。

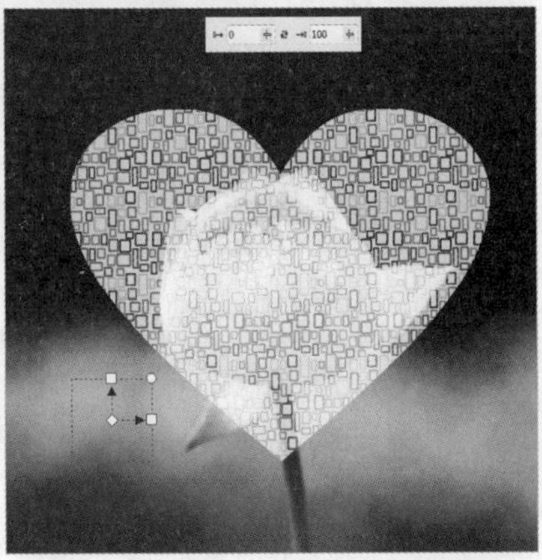

图9-317

水平镜像平铺：单击该图标，可以将所选的排列图块相互镜像，达成在水平方向相互反射对称的效果，如图9-318所示。

图9-318

垂直镜像平铺：单击该图标，可以将所选的排列图块相互镜像，达成在垂直方向相互反射对称的效果，如图9-319所示。

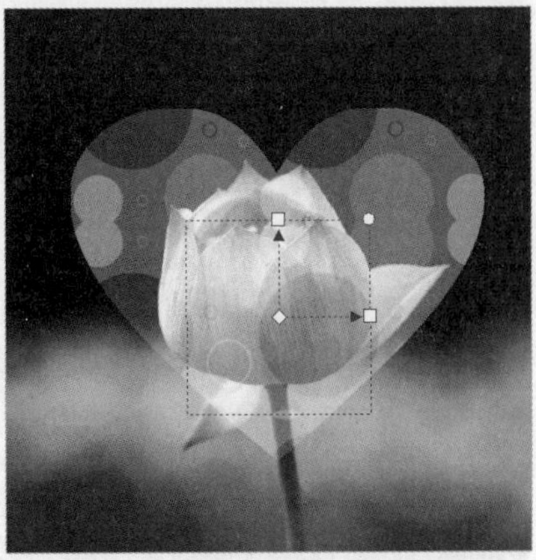

图9-319

4.底纹透明度

在“透明度类型”的选项中选择“底纹透明度”，切换到底纹透明度的属性栏，如图9-320所示。

图9-320

重要参数介绍

底纹库：在下拉选项中可以选择相应的底纹库，如图9-321所示。

图9-321

9.7.2 创建透明效果

“透明度工具”通过改变对象填充色的透明程度来添加效果，添加多种透明度样式可使画面效果更丰富。

1.创建渐变透明度

使用“透明度工具”可以创建渐变透明度。

操作演示

创建渐变透明度

视频名称：创建渐变透明度

扫码观看教学视频

使用“透明度工具”创建渐变透明度的操作方法很简单，下面我们就来进行讲解。

第1步：导入素材，然后在素材上绘制一个白色的矩形，接着选择“透明度工具”，此时光标后面会出现一个高脚杯形状，再将光标移动到绘制的矩形上，光标所在的位置为渐变透明度的起始点，该点透明度为0，如图9-322所示。

图9-322

第2步：按住鼠标向右拖曳渐变范围，黑色方块是渐变透明度的终点，该点透明度为100，如图9-323所示。

图9-323

第3步：松开鼠标，对象会显示渐变效果，然后拖曳中间的“透明度中心点”滑块调整渐变效果，如图9-324所示，效果如图9-325所示。

图9-324

图9-325

渐变透明度包括“线性渐变透明度”“椭圆形渐变透明度”“锥形渐变透明度”“矩形渐变透明度”4种，可以在属性栏中进行切换，绘制方式相同。

2.创建均匀透明度

选中需要添加透明度的对象，如图9-326所示，然后选择“透明度工具”，并在其属性栏中选择“均匀透明度”，接着在“透明度”后面的文本框内输入数值来调整透明度的大小，如图9-327所示，效果如图9-328所示。

图9-326

图9-327

图9-328

创建均匀透明度效果常运用在书籍杂志的设计中，它可以为文本添加透明底色、丰富图片效果和添加创意。用户可以在工具的属性栏中进行相关设置，使添加的效果更加丰富。

3.创建图样透明度

创建图样透明度，可以进行美化图片或为文本添加特殊样式的底图等操作，同时利用属性栏的设置可达到丰富的效果。

操作演示

创建图样透明度

视频名称：创建图样透明度

扫码观看教学视频

不同的图样样式、图样大小和倾斜旋转角度创建出来的效果也不一样。

第1步：选中需要添加透明度的对象，然后单击“透明度工具”，接着在属性栏中选择“向量图样透明度”，并选取合适的图样，再调整“前景透明度”和“背景透明度”后面文本框内的数值，以此来设置透明度大小，如图9-329所示，效果如图9-330所示。

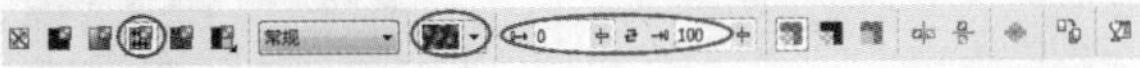

图9-329

图9-330

第2步：调整图样透明度矩形范围线上的白色圆点，可以调整添加的图样大小，矩形范围线越小，图样越小，如图9-331所示；范围越大，图样越大，如图9-332所示。

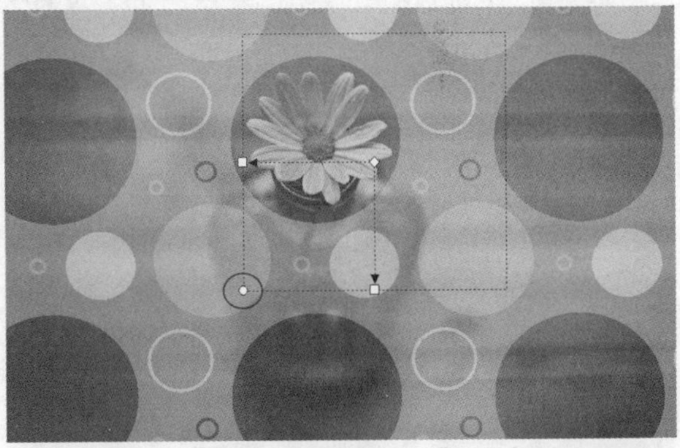

图9-331

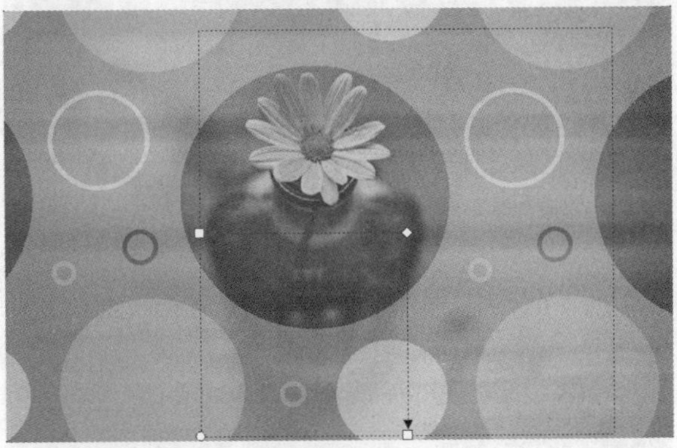

图9-332

第3步：调整图样透明度矩形范围线上的控制柄，可以编辑图样的倾斜旋转效果，如图9-333所示。

图9-333

图样透明度包括“向量图样透明度”“位图图样透明度”“双色图样透明度”3种方式，在属性栏中可进行切换，绘制方式相同。

4.创建底纹透明度

选中需要添加透明度的对象，然后单击“透明度工具”，接着在其属性栏中选择“底纹透明度”，并选取合适的图样，再调整“前景透明度”和“背景透明度”后面文本框内的数值，以此来设置透明度大小，如图9-334所示，效果如图9-335所示。

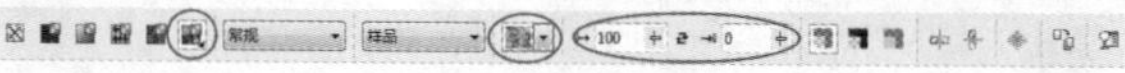

图9-334

图9-335

实战练习

绘制诗集内页

实例位置 实例文件>CH09>绘制诗集内页.cdr
素材位置 素材文件>CH09>素材06.jpg
视频名称 绘制诗集内页.mp4
技术掌握 透明度工具的用法

扫码观看教学视频

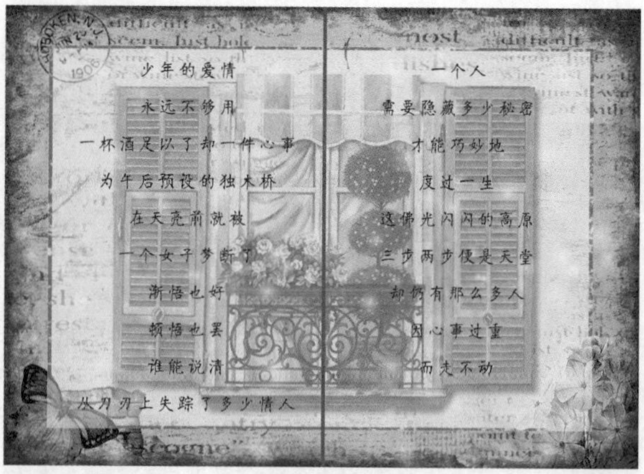

最终效果图

01 新建一个A4大小的文档，然后导入学习资源中的“素材文件>CH09>素材06.jpg”文件，如图9-336所示。

图9-336

02 双击“矩形工具”创建一个与页面等大的矩形，然后按组合键Ctrl+Home将矩形置于顶层，接着填充颜色为（C：0，M：0，Y：40，K：0），最后去掉轮廓线，如图9-337所示。

03 选中矩形，然后单击“透明度工具”，在其属性栏中设置“透明度类型”为“底纹透明度”、“样本库”为“样本9”，接着选择“透明度图样”，如图9-338所示，再设置“前景透明度”为0、“背景透明度”为100，最后调整矩形上底纹的位置，效果如图9-339所示。

图9-337

图9-338

图9-339

04 使用“矩形工具”创建一个大小为255mm×175mm的矩形，然后填充颜色为（C：0，M：0，Y：20，K：0），并去掉轮廓线，如图9-340所示，接着使用“透明度工具”单击该矩形，最后在其属性栏设置“透明度类型”为“均匀透明度”、“透明度”为35，效果如图9-341所示。

图9-340

图9-341

05 使用“矩形工具”创建一个极细的矩形，然后填充颜色为（C：0，M：0，Y：0，K：70），并去掉轮廓线，效果如图9-342所示。

图9-342

06 使用“文本工具”在矩形条左边绘制一个文本框，然后输入文本，并为文本更改颜色为（C：100，M：100，Y：0，K：0），效果如图9-343所示。

图9-343

07 使用相同的方法在矩形条右边绘制文本框输入文本，如图9-344所示，然后选中左右两边的文本框，按组合键Ctrl+Q将文本转换为曲线，最终效果如图9-345所示。

图9-344

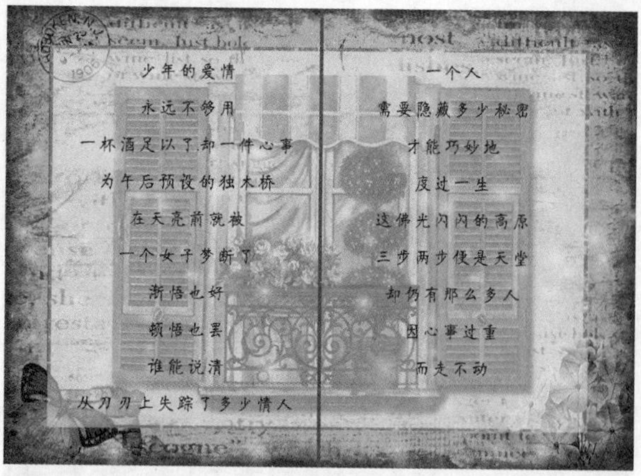

图9-345

9.8 透视效果

透视效果是通过倾斜、拉伸等变形，使对象具有立体的视觉特效，常运用于产品包装设计、字体设计和一些效果处理上，可以提升设计的视觉感受。

选中需要添加透视的对象，如图9-346所示，然后在菜单栏中执行“效果>添加透视”菜单命令，对象上会自动生成透视网格，如图9-347和图9-348所示，接着移动网格的节点调整透视效果，如图9-349所示，效果如图9-350所示。

图9-346

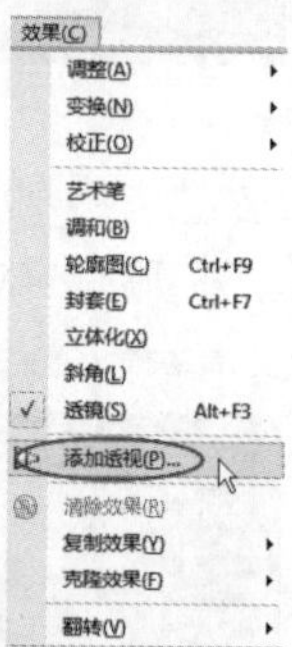

图9-347

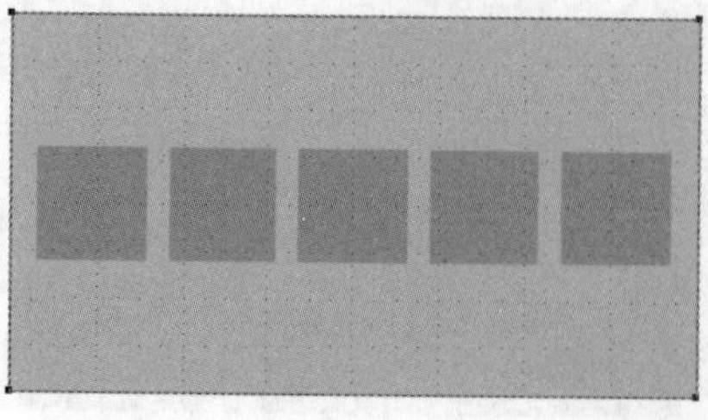

图9-348

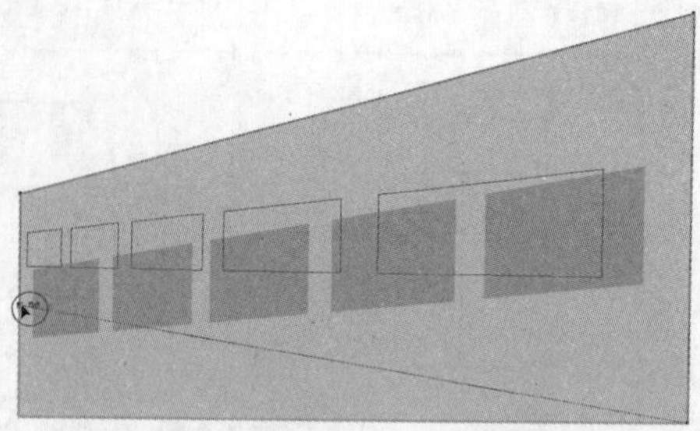

图9-349

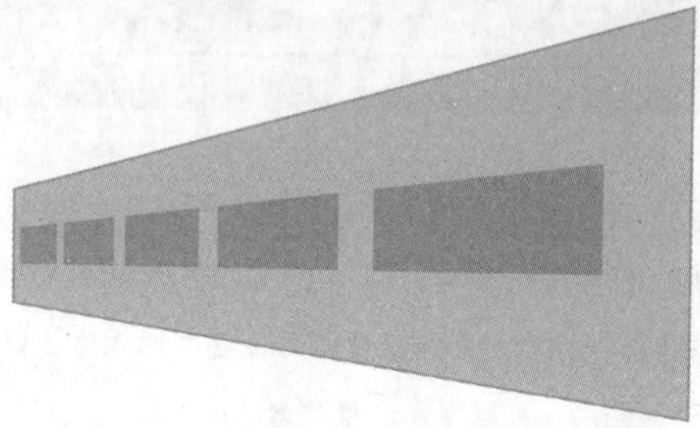

图9-350

提示

透视效果只能运用在矢量图形上，位图是无法添加透视效果的。

实战练习

绘制电影元素图标

实例位置 实例文件>CH09>绘制电影元素图标.cdr

素材位置 素材文件>CH09>素材07.cdr~11.cdr

视频名称 绘制电影元素图标.mp4

技术掌握 透视的用法

扫码观看教学视频

最终效果图

01 新建一个大小为200mm×200mm的空白文档，然后使用“矩形工具”在页面中绘制一个大小为6.2mm×130mm的矩形条，如图9-351所示。

02 选中矩形条，然后执行“编辑>步长和重复”菜单命令打开“步长和重复”泊坞窗，接着在“垂直设置”选项下设置类型为“无偏移”，在“水平设置”选项下设置类型为“对象之间的间距”、“距离”为6.2mm、“方向”为“右”，再设置“份数”为8，最后单击“应用”按钮，设置如图9-352所示，效果如图9-353所示。

图9-351

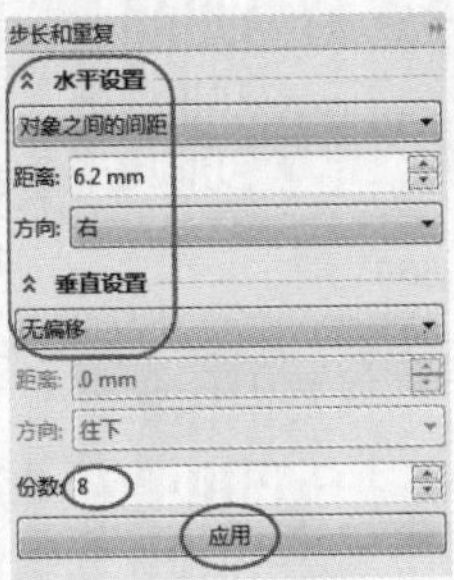

图9-352

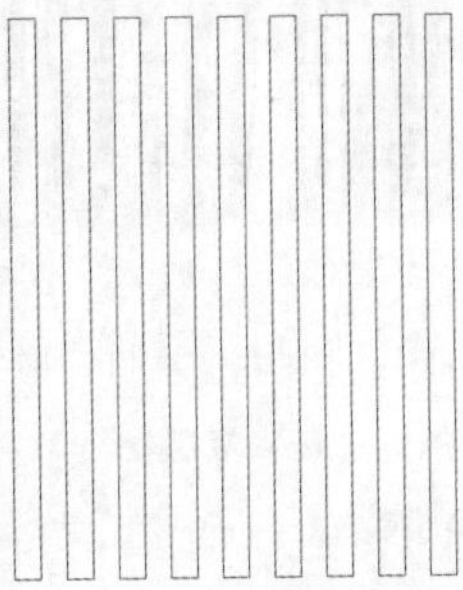

图9-353

03 选中所有的矩形条，然后按组合键Ctrl+G将其组合，接着填充颜色为（C：9，M：47，Y：80，K：0），并去掉轮廓线，效果如图9-354所示。

04 将上一步创建的对象向右平移复制一份，使复制对象与原对象错位贴合，然后填充颜色为（C：3，M：30，Y：59，K：0），接着将复制对象与原对象选中进行组合，效果如图9-355所示。

图9-354

图9-355

05 使用“椭圆形工具”在页面空白处绘制一个圆，然后填充颜色为（C：19，M：99，Y：89，K：9），效果如图9-356所示，接着向中心缩小复制一个圆，并填充颜色为（C：3，M：30，Y：59，K：0），最后再向中心缩小复制一个圆，效果如图9-357所示。

图9-356

图9-357

06 选中中间两个圆，然后单击属性栏中的“修剪”按钮，将第二层的圆修剪为一个圆圈，接着选中组合后的矩形条，执行“对象>图框精确剪裁>置于图文框内部”菜单命令，再单击第一层的圆，如图9-358所示，效果如图9-359所示。

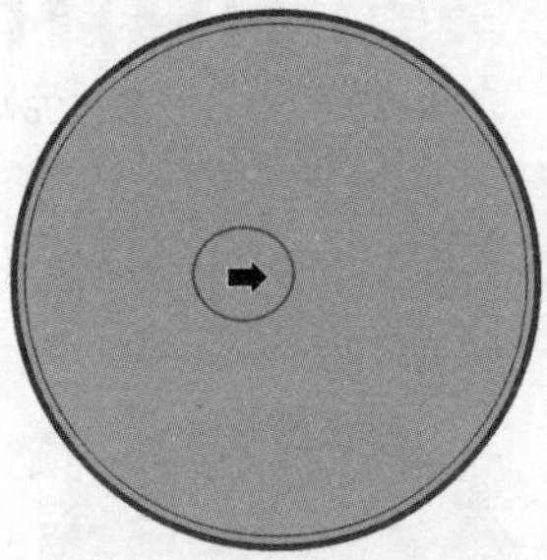

图9-358

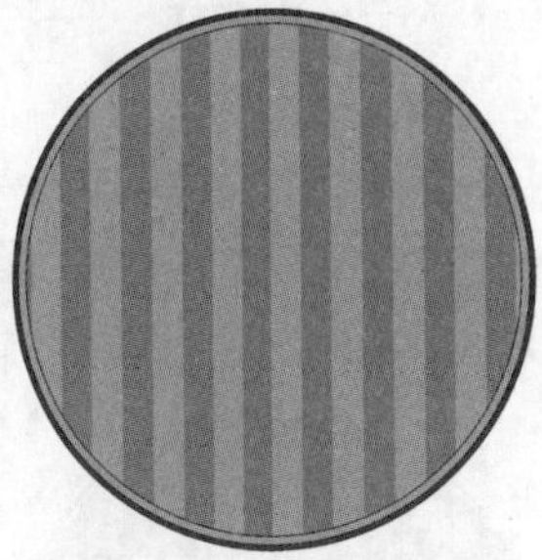

图9-359

07 将底层的圆向中心缩小复制两个，如图9-360所示，然后选中这两个圆，单击属性栏中的“修剪”按钮，将第二层的圆修剪为一个圆圈，并删除最上层的圆，接着全选所有对象将其组合，再删除轮廓线，效果如图9-361所示。

图9-360

图9-361

08 使用“矩形工具”在页面中绘制一个大小为1.5mm×44mm的矩形条，然后填充颜色为（C：24，M：98，Y：98，K：20），接着去掉轮廓线，效果如图9-362所示。

09 选中矩形条，然后执行“编辑>步长和重复”菜单命令打开“步长和重复”泊坞窗，接着在“垂直设置”选项下设置类型为“无偏移”，在“水平设置”选项下设置类型为“对象之间的间距”、“距离”为1.5mm、“方向”为“右”，再设置“份数”为6，最后单击“应用”按钮 应用 ，设置如图9-363所示，效果如图9-364所示。

图9-362

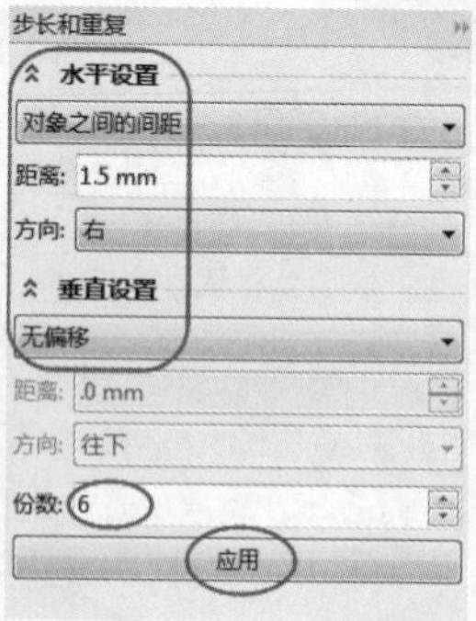

图9-363

图9-364

10 导入“素材文件>CH09>素材07.cdr”文件，然后将其拖曳到图案上并去掉轮廓线，如图9-365所示，接着将矩形条组合，再复制一份拖曳到素材正面，效果如图9-366所示。

图9-365

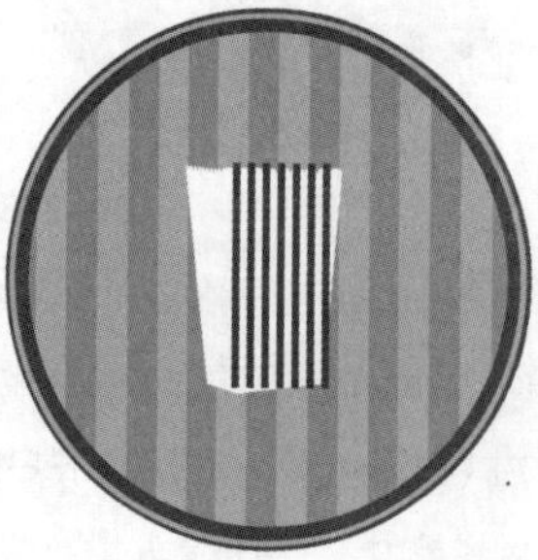

图9-366

11 选中矩形条，然后执行“效果>添加透视”菜单命令，接着调整矩形条的形状，设置如图9-367所示，效果如图9-368所示。

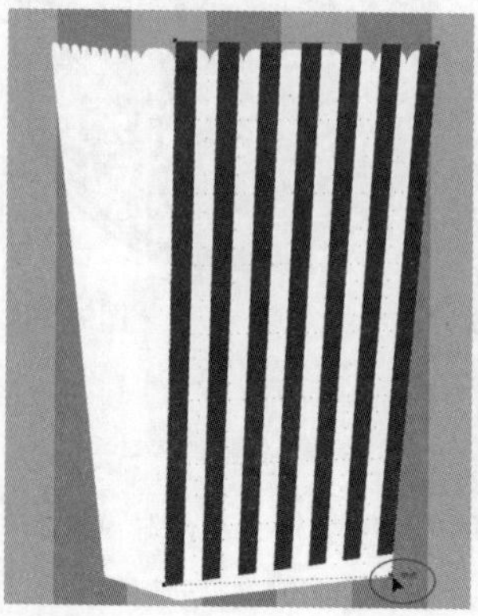

图9-367

图9-368

12 将剩下的一份矩形条缩小宽度，然后拖曳到素材侧面，如图9-369所示，接着使用和步骤10相同的方法调整矩形条，效果如图9-370所示。

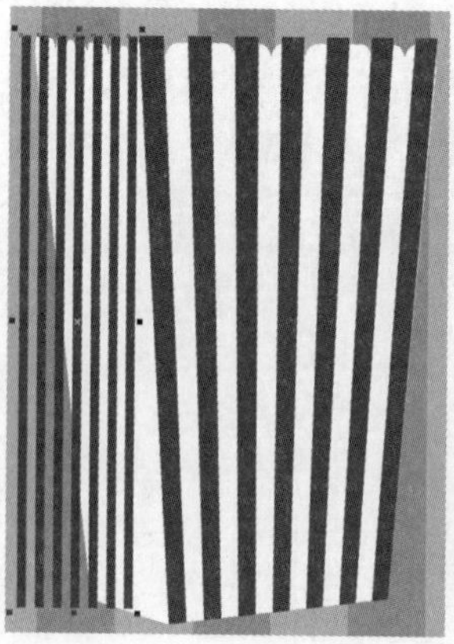

图9-369

图9-370

13 同时选中素材正面和侧面的矩形条，然后执行“对象>图框精确剪裁>置于图文框内部”菜单命令，接着单击素材，将矩形条置于素材中，效果如图9-371所示。

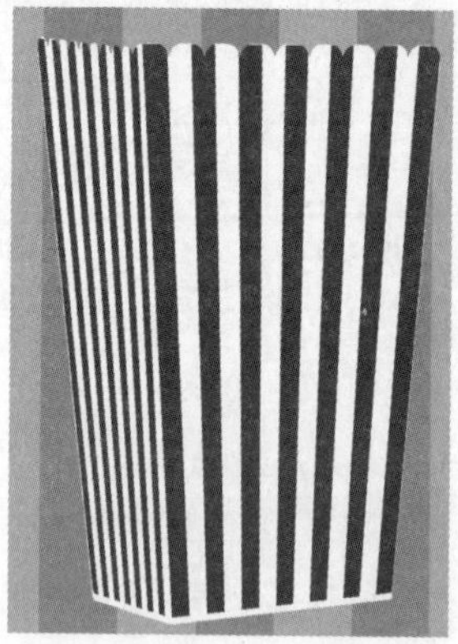

图9-371

14 使用“折线工具” 在素材底部绘制一条折线，如图9-372所示，然后更改“轮廓宽度”为1mm，轮廓颜色为（C：24，M：98，Y：98，K：20），盒子效果如图9-373所示。

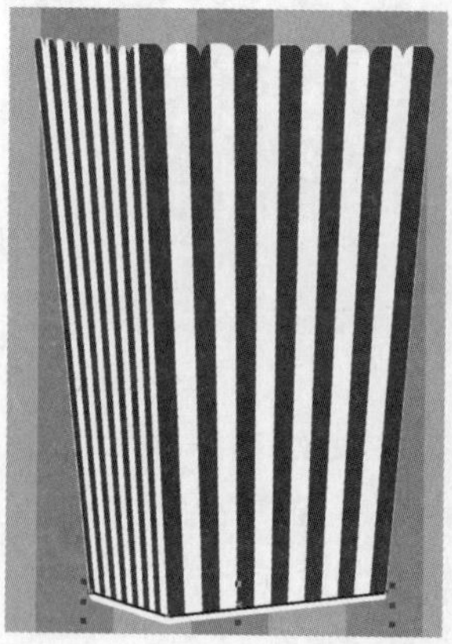

图9-372

图9-373

15 导入“素材文件>CH09>素材08.cdr”文件，然后将其拖曳到盒子顶端，如图9-374所示，接着依次导入“素材文件

>CH09>素材09.cdr~11.cdr”文件，效果如图9-375所示。

图9-374

图9-375

16 将圆中间除了文字素材外的对象全部组合，然后使用“椭圆形工具”在组合对象下面绘制一个椭圆，接着单击状态栏中的“编辑填充”图标，在打开的“编辑填充”对话框中选择“渐变填充”方式，并设置“方式”为“椭圆渐变填充”，再设置“节点位置”为0%的色标颜色为（C：60，M：60，Y：65，K：0）、“节点位置”为100%的色标颜色为（C：65，M：70，Y：95，K：40），设置如图9-376所示，效果如图9-377所示。

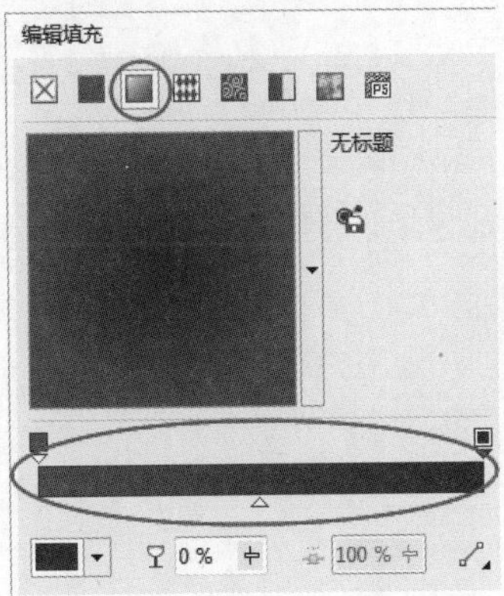

图9-376

图9-377

⑰ 使用“透明度工具”单击椭圆，然后在其属性栏中设置“透明度类型”为“渐变透明度”，并选择“椭圆形渐变透明度”方式，接着拖曳中间的“透明度中心点”滑块调整渐变效果，设置如图9-378所示，效果如图9-379所示。

图9-378

图9-379

⑱ 调整一下圆中对象的位置，然后调整整个图形的大小，最终效果如图9-380所示。

图9-380

本章学习总结

使用调和工具制作图案

“调和工具”用来创建任意两个或多个对象之间的颜色和形状过渡，因此利用对象的一些形状再使用该工具进行调和，可以创建一些立体图形，图9-381所示是利用形状相同的大小椭圆和八边形各自调和创建的立体图形。使用这样的方法还可以绘制一些花纹，如图9-382所示，利用形状相同的大小六边形调和了一个图形，然后使用“裁剪工具”裁剪出中间的一部分，得到一个花纹图案，我们可以将这个图案作为素材运用到合适的作品设计中。这些图案如果使用其他方法来绘制，可能比较困难，因此大家可以充分利用“调和工具”，再配合使用其他工具或形状，制作出更多精美的图案。

扫码观看教学视频

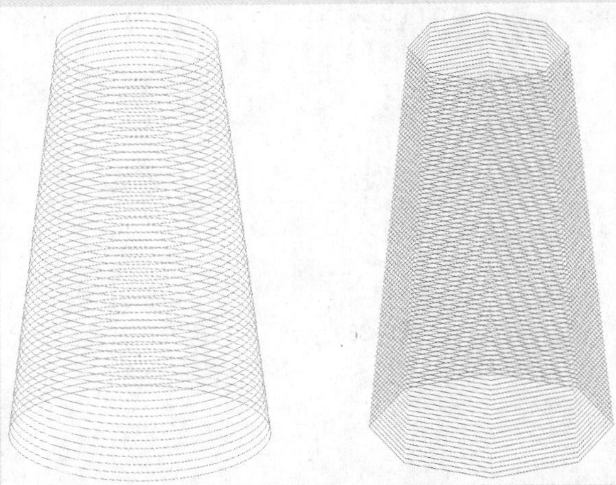

图9-381

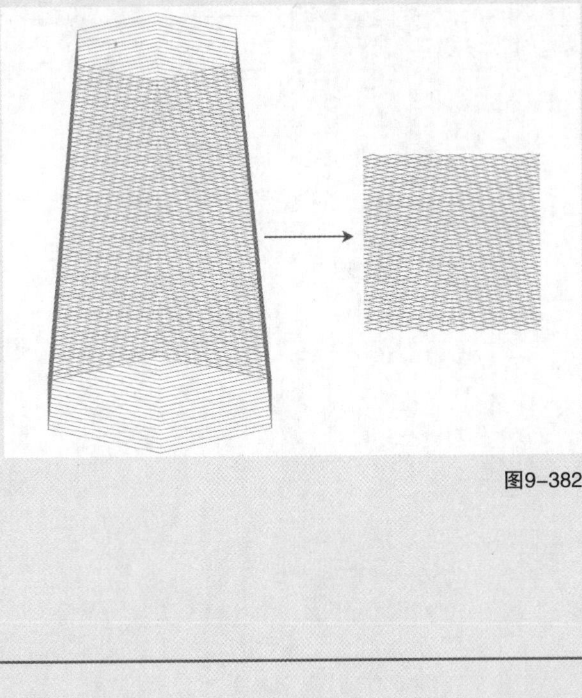

图9-382

调和工具和变形工具的混用

本章主要是创建图像的效果，也就是说，本章的所有工具都可以使对象至少呈现一种效果。我们在使用某一种工具的时候，可能会感觉制作出来的图像效果有些单调，这时就可以考虑几种工具的混用。图9-383所示是使用调和工具和变形工具这两种工具制作出来的效果，从图像上我们可能根本看不出来这个效果是怎么制作出来的，下面给大家展示一下制作的步骤，如图9-384所示。

扫码观看教学视频

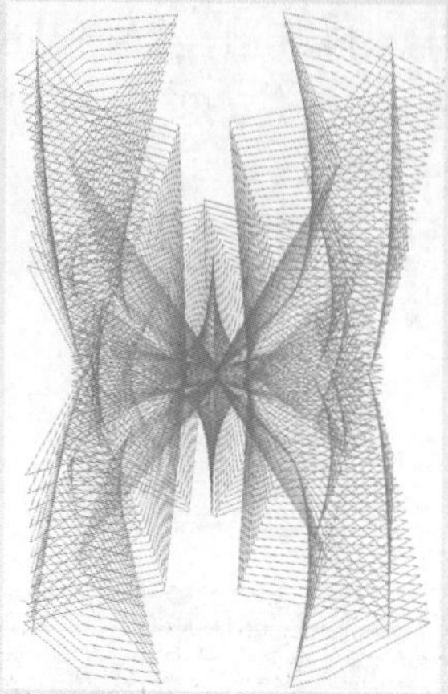

图9-383

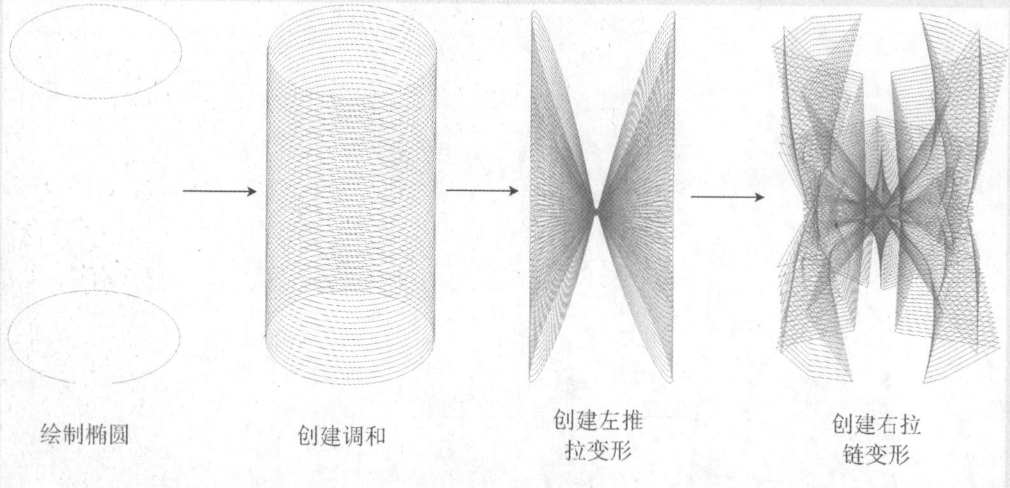

图9-384

第 10 章 文本与表格

本章主要讲解文本与表格，文本主要用来创建美术字或者段落文本，表格则是用来绘制图表。在绘制的图表中，可以使用文本工具输入文本，再一起进行编辑。另外，文本与表格还可以相互转换。

- 掌握文本的输入方法
- 学会设置与编辑文本
- 合理使用页码设置
- 掌握文本的转曲操作
- 学会创建表格
- 灵活运用文本表格互转
- 掌握表格的设置与操作

本章学习建议

创建文字在设计中是必不可少的环节，在创建后我们还需要对其进行调整，使其美观，与整个页面相搭配。我们可以将文字调整为某个形状，如波浪形、旗帜形；也可以单独调整某个文字的大小及其上下左右的间距，使其具有突出显示的效果；还可以使文字环绕某个形状排列。在确定文字效果后，可以将文字转换为曲线，这样可以避免文件从一台计算机移动到另一台计算机时，因为安装字体样式的不同而产生变化。表格的使用在某种程度上可以使内容更具条理性，使查看者一目了然。表格的行高和列宽不是固定的，可以随意进行调整，也可以合并选中区域的表格。表格除了可以用来绘制表格，还可以用来绘制笔记本或者信签纸的格子。另外，表格与文字可以相互转换，通过将文字转换为表格可以制作日历。

扫码观看教学视频

10.1 文本的输入

CorelDRAW X7中有美术字和段落文本两种形式的文本，且在平面设计作品中主要起解释说明的作用。美术字具有矢量图形的属性，可用于添加断行的文本；而段落文本可以用于对格式要求更高、篇幅较大的文本，也可以将文字当作图形来进行设计，使平面设计的内容更广泛。

10.1.1 美术文本

美术文本在设计中的使用率较高，处理起来也相对简单。它在CorelDRAW X7中可以作为一个单独的对象进行编辑，也可以使用各种处理图形的方法对其进行编辑。下面对美术文本的创建和编辑方法进行讲解。

1.创建美术字

选择“文本工具”字，然后在页面内单击鼠标左键建立一个文本插入点，即可输入文本，如图10-1所示，输入的文本即为美术字，如图10-2所示。

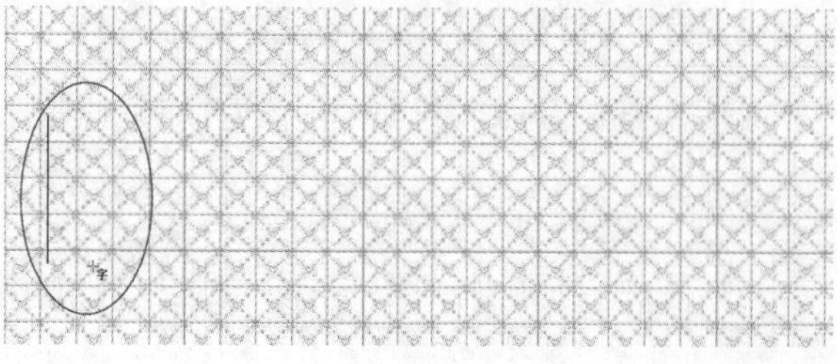

图10-1

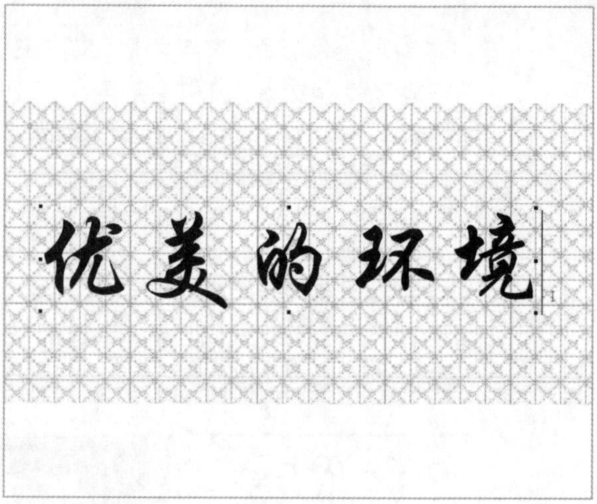

图10-2

提示

在使用“文本工具”字输入文本时，所输入的文字颜色默认为黑色（C：0，M：0，Y：0，K：100）。

2.选择文本

在设置文本属性之前，必须要先将需要设置的文本选中，选择文本的方法有3种。

第1种：使用鼠标在需要选择的文本字符的起点位置进行单击，然后按住Shift键不放，再按键盘上的“左箭头”或“右箭头”。

第2种：使用鼠标在需要选择的文本字符的起点位置进行单击，然后按住鼠标左键拖曳到选择字符的终点位置，接着松开左键，如图10-3所示。

图10-3

第3种：使用“选择工具”单击输入的文本，可以直接选中该文本中的所有字符。

提示

在以上介绍的方法中，前面两种方法可以选择文本中的部分字符，使用“选择工具”可以选中整个文本。

3.美术文本转换为段落文本

在输入美术文本后，如果要对美术文本进行段落文本的编辑，可以将美术文本转换为段落文本。

在文本上单击鼠标右键，然后在打开的菜单中选择“转换为段落文本”命令，如图10-4所示，即可将美术文本转换为段落文本。

图10-4

除了使用以上的方法，还可以选中美术文本，按组合键Ctrl+F直接进行转换；也可以执行“文本>转换为段落文本”菜单命令，将美术文本转换为段落文本。

实战练习

制作婚礼请柬封面

实例位置　实例文件>CH10>制作婚礼请柬封面.cdr
素材位置　素材文件>CH10>素材01.cdr~03.cdr
视频名称　制作婚礼请柬封面.mp4
技术掌握　美术文本的用法

扫码观看教学视频

最终效果图

01 打开“素材文件>CH10>素材01.cdr”文件，如图10-5所示，然后使用“文本工具”在花藤中输入文本YOU & ME，接着设置英文的字体样式为Eco-Files、字体大小为50pt，再设置符号 & 的字体样式为BodoniXT、字体大小为48pt，最后填充符号的颜色为（C：64，M：32，Y：39，K：0），效果如图10-6所示。

图10-5

图10-6

02 使用“钢笔工具”在花藤下面的图形上绘制路径，如图10-7所示，然后选择“文本工具”，接着将鼠标移动到路径上，待光标变为I_A时单击路径，如图10-8所示。

图10-7

图10-8

03 单击路径后，在路径上输入文本—WEDDING INVITATIONS—，然后在属性栏设置文本的字体大小为24pt，接着设置英文的字体样式为GargoCrate，设置符号的字体样式为Adobe黑体Std R，效果如图10-9所示，最后将路径的轮廓线去掉，效果如图10-10所示。

图10-9

图10-10

知识链接

关于步骤02和步骤03在路径上输入文字的方法，可以翻阅本章“10.3.4 文本适合路径”这一小节。

04 在素材下方输入文本May 21st, 2099，然后在属性栏设置字体样式为“造字工房悦圆演示版常规体”、字体大小为24pt，接着在文本下面输入英文The Eternal Hotel，再设置字体样式为CaligulaDodgy、字体大小为24pt，效果如图10-11所示。

图10-11

05 在步骤04的两个文本中间绘制一条虚线，如图10-12所示，然后导入“素材文件>CH10>素材02.cdr”文件，将其放置在图层底层，效果如图10-13所示。

图10-12

图10-13

06 为素材02填充颜色为（C：5，M：7，Y：5，K：0），然后去掉轮廓线，如图10-14所示，接着导入“素材文件>CH10>素材03.cdr”文件，最后按组合键Ctrl+End将其置于图层底层，最终效果如图10-15所示。

图10-14

图10-15

10.1.2 段落文本

对于数量较多的文字，使用段落文本进行输入和调整更方便快捷，并且段落文本在多页面文件中可以从一个页面流动到另一个页面，编排起来非常方便。下面进行详细讲解。

1.创建段落文本

在软件中实际操作的时候，有时候需要输入的文字数量过于多，我们就可以创建段落文本。

操作演示

创建段落文本

视频名称：创建段落文本

扫码观看教学视频

创建段落文本之前，首先需要绘制一个文本框，然后在其中输入文字。

第1步：导入素材，然后选择“文本工具”，接着将光标移动到素材上，再按住鼠标左键进行拖曳，松开鼠标后系统会自动生成文本框，如图10-16和图10-17所示。

图10-16

图10-17

第2步：在段落文本框内输入文本，此时输入的文本即为段落文本，段落文本在排满一行后会自动换行，如图10-18所示。

图10-18

2.文本框的调整

段落文本只能在文本框内显示，若超出文本框的范围，文本框下方的控制点内会出现一个黑色三角箭头，向下拖曳该箭头，可以扩大文本框，显示被隐藏的文本，如图10-19和图10-20所示。也可以通过使用鼠标拖曳文本框中任意的一个控制点，来调整文本框的大小，使隐藏的文本完全显示。

图10-19

图10-20

提示

段落文本也可以转换为美术文本。在段落文本上单击鼠标右键，然后在打开的菜单中选择“转换为美术字”命令，即可转换，如图10-21所示。或者选中段落文本，按组合键Ctrl+F8直接进行转换，也可以执行“文本>转换为美术字”菜单命令进行转换。

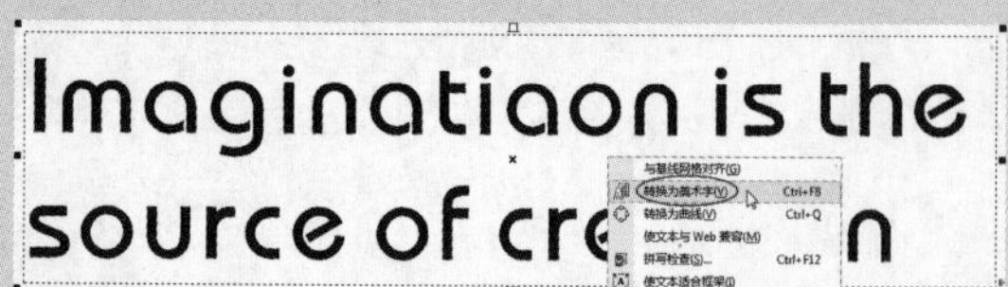

图10-21

10.2 文本设置与编辑

在CorelDRAW X7中，可以对已创建完成的美术文字和段落文本进行文本编辑和属性的设置。下面我们进行详细讲解。

10.2.1 使用形状工具调整文本

除了在文本工具的属性栏和泊坞窗中可以调整文本外，还可使用“形状工具”对文本进行调整。

操作演示

使用形状工具调整文本

视频名称：使用形状工具调整文本

扫码观看教学视频

使用“形状工具”可以调整文本之间的间距，或者文本的角度，下面讲解调整的方法。

第1步：使用“形状工具”选中文本，此时每个文字的左下角都会出现一个白色小方块，如图10-22所示，该小方块称为“字元控制点”。

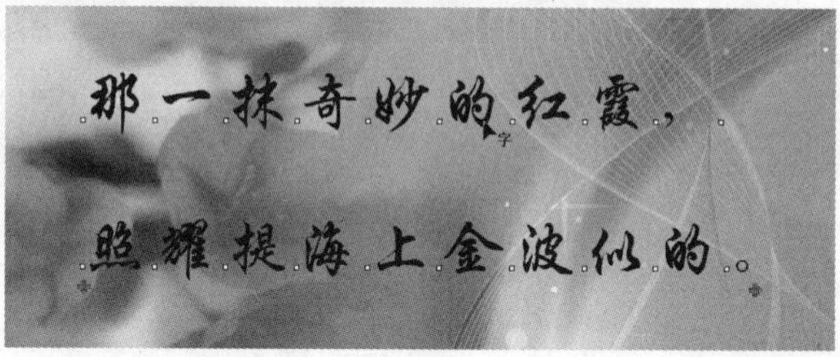

图10-22

第2步：使用鼠标左键单击或是按住鼠标左键拖曳框选这些“字元控制点”，使其呈黑色选中状态，即可在属性栏中对所选字元进行旋转、缩放和颜色改变等操作，如图10-23所示。

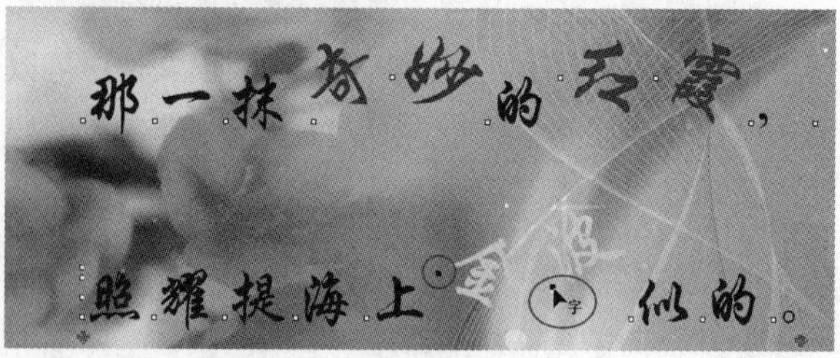

图10-23

第3步：拖曳文本对象右下角的水平间距箭头，可按比例更改字间距；拖曳文本对象左下角的垂直间距箭头，可以按比例更改行距，如图10-24所示。

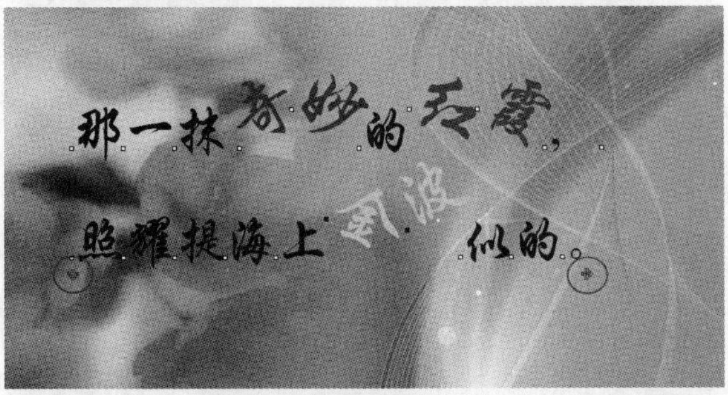

图10-24

技术专题 使用“形状工具”编辑文本的详细方法

使用“形状工具”选中文本后，属性栏如图10-25所示。

图10-25

当使用“形状工具”选中文本中任意一个文字的“字元控制点”（也可以框选住多个字元控制点）时，即可在该属性栏中更改所选字元的字体样式和字体大小，如图10-26所示，并且还可以为所选字元设置粗体、斜体和下划线样式，如图10-27所示，在后面的3个选项框中还可以设置所选字元相对于原始位置的距离和倾斜角度，如图10-28所示。

图10-26

图10-27

图10-28

除了可以通过“形状工具”的属性栏调整所选字元的位置外，还可以直接使用鼠标左键选中需要调整的文字的“字元控制点”，然后按住鼠标左键进行拖曳，如图10-29所示，调整到合适位置时松开鼠标，即可更改所选字元的位置，如图10-30所示。

图10-29

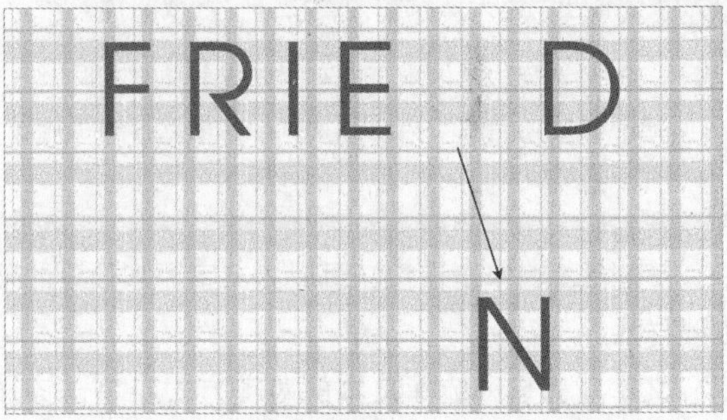

图10-30

10.2.2 属性栏设置

“文本工具”的属性栏选项如图10-31所示。

图10-31

重要参数介绍

字体列表：为新文本或所选文本选择该列表中的一种字体。单击该选项，可以打开系统装入的字体列表，如图10-32所示。

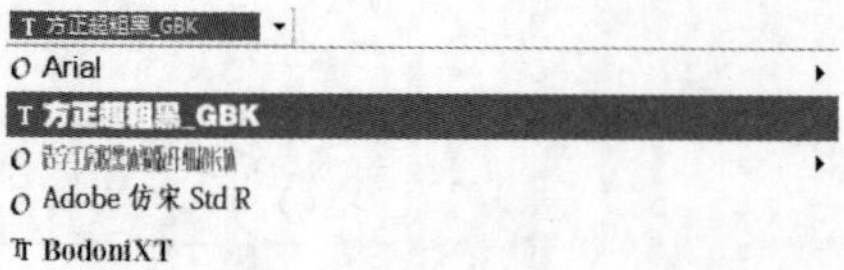

图10-32

字体大小：指定字体的大小。单击该选项，既可以在打开的列表中选择字号，也可以在该选项框中输入数值，如图10-33所示。

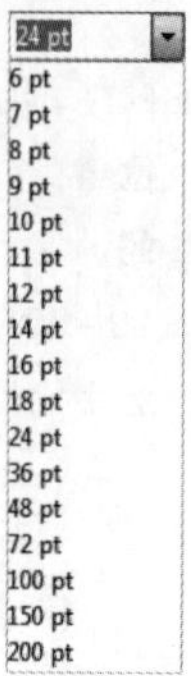

图10-33

粗体：单击该按钮可以将所选文本加粗显示。

斜体：单击该按钮可以将所选文本倾斜显示。

> **疑难问答**
>
> 为什么有些字体无法设置为“粗体”或斜体？
>
> 因为只有当选择的字体本身就有粗体或斜体样式时，才可以进行“粗体”或“斜体”设置，如果选择的字体没有粗体或斜体样式，则无法进行设置。

下划线：单击该按钮可以为文字添加预设的下划线样式。

文本对齐：选择文本的对齐方式。单击该按钮，可以打开对齐方式列表，如图10-34所示。

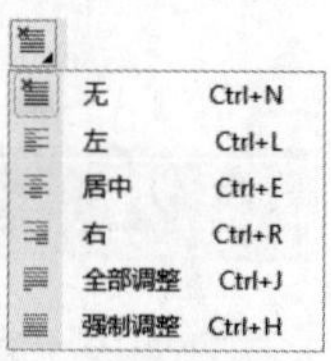

图10-34

项目符号列表：为新文本或是所选文本，添加或是移除项目符号列表格式。

首字下沉：为新文本或是所选文本，添加或是移除首字下沉设置。

文本属性：单击该按钮可以打开“文本属性”泊坞窗，在该泊坞窗中可以编辑段落文本和艺术文本的属性，如图10-35所示。

图10-35

编辑文本：单击该按钮，可以打开“编辑文本”对话框，如图10-36所示，在该对话框中可以对选定文本进行修改或是输入新文本。

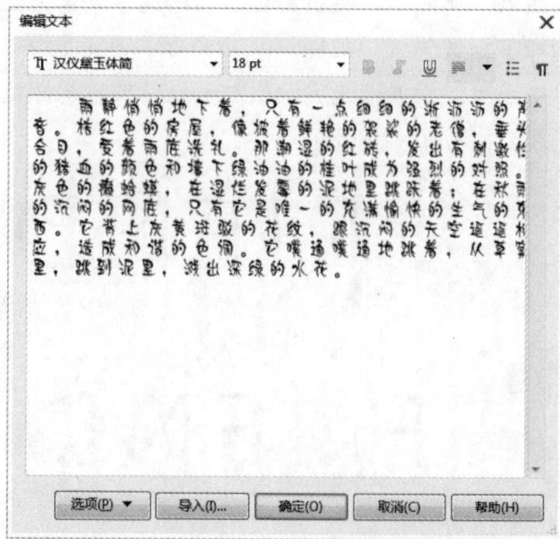

图10-36

> **疑难问答**
>
> 使用“编辑文本”对话框输入的是什么文本？
>
> 使用“编辑文本”对话框既可以输入美术文本，也可以输入段落文本。如果使用“文本工具”字，在页面上使用鼠标左键单击后再打开该对话框，输入的即为美术文本；如果在页面绘制出文本框后再打开该对话框，输入的就为段落文本。

水平方向：单击该按钮，可以将新文本或所选文本设置或更改为水平方向（默认为水平方向）。

垂直方向：单击该按钮，可以将新文本或所选文本设置或更改为垂直方向。

交互式OpenType：当某种OpenType功能用于选定文本时，在屏幕上显示指示。

10.2.3 字符设置

在CorelDRAW X7中可以更改文本中文字的字体、字号和添加下划线等字符属性，用户可以在属性栏中单击“文本属性”按钮，或者执行“文本>文本属性”菜单命令，打开“文本属性”泊坞窗，然后展开“字符”的设置面板，如图10-37所示。

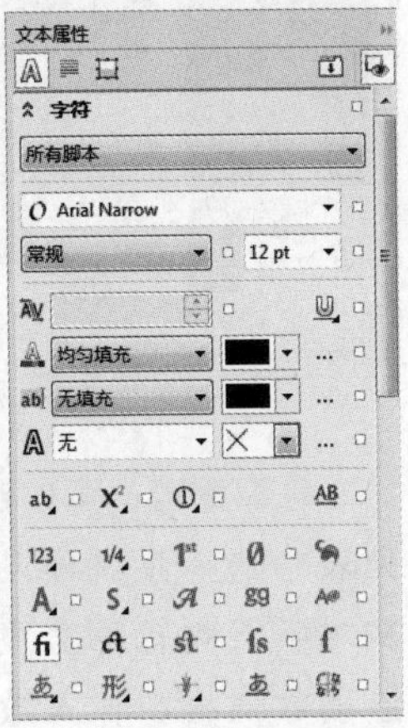

图10-37

> **提示**
>
> 在“文本属性”泊坞窗中单击按钮，可以展开对应的设置面板；如果单击按钮，可以折叠对应的设置面板。

重要参数介绍

脚本：在该选项的列表中可以选择要限制的文本类型，如图10-38所示，当选择“拉丁文”时，在该泊坞窗中设置的各选项将只对选择文本中的英文和数字起作用；当选择“亚洲”时，只对选择文本中的中文起作用（默认情况下选择“所有脚本”，即对选择的文本全部起作用）。

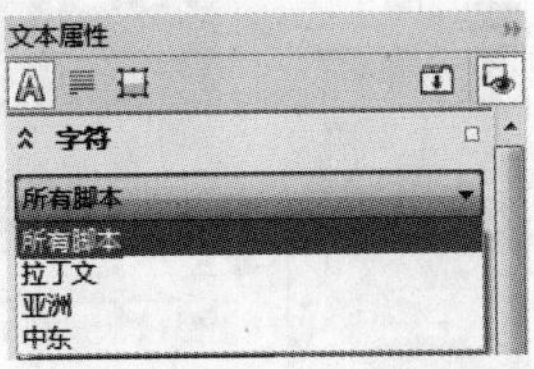

图10-38

字体列表：可以在打开的字体列表中选择需要的字体样式，如图10-39所示。

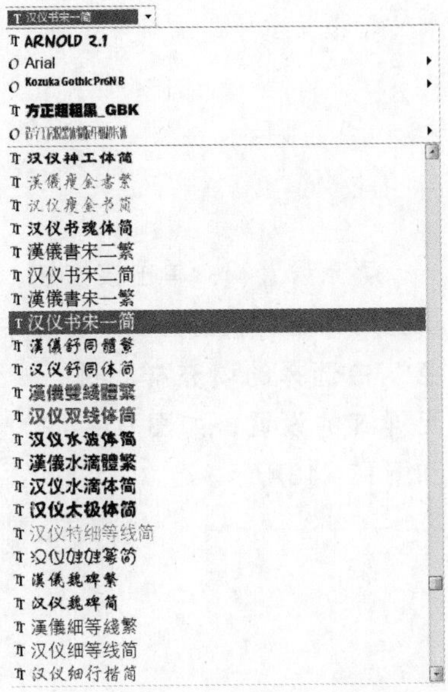

图10-39

下划线：单击该按钮，可以在打开的列表中为选中的文本添加其中的一种下划线样式，如图10-40所示。

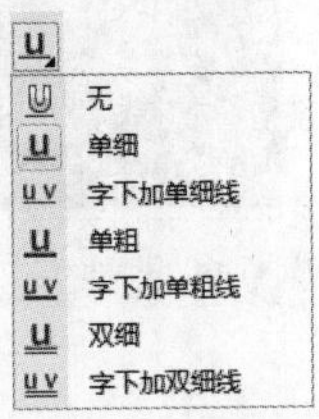

图10-40

字体大小：设置字体的字号，设置该选项可以使用鼠标左键单击后面的按钮；也可以将光标移动到文本边缘，当光标变为↖时，按住鼠标左键拖曳，调整字体大小。

字距调整范围：扩大或缩小选定文本范围内单个字符之间的间距，设置该选项可以使用鼠标左键单击后面的按钮；也可以当光标变为时，按住鼠标左键拖曳，调整字符之间的间距。

> **提示**
>
> 字符设置面板中的“字距调整范围”选项，只有使用“文本工具”或是“形状工具”选中文本中的文字时才可用。

填充类型：用于选择字符的填充类型，如图10-41所示。

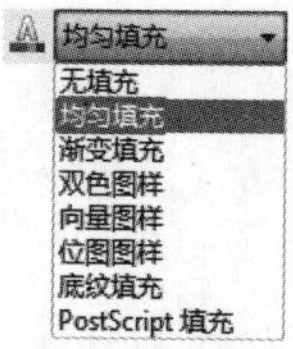

图10-41

填充设置：单击该按钮，可以打开相应的填充对话框，在打开的对话框中可以对“文本颜色”中选择的填充样式进行更详细的设置，如图10-42和图10-43所示。

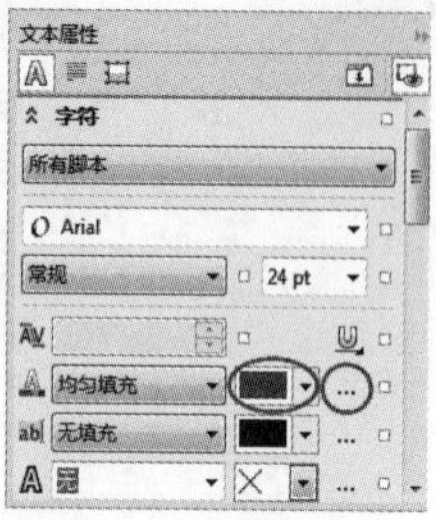

图10-42

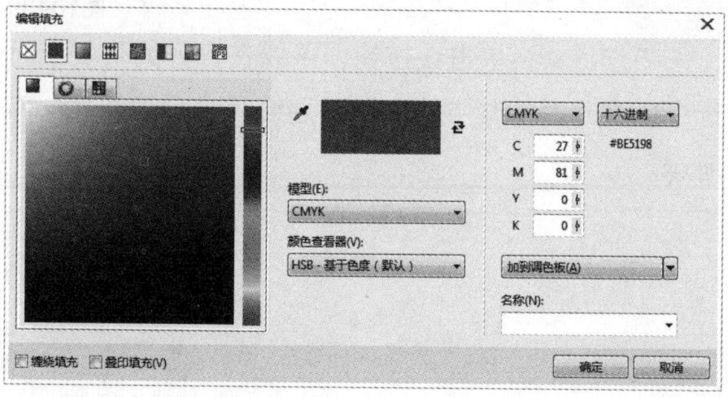

图10-43

提示

为文本填充颜色除了可以通过“文本属性”泊坞窗来进行填充外，还可以单击状态栏中的“编辑填充”图标打开不同的填充对话框对文本进行填充，也可以直接使用鼠标左键单击调色板上的色样进行填充。如果要为文本轮廓填充颜色，可以使用鼠标右键单击调色板上的色样。

背景填充类型：用于选择字符背景的填充类型，如图10-44所示。

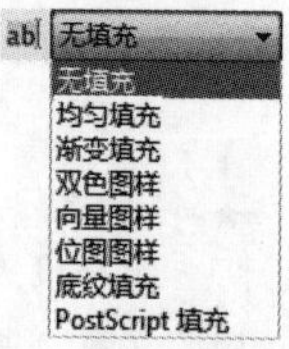

图10-44

填充设置：单击该按钮，可以打开相应的填充对话框，在打开的对话框中可以对字符背景的填充颜色或填充图样进行更详细的设置，如图10-45和图10-46所示。

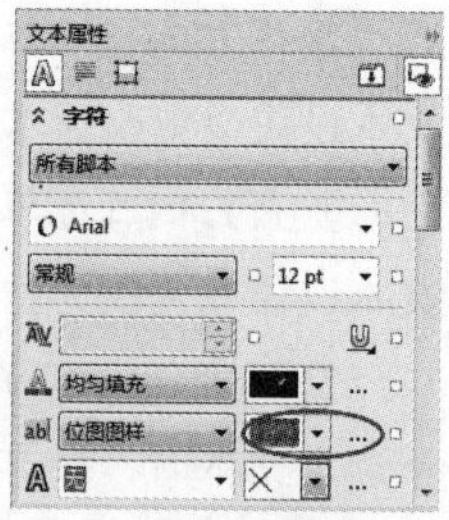

图10-45

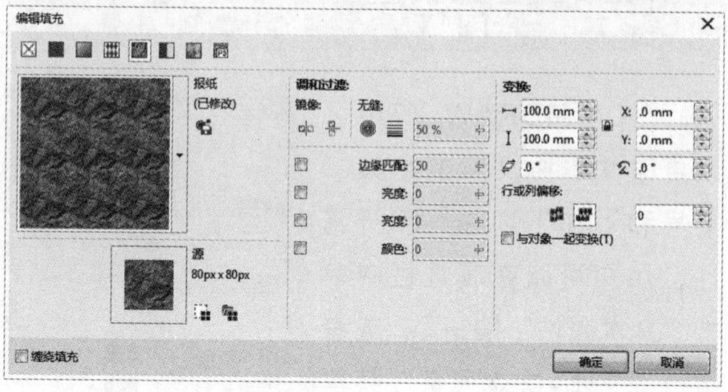

图10-46

轮廓宽度：可以在该选项的下拉列表中选择系统预设的宽度值作为文本字符的轮廓宽度，也可以在该选项数值框中输入数值进行设置，如图10-47所示。

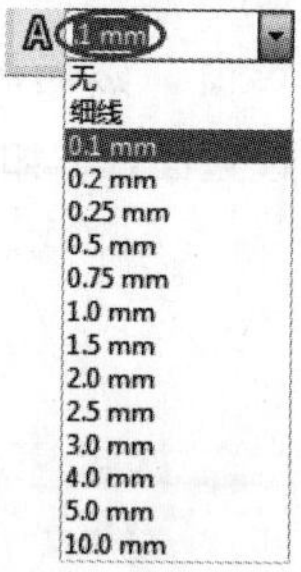

图10-47

轮廓颜色：可以从该选项的颜色挑选器中选择颜色为所选字符的轮廓填充颜色，如图10-48所示；也可以单击“更多”按钮更多(O)...，打开“选择颜色”对话框，从该对话框中选择颜色，如图10-49所示。

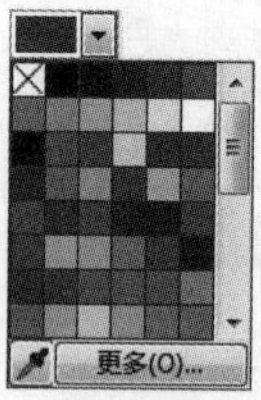

图10-48

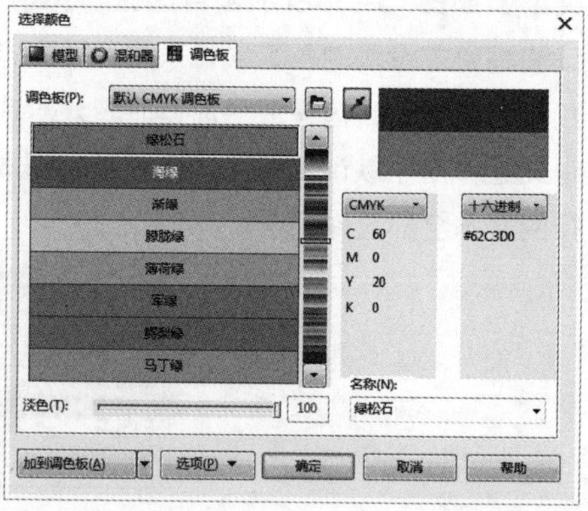

图10-49

轮廓设置：单击该按钮，可以打开“轮廓笔”对话框，如图10-50所示。

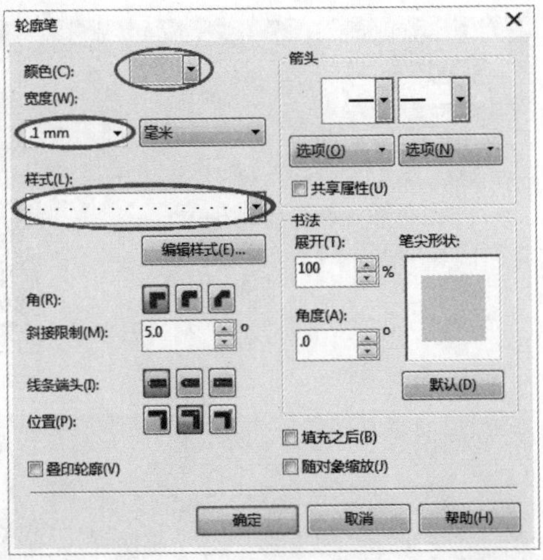

图10-50

大写字母：更改字母或英文文本为大写字母或小型大写字母，如图10-51所示。

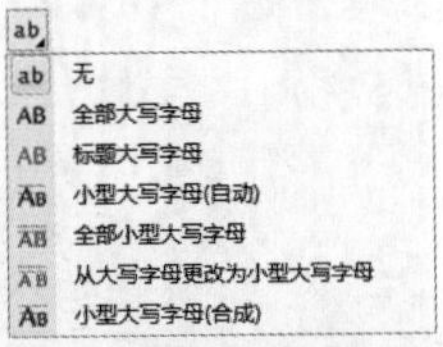

图10-51

疑难问答

可以设置文本的大小写吗?

要设置文本的大小写，可以执行“文本>更改大小写”菜单命令，打开“更改大小写”对话框，然后在该对话框中为所选文本设置大小写样式，如图10-52所示。

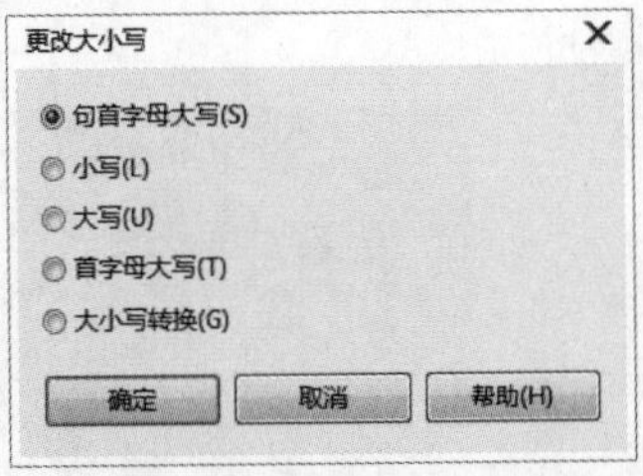

图10-52

位置：更改选定字符相对于周围字符的位置，如图10-53所示。

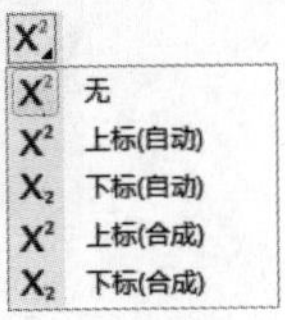

图10-53

10.2.4 段落设置

在CorelDRAW X7中可以更改文本中文字的字距、行距和段落文本断行等段落属性，用户可以执行“文本>文本属性”菜单命令，打开“文本属性”泊坞窗，然后展开“段落”的设置面板，如图10-54所示。

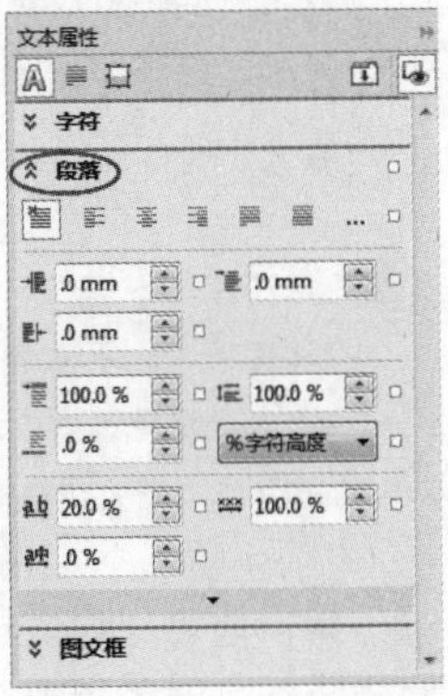

图10-54

重要参数介绍

无水平对齐：使文本不与文本框对齐（该选项为默认设置）。

左对齐：使文本与文本框左侧对齐。

居中：使文本置于文本框左右两侧之间的中间位置。

右对齐：使文本与文本框右侧对齐。

两端对齐：使文本与文本框两侧对齐（最后一行除外）。

提示

设置文本的对齐方式为“两端对齐”时，如果在输入的过程中按Enter键进行过换行，则设置该选项后“文本对齐”为“左对齐”样式。

强制两端对齐：使文本与文本框的两侧同时对齐。

调整间距设置：单击该按钮，可以打开“间距设置”对话框，在该对话框中可以进行文本间距的自定义设置，如图10-55所示。

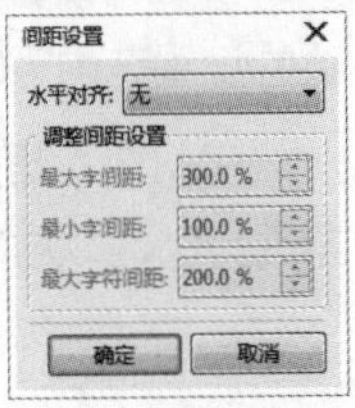

图10-55

水平对齐：单击该选项后面的按钮，可以在下拉列表中为所选文本选择一种对齐方式，如图10-56所示。

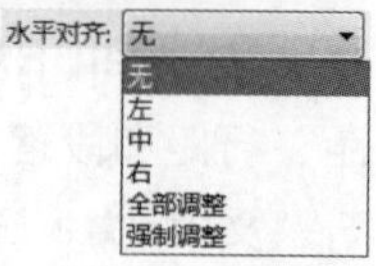

图10-56

最大字间距：设置文字间的最大间距。

最小字间距：设置文字间的最小间距。

最大字符间距：设置单个文本字符之间的间距。

> **提示**
>
> 只有当“水平对齐”选择“全部调整”和“强制调整”时，“间距设置”对话框中的“最大字间距”“最小字间距”“最大字符间距”才可用。

首行缩进：设置段落文本的首行相对于文本框左侧的缩进距离（默认为0mm），该选项的范围为0mm~25400mm。

左行缩进：设置段落文本（首行除外）相对于文本框左侧的缩进距离（默认为0mm），该选项的范围为0mm~25400mm。

右行缩进：设置段落文本相对于文本框右侧的缩进距离（默认为0mm），该选项的范围为0mm~25400mm。

垂直间距单位：设置文本间距的度量单位。

行距：指定段落中各行之间的间距值，该选项的设置范围为0%~2000%。

段前间距：指定在段落上方插入的间距值，该选项的设置范围为0%~2000%。

段后间距：指定在段落下方插入的间距值，该选项的设置范围为0%~2000%。

字符间距：指定一个词中单个文本字符之间的间距，该选项的设置范围为-100%~2000%。

语言间距：控制文档中多语言文本的间距，该选项的设置范围为0%~2000%。

字间距：指定单个字之间的间距，该选项的设置范围为0%~2000%。

实战练习

制作生日贺卡

实例位置　实例文件>CH10>制作生日贺卡.cdr
素材位置　素材文件>CH10>素材04.cdr
视频名称　制作生日贺卡.mp4
技术掌握　文本工具的用法

扫码观看教学视频

最终效果图

01 打开“素材文件>CH10>素材04.cdr”文件，如图10-57所示，然后使用“文本工具”字在页面中绘制一个文本框，如图10-58所示。

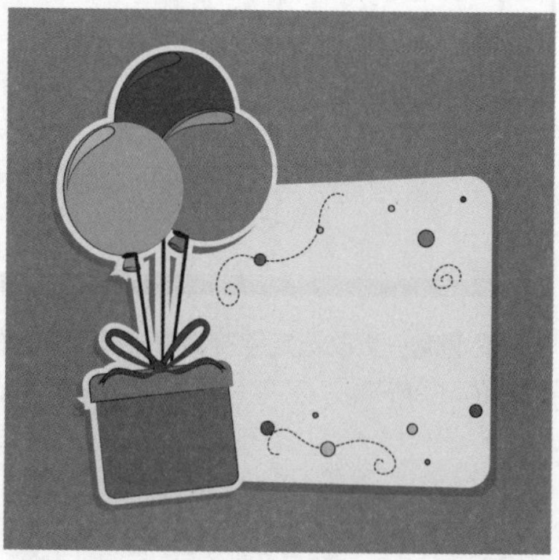

图10-57

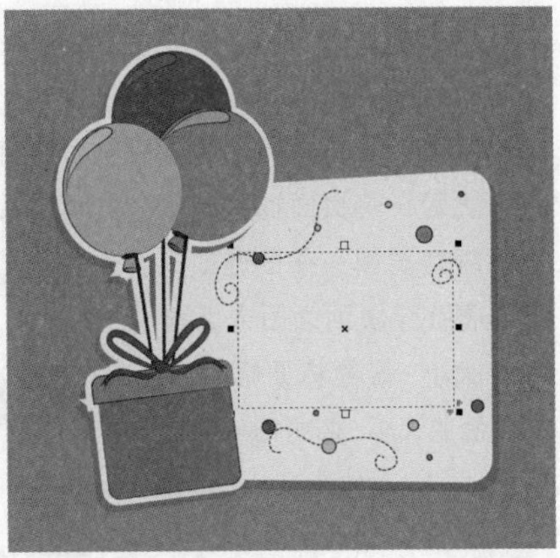

图10-58

02 在文本框中输入文本，如图10-59所示，然后选中文字，在属性栏中设置“字体”为“汉仪碟语体简”、“字体大小”为16pt，接着选中英文单词，在属性栏中设置“字体大小”为24pt，设置如图10-60所示，效果如图10-61所示。

图10-59

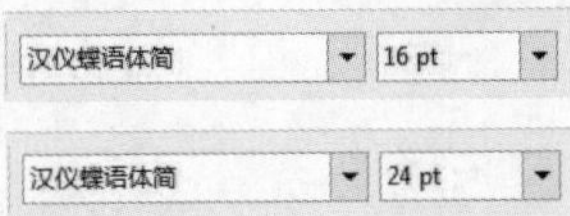

图10-60

图10-61

03 选中所有文本，单击属性栏中的“文本属性”按钮打开“文本属性”泊坞窗，接着在“段落”栏中设置“文本对齐”方式为居中、“段前间距”为150%，设置如图10-62所示，效果如图10-63所示。

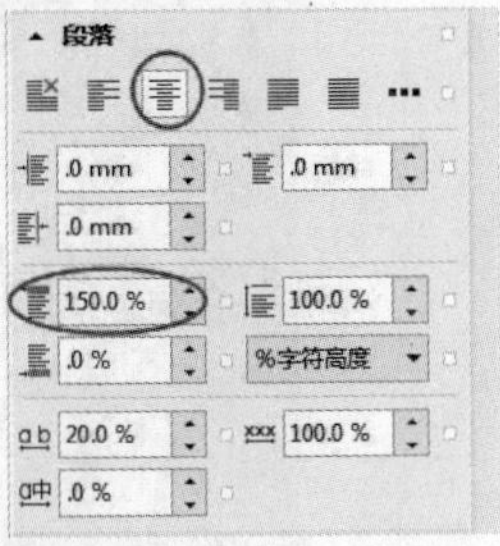

图10-62

图10-63

04 设置所有文字的颜色为（C：40，M：0，Y：100，K：0），然后选中文字“生日快乐”4个字，设置该文字的“字体大小”为24pt，颜色为（C：0，M：60，Y：80，K：0），接着选中英文Happy Birthday，设置其文字颜色为（C：0，M：60，Y：80，K：0），效果如图10-64所示，最后使用“选择工具”选中文本框，按组合键Ctrl+Q将文字转曲，最终效果如图10-65所示。

图10-64

图10-65

10.3 文本编排

在CorelDRAW X7中，可以进行页面操作与设置、页码操作以及文本的特殊处理等。

10.3.1 页面操作与设置

在CorelDRAW X7中，适当的页面操作和设置，可以更方便地进行文本编排和图形绘制。

1.插入页面

在实际操作中，经常会遇到页码不够用的情况，此时就需要增加页码。执行“布局>插入页面”菜单命令，即可打开“插入页面”对话框，如图10-66所示。

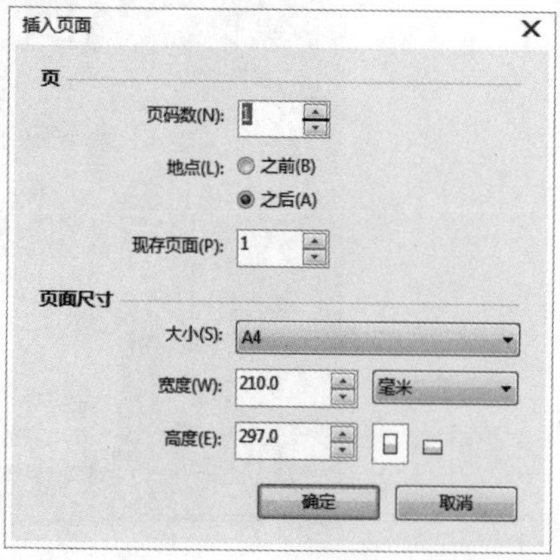

图10-66

重要参数介绍

页码数：设置插入页面的数量。

之前：将页面插入到所在页面的前面一页。

之后：将页面插入到所在页面的后面一页。

现存页面：在该选项中设置好页面后，所插入的页面将在该页面之后或之前。

大小：设置将要插入的页面的大小，如图10-67所示。

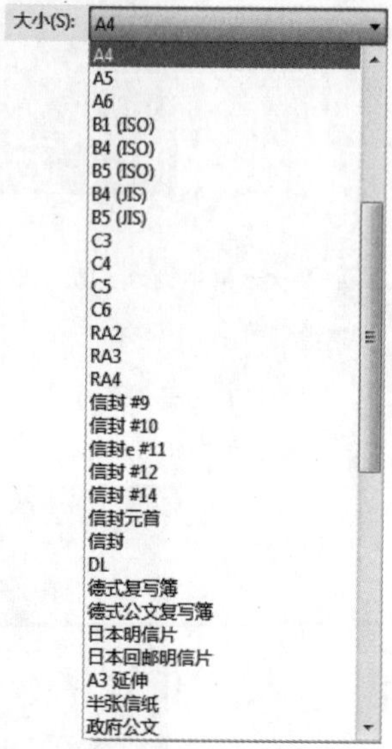

图10-67

宽度：设置插入页面的宽度。

高度：设置插入页面的高度。

单位：设置插入页面的“高度”和“宽度”的度量单位，如图10-68所示。

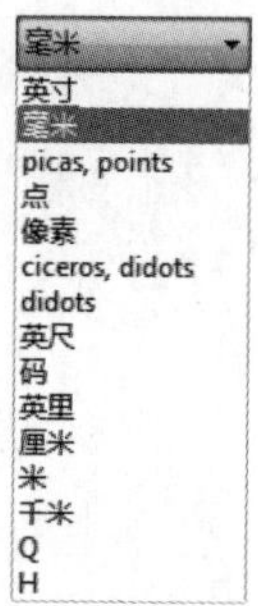

图10-68

> **提示**
>
> 在该对话框中，如果设置后的页面尺寸为“纵向”，此时单击“横向”按钮▭可以交换“高度”和“宽度”的数值；如果设置后的页面尺寸为“横向”，此时单击“纵向”按钮▯也可以交换“高度”和“宽度”的数值。

2.删除页面

执行“布局>删除页面”菜单命令打开“删除页面”对话框，如图10-69所示，在“删除页面”选项的数值框中设置好要删除的页面的页码，然后单击“确定”按钮，即可删除该页面。如果勾选“通到页面”选项，并在该数值框中设置好页码，即可将“删除页面”到“通到页面”的所有页面删除。

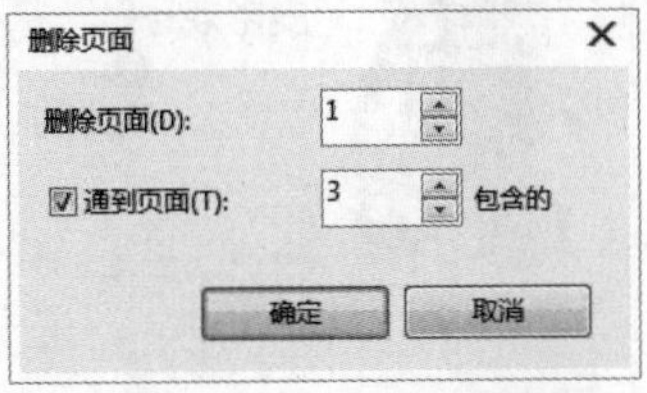

图10-69

> **提示**
>
> 按照以上对话框中的设置，即可将页面1到页面3的所有页面删除。需要注意的是，“通到页面”中的数值不能比“删除页面”中的数值小。

3.转到某页

执行“布局>转到某页”菜单命令，即可打开“转到某页”对话框，如图10-70所示，在该对话框中设置好页面的页码数，然后单击“确定”按钮，即可将当前页面切换到设置的页面。

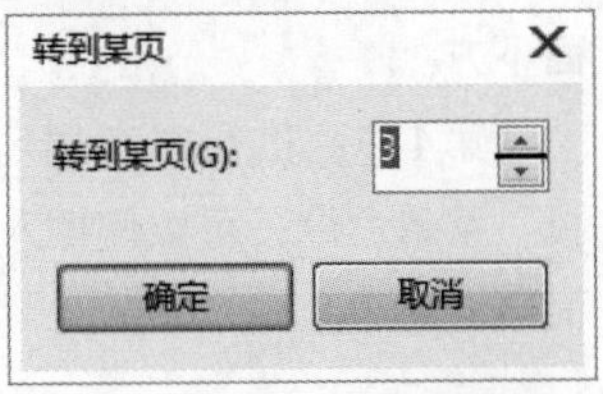

图10-70

4.切换页面方向

执行“布局>切换页面方向”菜单命令，即可在“横向”页面和“纵向”页面之间进行切换。如果要更快捷地切换页面方向，可以直接单击属性栏上的“纵向”按钮和“横向”按钮切换页面方向。

5.布局

在菜单栏中执行“布局>页面设置”菜单命令，打开“选项”对话框，然后单击左侧的“布局”选项，展开该选项的设置页面，如图10-71所示。

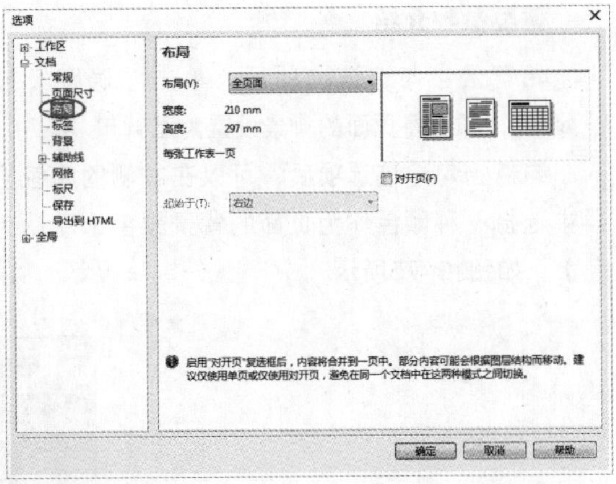

图10-71

重要参数介绍

布局：单击该选项，可以在打开的列表中单击选择一种作为页面的样式，如图10-72所示。

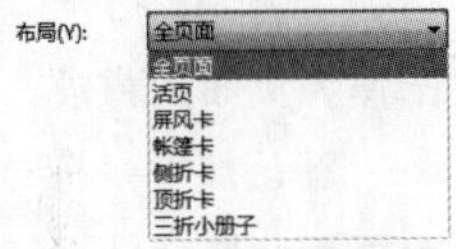

图10-72

对开页：勾选该选项的复选框，可以将页面设置为对开页。

起始于：单击该选项，在打开的列表中可以选择对开页样式起始于“左边”或是“右边”，如图10-73所示。

图10-73

6.背景

执行“布局>页面设置”菜单命令，将打开“选项”对话框，然后单击左侧的“背景”选项，可以展开该选项的设置页面，如图10-74所示。

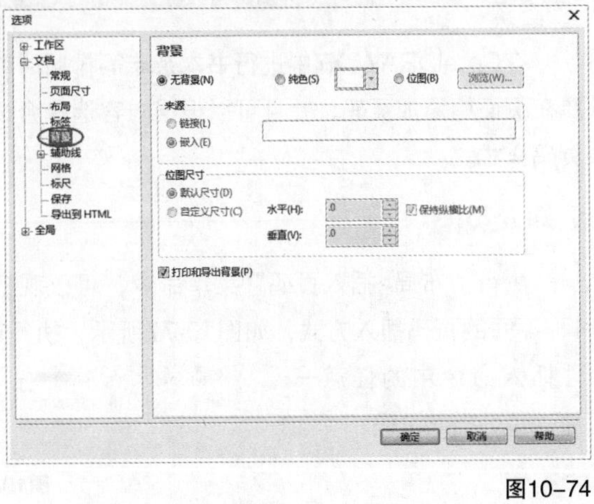

图10-74

重要参数介绍

无背景：勾选该选项后，单击“确定”按钮 确定，即可将页面的背景设置为无背景。

纯色：勾选该选项后，可以在右侧的颜色挑选器中选择一种颜色作为页面的背景颜色（默认为白色），如图10-75所示。

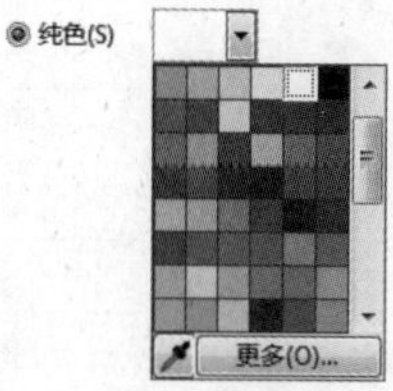

图10-75

位图：勾选该选项后，可以单击右侧的“浏览”按钮 浏览(W)...，打开“导入”对话框，然后导入一张位图作为页面的背景。

默认尺寸：将导入的位图以系统默认的尺寸设置为页面背景。

自定义尺寸：勾选该选项后，可以在“水平”和“垂直”的数值框中自定义位图的尺寸（当导入位图后，该选项才可用），如图10-76所示。

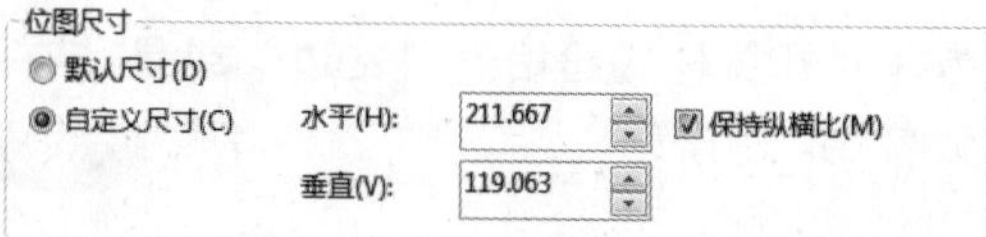

图10-76

保持纵横比：勾选该选项的复选框，可以使导入的图片不会因为尺寸的改变，而出现扭曲变形的现象。

10.3.2 页码操作

在CorelDRAW X7中进行书本杂志等排版时就需要在页面中添加页码，并且可以根据内容选择合适的页码样式。

1.插入页码

执行“布局>插入页码”菜单命令，可以观察到4种不同的页码插入方式，如图10-77所示，执行这4种插入命令中的任意一种，即可插入页码。

图10-77

第1种：执行“布局>插入页码>位于活动图层”菜单命令，可以让插入的页码只位于活动图层下方的中间位置，如图10-78所示。

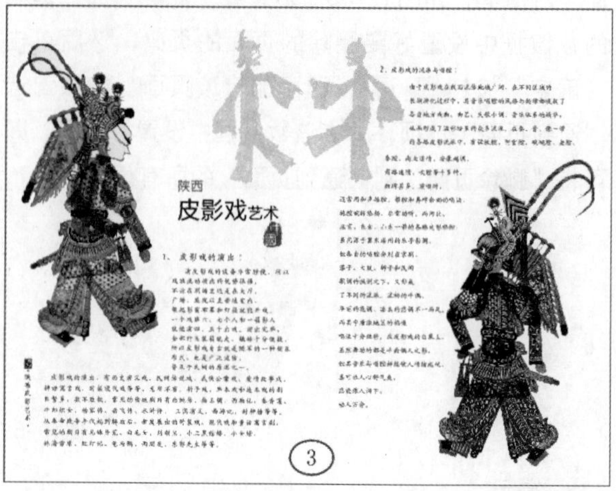

图10-78

提示

插入的页码均默认显示在相应页面下方的中间位置，并且插入的页码与其他文本相同，都可以使用编辑文本的方法对其进行编辑。

第2种：执行“布局>插入页码>位于所有页”菜单命令，可以使插入的页码位于每一个页面下方。

第3种：执行“布局>插入页码>位于所有奇数页”菜单命令，可以使插入的页码位于每一个奇数页面下方。

第4种：执行“布局>插入页码>位于所有偶数页”菜单命令，可以使插入的页码位于每一个偶数页面下方。

提示

如果要执行“布局>插入页码>位于所有偶数页”菜单命令或执行“布局>插入页码>位于所有奇数页”菜单命令，就必须使页面总数为偶数或奇数，并且页面不能设置为“对开页”。

2.页码设置

执行“布局>页码设置”菜单命令，打开“页码设置”对话框，可以在该对话框中设置页码的“起始编号”和“起始页”；单击“样式”选项右侧的下拉按钮，可以打开页码样式列表，在列表中可以选择一种样式作为插入页码的样式，如图10-79所示。

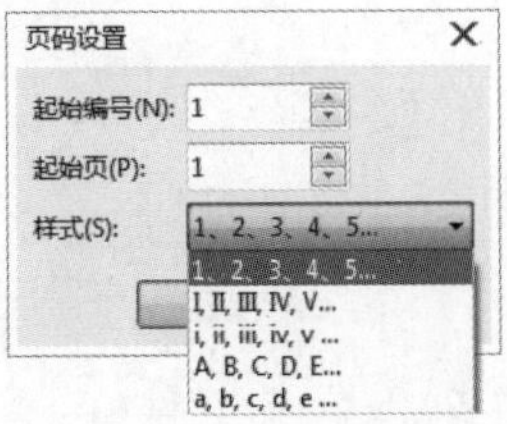

图10-79

10.3.3 文本绕图

文本绕图就是段落文本围绕图形或图像进行排列，使文本与图形或图像完美结合，从而使画面更加美观。

输入一段文本，然后绘制任意图形或是导入位图图像，将图形或图像放置在段落文本上，使其与段落文本重叠，接着单击属性栏上的“文本换行”按钮，打开“换行样式”选项面板，如图10-80所示，单击面板中除“无”按钮外的任意一个按钮，即可选择一种文本绕图效果。

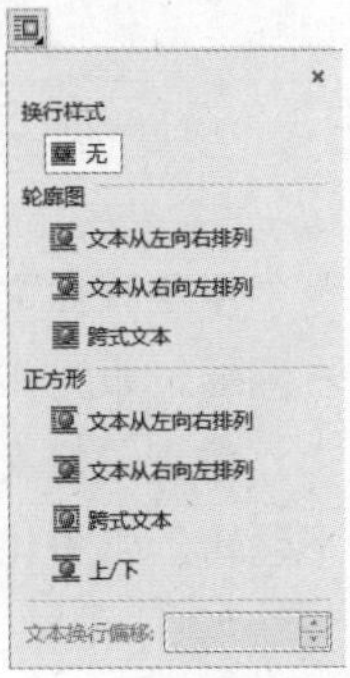

图10-80

重要参数介绍

无：取消文本绕图效果。

轮廓图：使文本围绕图形的轮廓进行排列。

文本从左向右排列：使文本沿对象轮廓从左向右排列。

文本从右向左排列：使文本沿对象轮廓从右向左排列。

跨式文本：使文本沿对象的整个轮廓排列。

正方形：使文本围绕图形的边界框进行排列。

文本从左向右排列：使文本沿对象边界框从左向右排列。

文本从右向左排列：使文本沿对象边界框从右向左排列。

跨式文本：使文本沿对象的整个边界框排列。

上/下：使文本沿对象的上下两个边界框排列。

文本换行偏移：设置文本到对象轮廓或对象边界框的距离，设置该选项可以单击后面的按钮；也可以当光标变为时，拖曳鼠标进行设置。

10.3.4 文本适合路径

将文本与路径结合，可以创建不同排列形态的文本效果，使文本更具艺术感，可以直接在路径上输入，也可以执行命令进行分布。下面讲解不同的分布方法。

1.直接填入路径

绘制一个矢量对象，然后选择“文本工具”，接着将光标移动到对象路径的边缘，待光标变为时单击对象的路径，如图10-81所示，即可在对象的路径上直接输入文字，输入的文字依路径的形状进行分布，如图10-82所示。

图10-81

图10-82

2.执行菜单命令

选中文本，然后执行“文本>使文本适合路径”菜单命令，当光标变为时，移动到目标路径上，在对象上移动光标，可以改变文本沿路径的距离和相对路径终点和起点的偏移量（还会显示与路径距离的数值），如图10-83所示。

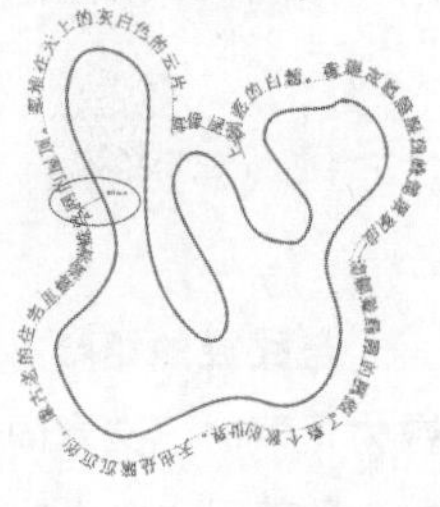

图10-83

3.右键填入文本

选中文本，然后按住鼠标右键拖曳文本到要填入的路径，待光标变为⊕时松开鼠标，接着在打开的菜单中选择“使文本适合路径”命令，如图10-84和图10-85所示，即可在路径中填入文本，如图10-86所示。

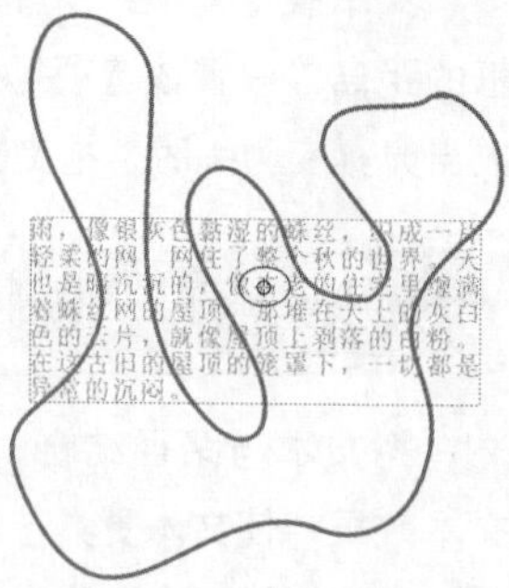
图10-84

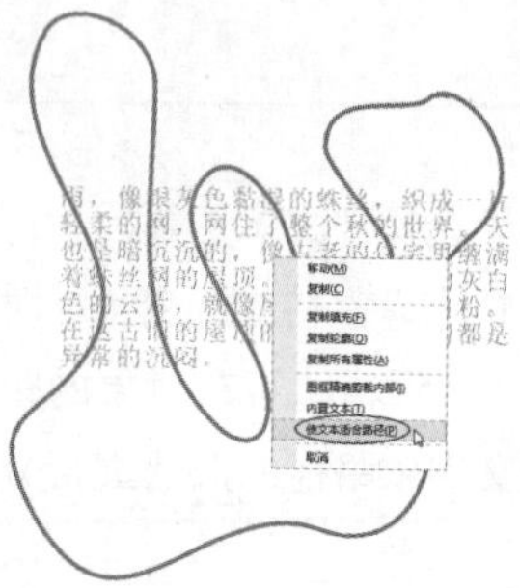
图10-85

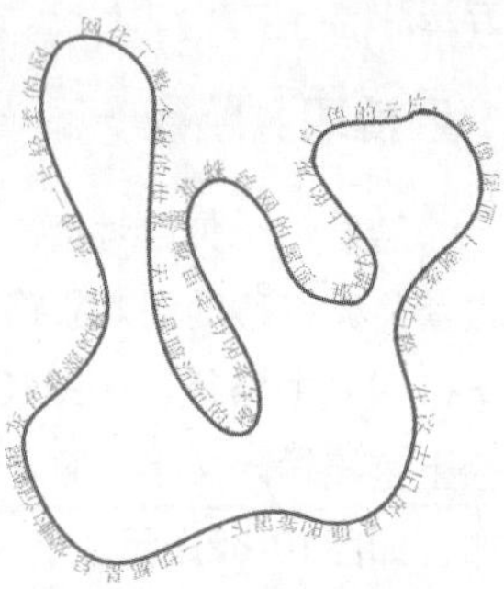
图10-86

> **提示**
>
> 注意，在拖曳文本时，按住的是鼠标右键；在执行“使文本适合路径”命令时，如果文本是段落文本，只可在开放路径对象上适用，在封闭的路径对象上不可用。

4.沿路径文本属性设置

沿路径文本属性栏如图10-87所示。

图10-87

重要参数介绍

文本方向：指定文本的总体朝向，如图10-88所示。

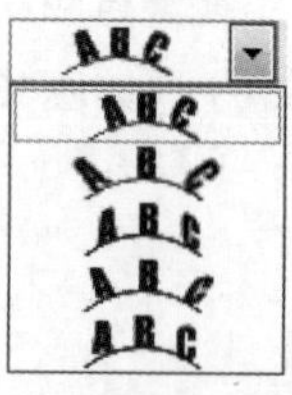
图10-88

与路径的距离：指定文本和路径间的距离，当参数为正值时，文本向外扩散，如图10-89所示；当参数为负值时，文本向内收缩，如图10-90所示。

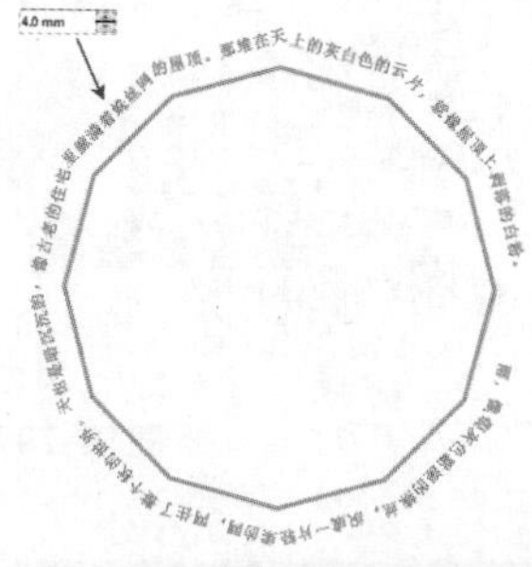
图10-89

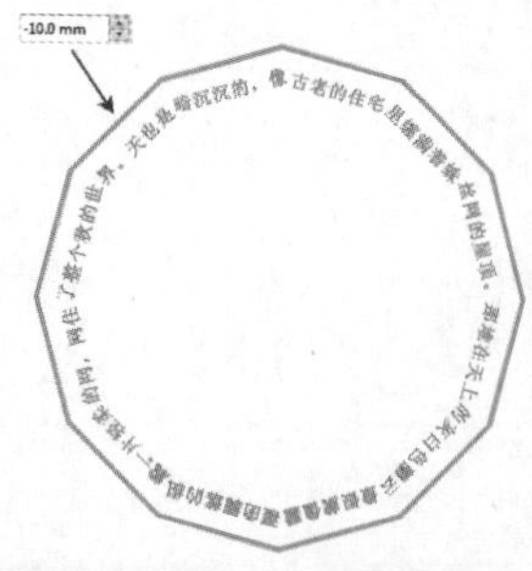
图10-90

偏移：通过指定正值或负值来移动文本，使其靠近路径的终点或起点，当参数为正值时，文本按顺时针方向旋转偏移，如图10-91所示；当参数为负值时，文本按逆时针方向偏移，如图10-92所示。

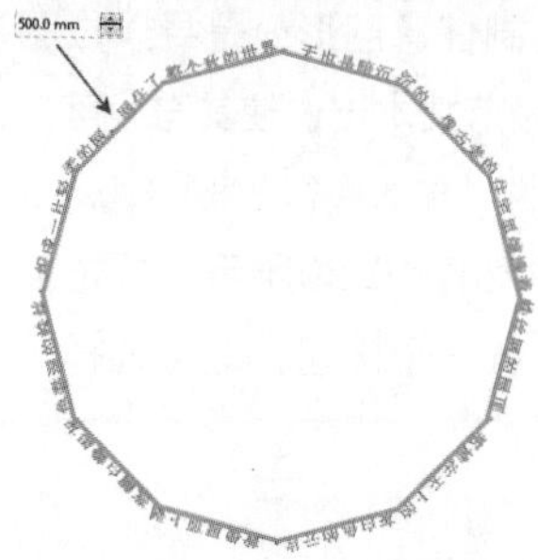
图10-91

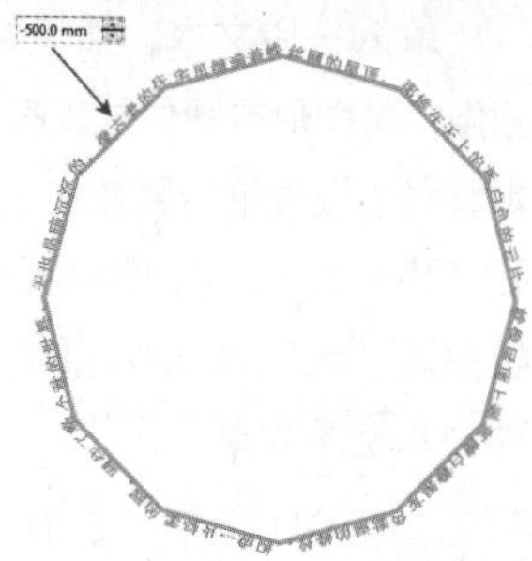
图10-92

水平镜像文本：单击该按钮可以使文本从左到右翻转，如图10-93所示。

垂直镜像文本：单击该按钮可以使文本从上到下翻转，如图10-94所示。

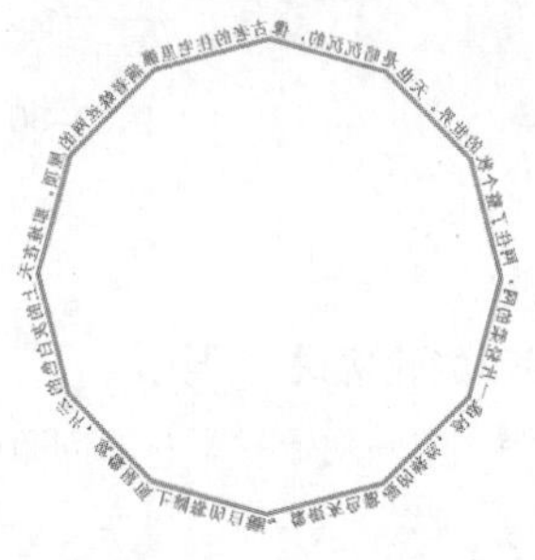
图10-93

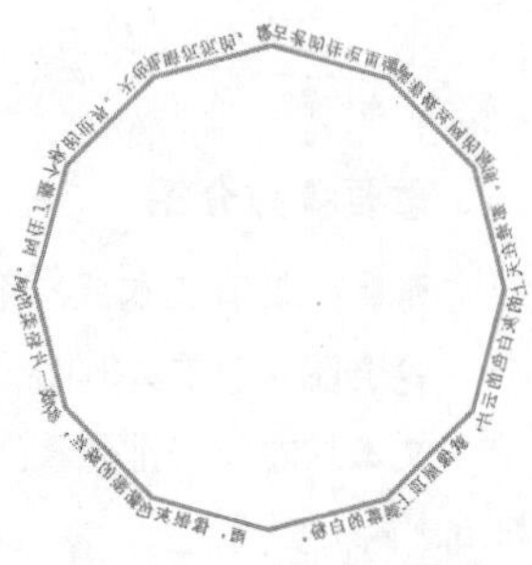
图10-94

贴齐标记：指定文本到路径间的距离。单击该按钮，打开“贴齐标记”选项面板，如图10-95所示，单击“打开贴齐记号”即可在“记号间距”数值框中设置贴齐的数值，此时在调整文本与路径之间的距离时会按照设置的“记号间距”自动捕捉文本与路径之间的距离；若单击“关闭贴齐记号”，即可关闭该功能。

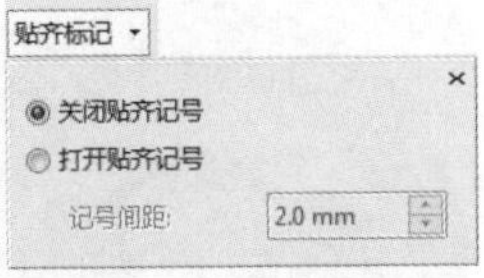

图10-95

提示

在该属性栏右侧的“字体列表”和“字体大小”选项中可以设置沿路径文本的字体和字号。

实战练习

制作生日胸针

实例位置 实例文件>CH10>制作生日胸针.cdr
素材位置 素材文件>CH10>素材05.cdr
视频名称 制作生日胸针.mp4
技术掌握 文本适合路径的用法

扫码观看教学视频

最终效果图

01 新建一个大小为240mm×240mm的空白文档，然后使用“椭圆形工具”在页面中绘制一个圆，如图10-96所示，接着填充颜色为（C：4，M：76，Y：28，K：0），再将圆向中心缩小复制一份，如图10-97所示。

图10-96

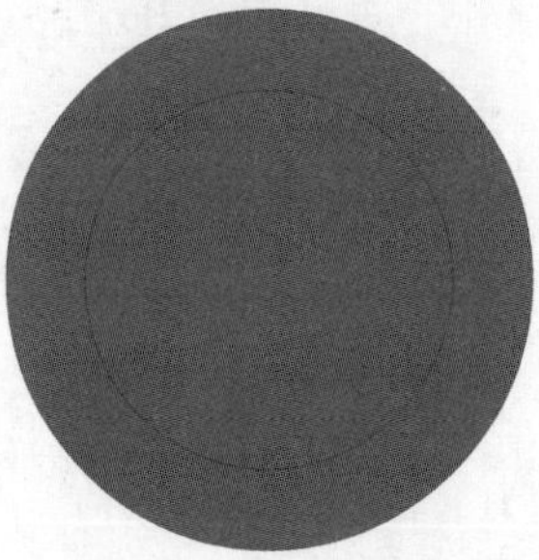

图10-97

02 选中两个圆，然后单击属性栏中的“修剪”按钮，修剪底层的大圆，接着删除大圆的轮廓线和小圆的填充颜色，如图10-98所示，最后将小圆的轮廓线等比例放大，效果如图10-99所示。

图10-98

图10-99

03 使用“文本工具”字在页面中输入文本Happy Birthday，然后在属性栏设置合适的字体和字体大小，如图10-100所示，接着选中文字执行“文本>使文本适合路径”菜单命令，当光标变为时，移动鼠标到圆环上，如图10-101所示，效果如图10-102所示。

图10-100

图10-101

图10-102

04 使用“文本工具”字在页面中输入文本2028，然后在属性栏设置合适的字体和字体大小，如图10-103所示，接着选中文字执行“文本>使文本适合路径”菜单命令，当光标变为时，移动鼠标到圆环上，效果如图10-104所示。

图10-103

图10-104

05 选中2028，然后单击属性栏中的“水平镜像文本”和“垂直镜像文本”，效果如图10-105所示，接着将数字向下移动合适的距离，最后为所有文本填充白色，效果如图10-106所示。

图10-105

图10-106

06 删除黑色的圆圈轮廓线，如图10-107所示，然后在相同位置绘制一个白色的圆圈，如图10-108所示。

图10-107

图10-108

07 使用“基本形状工具”在圆圈两侧的中间绘制两个相同大小的桃心，然后填充颜色为（C：0，M：36，Y：89，K：0），接着去掉轮廓线，如图10-109所示，最后导入“素材文件>CH10>素材05.cdr”文件，效果如图10-110所示。

图10-109

图10-110

08 选中白色圆圈，然后使用“裁剪工具”在圆圈的中下部分绘制裁剪框，如图10-111所示，接着在裁剪框内双击鼠标左键裁剪框外圆圈部分，保留裁剪框内的圆圈部分，效果如图10-112所示。

图10-111

图10-112

09 将裁剪后保留的线段向其外侧复制一份，如图10-113所示，然后向其内侧复制一份，接着选中所有对象，按组合键Ctrl+G将其组合，效果如图10-114所示。

图10-113

图10-114

10 使用“矩形工具”在页面空白处绘制一个20mm×230mm的矩形条，如图10-115所示，然后执行“编辑>步长和重复”菜单命令打开“步长和重复”泊坞窗，接着在“垂直设置”选项下设置类型为“无偏移”，在“水平设置”选项下设置类型为“对象之间的间距”、“距离”为0mm、“方向”为“右”，再设置“份数”为5，最后单击“应用”按钮，设置如图10-116所示，效果如图10-117所示。

图10-115

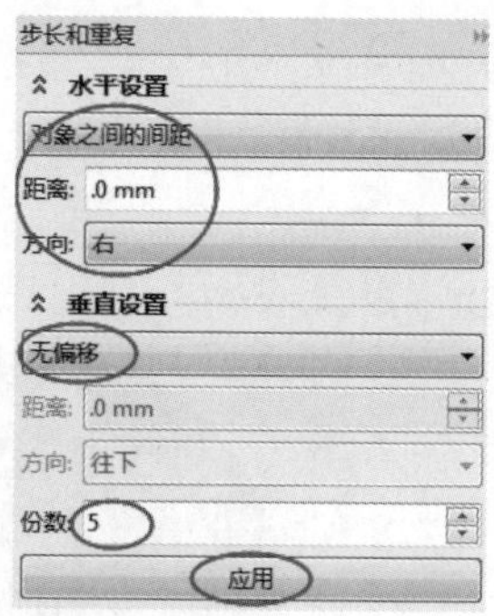

图10-116

图10-117

⑪ 为第一个和最后一个矩形条填充颜色为（C：56，M：100，Y：100，K：50），然后为中间四个矩形条依次填充颜色为（C：54，M：15，Y：49，K：0）、（C：0，M：66，Y：76，K：0）、（C：0，M：0，Y：100，K：0）、（C：20，M：0，Y：60，K：20），接着去掉轮廓线，效果如图10-118所示。

⑫ 将后面五个矩形条水平复制一份，如图10-119所示，然后选中所有矩形条，按组合键Ctrl+G将其组合，接着将之前制作完成的图形拖曳到矩形条上，最终如图10-120所示。

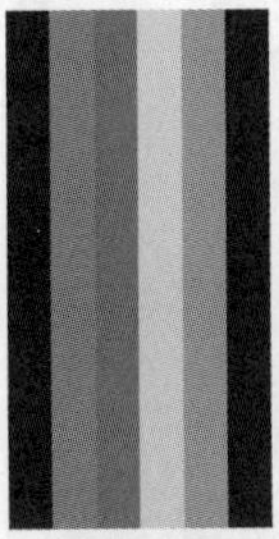

图10-118

图10-119

图10-120

10.3.5 段落文本链接

如果页面中存在大量文本，可以将其分为不同的部分进行显示，还可以对其添加文本链接效果。

1.链接段落文本框

单击文本框下方的黑色三角箭头▼，当光标变为▤时，如图10-121所示，在文本框以外的空白处单击鼠标左键会产生另一个文本框，或者拖曳鼠标绘制一个新文本框，新的文本框内将显示前一个文本框中被隐藏的文字，如图10-122所示。

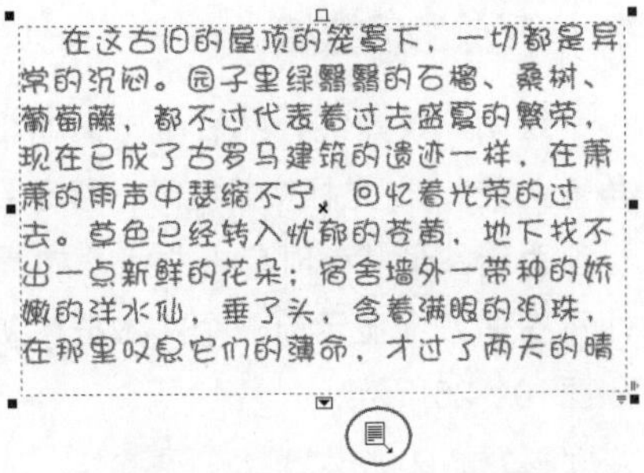

图10-121

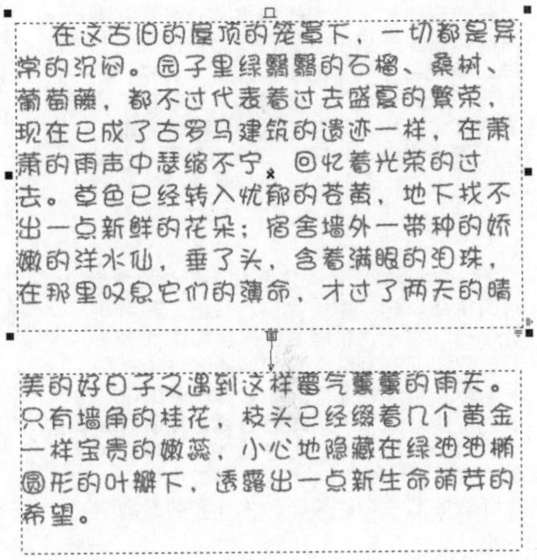

图10-122

2.与闭合路径链接

单击文本框下方的黑色三角箭头▼，当光标变为▤时，移动到想要链接的对象上，待光标变为箭头形状➡时单击链接对象，如图10-123所示，即可在对象内显示前一个文本框中被隐藏的文字，如图10-124所示。

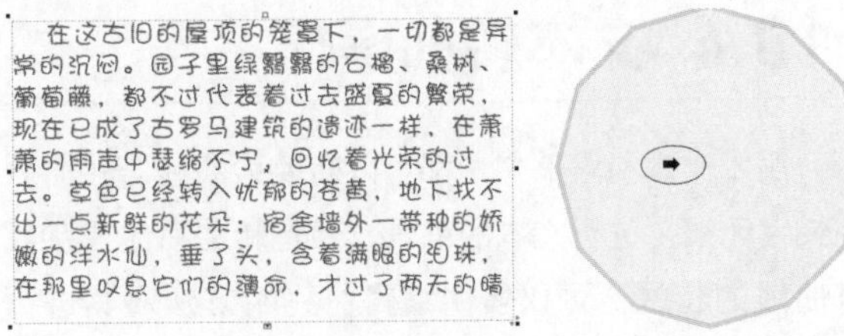

图10-123

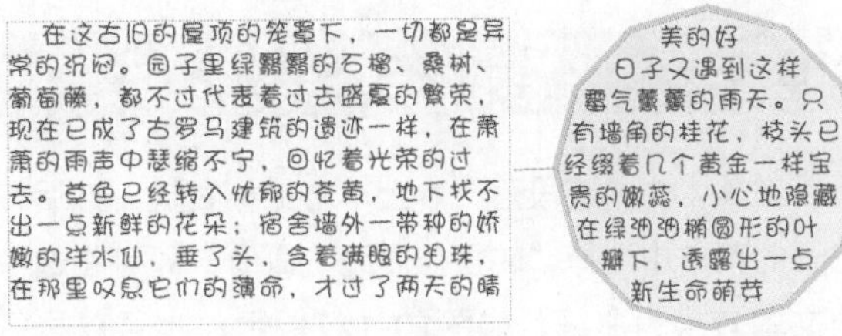

图10-124

3.与开放路径链接

绘制一条曲线，然后单击文本框下方的黑色三角箭头，当光标变为时，移动到曲线上，待光标变为箭头形状➡时单击曲线，如图10-125所示，即可在曲线上显示前一个文本框中被隐藏的文字，如图10-126所示。

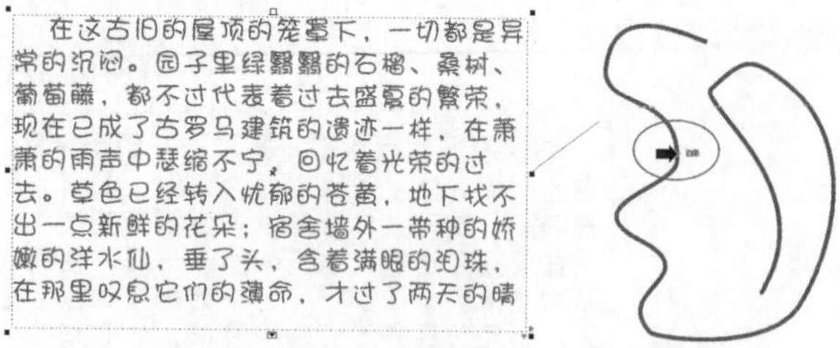

图10-125

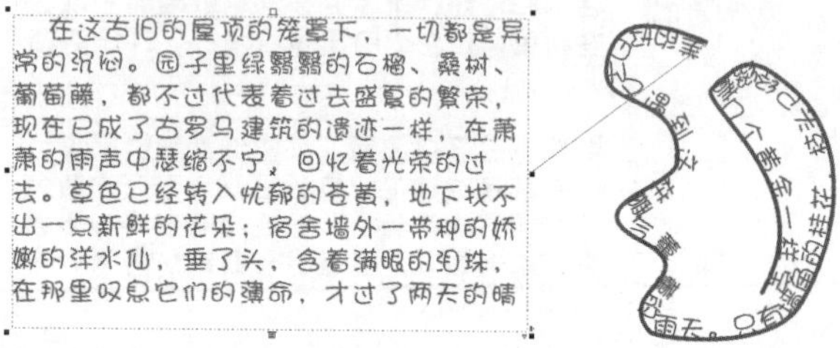

图10-126

> **提示**
>
> 将文本链接到开放的路径时，路径上的文本就具有“使文本适合路径”的特性，当选中该路径文本时，属性栏的设置和“使文本适合路径”的属性栏相同，此时可以在属性栏对该路径上的文本进行相关设置。

10.4 文本转曲操作

美术文本和段落文本都可以转换为曲线，转曲后的文字无法再进行文本的编辑，但是转曲后的文字具有曲线的特性，可以使用编辑曲线的方法对其进行编辑。

10.4.1 文本转曲的方法

在美术文本或段落文本上单击鼠标右键，然后在打开的菜单中选择“转换为曲线”命令，即可将选中的文本转换为曲线，如图10-127所示；也可以执行“对象>转换为曲线”菜单命令，还可以直接按组合键Ctrl+Q进行转换，转曲后的文字可以使用“形状工具”对其进行编辑，如图10-128所示。

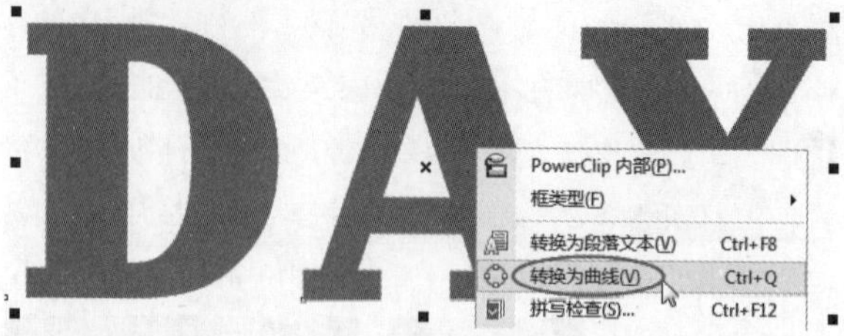

图10-127

图10-128

10.4.2 艺术字体设计

艺术字体设计表达的含义丰富多彩，常用于表现产品属性和企业经营性质。运用夸张、明暗、增减笔画形象以及装饰等手法，以丰富的想象力，重新构成字形，既加强文字的特征，又丰富了标准字体的内涵。

艺术字广泛应用于宣传、广告、商标、标语、企业名称、展览会，以及商品包装和装潢等。在CorelDRAW X7中，利用文本转曲的方法，可以在原有字体样式上对文字进行编辑和再创作，如图10-129所示。

图10-129

实战练习

绘制纹理文字

实例位置 实例文件>CH10>绘制纹理文字.cdr
素材位置 素材文件>CH10>素材06.jpg~10.jpg
视频名称 绘制纹理文字.mp4
技术掌握 文本转曲的操作

扫码观看教学视频

最终效果图

01 新建一个大小为270mm×180mm的空白文档，然后使用“文本工具”在页面中输入美术文本LOVE，接着在属性栏设置字体样式为Cosmic Age、字体大小为150pt，最后按组合键Ctrl+Q将文字转换为曲线，效果如图10-130所示。

图10-130

02 按组合键Ctrl+K拆分转曲后的文字，然后使用“形状工具”调整文字的形状，使文字的轮廓可以使用矩形、圆角矩形、圆和半圆等图形组合形成，效果如图10-131所示。

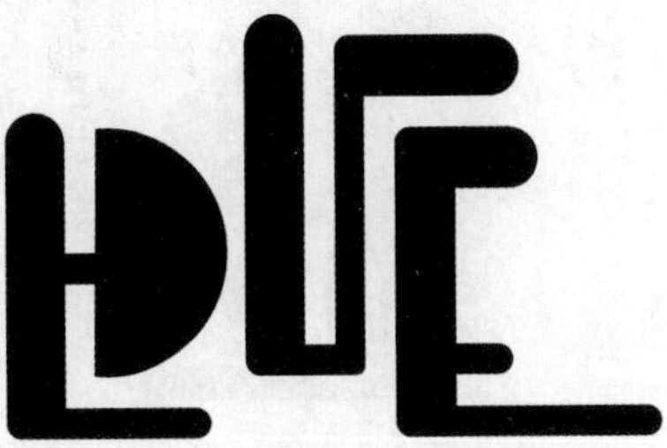

图10-131

03 使用“矩形工具”和“椭圆形工具”在文字上绘制轮廓图形，然后设置轮廓线颜色为红色，如图10-132所示，为图形里面的一些矩形填充颜色，依次为(C:0,M:60,Y:60,K:40)、(C:0,M:20,Y:60,K:20)、(C:60,M:40,Y:0,K:40)、(C:0,M:60,Y:80,K:20)，效果如图10-133所示。

图10-132

图10-133

04 导入“素材文件>CH10>素材06.jpg”文件，如图10-134所示，然后将其复制一份，并调整大小，接着依次选中素材，执行“对象>图框精确剪裁>置于图文框内部”菜单命令，将素材置于相应的图形内，效果如图10-135所示。

图10-134

图10-135

05 导入“素材文件>CH10>素材07.jpg”文件，如图10-136所示，然后将其复制一份，并调整大小，接着依次选中素材，执行“对象>图框精确剪裁>置于图文框内部”菜单命令，将素材置于相应的图形内，效果如图10-137所示。

图10-136

图10-137

06 导入“素材文件>CH10>素材08.jpg”文件，如图10-138所示，然后将其复制两份，并调整大小，接着依次选中素材，执行“对象>图框精确剪裁>置于图文框内部”菜单命令，将素材置于相应的图形内，效果如图10-139所示。

图10-138

图10-139

07 导入“素材文件>CH10>素材09.jpg”文件，如图10-140所示，然后将其复制3份，并调整大小，接着依次选中素材，执行“对象>图框精确剪裁>置于图文框内部”菜单命令，将素材置于相应的图形内，效果如图10-141所示。

图10-140

图10-141

08 导入“素材文件>CH10>素材10.jpg”文件，如图10-142所示，然后将其复制两份，并调整大小，接着依次选中素材，执行“对象>图框精确剪裁>置于图文框内部”菜单命令，将素材置于相应的图形内，效果如图10-143所示。

图10-142

图10-143

09 选中所有对象，执行“位图>转换为位图”菜单命令，然后在打开的“转换为位图”对话框中设置“分辨率”为400，接着单击“确定”按钮，如图10-144所示，即可将文字图形转换为位图。

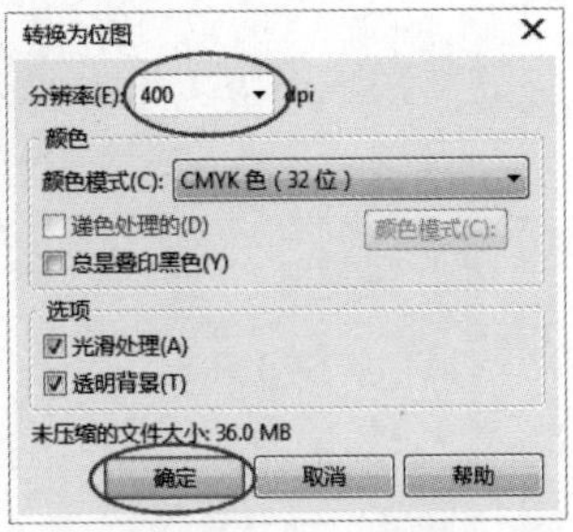

图10-144

10 选中文字图形，执行“位图>艺术笔触>水彩画”菜单命令，然后在打开的“水彩画”对话框中设置“画刷大小”为1、“粒状”为25、“水量”为55、“出血”为10、“亮度”为20，接着单击“确定”按钮，设置如图10-145所示，效果如图10-146所示。

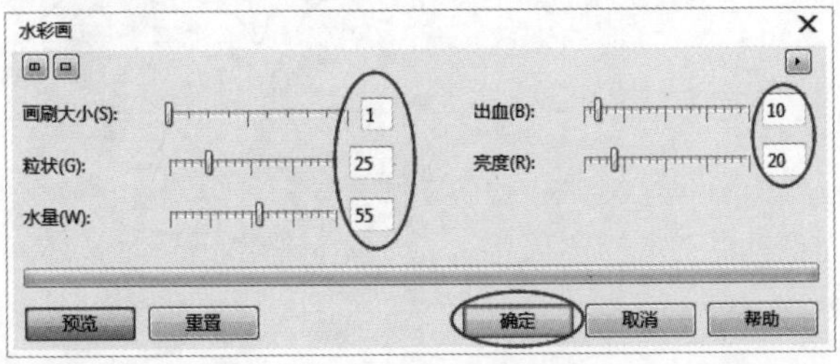

图10-145

图10-146

11 选中文字图形，执行“位图>三维效果>浮雕”菜单命令，然后在打开的“浮雕”对话框中设置“浮雕色”为“原始颜色”、“深度”为15、“层次”为300，接着单击“确定”按钮，设置如图10-147所示，效果如图10-148所示。

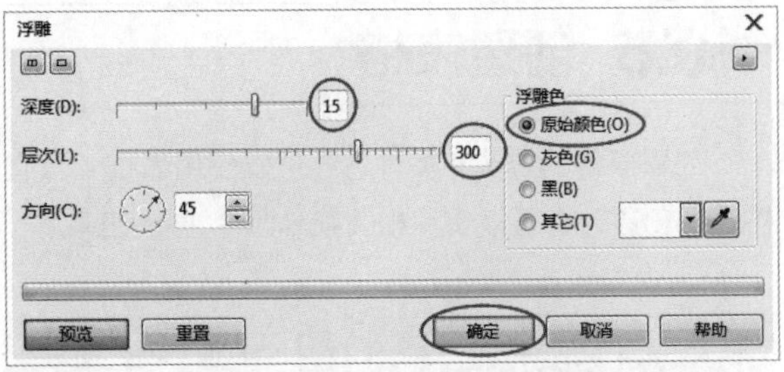

图10-147

图10-148

12 双击“矩形工具”创建一个和页面大小相同的矩形，然后设置“轮廓宽度”为4mm、轮廓颜色为（C：60，M：0，Y：60，K：0），接着单击状态栏中的“编辑填充”图标，在打开的“编辑填充”对话框中选择“渐变填充”方式，并设置“方式”为“矩形渐变填充”，再设置“节点位置”为0%的色标颜色为（C：40，M：0，Y：40，K：0）、“节点位置”为100%的色标颜色为（C：20，M：0，Y：20，K：0），最后移动节点小三角的位置为70%，设置如图10-149所示，效果如图10-150所示。

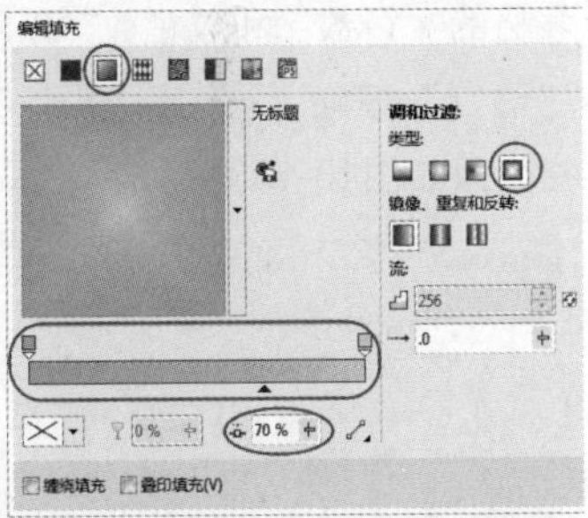

图10-149

图10-150

10.5 创建表格

创建表格的方法有多种，既可以使用表格工具直接进行创建，也可以使用相关菜单命令进行创建。

10.5.1 表格工具创建

选择“表格工具”▦，当光标变为┼▦时，在页面中按住鼠标左键拖曳，完成后松开鼠标即可完成创建，如图10-151所示。创建表格后可以在属性栏中修改表格的行数和列数，还可以对单元格进行合并、拆分等操作。

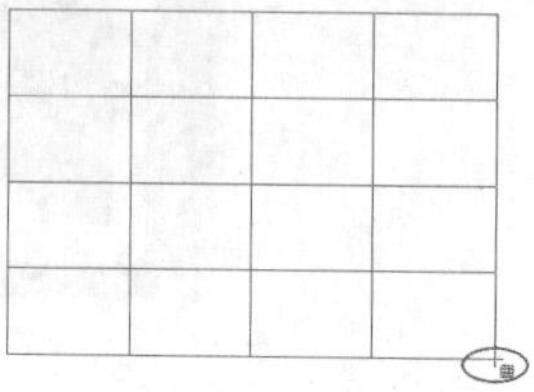

图10-151

10.5.2 菜单命令创建

除了使用“表格工具”▦可以创建表格外，还可以使用菜单命令进行创建。

执行“表格>创建新表格”菜单命令打开“创建新表格”对话框，然后在该对话框中设置将要绘制的表格的“行数”和“栏数”以及高宽，设置好后单击“确定”按钮［确定］，如图10-152所示，创建的表格效果如图10-153所示。

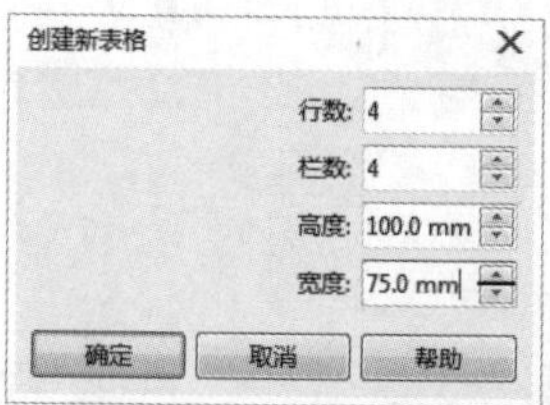

图10-152

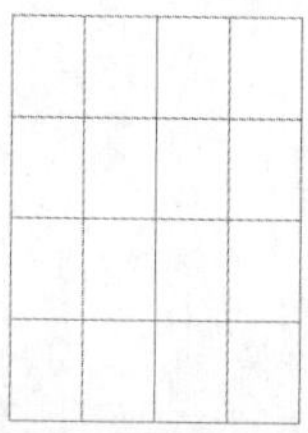

图10-153

实战练习

制作笔记本内页

实例位置　实例文件>CH10>制作笔记本内页.cdr
素材位置　素材文件>CH10>素材11.cdr
视频名称　制作笔记本内页.mp4
技术掌握　创建表格

扫码观看教学视频

最终效果图

01 打开“素材文件>CH10>素材11.cdr”文件，如图10-154所示。

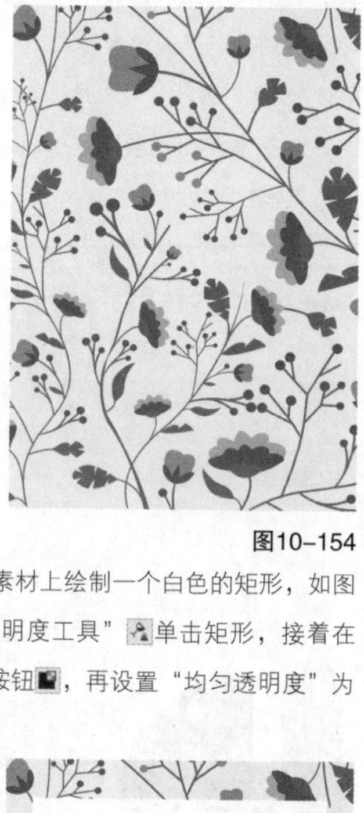

图10-154

02 使用“矩形工具”□在素材上绘制一个白色的矩形，如图10-155所示，然后使用“透明度工具”单击矩形，接着在属性栏单击“均匀透明度”按钮■，再设置“均匀透明度”为40，效果如图10-156所示。

图10-155

图10-156

03 选择“表格工具”，然后在属性栏中设置“行数”为20、“列数”为1，接着在矩形上绘制表格，如图10-157所示，最后在属性栏中设置“外部边框”为“无”，效果如图10-158所示。

图10-157

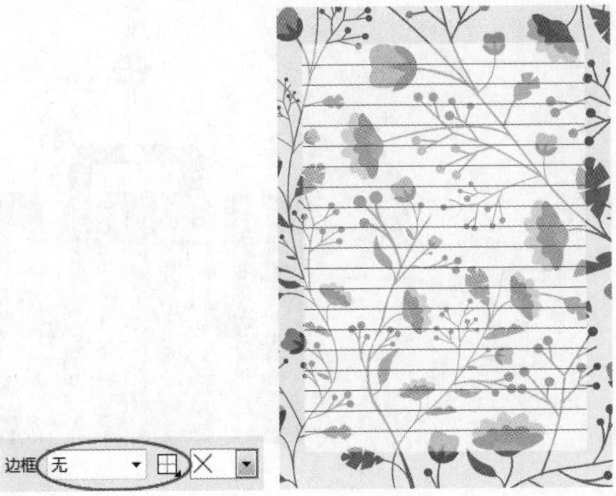

图10-158

04 在属性栏中设置“内部边框”的“宽度”为0.25mm、“颜色”为（C：100，M：100，Y：0，K：0），效果如图10-159所示。

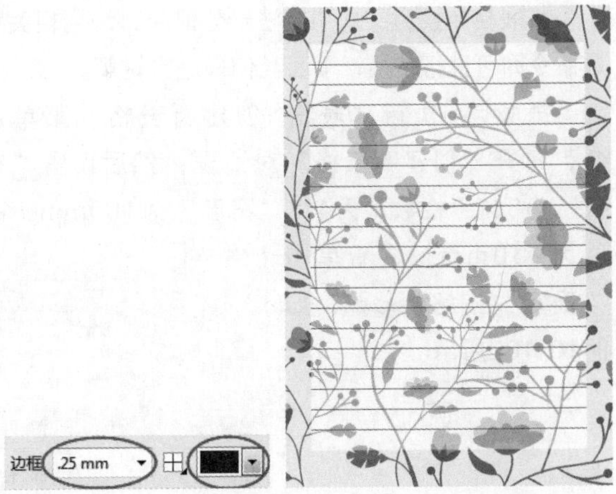

图10-159

05 继续选中内部边框，然后单击状态栏中的“轮廓笔”工具，在打开的“轮廓笔”对话框中选择一个轮廓线样式，如图10-160所示，最终效果如图10-161所示。

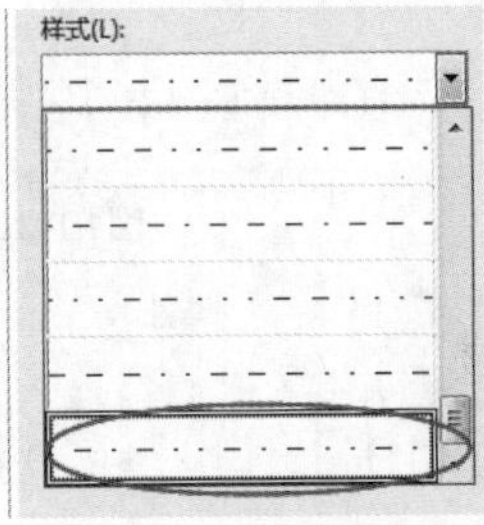

图10-160

图10-161

10.6 文本表格互转

在CorelDRAW X7中，文本与表格两者之间可以相互转换。

10.6.1 表格转换为文本

首先，我们来讲解表格转换为文本的方法。

操作演示

将表格转换为文本

视频名称：将表格转换为文本

扫码观看教学视频

将表格转换为文本的方法十分简单，结合相关菜单命令即可进行转换，下面我们来进行讲解。

第1步：执行“表格>创建新表格”菜单命令，打开“创建新表格”对话框，然后设置“行数”为3、“栏数”为4、“宽度”为100mm、高度为130mm，接着单击“确定”按钮，如图10-162所示。

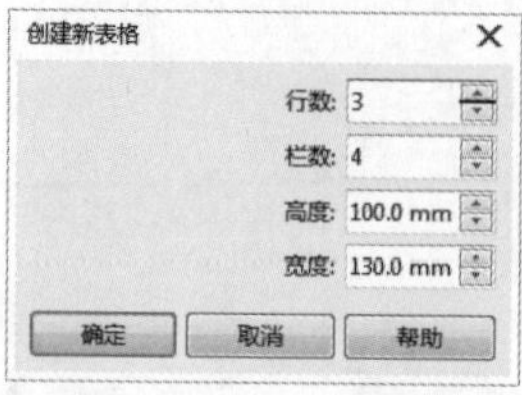

图10-162

第2步：在表格的单元格中输入文本，如图10-163所示，然后执行“表格>将表格转换为文本”菜单命令，打开“将表格转换为文本”对话框，接着勾选“用户定义”选项，再输入符号“*”，最后单击“确定”按钮，如图10-164所示，转换后的效果如图10-165所示。

1月	2月	3月	4月
5月	6月	7月	8月
9月	10月	11月	12月

图10-163

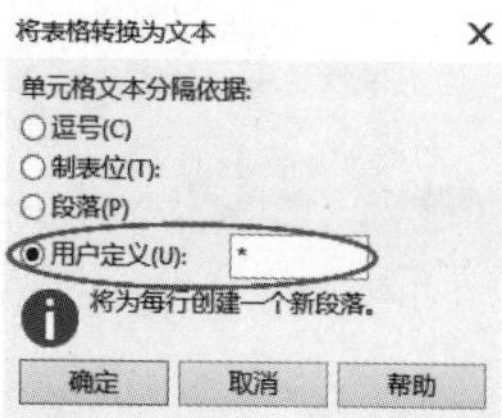

图10-164

1月*2月*3月*4月
5月*6月*7月*8月
9月*10月*11月*12月

图10-165

提示

在表格的单元格中输入文本，可以使用“表格工具”单击该单元格，当单元格中显示一个文本插入点时，即可输入文本，如图10-166所示；也可以使用“文本工具”单击该单元格，当单元格中显示一个文本插入点和文本框时，即可输入文本，如图10-167所示。

图10-166

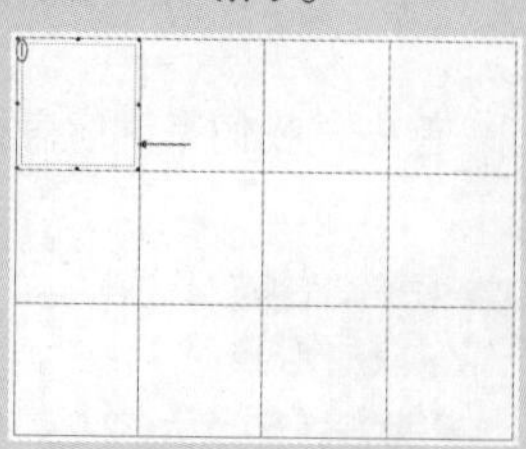

图10-167

10.6.2 文本转换为表格

选中前面转换的文本，然后执行“表格>文本转换为表格”菜单命令，打开“将文本转换为表格”对话框，接着勾选“用户定义”选项，再输入符号“*”，最后单击“确定”按钮，如图10-168所示，转换后的效果如图10-169所示。

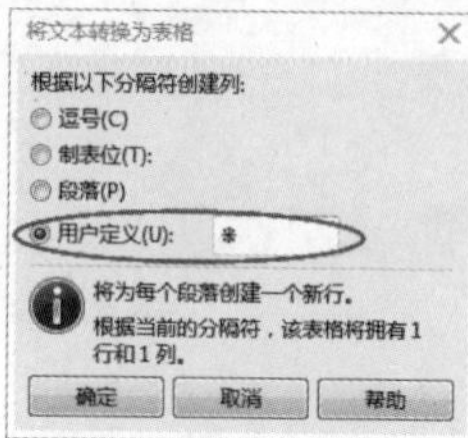

图10-168

1月	2月	3月	4月
5月	6月	7月	8月
9月	10月	11月	12月

图10-169

实战练习

制作吊牌日历

实例位置 实例文件>CH10>制作吊牌日历.cdr
素材位置 素材文件>CH10>素材12.cdr
视频名称 制作吊牌日历.mp4
技术掌握 文本表格互换

扫码观看教学视频

最终效果图

01 新建一个大小为105mm×155mm的空白文档，然后使用“矩形工具”在页面中绘制一个矩形，然后在属性栏中设置矩形的“圆角”和“转角半径”均为3mm，如图10-170所示。

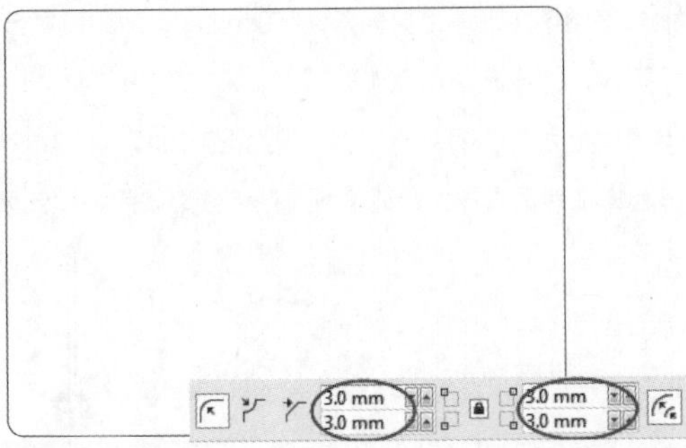

图10-170

02 为圆角矩形填充颜色为(R: 117, G: 221, B: 202),然后去掉轮廓线,效果如图10-171所示,接着在矩形左侧绘制一个白色矩形条,再在白色矩形条的中间绘制一个小矩形方块,最后为方块填充颜色为(R: 91, G: 63, B: 36),效果如图10-172所示。

图10-171

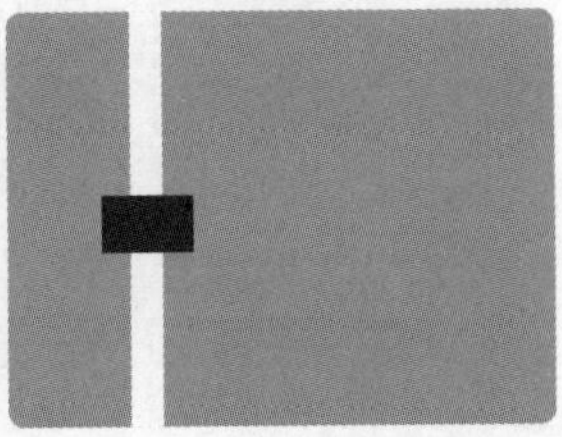

图10-172

03 将矩形条和方块组合，然后水平向右平移复制一份，如图10-173所示，接着使用“矩形工具”在圆角矩形的右上角绘制一个小矩形，如图10-174所示。

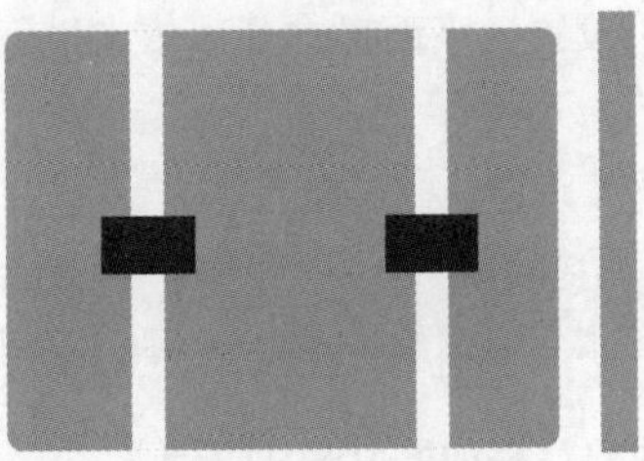

图10-173

图10-174

04 在属性栏设置矩形右上角的“转角半径”为3mm、左下角的“转角半径”为20mm，使其变为一个圆角扇形，如图10-175所示。

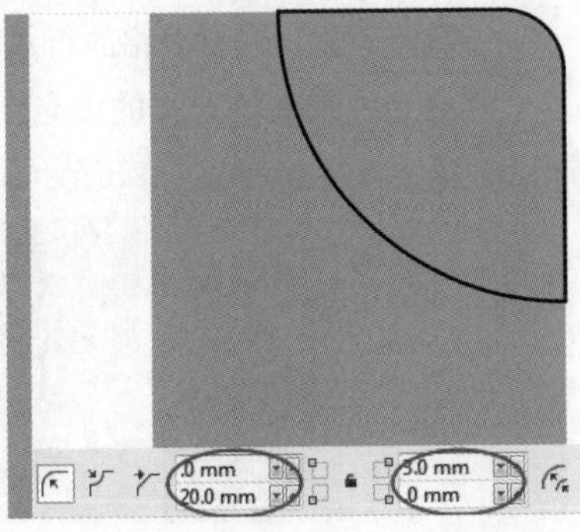

图10-175

05 为圆角扇形填充颜色为（R：91，G：63，B：36），然后去掉轮廓线，如图10-176所示，接着复制三个，分别拖曳到圆角矩形的另外三个圆角上，效果如图10-177所示。

图10-176

图10-177

06 使用“矩形工具”在页面中绘制一个矩形，然后在属性栏设置矩形左上角和右上角的“转角半径”为6mm，如图10-178所示。

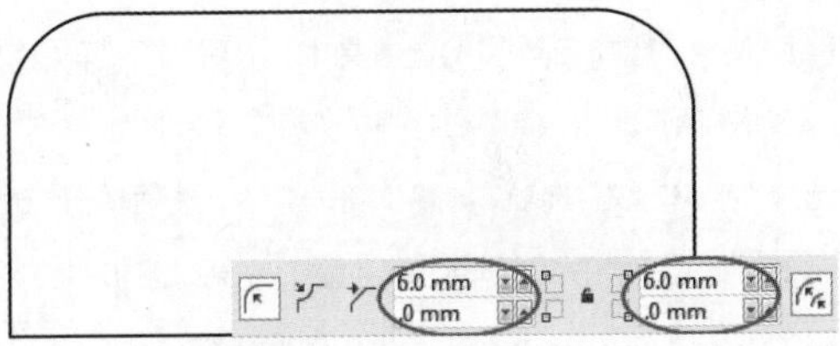

图10-178

07 为圆角矩形填充颜色为（R：91，G：63，B：36），然后去掉轮廓线，如图10-179所示，接着使用“矩形工具”和“椭圆形工具”在圆角矩形中绘制一个白色的矩形和一个白色的小圆，效果如图10-180所示。

图10-179

图10-180

08 同时选中圆角矩形、矩形和圆，然后单击属性栏中的“修剪”按钮，修剪底层的圆角矩形，效果如图10-181所示，接着将其拖曳到之前绘制好的图形上，最后将这些对象全部组合，效果如图10-182所示。

图10-181

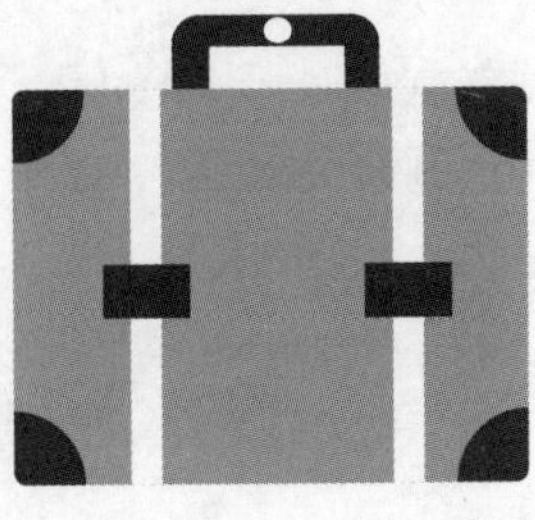

图10-182

09 使用“矩形工具”在组合的图形上绘制矩形，然后填充颜色为（R：255，G：252，B：219），如图10-183所示，接着使用“透明度工具”单击矩形，再设置“均匀透明度”为50，效果如图10-184所示。

图10-183

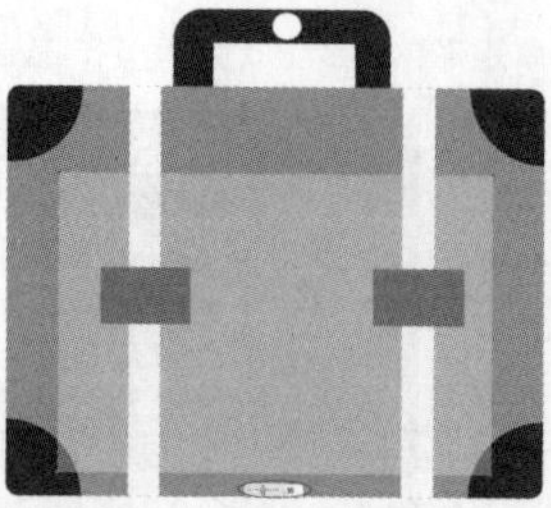

图10-184

10 使用“文本工具”在页面空白处绘制一个文本框，然后输入星期和日期，星期和数字之间用*间隔，并为周末文本以及对应的数字填充颜色为（R：230，G：33，B：41），符号除外，效果如图10-185所示。

11 使用“选择工具”选中文本，然后执行“表格>文本转换为表格”菜单命令，接着在打开的“将文本转换为表格”对话框中选择“用户定义”选项，再输入符号“*”，最后单击“确定”按钮，如图10-186所示，转换后的效果如图10-187所示。

Su*Mo*Tu*We*Th*Fr*Sa
*1*2*3*4*5*6
7*8*9*10*11*12*13
14*15*16*17*18*19*20
21*22*23*24*25*26*27
28*29*30*31

图10-185

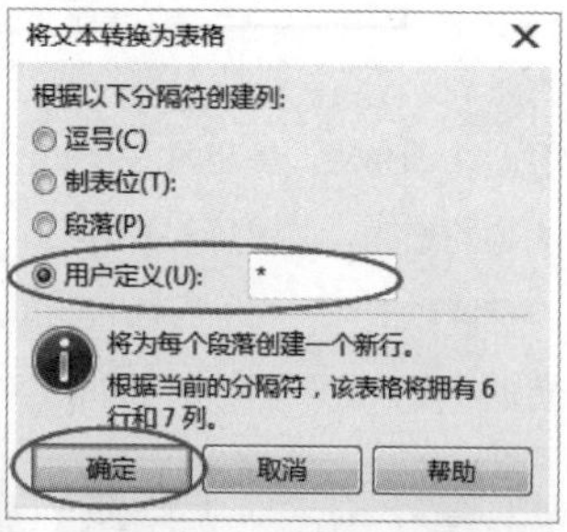

图10-186

Su	Mo	Tu	We	Th	Fr	Sa
	1	2	3	4	5	6
7	8	9	10	11	12	13
14	15	16	17	18	19	20
21	22	23	24	25	26	27
28	29	30	31			

图10-187

12 在属性栏中设置表格的“所有边框”为“无”，然后将其拖曳到透明的矩形上，效果如图10-188所示。

图10-188

13 在透明矩形的上面输入文字October，然后设置合适的大小和字体，并填充颜色为（R：230，G：33，B：41），效果如图10-189所示，接着导入“素材文件>CH10>素材12.cdr”文件，将其拖曳到页面中的合适位置，最终效果如图10-190所示。

图10-189

图10-190

10.7 表格设置

表格创建完成之后，依然可以对它的行数、列数以及单元格属性等进行设置，下面对这几项依次进行讲解。

10.7.1 表格属性设置

“表格工具”的属性栏如图10-191所示。

图10-191

重要参数介绍

行数和列数：设置表格的行数和列数。

背景：设置表格背景的填充颜色，如图10-192所示，填充效果如图10-193所示。

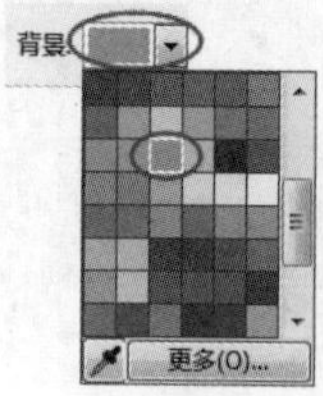

图10-192

图10-193

编辑颜色：单击该按钮可以打开“编辑填充”对话框，在该对话框中可以对已填充的颜色进行设置，也可以重新选择颜色为表格背景填充，如图10-194所示。

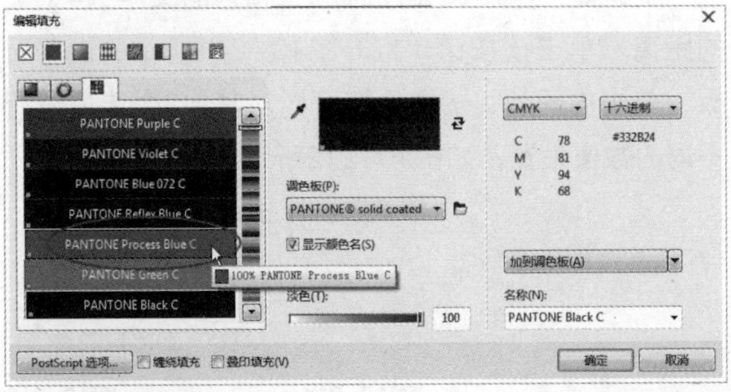

图10-194

边框：用于调整显示在表格内部和外部的边框。单击该按钮，可以在下拉列表中选择所要调整的表格边框（默认为外部），如图10-195所示。

轮廓宽度：单击该选项按钮，可以在打开的列表中选择表格的轮廓宽度，也可以在该选项的数值框中输入数值，如图10-196所示。

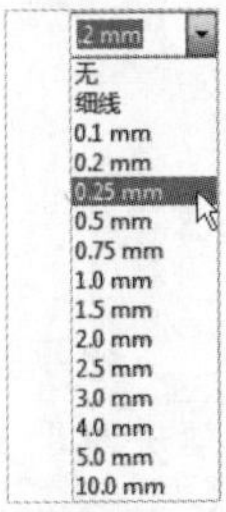

图10-195　图10-196

轮廓颜色：单击该按钮，可以在打开的颜色挑选器中选择一种颜色作为表格的轮廓颜色，如图10-197所示，设置后的效果如图10-198所示。

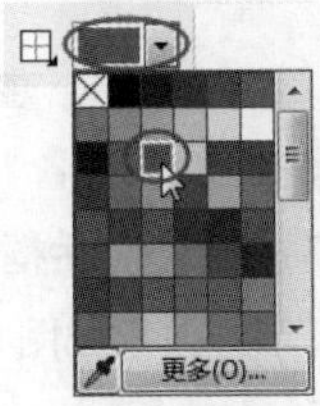

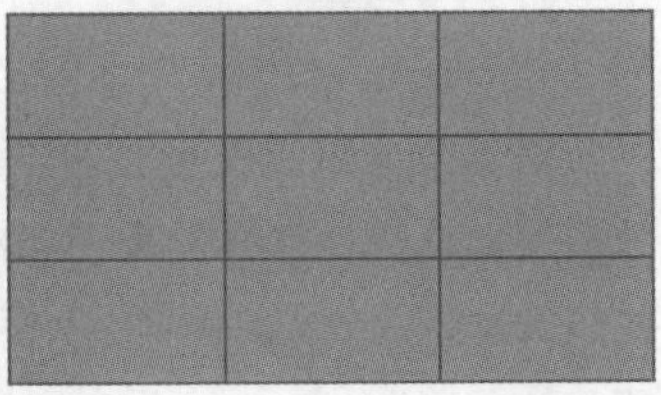

图10-197　图10-198

轮廓笔：双击状态栏下的轮廓笔工具，打开“轮廓笔”对话框，在该对话框中可以设置表格轮廓的各种属性，如图10-199所示。

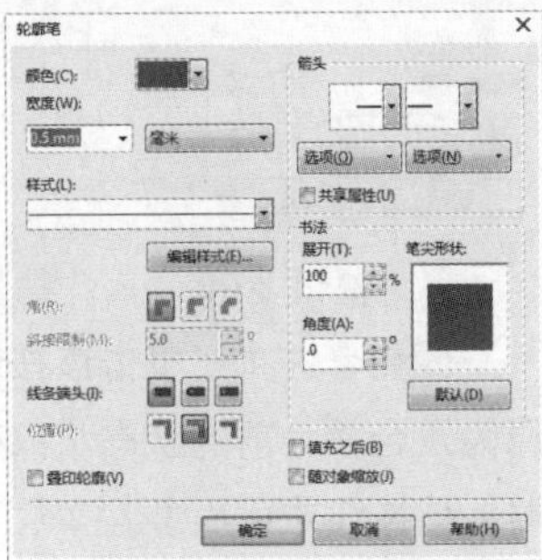

图10-199

> **提示**
>
> 打开“轮廓笔”对话框，可以在“样式”选项的列表中为表格的轮廓选择不同的线条样式，拖曳右侧的滚动条可以显示列表中隐藏的线条样式，如图10-200所示，选择线条样式后，单击“确定”按钮，即可将该线条样式设置为表格轮廓的样式，如图10-201所示。
>
> 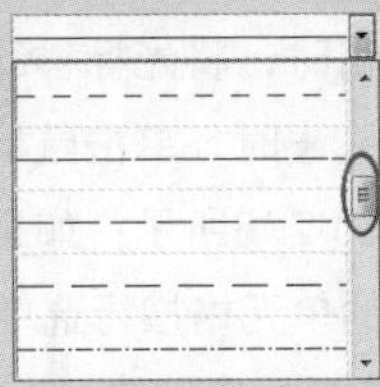
>
> 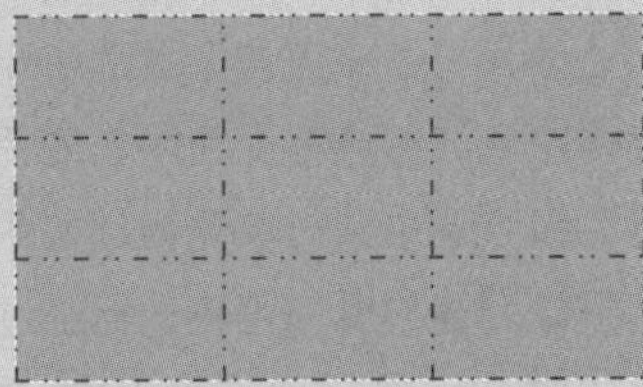
>
> 图10-200　图10-201

在属性栏中单击选项按钮，可以在下拉列表中设置“在键入时自动调整单元格大小”和“单独的单元格边框”，如图10-202所示。

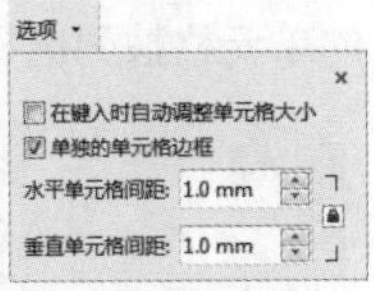

图10-202

在键入时自动调整单元格大小：勾选该选项后，在单元格内输入文本时，单元格的大小会随输入的文字的多少而变化。若不勾选该选项，文字输入满单元格时，继续输入的文字会被隐藏。

单独的单元格边距：勾选该选项，可以在“水平单元格间距”和“垂直单元格间距”的数值框中设置单元格间的水平距离和垂直距离，如图10-203所示。

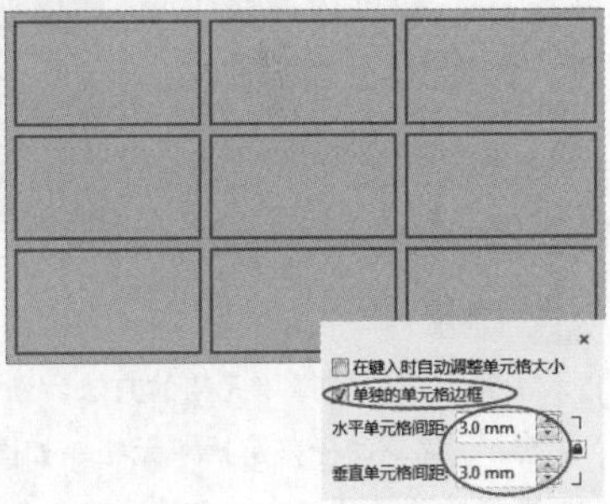

图10-203

10.7.2 选择单元格

使用“表格工具”选中表格，将光标移动到要选择的单元格中，待光标变为加号形状时，单击鼠标左键即可选中该单元格，如图10-204所示；如果要选择多个单元格，按住鼠标左键拖曳光标即可，如图10-205所示。

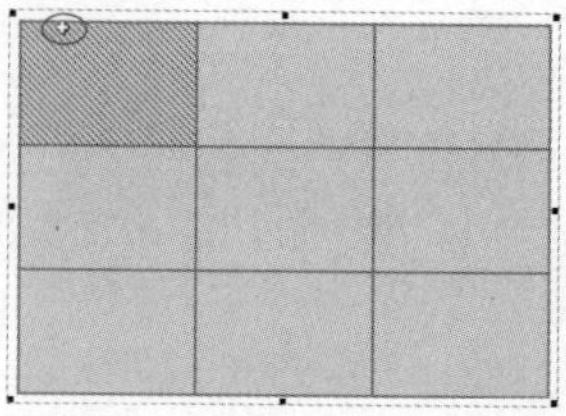

图10-204

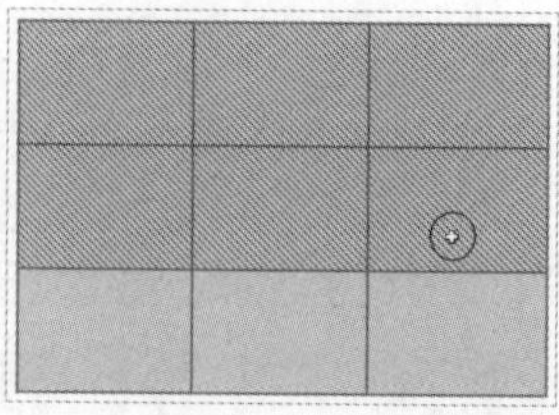

图10-205

使用“表格工具”选中表格时，将光标移动到表格左侧，待光标变为向右的箭头时，单击鼠标左键，即可选中该行单元格，如图10-206所示；如果按住鼠标左键拖曳，可将光标经过的单元格按行选中。

将光标移动到表格上方，待光标变为向下的箭头时，单击鼠标左键，即可选中该列单元格，如图10-207所示；如果按住鼠标左键拖曳，可将光标经过的单元格按列选择。

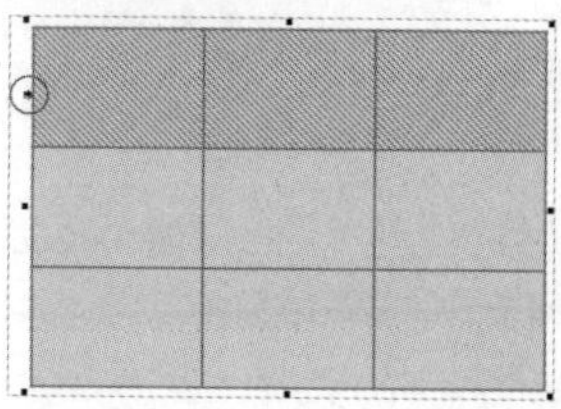

图10-206

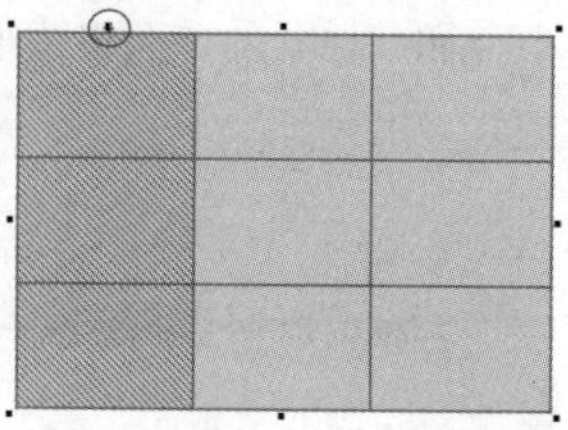

图10-207

将光标移动到表格的边框对角线上，待光标变为箭头形状时，单击鼠标左键，即可选择整个表格，如图10-208所示。

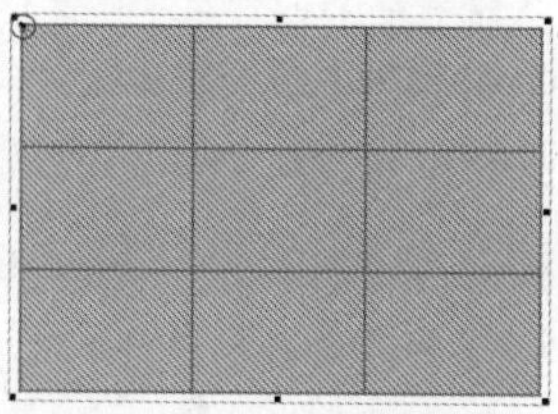

图10-208

提示

除了以上选择单元格的方法，还可以通过执行“表格>选择”菜单命令来选择单元格，如图10-209所示，可以观察到该菜单列表中的各种选择命令，分别执行该列表中的各项命令可以进行不同的选择（需要注意的是，在执行“选择”菜单命令之前，必须要选中表格或单元格，该命令才可用）。

图10-209

10.7.3 单元格属性栏设置

选中单元格后，“表格工具”的属性栏如图10-210所示。

图10-210

重要参数介绍

页边距：指定所选单元格内的文字到4个边的距离。单击该按钮，打开图10-211所示的设置面板，单击中间的按钮，即可以对其他3个选项进行不同的数值设置，如图10-212所示。

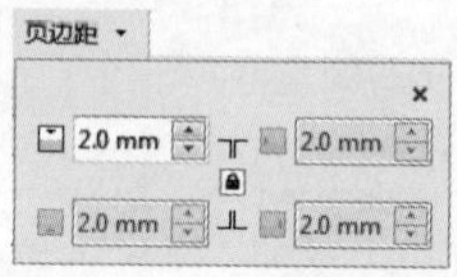

图10-211

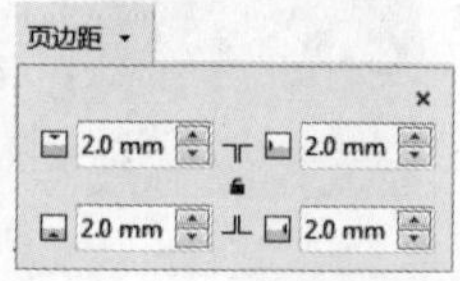

图10-212

合并单元格：单击该按钮，可以将所选单元格合并为一个单元格，如图10-213所示。

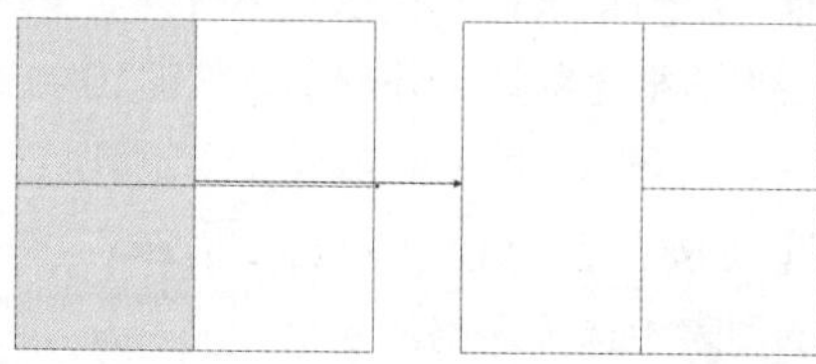

图10-213

水平拆分单元格：单击该按钮，打开“拆分单元格”对话框，选择的单元格将按照该对话框中设置的行数进行拆分，如图10-214所示，效果如图10-215所示。

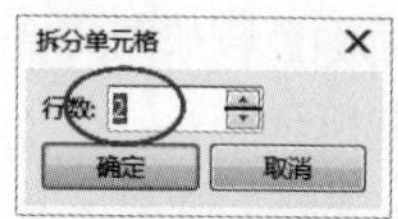

图10-214

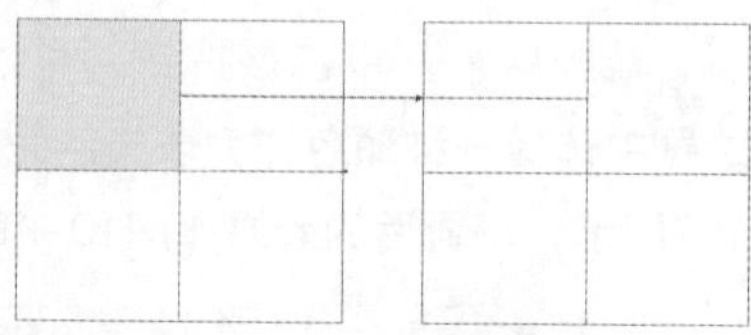

图10-215

垂直拆分单元格：单击该按钮，打开“拆分单元格”对话框，选择的单元格将按照该对话框中设置的行数进行拆分，如图10-216所示，效果如图10-217所示。

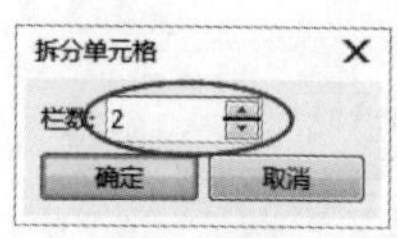

图10-216

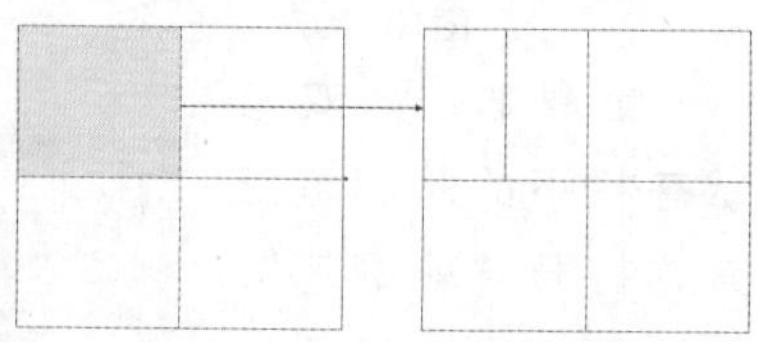

图10-217

撤销合并：单击该按钮，可以将当前单元格还原为没合并之前的状态（只有当选中合并过的单元格时，该按钮才可用）。

实战练习

绘制课程表

实例位置　实例文件>CH10>绘制课程表.cdr
素材位置　素材文件>CH10>素材13.cdr
视频名称　绘制课程表.mp4
技术掌握　表格的绘制方法

扫码观看教学视频

最终效果图

01 打开"素材文件>CH10>素材13.cdr"文件，如图10-218所示。

图10-218

02 选择"表格工具"，然后在属性栏中设置"行数"为9、"列数"为6，如图10-219所示，接着在页面空白处绘制表格，再选中第1列的第二行到第四行单元格，如图10-220所示，最后单击属性栏中的"合并单元格"按钮合并选中的单元格，效果如图10-221所示。

图10-219

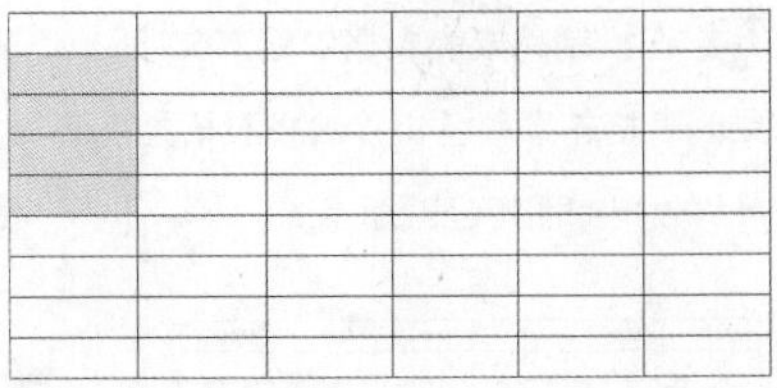

图10-220

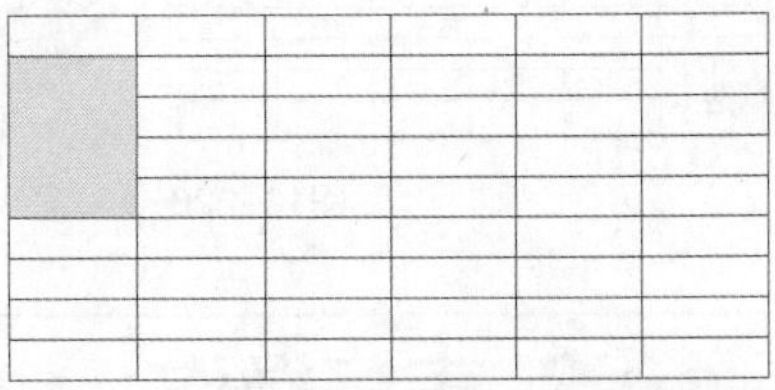

图10-221

03 使用与上一步相同的方法合并其他的单元格，如图10-222所示，然后将第5行向下拖曳、第7行向上拖曳，使第6行变窄，如图10-223所示。

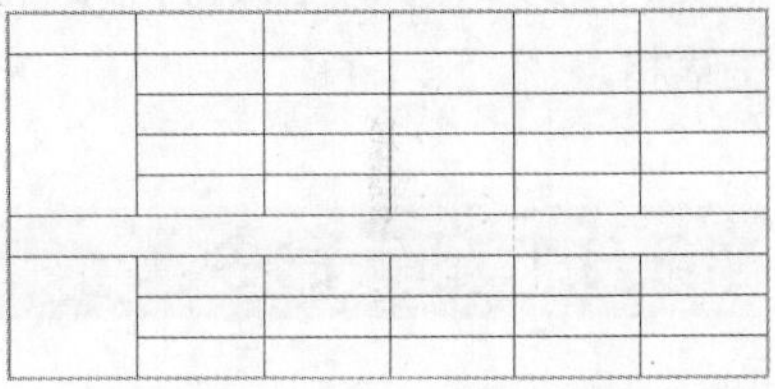

图10-222

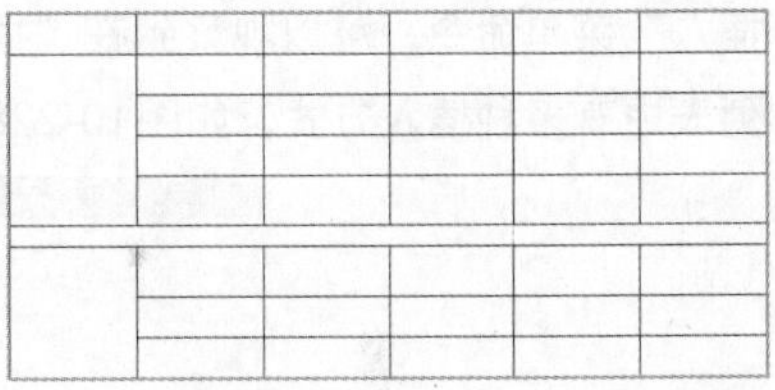

图10-223

04 选中前5行，然后单击鼠标右键，在打开的菜单中执行"分布>行均分"菜单命令，如图10-224所示，接着使用相同的方法将第7行到第9行也进行"行均分"操作，效果如图10-225所示。

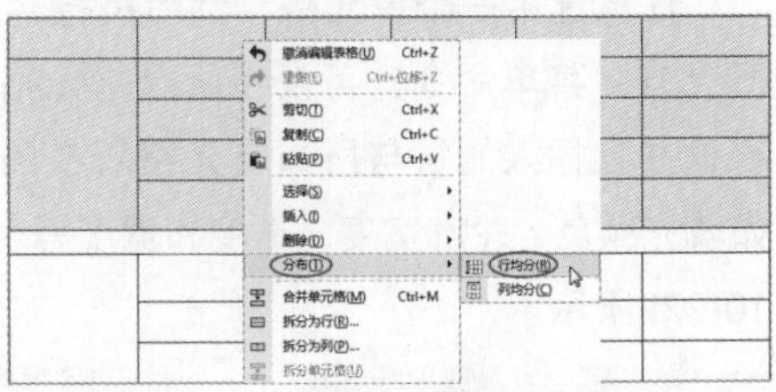

图10-224

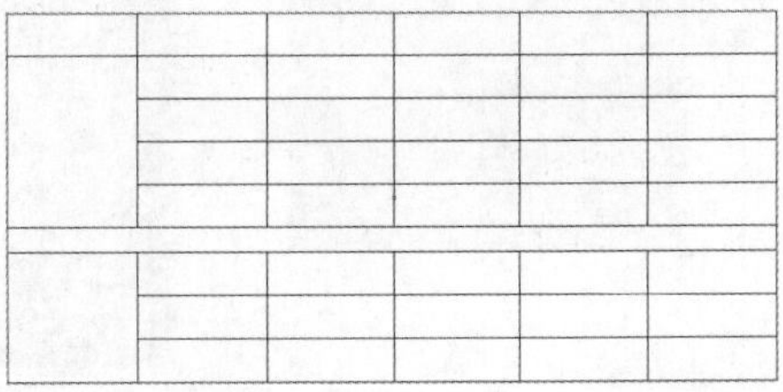

图10-225

05 在绘制完成的表格中输入文字，如图10-226所示，然后更改表格轮廓颜色，接着将表格拖曳到第1步导入的素材中，最终效果如图10-227所示。

图10-226

图10-227

10.8 表格操作

在学习了表格的设置之后，接下来可以对表格进行更深入的操作，如插入行和列、删除单元格以及填充表格。

10.8.1 插入命令

任意选中一个或多个单元格，然后执行“表格>插入”菜单命令，可以观察到在“插入”菜单命令的列表中有多种插入方式，如图10-228所示。

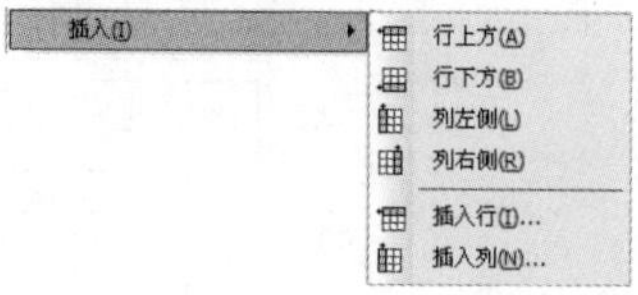

图10-228

1.行上方

任意选中一个单元格，然后执行“表格>插入>行上方”菜单命令，可以在所选单元格的上方插入行，并且插入的行与所选单元格所在的行属性（例如填充颜色、轮廓宽度、高度和宽度等）相同，如图10-229所示。

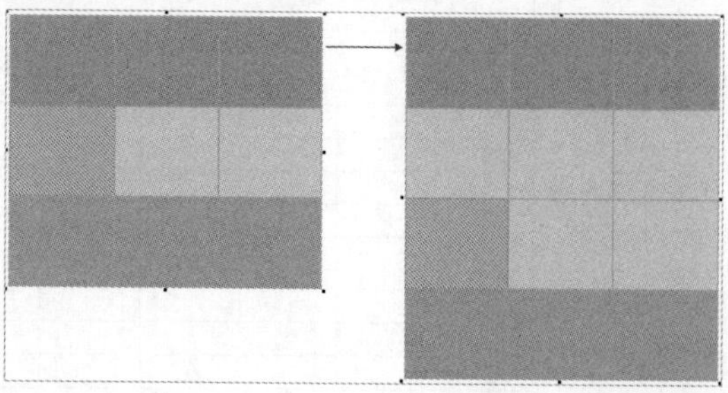

图10-229

2.行下方

任意选中一个单元格，然后执行“表格>插入>行下方”菜单命令，可以在所选单元格的下方插入行，并且插入的行与所选单元格所在的行属性相同，如图10-230所示。

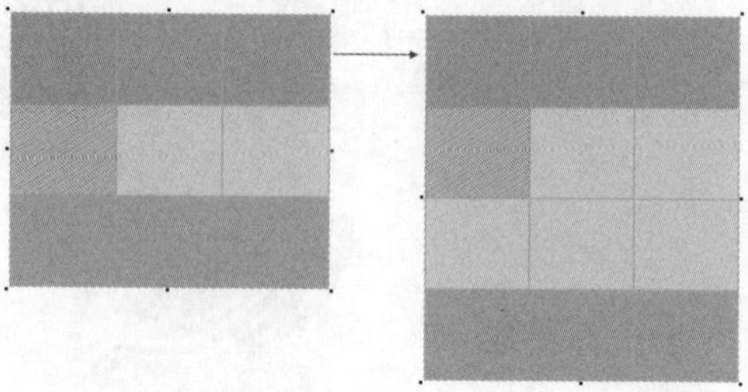

图10-230

3.列左侧

任意选中一个单元格，然后执行“表格>插入>列左侧”菜单命令，可以在所选单元格的左侧插入列，并且插入的列与所选单元格所在的列属性相同，如图10-231所示。

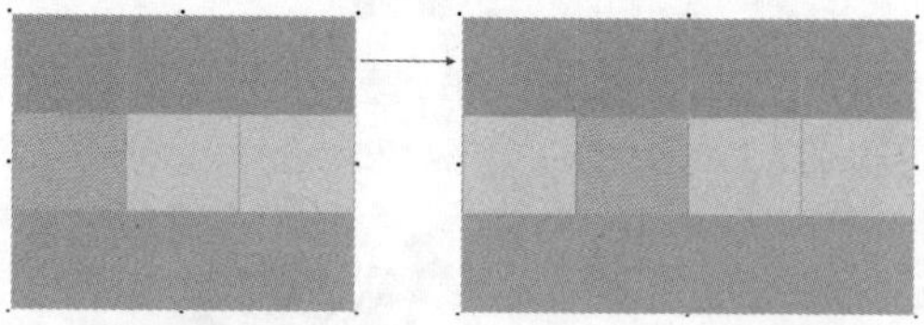

图10-231

4.列右侧

选中任意一个单元格，然后执行“表格>插入>列右侧”菜单命令，可以在所选单元格的右侧插入列，并且所插入的列与所选单元格所在的列属性相同，如图10-232所示。

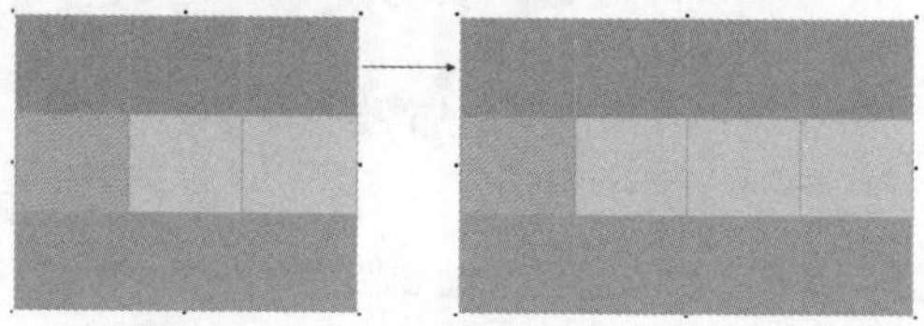

图10-232

5.插入行

任意选中一个单元格，然后执行“表格>插入>插入行”菜单命令，打开“插入行”对话框，接着设置相应的“行数”，再勾选“在选定行上方”或“在选定行下方”选项，最后单击“确定”按钮 确定 ，如图10-233所示，即可插入行，如图10-234所示。

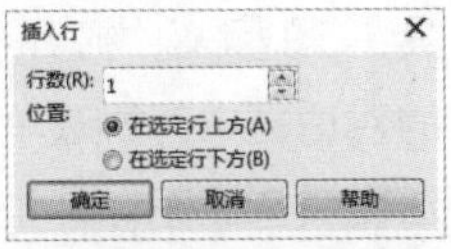

图10-233

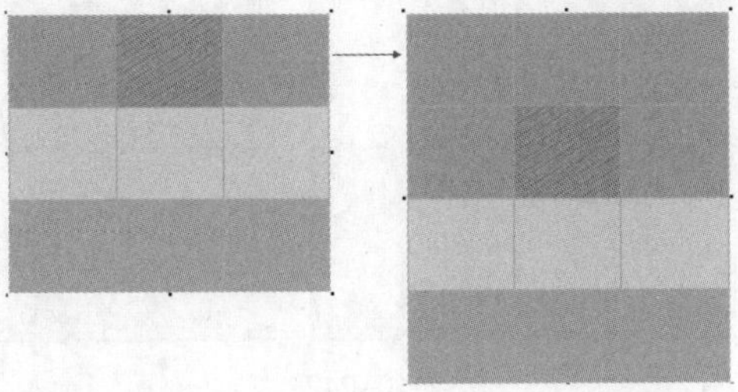

图10-234

6.插入列

任意选中一个单元格，然后执行“表格>插入>插入列”菜单命令，打开“插入列”对话框，接着设置相应的“栏数”，再勾选“在选定列左侧”或“在选定列右侧” 选项，最后单击“确定”按钮确定，如图10-235所示，即可插入列，如图10-236所示。

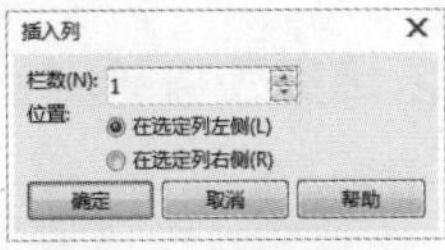

图10-235

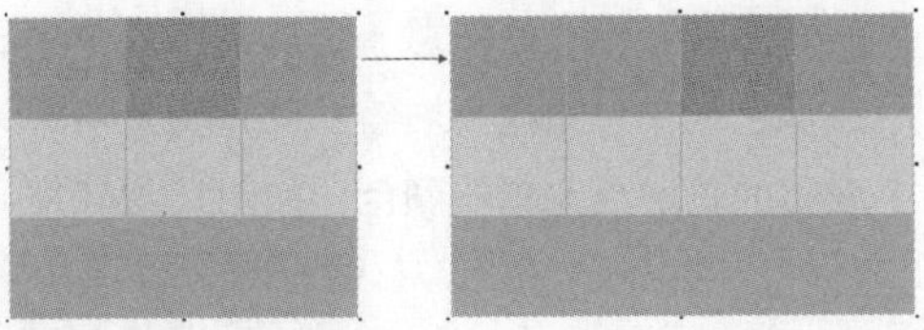

图10-236

10.8.2 删除单元格

使用“表格工具”选中将要删除的单元格，然后按Delete键，即可删除。也可以任意选中一个或多个单元格，然后执行“表格>删除”菜单命令，在该命令的列表中执行“行”“列”或“表格”菜单命令，如图10-237所示，即可对选中单元格所在的行、列或表格进行删除。

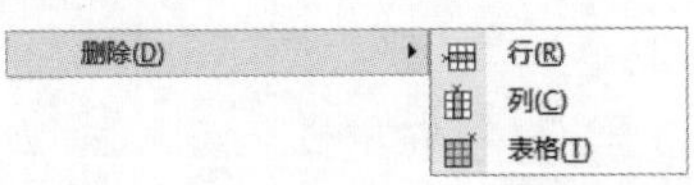

图10-237

10.8.3 移动边框位置

使用“表格工具”选中表格，然后移动光标至表格边框，待光标变为垂直箭头↕或水平箭头↔时，按住鼠标左键拖曳，可以改变该边框的位置，如图10-238所示；如果将光标移动到单元格边框的交叉点上，待光标变为倾斜箭头↘时，按住鼠标左键拖曳，可以改变交叉点上两条边框的位置，如图10-239所示。

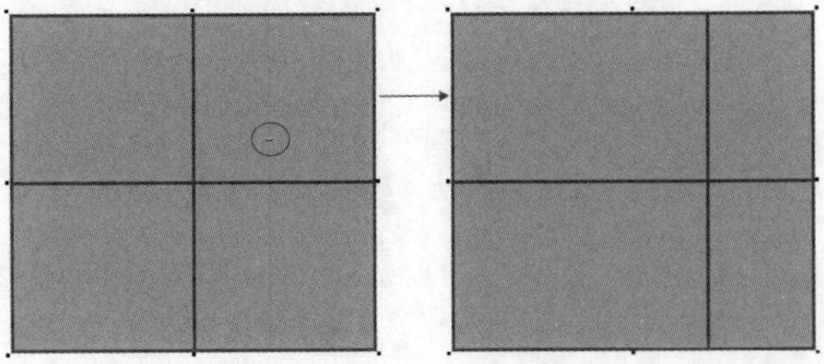

图10-238

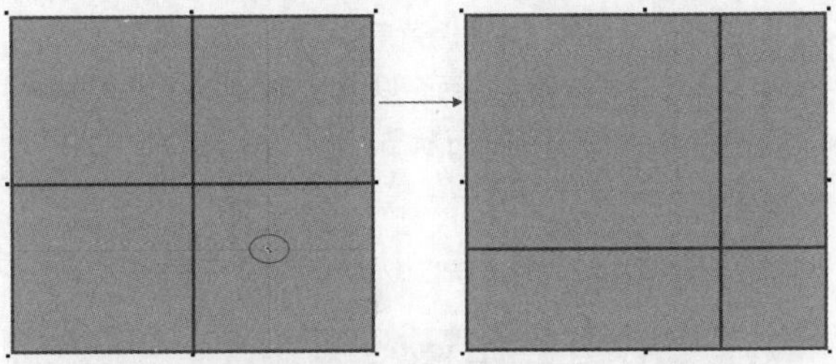

图10-239

10.8.4 分布命令

当表格中的单元格大小不相同时，可以使用分布命令对表格中的单元格进行调整。

操作演示

均匀分布表格

视频名称：均匀分布表格

扫码观看教学视频

执行相关的菜单命令，可以使表格的行或者列均匀分布，下列是分布的方法。

第1步：使用“表格工具”选中表格中所有的单元格，然后执行“表格>分布>行均分”菜单命令，即可均匀分布表格中所有的行，如图10-240所示。

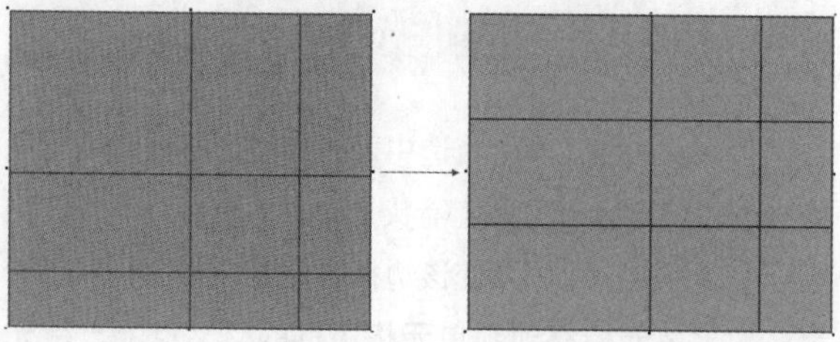

图10-240

第2步：执行“表格>分布>列均分”菜单命令，即可均匀分布表格中所有的列，效果如图10-241所示。

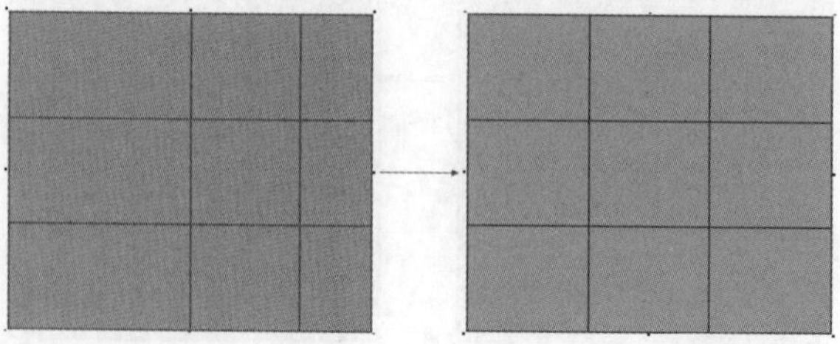

图10-241

> **提示**
>
> 在执行表格的“分布”菜单命令时，选中的单元格行数和列数必须要在两个或两个以上，“行均分”和“列均分”菜单命令才处于可执行状态。

10.8.5 填充表格

绘制好表格后，可以填充单元格和表格轮廓。

1.填充单元格

使用“表格工具”选中表格中的任意一个单元格或整个表格，然后在调色板上单击鼠标左键，即可为选中的单元格或整个表格填充单一颜色，如图10-242所示；也可以双击状态栏中的“填充工具”图标，打开不同的填充对话框，然后在相应的对话框中为所选单元格或整个表格填充单一颜色、渐变颜色或图样，如图10-243~图10-245所示。

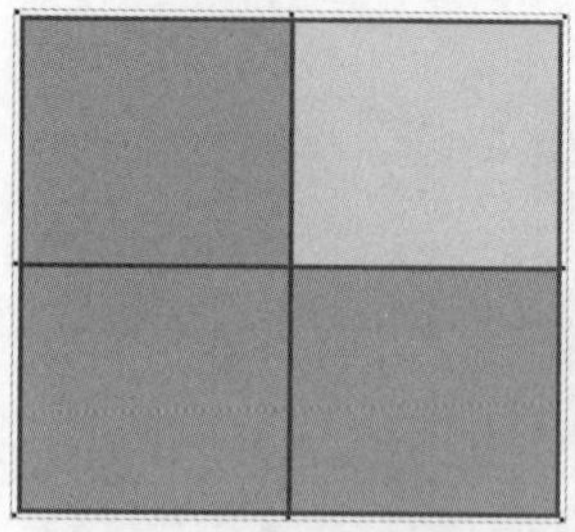

图10-242

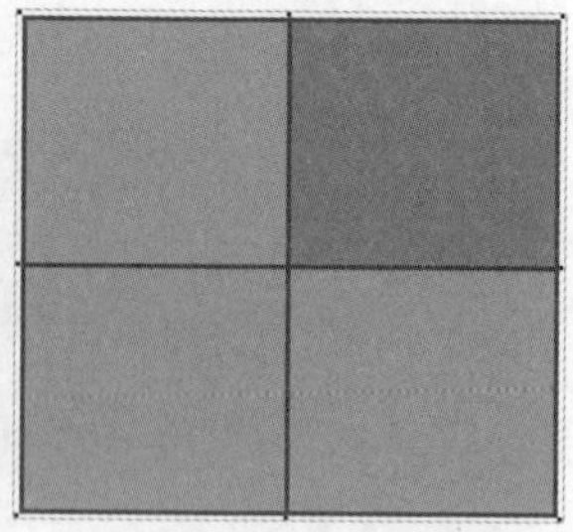

图10-243

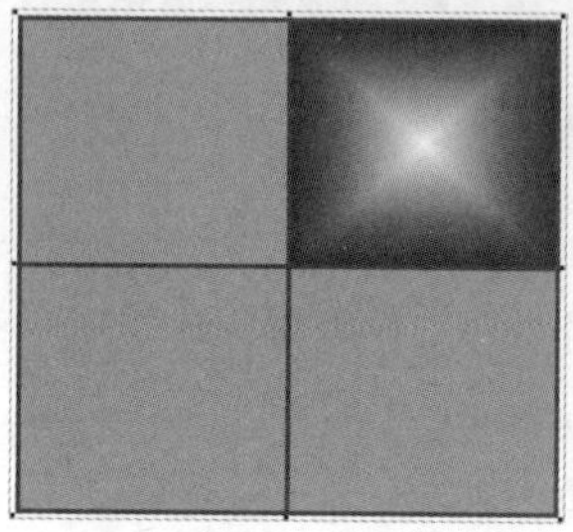

图10-244

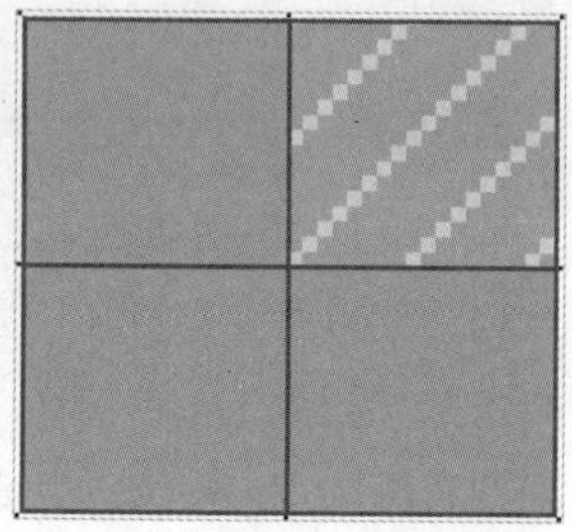

图10-245

2.填充表格轮廓

填充表格的轮廓颜色除了可以通过属性栏设置，还可以通过调色板进行填充。首先使用“表格工具”选中表格中的任意一个单元格或整个表格，然后在调色板中单击鼠标右键，即可为选中单元格或整个表格的轮廓填充单一颜色，如图10-246所示。

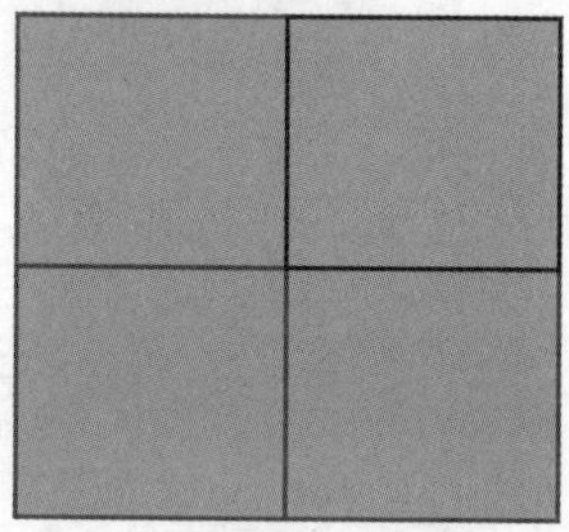

图10-246

本章学习总结

字体的安装

在进行设计制作时，只用计算机系统自带的字体是很难满足设计需要的，因此我们需要安装系统以外的字体。计算机的字体是存储在一个名叫Fonts的文件中的，打开路径为“计算机>本地磁盘（C）>Windows>Fonts”，接着选中待安装的字体，最后将选中的字体复制粘贴或者直接拖曳到Fonts文件夹中，安装完成的字体会以蓝色选中样式在字体列表中显示，如图10-247所示。待刷新文件夹后重新打开软件CorelDRAW X7，然后打开“字体列表”，即可在里边找到装入的字体，如图10-248所示。

扫码观看教学视频

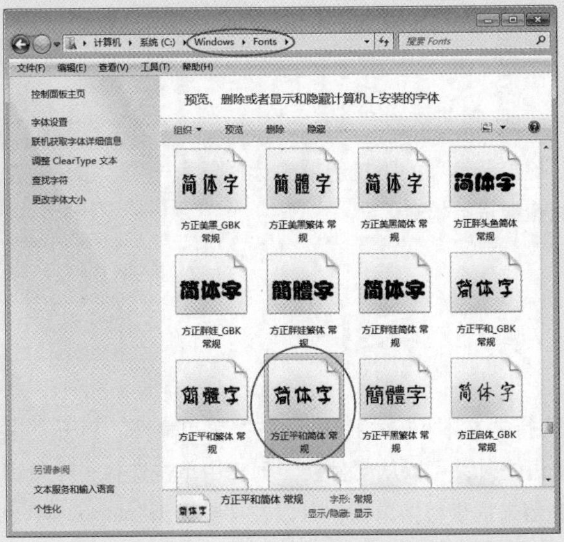

图10-247

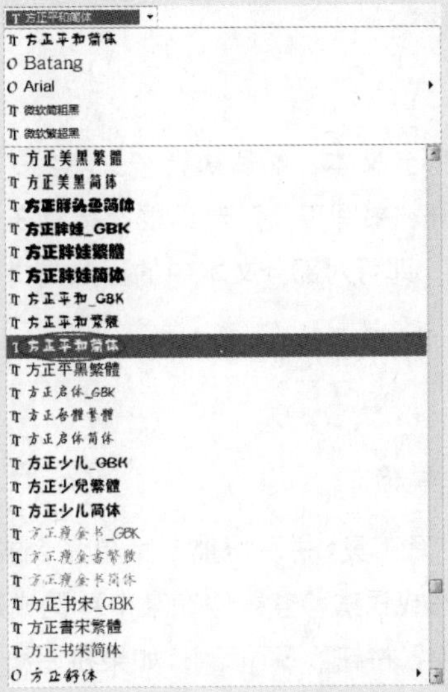

图10-248

拼写检查

在使用“文本工具”字在页面中输入文本后，为了避免不必要的错误，我们可以通过使用“拼写检查器”或“语法”，检查整个文档或选定的文本中的拼写和语法错误。执行“文本>书写工具>拼写检查”菜单命令，即可打开“书写工具”对话框的“拼写检查器”选项卡，如图10-249所示。下面介绍几种基本的文本检查方法。

扫码观看教学视频

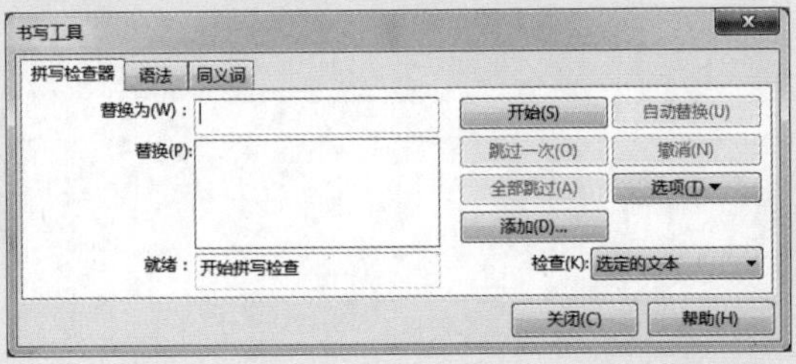

图10-249

检查整个绘图

执行“文本>书写工具>拼写检查”菜单命令或执行“文本>书写工具>语法”菜单命令，打开“书写工具”对话框，然后在“检查”选项的下拉选项中选择“文档”，如图10-250所示，接着单击“开始”按钮，即可对整个绘图中的语法或拼写错误进行检查。

图10-250

检查选定文本

选中文本中的部分文本，然后执行“文本>书写工具>拼写检查”菜单命令或执行“文本>书写工具>语法”菜单命令，打开“书写工具”对话框，接着在“检查”选项的下拉选项中选择任意一项，最后单击“开始”按钮，即可对部分文本中的语法或拼写错误进行检查。

手动编辑文本

执行“文本>书写工具>拼写检查”菜单命令或执行“文本>书写工具>语法”菜单命令，打开“书写工具”对话框，当拼写或语法检查器停在某个单词或短语处时，可以从“替换”列表中单击选择一个单词或短语，然后单击“替换”按钮；如果拼写检查器未提供替换单词，可以在“替换为”的框中手动输入替换单词。

定义自动文本替换

执行“文本>书写工具>拼写检查”菜单命令或执行“文本>书写工具>语法”菜单命令，打开“书写工具”对话框，当拼写或语法检查器停在某个单词或短语处时，单击“自动替换”按钮，即可定义自动文本替换。

第11章 综合案例

本章是本书最后一章，本章中的所有案例皆为综合案例，包括字体设计、Logo设计、海报设计和插画设计。案例的制作运用了CorelDRAW X7大多数的主要功能，通过学习这些案例，读者可以掌握软件的整体功能，制作出精美的平面设计作品。

- 字体设计
- Logo设计
- 海报设计
- 插画设计

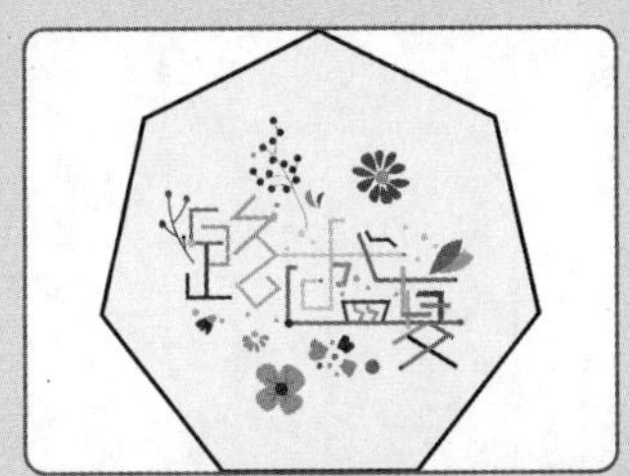

本章学习建议

本章是一些综合案例的制作，因此步骤可能相对较多，但是本章的每一个案例都是分小节来进行讲解，条例比较清晰，小节里又分为多个步骤，且每一个步骤都描述得非常详细。综合案例的特点就是，每个案例的制作可能包含了很多工具和参数的设置。另外，可能需要操作者本人进行绘制的东西比较多，所以在绘制和调整时需要多一点耐心。当然，书中也为每个案例提供了一些素材，希望大家在看到本章案例最终效果图的时候，不要觉得制作起来很困难。在制作之前可以先浏览一下书中的步骤，理清案例的制作思路，不太明白的地方可以观看教学视频，最后上手进行制作。

扫码观看教学视频

11.1 字体设计

实例位置　实例文件>CH11>字体设计.cdr
素材位置　素材文件>CH11>素材01.cdr
视频名称　字体设计.mp4
技术掌握　字体的绘制方法

扫码观看教学视频

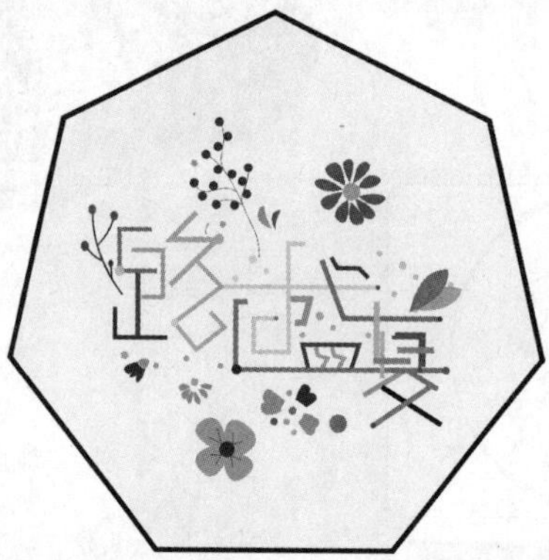

最终效果图

11.1.1 新建文档输入文字

新建一个大小为315mm×315mm的空白文档，然后使用“文本工具”字在页面中输入文本“路过盛夏”，接着在属性栏中设置“字体样式”为“黑体”、“字体大小”为220pt，再填充字体颜色为（C：0，M：0，Y：0，K：10），如图11-1所示。

图11-1

11.1.2 绘制文字“路”

01 使用“折线工具”在“路”字左上部分绘制折线，如图11-2所示，然后更改“轮廓宽度”为2.5mm，接着分别为其填充轮廓颜色为（C：0，M：60，Y：100，K：0）、（C：0，M：40，Y：20，K：0），效果如图11-3所示。

图11-2

图11-3

02 使用“折线工具”在“路”字左下部分绘制一条竖直线和折线，如图11-4所示，然后更改“轮廓宽度”为3mm和2.5mm，接着分别为其填充轮廓颜色为（C：0，M：100，Y：60，K：0）、（C：40，M：40，Y：0，K：60），效果如图11-5所示。

图11-4

图11-5

03 使用“折线工具”在“路”字右上部分绘制折线，如图11-6所示，然后更改“轮廓宽度”为3mm，接着为其填充轮廓颜色为（C：20，M：0，Y：0，K：20），效果如图11-7所示。

图11-6

图11-7

04 使用“折线工具”在“路”字右下部分绘制折线，如图11-8所示，然后更改“轮廓宽度”为2.5mm，接着为其填充轮廓颜色为（C：40，M：0，Y：0，K：0），效果如图11-9所示。

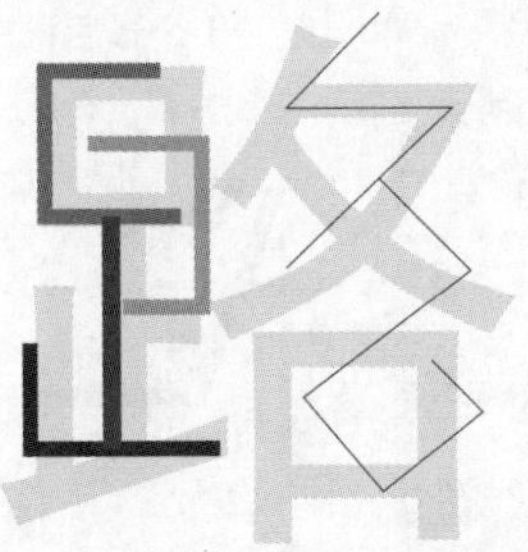

图11-8

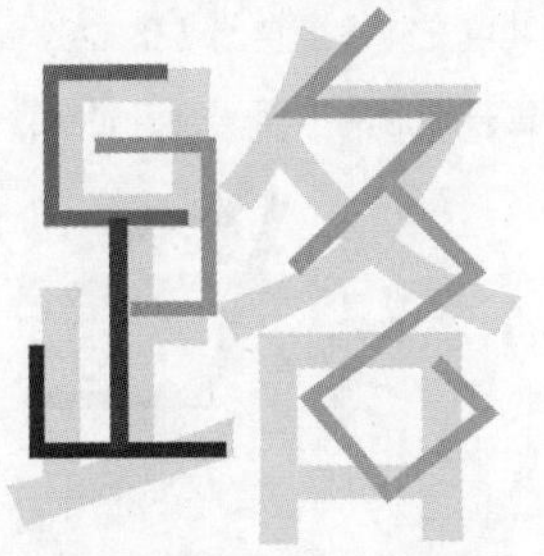

图11-9

11.1.3 绘制文字“过”

01 使用“折线工具”在“过”字右上部分绘制一条横直线，如图11-10所示，然后更改“轮廓宽度”为2.5mm，接着为其填充轮廓颜色为（C：20，M：0，Y：20，K：0），效果如图11-11所示。

图11-10

图11-11

02 使用“折线工具”在“过”字的右边部分绘制一条折线，如图11-12所示，然后更改“轮廓宽度”为2.5mm，接着为其填充轮廓颜色为（C：0，M：20，Y：20，K：0），效果如图11-13所示。

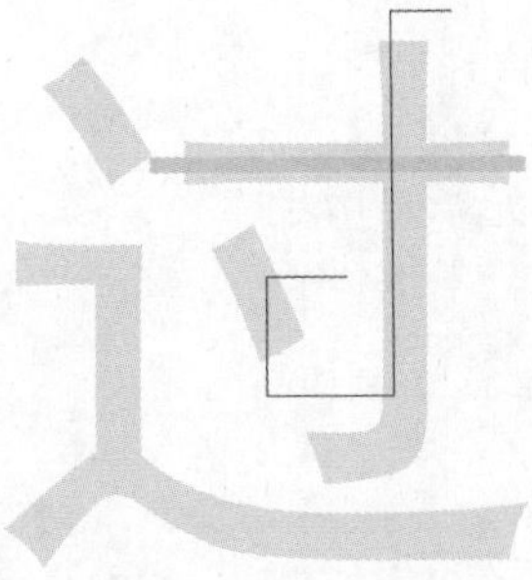

图11-12

图11-13

03 使用“折线工具”在“过”字的左下部分绘制一条折线，如图11-14所示，然后更改“轮廓宽度”为3mm，接着为其填充轮廓颜色为（C：20，M：0，Y：40，K：0），效果如图11-15所示。

图11-14

图11-15

11.1.4 绘制文字“盛”

01 使用“折线工具”在“盛”字上部绘制一条横直线，如图11-16所示，然后更改“轮廓宽度”为2.5mm，接着为其填充轮廓颜色为（C：20，M：0，Y：20，K：0），最后将文字“过”的右边折线复制一份，拖曳到该横直线上，效果如图11-17所示。

图11-16

图11-17

02 使用“折线工具”在复制的折线右侧绘制一条折线，如图11-18所示，然后更改“轮廓宽度”为3.5mm，接着为其填充轮廓颜色为（C：40，M：0，Y：100，K：0），效果如图11-19所示。

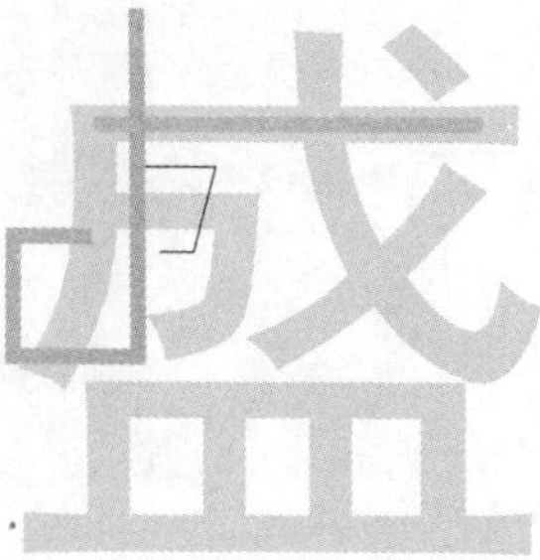

图11-18

图11-19

03 使用“折线工具”在“盛”字的横线上绘制一条折线，如图11-20所示，然后更改“轮廓宽度”为3mm，接着为其填充轮廓颜色为（C：0，M：20，Y：40，K：0），效果如图11-21所示。

图11-20

图11-21

04 使用“折线工具”继续在“盛”字的横线上绘制一条折线，如图11-22所示，然后更改“轮廓宽度”为2.5mm，接着为其填充轮廓颜色为（C：60，M：40，Y：0，K：40），效果如图11-23所示。

图11-22

图11-23

05 使用“折线工具”在“盛”字下部绘制一个下方为开口的梯形，如图11-24所示，然后更改“轮廓宽度”为2.5mm，接着为其填充轮廓颜色为（C：0，M：100，Y：0，K：0），效果如图11-25所示。

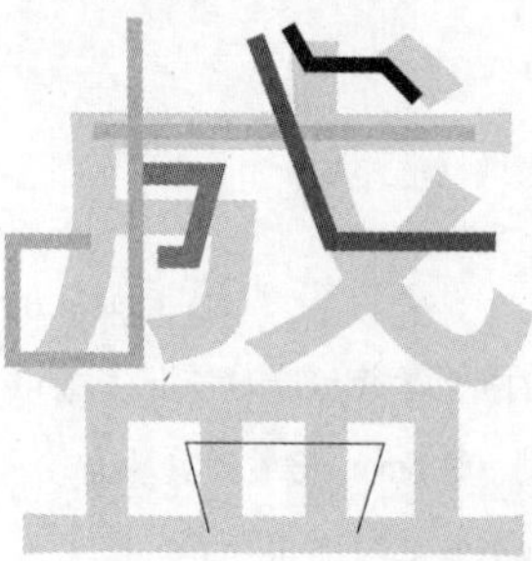

图11-24

图11-25

06 使用“折线工具”在未闭合的梯形中绘制一条折线，然后水平向右复制一份，如图11-26所示，接着更改折线的“轮廓宽度”为2.5mm，再为其填充轮廓颜色为（C：40，M：0，Y：40，K：0），效果如图11-27所示。

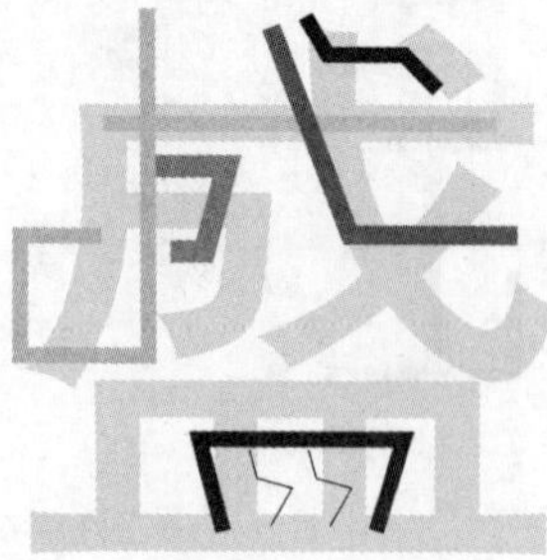

图11-26

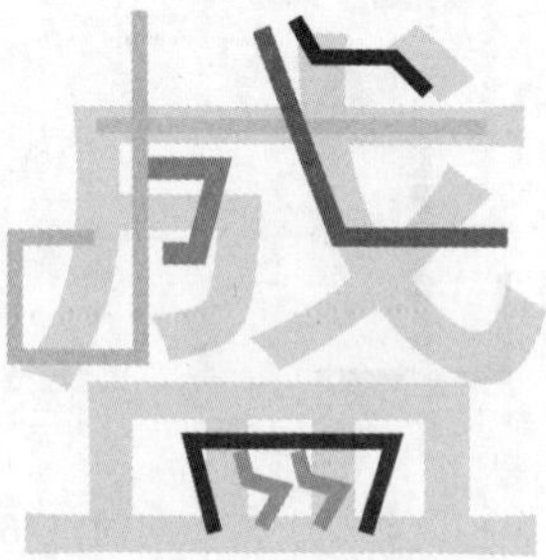

图11-27

07 使用“折线工具”在未闭合的梯形下面绘制一条横直线，如图11-28所示，然后更改“轮廓宽度”为3mm，接着为其填充轮廓颜色为（C：20，M：0，Y：40，K：0），最后将其置于梯形的下面，效果如图11-29所示。

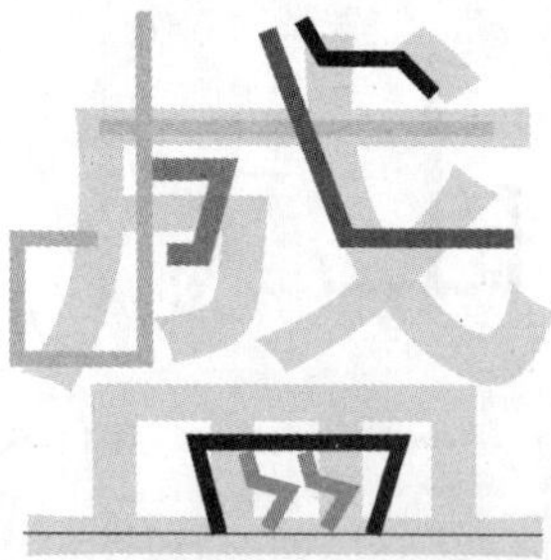

图11-28

图11-29

11.1.5 绘制文字“夏”

01 使用“折线工具”在“夏”字上部绘制一条横直线，如图11-30所示，然后更改“轮廓宽度”为3mm，接着为其填充轮廓颜色为（C：0，M：20，Y：40，K：0），效果如图11-31所示。

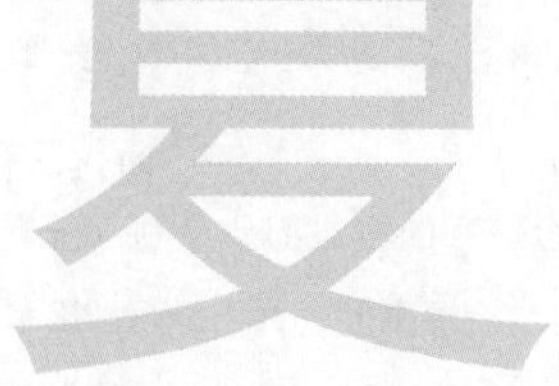

图11-30

图11-31

02 使用“折线工具”在横直线偏左部分绘制两条竖直线，如图11-32所示，然后更改“轮廓宽度”为3.5mm和2.5mm，接着为其填充轮廓颜色为（C：0，M：20，Y：100，K：0），效果如图11-33所示。

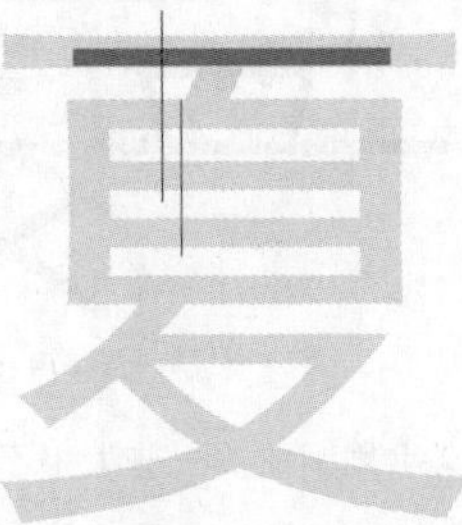

图11-32

图11-33

03 使用“折线工具”在竖直线的右侧绘制一条折线，然后向右上或者左下方向复制一份，如图11-34所示，接着更改“轮廓宽度”为2mm，最后为其填充轮廓颜色为（C：60，M：0，Y：40，K：40），效果如图11-35所示。

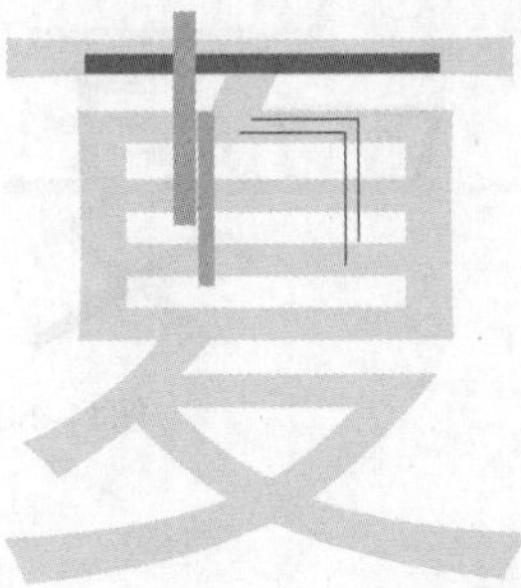

图11-34

图11-35

04 使用“折线工具”在竖直线上绘制一条横直线，然后将横直线向右上复制一份，放置在折线上，如图11-36所示，接着更改“轮廓宽度”为2mm，最后为其填充轮廓颜色为（C：60，M：0，Y：40，K：40），效果如图11-37所示。

图11-36

图11-37

05 使用“折线工具”在所有对象的下面绘制一条横直线，如图11-38所示，然后更改“轮廓宽度”为3mm，接着为其填充轮廓颜色为（C：20，M：0，Y：40，K：40），效果如图11-39所示。

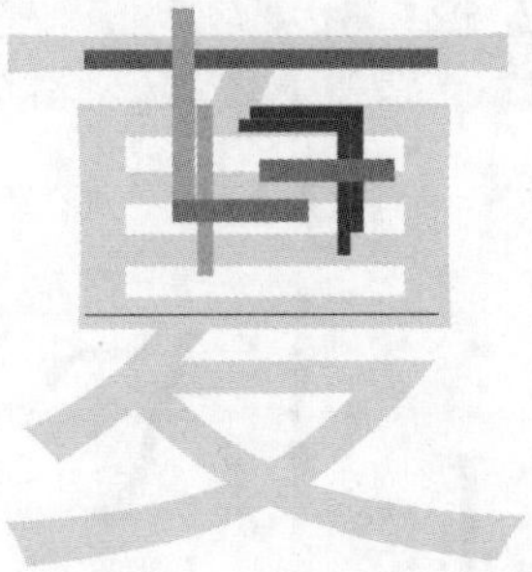

图11-38

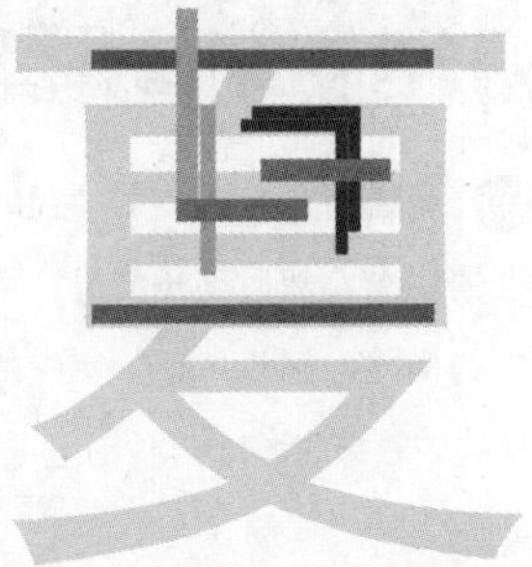

图11-39

06 使用“折线工具”在横直线下面绘制两条斜线，如图11-40所示，然后更改“轮廓宽度”为3mm，接着依次为其填充轮廓颜色为（C：20，M：0，Y：60，K：20）、（C：40，M：40，Y：0，K：0），效果如图11-41所示。

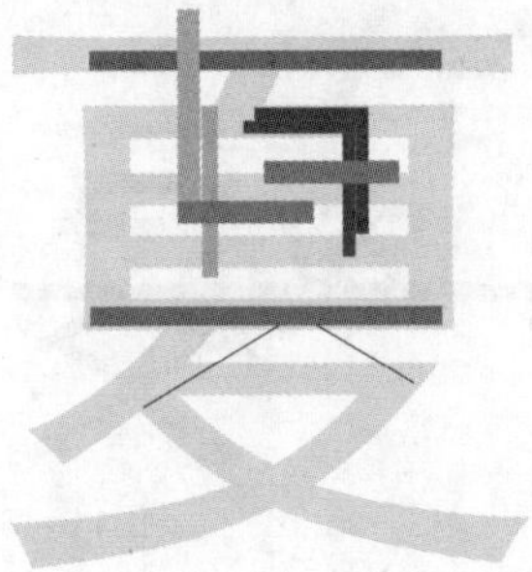

图11-40

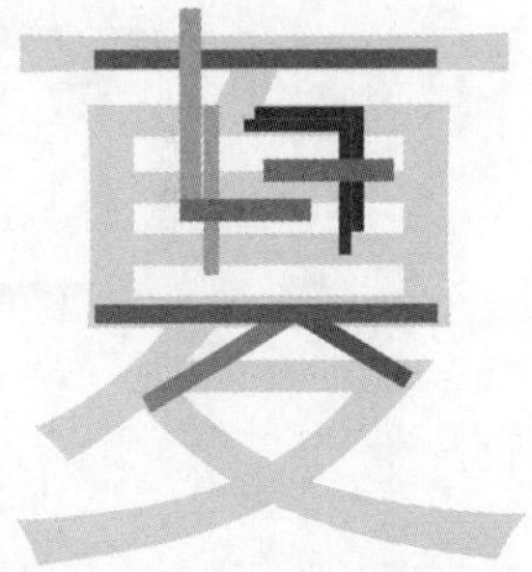

图11-41

07 使用“折线工具”在斜线下面再绘制两条斜线，如图11-42所示，然后更改“轮廓宽度”为3mm，接着依次为其填充轮廓颜色为（C：0，M：40，Y：60，K：20）、（C：100，M：0，Y：100，K：0），效果如图11-43所示，整体效果如图11-44所示。

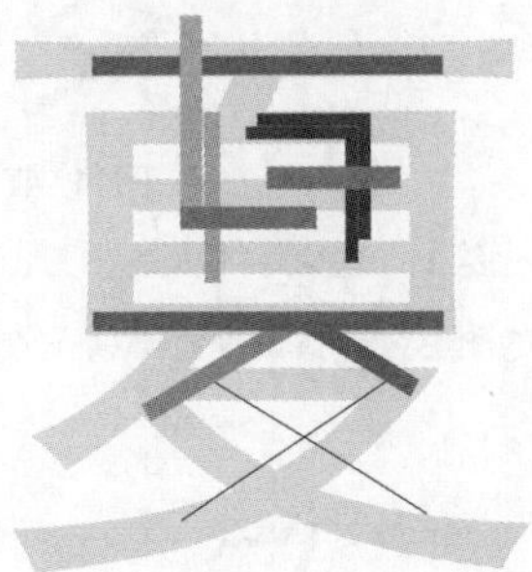

图11-42

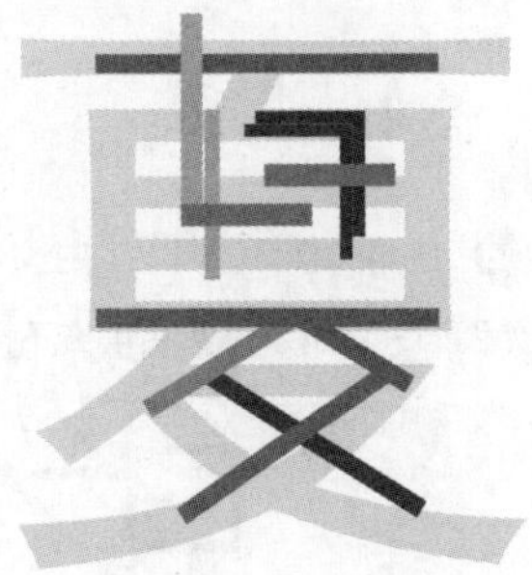

图11-43

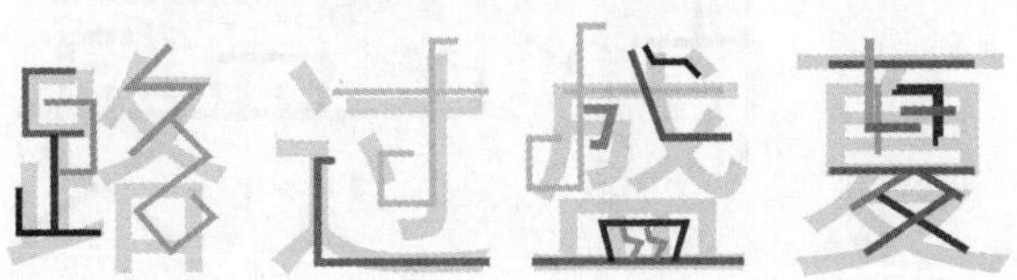

图11-44

11.1.6 拼凑调整文字

01 将绘制完成的“过”字和“盛”字拖曳到空白处，进行适当的拼凑，然后延长“过”字中的横线，删除“盛”字中的横线，效果如图11-45所示。

图11-45

02 将绘制完成的“夏”字拖曳到“盛”字的右下侧，进行适当的拼凑，然后延长“盛”字和“过”字中的横线，效果如图11-46所示。

图11-46

03 将绘制完成的“路”字拖曳到“过”字的左侧，进行适当的拼凑，效果如图11-47所示，然后选中所有绘制的文字，按组合键Ctrl+G进行组合。

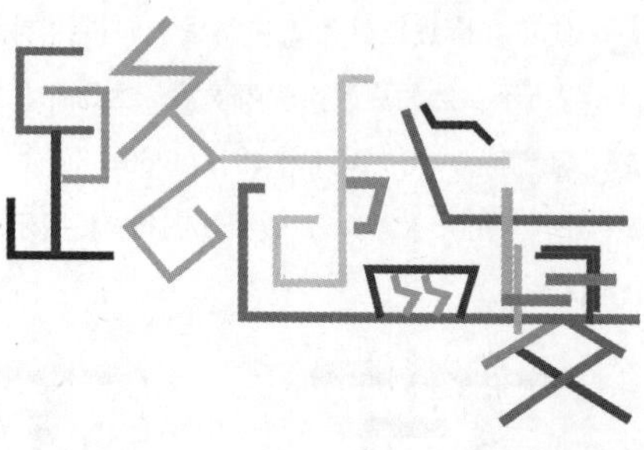

图11-47

04 使用“椭圆工具”在文字上绘制一些大小不同的小圆，如图11-48所示，然后填充不同的颜色，接着去掉轮廓线，效果如图11-49所示。

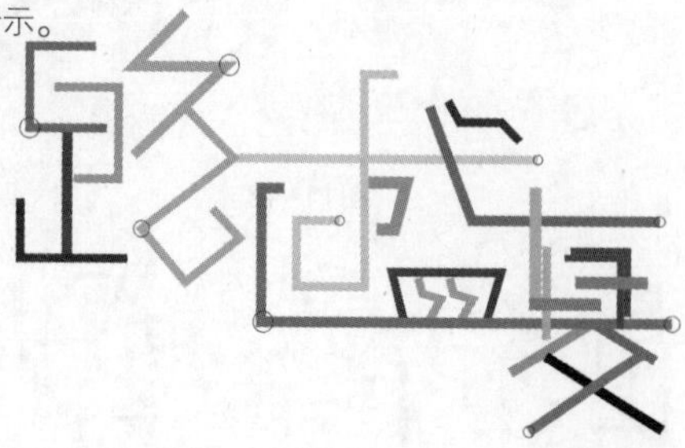

图11-48

图11-49

05 使用“椭圆工具”在文字周围绘制一些大小不同的小圆，如图11-50所示，然后填充不同的颜色，接着去掉轮廓线，效果如图11-51所示。

图11-50

图11-51

11.1.7 绘制七边形和导入素材

01 使用“椭圆工具”在文字上方绘制一个七边形，然后填充颜色为（C：0，M：4，Y：2，K：0），接着更改“轮廓宽度”为3mm，并更改轮廓颜色为（C：100，M：100，Y：0，K：0），如图11-52所示，再按组合键Ctrl+End将其置于底层，最后调整一下位置，效果如图11-53所示。

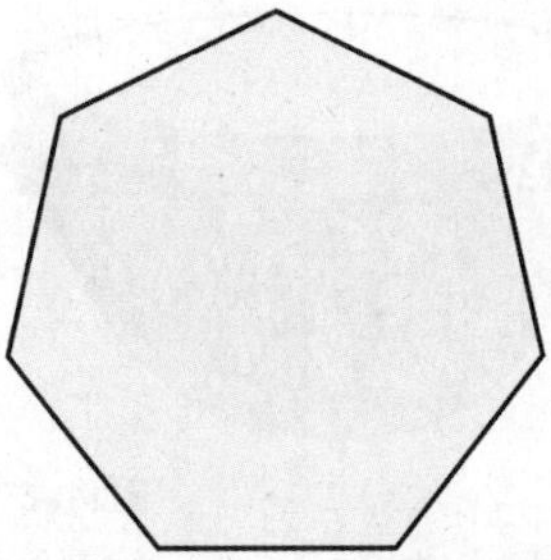
图11-52

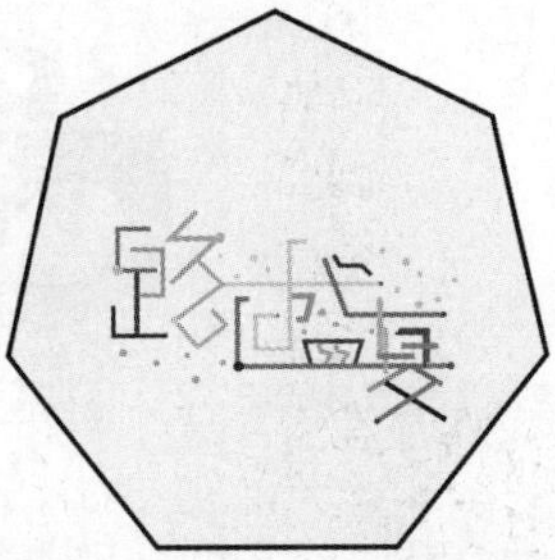
图11-53

02 导入“素材文件>CH011>素材01.cdr”文件，然后将其放置在文字上侧和下侧，最终效果如图11-54所示。

图11-54

11.2 Logo设计

实例位置　实例文件>CH11> Logo设计.cdr
素材位置　素材文件>CH11>素材02.cdr~04.cdr
视频名称　Logo设计.mp4
技术掌握　Logo的绘制方法

扫码观看教学视频

最终效果图

11.2.1 新建文档绘制茶杯

01 新建一个大小为300mm×300mm的空白文档，然后使用“椭圆形工具”在页面空白处绘制一个椭圆，如图11-55所示。

图11-55

02 将椭圆向中心缩小复制一份，如图11-56所示，然后从内到外依次填充颜色为黑色和（C：41，M：17，Y：100，K：0），效果如图11-57所示。

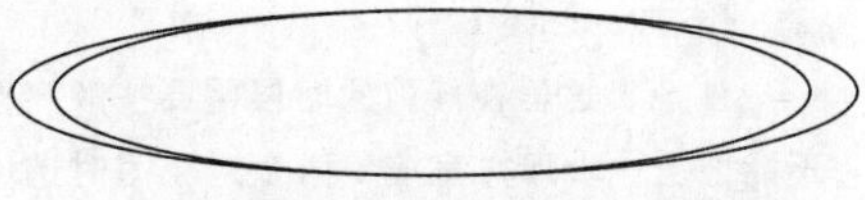
图11-56

图11-57

提示

在本案例中，所有修剪的对象，都使用与被修剪对象不同的颜色进行填充，以区别修剪对象与被修剪对象。这里我们为修剪对象填充的颜色是黑色，后面填充的颜色还有绿色。

03 使用“基本形状工具”在圆上绘制一个梯形，然后调整好位置和大小，接着单击属性栏中的“垂直镜像”按钮，将其垂直翻转，效果如图11-58所示。

04 选中梯形，按组合键Ctrl+Q将其转换为曲线，然后使用“形状工具”调整梯形的形状，作为杯身，接着填充颜色为（C：41，M：17，Y：100，K：0），效果如图11-59所示。

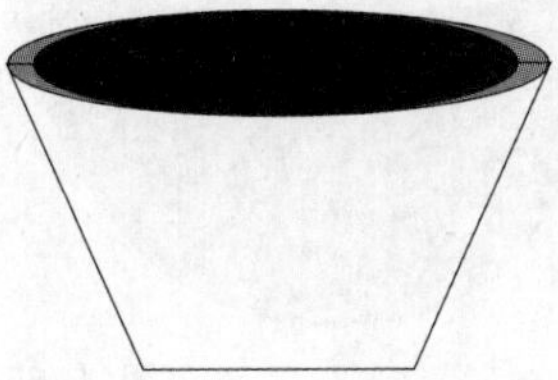
图11-58

图11-59

05 选中两个椭圆，如图11-60所示，然后单击属性栏中的“修剪”按钮，修剪绿色的圆形。

图11-60

06 先选中黑色椭圆，然后选中杯身，如图11-61所示，接着单击属性栏中的“修剪”按钮，修剪梯形，最后删除黑色椭圆，效果如图11-62所示。

图11-61

图11-62

提示

注意，这里在修剪的时候需要按顺序选中对象，而不能像上一步那样直接将两个对象同时选中，因为这里的被修剪对象在顶层，而不是底层。一般修剪都是使用顶层对象修剪底层的对象。

07 使用“椭圆形工具”先后绘制一大一小两个椭圆，然后旋转一定角度拖曳到杯身左侧，如图11-63所示，接着从内到外依次填充颜色为黑色和（C：41，M：17，Y：100，K：0），效果如图11-64所示。

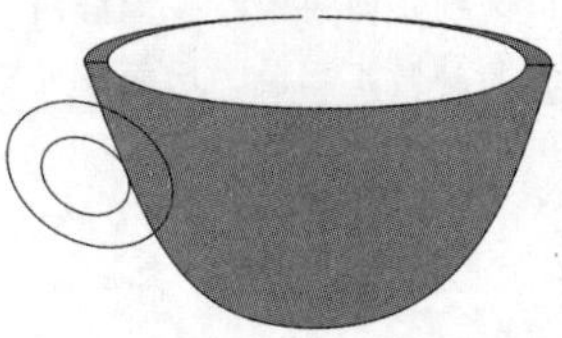

图11-63

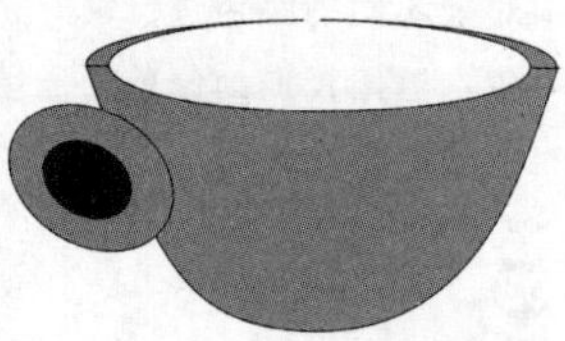

图11-64

08 选中两个椭圆，然后单击属性栏中的“修剪”按钮，修剪绿色的椭圆，作为杯把，接着删除黑色椭圆，效果如图11-65所示。

图11-65

09 选中杯把和杯身，然后单击属性栏中的“合并”按钮，将椭圆和梯形合并，效果如图11-66所示，接着使用“钢笔工具”在杯身上面绘制形状，最后填充黑色，效果如图11-67所示。

图11-66

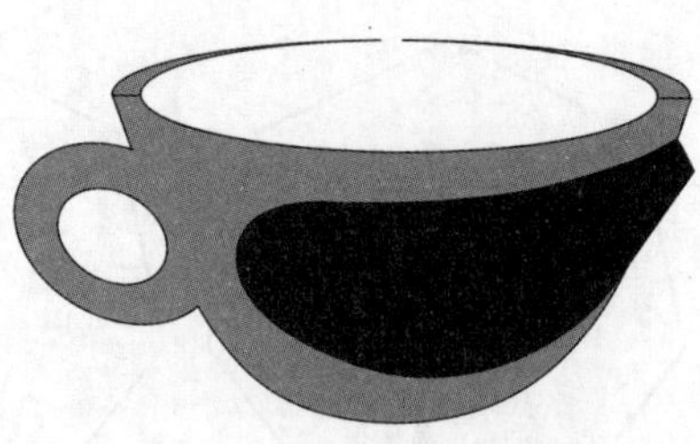

图11-67

10 选中形状和杯身，然后单击属性栏中的“修剪”按钮，修剪杯身，效果如图11-68所示，接着去掉杯子的轮廓线，效果如图11-69所示。

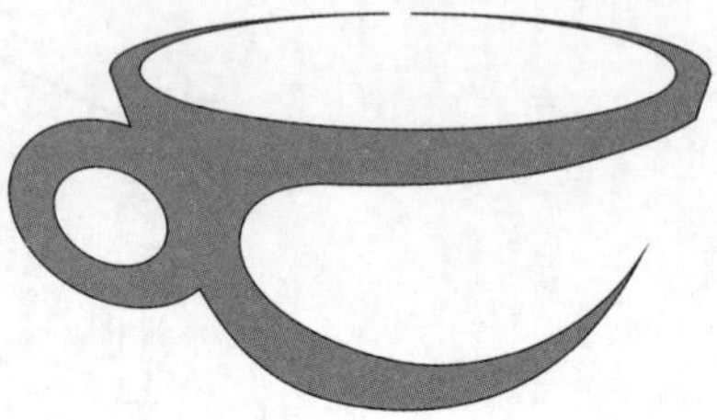

图11-68

图11-69

11 使用“椭圆形工具”在杯子底部绘制一个长条形的椭圆，如图11-70所示，然后填充颜色为（C：60，M：32，Y：96，K：0），并去掉轮廓线，接着按组合键Ctrl+PgDn将其置于杯子下面，如图11-71所示。

图11-70

图11-71

12 使用“椭圆形工具”先后绘制一大一小两个椭圆，然后使其交叉放置，如图11-72所示，接着从内到外依次填充颜色为绿色和（C：41，M：17，Y：100，K：0），效果如图11-73所示。

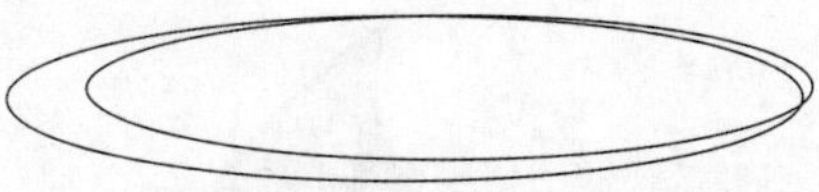
图11-72

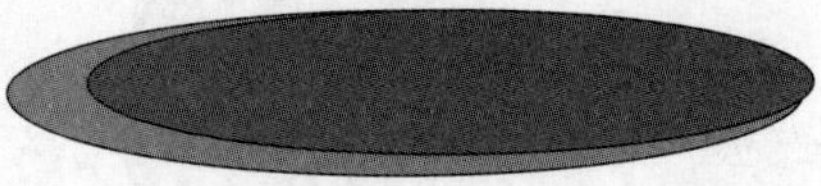
图11-73

13 选中两个椭圆，然后单击属性栏中的“修剪”按钮，修剪绿色的椭圆，作为杯盘，接着删除绿色椭圆，效果如图11-74所示。

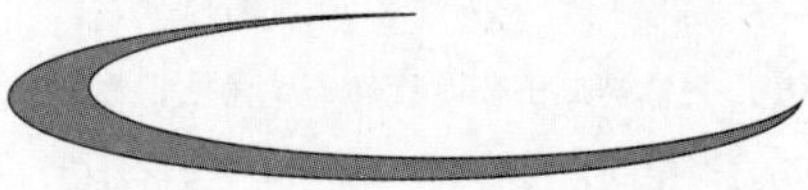
图11-74

14 使用“钢笔工具”在杯盘下面绘制形状，作为杯托，如图11-75所示，然后选中杯盘和杯托，接着单击属性栏中的“合并”按钮将其合并，效果如图11-76所示。

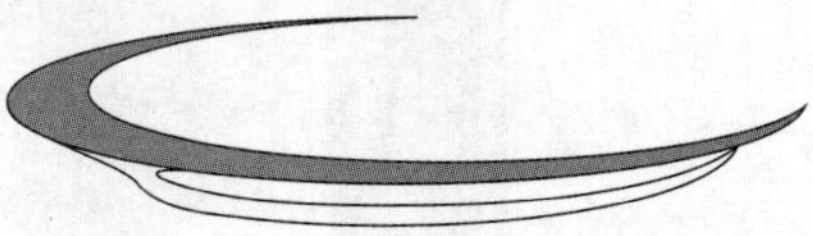
图11-75

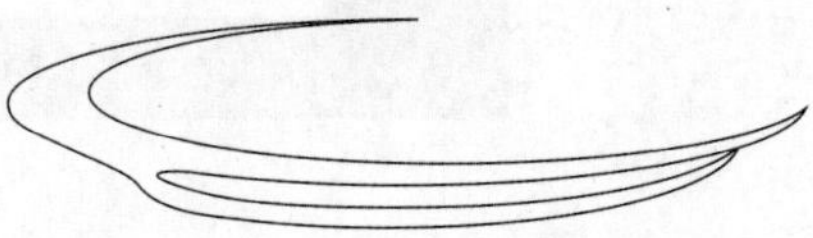
图11-76

15 为合并后的形状填充颜色为（C：41，M：17，Y：100，K：0），然后去掉轮廓线，效果如图11-77所示，接着将其拖曳到杯子下面，效果如图11-78所示。

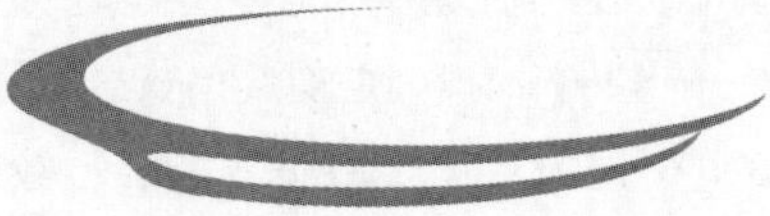
图11-77

图11-78

16 使用“椭圆形工具”和“钢笔工具”在杯子里面绘制一个椭圆和一个近似椭圆的形状，如图11-79所示，然后依次填充颜色为（C：20，M：0，Y：100，K：0）和白色，并去掉轮廓线，效果如图11-80所示。

图11-79

图11-80

17 导入“素材文件>CH11>素材02.cdr”文件，然后将其拖曳到杯子里面和上面，接着选中所有对象，按组合键Ctrl+G将其组合，效果如图11-81所示。

图11-81

11.2.2 绘制正方形边框和树叶

01 使用“矩形工具”在页面空白处绘制一个正方形，然后将正方形向中心缩小复制一份，如图11-82所示，接着从内到外依次填充颜色为绿色和（C：60，M：32，Y：96，K：0），效果如图11-83所示。

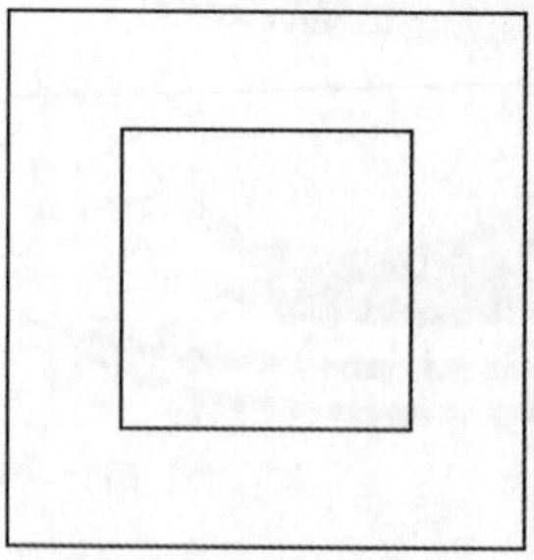
图11-82

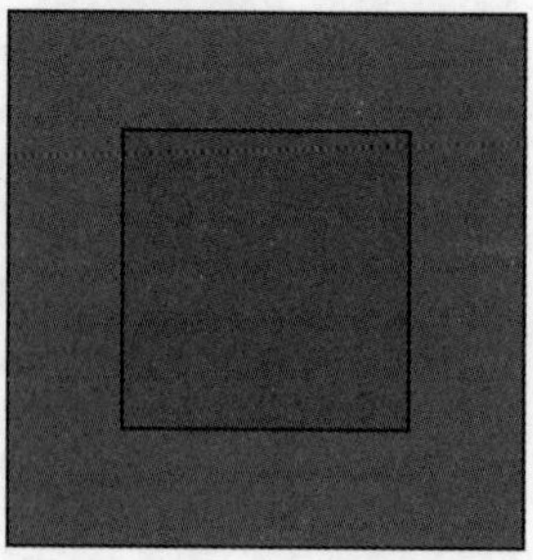
图11-83

02 选中两个正方形，并取消轮廓线，然后单击属性栏中的“修剪”按钮，修剪较大的正方形，接着删除绿色正方形，效果如图11-84所示。

图11-84

03 使用“钢笔工具”在页面空白处绘制树叶形状，然后填充颜色为（C：40，M：0，Y：100，K：0），效果如图11-85所示，接着继续使用“钢笔工具”在页面空白处绘制树叶的脉络，最后填充颜色为绿色，效果如图11-86所示。

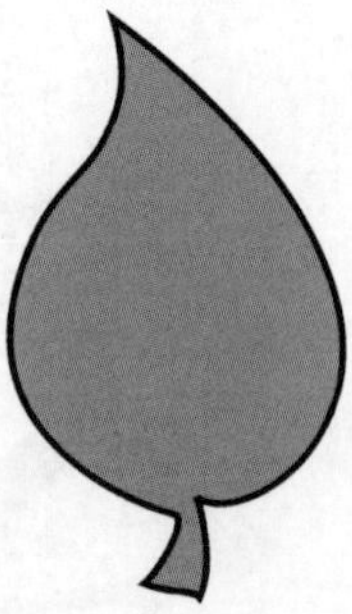
图11-85

图11-86

04 将树叶脉络移动到树叶上面，如图11-87所示，然后选中两者，单击属性栏中的“修剪”按钮修剪树叶，接着删除树叶脉络，最后去掉轮廓线，效果如图11-88所示。

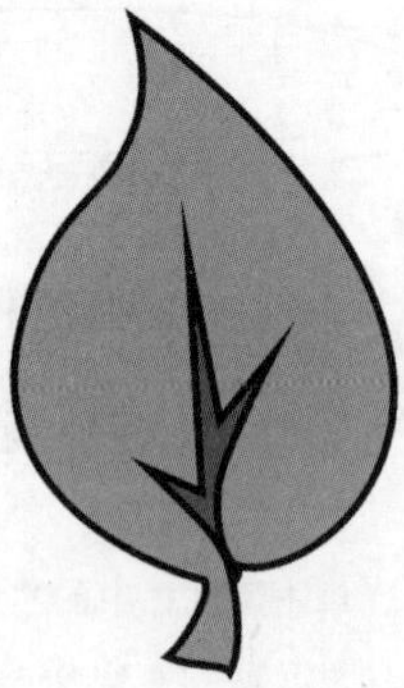
图11-87

图11-88

05 将修剪后的树叶旋转一定角度，然后拖曳到之前修剪好的正方形中间，接着选中两者，按组合键Ctrl+G将其组合，效果如图11-89所示。

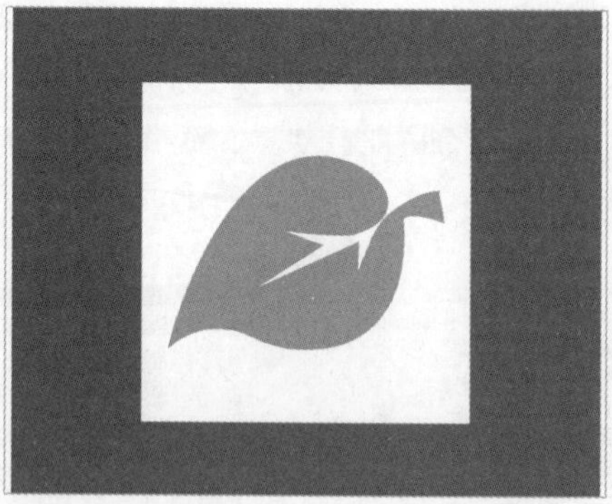
图11-89

11.2.3 绘制框架

01 使用“矩形工具”在页面空白处绘制一个大小为206mm×2.5mm的横向矩形条，然后在其上面绘制一个大小为2.5mm×166mm的竖向矩形条，接着都填充颜色为（C：60，M：32，Y：96，K：0），最后去掉轮廓线，效果如图11-90所示。

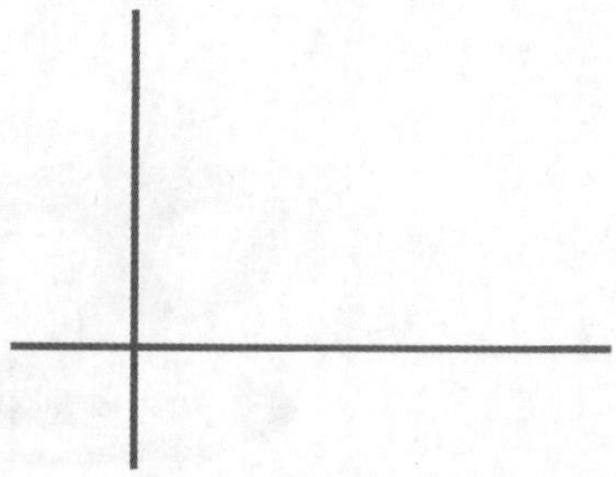
图11-90

02 使用“矩形工具”在横竖矩形条相交的地方绘制一个大小为25mm×25mm的正方形，然后填充颜色为（C：60，M：32，Y：96，K：0），并去掉轮廓线，框架绘制完成，接着选中这3个对象，按组合键Ctrl+G将其组合，效果如图11-91所示。

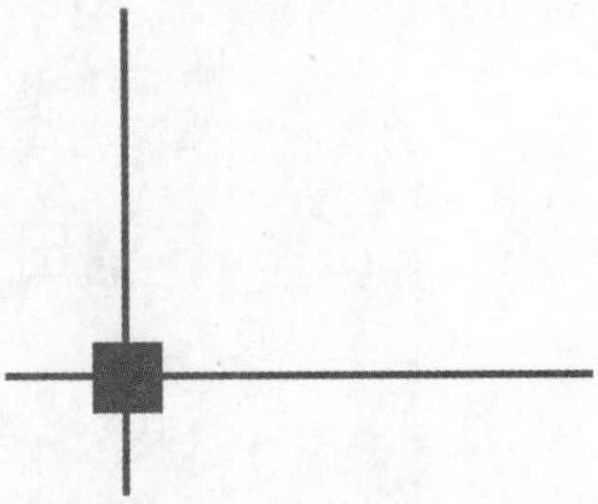

图11-91

11.2.4 拼凑和导入素材

01 导入“素材文件>CH11>素材03.cdr”文件，然后将其拖曳到框架上，如图11-92所示，接着将之前绘制的茶杯和树叶对象都拖曳到横向的矩形条上面，效果如图11-93所示。

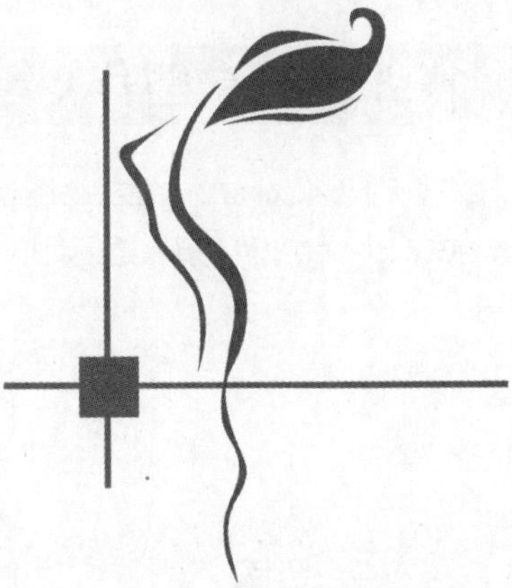

图11-92

图11-93

02 导入“素材文件>CH11>素材04.cdr”文件，然后将其拖曳到不同的对象上面，如图11-94所示。

图11-94

11.2.5 输入文本

使用“文本工具”在横向矩形条的下面输入文本“清茶山庄”，然后在属性栏中设置“字体样式”为“汉仪柏青体繁”、“字体大小”为108pt，接着设置“字符间距”为-20%，效果如图11-95所示。

图11-95

11.2.6 制作圆圈

01 使用“椭圆形工具”先后绘制一大一小两个近似圆的椭圆，然后使两个椭圆的右侧彼此贴近，如图11-96所示，接着从内到外依次填充颜色为绿色和（C：60，M：32，Y：96，K：0），效果如图11-97所示。

图11-96

图11-97

02 选中上一步绘制的两个椭圆，然后单击属性栏中的“修剪”按钮，修剪较大的椭圆，接着删除绿色椭圆，效果如图11-98所示。

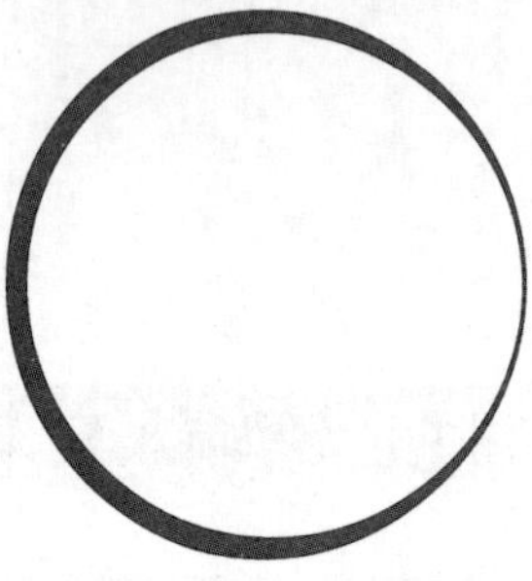

图11-98

03 去掉上一步得到的圆圈的轮廓线，然后将其拖曳到之前绘制好的对象上，最终效果如图11-99所示。

图11-99

11.3 海报设计

实例位置 实例文件>CH11>海报设计.cdr
素材位置 素材文件>CH11>素材05.png、06.cdr、07.png、08.png
视频名称 海报设计.mp4
技术掌握 海报的绘制方法

扫码观看教学视频

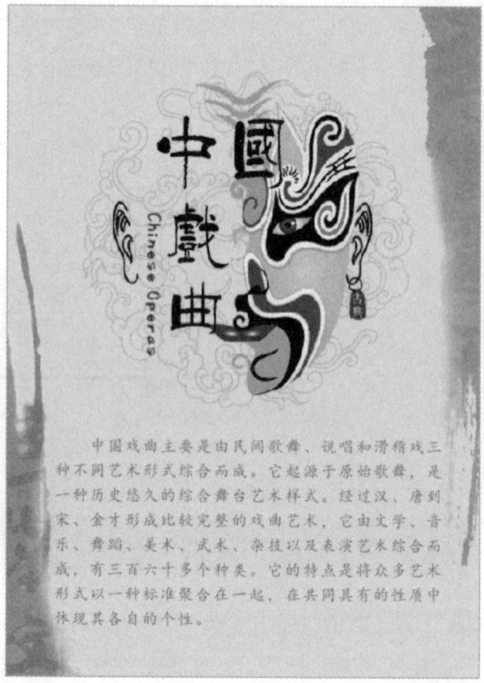

最终效果图

11.3.1 新建文档导入素材

新建一个大小为210mm×290mm的空白文档，然后导入“素材文件>CH11>素材05.png”文件，并将其锁定，如图11-100所示。

图11-100

11.3.2 输入美术文本

01 使用“文本工具”字在素材中输入横排文字“中国”，然后在属性栏中设置“字体样式”为“汉仪柏青体繁”、“字体大小”为100pt，效果如图11-101所示。

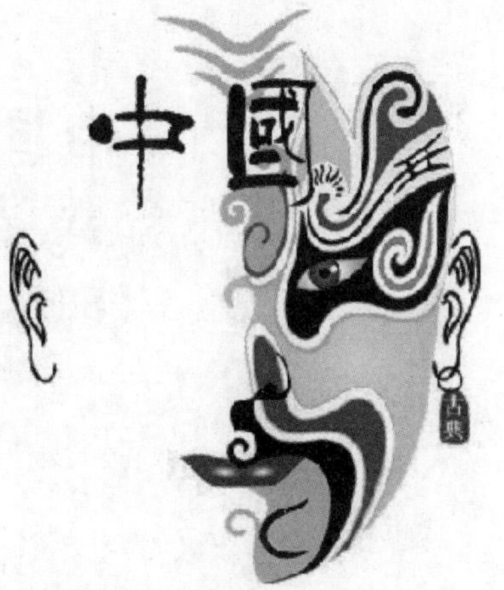

图11-101

02 使用“文本工具”字在横排文字下面输入竖排文字“戏曲”，然后在属性栏中设置“字体样式”为“汉仪柏青体繁”、“字体大小”为110pt，效果如图11-102所示。

图11-102

03 使用“文本工具”字在竖排文字左边输入竖排英文文字Chinese Operas，然后在属性栏中设置“字体样式”为beck、“字体大小”为20pt，接着填充红色并旋转270°，效果如图11-103所示。

图11-103

11.3.3 导入素材和绘制背景

01 导入“素材文件>CH11>素材06.cdr”文件，然后调整大小，并将其放在脸谱素材的下面，效果如图11-104所示，接着将脸谱素材解锁，再选中所有对象，按组合键Ctrl+G将其组合。

图11-104

02 双击“矩形工具”□创建一个和页面大小形同的矩形，然后填充颜色为（C：4，M：5，Y：22，K：0），接着去掉轮廓线，效果如图11-105所示。

图11-105

03 导入“素材文件>CH11>素材07.png、08.png”文件，然后调整大小，并将其拖曳到矩形的左下角和右上角，效果如图11-106所示。

图11-106

11.3.4 输入段落文本

01 使用“文本工具”字在脸谱下方空白处绘制文本框，输入段落文本，然后在属性栏中单击“文本属性”按钮打开“文本属性泊坞窗”，接着在“字符”中设置“字体样式”为“楷体”、“字体大小”为20pt、“文本颜色”为（C：25，M：36，Y：77，K：0），再在“段落”中设置“行间距”为150%，效果如图11-107所示。

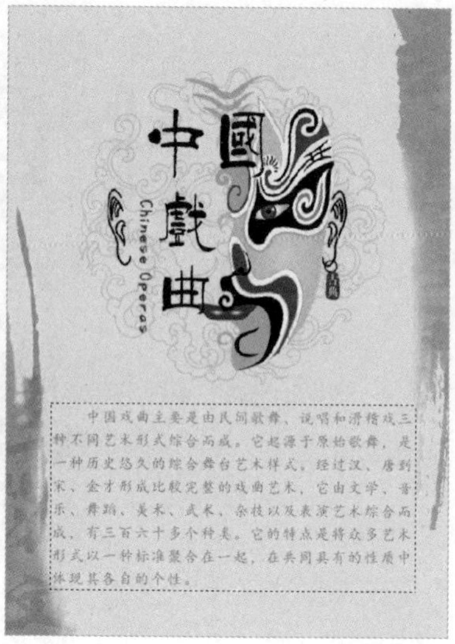

图11-107

02 选中文档中的所有文本，按组合键Ctrl+Q将文字转换为曲线，最终效果如图11-108所示。

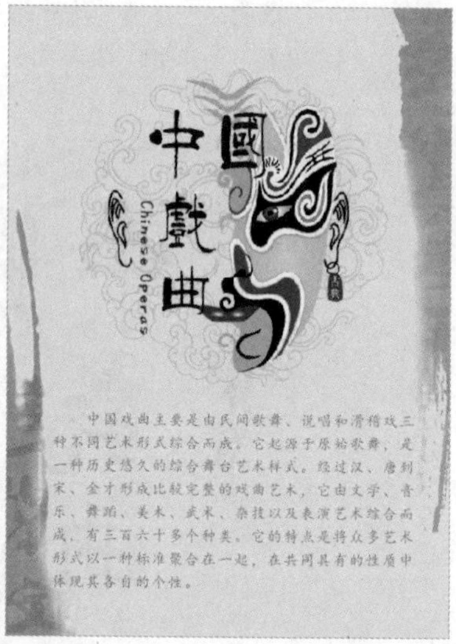

图11-108

11.4 插画设计

实例位置　实例文件>CH11>插画设计.cdr
素材位置　素材文件>CH11>素材09.cdr~20.cdr
视频名称　插画设计.mp4
技术掌握　插画的绘制方法

扫码观看教学视频

最终效果图

11.4.1 新建文档绘制房屋

01 新建一个大小为297mm×357mm的空白文档，然后使用“折线工具”在页面空白处绘制一个形状，如图11-109所示，接着填充颜色为（C：40，M：0，Y：20，K：60），再去掉轮廓线，效果如图11-110所示。

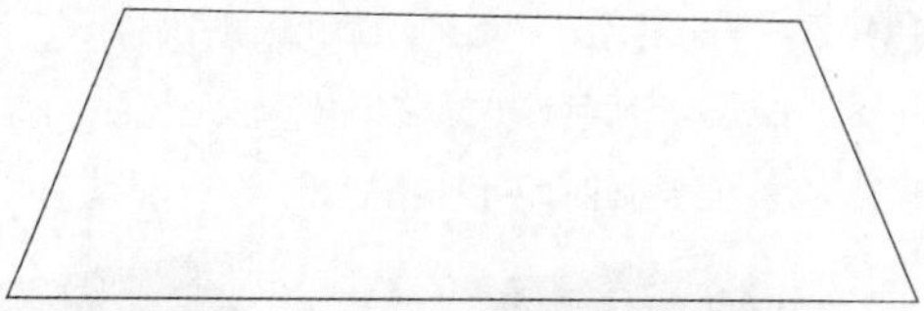

图11-109

图11-110

02 使用“矩形工具”在形状下面绘制一个矩形，如图11-111所示，然后填充颜色为（C：54，M：31，Y：30，K：12），并去掉轮廓线，接着按组合键Ctrl+PgDn将其置于形状后面，效果如图11-112所示。

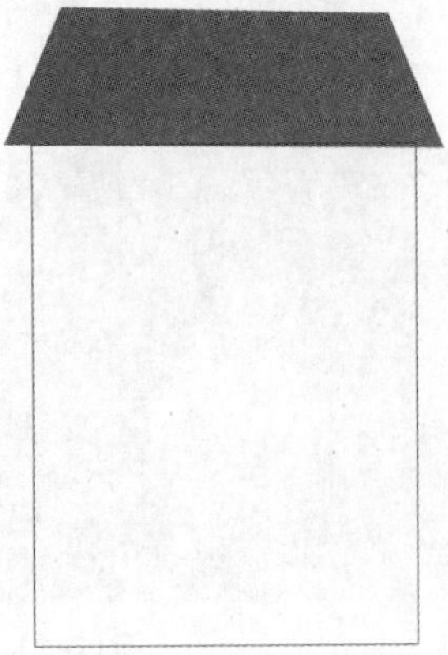

图11-111

图11-112

03 使用“矩形工具”在矩形下半部分上绘制一个矩形，然后填充颜色为（C：62，M：79，Y：100，K：47），并去掉轮廓线，效果如图11-113所示。

04 使用“矩形工具”在矩形上半部分中间绘制一个矩形，作为窗户，然后填充颜色为（C：2，M：15，Y：85，K：0），并去掉轮廓线，效果如图11-114所示。

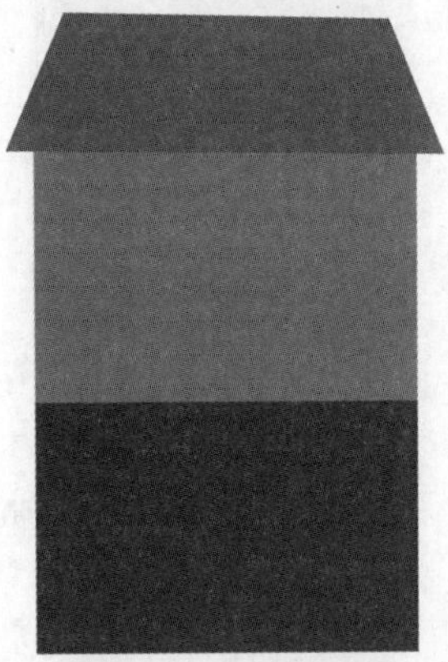

图11-113

图11-114

05 使用“钢笔工具”在黄色矩形上面绘制一个形状，作为窗帘，如图11-115所示，然后填充颜色为（C：20，M：0，Y：0，K：80），并去掉轮廓线，效果如图11-116所示。

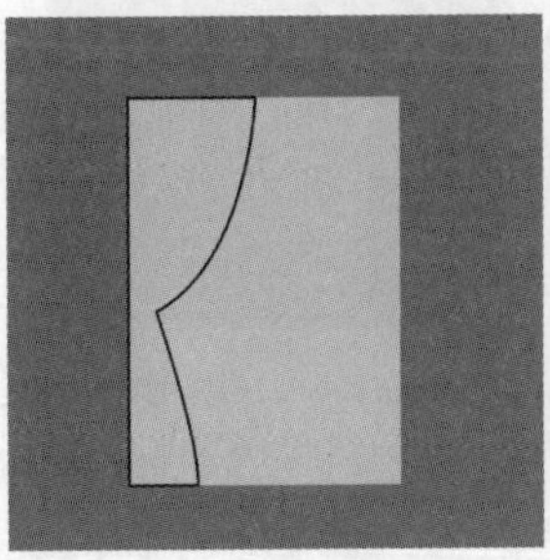

图11-115

图11-116

06 将窗帘在原位置复制一份，然后单击属性栏中的“水平镜像”按钮，将其水平翻转，接着拖曳到矩形右侧，效果如图11-117所示。

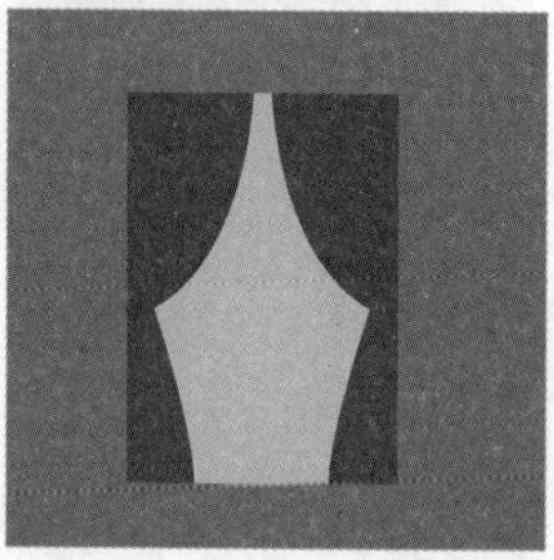

图11-117

07 使用“矩形工具”在图形上绘制多个横向的小矩形，如图11-118所示，然后填充颜色为（C：54，M：25，Y：25，K：0），并去掉轮廓线，效果如图11-119所示。

图11-118

图11-119

08 导入“素材文件>CH11>素材09.cdr”文件，然后将其拖曳到房顶作为房瓦，接着调整大小，效果如图11-120所示，最后选中所有对象，按组合键Ctrl+G将其组合。

图11-120

09 使用“钢笔工具”在页面空白处绘制一个形状，如图11-121所示，然后填充颜色为（C：100，M：0，Y：100，K：0），再去掉轮廓线，效果如图11-122所示。

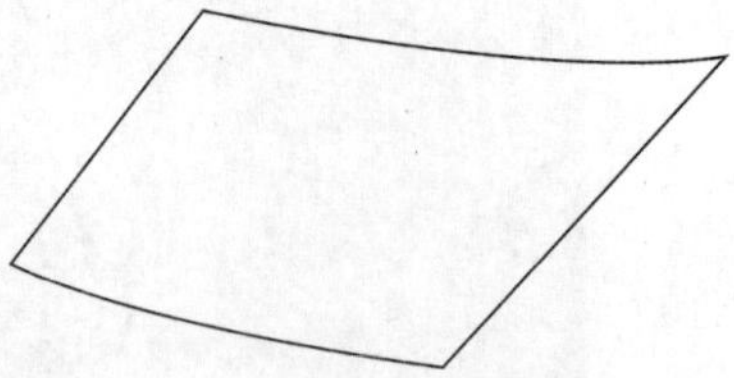

图11-121

图11-122

10 使用“折线工具”在形状下面绘制一个近似矩形的形状，如图11-123所示，然后填充颜色为（C：100，M：65，Y：69，K：31），并去掉轮廓线，接着按组合键Ctrl+PgDn将其置于形状后面，效果如图11-124所示。

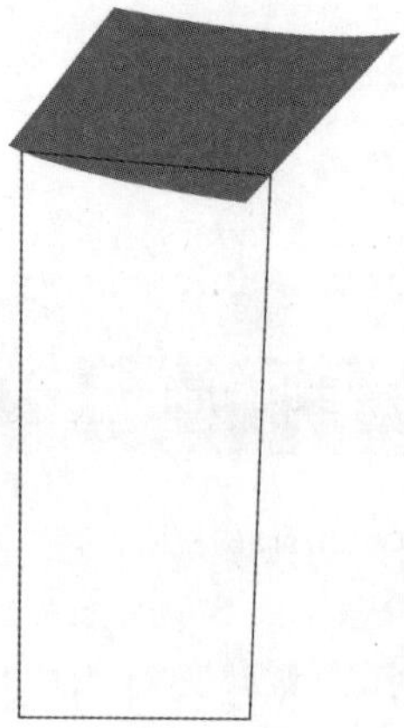

图11-123

图11-124

11 使用“钢笔工具”在页面中绘制一个形状，如图11-125所示，然后填充颜色为（C：87，M：43，Y：55，K：0），再去掉轮廓线，效果如图11-126所示。

图11-125

图11-126

12 使用“矩形工具”在图形上绘制多个竖向的小矩形，如图11-127所示，然后填充颜色为（C：93，M：88，Y：89，K：80）、（C：2，M：15，Y：85，K：0），并去掉轮廓线，效果如图11-128所示。

图11-127

图11-128

13 使用“矩形工具”在图形上绘制多个横向的小矩形，如图11-129所示，然后填充颜色为（C：78，M：22，Y：30，K：6），并去掉轮廓线，效果如图11-130所示。

图11-129

图11-130

14 导入“素材文件>CH11>素材10.cdr”文件，然后将其拖曳到房顶作为房瓦，接着调整大小，效果如图11-131所示。

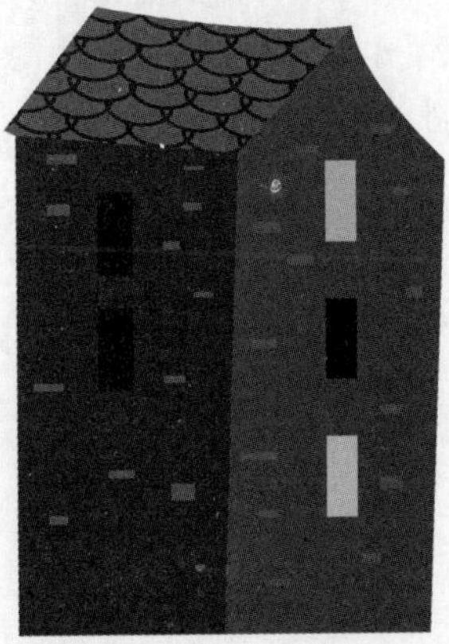
图11-131

15 使用“基本形状工具”在页面中绘制一个正直角三角形，如图11-132所示，然后旋转135°，接着填充颜色为(C:20,M:0,Y:0,K:80)，再去掉轮廓线，效果如图11-133所示。

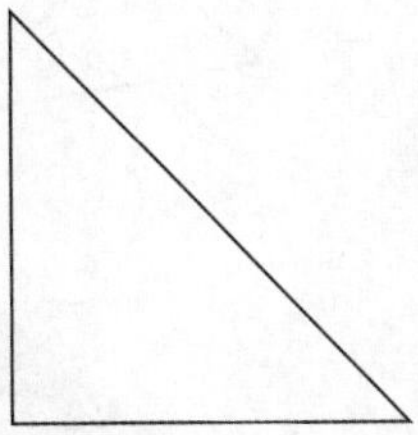
图11-132

图11-133

16 使用“矩形工具”在三角形左侧绘制一个矩形，然后填充颜色为（C：40，M：20，Y：0，K：40），并去掉轮廓线，效果如图11-134所示。

17 使用“矩形工具”在矩形上再绘制一个矩形，然后填充颜色为（C：85，M：79，Y：62，K：31），并去掉轮廓线，烟囱效果如图11-135所示。

图11-134

图11-135

18 将烟囱选中，然后按组合键Ctrl+G将其组合，并复制多份备用，接着将其拖曳到房顶上，再调整大小，最后选中房屋和烟囱，按组合键Ctrl+G将其组合，效果如图11-136所示。

图11-136

19 使用“折线工具”在页面空白处绘制一个形状，如图11-137所示，然后填充颜色为（C：43，M：100，Y：100，K：14），并去掉轮廓线，效果如图11-138所示。

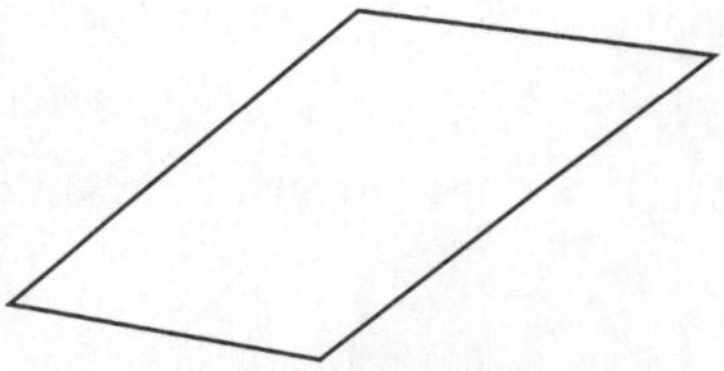

图11-137

图11-138

20 使用“折线工具”在形状的下面绘制一个近似矩形的形状，如图11-139所示，然后填充颜色为（C：49，M：75，Y：100，K：15），并去掉轮廓线，效果如图11-140所示。

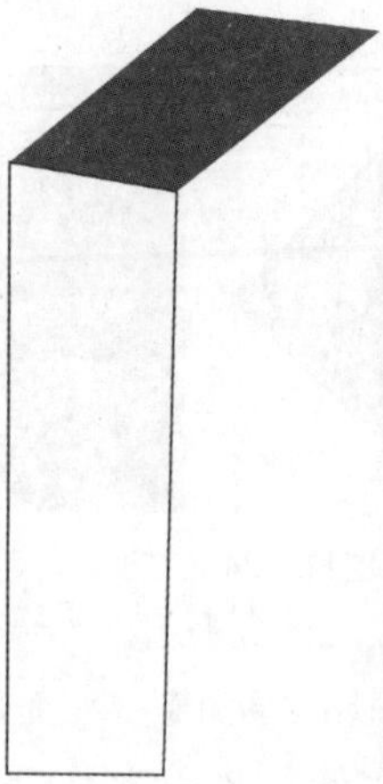

图11-139

图11-140

21 使用“折线工具”在矩形的右侧绘制一个形状，然后填充颜色为（C：0，M：60，Y：100，K：0），并去掉轮廓线，效果如图11-141所示。

图11-141

22 使用“矩形工具”在图形上绘制多个竖向的矩形，然后填充颜色为（C：93，M：88，Y：89，K：80）、（C：2，M：15，Y：85，K：0），并去掉轮廓线，效果如图11-142所示。

23 使用“矩形工具”在图形上绘制多个横向的矩形，然后填充颜色为（C：0，M：40，Y：64，K：0），并去掉轮廓线，效果如图11-143所示。

图11-142

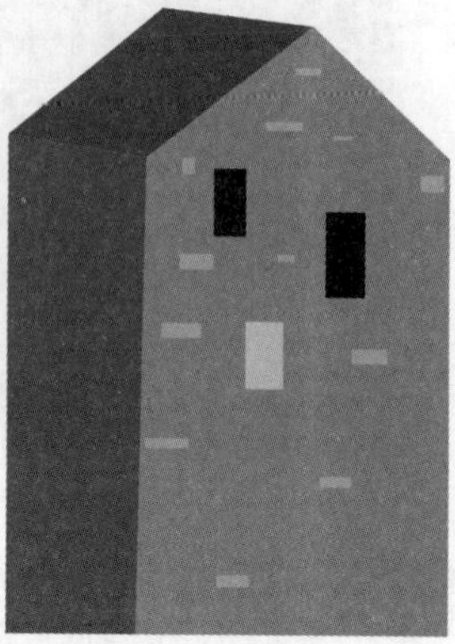

图11-143

24 导入“素材文件>CH11>素材11.cdr”文件，然后将其拖曳到房顶作为房瓦，接着调整大小，效果如图11-144所示。

图11-144

25 使用“折线工具”在页面空白处绘制一个立体的形状，如图11-145所示，然后填充颜色为(C：76，M：90，Y：95，K：72)、(C：73，M：75，Y：100，K：56)、(C：83，M：88，Y：91，K：76)，并去掉轮廓线，烟囱效果如图11-146所示。

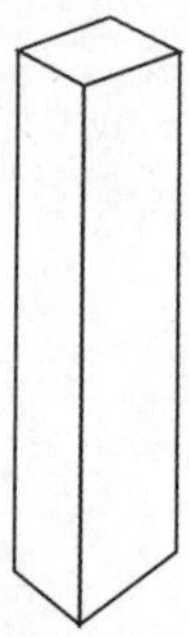

图11-145

图11-146

26 将烟囱选中，然后按组合键Ctrl+G将其组合，接着将其拖曳到房顶上，再调整大小，最后选中房屋和烟囱，按组合键Ctrl+G将其组合，效果如图11-147所示。

图11-147

27 使用“钢笔工具”在页面空白处绘制一个形状，然后填充颜色为（C：32，M：89，Y：100，K：0），并去掉轮廓线，效果如图11-148所示。

图11-148

28 使用“折线工具”在形状右侧绘制一个近似矩形的形状，然后填充颜色为（C：63，M：100，Y：100，K：61），并去掉轮廓线，效果如图11-149所示。

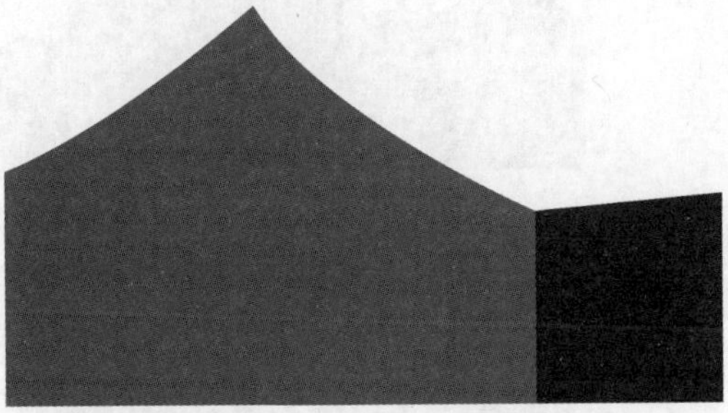

图11-149

29 使用“钢笔工具”在形状右侧绘制一个近似矩形的形状，然后填充颜色为（C：43，M：100，Y：100，K：14），并去掉轮廓线，效果如图11-150所示。

图11-150

30 使用“矩形工具”在图形上绘制多个竖向的矩形，然后填充颜色为（C：93，M：88，Y：89，K：80）、（C：2，M：15，Y：85，K：0），并去掉轮廓线，效果如图11-151所示。

图11-151

31 使用“矩形工具”在图形上绘制多个横向的矩形，然后填充颜色为（C：13，M：49，Y：56，K：3），并去掉轮廓线，效果如图11-152所示。

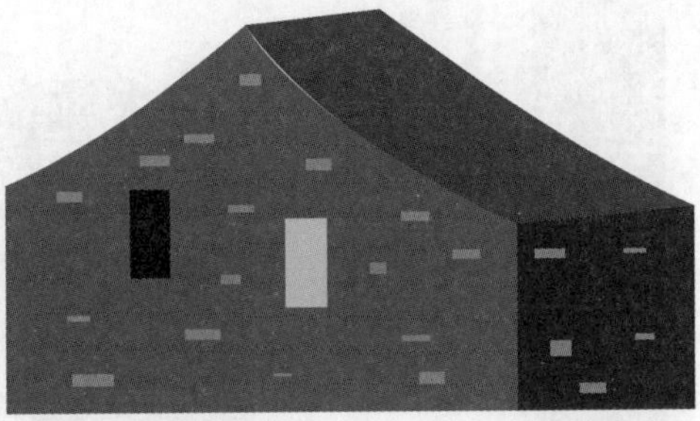

图11-152

32 导入“素材文件>CH11>素材12.cdr”文件，然后将其拖曳到房顶作为房瓦，并调整大小，接着将之前复制备用的烟囱拖曳到房顶，再单击属性栏中的“水平镜像”按钮将其水平翻转，效果如图11-153所示，最后选中房屋和烟囱，按组合键Ctrl+G将其组合。

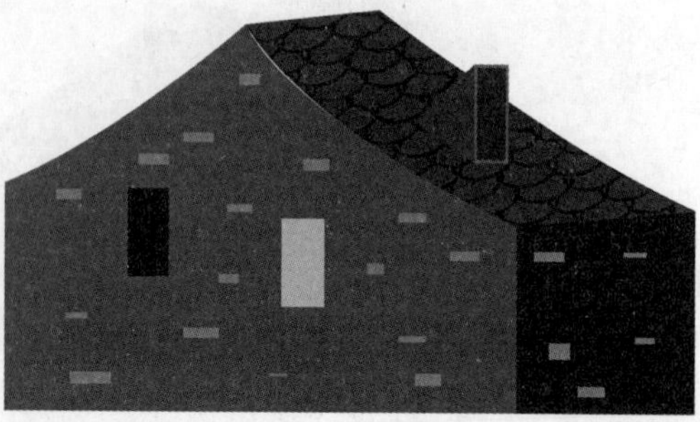

图11-153

33 使用“折线工具”在页面空白处绘制一个形状，然后填充颜色为（C：0，M：60，Y：0，K：40），并去掉轮廓线，效果如图11-154所示。

图11-154

34 使用“矩形工具”在形状的下面绘制一个矩形，然后填充颜色为（C：88，M：80，Y：53，K：20），并去掉轮廓线，接着按组合键Ctrl+PgDn将其置于形状后面，效果如图11-155所示。

35 使用“折线工具”在矩形右侧绘制一个形状，然后填充颜色为（C：60，M：40，Y：0，K：40），并去掉轮廓线，效果如图11-156所示。

图11-155

图11-156

36 使用“矩形工具”在图形上绘制多个竖向的矩形，然后填充颜色为（C：20，M：0，Y：0，K：80）、（C：2，M：15，Y：85，K：0）、（C：93，M：88，Y：89，K：80），并去掉轮廓线，效果如图11-157所示。

37 使用“矩形工具”在图形上绘制多个横向的矩形，然后填充颜色为（C：40，M：40，Y：0，K：20），并去掉轮廓线，效果如图11-158所示。

图11-157

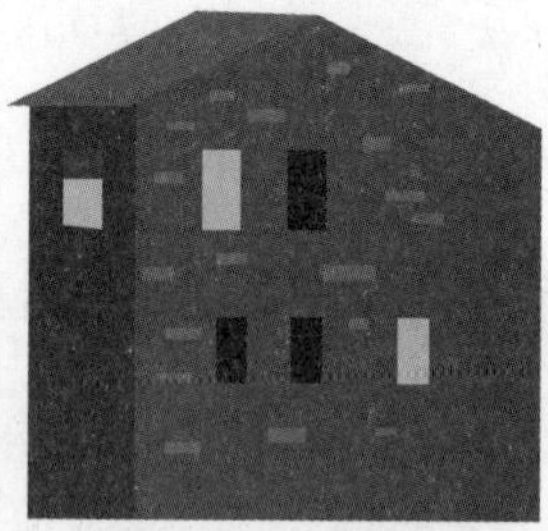

图11-158

38 导入“素材文件>CH11>素材13.cdr”文件，然后将其拖曳到房顶作为房瓦，并调整大小，接着将之前复制备用的烟囱拖曳到房顶，效果如图11-159所示，最后选中房屋和烟囱，按组合键Ctrl+G将其组合。

图11-159

11.4.2 拼凑所有房屋

将所有绘制完成的房屋进行排序组合，效果如图11-160所示，然后导入“素材文件>CH11>素材14.cdr”文件，接着将其拖曳到左侧的屋顶上，效果如图11-161所示。

图11-160

图11-161

11.4.3 绘制树木

01 使用“椭圆工具”绘制4个圆，然后分别填充颜色为（C：100，M：77，Y：84，K：65）、（C：64，M：32，Y：33，K：13）、（C：96，M：90，Y：84，K：76）、（C：40，M：0，Y：20，K：60），并去掉轮廓线，效果如图11-162所示。

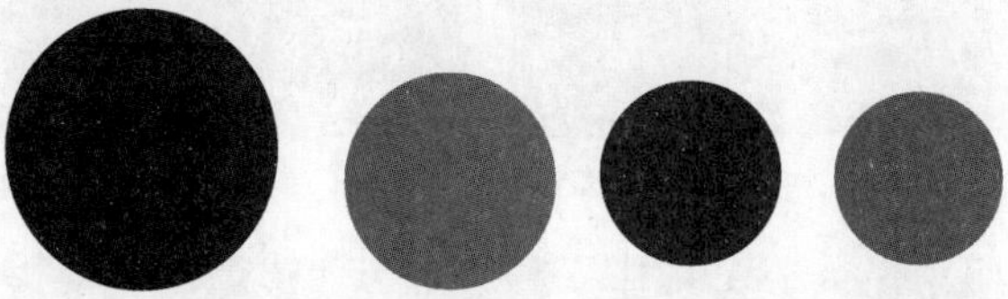

图11-162

02 导入“素材文件>CH11>素材15.cdr”文件，然后将其拖曳到相应的圆上面，接着将每棵树分别选中进行组合，效果如图11-163所示。

图11-163

11.4.4 拼凑房屋和树木并导入素材

将树拖曳到房屋的后面或者侧面，然后导入“素材文件>CH11>素材16.cdr”文件，接着将素材拖曳到图中的合适位置，效果如图11-164所示。

图11-164

11.4.5 绘制背景

双击“矩形工具”新建一个和页面大小相同的矩形，然后填充颜色为（C：47，M：33，Y：9，K：0），并去掉轮廓线，效果如图11-165所示。

图11-165

11.4.6 裁剪多余内容

使用“裁剪工具”沿着背景矩形绘制裁剪框，如图11-166所示，然后按Enter键确定裁剪，将超出背景区域的内容裁剪掉，效果如图11-167所示。

图11-166

图11-167

11.4.7 导入素材和绘制月亮

01 导入“素材文件>CH11>素材17.cdr”文件，然后将其放置在背景顶端，效果如图11-168所示。

图11-168

02 使用“椭圆工具”在背景中间绘制一个大圆，然后填充颜色为（C：0，M：17，Y：12，K：0），并去掉轮廓线，接着将其放置在房屋后面，效果如图11-169所示。

03 导入“素材文件>CH11>素材18.cdr”文件，然后将其拖曳到最中间房屋的屋顶上，效果如图11-170所示。

图11-169

图11-170

11.4.8 绘制星形

01 使用“2点线工具”在背景上半部分绘制多条长短不一的竖直线，然后在属性栏中设置“轮廓宽度”为0.35mm、轮廓颜色为“白色”，效果如图11-171所示。

02 使用“星形工具”在竖直线下面绘制多个大小不一的正五角星，然后填充颜色为（C：7，M：0，Y：93，K：0），并去掉轮廓线，效果如图11-172所示。

图11-171

图11-172

11.4.9 导入素材

01 导入“素材文件>CH11>素材19.cdr”文件，然后将其拖曳到绿色屋顶房屋的后面，效果如图11-173所示。

02 导入“素材文件>CH11>素材20.cdr”文件，然后将素材复制一份并调整大小，接着分别将其拖曳到页面中的合适位置，效果如图11-174所示。

图11-173

图11-174